음선정요 역주 飮膳正要譯註

A Translated Annotation of the Traditional Chinese Medicine
"EumSun Zhengyo"

著　者_ 홀사혜(忽思慧)
원(元) 천력(天曆) 3년(1330) 간행.

역주자_ 최덕경(崔德卿) dkhistory@hanmail.net
경남 사천 출생.
문학박사이며, 국립 부산대학교 사학과 교수를 거쳐 현재 명예교수로 있다.
주된 연구방향은 중국농업사, 생태환경사 및 농민생활사이다. 중국사회과학원 역사연구소 객원교수와 북경대학 사학과 초청으로 공동 연구와 특임교수를 역임한 바 있다.
저서로는 『중국고대농업사연구』(1994), 『중국고대 산림보호와 생태환경사 연구』(2009), 『동아시아 농업사상의 똥 생태학』(2016)과 『麗・元대의 農政과 農桑輯要』(3인 공저, 2017)가 있다. 중국고전에 대한 역주서로는 『농상집요 역주』(2012), 『보농서 역주』(2013), 『진부농서 역주』(2016), 『사시찬요 역주』(2017) 및 『제민요술 역주』(2018), 『마수농언 역주』(2020) 등이 있으며, 2인 공동 역서로는 『중국고대사회성격논의』(1991), 『중국의 역사(진한사)』 (2004), 『진한 제국경제사』(2019)가 있다.
그 외에 한국과 중국에서 발간한 공동 저서가 적지 않으며, 중국농업사, 생태환경사 및 생활문화사 관련 필자 이름의 국내외 논문이 120여 편 있다.

음선정요 역주 飮膳正要譯註

—
1판 1쇄 인쇄　2021년 12월　2일
1판 1쇄 발행　2021년 12월 15일
—
저　자 | 忽思慧
역주자 | 최덕경
발행인 | 이방원
발행처 | 세창출판사
신고번호 제1990-000013호
주소 03736 서울시 서대문구 경기대로 58 경기빌딩 602호
전화 02-723-8660 팩스 02-720-4579
이메일 edit@sechangpub.co.kr 홈페이지 www.sechangpub.co.kr
블로그 blog.naver.com/scpc1992 페이스북 fb.me/Sechangofficial 인스타그램 @sechang_official

ISBN 979-11-6684-064-7 93520
—
이 번역서는 2019년 정부(교육부)의 재원으로 한국연구재단의 지원을 받아 수행된 연구임.
(NRF-2019S1A5A7068302)
—
이 책은 한국연구재단의 지원으로 세창출판사가 출판, 유통합니다.

음선정요 역주 飮膳正要譯註

A Translated Annotation of the Traditional Chinese Medicine
"EumSun Zhengyo"

忽思慧 저
최덕경 역주

세창출판사

역주자 서문

『음선정요』는 원 천력天曆 3년(1330)에 황제의 양생과 보양을 위해 간행된 현존하는 중국 최초의 영양학 전문서적이다.

저자인 홀사혜忽思慧는 오랫동안 황실의 음식을 관장하는 음선태의飮膳太醫로 지내면서 풍부한 조리기술, 영양위생, 음식보건에 대한 경험과 지식을 쌓은 최고의 요리사였다. 퇴직을 하면서 그동안 황제의 은혜에 만에 하나라도 보답하기 위해 자신의 음식 조리경험과 전래되어 온 명의들의 양생법과 음식치료[食療]기술, 각종 식재료의 성질, 맛 및 부작용을 일괄하여 『음선정요』를 저술하여 황제에게 헌상하였다. 본서를 황제에게 헌상한 것은 충성과 경애의 표현이기도 하지만 황제의 건강과 편안함은 바로 천하 사람들의 편안함에 직결된다는 인식을 지녔기 때문이다.

홀사혜가 이처럼 저술에 관심을 보인 것은 “몸이 편안하면 마음은 온갖 변화에도 적응할 수 있으며, 그리고 양생을 통해 마음을 보양하지 않으면 어찌 그 몸이 편안할 수 있겠는가?”란 인식과 함께, 양생은 천지의 기를 받고 태어난 만물을 통해 이루어지며, 섭생과정에서 인간이 과도하여 중용을 잃게 되면 신체에 손상을 초래한다는 믿음이 있기 때문이다. 이후 명 황제[代宗]도 서문에서 본서를 두고 섭생을 돕고 자연의 법칙에 순응하여 천수를 다하는 데 큰 도움을 주는 책이라고 평가하고 있다.

이른바 본서가 음식물을 통한 섭생, 즉 식료食療에 주목한 것은 병은 나기 전에 다스려야 하고, 일단 병에 걸리면 치료하기 쉽지 않기 때문에 섭취하는 음식물이 중요하다고 강조한 것이다. 음식물은 몸의 기혈을 조정하고 몸을 보양하기 때문에 재료의 성분, 성질을 알고 섭취해야지 만약 기호가 편중되고 삼가지 않고 탐하거나 조리의 온도를 어기게 되면 음식의 기운이 상충되어 오히려 정기가 손상된다는 지적은 지금도 실용적인 가치가 있다.

저자 홀사혜에 대한 정보는 충분하지 못하다. 출신조차도 몽골인지 아랍인[回回人]인지가 분명하지 않다. 원 인종仁宗 연간에 음선태의에 발탁되었는데, 본래 태의는 황실의 의사였으며, 음선태의라는 직책을 세조世祖 쿠빌라이 때부터 중시한 것을 보면 홀사혜는 음식재료와 맛과 조화, 그리고 조리기술까지 소지한 조리사이면서 식료와 보건위생 전문가였을 것으로 판단된다.

책이 황제에게 진상되자 중앙조정에서 열람함은 물론이고, 헌상한 신하의 진심과 간절함을 살펴 중정원사中政院使에게 각인하여 널리 전파하도록 하였다. 비록 한 사람의 만수무강을 위해 저술되었지만 결국 본서는 천하 사람들이 널리 이용함으로써 편안함을 얻게 된 식품의학서로 자리 잡게 된 것이다.

본서는 크게 세 부분으로 구성되어 있다. 권1은 7개 항목으로 구분되어 첫 번째에는 삼황三皇의 식료법을 비롯하여, 양생금기, 임신 중 음식금기, 유모의 음식금기, 신생아 때 주의사항과 음주금기 등의 양생과 금기라는 이론적인 내용이 서술되어 있고, 마지막에는 그 방법으로 '진귀하고 기이한 음식 모음[聚珍異饌]'이 제시되어 있다. 이들 중 기이한 음식 중에는 95종류의 각종 탕湯, 갱羹, 면麵, 죽, 만두, 떡[餠] 등의 식물食物이 망라되어 있다. 음식의 소재도 야채, 곡물, 생선, 금수禽獸와 가축 등이 매우 다양하다. 권2는 8개 항목으로 구분되어 있는데, 그것은 탕湯과 전煎, 고膏, 환丸, 차茶 등 55종이며, 옥천수와 정화수 같은 물, 그리고 26종의 신선복식, 사계절에 합당한 식품[四時所宜], 오미의 편중 금기[五味偏走], 61종의 식이요법, 약 복용 시의 음식금기와 음식물의 이로움과 해로움, 음식궁합, 중독 및 금수변이禽獸變異 등 식료법에 대해 상술하고 있다. 그런가 하면 권3은 음식물의 본초本草로서 7영역으로 구분하고 있는데, 43가지의 미곡품(이 중 술이 13종)에서 수품獸品 36종, 금품禽品 18종, 어품魚品 21종, 과품果品 39종, 채품菜品 46종, 조미료 맛[料物性味] 28종에 이르기까지 그 종류가 매우 다양하다.

내용상의 특징은 황제에게 헌상한 식료법과 식물食物본초의 종류가 매우 다양하고 재료가 풍부하다는 점이다. 여기에는 중국 내지의 소재와 식품은 물론이고 인근 국가의 각종 식품재료와 조리방법이 잘 제시되어 있다. 예컨대 양고주羊羔酒, 마사가유馬思哥油, 보박 마르모트[塔剌不花]와 다양한 양고기 요리는 몽골지역의 특산이며, 포도주, 아날길주阿剌吉酒, 속아마주速兒麻酒, 팔아불탕八兒不湯, 순무뿌리탕[沙乞某兒湯], 삭라탈인搠羅脫因, 독독마식禿禿麻食, 샤프란[咱夫蘭], 마사답길馬思荅吉 등은 서역의 물산이고, 신라인삼탕과 잣[松子]은 동쪽 조선에서 제공되었으며, 코뿔소[犀牛], 코끼리[象], 리치[荔枝], 감람橄欖, 용안龍眼 등은 남방과 인도지역의 산물이고, 올눌제주膃肭臍酒는 해양국가가 아니면 제조하기 힘든 상품이다. 이처럼 당시 원제국은 사해에서 각종 재료와 식료법을 제공받아 이를 바탕으로 개인의 음선飮膳경험을 결집하여, 본서를 편찬하게 된 것이다.

당시 이런 상황이 가능했던 것은 몽골제국이 사방으로 영토를 확장하여 대제국을 건설함과 동시에 인근 국가에 대해 정치군사적인 지배와 동시에 복속된 지배층들에게 선진문명에 참여할 수 있는 기회를 제공하고, 국경근처나 중심도시에 물산을 집산할 수 있는 거점을 확보하여 양국 간의 공적, 사적인 경제 교류도 활발하게 전개하였기 때문이다. 이런 현상은 진한제국 이후 오랜 전통으로 당시 경제, 문화적 교류는 일종의 수탈적인 측면과 함께, 전통적인 기미정책의 일환으로 주변지역을 지속적으로 묶어 둘 필요가 있어 상호 간의 효율적인 교류를 위해 장애물을 제거하고 인프라도 제공하면서 이익과 안전도 보장하기도 했다. 그 결과 주변 국가의 다양한 특산품이 중국 내지로 공급되었다. 그로 인해 본서에서 보는 바와 같은 각 민족의 다양한 약재와 물산, 식이요법과 식품의 조리법에 이르기까지 이전되었던 것이다.

실제 남월南越은 거의 10세기 동안 중국의 복속기간 중 상호 경제적인 교류가 적지 않았다. 3-4세기 『남방초물상南方草物狀』과 『남방초목상南方草木狀』 속에서 보듯 다양한 남방의 물산들이 6세기 『제민요술』에 중원의 유입작물로서 소개되고 있으며, 이러한 예는 2세기 『설문해자說文解字』 속에도 고조선의 낙랑반국樂浪潘國의 다양한 어魚자원을 소개하고 있다. 본서에 많이 등장하는 서방지역의 물산도 같은 맥락에서 설명할 수 있을 것이다.

원제국은 이렇게 수집한 각 민족의 고급 식재료와 조리법을 선별, 정리하고, 원대 이전의 식료와 영양보건 자료를 총결집하여 궁중의 식료에 이용했으며, 본서가 출판, 보급되면서 이러한 양생과 보양의 방식이 내지에 확산되고 계승되었다. 따라서 이를 통해 원대의 궁정요리는 물론이고 민간의 생활습속이나 식생활을 이해할 수 있으며, 무엇보다 전승된 식료법을 통해 어떻게 건강을 지켜 왔는지를 잘 알 수 있다. 이후 본서는 명대의 『본초강목本草綱目』에서도 인용되고 있음은 물론이고, 각 민족의 식료법을 융합한 결정체가 인근 국가로까지 전파되면서 각국의 식품조리와 식품의학서를 저술하는 데 적지 않은 영향을 끼쳤다. 우리나라의 경우 여말선초에 본서가 유입되었을 가능성이 있으며, 17세기 동아시아의 대표적인 의학서인 조선의 『동의보감』에 본서의 '경옥고瓊玉膏'와 신침법神枕法 등과 같은 비법이 그대로 전재되어 있는 것을 보면 제국의 질서 속에서 인근 국가와 어떤 방식으로 물자가 유통되고 소비되었는가를 짐작할 수 있다.

다만 본서는 황실에 헌상한 내용이었기 때문에 본래 그 대상은 제한적이었을 것이다. 때문에 음식소재나 조리법이 일상을 뛰어넘고 동식물의 약재도 독특한 것이 많다. 그리고 궁실의 지배층을 대상으로 했기 때문인지 조제한 약재와 식품이 대부분 정력과 원기를 북돋우는 것이 많다. 그리고 여성의 경우 역시 성기능 회복과 부인병의 치료와 관련 증상이 유독 많은 것이 특징이다. 이런 것 또한 황실의 자손 번식이라는 바람을 담보하고 있다. 그래서 혹자는 본서를 정력과 장생을 위한 서적이라는 평을 하기도 한다. 사실 양생과 보양의 기본은 원기와 정력을 강화시키는 것이며, 이를 통해 질병의 면역성을 높이고 키운다. 그 때문인지 책의 곳곳에는 신선복식의 비법秘法과 신비한 처방이 적지 않다. 하지만 이 책을 널리 간행하여 일반에게 제공한 것은 일반인에게도 건강을 위해 꼭 필요한 지식임을 말한 것이다. 예컨대 '경옥고'의 조제법은 오늘날에도 잘 알려지지 않은 처방이며, 인기 있는 약제이기도 하다. 이 같은 민간에의 개방은 송대 이후의 변화된 시대의 여명을 볼 수 있는 조치라고 할 만하다.

본서의 주요 판본으로 일부가 전해지는 명경창간대자본明經廠刊大字本을 비롯하여 1986년 인민위생출판사의 표점 교감본 등 몇 가지가 남아 있다. 본서는 권질이 온전한 『사부총간속편四部叢刊續編』본을 저본으로 하였다. 하지만 이 판본 역시 목차와 그림설명 및 본문이 적지 않은 차이가 보여 본서의 편집방침에 따라 수정하고 교석했음을 밝힌다.

본서를 역주하면서 역사학자가 감당하기 힘든 부분도 적지 않았다. 가장 안타까웠던 점은 약물이 인체에 미치는 작용과 전문적인 용어나 술어에 익숙하지 않았다는 점이다. 물론 관련 연구자의 도움과 각종 주석을 참고하였지만 충분히 전달될 수 있을지 염려된다. 그리고 중국 이외의 다양한 소수민족들의 언어를 그들 발음대로 적기하지 못하였다. 서툴게 표기했다가 오히려 혼란만 초래할 듯하여 한자음을 그대로 표기하여 후일을 기대하였다.

이 책을 역주하면서 많은 이의 도움을 받았다. 함께 토론하고 사전도 찾으면서 같이 땀 흘려 준 농업사연구회 회원들에게 깊이 감사드린다. 가족의 도움은 언제나 나의 힘의 원천이며 활력소로 작용한다. 언제나 집안일에 활기를 불어넣어 주는 아내 이은영 님에게 감사하고, 언제나 가족들의 삶의 지표가 되어 주시는 팔순 청춘 초당 선생님, 그리고 근처에 살면서 항상 긍정적인 마인드로 웃음을 전해 주는 혜원이와 사위 성재 님, 주말마다 밝은 모습으로 뉴욕소식을 전해 주는 진안과 해민에게 이 기회를 빌려 사랑과 고마움을 전한다.

끝으로 한국연구재단의 지원에 감사드리고 오랜 시간 진정을 담아 출판을 맡아 주신 세창출판사 김명희 이사님과 사장님께도 고마움을 전한다. 이 책이 다소나마 건강과 면역력의 증진에 도움 되기를 기원한다.

2021년 11월 1일
with 코로나 정책의 시작을 지켜보며,
해운대 동백섬 건너 1723호 연구실에서 필자 씀

일러두기

1. 본 역주 작업은『사부총간속편(四部叢刊續編)』『음선정요(飮膳正要)』를 저본으로 하였다.(이후 '사부총간속편본'으로 약칭)
2. 본서의 역주를 위해 다음과 같은 기존 연구서를 참고하였다. 상옌빈[尙衍斌] 외 2인 주석,『음선정요주석(飮膳正要注釋)』, 中央民族大學出版社, 2009(이후 '상옌빈의 주석본'으로 약칭); 張秉倫·方曉陽 譯注,『飮膳正要譯注』, 上海古籍出版社, 2014(이후 '장빙룬의 역주본'으로 약칭); Paul D. Buell 외 1인, A Soup for the Qan: Chinese Dietary Medicine of the Mongol Era As Seen in Hu Sihui's *Yinshan Zhengyao*, BRILL, 2010(이후 'Buell의 역주본'으로 약칭); 김세림(金世林) 譯,『藥膳の原典, 飮膳正要』, 八阪書房, 1993(이후 '김세림의 역주본'이라고 약칭); 양류주(楊柳竹) 외 1인 주석,『白話註釋本·飮膳正要』, 內蒙古科學技術出版社, 2002(이후 '양류주의 백화주석본'이라고 약칭); 장장위(張江彧) 校注,『음선정요』, 中國中醫藥出版社, 2009(이후 '장장위의 교주본'이라 약칭) 등을 참고했음을 밝혀 둔다.
3. 본서의 학명은 장빙룬의 역주본과 Baidu 백과를 근거하고 이 학명과 관련된 한국명은 국가표준식물목록(KPNIC로 약칭)과 생명자원정보서비스(BRIS라고 약칭)에 의거하였다.
4. 목차의 번거로움을 피하기 위해 부제는 생략했다. 다만 본문의 목차 속에는 부제를 함께 제시하였다.
5. 책이나 잡지는『 』에, 편명이나 논문의 이름은「 」에 넣어 표기했다.
6. 한자음의 표기는 양자의 발음이 동일할 경우 한자를 병기하고, 뜻으로 표기할 경우 [ ] 안에 한자를 넣었다. 그리고 번역문의 원문을 표기할 때는 번역문 다음에 원문을 [ ] 속에 삽입하였다.
7. 번역문은 가능한 직역을 위주로 작성하였으며, 부자연스러운 경우 ( )에 넣어 보충 처리하거나 약간의 의역을 덧붙였다. 아울러 반절음의 경우 원문에는 표기해 두었으나 번역문에는 내용의 흐름을 위해 번역하지 않았다.
8. 외국어의 표기는 교육부 편수용어에 따라 표기하였다. 다만 확인되지 않은 다양한 북방민족의 언어는 혼선을 막기 위해 한문을 그대로 우리의 음으로 표기해 두었음을 밝혀 둔다.

차례

서언序言

음선정요 · 권1

음선정요 · 권2

1장 다양한 탕과 전[諸般湯煎] 163

음선정요 · 권3

6장 채품菜品　511

7장 조미료 맛[料物性味]　548

飮膳正要

서언序言

1

경태본景泰本「어제음선정요서御制飮膳正要序」[1]

짐은 사람과 만물은 모두 천지의 기를 받아 태어나는 것이라고 여긴다. 그러면서 만물은 또 천지간에서 생장하여 사람을 양생한다. 만약 인간이 만물을 통해 양생을 얻지 못하면 인체는 손상을 입게 된다.[2] 가령 베와 비단[布帛], 콩과 조, 닭, 돼지와 같은 유類는 일용에 반드시 필요하므로 양생을 위해 매우 중요하다. 그런데 (먹고 입는 것이) 과도하면 중용을 잃게 되고, 미치지 못하여 인체가 정상적으로 원하는 표준에 이르지 못하

朕惟人物皆稟天地之氣以生者也. 然物又天地之所以養乎人者. 苟用之失其所以養, 則至於戕害者有矣. 如布帛菽粟雞豚之類, 日用所不能無, 其爲養甚大也. 然過則失中, 不及則未

1 경태본(景泰本) 『어제음선정요서(御制飮膳正要序)』는 명대 대종(代宗) 황제 주기옥(朱祁鈺)이 경태(景泰) 7년(1456)에 『음선정요』라는 책에 쓴 서문이다. 모두 3권으로 되어 있으며, 현재 중국 국가도서관에 소장되어 있다. 서(序)는 일종의 문체로, 그 책에 대한 소개와 평론이다. Paul D. Buell 외 1인, A Soup for the Qan: Chinese Dietary Medicine of the Mongol Era As Seen in Hu Sihui's *Yinshan Zhengyao*, BRILL, 2010(이후 'Buell의 역주본'으로 약칭), p.187에서는 이 제목을 "Introduction to the [Ming] Imperial Edition of the *Yinshan Zhengyao*"라고 표기하고 있다.

2 장(戕)': 『사부총간속편』본의 경태본(景泰本) 「어제음선정요서(御制飮膳正要序)」에는 '장(戕)'이 세 군데 등장한다. 그러나 장빙룬[張秉倫] · 팡샤오양[方曉陽]의 『음선정요역주(飮膳正要譯注)』, (上海古籍出版社, 2014.)(이후 '장빙룬의 역주본'으로 약칭한다.)에서는 '장(戕)'을 '장(戕)'으로 적고 있다.

면 하나같이 손상을 초래한다. 그것은 양생하는 것이 매우 중요함을 이르는 것이니, 하물며 양생에 도움이 되지 않고 도리어 해가 되는 물건을 어찌 신중하게 대처하지 않겠는가? 이는 단지 음식과 의복에 의한 양생을 말한 것이다. 무릇 군자는 자신의 행동과 휴식, 위엄과 예의, 기거와 출입을 모두 수양처럼 중시해야 하며, 또 그로 인해서 덕을 함양하게 된다.

至, 其爲戕害一也. 其爲養甚大者尚然, 而況不爲養而爲害之物, 焉可以不致其慎哉. 此特其養口體者耳. 若夫君子動息威儀, 起居出入, 皆當有其養焉, 又所以養德也.

짐이 일찍이 원대의 『음선정요』라는 책을 보았는데, 그것에는 음식과 의복을 통해서 심신을 보양하고 덕을 함양하는 요령까지 기재되지 않은 바가 없었으며, 이는 당시 황제의 태의[尚醫][3]가 저술한 것이다. 그것은 자기의 재능으로 황제에 대한 충심과 경애를 나타내었으므로, 비록 성현의 도리에 정통한 사람일지라도 여기에는 미치지 못할 것이다. 무릇 '선'이란 사람 사이에서 얻는 가장 큰 것이며, 사람들에게 얻은 경험 등으로써 선을 행한 것은 순임금이 먼저이다.[4] 짐은 이 책을 좋아하여,

嘗觀前元飮膳正要一書, 其所以養口體養德之要, 無所不載, 蓋當時尚醫所論著. 其執藝事以致忠愛, 雖深於聖賢之道者, 不外是也. 夫善莫大於取諸人, 取諸人以爲善, 大舜所先肆. 朕嘉是書, 而用

3 '상의(尚醫)'는 곧 태의(太醫)이다. Baidu 백과에 의하면 이는 황실의 의사이며, 후대의 어의(御醫)로서 전문적으로 제왕, 궁정 및 환관 등의 상층인사들을 치료하는 의사였다고 한다.

4 『서경(書經)』「대우모(大禹謨)」의 기록에 의하면 우(禹)가 일찍이 순(舜) 임금에게 건의하기를 "선정(善政)은 백성을 기르는 데 있고[養民], 백성을 기르는 것은 수리(水利), 불[火], 목재(木材), 야금(冶金), 토양(土壤)과 양식(粮食)을 잘 다스

이를 통해 내가 양생하는 데 도움을 받았기에, 또 판각하고 간행하여 널리 사람들에게 은혜와 이로움을 베풀었으니 이 또한 중생을 아끼는 인덕이 되길 바란다. 비록 생명은 하늘에서 부여받는 것이기에 사람이 능히 어찌 할 수는 없다. 만약 혹 손상을 입는다면 높은 담장 아래에 서 (압사 위험에 처해) 있는 것과 같으니,[5] 사람에게서 말미암은 것이 아니겠는가? 이 때문에 이 책은 단지 섭생을 도울 뿐만 아니라 자연의 법칙에 순응하여 천수를 다하는 데에도 큰 도움을 준다.

경태 7년 4월 초하루[6]

之以資攝養之助, 且鋟諸梓以廣惠利於人, 亦庶幾乎好生之仁. 雖然生稟於天, 非人之所能爲. 若或戕之, 與立巖墻之下者同, 有不由於人乎. 故此非但攝養之助, 而抑順受其正之大助也.

景泰七年四月初一日.

리는 데 있으며, 자신의 품성을 단정히 하고, 백성이 사용할 물자(物資)를 풍부히 하고 백성으로 하여금 의식(衣食)을 풍족하게 하는 9가지 일을 하는 데 있다."라고 하였다. 우의 건의에 따라 순 임금은 이 9가지 일을 모두 잘 다스렸다.

5 『맹자(孟子)』「진심상(盡心上)」에서 "천명[命]이 아닌 것이 없다. 자연의 질서를 순순히 받아들이기에 천명을 아는 자는 담장 아래 서지 않는다. 그 도리를 다하고 죽은 자는 천명을 따른 것[正命]이다. 형벌을 받고 죽은 자는 천명을 따른 것이 아니다."라고 하였다. 즉 천명(天命)을 아는 사람은 높은 담장 아래에 서지 않아서 담장이 넘어져도 압사당하는 사고를 면할 수 있다. 그 수신(修身)하는 도리를 다하고 죽으면 비로소 천명(天命)의 정명(正命)에 순응하게 되는 것이다. 여기에서 맹자를 인용한 것은 사람이 만약 자신의 생명을 잘 수양하지 않으면 신체에 손상을 입는데, 이는 곧 위험한 담장 아래에 선 것과 같아서 수시로 생명의 위험을 느낄 수 있다고 하였다.

6 '일(日)': 『사부총간속편』본의 경태본(景泰本)「어제음선정요서(御制飮膳正要序)」에는 '일(日)'자가 적혀 있으나, 장빙룬의 역주본에서는 이 부분의 '일(日)'자가 생략되어 있다.

2

우집 서문[景泰本虞集奉敕序][1]

신이 듣건대, 고대의 군자는 수신을 잘하는 자로, 움직이고 휴식할 때는 합당한 절기에 따라 양생하며, 음식과 의복으로써 신체를 보양하며, 위엄 · 예의 · 행동 · 올바른 도리로써 자신의 품성을 수양합니다. 이런 까닭에 주공周公[2]이 그 의례를 제정한 것입니다. 천자는 기거 · 의복 · 음식마다 관리를 두었으며, 모두 총재[3]가 통괄하였으니, 대개 지극히 신중하였습니다.

금상今上황제께서는 태생부터 뛰어난 재주

臣聞古之君子善脩其身者, 動息節宣以養生, 飲食衣服以養體, 威儀行義以養德. 是故周公之制禮也. 天子之起居衣服飲食, 各有其官, 皆統於冢宰, 盖慎之至也.

今上皇帝, 天縱聖

---

1 '경태본우집봉칙서(景泰本虞集奉敕序)'는 우집(虞集)이 황제의 명령을 받들어 쓴 서(序)이다. 본서의 저본인 『사부총간속편(四部叢刊續編)』 『음선정요(飮膳正要)』(이후 '사부총간속편본'으로 약칭)에는 이 제목이 달려 있지 않다. Buell의 역주본, p.188에는 "Yu Ji's Preface"라고 제목을 달고 있다. 우집은 원대 인수(仁壽) 사람으로, 자(字)는 백생(伯生)이고 호(號)는 도원(道園)이며, 관직은 규장각 학사에 이르렀다.

2 주공(周公)의 성은 희(姬)이고 이름은 단(旦)이다. 서주(西周: 약 기원전 1046년-기원전 771년) 초기의 걸출한 정치가, 군사가, 사상가, 교육가이다. 무왕(武王)의 동생으로, 주(周)에 채읍하여 주공이라 칭해졌다. 전해지고 있는 『주례(周禮)』는 주공이 쓴 것이라고 한다.

3 '총재(冢宰)': 관명으로 즉 태재(太宰)이다. 상대(商代)에 이미 설치되었으며 삼공 다음의 위치로서 6경(卿)의 으뜸으로, 왕가의 재무와 궁내 사무를 관장하는 관리이다.

를 지니고 총명하며 국가 대사에 사려가 원대하고,[4] 황실의 도서관[延閣][5]에서 서적을 읽는 것이 조석[旦暮]으로 변함이 없으니, 곧 덕성을 수양함으로써 천하의 정무를 처리하여 안으로는 성현의 재덕과 밖으로는 왕도王道의 도를 얻을 것입니다. 이에 조국공趙國公 신 상보란해常普蘭奚의 수하인 선의膳醫[6] 신 홀사혜忽思慧[7]가 찬술한 『음선정요』를 진상

明, 文思深遠, 御延閣閱圖書, 旦暮有恒, 則尊養德性, 以酬酢萬幾, 得內聖外王之道焉. 於是趙國公臣常普蘭奚, 以所領膳醫臣忽思慧所撰飮膳正要以進. 其言曰

4 '원(遠)': 사부총간속편본에는 '원(遠)'이라고 적고 있고, 상옌빈[尙衍斌] 외 2인 주석, 『음선정요주석(飮膳正要注釋)』, 中央民族大學出版社, 2009(이후 '상옌빈의 주석본'으로 약칭)에서도 '원(遠)'이라고 표기하였으나 장빙룬의 역주본에서는 '원(遠)'을 '운(運)'으로 표기하고 있다.

5 '연각(延閣)'은 고대 제왕이 책을 보관하던 곳이다.

6 '선의(膳醫)': 장빙룬의 역주본에서는 황제의 음식 위생을 관리하는 의사라고 했는데, Baidu 백과에서는 선의를 음식으로 약물을 대신하여 질병을 치료하는 것이라고 풀이하고 있다.

7 '홀사혜(忽思慧)': 홀사혜 또는 '화사휘(和斯輝)'라고도 불린다. 『사고전서총목제요』의 기록에 근거하면 "화사휘는 원래 홀사혜라고 했는데, 음선태의(飮膳太醫)의 관직을 맡았고, 태어난 날과 사망한 날은 미상이다."라고 하였다. 홀사혜가 어떤 출신인지에 대해 연구자들의 관심이 많았으나 일설에는 몽골인이라고도 하며, 또 일설에는 회회인(回回人)으로 보는 견해도 있다. 이 문제에 관해서는 상옌빈의 「元代色目人事實雜考」, 『民族硏究』, 2001年 第1期 중에 이미 제기되어 있으니 여기서는 상세하게 다루지는 않겠다. 홀사혜의 생애에 관해서는 이 책의 서문에서 "신(臣) 사혜(思慧)는 연우(延祐) 연간에 음선의 직위에 선임되어 이에 수년이 흘렀다."라고 하는데, 이를 통해 그가 원나라 인종 연우 연간(1314-1320년)에 원나라 음선태의를 담당하였음을 알 수 있다. 홀사혜는 궁중음식과 약물보익(藥物補益)을 주관하였을 때에 풍부한 영양위생과 음식보건 및 조리법의 기술 등의 경험과 지식을 축적했으며, 이를 바탕으로 여러 학자들의 본초(本草), 명의의 방법과 기술 및 궁중에서 만든 기이한 음식, 제조방법 및 음식재료의 성질과 맛, 보익(補益)하는 것을 결집하여 『음선정요』를 편찬하였다. 그 외 『음선정요』의 '진서표' 중에 홀사혜가 이 책을 편집한 것에 대한 언급이 있는데, "신(臣) 사혜

합니다. 진언하여 말하기를 "옛날 세조世祖[8] 께서는 음식을 대할 때 반드시 본초本草에 따랐으며, 행동하거나 머무를 때에는 반드시 법도에 따름으로써 장수를 할 수 있었으니,[9] 자손에게 만수무강의 복을 준 것입니다."라고 하였습니다. 이 책은 당시 태의가 찬술한 것입니다. 분명 책을 바친 자는 그의 재능을 이용해서 충심과 경애를 표시한 것이라고 말할 수 있습니다. 이 책은 진상되어 중앙조정[中宮][10]에서도 열람하였다. 천자께서는 조종祖宗 위생의 금계를 염두에 두고, 신하가 도리를 진술한 간절함을 살피시어, (이 책이) 성상의 양생수덕을 돕고, 백성을 사랑하는

昔世祖皇帝, 食飮必稽於本草, 動靜必準乎法度, 是以身躋上壽, 貽子孫無疆之福焉. 是書也, 當時尙醫之論著者云. 噫進書者可謂能執其藝事以致其忠愛者矣. 是書進上, 中宮覽焉. 念祖宗衛生之戒, 知臣下陳義之勤, 思有以助聖上之誠身而推其仁民之至意, 命

(思慧)는 연우(延祐) 연간에 음선의 직위에 선임되어 이에 수년이 흘렀지만 오랫동안 녹봉만 축내고 재삼 생각해 보니 보답할 방법이 없고 감히 충성을 다하지도 못하여서 넓은 은혜를 만에 하나라도 보답할 수 있을지요? (그리하여) 날마다 여가가 있을 때 조국공(趙國公) 신(臣) 상보란해(常普蘭奚)와 함께 친히 황제께 진귀하고 기이한 음식과 탕(湯), 고(膏)와 전(煎)의 제조법 및 제가의 본초(本草)와 명의들의 방술(方術)과 더불어 매일매일 반드시 필요한 곡물, 육류, 과일, 채소 성질과 맛을 북돋우는 것을 취하여 한 권의 책을 집성하여 이름을 『음선정요』라고 했으며, 세 권으로 나누었습니다."라는 명확한 편찬의도를 볼 수 있다.

8 '세조황제(世祖皇帝)': 원조(元朝)를 건립한 세조 쿠빌라이[忽必烈: 1215-1294]로서 남송을 멸하고 전국을 통일했으며, 처음으로 행성(行省)제도를 창안하여 시행했다.

9 쿠빌라이는 79살에 세상을 떠났는데, 그 당시로서는 장수하였다고 할 만하다.

10 '중궁(中宮)'은 황후가 살던 곳으로, 또한 황후를 대신하는 이름으로 사용되었다는 해석도 있으나 '중궁'은 북극 주위의 천구(天區)로서 천제(天帝)를 대표하는 중앙조정을 상징한다. 그 주위에 동서남북 4궁이 있다.

진심이 있다고 생각되어, 중정원[11]사中政院使 신 배주拜住에게 각인하여 그것을 널리 전파하도록 하였습니다. 이러한 행위는 대개 한 사람의 편안함을 통해서 천하의 사람들이 편안함을 얻게 하는 것이고, 한 사람의 만수무강을 통해서 천하 사람들이 모두 장수하게 하는 것입니다. 은택의 심오함이 어찌 이보다 큰 것이 있겠습니까!

中政院使臣拜住刻梓而廣傳之. 玆擧也, 盖欲推一人之安, 而使天下之人擧安, 推一人之壽, 而使天下之人皆壽. 恩澤之厚, 豈有加於此者哉.

책이 이미 완성되자, 대도유수大都留守[12] 신 금계노金界奴가 칙명을 전하기를 신 (우)집集에게 그 앞부분에 서문을 쓰도록 명하였습니다. 신 (우)집이 삼가 머리를 조아리며 일

書之旣成, 大都留守臣金界奴傳勑命臣集序其端云. 臣集再拜稽首而言曰, 臣聞

11 '중정원(中政院)'은 원대 관청의 이름으로서 황후의 재부, 영조(營造), 공급 등을 관장하며 성종 대덕(大德) 4년(1330) 중어부(中御府)에서 중정원으로 승격되었다. 따라서 본 서문의 판각은 황후의 지시로 이루어진 것으로 볼 수 있으며, 혹은 황제가 중정원에 명령을 내려서 판각을 지시한 것으로도 볼 수 있는데, 일본의 역주본에서는 "이 책을 중궁(中宮)에 진상하여 어람하기를 염원했다."라고 한 것으로 미루어 아직 황후가 열람하지 않은 것으로 이해하고 있다. 忽思慧(金世林譯)『薬膳の原典 飮膳正要』, 八坂書房, 1993(이후에는 '김세림의 역주본'이라고 약칭한다.) 참조.

12 '대도유수(大都留守)'는 관직 이름이다. 대도(大都)는 원의 수도이다. 몽골 지원(至元) 4년(1267)에 금나라 중도성(中都城)의 동북쪽에 다른 성을 쌓았고, 9년에 대도로 바꿔 불렀으며, 20년에 성을 쌓았다. 몽골인은 한팔리극(汗八里克)이라고 불렀으며, 이는 '칸의 성'의 뜻이다. 성의 동서 두 곳은 지금의 북경내성의 동서성 담장과 맞먹고, 남쪽은 지금의 동서 장안거리에 필적하며, 북쪽은 지금의 천승문(千勝門)과 안정문(安定門) 바깥 토성(土城)의 옛 터에 상당한다. 도성의 규모는 거대하고, 궁전은 웅장하고 아름다웠으며, 호구가 아주 많고 상업이 발달하였다. 또한 외곽 가까이에 거주하는 각국의 상인이 매우 많았으며 당시 세계에서 드물게 큰 도시였다.

러 아뢰기를, "신이 듣기에 『역경易經』[13]의 「전傳」에는 '위대하다! 하늘이시여, 만물이 이를 바탕으로 시작하도다.', '지극하도다! 땅이시여, 만물이 이것을 바탕으로 생장하도다!'라는 말이 있습니다. 하늘과 땅의 큰 덕은 만물을 잉태하여 생장하게 할 뿐입니다. 지금 성상께서는 그 위에서 바르게 통치하시니 이는 하늘의 도[乾道][14]와 부합합니다. 황후[聖后]께서는 그 가운데에서 순조롭게 이으시니 땅의 도[坤道][15]와 부합합니다. 천지[乾坤]의 도가 완비된 지금이 최전성기입니다. 백성과 만물이 이 시기에 태어나는 것은 얼마나 큰 행운이겠습니까! 원컨대 신은 이 일을 선양하여 천하 후세의 사람에게 (성상과 황후의) 현명하고 두터운 덕이 이와 같음을 알게 하고자 합니다. 이야말로 얼마나 멋집니까!"라고 하였습니다.

천력 3년[16] 5월 초하루[朔日][17] 삼가 서序를

易之傳有之, 大哉乾元, 萬物資始. 至哉坤元, 萬物資生. 天地之大德, 不過生生而已耳. 今聖皇正統於上, 乾道也. 聖后順承於中, 坤道也. 乾坤道備, 於斯爲盛. 斯民斯物之生於斯時也, 何其幸歟. 願颺言之, 使天下後世有以知夫高明博厚之可見如此. 於戲休哉.

天曆三年五月朔

---

13 『역(易)』은 곧 『역경(易經)』이고, 고대의 점술서이다. 「전(傳)」은 유학자들이 『역경』에 대해 적은 해석으로, 「단상하(彖上下)」, 「상상하(象上下)」, 「계사상하(繫辭上下)」, 「문언(文言)」, 「서괘(序卦)」, 「설괘(說卦)」, 「잡괘(雜卦)」를 포괄하여 모두 10편이다.

14 '건도(乾道)'는 즉 천도(天道)이다.

15 '곤도(坤道)'는 즉 지도(地道)를 가리킨다.

16 천력(天曆) 3년은 1330년이다. 천력은 원 문종(文宗: 투그테무르[圖帖睦爾])의 연호이다.

씁니다.

규장각시서학사 한림직학사 중봉대부 지제고동수국사 신 우집 찬함

日謹序.

奎章閣侍書學士翰林直學士中奉大夫知制誥同脩國史臣虞集譔.

17 ‘삭일(朔日)’은 음력 초하루이다.

3

진서표進書表[1]

삼가 나라의 강역을 보니 사해四海가 감싸고 있으며, 멀고 가까운 곳에서 공물을 바치지 않는 곳이 없습니다. 진귀한 음식과 기이한 물품들이 모두 궁중으로 모이고 있습니다. 어떤 것은 풍속과 수토가 달라서 식용에 적합하지 않고, 어떤 것은 건조와 습한 정도가 적당하지 않아 건강에 이롭지 않습니다. 혹 주방을 담당하는 자가 그 성질과 맛을 살피지 못하고 전부를 진헌하여 그것을 드시고 병에 걸리실까 두렵습니다. 세조황제께서는 명석하시어 『주례』「천관天官」에 사의師醫,[2] 식의食醫,[3] 질의疾醫,[4] 양의瘍醫[5]가 있는 것을 알고, 각

伏覩國朝, 奄有四海, 遐邇罔不賓貢. 珍味奇品, 咸萃內府. 或風土有所未宜, 或燥濕不能相濟. 儻司庖廚者不能察其性味而槩於進獻, 則食之恐不免於致疾. 欽惟世祖皇帝聖明, 按周禮天官有師醫食醫疾醫瘍醫, 分職

---

1 이는 홀사혜(忽思慧)가 황제에게 『음선정요』라는 책을 진언할 때 적은 주문(奏文)이다. 본서의 저본인 사부총간속편본에는 어떤 제목도 없이 '복도(伏覩)'란 말로 대신하고 있다. Buell의 역주본, p.190에는 "Hu Sihui's Preface"라고 제목을 달고 있는데, 김세림(金世林)의 역주본에서는 제목을 '진서표 홀사혜등(進書表忽思慧等)'이라고 하여 상주한 자의 이름까지 첨부하고 있으며, 상옌빈의 주석본과 장빙룬의 역주본에서도 '진서표'라고만 제목을 붙이고 있다. 특히 상옌빈의 주석본에서는 뒤에 등장하는 '인언(引言)'을 별도 항목으로 두지 않고 '진서표'에 포함시키고 있다. 실제 사부총간속편본에도 '인언(引言)'이란 제목의 항목은 없다. 표(表)는 고대 주문의 한 종류이다. 본서는 이들에 근거하여 제목을 표기하였다.

2 '사의(師醫)'는 각 과의 의사를 관장하는 행정장관에 상당한다.

해당 직위를 나누어 관리하게 하였습니다. 전고에 의하면 음선飮膳을 관장하는 태의太醫 네 명을 두어, 그들로 하여금 본초本草 안에 독이 없는지, 약성이 서로 상극인 것은 없는지, 오래 두고 먹을 수 있는지, 약효가 있는지를 선별하게 하여 음식과 더불어 서로 화합되고, 여러 가지 맛이 조화를 이루도록 하였습니다. 매일 만드는 요리에 있어서도 어선은 반드시 정제해서 만들어야 하며, 직책을 맡은 사람이 어떤 사람인지, 사용된 것은 어떤 재료인지를 살펴야 합니다. 술을 올릴 때에는 반드시 침향목沈香木, 사금沙金, 수정水晶 등의 잔[6]을 이용하고, 술의 종류를 감안하여 적당한 양을 올려야 하며 이런 음선을 맡은 자는 반드시 직위에 합당해야 합니다. 매일 사용하는 것은 달력에 표시함으로써[7] 이후의 효과를 검증하였습니다. 끓이거나 지지는 데 있어서 경옥瓊玉, 황정黃精, 천문동天門冬, 삽주[蒼术] 등의 고약[膏] 같은 내복약과 소 골수[牛髓], 구기자[枸杞] 등을

而治行. 依典故, 設掌飮膳太醫四人, 於本草內選無毒無相反可久食補益藥味, 與飮食相宜, 調和五味. 及每日所造珍品, 御膳必須精製, 所職何人, 所用何物. 進酒之時, 必用沈香木沙金水晶等盞, 斟酌適中, 執事務合稱職. 每日所用, 摽注於曆, 以驗後效. 至於湯煎, 瓊玉黃精天門冬蒼术等膏, 牛髓枸杞等煎, 諸珍異饌, 咸得其宜. 以此世祖

3 '식의(食醫)'는 주대 궁정의 음식 맛, 온도 및 배합을 관장하는 의관이다.

4 '질의(疾醫)'는 고대의 의관명(醫官名)으로 후대의 내과의사에 해당된다.

5 '양의(瘍醫)'는 창상(瘡傷)을 치료하는 오늘날 외과의사에 해당된다.

6 '침향목(沈香木), 사금(沙金), 수정(水晶) 잔'은 침향목, 황금, 수정으로 제작한 술잔이다.

7 '표(摽)'는 표기하는 것이다. '역(曆)'은 생활에 대해 일력에 기록하는 것으로서 황제의 일상생활에 대해 상세하게 기록한 것이다.

졸여서[8] 만든 약제는 모두 진기한 식품이니 두루 그 식용에 합당해야 합니다. 이렇게 함으로써 세조 황제께서는 장수하고 질병이 없었습니다. 감히 신이 생각건대 황제폐하께서 보위에 오른 이후부터 국사가 매우 번거롭고 막중하였습니다. 정무 중에 여가를 틈타 선대의 제조법에 따라 심신을 보양하고 보호하는 방법을 강구하시어 음식의 온갖 맛에 합당하게 사용한다면, 나날이 좋아져서 성상의 신체가 매우 건강해질 것입니다.

신臣 사혜思慧는 연우延祐[9] 연간에 음선의 직위에 선임되어 이에 수년이 흘렀지만 오랫동안 녹봉만 축냈습니다. 재삼 생각해 보니 보답할 방법이 없고 감히 충성을 다하지도 못하였으니 넓은 은혜를 만에 하나라도 보답할 수 있을지요? (그리하여) 신은 날마다 여가가 있을 때 조국공趙國公 신臣 보란해普蘭奚와 함께 여러 대를 거쳐 친히 황제께 올린 진귀하고 기이한 음식과 탕湯, 고약 같은 내복약[膏], 졸이는 방법, 제가의 본초 저작, 명의들의 처방

皇帝聖壽延永無疾. 恭惟皇帝陛下自登寶位, 國事繁重. 萬機之暇, 遵依祖宗定制, 如補養調護之術, 飮食百味之宜, 進加日新, 則聖躬萬安矣.

臣思慧自延祐年間選充飮膳之職, 于玆有年, 久叨天祿. 退思無以補報, 敢不竭盡忠誠, 以答洪恩之萬一. 是以日有餘閑, 與趙國公臣普蘭奚, 將累朝親侍進用奇珍異饌湯膏煎造, 及

8 이것은 탕전(湯煎) 중에 경옥(瓊玉), 황정(黃精), 천문동(天門冬), 삽주[蒼朮] 등을 사용하여 제조한 고제(膏劑) 및 소 골수[牛髓], 구기자(枸杞子) 등으로 만든 전제(煎劑)에 대한 것이다. 그 주석은 이 책의 권2 「다양한 탕과 전[諸般湯煎]」, 「신선복식(神仙服食)」 등을 참고하라.

9 연우(延祐: 1314-1320년)는 원(元) 인종(仁宗)의 연호로 모두 7년이다.

과 음선 제작기술[方術] 및 일상에서 필요한 곡물, 육류, 과일, 채소에서 성질과 맛을 북돋우는 것을 모아 책을 집성하여 이름을 『음선정요』라고 했으며, 세 권으로 나누었습니다. 본초의 저서에서 수록하지 못한 약물도 지금 수집 채록하여 본서에 기록했습니다. 엎드려 바라건대 폐하께서는 헛되고 무지한 것을 용서하시고 우직한 충성심을 살피시어 한가로우실 때 성현의 양생법을 거울로 삼고 당시의 기후를 감안하여 헛된 것은 버리시고 실용적인 것만 취하여 심신의 편안함을 얻으신다면, 성상께서는 만수무강하게 되어 사해가 모두 그 덕과 은택을 입을 것입니다. 삼가 정중하게 저술한 『음선정요』라는 책을 진헌하오니, 성상께서는 열람하시기를 엎드려 청하며, (신은) 전율과 감격을 느끼면서 폐하의 분부와 가르침을 기다리겠습니다.

천력天曆 3년 3월 3일 음선태의[10] 신 홀사혜忽思慧 진상進上

諸家本草, 名醫方術, 并日所必用穀肉果菜, 取其性味補益者, 集成一書, 名曰飲膳正要, 分爲三卷. 本草有未收者, 今即採摭附寫. 伏望陛下恕其狂妄, 察其愚忠, 以燕閒之際, 鑑先聖之保攝, 順當時之氣候, 棄虛取實, 期以獲安, 則聖壽躋於無疆, 而四海咸蒙其德澤矣. 謹獻所述飲膳正要一集以聞, 伏乞聖覽下情, 不勝戰慄激切屛營之至.

天曆三年三月三日飲膳大醫臣忽思慧進上.

10 '대(大)': 사부총간속편본에서는 '대(大)'라고 적고 있으나, 상옌빈의 주석본과 장빙룬의 역주본에서는 모두 '태(太)'로 고쳐 적고 있다. 이는 같은 의미로 사용되나 본서에서는 두 중국학자들의 견해에 따랐음을 밝혀 둔다.

중봉대부태의원사 신 경윤겸耿允謙 교정

中奉大夫太醫院使臣耿允謙校正.

규장각 도주관상사 자정대부 대도유수 내재륭상총관 제조직염잡조인장 도총관부사 신 장금계노張金界奴 교정

奎章閣都主管上事資政大夫大都留守內宰隆祥總管提調織染雜造人匠都總管府事臣張金界奴校正.

자덕대부 중정원사 저정원사 신 배주拜住 교정

資德大夫中政院使儲政院使臣拜住校正.

집현대학사 은청영록

대부 조국공 신 상보란해常普蘭奚 편집

集賢大學士銀青榮祿大夫趙國公臣常普蘭奚編集.

인언引言[1]

하늘은 사물을 생기게 하고 땅은 만물을 기르면서 하늘과 땅의 기운은 자연스럽게 화합한다. 사람은 하늘과 땅의 기운을 받아서 태어나니 모두 합하여 (천지와 더불어서) 삼재三才라고 한다. 삼재는 천지인을 뜻한다. 사람이 살아가는 데 있어서 소중한 것은 마음이다. 마음은 전신을 주재하고, 모든 일의 근본이다. 그 때문에 몸이 편안[건강]하면 마음은 온갖 변화에도 적응할 수 있으며, 만사를 주재한다. 평소에 보양保養하지 않으면 어찌 그 몸이 편안할 수 있겠는가? 보양하는 방법은 중용을 지키는 것이 가장 좋으며[2] 중용을 지키

天之所生, 地之所養, 天地合氣. 人以稟天地氣生, 並而爲三才. 三才者, 天地人. 人而有生, 所重乎者心也. 心爲一身之主宰, 萬事之根本. 故身安則心能應萬變, 主宰萬事. 非保養何以能安其身. 保養之法, 莫

---

1 원본인 사부총간속편본에는 제목이 없고 바로 "天之所生"으로 시작한다. Buell의 역주본, p.192에는 "Hu Sihui's Introduction"이라고 제목을 달고 있다. 기존의 주석서를 보면, 상옌빈의 주석본에서는 이 제목이 누락되어 있는 데 반해, 김세림의 역주본에서는 제목을 '인언(引言)'이라고 달고 있으며, 장빙룬의 역주본에서는 '원서인언(原書引言)'이라고 표기하였다. 그 내용은 주로 "심신의 조리는 사계절의 변화에 순응하고 음식은 절제하고 신중히 해야 하며"라고 하여 양생의 도에 대해 토론하고 있어서 전체 책의 총론이 되며, 원래 책의 서문으로 볼 수 있다.

2 '수중(守中)'은 즉 일을 처리함에 있어 어느 쪽으로도 기울거나 치우치지 않아 지나치지도 않고 모자라지도 않은 것이다.

면 지나치거나 미치지 못하는 병폐가 없게 된다. 심신의 조리는 사계절의 변화에 순응하고 음식은 절제하고 신중히 해야 하며, 기거할 때는 일정한 규칙을 따르고 여러 가지 맛으로 오장五藏[3]을 조화롭게 해야 한다. 오장이 편안하면 혈기血氣가 왕성하고 정신이 맑아지며 심지心志가 안정되어 사악한 기운들이 자연히 신체에 들어오지 못하며, 춥고 더운 변화도 엄습할 수 없어서 사람이 이내 기쁘고 편안해진다. 무릇 옛 성인들은 병病이 나기 전에 다스리고, 병이 걸리면 치료하기 힘들기 때문에 음식을 중히 여기고 재물을 가볍게 여겼는데, 대개 따를 만한 가치가 있다. 옛말에 이르기를 음식물은 정제할수록 좋고 회鱠[4]는 잘게 썰수록 좋다고 한다. 신선하지 않은 생선, 상한 고기, 색이 변한 것, 악취가 나는 것, 또 제대로 익히지 않은 것은 모두 먹을 수 없다. 음식은 비록 필요불가결할지라도 성인은 맛있다고 하여 탐하거나 많이 먹으려고 급급하지 않는다. 대개 음식물은 기혈을 조정하고 몸을 보양해야지 신체를 손상하게 해서는 안 된다. 만약 음식과 기운이 서로 상충하면 정기[精]가

若守中, 守中則無過與不及之病. 調順四時, 節慎飮食, 起居不妄, 使以五味調和五藏. 五藏和平則血氣資榮, 精神健爽, 心志安定, 諸邪自不能入, 寒暑不能襲, 人乃怡安. 夫上古聖人治未病不治已病, 故重食輕貨, 蓋有所取也. 故云食不厭精, 鱠不厭細. 魚餒肉敗者, 色惡者, 臭惡者, 失飪不時者, 皆不可食. 然雖食飮, 非聖人口腹之欲哉. 蓋以養氣養體, 不以有傷也. 若食氣相惡則傷精. 若食味不

3 '장(藏)'은 '장(脏)'과 동일하다.

4 '회(鱠)': 상옌빈의 주석본에서는 사부총간속편본과 동일하게 '회(鱠)'라고 하였으나, 장빙룬의 역주본에서는 '회(膾)'로 표기하였다.

손상된다. 그리고 음식의 맛이 조화롭지 못하면 인체가 손상된다. 인체는 여러 음식물의 맛[五味]을 통해서 형성되니, 성인은 먼저 음식을 금禁하여 심성을 보존하고 이후에 약을 제조하여 생명의 위험을 방지한다.

調則損形. 形受五味以成體, 是以聖人先用食禁以存性, 後制藥以防命.

대개 약의 성분에는 강한 독[大毒]이 있다. 독성이 강한 약물로 병을 다스릴 때는 6할[60%]정도 치료되었을 때 약물을 멈춘다.[5] 일반적인 독성[常毒]의 약물은 7할[70%]정도 치료되었을 때 멈추며, 약한 독성[小毒]의 약물은 8할[80%]정도 치료되었을 때 멈추고, 독이 없는[無毒] 약물은 9할[90%]정도 치료되었을 때 약물을 멈춘다. 그런 후에 곡식, 육류, 과일, 채소로써 조리하면 질병을 완전히 낫게 할 수 있다. 약물을 과도하게 사용하여 인체의 정기를 손상해서는 안 된다. 비록 음식은 맛이 다양하나, 그 정수를 이용하고자 할 때는 그것이 보양과 양생의 적합성, 신선하고 묵은 것의 차별, 따뜻하고 서늘하고 차갑고 뜨거운 성질, 여러 가지 맛이 한쪽으로 치우친 폐단이

蓋以藥性有大毒. 有大毒者治病, 十去其六. 常毒治病, 十去其七, 小毒治病, 十去其八, 無毒治病, 十去其九. 然後穀肉菓菜, 十養一儘之. 無使過之, 以傷其正. 雖飲食百味, 要其精粹, 審其有補益助養之宜, 新陳之異, 溫涼寒熱之性, 五味偏走之病. 若滋味偏嗜, 新陳不擇,

5 본문의 문장은 "독성이 강한 약물로 병을 치료하면 열에 여섯은 치료된다."라고 되어 있다. 하지만 장빙룬의 역주본에서는 "독성이 강한 약물로 병을 치료하여 60%가 완치되면 쓰는 약을 멈추어야 한다."라고 해석하고 있다. 뒤에 약물을 남용하면 인체의 정기를 손상한다는 점을 강조한 것을 보면 장빙룬의 해석이 보다 합당할 듯하다.

어떤가를 살펴야 한다. 만약 맛있는 음식에 기호가 편중되고, 신선하고 묵은 것을 가리지 않으며, 제조할 때 온도를 어기게 되면 모두 질병을 야기하게 된다. 적합한 음식은 먹고 그렇지 않은 것은 삼가야 한다. 만약 임산부가 음식을 삼가지 않고 젖 먹이는 어미가 음식을 가리지 않으면, 아이가 병을 얻게 된다. 만약 입에 좋은 것만 탐하고 삼가는 것을 잊으면 질병이 잠복하여 조금씩 생겨나도[潛生] 깨닫지 못한다. 백 년 동안 사용할 몸인데 한 때의 식욕에 만족하여 잊게 된다면 그 얼마나 애석한 일인가! 손사막孫思邈[6]이 이르기를 의사는 먼저 병의 원인을 알고 병이 침범한 곳을 알아내어, 우선 음식으로 치료하되 차도[7]가 없으면 그 후에 약을 복용하게 하는데, 열에 아홉은 치료할 수 있다고 하였다. 이 때문에 양생養生을 잘하는 사람은 삼가 먼저 식료食療의 방법을 행한다. (그러니) 이 같은 섭생법을 어찌 받아들이지 않겠는가.

製造失度, 俱皆致疾. 可者行之, 不可者忌之. 如姙婦不愼行, 乳母不忌口, 則子受患. 若貪爽口而忘避忌, 則疾病潛生, 而中不悟. 百年之身, 而忘於一時之味, 其可惜哉. 孫思邈曰, 謂其醫者, 先曉病源, 知其所犯, 先以食療, 不瘥, 然後命藥, 十去其九. 故善養生者, 謹先行之. 攝生之法, 豈不爲有裕矣.

---

6 '손사막(孫思邈)': 손사막(541-682)은 당대(唐代)의 의사이면서 도인(道人)으로서 후인들은 그를 약왕(藥王)이라고 불렀다.

7 '채(瘥)'는 본래의 의미는 병을 치유한다는 뜻이나 간혹 질병(疾病)을 의미하기도 한다. 『설문(說文)』에 이르기를 "채(瘥)는 병(病)이다."라고 하였다.

飮膳正要

권 1

1장 삼황성기三皇聖紀

'삼황(三皇)'은 중국 상고시대 전설적인 인물이다. 삼황에 누구를 포함시킬지에 대해 여러 견해가 있다. 대개 천황(天皇)씨, 지황(地皇)씨, 인황(人皇)씨 (『사기(史記)』 「진시황본기(秦始皇本紀)」)를 가리키는데, 후에 원시사회의 걸출한 부족 수령인 수인(燧人), 복희(伏羲), 신농(神農)을 일컫기도 하며, 『음선정요』에서는 복희(伏羲), 신농(神農), 헌원(軒轅)을 삼황이라고 하고 있다.

1. 태호복희씨太昊伏羲氏[1]

태호 복희씨는 풍성風姓의 시조이자 황웅皇熊씨의 후손이다. 태어나면서부터 신성한 품성을 지녔으며, 천명을 이어받아 왕이 되어 만세제왕의 선조가 되었고 동방에 자리 잡았다. 목덕木德[2]으로써 왕이 되었으며 창정蒼精[3]의 군주

風姓之源, 皇熊氏之後. 生有聖德, 繼天而王, 爲萬世帝王之先, 位在東方. 以木德王, 爲

---

1 '태호복희씨(太昊伏羲氏)': 태호(太昊)는 전설 중의 고대 동이족의 수령으로, 성은 풍(風)이고 진(陳)에 살았다. 전설에서는 일찍이 용(龍)을 관직 이름으로 삼았다. 춘추(春秋) 시대의 임(任)·숙(宿)·수구(須句)·전유(顓臾) 등의 나라는[모두 제수(濟水) 유역에 있다.] 곧 그 후대이다. 일설에서는 태호가 복희씨(伏羲氏)라고 한다. 복희는 포희(庖犧), 복희(伏戲)라고도 쓰며 또한 희황(犧皇), 황희(皇羲)라고도 부른다. 중국 신화 중에서 인류의 시조로, 인류는 그와 누이인 여와씨(女媧氏)가 결혼하여 태어난 것으로 전해진다. 백성들에게 그물 엮는 법을 가르쳐 수렵, 어로, 목축에 종사하게 하였다고 전해지는데, 이는 중국 원시 시대에 수렵, 어로, 목축이 시작되었음을 반영한다. 팔괘(八卦)도 그가 만들었다고 전해진다.

2 '목덕(木德)'은 음양가(陰陽家)의 '오덕시종(五德始終)'에서 말하는 오덕(五德) 중의 하나이다. '오덕시종'은 또한 '오덕전이(五德轉移)'라고도 불리며, 전국(戰國) 시대 음양가인 추연(鄒衍)의 학설이다. 수(水)·화(火)·토(土)·금(金)·목(木)

가 되었다. 진陳[4]에 도읍할 때, 신룡神龍[5]이 그림을 지고 형하滎河[6]에서 나오자 그림의 궤적에 따라 그려 팔괘八卦[7]를 만들었다. 글자[書契]를 만들어 이전 결승문자의 기록을 대신하였다. 오상五常[8]을 세우고, 오행五行[9]을 정하였으

蒼精之君. 都陳時, 神龍出於滎河, 則而畫之爲八卦. 造書契, 以代結繩之政. 立五常, 定五

다섯 가지 물질의 덕성(德性)이 상생상극(相生相尅)하고 순환하면서 다시 시작되는 변화를 이용해 왕조가 흥하고 쇠하는 원인을 설명하였다.

3 '창정(蒼精)'은 Baidu 백과에 의하면 중국 고대 신화 속에 나오는 동방의 신으로, 이가 곧 태호복희씨(太昊伏羲氏)로서 목덕(木德)왕 혹은 창정이라고 불리었다고 한다.

4 '진(陳)'은 고대 국명으로 규(媯) 성이다. 주(周) 무왕(武王)이 상(商)을 멸망시킨 후에 봉해진 곳으로 개국군주 호공[胡公: 이름은 만(滿)]은 순(舜)의 후손이다. 완구[宛丘: 지금의 하남(河南) 회양(淮陽)]에 수도를 세웠으며 지금의 하남 동부와 안휘(安徽)의 일부 지역이다.

5 '신룡(神龍)'은 또한 '용마(龍馬)'라고도 쓴다. 『예기(禮記)』「예운(禮運)」편에서 "황하에서 마도(馬圖)가 나왔다."라고 하였다. 소(疏)에 이르기를 "마도는 용마가 그림을 지고 나온 것이다."라고 하였다.

6 '형하(滎河)'는 『하출도(河出圖)』 등의 책에 모두 황하에서 나왔다는 말이 있다. 여기서 '형'은 형택(滎澤)일 것이고, '하'는 황하일 것이다. 원래 황하와 형택이 서로 통한다고 의심되기에 '형하'로 불린다. 『상서(尙書)』「우공(禹貢)」편에서 "형파의 물이 넘쳐서 이미 물웅덩이가 되었다.[滎波旣豬.]"라고 하였다. 『공전(孔傳)』에서 "물이 동쪽으로 흘러들어가 제(濟)가 되고 황하로 들어가 넘쳐서 형하가 된다."라고 하였다.

7 '팔괘(八卦)'는 『주역(周易)』 중의 8가지 기본 도형이다. '一'[양효(陽爻)]와 '--'[음효(陰爻)]가 섞여 삼효(三爻)가 한 조로 조합되어, 하늘 · 땅 · 우레 · 바람 · 물 · 불 · 산 · 못의 8가지 자연현상을 상징한다. 각각의 괘는 또한 다양한 종류의 사물을 상징하기도 한다. 『주역(周易)』 중의 64괘는 모두 8괘가 두 번 겹쳐 만들어진 것이다.

8 '오상(五常)'은 또한 '오륜(五倫)'이라고 불린다. 장빙룬[張秉倫] · 팡샤오양[方曉陽] 譯注, 『음선정요역주(飮膳正要譯注)』, (上海古籍出版社, 2014.)(이후 '장빙룬의 역주본'으로 약칭한다.)에서 군신(君臣), 부자(父子), 부부(夫婦), 형제(兄弟), 친구를 '오상'이라고 하였다. 반면 홀사혜(忽思慧)[김세림(金世林) 역], 『藥膳の原

며, 임금과 신하의 기강을 바르게 하였고, 아비와 아들의 관계를 명확히 하였으며 부부의 의를 구별하였고, 시집오고 장가가는 규범을 제정하였다. 가옥을 짓고, 그물[網罟][10]을 엮어 사냥하거나 물고기를 잡았으며, 소를 길들이고 말을 타는 법을 가르쳐 무거운 것을 끌고 멀리까지 갈 수 있게 했다. 동물을 제물로 (천지신령의) 제사에 올렸다. 이 때문에 복희씨伏羲氏라 부른다. 천하를 110년간 다스렸다.

行, 正君臣, 明父子, 別夫婦之義, 制嫁娶之理. 造屋舍, 結網罟以佃漁, 服牛乘馬, 引重致遠. 取犧牲, 供祭祀. 故曰伏羲氏. 治天下一百一十年.

2. 염제신농씨炎帝神農氏[11]

(신농씨는) 강姜씨 성의 시조이자 열산烈山씨의 후손이다. 태어나면서부터 신성한 품성을

姜姓之源, 烈山氏之後. 生有聖德,

典, 飮膳正要』, 八阪書房, 1993(이후에는 '김세림의 역주본'이라고 약칭한다.)의 역주에 따르면 오상을 인(仁) · 의(義) · 예(禮) · 지(智) · 신(信)이라고도 하며, 홀사혜[양류주[楊柳竹] 외 1인 주석, 『白話註釋本 · 飮膳正要』, 內蒙古科學技術出版社, 2002('양류주의 백화주석본'이라고 약칭한다.)에서도 인 · 의 · 예 · 지 · 신이라고 하였다.

9 '오행(五行)'에 대해 장빙룬의 역주본에서는 인(仁) · 의(義) · 예(禮) · 지(智) · 신(信)을 가리키는 것이라고 하며, 목(木) · 화(火) · 토(土) · 금(金) · 수(水)를 의미하는 것은 아니라고 한다.

10 '망고(網罟)'는 고대에 물고기를 잡고 조수를 사냥을 할 때 사용한 도구이다. 『경전석문(經典釋文)』「주역(周易)」 주(注)에서 "날짐승을 취하는 것을 망(網)이라 하고, 물고기를 잡는 것을 고(罟)라 한다."라고 하였다.

11 '염제신농씨(炎帝神農氏)': 염제는 전설 중에 상고시대 강(姜)씨 성 부족의 수령이다.

지녔으며, 화덕火德[12]으로써 목덕木德을 계승하여 남방에 자리 잡았다. 화덕으로써 왕이 되어서, 적정赤精[13]의 군주가 되었다. 당시 백성들은 산천의 풀을 먹고 물을 마셨으며, 나무의 열매를 따고, 소라[14]와 펄조갯살을 먹어서 늘상 질병에 걸렸다. 이에 먹을 수 있는 것을 구하려고 온갖 풀을 맛보고 오곡을 파종하여서 백성들을 부양하였다. 정오에는 시장을 열었다. 도기를 만들고, 도끼와 자귀를 만들었으며, 뇌사耒耜와 같은 농기구를 만들어서 백성들에게 경작하는 법을 가르쳤다. 그 때문에 신농神農이라고 하였다. 곡부曲阜[15]에 도읍하여, 천하를 120년이나 다스렸다.

以火承木， 位在南方. 以火德王， 爲赤精之君. 時人民茹草飮水， 採樹木之實， 而食蠃蛖之肉, 多生疾病. 乃求可食之物， 嘗百草， 種五穀， 以養人民. 日中爲市. 作陶冶， 爲斧斤, 造耒耜, 教民耕稼. 故曰神農. 都曲阜， 治天下一百二十年.

고인은 그것을 열산(裂山)이라고 불렀으나 후에 고쳐 열산(烈山)씨라고 하였다. 일설에서는 여산(厲山)씨라고도 한다. 원래 강수(薑水)유역에 거주하다가 이후에 동쪽으로 나아가 중원에 이르게 된다. 일찍이 황제와 더불어 판천(阪泉)에서 싸워서 대패하였는데, 이를 중화문명사의 첫 대통일이라고 한다. 일설에서는 염제가 곧 신농씨라고 한다.

12 '화덕(火德)': 신농(神農)은 화덕왕으로 염제(炎帝)라고도 칭했다.

13 적정(赤精)의 제왕은 중국 고대 신화 속의 남방의 신으로서, 곧 염제족 축융씨(祝融氏)이다.

14 '라(蠃)'는 '라(螺)'와 같으며 고둥류에 속한다.

15 '곡부(曲阜)'는 오늘날 산동성 중부의 남쪽의 지명이다. 주대(周代)에 노나라의 도읍지였으며, 진(秦)나라 때는 노현(魯縣)을 설치하였고, 수(隋)나라 때에는 곡부현으로 바뀌었다.

3. 황제헌원씨黃帝軒轅氏[16]

(헌원씨는) 희姬씨 성의 시조이며, 유웅국有熊國 임금 소전少典의 아들이다. 태어나면서부터 신성하고 신령한 품성을 지녔으며, 자라면서 총명하였고, 성인이 되어서 하늘로 올라갔다. 토덕土德으로써 왕이 되어 황정黃精[17]의 군주가 되었기 때문에 황제라고 한다. 탁록涿鹿[18]에 도읍하였다. (용마가 헌상한) 하도河圖를 받았으며, 일월성신日月星辰이 운행하는 형상을 보고 별자리[19]에 관한 책을 만들었다. 대요大撓[20]에

姬姓之源, 有熊國君少典之子. 生而神靈, 長而聰明, 成而登天. 以土德王, 爲黃精之君, 故曰黃帝. 都涿鹿. 受河圖, 見日月星辰之象, 始有星官之書. 命大撓探五

---

16 황제헌원씨(黃帝軒轅氏)는 흔히 황제(黃帝)라 부르며, 전설 속에서 중원 각 민족의 공동의 시조이다. 본성은 공손(公孫)이나 후에 희(姬)씨로 바꾸며, 헌원(軒轅)씨 혹은 유웅(有熊)씨라고 부른다. 소전(少典)의 자식이다. 전설에는 염제가 각 부족을 어지럽히자, 헌원씨는 각 부족의 추대를 받아 판천[阪泉: 지금 하북(河北) 탁록(涿鹿)의 동남쪽]에서 염제를 물리쳤다. 그 후 치우(蚩尤)가 침략해 오자 다시 각 부족을 이끌고 탁록[현 하북(河北)에 속함]에서 치우를 쳐서 죽였고, 각 부족으로부터 추대받아 부족연맹의 장이 되었다고 한다. 전설상에는 이 시기에 발명되고 창조된 것이 많은데, 예컨대 양잠(養蠶), 배와 수레[船車], 문자(文子), 음률(音律), 의학(醫學), 산수(算數) 등은 모두 황제시대에 창조된 것이다.

17 '황정(黃精)'은 장빙룬의 역주본에 의하면 중국고대신화의 다섯 천제(天帝) 중 하나이며, 중앙의 신을 가리킨다고 한다.

18 '탁록(涿鹿)'은 현의 이름이다. 하북성 서북부 상간하(桑幹河) 유역으로, 장쟈쿼시[張家口市]에 속한다. 한대(漢代)에는 하락(下落)과 탁록의 현(縣)이 되었고, 당나라에는 영흥(永興) 등의 현지가 되었으며 원대에는 보안주(保安州)가 되었다. 1913년에는 보안현(保安縣)으로 개정되었다가 1914년에는 탁록현이 되었다.

19 '성관(星官)'은 Baidu 백과에 의하면, 고대 중국에서 별을 식별하고 관측하기 편리하도록 약간의 항성을 조합하여서 한 무리로 만들고 무리마다 지상의 사물로 이름을 지었는데, 이 한 무리를 성관이라고 하며, 간략하게 일관(一官)으로 칭하

게 명령하여 오행의 도리를 탐구해서 북두칠성으로 규율을 잡아 처음으로 천간지지의 갑자甲子[21]를 만들었다. 용성容成[22]에게 명하여 율력[曆]을 만들었으며. 예수隸首[23]에게 산수筭數를 만들게 하고, 영륜伶倫[24]에게 명하여 음률[律呂[25]]을 만들도록 했으며, 기백岐伯[26]에게는

行之情，占斗罡所建，始作甲子．命容成作曆，命隸首作筭數，命伶倫造律呂，命岐伯定醫方．爲衣冠以表貴

였다. 당송대에는 또한 한 별자리[一座]라고 칭하였다. 그러나 이 같은 별자리는 별의 구역이라는 의미를 내포하고 있지 않으며, 오늘날에 말하는 별자리의 개념과는 다르다. 고대의 각 천문학파가 이름 지은 성관은 각각 차이가 있다고 한다.

20 '대요(大撓)': Baidu 백과에 의하면 대요(大橈)라고도 하며, 전설 속에서 황제(黃帝)의 사관(史官)으로 일찍이 육십갑자를 창조하였다고 한다.

21 '갑자(甲子): 간지(干支)의 하나로서 간지순서의 첫 번째이다. 갑자(甲子)에서 시작하여 계해(癸亥)에서 멈춘다. 육십 번 돌면 일주(一周)를 한 것이며, 이 때문에 '육십갑자(六十甲子)'라고 이름 지어졌다. 일반적으로 년, 월, 일, 시의 순서에 사용한다.

22 '용성(容成)': 전설상의 신선이며, 황제(黃帝)의 신하로서 그에게 양생술을 지도한 스승이기도 하다. 일찍이 역법을 창조하였다. 『회남자』 권19 「수무훈(修務訓)」 중에는 "옛날에 창힐이 글자를 만들었고 용성이 역법을 만들었다."라고 하였다. 그 주석에서 이르기를 "용성은 황제의 신하로서 역법을 만들고 일월성신의 추이를 알았다."라고 한다.

23 '예수(隸首)': 전설상의 황제(黃帝)의 신하로, 수(數)를 창조하였다.

24 '영륜(伶倫)': 전설상의 황제(黃帝)시대의 악관(樂官)으로 율려(律呂)를 발명하여 음률(音律)을 만든 시조이다. 『여씨춘추』 「중하기제오(仲夏紀第五) · 고악(古樂)」에는 "옛날 황제가 영륜에게 음률을 만들도록 하였다."라고 하였다.

25 '율려(律呂)': 고대 죽관(竹管)으로 만든 악률(樂律)을 교정하는 기구로서 관의 장단으로 음의 서로 다른 높이를 확정했다. 저음관(低音管)에서 계산하여 기수(奇數) 6개의 관을 율(律)이라 하고, 우수(偶數) 6개의 관을 여(呂)라고 불렀다. 후에는 율려를 음율의 통칭으로 사용하였다.

26 '기백(岐伯)': Baidu 백과에 의하면 상고시기 저명한 의학가이며, 도가의 명인이다. 후대에 화하중의(華夏中醫)의 시조 또는 의성(醫聖)으로 칭송되고 있다. 그 이름은 『황제내경(黃帝內徑)』에 보인다. 후세에서 중의학을 일컬어 '기황의 재

의술과 방약[醫方]을 제정하게 했다. 의관을 만들어 귀천을 표시하였고, 병장기[27]를 만들었으며, 배와 수레를 만들고, 지방 행정구역을 나누었다. 천하를 100년 동안 다스렸다.

賤, 治干戈, 作舟車, 分州野. 治天下一百年.

그림1 삼황성기(三皇聖紀)

주[岐黃之術]'라고 하는 것은 여기에서 비롯되었다고 한다.

27 '간과(干戈)': 간(干)은 방패이며, 과(戈)는 평두극(平鬥戟)이다. 간(干)과 과(戈)는 고대 전쟁 시에 항상 사용하던 방어와 공격용 무기이며, 또한 병기를 총칭할 때 쓰인다.

2장 양생금기[養生避忌]

본 장은 사람이 심신을 보양할 때 마땅히 금기해야 하는 사항이다. 여기에는 주로 옛사람들이 "음식과 기거에는 한도가 있고 욕망을 절제하며 행동을 삼가[飮食起居有度, 節欲慎行]"는 양생을 함으로써 자연기후의 변화 등에 순응하여 질병을 예방하고 건강을 보존한 것을 말한 것이다. 이러한 내용은 오늘날 사람들에게도 상당히 참고할 만한 가치가 있으나 일부 내용은 과학적으로 검토할 여지가 있다.

대저 상고시대 사람 중에서 양생의 도道를 아는 사람은 음양의 변화에 순응하고 심신을 단련하는 술수에 화합하며, 음식[食飮]에는 절제가 있고, 기거에는 일정한 규율이 있었으며, 헛되이 심신을 혹사하지 아니하였기에 건강하고 장수할 수 있었다. 지금의 사람들은 그렇지가 않다. 기거에도 일정한 규칙이 없으며, 먹고 마시는 것의 금기를 알지 못하고, 또한 신중함과 절제도 없고, 대부분 좋아하는 것에 탐욕이 지나쳐서 맛있는 것에만 관심을 기울여 중용을 지키지 못한다. 그리고 정력이 충만해야 된다는 사실을 알지 못하기 때문에 반백半百 년 만에 심신이 쇠퇴하는 자가 많다. 무릇 안락의 도는 보양하는 것에 있으며, 보양의 도는 중용을 지키는 데 있고, 중용을 지키는 것이란 지나치거나 모자라는 병폐가 없

夫上古之人, 其知道者, 法於陰陽, 和於術數, 食飮有節, 起居有常, 不妄作勞, 故能而壽. 今時之人不然也. 起居無常, 飮食不知忌避, 亦不慎節, 多嗜慾, 厚滋味, 不能守中. 不知持滿, 故半百衰者多矣. 夫安樂之道, 在乎保養, 保養之道, 莫若守中, 守中則無過與不及之病. 春秋冬夏, 四時陰陽,

는 것이다. 봄·여름·가을·겨울 4계절 음양의 변화에서 병이 생기는 것은 너무 지나치거나 요구에 미치지 못한 것에서[28] 기인하며, 대개 음양 변화의 규율에 적응하지 않고 망령되게 강행한 결과이다. 때문에 양생養生하는 자는 이미 지나치게 (심신의 정기를) 소모하는 폐단이 없고, 또한 생명의 근본[真元][29]을 잘 유지하니 어찌 밖의 사악한 기운[外邪][30]이 안으로 들어오는 것을 걱정하겠는가? 그 때문에 약을 즐겨 찾는 자는 보양保養에 힘쓰는 자만 못하며, 보양을 잘하지 못하는 사람은 약을 잘 복용하는 사람만 같지 못하다. 세상에는 보양을 잘하지 못하고 또한 약을 쓰는 것도 잘하지 못하는 사람이 있어서 갑자기 병이 생기면 그 허물을 하늘에 돌린다. 양생을 잘하는 사람은 음식 맛을 담백하게 하고, 근심을 줄이고 좋아하는 것과 욕망을 절제하며, 홍분

生病起於過與, 蓋不適其性而強. 故養生者, 既無過耗之弊, 又能保守真元, 何患乎外邪所中也. 故善服藥者, 不若善保養, 不善保養, 不若善服藥. 世有不善保養, 又不能善服藥, 倉卒病生, 而歸咎於神天乎. 善攝生者, 薄滋味, 省思慮, 節嗜慾, 戒喜怒. 惜元氣, 簡言語, 輕得失. 破憂阻, 除妄想, 遠好惡, 收視

28 장빙룬의 역주본에 의하면, 본문의 '과여(過與)'에서 '여(與)'자 다음에 '불급(不及)'의 내용이 생략된 것으로 파악하고 있는데, 합리적인 해석이다.

29 '진원(真元)': 중의학의 명사로, 생명의 원천을 가리킨다. 또한 '진양(真陽)', '진화(真火)', '원양(元陽)'이라고 부른다. 또는 신장(腎臟)에 저장된 원기로서 하초에 위치한다고 하여 하원(下元)이라고도 한다.

30 '외사(外邪)': 바람, 추위, 더위, 습기, 건조함, 불의 육음(六淫)과 질병의 기운 등이 외부에서 인체에 침투하여 질병을 일으키는 요소를 가리킨다. Paul D. Buell 외 1인, A Soup for the Qan: Chinese Dietary Medicine of the Mongol Era As Seen in Hu Sihui's *Yinshan Zhengyao*, BRILL, 2010(이후 'Buell의 역주본'으로 약칭)에서는 '외사(外邪)'를 'external miasmas'라고 번역하고 있다.

하고 성내는 것을 경계한다. 그리고 원기元氣[31]를 아끼고 말을 줄여서 이해득실을 가볍게 한다. 근심과 장애를 배제하고 헛된 망상을 버리며, 좋고 나쁜 것을 멀리하고, 보고 듣는 것을 삼가하여 체내의 원기 보양에 힘쓴다. 게다가 정신을 과도하게 쓰지 않고, 육체노동에 피로를 더하지 않으며 심신이 편안해지면 어찌 병이 생기겠는가? 그 때문에 양생을 잘 하는 자는 먼저 배가 고프기 전에 먹고, 먹을 때는 배부르게 먹지 않으며 목이 마르기 전에 마시고 마시는 것도 지나치지 않는다. 음식을 먹을 때 횟수는 많게 하고 양은 적게 하며, 한 번에 많이 먹지 않는다. 대개 모자랄 듯 먹고, 허기를 달랠 정도로 먹는다. 배가 부르면 폐부가 손상되고, 굶주리면 원기가 손상된다. 만약 배부르게 먹으면 바로 누워 잠을 자서는 안 되는데, (그렇지 않으면) 온갖 병이 생긴다.

聽, 勤內固. 不勞神, 不勞形, 神形既安, 病患何由而致也. 故善養性者, 先饑而食, 食勿令飽, 先渴而飲, 飲勿令過. 食欲數而少, 不欲頓而多. 蓋飽中饑, 饑中飽. 飽則傷肺, 饑則傷氣. 若食飽, 不得便卧, 即生百病.

무릇 뜨거운 음식을 먹고 땀이 날 때 바람을 쐬어서는 안 되는데, (쐬면) 경병痓病,[32] 두

凡熱食有汗, 勿當風, 發痓病, 頭

31 '원기(元氣)': 원기는 또한 '원기(原氣)'라고도 하는데, 원음(元陰)의 기와 원양(元陽)의 기를 포괄한다. 선천(先天)의 정기가 변화하여 생기며, 후천적으로 섭취한 영양에 따라서 끊임없이 증가하는 것이다. 중의학 이론에 의하면 원기는 신장에서 나오며(명문(命門)을 포괄한다.), 배꼽 아래의 단전(丹田)에서 모였다가, 삼초(三焦: 육부중의 하나)의 통로를 빌려서 전신으로 퍼지고, 오장육부 등의 일체 활동을 추동하여 인체의 생화학동력의 원천을 만들 수 있다.

32 Buell의 역주본에서는 경병(痓病)을 'convulsion', 즉 '경기, 경련'으로 번역하고

통, 안구건조가 생기며 잠이 많아진다.

痛, 目澀, 多睡.

밤에 음식을 너무 많이 먹으면 안 되며, 누워 잠잘 때 사풍邪風[33]을 받으면 좋지 않다.

夜不可多食, 卧不可有邪風.

무릇 음식을 먹은 후에 따뜻한 물로 입을 헹구면 치주 질환[齒疾]과 입 냄새[口臭]가 없어진다.

凡食訖溫水漱口, 令人無齒疾, 口臭.

땀이 났을 때 부채질을 하면 안 되는데, (그렇지 않으면) 반신불수[偏枯][34]가 된다.

汗出時, 不可扇, 生偏枯.

서북 방향으로 대소변을 봐서는 안 된다.

勿向西北大小便.

대소변을 참아서는 안 되는데, (참으면) 사람에게 무릎관절염[膝勞][35]과 손발이 차고 저린 현상[冷痺[36]痛]이 나타난다.

勿忍大小便, 令人成膝勞, 冷痺痛.

별이나 해와 달, 신당神堂과 사당[廟宇]의 방향으로 대소변을 봐서는 안 된다.

勿向星辰日月神堂廟宇大小便.

밤에 다닐 때 노래를 부르거나 크게 고함을

夜行, 勿歌唱大

있다. 하지만 장빙룬의 역주본에서는 '경병(痙病)'을 열로 인해 병이 생기는 과정에서 나타나는 것으로, 몸이 뒤로 젖혀지거나 입이 다물어지면서 열리지 않는 질병을 가리킨다고 한다. 주요 증상은 몸에 열이 나고 발은 차가우며(오한이 들면 머리에 열이 나고, 얼굴과 눈이 붉게 변한다.) 목이 강하게 오그라들고 등도 휘어지며, 입을 갑자기 다물게 되고 머리가 흔들거리며, 맥박이 약해지거나 혹은 빨라지게 된다.

33 '사풍(邪風)': 질병은 풍우(風雨)와 같다고 하며, '사풍'은 질병을 일으키는 요소 중의 하나이다.

34 '편고(偏枯)': 즉 '반신불수(半身不遂)'이다.

35 '슬로(膝勞)': 무릎관절의 통증이다.

36 '냉비(冷痺)': 인체사지 관절에 한기, 냉기, 사기의 침범으로 인해서 손발의 감각이 없어지고 저린 병이다. '냉(冷)'은 인체에 침범하여서 병을 일으키는 한랭한 사기를 가리킨다. '비(痺)'는 곧 '비(痹)'로서 저린 증상이다.

질러서는 안 된다.

하루의 금기는 저녁에 배불리 먹어서는 안 된다는 것이다.

한 달의 금기는 그믐날[37]에 크게 취해서는 안 된다는 것이다.

일 년의 금기는 연말에 먼 길을 가서는 안 된다는 것이다.

평생의 금기는 불을 켠 상태로 남녀 관계를 맺어서는[房事] 안 된다는 것이다.

1000일 동안 약을 복용하는 것은 홀로 하룻밤 편안하게 잠자는 것만 못하다.

자신과 부모의 출생 간지일[本命日][38]에는 그 간지일에 속한 동물의 고기를 먹어서는 안 된다.

무릇 사람이 앉을 때는 반드시 단정하게 앉아야만 그 마음이 바르게 된다.

무릇 사람이 서 있을 때는 반드시 바르게 서야만 그 몸을 바르게 할 수 있다.

오랫동안 서 있으면 안 되는데, (그렇지 않으면) 골격이 손상된다.

앉은 채로 오래 있어서는 안 되는데, (그렇지 않으면) 혈맥이 손상된다.[39]

叫.

一日之忌, 暮勿飽食.

一月之忌, 晦勿大醉.

一歲之忌, 暮勿遠行.

終身之忌, 勿燃燈房事.

服藥千朝, 不若獨眠一宿.

如本命日, 及父母本命日, 不食本命所屬肉.

凡人坐, 必要端坐, 使正其心.

凡人立, 必要正立, 使直其身.

立不可久, 立傷骨.

坐不可久, 坐傷血.

---

37 '회(晦)': 음력(陰曆) 매월의 마지막 날이나 후에는 흑야(黑夜)를 두루 가리킨다.

38 '본명일(本命日)': 자기 출생일의 간지(干支)와 서로 같은 날짜이다.

39 이 조항은 오랫동안 앉아 있으면 혈액순환이 원활하지 않고 오랫동안 운동하지

너무 오랫동안 걸어서도 안 되며, (그렇지 않으면) 근골이 손상을 입는다.

行不可久, 行傷筋.

오래 누워 있으면 안 되는데, (그렇지 않으면) 기氣가 손상된다.[40]

臥不可久, 卧傷氣.

눈으로 볼 때 너무 오래 보아서는 안 되며, (그렇지 않으면) 신경이 손상된다.

視不可久, 視傷神.

배부르게 먹고 난 뒤에 머리를 감으면 안 되는데 (감으면) 풍질風疾[41]이 생긴다.

食飽勿洗頭, 生風疾.

눈이 빨갛게 충혈된 상태에는 절대로 남녀 관계를 맺어서는[房事] 안 되는데, 그렇지 않으면 백내장[內障]에 걸린다.

如患目赤病, 切忌房事, 不然令人生內障.

목욕을 한 후 바람을 맞아서는 안 되는데, (목욕을 하면) 피부[腠理]의 모공이 모두 열리게 되니 사풍邪風이 쉽게 들어오는 것을 피해야 한다.

沐浴勿當風, 腠理百竅皆開, 切忌邪風易入.

높고 험한 곳을 오르거나[42] 빨리 달리는 수레와 말을 타서는 안 되는데, (그렇지 않으면)

不可登高履崄, 奔走車馬, 氣亂神

않아 혈액이 외부와 이루어지는 기체(機體)교환이 약화되어 신체에 이롭지 않은 것을 말한다.

40 이것은 오랫동안 침상에 누워 있어서 기가 원활하게 운행되지 않아 질병이 생기는 것으로 이해할 수 있다.

41 '풍질(風疾)': 바람으로 인해 생겨나는 각종 질병을 가리킨다. 이 바람은 병의 원인, 즉 육음(六淫) 중의 하나가 된다.

42 '이험(履崄)': 높고 험하다는 의미로서, 『사부총간속편(四部叢刊續編)』『음선정요(飮膳正要)』(이후 '사부총간속편본'으로 약칭)에는 '이험(履崄)'이라고 하는데, 상옌빈[尙衍斌] 외 2인 주석, 『음선정요주석(飮膳正要注釋)』, 中央民族大學出版社, 2009(이후 '상옌빈의 주석본'으로 약칭)에서는 '이험(履嶮)'으로, 장빙룬의 역주본에서는 '이험(履險)'으로 표기하고 있다.

기가 흐트러지고 정신이 평상심을 잃어서 혼백䰟𩲸[43]이 흩어지게 된다.

驚, 䰟𩲸飛散.

큰 바람과 폭우, 엄동, 혹서 때에는 함부로 밖에 나가서는 안 된다.

大風大雨, 大寒大熱, 不可出入妄爲.

입으로 불어 등잔불을 꺼서는 안 되는데 (그렇지 않으면) 기가 손상된다.

口勿吹燈火, 損氣.

무릇 햇빛이 바로 비치면 광선을 응시해서는 안 되는데, (그렇지 않으면) 눈이 손상된다.

凡日光射, 勿凝視, 損人目.

멀고 아득한 곳을 한없이 보아서는 안 되는데, (그렇지 않으면) 시력이 손상된다.

勿望遠, 極目觀, 損眼力.

앉거나 누울 때 바람을 맞거나 습한 곳이어서는 안 된다.

坐卧勿當風濕地.

밤에 불을 켠 상태로 잠이 들어서는 안 되는데, (그렇지 않으면) 혼백이 몸에 편안히 머물지 못한다.[44]

夜勿燃燈睡, 䰟魄不守.

낮에 잠을 자서는 안 되는데 (그렇지 않으면) 원기元氣가 손상된다.[45]

晝勿睡, 損元氣.

음식을 먹을 때 말해서는 안 되며, 잠자리

食勿言, 寢勿語,

43 사부총간속편본에는 '혼백(䰟𩲸)'으로 적혀 있는데, 본서의 다른 곳에는 혼백(䰟魄)이라고 표기하기도 한다. 이는 오늘날의 '혼백(魂魄)'과 동일하다. 그 때문인지 샹옌빈의 주석본과 장빙룬의 역주본에서는 '혼백(魂魄)'으로 적고 있다. 이하 동일하여 언급하지 않는다.

44 '혼백불수(䰟𩲸不守)': 혼백이 신체에 안전하게 머무를 수 없다는 뜻으로, 사람이 잠을 자는 중에 불빛의 자극을 받아 쉽게 숙면을 하지 못하는 것으로 이해할 수 있다.

45 이 구절은 무슨 이치인지 알 수 없으나 만일 대낮에 정신이 나른하고 몽롱하면서 졸린다면 원기가 부족한 증상의 하나이다.

에 들어서도 말하면 안 되는데, 인체의 기가 손상될까 두렵다.

恐傷氣.

무릇 신당과 사당에 갈 때는 곧장 들어가서는 안 된다.

凡遇神堂廟宇, 勿得輒入.

무릇 비바람이 불고 천둥과 번개가 칠 때는 반드시 문을 닫고 단정히 앉아서 향불을 피우면 아마 모든 신들이 (무사히) 지나갈 것이다.

凡遇風雨雷電, 必須閉門, 端坐焚香, 恐有諸神過.

격노해서는 안 되는데, 화를 내면 울화병[氣疾][46]과 지독한 악창이 생긴다.

怒不可暴, 怒生氣疾, 惡瘡.

멀리 침을 뱉는 것은 가까이에 뱉는 것만 못하며 가까이 뱉는 것은 침을 뱉지 않는 것만 못하다.[47]

遠唾不如近唾, 近唾不如不唾.

호랑이와 표범의 가죽을 직접 피부에 닿게 해서는 안 되는데 (그렇지 않으면) 사람의 눈이 손상된다.

虎豹皮不可近肉鋪, 損人目.

여색을 피하는 것은 나는 화살을 피하는 것과 같이 하고, 바람을 피하는 것은 원수를 피하는 것과 같이 한다. 공복에 차를 마시면 안 되고 신申시[48] 이후에 죽을 조금 먹는다.

避色如避箭, 避風如避讎. 莫喫空心茶, 少食申後粥.

---

46 기(氣)는 맥기(脈氣)와 영위(營衛)를 가리키며, 이는 곧 호흡기, 순환기와 림프계통의 총칭이다. Buell의 역주본, p.261에서는 울화병[氣疾]을 'qi illnesses'로 번역하고 있다.

47 중의학의 이론에 따르면 신경의 한 경락 위에 혀뿌리[舌根]가 있는데, 이는 혀 아래의 염천(廉泉: 침이 분비되는 구멍), 옥영(玉英) 두 혈과 통하면서 침을 생산한다. 이것이 '타위신액(唾爲腎液)'이며, 양이 많이 나오더라도 뱉지 않는다.

48 '신시(申時)': 오늘날 오후 3시에서 5시에 해당한다. 신시에 먹는 죽이 저녁인지

옛사람이 이르길 "들에 나가는 자는 아침에 허기져서는 안 되고, 저녁에는 배불리 먹어서는 안 된다. 그러나 이것은 들에 나갈 때만 해당되지 않으며, 무릇 아침은 모두 공복을 피해야 한다."라고 하였다.

古人有云, 入廣者, 朝不可虛, 暮不可實. 然不獨廣, 凡早皆忌空腹.

옛사람이 이르길 "면은 푹 삶고 고기는 부드럽게 익히고 술은 적게 마시며, 홀로 자야 한다."라고 하였다.

古人云, 爛煮麵, 軟煮肉, 少飲酒, 獨自宿.

옛사람들은 평상시에 기거하면서 섭생과 양생을 했는데, 오늘날 사람들은 늙어서야 비로소 몸 보양을 의식하니, 대개 보양해도 그다지 도움이 되지 않는다.

古人平日起居而攝養, 今人待老而保生, 盖無益.

무릇 밤에 잠자리에 들어서 양손을 문질러 열을 내어 눈에 갖다 대면 영원히 눈병[眼疾]이 생기지 않는다.

凡夜卧, 兩手摩令熱, 揉眼, 永無眼疾.

무릇 밤에 잠자리에 들 때 양손을 문질러 열을 내어 얼굴을 문지르면 기미[瘡皯[49]]가 생기지 않는다.

凡夜卧, 兩手摩令熱, 摩面, 不生瘡皯.

손에 한 번 입김을 불고 열 번 비비며, 비비고 난 후 (얼굴에) 열 번 어루만진다. 오랫동안 이것을 하면 얼굴에 주름이 없어지고 윤기가

一呵十搓, 一搓十摩. 久而行之, 皺少顏多.

아니면 노동 이후의 참인지는 분명하지 않다. 다만 저녁일 경우에 하루 두 끼 중에 한 끼를 죽으로 먹는다는 것은 농업노동을 하는 농민에게는 견디기 힘든 일이기 때문에 간단하게 참으로 먹었던 것으로 보인다.

49 '간(皯)': 얼굴에 있는 검은 기운 혹은 피부 위의 검은 반점이 있는 것을 가리킨다.

많아진다.

무릇 새벽에 따뜻한 물로 눈을 씻으면 평상시 눈병에 걸리지 않는다.

凡清旦，以熱水洗目, 平日無眼疾.

무릇 새벽에 이를 닦는 것은 밤에 자기 전에 이를 닦는 것만 못하며, (그렇게 하면) 치주 질환[齒疾]이 생기지 않는다.

凡清旦刷牙，不如夜刷牙，齒疾不生.

무릇 새벽에 소금으로 이를 닦으면 평상시에 치주 질환이 없게 된다.

凡清旦塩刷牙, 平日無齒疾.

무릇 밤에 잠자리에 들기 전에 머리카락을 빗으로 100번 정도 빗으면 평상시에 두풍頭風[50]이 적어진다.

凡夜卧，被髮梳百通, 平日頭風少.

무릇 밤에 잠자리에 들기 전에 (더운 물로)[51] 발을 씻고 누우면 사지四肢가 차고 저리는 병[冷疾]에 걸리지 않는다.

凡夜卧，濯足而卧, 四肢無冷疾.

한여름에 차가운 물로 얼굴을 씻어서는 안 되는데 (그렇지 않으면) 눈 부위에 병[目疾][52]이

盛熱來，不可冷水洗面, 生目疾.

---

50 '두풍(頭風)': 중의학에서의 질병 이름이다. 두통이 오랫동안 지속되는 증상으로, 낫지 않고 반복적으로 발생한다. 통증이 비교적 격렬하고, 동시에 눈에 통증이 생겨서 심하면 실명할 수도 있다. 구역질, 현기증, 이명(耳鳴) 등의 증상이 나타나거나, 머리 일부분이 마비되거나, 목에 강한 통증 등이 발생한다. 오늘날 이른바 청광안(青光眼: 눈 겉에는 어떤 변화도 없지만 물체를 보지 못하는 병증임), 혈관성두통, 비염, 뇌종양, 신경성두통 등은 모두 두통증상을 동반할 수 있다.

51 장빙룬의 역문에는 '열수(熱水)'로 발을 씻기를 권하고 있다.

52 '목질(目疾)'과 앞에 보였던 '안질(眼疾)'은 어떤 차이가 있는지 분명하지 않다. 같은 문장 내에서 2가지 용례를 쓴 것으로 보아 분명히 양자의 차이가 있다. 생각건대 '안'은 '목'의 세부적인 상황이 아닌가 생각된다. 다시 말해 목(目)이 눈 부위를 전체적으로 뜻한다면, 안질은 눈동자에 관한 질병이 아닌가 생각된다. 예컨대

생긴다.

무릇 고목이나 큰 나무 아래의 음습한 곳에서 오랫동안 앉아서는 안 되는데, 음기가 사람에게 스며들까 염려되기 때문이다.

凡枯木大樹下, 久陰濕地, 不可久坐, 恐陰氣觸人.

입추立秋일에 씻거나 목욕해서는 안 되는데 (그렇지 않으면) 사람의 피부가 마르고 거칠어져서[53] 그로 인해 흰 각질[白屑]이 생긴다.[54]

立秋日, 不可澡浴, 令人皮膚麄燥, 因生白屑.

항상 입을 다물고 있으면 원기元氣가 상하지 않는다.

常默, 元氣不傷.

고민[55]을 적게 하면 지혜의 빛이 충만해진다.

少思, 慧燭內光.

화를 내지 않으면 정신이 안정된다.

不怒, 百神安暢.

번뇌하지 않으면 마음이 평온해진다.

不惱, 心地清涼.

쾌락은 너무 지나쳐서는 안 되며 욕망은 한도를 넘어서는 안 된다.

樂不可極, 慾不可縱.

'안경'과 '이목구비'와 같은 단어에서 볼 때 '안'과 '목'은 차이가 있음을 느낄 수 있다. Buell의 역주본, p.262에서는 목질(目疾)과 안질(眼疾)을 모두 'eye disease' 혹은 'ocular disease'라고 번역하고 있다.

53 '추조(麄燥)': 샹옌빈의 주석본에서는 사부총간속편본과 동일하게 '추조(麄燥)'라고 표기하였으나 장빙룬의 역주본에서는 '조조(粗燥)'로 표기하고 있다.

54 Buell의 역주본에서는 백설(白屑)을 '지루성 피부염[apparently seborrheic dermatitis]'으로 번역하고 있다.

55 '사(思)'를 장빙룬의 역주본에서는 '사려(思慮)'로 해석했으며, Buell의 역주본, p.263에서도 'cares', 즉 사려, 고민 등으로 번역하고 있다. 본서에서는 '고민'이라 번역하였다.

3장 임신 중 음식금기[妊娠食忌]

본 장의 태교 부분은 오늘날도 여전히 어느 정도 참고할 만한 가치가 있으며, 또한 지금 현재 국내외 학자들이 아직도 연구 중에 있는 과제이나, 본 조항의 많은 내용은 억지스러운 부분이 적지 않다.

상고시대 성인의 태교하는 법: 옛날에는 부인이 아이를 임신하면 잠잘 때 옆으로 눕지 않고, 앉을 때 모서리에 앉지 않으며, 서 있을 때는 한쪽 다리에 의지하지[56] 않았다. 맛이 상한 음식물을 먹지 않고, 반듯하게 자르지 않은 것은 먹지 않으며, 바르지 않은 자리에는 앉지 않았다. 눈으로는 사악한 행색을 보지 않고, 귀로는 음란한 소리를 듣지 않으며, 밤에는 지그시 눈을 감고 시를 암송하였고,[57] 정도에 합당한 일을 말하였다. 이와 같이 하면

上古聖人有胎教之法. 古者婦人姙子, 寢不側, 坐不邊, 立不蹕. 不食邪味, 割不正不食, 席不正不坐. 目不視邪色, 耳不聽淫聲, 夜則令瞽誦詩, 道正事. 如此則生子形容端正, 才過

56 '필(蹕)': 양류주[楊柳竹]의 백화주석본에서는 2가지 뜻을 제시하고 있다. 하나는 제왕이 출행 할 때 길을 청소하여 행인들의 왕래를 금한 것으로, 제왕 출행 때의 거가(車駕)를 두루 가리킨다. 다른 의미로 『열녀전(列女傳)』「주실삼모(周室三母)」 중에서는 바르게 서 있지 못하거나 한 다리로 서 있는 것을 가리킨다고 하였다. 상옌빈[尙衍斌]의 주석본에는 '필(蹕)'을 비스듬히 서서 중심이 한 방향으로 되어 있는 것을 의미한다고 하였다.

57 양류주[楊柳竹]의 백화주석본에 의하면 '고(瞽)'는 '활(瞎)'로서 눈을 감는다는 의미이다. Buell의 역주본 p.264에서는 "욕정에 가득 찬 것을 목격하고, 맹인(blind musicians)이 시를 읊조리고 있다."라고 해석하고 있다.

태어날 아이의 용모가 단정하고, 재주는 다른 사람을 능가한다. 이 때문에 태임太任[58]이 낳은 문왕文王은 총명하고 성인다운 기질을 지녀 하나를 들으면 백을 알았으니, 모두 태교의 효과이다. 성인은 대부분 태교를 거쳐 감화되어 태어나므로 임신 기간 중에 상사喪事에 참가하거나, 상복[服孝]을 입거나, 훼손된 시체를 보거나, 장애인[59]이나 가난한 사람들을 보는 것을 꺼린다. 마땅히 착하고 경사스럽고 아름다운 일을 보아야 한다. 만약 아이가 지혜가 많기를 바란다면 잉어나 공작을 봐야 한다. 태어난 아이가 용모가 아름답기를 바란다면 진주와 아름다운 옥을 봐야 한다. 아이가 건강하고 튼튼하길 바란다면 나는 매[60]와 달리는 사냥개를 보아야 한다. 이와 같이 선악도 태아에게 감응하여 영향을 미치는데,[61] 하물며 (직접 태아의 생장에 영향을 미치는)

人矣. 故太任生文王, 聰明聖哲, 聞一而知百, 皆胎教之能也. 聖人多感生, 妊娠故忌見喪孝, 破體殘疾貧窮之人. 宜見賢良喜慶美麗之事. 欲子多智, 觀看鯉魚孔雀. 欲子美麗, 觀看珎珠美玉. 欲子雄壯, 觀看飛鷹走犬. 如此善惡猶感, 況飮食不知避忌乎.

---

58 '태임(太任)': 주(周)나라 문왕(文王)의 어머니이다. 『열녀전』 「주실삼모」에서는 태임에 대해서 "단아하고 한결같으며 성실하고, 오직 덕으로써 행하였다. 임신하였을 때 눈으로 사악한 행색을 보지 않았고 귀로는 음란한 소리를 듣지 않았으며, 입으로 남을 업신여기는 말을 내뱉지 않았다. 그리함으로써 아이를 태교하여 문왕을 낳으셨다."라고 하였다.

59 샹옌빈의 주석본에서는 사부총간속편본과 동일하게 '잔질(殘疾)'로 표기하고 있으나, 장빙룬의 역주본에는 이 단어가 빠져 있다.

60 Buell의 역주본 p.264에서는 '매'를 '나는 기러기(flying wild geese)'로 해석하고 있다.

61 샹옌빈의 주석본에서는 사부총간속편본과 동일하게 '선악유감(善惡猶感)'이라고 표기하였으나, 장빙룬의 역주본에서는 '선악유상감(善惡猶相感)'이라고 하여 '상

음식을 임산부가 기피하지 않을 수 있겠는가?

임신부가 기피해야 할 것: 토끼 고기를 먹으면 낳은 아이가 귀가 먹고, 언청이가 된다.[62]

姙娠所忌.

食兎肉, 令子無聲缺唇.

산양 고기를 먹으면 낳은 아이가 잔병이 많다.

食山羊肉, 令子多疾.

계란[鷄子], 말린 생선을 먹으면 낳은 아이가 부스럼이 많이 생긴다.

食鷄子乾魚, 令子多瘡.

오디[桑椹],[63] 오리알[鴨子]을 먹으면 아이가 거꾸로 태어난다.

食桑椹鴨子, 令子倒生.

참새고기[雀[64]肉]를 먹고 술을 마시면, 낳은 아이가 성정이 음란해지고 수치를 알지 못한다.

食雀肉, 飮酒, 令子心淫情亂, 不顧羞恥.

(相)'자를 한 자 더 추가하고 있다.

62 『비급천금요방(備急千金要方)』 권2 「부인방(婦人方)」에 이 내용이 있는데, 토끼의 윗입술이 갈라져서 아이의 입술이 3개인 것처럼 보인다. 중의학의 이론에서는 임신기간에 토끼고기를 먹으면 아이의 입술이 토끼의 입술모양을 가지게 된다고 한다. 까오하오통[高皓彤], 『飮膳正要硏究』, 陝西師範大學碩士論文, 2009, p.12 참조.

63 '상심(桑椹)': 뽕나무과 식물인 뽕나무(*Morus alba* L.)의 열매이다. 당(糖), 타닌산[鞣酸], 사과산[蘋果酸]과 비타민[維生素] B_1, B_2, C와 카로틴[胡蘿蔔素]을 함유하고 있다. 맛은 달고, 성질이 차다. 주로 간을 보양하고 신장에 유익하며, 내풍(內風)을 치료하고[熄風], 진액을 많이 만든다. 간과 신장이 허약한 경우, 소갈증[消渴], 변비, 침침한 눈[目暗], 이명(耳鳴), 결핵성 경부(頸部) 림프선염[瘰癧], 관절이 좋지 못한 것을 치료한다.

64 '작(雀)'을 장빙룬은 역주본에서 문조과(文鳥科) 동물인 참새라고 하지만, 중국 특산의 작과 조류만 해도 수십 종 이상에 이른다. 이들은 과일, 곡식종자와 곤충을 먹이로 영위한다.

닭고기와 찹쌀을 먹으면 낳은 아이가 촌충[寸白虫]65이 생긴다.

참새고기와 간장[豆醬]을 먹으면 낳은 아이의 얼굴이 검은빛을 띤다.66

자라고기를 먹으면 낳은 아이의 목이 짧다.

나귀고기를 먹으면 아이를 만산晩産한다.

얼음음료[冰漿]를 마시면 태아가 유산된다.

노새고기를 먹으면 아이를 낳을 때 난산하게 된다.67

食鷄肉糯米，令子生寸白虫.

食雀肉豆醬，令子面生皯䵟.

食鼈肉, 令子項短.

食驢肉, 令子延月.

食冰漿, 絕產.

食騾肉，令子難產.

그림 2 임신 중 음식금기[妊娠食忌]

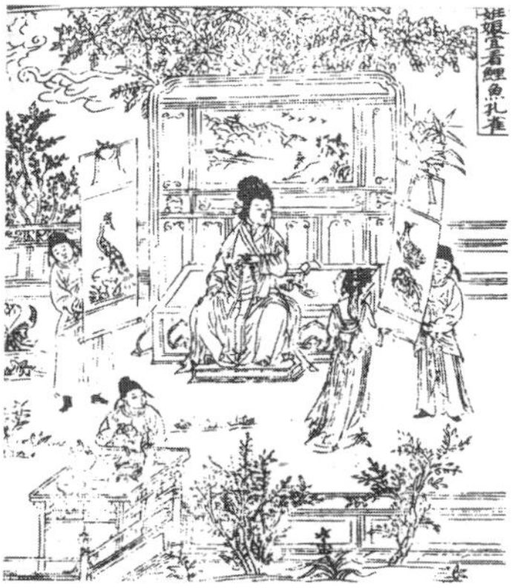

그림 3 임산부가 잉어와 공작 그림을 보다[妊娠宜看鯉魚孔雀]

65 '촌백충(寸白虫)': 장빙룬은 그의 역주본에서 조충(絛蟲)이라 번역했는 데 반해, 김세림의 역주본에서는 이를 오늘날 인체에 기생하는 9가지 기생충의 하나인 촌충(寸蟲)으로 보았다. Buell의 역주본, p.264에서도 역시 '촌충[tapeworm]'으로 번역하고 있다.

66 '간암(皯䵟)': 얼굴 위의 주근깨[黑斑]를 가리킨다. 당대 의학자 손사막(孫思邈)의 『비급천금요방(備急千金要方)』「곡미(穀米)」편에는 "얼굴의 검은 주근깨를 제거하여 피부가 윤택하다."라는 구절이 있다.

67 이 부분은 『비급천금요방(備急千金要方)』 권2 「부인방(婦人方)」을 인용한 것이다.

그림 4 임산부가 진주와 옥구슬 그림을 보다[姙娠宜看珠玉]

그림 5 임산부가 나는 매와 달리는 사냥개 그림을 보다[姙娠宜看飛鷹走犬]

4장 유모의 음식금기[乳母食忌]

본 장은 주로 유모를 가려 뽑는 기준과 유모가 마땅히 알아야 되는 금기에 대해서 이야기한 것이다. 대부분의 내용이 이치에 맞아서 참고할 만한 가치가 있다.

무릇 아이가 태어나려 하면 여러 유모 중에서 가려 뽑는데 반드시 나이가 젊고 건강하며 질병이 없고 착하며 성질이 너그럽고 따뜻하며 자상하고 세련되며 말이 적은 사람을 유모를 삼아야 한다. 아이가 유모가 주는 젖을 먹고 자라는 것은 또한 어른이 매일 음식 먹는 것과 같다. 선과 악도 서로 영향을 받는데 하물며 유모의 젖을 먹으면 그의 모성에 따르지 않겠는가.[68] 혹 아이가 병이 있고 없는 것 또한 유모가 음식을 삼가고 신중함에 달려 있다. 만약 음식을 꺼리고 삼가는 것을 알지 못하고, 신중히 행동하지 않고 입에 맞는 음식을 탐하여 자신의 상황에 적합한 음식을 잊게 된다면 병에 걸리고, (그 병은) 아이에게 옮겨지니 유모

凡生子擇於諸母, 必求其年壯, 無疾病, 慈善, 性質寬裕, 溫良詳雅, 寡言者, 使爲乳母. 子在於母資乳以養, 亦大人之飮食也. 善惡相習, 況乳食不遂母性. 若子有病無病, 亦在乳母之愼口. 如飮食不知避忌, 倘不愼行, 貪爽口而忘身適性致疾, 使子受患, 是

68 장빙룬[張秉倫]의 역주에서는 "하물며 유모가 생모와 같지 않겠는가."라고 해석한 반면에 Buell의 역주본에서는 "하물며 모유가 유모의 품성에 어떻게 일치하지 않겠는가."라고 해석하고 있으며, 김세림의 역주본에서는 "하물며 유식(乳食)은 그 생모(生母)의 품성에 원인이 있지 않겠는가." 등 다양하게 해석하고 있다.

가 아이에게 병이 생기도록 한 것이다. | 母令子生病矣.

유모의 각종 금기: 여름에 한참 무더울 때는 젖을 먹어서는 안 되는데, (그렇게 하면) 아이의 양기가 지나쳐서[偏陽][69] 자주 구역질을 한다. | 乳母雜忌. 夏勿熱暑乳, 則子偏陽而多嘔逆.

겨울에 아주 추울 때는 젖을 먹어서는 안 되는데, (그렇게 하면) 아이의 음기가 지나쳐서[偏陰][70] 자주 기침을 하거나 설사[咳痢]가 많아진다. | 冬勿寒冷乳, 則子偏陰而多咳痢.

유모는 성내서는 안 되는데 성을 내면 기가 역류하므로 그때 젖을 먹이면 아이의 성격이 거칠어진다.[71] | 母不欲多怒, 怒則氣逆, 乳之令子癲狂.

69 '편양(偏陽)': 장빙룬[張秉倫]의 역주본에 따르면 중의학에서 여름은 양(陽)에 속하고 위(胃) 또한 양에 속한다고 한다. 이 때문에 만약 유모가 여름철에 더위를 먹은 뒤에 아이에게 젖을 주게 되면 바로 자신에게 가득 찬 양기가 아이에게 전달되어서 아이 신체 내부의 영위(營衛: 영기와 위기로서, 전자는 혈액생성과 영양조절기재, 후자는 면역기재)가 음양(陰陽)과 4계절의 균형[平衡]을 상실하게 되는 것으로, 이것을 일러 '편양'이라 한다. 양류주[楊柳竹]의 백화주석본에서는 '편양'은 체질과 질병이 양성을 좇는데, 여기에는 열성(熱性), 동성(動性), 위로 향하고, 밖으로 향하는 유형이 있다고 보았다. 본문속의 구토[嘔逆]와 같은 것이라고 한다. 이에 반해 Buell의 역주본 p.265에서는 "양기가 편중해서 많이 토할 수 있다."라고 해석하고 있다.

70 '편음(偏陰)': 겨울은 음에 속한다. 장빙룬[張秉倫]의 역주본에 따르면 유모가 만약 다시 냉기를 받은 뒤 이런 젖을 먹고 자란 아이는 영위의 균형을 상실하게 되는데, 이것을 일러 '편음'이라 한다. 양류주의 백화주석본을 보면 '편음'은 편양(偏陽)의 상대적인 개념으로서 음기를 좇는데, 예컨대 이것은 차가운 성질, 아래로 향하는 성질 등의 유형이 있다고 한다.

71 Buell의 역주본에서는 이 단락에 대해서 "유모가 화가 났을 때에는 기가 역류하는데 그때 모유를 먹이면 아이가 자라서 성질이 거칠어진다."고 해석하였다. 그

유모는 취해서는 안 되는데 취하면 양기가 발하여 그때 젖을 먹이면 아이 몸에 열이 나고 배가 불룩해진다.

유모가 만약 토할 때는 속이 허하다는 징후이니 그때 젖을 먹이면 아이가 야위게 된다.

유모가 비장과 위에 열이 차면 대개 피부와 눈이 적황색이 되는데 이때 젖을 먹이면 아이 또한 피부가 누래지고 음식을 먹지 않는다.

갓 성관계를 끝내고 피로한 상태에서[72] 젖을 주면 아이가 허약해져 부스럼이 생기고[瘦痒] 하체가 꼬여서[73] 걷지 못하게 된다.

유모가 너무 배부를 때 젖 먹여서는 안 된다.

유모가 너무 배고플 때 젖 먹여서는 안 된다.

유모가 너무 추울 때 젖 먹여서는 안 된다.

유모가 너무 더울 때 젖 먹여서는 안 된다.[74]

아이가 설사[瀉痢], 복통, 밤에 울음을 그치지 않는 증상[夜啼疾]이 있으면, 유모는 차고 서늘하

母不欲醉, 醉則發陽, 乳之令子身熱腹滿.

母若吐時, 則中虛, 乳之令子虛羸.

母有積熱, 盖赤黃爲熱, 乳之令子變黃不食.

新房事勞傷, 乳之令子瘦痒, 交脛不能行.

母勿太飽乳之.

母勿太飢乳之.

母勿太寒乳之.

母勿太熱乳之.

子有瀉痢, 腹痛, 夜啼疾, 乳母忌食

외에 대부분의 중국 역주본에서는 전광(癲狂)의 병증이라고 해석하고 있다.

72 '방사노상(房事勞傷)': 이는 과도한 성생활로 인해 신장의 정기[腎精]가 소모되어 피로해진 것이다.

73 '교경(交脛)': 장빙룬[張秉倫]의 역주에 의하면 아이의 양쪽 종아리가 연약하고 무력하여 꼬여 걸을 수가 없는 것이라고 하였다. 양류주[楊柳竹]의 백화주석본에서는 교경의 '경(脛)'은 종아리의 측골(側骨)로 걸을 수 없을 때의 상태를 묘사한 것으로 보았는데, 대개 아이가 아연 결핍으로 인해서 나타나는 뼈 발육 부진 또는 구루병의 증상이다.

74 이 문장은 『비급천금요방(備急千金要方)』 권4 「소소영유방(少小嬰孺方)」에 근거하여 인용한 것이다.

며 병이 유발하는 음식의 섭취를 꺼려야 한다.

寒凉發病之物.

아이가 열이 차고[積熱], 경기[驚風][75]를 하거나 종기[瘡瘍][76]가 있으면, 유모는 눅눅하고 열기[濕熱][77]가 있으며, 경련을 일으키는[動風][78] 음식을 삼가야 한다.

子有積熱驚風瘡瘍, 乳母忌食濕熱, 動風之物.

아이가 옴이나 부스럼[79]이 있으면 유모는 생선, 새우[蝦], 닭, 말고기 등 피부병을 일으키는 음식을 삼가야 한다.

子有疥癬瘡疾, 乳母忌食魚蝦鷄馬肉發瘡之物.

아이가 적취[癖],[80] 만성소화불량[疳],[81] 허약

子有癖疳瘦疾,

---

75 '경풍(驚風)': 장빙룬[張秉倫]의 역주에 의하면 소아과에서 풍(風) 때문에 나타나는 경기[驚厥]와 근육수축이완장애증상[抽搐]을 통칭하여 '경풍'이라고 한다. 경(驚)은 경기[驚厥]이다. 풍(風)은 추풍(抽風: 근육이 뻣뻣해지면서 오그라들거나 늘어지는 증상이 번갈아 나면서 오랫동안 되풀이되는 증상)이다.

76 '창양(瘡瘍)': 『의학계원(醫學啓源)』 권중(卷中)의 각주에는 '양(瘍)'을 "유실소창야(有實小瘡也)"라고 하였다. 장빙룬[張秉倫]의 역주에 의하면 외과 임상에서 흔히 보이는 다발증으로서 모든 종양과 궤양을 포괄하는 것이다. 예컨대 큰 종기[癰疽], 못 형태의 종기[疔瘡], 뾰루지[癤腫], 유담(流痰: 뼈마디가 서서히 썩어가면서 고름집이 생기는 병), 농혈증[流注], 임파선 만성 종창[瘰癧] 등이다.

77 '습열(濕熱)': 습(濕)이 울체된 채 오래되어 열상(熱象)을 나타내는 것으로 습사(濕邪)와 열사(熱邪)가 서로 동반한 것이다.

78 '동풍(動風)': 동풍은 병으로 몸의 전체 또는 일부분에 일어나는 경련을 뜻한다. Buell의 역주본에서는 '동풍'을 'move wind'로 해석하고 있다.

79 '개선창질(疥癬瘡疾)': 모든 피부병을 가리킨다. 개(疥)는 옴[疥瘡]을 가리키는데, 옴 진드기가 피부 밑에 숨어 있다가 번갈아 공격을 해서 환부(患部)에 찌르는 통증을 유발하며, 더욱이 손가락으로 꼬집을 수밖에 없을 정도로 가려워져 참기 어렵다. 선(癬)은 대부분 풍(風)·습(濕)·열(熱) 따위가 피부를 공격하거나 또는 접촉감염으로 인해서 야기되는 일종의 피부병을 가리킨다.

80 '벽(癖)': 이는 적취(積聚)로서 배나 가슴, 옆구리에 큰 살덩어리가 불룩 솟아오른 것을 말한다. 양 옆구리 사이에서 평상시에는 만져지지 않다가 통증이 있을 때 더듬으면 비로소 만져진다. 장빙룬[張秉倫]의 역주에 따르면 이전에 사람들은 이

증[瘦疾][82]이 있으면 유모는 생가지나 생오이 등의 음식을 삼가야 한다.	乳母忌食生茄黃瓜等物.

것을 구분하여 식벽(食癖), 음벽(飲癖), 한벽(寒癖), 담벽(痰癖), 혈벽(血癖) 등 여러 종류로 나누었다. 대부분 음식을 조절하지 못하고, 비장(脾臟)과 위가 손상하게 되고, 한담(寒痰)이 모여 뭉치고, 기혈이 뭉치는 것이 원인이다.

81 '감(疳)'은 만성소화불량[疳積]으로, 연약한 어린아이에게 잘 나타난다. 안색이 누렇고 몸이 수척해지고 하복부[肚腹]가 팽창되며, 영양에 장애가 있고, 만성 소화불량을 수반하는 특징이 있다. 장빙룬[張秉倫]의 역주에 의하면 병의 원인은 너무 빨리 젖을 떼거나 음식을 절제하지 못하거나 병을 앓고 난 후 균형을 잃었거나 배 속에 기생충이 몰려서 생기는 병[蟲積] 등과 관련이 있다고 한다.

82 '수질(瘦疾)': 일반적으로 수척[消瘦]해지는 증세를 가리킨다.

5장 신생아 때[初生兒時]

본 장은 출생한 신생아의 피부병에 관한 내용이다. 『음선정요』 사부총간속편(四部叢刊續編)본의 본문에는 이 항목이 「유모의 음식금기[乳母食忌]」와 「음주금기[飲酒避忌]」의 사이에 들어 있다. 그래서 인지 쟝장위[張江彧] 校注, 『음선정요』에서는 「유모의 음식금기[乳母食忌]」의 말미에 포함시켰으며, 이에 대한 제목이 빠져 있다. 하지만 샹옌빈의 주석본과 장빙룬의 역주에서는 '初生兒時'라고 제목을 붙여 독립된 항목으로 설정하고 있다.

무릇 처음 아이가 태어나 아직 울기 전에[83] 먼저 황련黃連[84]을 물에 담가 즙을 내어 소량의 주사[85]를 고루 섞어서 입안에 약간 발라 주면,

凡初生兒時，以未啼之前，用黃連浸汁，調朱砂少許，

---

83 '이미제지전(以未啼之前)': 샹옌빈의 주석본에서는 사부총간속편본과 동일하게 '이미제지전(以未啼之前)'이라고 하였으나, 장빙룬의 역주본에서는 '이미제지전선(以未啼之前先)'으로 쓰여 있다.

84 '황련(黃連)': 장빙룬[張秉倫]의 역주에 의하면 또 왕련(王連), 지련(支連)이라고 칭한다. 미나리아재비과[毛茛科] 식물 황련 [*Coptis chinensis* Franch.], 3각엽 황련 [*Coptis deltoidea* C.Y.Cheng et Hsiao], 운남 황련 [*Coptis teetoide* C.Y.cheng]의 뿌리줄기이다. 김세림의 역주본에서도 장빙룬과 동일하며, Buell의 역주본, p.267에서는 '황련'을 *rhi-zome of Coptis chinensis*로 해석하고 있다. 이것은 맛은 쓰고, 성질은 차다. 화를 풀고, 습기를 조절하며, 독을 없애고, 살충의 작용이 있다. 열독, 장티푸스, 열이 나고 마음이 답답한 증상, 비장이 가득 차 구토하는 것, 세균성 이질, 열로 인한 설사와 복통, 폐결핵, 토악질, 코피[衄], 하혈, 당뇨, 만성소화불량[疳積], 회충병, 백일회, 인후통, 급성결막염, 구창, 독창으로 인한 피부 궤양, 습진, 화상 등의 질병에 사용한다.

85 '주사(朱砂)': 또 당사 또는 진사라고 칭한다. 자연의 진사 광석이다. 맛은 달고, 성질은 서늘하며 독이 있다. 주로 정신 안정, 심적 안정, 시력강화, 제독을 할 때 효능이 있다. 광기[癲狂], 경기[驚悸], 가슴 답답증, 불면증, 현기증, 시력저하, 종독(腫毒), 창양(瘡瘍), 옴 등을 치료한다.

태열胎熱[86]과 사기邪氣[87]를 제거하고 부스럼[瘡疹][88]이 적어진다.

무릇 처음 아이가 태어날 때, 형개荊芥[89]와 황련을 달인 물에 숫멧돼지[90] 쓸개즙 소량을 넣고 아이를 씻긴다. 비록 이후에 반진班疹,[91] 악창惡瘡이 생길지언정 적게 나타난다.[92]

微抹口內, 去胎熱邪氣, 令瘡疹稀少.

凡初生兒時, 用荊芥, 黃連熬水, 入野牙猪膽汁少許, 洗兒. 在後雖生班疹惡瘡, 終當稀少.

---

86 '태열(胎熱)': 이것은 아기가 갓 태어났을 때 나타나는 고열, 놀람, 매우 심한 천식, 충혈 및 포종, 변비증, 붉은 소변 등 일련의 증상을 가리킨다. 이것은 산모가 임신기에 열독이 있는 음식물을 지나치게 많이 먹었거나 따뜻한 성질의 약을 지나치게 복용하여 쌓인 훈증(熏蒸)이 태기(胎氣)에 나타나면서 생기는 질병이다.

87 '사기(邪氣)': 중의에서는 병을 일으키는 외재적인 요소, 즉 풍(風), 한(寒), 서(暑), 습(濕), 조(燥), 열(熱), 식적(食積), 담음(痰飮) 등을 두루 가리킨다.

88 '창진(瘡疹)': 장빙룬[張秉倫]의 역주에 의하면 일반적인 피부질병이다. '창'은 '부스럼'을 가리키고, '진'은 '반진(斑疹)'이라고 한다. 그에 반해 Buell의 역주본, p.266에서는 이를 '부스럼과 궤양(sores and ulcers)'으로 해석하고 있다.

89 '형개(荊芥)': 가소(假蘇), 서실(鼠實), 사릉간호(四棱杆蒿) 등으로도 불린다. 꿀풀과[唇形科] 식물 형개의 전초이다. 일년생 초본이며, 높이는 60-90cm이고, 전국 대부분의 지역에 분포되어 있다. 맛은 맵고, 성질은 따뜻하다. 체내의 독기를 발산시키며 풍을 제거하고 또한 피부 가려움증을 치료하는 데 쓰인다.

90 '야아저(野牙猪)': 이를 쟝장위의 교주본에는 '野猪'라고 하고, 장빙룬의 역주본에서는 '野公猪'로, Buell의 역주본, p.267에서는 'a male wild boar'로 번역하고 있다.

91 '반진(班疹)': 반진(瘢疹)이라고도 하며, 크고 편을 이루며, 색은 붉거나 자줏빛이며, 만져도 손에 느껴지지 않는 것을 '반(斑)'이라고 한다. 경맥이 막히고 급박하게 영혈(營血)이 미쳐서 피부에 나타나는 현상이다. 그 모양은 좁쌀과 같으며 붉고 자색을 띠며 피부 위에 볼록하게 나오는데 손에 만져지는 것이 있기에 이를 '진(疹)'이라고 한다(또한 피부에 튀어나오지 않아서 만져지지 않는 것도 있다). 대부분 풍열로 인하여 막혀서 안으로 영양분이 차단되어 혈맥에서 피부로 튀어나온 것이다.

92 이 문단은 『비급천금요방(備急千金要方)』 권4 「소소영유방(少小嬰孺方)」에서 인용하였다.

무릇 아이가 아직 피부병에 걸리지 않았을 때, 선달에 토끼머리를 털과 뼈 채로 함께 물에 넣고 끓여서 탕으로 만들어 (식혀서) 아이를 씻기면 열과 독을 제거하며, 반진, 각종 부스럼이 생기지 않는다. 비록 생기더라도 이 역시 드물게 난다.

凡小兒未生瘡疹時, 用臘月兎頭并毛骨, 同水煎湯, 洗兒, 除熱去毒, 能令班疹諸瘡不生. 雖有亦稀少.

무릇 아이가 아직 반진이 생기지 않았을 때, 검은색 어미 나귀의 젖을 먹게 하면 자라서 피부병과 각종 독이 생기지 않는다. 만약 생긴다 하더라도 극히 드물다. 이는 곧 아이의 심열心熱[93]과 경기[風癎][94]를 치료하는 방법이다.

凡小兒未生班疹時, 以黑子母驢乳令飮之, 及長不生瘡疹, 諸毒. 如生者, 亦稀少. 仍治小兒心熱, 風癎.

그림 6 황련(黃連)과 그 말린 뿌리

그림 7 형개(荊芥)와 그 말린 뿌리

93 '심열(心熱)'은 얼굴이 붉어지고, 가슴이 답답하고 열이 나며[煩熱], 잠이 오지 않는 증상이다.

94 '풍간(風癎)': 외부의 풍사에 의해 발생하는 간질로, 실제로는 소아 경기이다. 갑자기 넘어지거나 다른 사람을 알아보지 못하고 구토를 하거나 거품을 내면서 두 눈을 위로 치켜뜨며 사지가 뒤틀리고, 입으로는 마치 돼지와 양과 같은 소리를 내는 특징이 있다.

6장 음주금기[飮酒避忌]

본 장은 주로 술을 마시거나 취했을 때의 금기에 대해 말한 것으로, 그중에 상당한 부분의 금기는 참고할 만한 가치가 있다. 술은 주로 쌀[米], 맥(麥), 기장[黍], 고량(高粱), 과일류 등을 누룩으로 발효시킨 알코올을 함유한 음료를 가리킨다. 원료, 양조, 가공, 저장 등의 조건이 같지 않기 때문에, 술의 명칭이 매우 많고, 그 성분의 차이도 매우 크다.

술의 맛은 쓰고, 달고, 맵고 열이 많고 독이 있다.[95] 주로 약의 작용을 도우며, 여러 병의 원인을 없애고, 악기惡氣[96]를 제거하며, 혈맥을 통하게 하고, 창자와 위장의 기능을 강화하며, 피부를 윤택하게 하고 근심을 줄여 주는 효능이 있다.[97] 조금 마시는 것이 더욱 좋으

酒, 味苦甘辛, 大熱, 有毒. 主行藥勢, 殺百邪, 去惡氣, 通血脉, 厚腸胃, 潤肌膚, 消憂愁. 少飮尤佳, 多

95 '유독(有毒)': 인체에 독과 해가 있는 작용을 말한다. 예컨대 『본초강목(本草綱目)』에는 "밀가루 누룩[麵曲]으로 만든 술은 조금만 마셔도 바로 알코올 성분이 피와 화합하여 기를 잘 순환시키며 정신이 담대해지고 추위를 막아 낸다. 만약 남자가 술을 탐닉하는 것이 한도가 없어 항상 술에 취해 있는 자는 가벼운 경우에는 질병이 악화되고, 심할 때는 생명에 손상을 입게 되니, 그 해를 말로써 감당할 수 있겠는가?"라고 하였다.

96 '악기(惡氣)': 첫 번째로는 '병의 기운[病邪]'이다. 육음(六淫) 혹은 전염병의 기운 등을 두루 가리킨다. 두 번째로는 병리성 산물이다. 예컨대 『황제내경』「영추(靈樞)·수장(水腸)」편에는 "…(한기가 침범하여 기가 운영되지 못함으로 인해) 쌓여서[癖] 몸 안에 붙게 되어 이내 악기(惡氣)가 일어나고 군은살이 바로 생겨난다."라고 하였는데, 기혈의 순환이 막힘으로 인하여 어혈이 뭉쳐 생겨난 일종의 병리적 산물을 가리킨다.

97 그래서인지 이미 『한서(漢書)』 권24 「식화지하(食貨志下)」에서도 "술은 온갖 약

며, 많이 마시면 정신을 잃게 하고 수명을 줄이며, 사람의 본성을 바꿀 정도로 그 독은 매우 심하다. 마셔서 과하게 취하면 생명의 근원을 잃게 된다.

飮傷神損壽, 易人本性, 其毒甚也. 醉飮過度, 喪生之源.

술을 마실 때는 많이 마셔서는 안 되고 과음했음을 깨달으면 빨리 토해내는 것이 좋으며 토하지 않으면[98] 담질痰疾[99]이 생기게 된다.

飮酒不欲使多, 知其過多, 速吐之爲佳, 不爾成痰疾.

술을 마시더라도 크게 취해서는 안 되는데 (그렇지 않으면) 평생 여러 가지 질병을 치료할 수 없다.

醉勿酩酊大醉, 即終身百病不除.

술은 오랫동안 마셔서는 안 되는데 창자와 위장이 헐게 되고 골수에 알코올기가 스며들며 근육과 맥이 훈증薰蒸으로 상할까 두렵기 때문이다.[100]

酒不可久飮, 恐腐爛腸胃, 漬髓, 蒸筋.

술에 취해서 바람을 맞으면서 누우면 안 되

醉不可當風卧,

들 중 으뜸이다.[酒, 百藥之長.]"라고 하였다.

98 샹옌빈의 주석본에서는 사부총간속편본과 동일하게 '이(爾)'로 쓰여 있으나, 장빙룬의 역주본에는 '이(而)'로 적고 있다.

99 '담질(痰疾)': 가래[痰]로 인해 생겨난 각종 질병으로, 호흡기에서 분비되는 병리적 산물을 가리키며, 아울러 몇몇의 병이 생겨난 기관조직[病變器官] 내에 쌓인 점액물질을 포괄하고 있다. 가래로 인한 증상으로는 담음(痰飮: 마신 물이 장이나 위에 남아 있어 출렁출렁 소리가 나며 가슴이 답답해지는 증세), 담화(痰火: 가래가 심하게 나오는 증세), 담포(痰包: 혀 밑에 생기는 조롱박 모양의 종기), 담핵(痰核: 몸에 일정한 크기로 생기는 멍울) 등이 있다. 김세림의 역주본에서는 '담질'을 천식, 간질[癲癎]과 위병(胃病)으로 보고 있다.

100 '증근(蒸筋)': Buell의 역주본 p.268에서는 "근육과 맥이 훈증될까 두렵다."라는 부분을 "힘줄을 훈증시킨다."라고 해석하고 있다.

는데 (그렇지 않으면) 풍질風疾[101]에 걸릴 수 있다.

生風疾.

술에 취한 채 햇볕을 향해 누우면 안 되는데 (그렇지 않으면) 사람이 발광하게 된다.

醉不可向陽卧, 令人發狂.

술에 취해서 타인으로 하여금 부채질하게 해서는 안 되는데 (그렇지 않으면) 반신불수[偏枯]가 될 수 있다.

醉不可令人扇, 生偏枯.

술에 취해 야외에서 자면 안 되는데 (그렇지 않으면) 몸이 차고 저린 현상[冷痺][102]이 생긴다.

醉不可露卧, 生冷痺.

술에 취한 후에 땀이 나고 바람을 맞아 생기는 질병을 누풍漏風[103]이라 한다.

醉而出汗當風, 爲漏風.

술에 취하여 기장대[黍穰][104] 위에 누우면 안

醉不可卧黍穰,

---

101 '풍질(風疾)': 풍(風)으로 인한 각종 질병을 가리킨다. 이 '풍(風)'은 모두 병의 원인, 즉 육음의 하나를 가리키며, 『황제내경』「소문(素問)·풍론(風論)」에서는 "풍은 잘 행하며 자주 변하니 살결이 열려서 갑자기 한기를 느끼고 닫히면 열기로 인해서 답답해진다. 추워지면 식욕을 잃게 되고, 더워지면 근육과 살갗이 바로 쇠하게 된다."라고 한다.

102 Buell의 역주본 p.268에서는 '냉비(冷痺)'를 'numbness', 즉 감각을 잃거나 마비되는 것으로 번역하고 있다. 이는 냉비(冷痺)의 '비(痺)'를 비(痹)와 동일하게 인식했기 때문이다.

103 '누풍(漏風)': 옛 병명으로, 장빙룬은 역주본에서 이를 주풍(酒風)이라고 하며 술을 마신 이후에 풍사(風邪)로 인해서 발생한다고 한다. 『황제내경』「소문(素問)·풍론(風論)」에는 "음주 중에 바람을 맞으면 바로 누풍이 생긴다."라고 하였다. 『비급천금요방(備急千金要方)』 권8에는 "술에 취해 바람을 맞으면 누풍이 생기는데, 악풍(惡風)과 땀이 많아지고, 기력이 소실되며, 입이 말라 갈증을 느끼고 피부에 옷이 닿으면 몸이 불덩이같이 되며, 음식을 먹으면 땀이 비가 오듯이 나고, 뼈마디가 느슨해지기 때문에, 스스로 의욕을 상실하게 된다."라고 하였다. 그런데 Buell의 역주본에서는 '누풍(漏風)'을 'leaking wind'로 직역하고 있다.

104 '서양(黍穰)': 기장의 줄기이다. 상옌빈의 주석본과 장빙룬의 역주본에서는 사부총간속편본과는 달리 '서(黍)'를 '서(黍)'로 적고 있다.

되는데, (그렇지 않으면) 나병[癩疾][105]이 생긴다.

술이 취한 상태에서 억지로 많이 먹고 성을 내서는 안 되는데 (그렇지 않으면) 악성 종기[癰疽][106]가 생긴다.

술에 취한 채로 말을 달리거나 뛰어서는 안 되는데 (그렇지 않으면) 힘줄과 뼈가 손상 입는다.

술에 취한 후에 성관계를 하면 안 되는데 (그렇게 하면) 증상이 가벼운 자는 기미[皯]가 생기거나 기침[欬嗽][107]을 하며, 심한 자는 장기[108]가 손상되고, 설사를 하거나 치질이 걸린다.[109]

生癩疾.

醉不可強食, 嗔怒, 生癰疽.

醉不可走馬及跳踯, 傷筋骨.

醉不可接房事, 小者面生皯欬嗽, 大者傷臟澼痔疾.

---

105 '나질(癩疾)': 나병[癩], 문둥병[麻風], 황선(黃癬)으로도 불린다. 일종의 만성 전염병으로, 병원체는 한센병균이다. 근육과 피부가 마비되고 두꺼워지며, 안색이 깊어지고, 피부에 결절이 생기며 털이 빠지고 감각을 잃게 되며, 손가락과 발가락이 변형된다.

106 '옹저(癰疽)': '옹(癰)'은 대개 종양 표면이 빨갛게 부어올라서, 열이 나고, 통증이 있으며, 주변경계가 뚜렷해지는 증상이다. 고름이 생기기 전에는 부스럼이 없으며 쉽게 사라지는데, 고름이 생기면 쉽게 터진다. 터진 후에는 고름의 진액이 걸쭉하게 붙어 있으며, 터진 상처는 쉽게 아물기 때문에 이를 일러 '옹(癰)'이라고 부른다. '저(疽)'는 대개 종양표면의 부기가 평평하게 퍼져 있고 피부색이 변하지 않으며 열이 나지 않고 통증도 적은데, 아직 고름이 생기지 않는 것은 삭기 어렵고, 이미 고름이 생긴 것은 터뜨리기 어려우며, 고름은 묽어서 터진 후에 주저하여 굳은 것을 모두 '저(疽)'라고 일컫는다.

107 '해수(欬嗽)': 기도의 점막이 자극을 받아 기침을 하여 갑자기 숨소리를 터뜨리는 것이다.

108 상옌빈의 주석본은 사부총간속편본과 동일하게 '장(臟)'으로 쓰고 있으나, 장빙룬의 역주본에서는 '장(藏)'으로 쓰고 있다.

109 이 문장은 『비급천금요방(備急千金要方)』 권81 「양성서제일(養性序第一)」에서 인용한 것이다. 김세림의 역주본에서는 장빙룬[張秉倫]의 역주와 동일한 해석을 하고 있지만, Buell의 역주본 p.268에서는 '소자(小者)'는 가벼운 성관계(minor intercourse)를 한 것이고, '대자(大者)'는 심하게 성관계(major intercourse)를 한

술에 취해서 차가운 물로 얼굴을 씻으면 안 되는데 (그렇지 않으면) 부스럼이 생기기 쉽다.[110]	醉不可冷水洗面, 生瘡.
술에 취했다가 깬 후에 다시 마시면 안 되는데 (그렇지 않으면) 손상을 입은 뒤에 또 손상을 입는다.	醉, 醒不可再投, 損後又損.
술에 취하여 고성을 지르거나, 크게 화내면 안 되는데 (그렇지 않으면) 사람에게 기병[氣疾][111]이 생긴다.	醉不可高呼大怒, 令人生氣疾.
그믐날에 크게 취해서는 안 되며 월말의 그믐날[月空][112]에는 (술 마시는 것을) 피해야 한다.	晦勿大醉, 忌月空.
술에 취한 후에 유락즙[酪水][113]을 마시면 안 되는데 (그렇지 않으면) 목구멍이 막히는 병증[噎病][114]에 걸린다.	醉不可飮酪水, 成噎病.

것으로 해석하고 있다.

110 본 문장은 『양성연명록(養性延命錄)』 권상(上) 「식계편제이(食戒篇第二)」에서 인용하였다.

111 '기질(氣疾)': 이것은 화를 내거나 성을 내서 일어나는 질병을 가리킨다.

112 '월공(月空)': 음력의 월말로 달이 보이지 않는 것을 가리킨다. 월만(月滿)의 상대적 개념이다. 『황제내경(黃帝內經)』 「소문(素問)」에서는 "달이 이지러지게 되면 근육이 빠지며, 경락이 허하여 위기[衛氣: 섭취한 음식의 양분이 피부와 주리(腠理)를 튼튼하게 하여 신체를 호위하는 기운]가 없어지고, 형체만 남게 된다."라고 하였다. 김세림의 역주본에서는 '월공(月空)'을 만월에서 초생달까지 달이 이지러지는 때라고 하며, 이런 월곽공(月郭空) 때에는 사람의 혈기가 허약해져 사기(邪氣)가 인체에 침입하기 쉽다고 한다.

113 Buell의 역주본 p.269에서는 '낙수(酪水)'를 '발효우유(fermented milks)'로 해석하고 있다.

114 '열병(噎病)': 허기가 져서 먹고자 하지만, 목과 흉격 사이가 막혀 간혹 아직 위에 들어가기 전에 바로 가래와 함께 다시 나오게 되는 증상을 보이는 병이다. '열

술에 취하더라도 바로 침실에 들어서는 안 되는데 (그렇지 않으면) 얼굴에 부스럼[瘡瘬]이 생기며, 내장에 적취積聚가 생긴다.[115]	醉不可便卧, 面生瘡瘬, 內生積聚.
크게 취한 후에 등불을 켜고 큰 소리를 지르면 안 되는데 (그렇게 하면) 혼백이 흩어져 몸을 지키지 못할까 염려된다.	大醉勿燃燈叫, 恐䰟鬼飛揚不守.
술에 취한 후에 차가운 음료[漿水]를 마시면 안 되는데 (그렇게 하면) 목소리를 잃으며, 시열尸噎[116]이 생긴다.	醉不可飲冷漿水, 失聲成尸噎.
술을 마실 때, 술에 비친 사람의 그림자가 보이지 않을 정도가 되면 마셔선 안 된다.[117]	飲酒, 酒漿照不見人影勿飲.

(噎)'은 목구멍으로 넘길 때 걸린 듯한 느낌이 있는 것을 말한다.

115 '내생적취(內生積聚)': 내장이 소화불량 혹은 기혈의 운행이 원활하지 못함으로 인해서 생기는 적취이다. '적취(積聚)'는 병증의 이름이다. 『황제내경』「영추(靈樞)·오변(五變)」편에 보인다. 복강속의 종양 덩어리를 두루 가리키는데, 배가 불러오고, 통증을 일으키는 질병을 수반한다. 『장씨의통(張氏醫通)』에는 "쌓이는 것[積]은 오장(五臟)에서 생기고 항상 일정한 부위에서 시작되다. 모이는 것[聚]은 육부(六腑)에서 생기나 그 시작은 뿌리가 없어서 위아래로 한 곳에 머무는 바가 없으니 그 통증도 일정한 부위가 아니니다."라고 하였다. 일반적으로 뭉친 덩어리는 통증이 비교적 심하며 고정되어서 옮겨 다니지 않아 쌓이게 된다[積]. 쌓인 덩어리는 잠복했다가 드러나고 공격했다가 숨으면서 배는 부풀어 오르는데 통증은 일정한 부위가 없이 모이게 된다[聚]. 치료에는 차가운 기운을 흩어지게 하고[散寒], 쌓여 있는 것을 제거하며[消積], 어혈을 풀고[攻瘀], 기를 통하게 하며[行氣], 정기를 북돋는[扶正] 등의 방법이 있다. 김세림의 역주본에서는 '적취(積聚)'를 복부 또는 흉부에 경련을 일으키는 병이라고 한다.

116 '시열(尸噎)': 목소리가 나오지 않아 정상적인 발음이 되지 않는 병증의 일종이다.

117 이 문장은 『비급천금요방(備急千金要方)』 권81 「양성서제일(養性序第一)」에서 인용하였다. Buell의 역주본, p.269에서는 그림자가 보이지 않는다는 사실을 농도가 짙은 술로서 표현하여 "농도가 짙어서(liquor is thick) 사람의 그림자가 비치지 않는 것은 마시지 말라."라고 해석하였다.

취했을 때에는 소변을 참아서는 안 되는데 (그렇게 하면) 소변불통[癃閉],[118] 무릎통증[膝勞], (관절이) 차고 저리는 현상[冷痺]이 생긴다.	醉不可忍小便, 成癃閉膝勞冷痺.
공복에 술을 마시면 취했을 때 반드시 구토하게 된다.	空心飲酒, 醉必嘔吐.
취했을 때 대변을 참아서는 안 되는데 (그렇게 하면) 혈변[腸澼][119]을 누거나 치질이 생긴다.	醉不可忍大便, 生腸澼痔.
술을 마실 때는 각종 단것을 피해야 한다.	酒忌諸甜物.
취했을 때에는 돼지고기를 먹어서는 안 되는데 (먹게 되면) 풍風[120]을 야기한다.	酒醉不可食豬肉, 生風.

---

118 '융폐(癃閉)': 병증의 이름이다. 『황제내경』「소문(素問) · 오당정대론(五常政大論)」에 나온다. 또한 융(癃), 폐융(閉隆)이라고도 한다. 배뇨가 곤란하여 똑똑 아래로 떨어지며, 심한 경우 막혀서 통하지 않는 병증을 가리킨다. 본 증상은 각종 원인으로 인해 야기되는 요저류(尿瀦留: 소변이 모두 배출되지 않고 남아 있는 증상)에서 볼 수 있다. 실증(實症: 기관이 막혀 생긴 증상)은 대부분 폐의 기운과 기의 체제가 막히거나 요도가 뭉치거나 막혔기 때문이다. 허증(虛症: 양기부족으로 인해 생긴 증상)은 대부분 비장과 콩팥이 양기가 허하고 진액이 순환되지 않기 때문에 일어난다. 이 증상은 또한 '융(隆)'과 '폐(閉)'로 나눌 수 있다. '융(隆)'은 소변 방울이 뚝뚝 떨어지고, 하복부가 서서히 불러오는 것이고, '폐(閉)'는 소변불통으로 인해서 소변 방울도 나오지 않아 병세가 비교적 급성이다. 일반적으로 '융폐(癃閉)'라고 통칭한다.

119 '장벽(腸澼)': 병명이다. 양류주의 백화주석본에서는 설사, 농혈을 수반하는 이질병이라고 한다. 『황제내경』「소문(素問) · 통평허실론(通評虛實論)」 등의 편에 보인다. 장빙룬의 역주본에서는 이를 두 가지로 분석하고 있다. 첫 번째로는 이질(痢疾)의 옛 이름이다. '벽(澼)'은 점성이 있는 기름 때가 콧물이나 고름과 같아서 장에서 배출될 때 '피피'소리가 나기 때문에 붙여진 이름이다. 두 번째로는 혈변을 가리키는데 『고금의감(古今醫監)』에서는 "무릇 장벽이란 것은 대변에 피가 나오는 것이다."라고 하였다.

120 '풍(風)': 장빙룬의 역주본에서는 이것을 병증 중 하나를 일컫는다고 한다. 병이 변하는 과정 중에 출현하는 풍증으로서 밖에서 느끼는 풍과 같지 않기 때문에 또

취했을 때에는 억지로 힘을 써서 무거운 것을 들어서는 안 되는데 (그렇지 않으면) 근골과 체력이 손상된다.

醉不可強擧力, 傷筋損力.

술을 마실 때에는 절대 돼지나 양의 뇌를 먹어서는 안 되는데 (먹으면) 사람에게 크게 해를 끼친다. 도를 연공하는 사람[煉真之士][121]이라면 더욱 꺼리는 것이 좋다.

飮酒時, 大不可食猪羊腦, 大損人. 煉真之士尤宜忌.

술에 취해서 바람을 쐬어 차갑게 해서는 안 되는데 다리가 노출되면 대부분 각기병[脚氣][122]이 생긴다.

酒醉不可當風乘凉, 露脚, 多生脚氣.

한 '내풍(內風)'이라고 한다. 대부분 오장육부의 기능이 부조화하여 기와 혈이 거꾸로 요동쳐서 근육과 맥에 영양을 잃게 되는데, 현기증[眩暈], 경련[抽搐], 어지러움과 입과 눈이 비틀어지고 두 눈을 위로 치켜뜨게 되는 신경계통의 증상이 나타난다. 『황제내경』「소문(素問) · 음양응상대론(陰陽應象大論)」에서는 "풍사가 신체를 호위하는 기운[衛氣]을 이기면 근육경련이 생긴다.[風勝則動.]"라고 하였으며 「소문(素問) · 지진요대론(至眞要大論)」에서는 "무릇 갑자기 강직해지는 것은 모두 풍에 속한다."라고 하였다.

121 '연진지사(煉真之士)': 고대에 '양생(養生)'과 '연단(鍊丹)'의 방법을 아는 사람을 가리킨다.

122 '각기(脚氣)': 중의학에서의 병명이다. 민간에서는 곰팡이균에 의해 감염된다고 하여 족선(足癬)이라고 한다. 『제병원후론(諸病源候論)』 권13에 보인다. 옛 이름은 완풍(緩風)이며, 또한 각약(脚弱)이라고 부른다. 외부에서 습기, 사기, 한기, 독기에 접촉되거나 혹은 음식의 자극적인 맛에 손상되고 습기가 쌓여서 열이 발생하여 발쪽으로 흘러들어가면서 나타난다. 증상으로는 먼저 허벅지와 다리에 마비가 일어나고, 산통이 있으며, 맥이 없고 무력하며 혹은 배로 들어가서 가슴을 공격하고 아랫배에 감각이 없고 구토하여 먹지 못하고 마음이 두근거리고, 가슴이 답답하고, 숨이 차고, 정신이 혼미해져 언어장애가 생긴다. 각기병에는 건각기(乾脚氣: 다리가 붓지 않는 각기), 습각기(濕脚氣: 다리와 무릎이 붓는 각기병), 한습각기(寒濕脚氣: 한습이 경맥에 침입하여 기혈순환을 장애하여 발생하는 병증), 습담각기(濕痰脚氣: 다리가 무겁고 힘이 없으며 설사를 하는 병증), 각기

술에 취하면 습한 땅에 누워서는 안 되는데, 근육과 뼈가 상하게 되고, 차고 저리는[冷痺][123] 것으로 인한 통증이 생긴다.

醉不可卧濕地, 傷筋骨, 生冷痺痛.

술에 취하면 씻거나 목욕을 해서는 안 되는데 (그렇게 하면) 대부분 안구질환이 생기기 쉽다. 만약 안질에 걸린 사람은 절대 술에 취하거나 마늘 먹는 것을 피해야 한다.

醉不可澡浴, 多生眼目之疾. 如患眼疾人, 切忌醉酒食蒜.

그림8 음주금기[飲酒避忌]

충심(脚氣沖心: 가슴이 공연히 두근거리고 숨이 가쁘며 구토하는 등의 증상이 나타나고, 심하면 정신이 아뜩하고 언어가 착란 되는 각기병) 등의 서로 다른 유형이 있다.

123 '냉비(冷痺)': 본서에서는 '비(痺)'를 '비(痹)'와 동일시하여 '냉비'를 차가운 기운으로 인해 손발이 저리고 감각이 없어지는 증상이라고 보고 있다.

7장 진귀하고 기이한 음식 모음[聚珍異饌]

여기에 기록된 음식들은 이전의 문헌에서는 보이지 않는데, 아마 홀사혜(忽思慧), 상보란해(常普蘭奚), 경윤겸(耿允謙), 장금계노(張金界奴) 등이 민간에 전해진 방법을 바탕으로 자신의 의학 지식을 더해 만든 것이라고 추측된다. 까오하오통[高皓彤], 『飲膳正要研究』, 陝西師範大學碩士論文, 2009, p.15 참조.

1. 마사답길탕馬思荅吉湯

이 탕은 인체 음양의 기운을 보충해 주고,[124] 비장과 위를 따뜻하게 하며,[125] 기의 흐름을 순조롭게 한다.[126]

補益, 溫中, 順氣.

양고기 다리 하나를[127] 잘라 작은 덩어리로 만든

羊肉一脚子, 卸成事

---

124 '보익(補益)': 중의학의 용어로, 인체혈기음양의 부족을 보충하며 각종 허증(虛症)을 치료하여 인체에 보탬을 주는 것을 가리킨다. 김세림의 역주본에 따르면 양기(陽氣)는 호흡으로 체내에 들어가는 하늘의 기를 가리키며, 몸 전체를 보호하는 기능을 한다. 음기(陰氣)는 음식에 의해서 체내로 들어가는 땅의 기운을 가리키며, 신체를 구성하는 성질을 지닌다고 하였다.

125 '온중(溫中)': 중의학의 용어로, 사람의 비장과 위장[脾胃]을 따뜻하게 하고, 한기(寒氣)와 사기(邪氣)를 제거한다. 일반적으로 '중(中)'은 중초(中焦)를 가리키는데, 즉 비장과 위장이 위치하고 있는 부분이다. 대개 중초가 한기가 들면 배에 냉통이 생기고 대변이 묽어진다.

126 '순기(順氣)': 폐와 위로 역류하는 기운을 이끌어 소통하여 기운을 내리고 순조롭게 하는 것을 가리킨다. 역류하는 것을 바로잡고 기운을 내리게 하는 것[降逆下氣]을 일컫기도 한다.

127 '양육일각자(羊肉一脚子)': 양 한 마리의 1/4덩어리에 상당하며 또한 '큰 한 덩어리',

다.[128] 초과草果[129] 5개, 관계官桂[130] 2전(錢),[131] 회회두[回回豆子][132] 반 되[133]를 찧어서 껍질 제거한 것를 | 件. 草果五箇, 官桂二錢, 回回豆子半升, 搗

'한 부분'으로 이해될 수 있다. 오늘날 내몽골과 중국 동북지역에서는 아직도 '일각자(一脚子)', '일각(一脚)' 혹은 '일각(一角)'으로 고기의 수량을 표시하고 있다. 이는 짐승의 네 다리 중 1/4 즉 '일각'을 가리킨다. 가장 클 때는 한 마리 가축의 1/4를 가리키고 가장 작을 때는 고기 한 덩어리를 가리킨다.

128 '사성사건(卸成事件)': 이는 곧 자른 (고기) 덩어리이다. '사건(事件)'은 곧 '십건(什件)'으로 (내장 혹은 고기) 덩어리이다. 『몽양록(夢梁錄)』 권13에는 "저자에서 간식거리를 팔았는데, 예컨대 창자를 볶은 것으로, 양이나 거위의 내장[事件]과 같은 유(類)였다."라고 하였다.

129 '초과(草果)': 생강과에 속하는 열대식물인 초두구[草豆]의 열매를 말린 것이다. [관련 그림은 권1 7장 13 하돈갱(河豘羹)항목에 삽입했음.] 학명은 *Amomum tsaoko* Crevost et Lemarie이나 한국의 국가표준식물목록(KPNIC)과 자원생명정보서비스(BRIS)에서는 등재되어 있지 않다. Buell의 역주본에서는 이것을 서남아시아산 생강과 식물 씨앗을 말린 향신료로서 'tsaoko cardamom'으로 해석하고 있다. 맛이 맵고 성질은 따뜻하다. 습기를 제거하고 한기를 없애며 가래를 삭이고 학질을 치료하며 소화를 돕고 체증을 없애는 효능이 있다. 학질, 만성 위염 및 급체, 구역질, 구토, 설사, 식체를 치료한다. 요리할 때 고기를 삶는 향료로도 사용된다.

130 '관계(官桂)': Baidu 백과에는 이 학명을 *Cinnamomum wilsonii Gamble*라고 하지만 한국의 KPNIC와 BRIS에서는 등재되어 있지 않다. 근연식물로 속명이 동일한 계피나무, 녹나무와 생달나무가 있지만 분명하지 않다. 장빙룬의 역주본에서는 관계는 즉 육계(肉桂)로, 장목과의 식물인 육계의 껍질(계피)이라고 한다. 맛은 맵고 향기로우며, 향신료이면서 약으로도 쓰인다. Buell의 역주본 p.270에서는 '관계'를 '계피(cinnamon)'로 번역하고 있다.

131 '전(錢)': 중량단위로서 원나라의 1전은 지금의 3.73g에 해당된다. 그리고 1전은 1/10냥(兩)이고, 1냥은 1/16근(斤)이다.

132 '회회두자(回回豆子)': 회회두는 또 '호두(胡豆; 『본초습유(本草拾遺)』)', '회흘두[回鶻豆; 『거란국지(契丹國志)』]', '나합두[那合豆; 『구황초본(救荒草本)』]', '응취두(鷹嘴豆)', '계두[鷄豆; 『중국주요식물지도설(中國主要植物志圖說)』 「두과(豆科)」]'라고 칭한다. 콩과 식물 응취두의 종자로, 원대 식용 콩류의 하나이다. Buell의 역주본 p.270에서는 '회회두'를 '병아리콩(chickpeas; Muslim been)'으로 번역하고 있다. Baidu 백과에 의하면 '회회두자'는 일년생 초본으로서 줄기가 곧고 가지가 있으며 흰색의 선모(腺毛)를 지니고 있으며 키는 25-50cm 정도이

준비한다.

이상의 재료를 함께 (솥에) 넣고 끓여 탕으로 만든 후 깨끗하게 거른다. (걸러 낸 탕 속에) 익은 회회두 2홉[合],[134] 향갱미香粳米[135] 1되[升], 마사답길馬思荅吉[136] 1전錢, 소금 약간을 넣고 조미하여 고루 잘 섞은 후 준비해 둔 고기 덩어리와 고수[芫荽][137]잎을 넣는다.

碎, 去皮.

右件, 一同熬成湯, 濾淨. 下熟回回豆子二合, 香粳米一升, 馬思荅吉一錢塩少許, 調和匀, 下事件肉芫荽葉.

다. 원산지는 카스피해 남부에서 아프리카 북부에 이르는데, A.D. 1세기 처음으로 유럽에서 중국으로 유입되었으며, 현재 중국 남방 각지에서 폭넓게 재배되고 있다. 중국에서는 사천에서 가장 많이 재배되며 운남, 호남, 호북, 강소, 절강, 청해 등지에서도 재배하고 있다고 한다.

133 '승(升)': 용량단위로, 치우꽝밍[丘光明] 편저, 『중국역대도량형고(中國歷代度量衡考)』(과학출판사, 1992)에 의하면 원나라 때의 한 되(升)'는 지금의 836ml이다.

134 '합(合)': 용량단위로, 1홉은 1되[升]의 10분의 1이며, 원나라 때의 1홉은 지금의 83.6ml와 같다.

135 '향갱미(香粳米)': 향기가 나는 멥쌀[粳米]이며, 현재도 재배되고 있다.

136 마사답길(馬思荅吉)': Baidu 백과에도 학명이 제시되어 있지 않아 국명을 확인할 길이 없다. 장빙룬의 역주본에 의하면, '맛을 조율하는 일종의 방향료로서, 『본초강목』 「채부(菜部)」에서는 딜[蒔蘿] 뒤에 마사답길을 덧붙여 이르길 "원대 음식에서 사용하였으며, 아주 먼 지역에서 생산되는 향료이지만, 어떤 형태인지는 알 수 없기에 덧붙인 것이다."라고 하였다. 『오잡조(五雜粗)』에서 이르길 "(마사답길은) 서역에서 난다. 화초(花椒)와 유사하나 향은 더욱 강력한데, 향을 제거함으로써 화초와 같은 용도로 사용할 수 있다. 식욕을 돋우고 소화를 도우며, 쌓인 것을 해소하고 사기를 없애는 효능이 있다."라고 하였다. 상옌빈[尙衍斌]의 「忽思慧飮膳正要不明名物再考釋」, 『中央民族大學學報』, 2001에 따르면 마사답길은 아랍어로 mastakā라고 하였으며, 일설에는 페르시아어 mastakee의 음역이라고 하는데, 유향(乳香)을 뜻한다고 한다. 김세림의 역주본에서도 '유향(乳香)'이라 해석하고 있다.

137 '원수(芫荽)': '호원(胡芫)'이라고 부르며 또 바질[香菜], 향수(香荽), 호채(胡菜) 등으로 불리며, 특이한 향과 맛이 있다. 학명은 *Coriandrum sativum* L.이다. KPNIC에서는 국명을 '고수'라고 명명한다. 주로 탕에 원수잎을 넣어 맛을 내는

그림 9 진귀하고 기이한 음식 모음[聚珍異饌]

그림 10 회회두(回回豆)와 그 알맹이

그림 11 계피나무와 계피[肉桂]

2. 보리탕[大麥湯]

(보리탕은) 비장과 위를 따뜻하게 하고, 역류된 기를 내리며[138] 비장과 위를 건장하게 하여

溫中, 下氣, 壯脾胃, 止煩渴, 破冷

데 사용한다.

138 김세림과 장빙룬의 역주본에 의하면, '하기(下氣)'는 기가 위로 역류한 것을 치료

번열과 갈증[煩渴]을 없애주고,[139] 냉기冷氣[140]를 제거하며, 배가 부푸는 것[腹脹]을 해소한다.[141]

양고기 다리 하나를 잘라 작은 덩어리로 만들고 초과草果 5개, 보리쌀[142] 2되를 흐르는 물에 일어서 깨끗이 씻어서 약간 삶은 것을 준비한다.

이상의 재료를 (솥에) 넣고 끓여 탕으로 만들어 깨끗이 걸러 낸다. (걸러 낸 탕 속에) 보리쌀을 넣고 푹 끓여 소금을 조금 넣고 조미하여 골고루 섞은 후 손질한 작은 고기 덩어리를 넣는다.

氣, 去腹脹.

羊肉一脚子, 卸成事件, 草果五箇, 大麥仁二升, 滾水淘洗淨, 微煮熟.

右件, 熬成湯, 濾淨. 下大麥仁, 熬熟, 塩少許, 調和令匀, 下事件肉.

하는 방법 중의 하나로서, 또한 강기(降氣)라고도 한다. 강기(降氣), 하기(下氣)는 기가 상승한 것을 약물로써 치료하는 방법이다. 기침, 딸국질 등의 증상을 치료하는 데 적합하다고 한다.

139 '지번갈(止煩渴)': 이는 곧 번열(煩熱)과 갈증을 제거하는 것을 뜻한다. 가슴속에 열이 나서 안정되지 못한 것을 '번(煩)'이라고 하며, 수족이 떨려서 편안하지 못한 것을 '조(躁)'라고 부른다. 단지 번열(煩熱)과 갈증만 있고 수족이 떨리지 않는다면 '번갈(煩渴)'이라 부른다.

140 '냉기(冷氣)': 인체에 침입한 냉기, 한기(寒氣), 사기(邪氣)를 두루 가리킨다.

141 '복창(腹脹)': 이는 곧 가슴, 옆구리, 복부가 팽만해지는 증상이다. 김세림의 역주본에서는 대변이 정체된 것이 복창의 원인이라고 한다.

142 '대맥인(大麥仁)': 화본(禾本)과 식물인 보리의 알갱이를 일컫는다. Buell의 역주본, p.272에서는 이를 'hulled barley'라고 번역하고 있다.

3. 팔아불탕八兒不湯 천축[西天] 차반[143]이름과 관련[144][係西天茶飯名]

(이 탕은) 비장과 위를 북돋우며[145] 위로 역류된 기를 내리고 답답한 가슴의 체증을 뚫어 준다.[146]

補中, 下氣, 寬胷膈.

양고기 다리 하나를 잘라 작은 덩어리로 만든다. 초과草果 5개, 회회두[回回豆子] 반 되[升]를 찧어 껍질을 제거한다. 무[蘿蔔] 2개를 준비한다.

羊肉一脚子, 卸成事件. 草果五箇, 回回豆子半升, 搗碎, 去皮.

---

143 '차반(茶飯)': 상옌빈의 주석본에 의하면 이는 원대 사회의 관습적인 용어로 오늘날 통상적인 음료와 유사하다고 한다.

144 '팔아불탕(八兒不湯)': 이것은 고대 인도의 걸쭉한 죽이다. '팔아불(八兒不)'은 고대인도어를 중국어로 음역한 것일 가능성이 있는데, 청양판[程楊帆], 「飲膳正要語言研究及元代飲食文化探析程楊」, 寧夏大學碩士論文, p.9의 표에서는 '팔아불탕'을 네팔어의 'balbu'에서 온 것으로 보고 있다. 일본 학자 시노다 오사무[篠田統], 『中國食物史』, 柴田書店, 1974와 『中国食物史の研究』, 八坂書房, 1978에 따르면 '팔아불(八兒不)'이라는 요리는 아마 페르시아어인 'pilaw'로 추측된다. 현재 신강위구르자치구의 위구르민족은 이슬람 제일(祭日)인 '이드 알 아드하'에 '보라(普羅; 波羅飯)'라는 이름의 요리를 만드는데, 양고기에 후추 및 각종 조미료, 말린 포도를 넣고 끓인 스프로, 밥과 섞어서 먹는다. 이것이 『음선정요』의 팔아불탕과 유사하다고 한다. 상옌빈의 주석본에서도 이 음식은 인도에서 네팔로 전래되고 원대인들은 이를 팔아불탕(八兒不湯)이라고 불렀다고 한다. '서천(西天)'은 고대 중국의 인도에 대한 통칭이다. 인도는 옛 시기에는 '천축(天竺)'이라고 칭해졌으며, 중국의 서쪽에 있기 때문에 간략하게 서천이라고도 불렀다.

145 '보중(補中)': 중초와 비장과 위[脾胃]를 북돋워 주는 작용을 가리킨다. '중(中)'은 중초로, 흉격 아래와 배꼽 위 부분을 가리키고, 비(脾), 위(胃) 등 오장육부를 포괄한다.

146 '관흉격(寬胸膈)': 중의학에서 우울한 감정으로 인해 인체의 기가 막힌 것을 치료하는 방법이다. 가슴의 체증을 뚫어 주고[寬胸], 위와 비장을 원활하게 해 주고[寬中], 답답한 것을 풀고[解鬱], 답답한 것을 해소하며[開鬱], 울화를 소통시켜 기를 다스리는 것[疏鬱理氣]과 같은 의미이다.

이상의 재료를 모두 (솥에) 넣고 끓여 탕으로 만든다. 깨끗하게 거른 후 (걸러 낸) 탕 속에 양고기를 주사위[色數][147] 크기로 잘라 넣고, 익은 무[蘿蔔]도 주사위 크기로 자르고, 샤프란[咱夫蘭][148] 1전錢, 강황薑黃[149] 2전, 후추[胡椒][150] 2전, 합석니哈昔泥[151] 반 전, 고수[芫荽]잎을 넣고서 소금을 약간 쳐서, 조미하여 고르게 잘 섞어	蘿蔔二箇. 右件, 一同熬成湯. 濾淨, 湯內下羊肉, 切如色數大, 熟蘿蔔切如色數大, 咱夫蘭一錢, 薑黃二錢, 胡椒二錢, 哈昔泥半錢, 芫荽

147 '색수(色數)': 즉 주사위이다. 어떤 지방에서는 또한 '투자(骰子)'라고 부른다. 놀이와 도박 용구로 사용된다. '주사위의 크기'란 재료를 주사위 크기만 하게 자르는 것을 가리킨다. Buell의 역주본에서는 색수(色數)를 "sashuq (coin) sized pieces"로 번역하고 있다.

148 '찰부난(咱夫蘭)': 즉 샤프란(saffron)이다. 자주붓꽃과 식물로 크로커스(crocus: 봄에 피는 샤프란의 종류)의 암술대의 상부 및 암술머리이다. 샤프란이란 이름은 페르시아어 Za'faran 즉 '붉은'이라는 말에서 유래가 되었다. Buell의 역주본에도 이와 동일하게 해석하고 있다. 그런가 하면 상옌빈의 주석본에서는 이를 회회(回回)땅에서 생산되는 일종의 홍화(紅花)라고 한다. 찰부난(咱夫蘭)의 학명은 Baidu 백과에도 제시되어 있지 않아 구체적인 실상을 확인하기 곤란하며, 따라서 KPNIC로 국명을 추적하기가 난감하다.

149 '강황(薑黃)': 생강과의 식물인 강황(Curcuma longa L.) 혹은 울금(鬱金)의 뿌리줄기이다. KPNIC에서는 이 학명을 '쿠르쿠마 롱가'라고 이름한 데, 반해 BRIS에서는 이를 울금, 강황이라 명명하고 있다.

150 '후추[胡椒]': Baidu 백과에는 학명을 *Piper Nigrum* L.라고 하며, BRIS에서는 이를 후추라고 명명하고 있다. 후추는 후추과 식물의 열매로서 매운맛을 내는 조미료로 사용된다.

151 '합석니(哈昔泥)': Baidu 백과에 의하면, 몽골어를 한자음으로 기록한 것으로, 즉 한방에서의 '아위(阿魏)'이다. '합석니(哈昔泥)'는 취아위(臭阿魏)의 또 다른 이름으로서, 강한 마늘 냄새가 나며, 조미료로 만들 수 있다. 모래가 많은 지역에서 생장하는 다년생 초본식물이며, 주로 러시아, 중앙아시아, 이란과 아프가니스탄에 분포한다고 한다. 권1 7장 49항목도 참조 바람.

(끓여 탕으로 만든다.[152]) 향갱미香粳米로 밥을 지어서 먹는데, 먹을 때 초를 약간 친다.

葉塩少許, 調和勻, 對香粳米乾飯食之, 入醋少許.

그림 12 강황(薑黃)과 그 뿌리

그림 13 합석니(哈昔泥)와 말린 뿌리

4. 순무뿌리탕[沙乞某兒湯]

(이 탕은) 비장과 위를 북돋우며 위로 역류된 기를 내리고 비장과 위를 편안하게 한다.[153]

補中, 下氣, 和脾胃.

152 본문에서는 이들 재료에 소금을 약간 넣고 고루 섞어 준다는 문장에서 끝나는데 그럴 경우에 어떠한 요리를 만들었는지 알 수 없다. 살피건대 이 경우 여과된 탕 속에 재료를 넣고 조리하지 않은 상태이기 때문에 음식 맛이 제대로 우러나지 않는다. 본 항목의 제목이 '팔아불탕(八兒不湯)'이라는 점으로 미루어 볼 때 소금을 넣고 고루 섞은 후에 물을 붓고 끓여서 탕을 만든 후, 향갱미로 지은 밥과 같이 먹었던 것이 아닌가 생각된다. 만일 그러지 않고 그 재료들이 향갱미(香粳米)밥을 지을 때 사용되었다면 결코 탕이 되지는 않는다.

153 '화비위(和脾胃)': 즉 비장과 위를 편안하게 한다는 의미이다. 비장과 위가 조화롭지 않으면 그 기능이 상실되는데, 임상적으로 (이러한 현상이 나타나면) 식욕이 감퇴되고 식후에 배가 불러오는 것[食後腹脹]이 주된 증상이다. (그 증상은) 항상 위 내부 통증, 복창, 구토, 트림, 설사, 변비를 수반하며 양의의 만성위장염,

양고기 다리 하나를 잘라 작은 덩어리로 만든다. 초과草果 5개, 회회두[回回豆子] 반 되[升]를 찧어 껍질을 제거한다. 순무뿌리[沙乞某兒][154] 5개, 순무[蔓菁][155]와 유사한 종류로서 이것들을 준비한다.	羊肉一脚子, 卸成事件. 草果五箇, 回回豆子半升, 搗碎, 去皮. 沙乞某兒五箇, 係蔓菁.
이상의 재료를 모두 (솥에) 넣고 끓여 탕으로 만들고 깨끗하게 거른 후 익은 회회두 2홉[合]과 향갱미香粳米 1되[升]를 넣는다. (삶은 후에) 익은 순무뿌리[沙乞某兒]를 주사위 크기로 자르고, 이미 잘라 둔 고기를 넣고 소금을 약간 쳐 조미하여 고르게 잘 섞는다.	右件, 一同熬成湯, 濾淨, 下熟回回豆子二合, 香粳米一升. 熟沙乞某兒切如色數大, 下事件肉, 塩少許, 調和令勻.

5. 호로파탕[苦豆湯]

(이 탕은) 신장을 북돋으며[156] 허리와 무릎의	補下元, 理腰膝,

십이지궤양, 만성간염 등에 보인다.

154 '사걸모아(沙乞某兒)': 장빙룬의 역주본에 의하면, 이는 순무[蔓菁]의 뿌리로서 상용채소로서 생식과 숙식이 가능하다고 한다. 본서 권3에는 사길목아(沙吉木兒)라고도 칭하는데, 이것은 아랍지역에서 중국으로 전파되었으며, 아랍어의 saljam에서 유래되었다고 한다. (청양판[程楊帆], 앞의 논문, p.8 참조.) 장빙룬의 역주본에서는 원대에는 '사길목아(沙吉木兒)'라고 적었기 때문에, 권1의 '사걸모아(沙乞某兒)'는 오류라고 한다. 김세림의 역주본에서도 이에 대해 몽골어로는 '사아모기(沙兒某氣)'이며 '사걸모아(沙乞某兒)'는 잘못된 것이라고 보았다.

155 '만청(蔓菁)': 학명은 *Brassica rapa* L.로서 BRIS에는 이것을 순무로 명명한다. 순무는 2년생 초본으로 민간에서 대두채(大頭菜)라고 한다. 뿌리와 잎은 채소로 쓰는데, 신선한 상태로 먹거나 소금에 절여서 말린 후에 먹거나 사료로 쓰기도 한다.

156 '하원(下元)': 이는 신장으로서 또 원장(元臟)이라고도 일컫는다. 장빙룬의 역주본에 의하면, 중의학에서는 사람의 심장에는 원음(元陰)과 원양(元陽)이 있다고

통증을 다스리고 비장과 위를 따뜻하게 하며 기를 순화시킨다.

양고기 다리 하나를 잘라 작은 덩어리로 만든다. 초과草果 5개, 호로파[苦豆][157] 1냥, 호로파(葫蘆巴)와 유사한 종류로서 이것들을 준비한다.

이상의 재료를 모두 솥에 넣고[158] 끓여 탕으로 만들고 깨끗하게 거른다. (탕 속에) 하서河西[159]의 올마식兀麻食[160]이나 미심기자米心餀子[161]

溫中, 順氣.

羊肉一脚子, 卸成事件. 草果五箇, 苦豆一兩, 系係葫蘆巴.

右件, 一同熬成湯, 濾淨. 下河西兀麻食或米心餀

한다. 원음은 신정(腎精)을 가리키고 원양은 명문화(命門火: 신정을 기화(氣化)시켜 인체의 생명활동을 가능하게 하는 근원 에너지)를 가리킨다. 신장은 인체의 중하부에 위치하기 때문에 일컬어 '하원(下元)'이라고 한다. Buell의 역주본에서는 '원(元)'을 primordial energy[元氣]로 해석하고 있다.

157 '고두(苦豆)': 학명은 *Sophora alopecuroides* L.이나 KPNIC에는 등재되어 있지 않고, BRIS에서는 식물이라고만 할 뿐 국명을 제시하지 못하고 있다. 허나 장빙룬의 역주본에서는 이를 콩과 식물의 호로파(葫蘆巴)의 종자라고 한다. '호로파(葫蘆巴)'는 콩과 식물로서 형태는 둥근 사방형이며 길이는 3-5mm 너비는 2-3mm이다. 갈색과 황갈색을 띠며 양쪽에 각각 하나의 깊은 홈이 있다. 단단하고 물에 담그면 점액이 묻어 나온다. 특이한 냄새가 있으며 맛은 점액성이며 쓰다. 성질은 따뜻하며 신장이 허한 것을 보충해 준다.

158 사부총간속편본에는 이 부분이 "일동오성탕(一同熬成湯)"이라고 되어 있는데, 장빙룬의 역주본에서만 "一同下鍋熬成湯"라고 하여 '하과(下鍋)'라는 말을 삽입하고 있다.

159 '하서(河西)': 춘추전국시대의 산서성과 섬서성 사이의 황하 남단의 서쪽지역으로, 한(漢)나라 때는 지금의 감숙성, 청해성의 황하 서쪽을 가리킨다.

160 '올마식(兀麻食)': '올(兀)'은 '독독(禿禿)'의 의성어로서 독독마식(禿禿麻食)은 일종의 밀가루로 만든 식품이다. 김세림의 역주본에서는 '하서올마식(河西兀麻食)'이 위구르족의 면음식의 일종으로 밀가루를 냉수에 반죽하고 냉수에 2시간 담근 후에 잘게 썰어 먹는 음식이라고 하였다. 장빙룬의 역주본에서는 『고창관잡자(高昌館雜字)』「음찬문(飮饌門)」에서 옛사람들이 '소병(燒餅)'을 '올마(兀麻)'라고 한 것에 근거하여 '하서올마식(河西兀麻食)'은 당항족[黨項] 강인(羌人)들이 만든 '병(餅)'의 일종이라고 추측하였다. 이 때문에 '호로파탕[苦豆湯]'에서 볶은

를 넣고 합석니哈昔泥 반 전錢을 넣은 후 소금을 약간 쳐서 맛을 조미한다.

子, 哈昔泥半錢, 塩少許, 調和.

6. 명자탕[木瓜湯]

(이 탕은) 비장과 위를 북돋우며 기를 순화시키고 허리와 무릎통증, 다리의 감각이 없는 것[162]을 치료한다.

양고기 다리 하나를 잘라 작은 덩어리로 만든다. 초과

補中, 順氣, 治腰膝疼痛, 脚氣不仁.

羊肉一脚子, 卸成

후에 '기(餜)'자 모양의 병(餅)을 만드는 것 또한 문장의 의미와 부합된다고 하였다.

161 '미심기자(米心餜子)': '기(餜)'는 사전에는 보이지 않는데, 아마 '기(棋)'자의 잘못인 듯하다. 원대 『거가필용사류전집(居家必用事類全集)』 경집(庚集)에도 '미심기자(米心棊子)'라는 면식(麵食) 제조법이 구체적으로 등장한다. 장빙룬의 역주본에 의하면, '기(棋)'는 일종의 밀가루로 만든 음식으로서, 예컨대 『제민요술』 권9 「병법(餅法)」에는 '절면죽(切麵粥)'이 있는데 일명 '기자면(棋子麵)'이라고 한다. 제조방법은 "밀가루를 되게 반죽하고 주물러 부드럽게 한다. 크게 떼어 내어 손으로 주물러 새끼손가락 굵기로 가늘게 반죽하여 마른 밀가루 속에 여러 겹 겹쳐 넣는다. 다시 젓가락 굵기와 같이 주물러 잘라 바둑알 크기만 하게 한다. 마른 밀가루는 체로 쳐내고 날려 버린 후 시루에 넣어서 찐다. 다시 쪄서 더운 김이 사라지면 음지에 깨끗한 멍석을 깔고 그 위에 얇게 펴서 식히는데 흩어 놓아 서로 붙지 않게 한다. 자루에 담아서 저장한다. 모름지기 탕을 끓일 때는 비록 고깃국을 끓인다고 해도 단단하여 풀어지지 않는다. 겨울에 한 번 만들면 10일간 보존할 수 있다."라고 하였다.

162 '각기불인(脚氣不仁)': 이는 각기병의 일종이다. 외부에서 습기, 사기, 풍기, 독기에 감응되었거나 혹은 음식의 강한 맛에 의해 손상되어서 습기가 누적되고 쌓인 열기가 다리로 흘러들어서 생긴 것이다. 증상은 먼저 허벅지에서 나타나는데 마비되고 산통(酸痛)이 오거나 근육이 풀려서 힘이 없어지고 이내 (혈관 확장으로 인해서) 피부가 빨갛게 되고 허벅지와 다리가 마비되어 감각이 없다. '불인(不仁)'은 자유롭지 못하고 감각이 없다는 의미이다.

草果 5개, 회회두[回回豆子] 반 되[升]를 찧어 겁질을 제거한 것를 준비한다.

事件. 草果五箇, 回回豆子半升, 搗碎, 去皮.

이상의 재료를 모두 (솥에) 넣고 끓여 탕으로 만들고 깨끗하게 거른다. (탕 속에) 향갱미香粳米 1되[升], 익힌 회회두 2홉[合], 적당한 양의 양고기 완자, 명자[木瓜][163] 2근斤을 넣고 (짜서) 즙을 취한다. 사탕沙糖[164] 4냥兩을 넣고 소금을 약간 쳐서 조미하거나 자른 작은 고기 덩어리를 넣는다.

右件, 一同熬成湯, 濾淨. 下香粳米一升, 熟回回豆子二合, 肉彈兒, 木瓜二斤, 取汁. 沙糖四兩, 塩少許, 調和, 或下事件肉.

7. 녹두탕鹿頭湯

(이 탕은) 인체 기혈의 음양 부족을 보양하며 열이 나고 입이 마르는 것을 조절하며 다리와 무릎통증을 치료한다.

補益, 止煩渴, 治脚膝疼痛.

사슴의 머리와 발굽[165] 1짝[付: 머리 1개, 발굽 4

鹿頭蹄一付, 退洗

163 '목과(木瓜)': Baidu 백과에서는 이 학명을 *Chaenomeles speciosa*(Sweet)Nakai 라고 하고, KPNIC에서는 이를 명자나무로 명명하고 있다. 본서 권3의 3-5-4의 항목에 따르면 장빙룬은 역주본에서 목과(木瓜)의 학명을 *Chaenomeles lagenaria* (Loisel.) Koidz.라고 했는데, 이것 역시 한국의 KPNIC에 의거하면 명자나무이며, 김세림의 역주본에서도 명자나무로 번역하고 있다. 하지만 그의 설명과 삽도를 보면 이와 근연식물인 모과와 매우 흡사하다.

164 상옌빈[尙衍斌], 「忽思慧飮膳正要識讀劄記」『中國文化硏究』, 2003, p.119에 따르면, 당시 회회인과 유태인이 사탕수수를 이용한 사탕(砂糖) 제조 기술을 장악해서 항주의 사탕국(砂糖局)에 영향을 미쳤을 가능성을 제기하고 있다.

개], 이것의 털과 뼈를 추려내고 깨끗이 씻어 잘라 작은 덩어리로 만든 것을 준비한다.

이상의 재료에 콩알 크기의 합석니哈昔泥[166] 덩어리를 갈아서 풀처럼 만들고, 이미 잘라 작은 덩어리로 만든 사슴머리와 발굽의 고기를 혼합하고 고르게 섞는다. (솥에) 회족 사람들이 평소에 식용하는 소유小油[167] 4냥을 넣고 함께 볶은 후에 물속에 넣고 끓여서 부드럽게 하여 다시 후추[胡椒] 3전, 합석니 2전, 필발蓽撥[168] 1전, 우유[169] 1잔, 생강즙 1홉을 넣는다. 소금을 약간 쳐서 조미한다. 또 다른 방법으로는 사슴꼬리[170]를 (털을 제거하고 깨끗하게 손

淨, 卸作塊.

右件, 用哈昔泥豆子大, 研如泥, 與鹿頭蹄肉同拌勻. 用回回小油四兩同炒, 入滚水熬令軟, 下胡椒三錢, 哈昔泥二錢, 蓽撥一錢, 牛妳子一盞, 生薑汁一合. 塩少許, 調和. 一法用鹿尾

---

165 '녹두제(鹿頭蹄)': 녹두는 사슴과 동물인 꽃사슴 혹은 고라니로 여기에서 사용된 것은 사슴의 머리와 발굽 고기였다.

166 '합석니(哈昔泥)'는 한방에서 '아위(阿魏)'라고 하며 조미료로 사용되기도 한다. 앞의 '팔아불탕(八兒不湯)' 조항의 각주 참조.

167 '소유(小油)'를 장빙룬[張秉倫]의 역주본에서는 '소유(素油)'라고 해석하고 있다. Baidu 백과에 따르면 초기 유(油)는 고(膏) 혹은 지(脂)로 일컬었으며, 초기에는 오랫동안 동물성 기름을 사용하였으나, 식물성 열매를 이용한 착유기술이 발달하면서 점차 소유가 출현하였다. 소유(素油)는 대략 한대에서 비롯되었으며, 남북조시대 이후에는 식물을 이용해서 기름을 짜는 유료(油料) 작물이 점차 증가하였다. 崔德卿, 「중국 고대의 기름과 搾油法」, 『東洋史學硏究』 제148집, 2019 참조.

168 '필발(蓽撥)': 학명은 *Piper longum* Linn.로서 BRIS에서는 이를 필발이라고 명명한다. 필발은 후추과 식물의 덜 익은 열매나 이삭으로, 비장을 따뜻하게 하고 한기를 제거하며 기를 내리고 통증을 멈추게 한다.

169 중국 상옌빈의 주석본과 장빙룬의 역주본에서는 '내(妳)'를 '내(奶)'자로 고쳐 쓰면서 '우내(牛奶)'를 '우유'로 해석하고 있다.

170 '녹미(鹿尾)': 사슴과 동물인 꽃사슴이나 고라니의 꼬리로서 가공방법이 다르기

질하여 삶아서) 즙[171]을 취한 후에 생강가루, 소금을 넣고 함께 조미하여 만든다.

取汁, 入薑末塩, 同調和.

8. 송황탕松黃湯

(이 탕은) 비장과 위장을 북돋우며 기를 보충해 주고,[172] 근육과 뼈를 강건하게 한다.

補中益氣, 壯筋骨.

양고기 다리 하나를 잘라 작은 덩어리로 만든다. 초과草果 5개, 회회두[囬囬[173]豆子] 반 되[升]를 찧어 껍질을 제거한 것를 준비한다.

羊肉一脚子, 卸成事件. 草果五箇, 囬囬豆子半升, 搗碎, 去皮.

이상의 재료를 모두 (솥에) 넣고 끓여 탕으로 만들고 깨끗하게 거른다. 익힌 양 가슴 부위 1

右件, 同熬成湯, 濾淨. 熟羊胷

때문에 '털이 붙어 있는 사슴 꼬리', '털을 제거한 사슴 꼬리'로 구분한다. 성질은 따뜻하고 독이 없으며 맛은 달고 짜다. 『사천중약지(四川中藥志)』에서는 "허리와 무릎을 따뜻하게 하며 신장의 정기를 북돋는다. 허리와 척추통증으로 (관절을) 펴지 못하는 것과 신장이 약해서 정액이 흘러나오고 머리가 어지러운 증상 및 이명현상을 치료한다."라고 하였다. 다만 상옌빈의 주석본에서 이상의 '녹두탕'의 주된 원료는 '녹두제(鹿頭蹄)'인데 도리어 '녹미(鹿尾)'라고 기록하고 있는 것은 재고할 필요가 있다고 한다.

171 김세림의 역주본에서는 '즙(汁)'을 '스프'라고 번역했으며, Buell의 역주본에서는 '육즙[broth]'이라고 번역하고 있다.

172 '보중익기(補中益氣)': 비장을 건강하게 해서 기가 허한 증상을 치료하는 것으로서 기를 보충하는 일반적인 방법이다. '보비익기(補脾益氣)'라고도 칭한다. 비장과 위는 태어난 이후에 신체에 가장 중요한 근본이 되는 장기이자, 기혈과 위기(衛氣)를 관리하는 원천으로서 비장이 건강하면 그 원천을 더욱 강화시켜서 기를 보충하는 목적을 달성할 수 있다.

173 사부총간속편본의 '회회(囬囬)'에 대해 일본 김세림의 역주본, 상옌빈의 주석본과 장빙룬의 역주본에서는 오늘날의 '회회(回回)'로 인식하여 고쳐 적고 있다.

개를 주사위[色數] 크기로 잘라서, 송황[174]즙 2홉[合], 생강즙 반 홉을 넣고 함께 볶은 후에 (걸러낸 탕 속에 넣고 끓여서) 파, 소금, 초, 고수잎을 넣고 조미하면서 고루 섞는다. 이것을 (밀가루 피를 말아서 춘권처럼 만든) 경권아經捲兒[175]와 함께 먹는다.

子一箇, 切作色數大, 松黃汁二合, 生薑汁半合, 一同下炒, 葱塩醋芫荽葉, 調和勻. 對經捲兒食之.

그림 14 송황(松黃)과 송홧가루

---

174 '송황(松黃)': 소나무과 식물인 마미송(馬尾松) 혹은 같은 속 식물의 꽃가루이다. 송화분, 송화로도 불린다. Buell의 역주본에서도 '송황'을 'pine pollen'이라고 번역하고 있다. 장빙룬의 역주본에서 또 다른 견해를 소개하기를 이것은 음력 3월에 송홧가루가 떨어진 뒤에 포자[英花]가 땅속에 들어가서 4월, 5월에 비가 내리면 땅속에서 자라나오고, 8월, 9월에 형태가 탄환과 같은 형상으로 자라는데 큰 것은 계란과 같으며, 뿌리와 꽃받침이 없고 소나무 밑에 산재하며, 붉은색과 황색이 서로 섞여 있다. 송화는 풍(風)을 없애고 기를 이롭게 하며, 습증을 제거하고, 피를 멈추게 한다. 머리가 어지럽고, 가슴속이 허한 경우, 위통, 오랜 설사, 곪아 터진 종기, 상처로 인한 출혈 등을 치료한다. 송황즙은 송황을 짠 즙 또는 송홧가루를 조제한 즙액이다.

175 '경권아(經捲兒)': 장빙룬의 역주본과 상옌빈의 주석본에서는 저본인 사부총간속편본의 내용과는 달리 '경권아(經卷兒)'라고 표기하고 있다. 이것은 일종의 밀가루 음식 명칭이다. 먼저 밀가루를 뭉치고 펴서 얇은 피를 만든 후에 말아 적당한 크기로 잘라 쪄서 만든다. 옆에서 보면 밀가루를 반죽해서 만든 피의 모습이 말아놓은 책과 같기 때문에 경권아(經捲兒)라고 부르며, 오늘날의 대화권아(大花捲兒)와 비슷하다.

9. 사탕粆湯[176]

(이 탕은) 중초를 돕고 기를 보충하여 비장과 위를 튼튼하게 한다.[177]

양고기 다리 하나를 잘라 작은 덩어리로 자른다. 초과草果 5개, 회회두[回回豆子] 반 되[升] (찧어) 껍질을 제거한 것를 준비한다.

이상의 재료를 모두 (솥에) 넣고 끓여 탕으로 만든 후, 깨끗하게 거른다. 익혀서 말린 양가슴부위 1개를 자르고, 이당[粆][178] 3되[升], (적당량의) 배추 또는 쐐기풀의 연한 싹[蕁麻菜][179]

補中益氣, 建脾胃.

羊肉一脚子, 卸成事件. 草果五箇, 回回豆子半升, 去皮.

右件, 同熬成湯, 濾淨. 熟乾羊胷子一箇, 切片, 粆三升, 白菜或蕁麻菜,

---

176 Buell의 역주본에서는 기존 주석가들과는 달리 '사탕(粆湯)'을 'Russinan olive [fruit] soup'라고 번역하고 있다.

177 '건비위'(建脾胃)': 비장과 위장의 소화기능을 강화하는 것을 가리킨다. 사부총간 속편본에는 '건(建)'으로 쓰여 있으나, 상옌빈의 주석본과 장빙룬의 역주본에서는 이 부분이 잘못되었다고 보고 '건(健)'자로 바꾸어 적고 있다.

178 '사(粆)': 상옌빈의 주석본과 장빙룬의 역주본에서는 이를 사탕수수 즙을 졸인 이당(飴糖)이라고 한다. 『집운(集韻)』「마운(麻韻)」에서는 "사(粆)는 사탕수수로 만든 엿이다. 통상 사(沙)로 쓴다."라고 하며, 『정자통(正字通)』「미부(米部)」에서는 "사(粆)는 사탕수수 즙을 졸여 엿을 만든 것이다."라고 한다. 쟝장위의 교주본에서는 '사(粆)'를 사탕(沙糖)이라고 번역하고 있다.

179 '담마채(蕁麻菜)': 담마(蕁麻)의 학명은 *Urtica fissa* E. Pritz.[정명은 *Urtica thunbergiana* Siebold & Zucc.이다.]이며, 한국의 국가표준식물목록(KPNIC)에서는 이를 쐐기풀과(科) 쐐기풀속(屬) 쐐기풀로 명명한다. 장빙룬의 역주본에는 그 식물의 털에 접촉되면 쏘인 듯이 심한 통증을 느낀다. 잎은 갈라지고 마주보고 자라며, 턱잎을 갖추고 있다. 꽃은 암수가 분리되어 있으며, 터지지 않은 씨[瘦果]는 꽃덮개 속에 오랫동안 저장된다. 중국에는 대략 16종류가 있는데 풍기, 습기를 제거하고, 통증을 가라앉히며, 산후경련, 소화경기, 물집[蕁麻疹]을 치료할 수 있다. 담마채(蕁麻菜)는 쐐기풀의 연한 싹으로, 식용할 수 있기 때문에 담

을 함께 솥에 넣고, 소금으로 조미하여 고르게 섞는다. | 一同下鍋, 塩調和勻.

그림 15 쐐기풀[蕁麻菜]과 그 말린 약재

10. 보리산자분[大麥筭子粉][180]

(이 탕은) 비장과 위장을 북돋우며 기를 보충해 주어 비장과 위의 (소화기능을) 강화[181]시킨다. | 補中益氣, 建脾胃.

마채(蕁麻菜)라고 부른다고 한다.

180 '산자분(筭子粉)': 산가지와 같은 긴 모양의 밀가루 음식이다. 산(筭)은 고대에 계산에 사용된 산가지이다. 길이는 6치[寸]이고, 직경은 1푼[分]이다. 청대 계복(桂馥)의 『설문해자의증(說文解字義證)』에서 『한서』 「율력지(律曆志)」를 인용하여 "그 산법은 대나무를 이용하여, 직경은 1푼[分]이고, 길이는 6치로서 271매(枚)를 육면체[觚]로 나열해서 1악(握)으로 삼았다."라고 하였다. 반면 Buell의 역주본, p.276에서는 '산자분'을 'Berley samsa'로 보았다. 'samsa'는 페르시아 'sambusa'에서 왔으며, 『거가필용사류(居家必用事類)』(Buell은 책에서 거가비용사류(居家比用事類)라고 잘못 표기하고 있다.)에도 보이는데, 생강과 콩반죽에 중국 향신료를 넣어 만든 것이라고 보았다.

181 사부총간속편본에는 '건비위'(建脾胃)'라 쓰여 있는데, 장빙룬의 역주본에서는 이 부분의 '건(建)'을 '건(健)'자로 바꾸어 적고 있다. 이러한 인식은 상옌빈의 주석과

양고기 다리 하나를 잘라 작은 덩어리로 만든다. 초과草果 5개, 회회두[回回豆子] 반 되[升]를 (찧어) 껍질을 제거한 것를 준비한다.

羊肉一脚子, 卸成事件. 草果五箇, 回回豆子半升, 去皮.

이상의 재료를 모두 (솥에) 넣고 끓여 탕으로 만들고, 깨끗하게 거른다. 보리 가루 3근斤, 콩 가루 1근을 함께 섞어서 가루로 만든다.[182] (물을 넣고 섞어서 반죽을 만들고 펴서 피로 만들어 대략 1푼[分] 단위로 잘라서 길이 여섯 치 전후의 길이로 칼국수[麵條]처럼 잘라 삶는다.)[183]

右件, 同熬成湯, 濾淨. 大麥粉三斤, 豆粉一斤, 同作粉.

양고기를 가늘게 썰어[184] 볶은 후 (칼국수와 양고기를) 2홉[合]의 생강즙과 고수잎을 넣고 약간의 소금과 초를 쳐서 조미하여 섞어서 만든다.

羊肉炒細乞馬, 生薑汁二合, 芫荽葉塩醋調和.

11. 보리편분[大麥片粉]

(이 탕은) 비장과 위를 북돋우며 기를 보충하고 비장과 위를 튼튼하게 한다.[185]

補中益氣, 建脾胃.

김세림의 번역에서도 동일하다.

182 이 가루를 어떻게 처리하여 뒷문단의 양고기와 조리했는지를 알 수 없다. 김세림의 역주본에서는 "…함께 반죽하여 면(麵)으로 만든다."고 애매하게 번역하고 있다.

183 장빙룬은 그의 역주본에서 본문의 ( )속의 내용을 추가하여, 가루를 칼국수처럼 만들어서 이것을 양고기와 함께 배합했음을 밝히고 있다.

184 '걸마(乞馬)': 장빙룬은 역자주에서 이것은 조각을 내거나 실처럼 자른 고기라고 하며, 쟝장위의 교주본도 고기를 가늘게 자른 형상이라고 한다.

185 사부총간속편본의 '건(建)'을 상옌빈의 주석본과 장빙룬의 역주본에서는 '건(健)'

양고기 다리 하나를 잘라 작은 덩어리로 만든다. 초과草果 5개,[186] 양강良薑[187] 2전(錢)을 준비한다.

羊肉一脚子, 卸成事件. 草果五箇, 良薑二錢.

이상의 재료를 모두 (솥에) 넣고 끓여 탕으로 만들고, 깨끗하게 거른다. 양간장羊肝醬[188]을 넣고 (물을 넣고 푹 끓여서) 맑은 즙[淸汁][189]을 취해 (보리 가루로써 수제비같이 만든 후에) 후추 5전, 잘 익은 양고기를 손톱크기[190]로 자르고, 지게미에 절인 생강[糟薑][191] 2냥兩, 장에 절인 외[瓜虀][192] 1냥을 손톱크기로 잘라 (그 즙 속에

右件, 同熬成湯, 濾淨. 下羊肝醬, 取淸汁, 胡椒五錢, 熟羊肉切作甲葉, 糟薑二兩, 瓜虀一兩, 切如甲葉, 塩醋調和. 或渾汁亦可.

으로 적고 있다.

186 '개(箇)': 상옌빈의 주석본과 장빙룬의 역주본에서는 사부총간속편본과 달리 '개(介)'로 쓰여 있다. 이하 동일하여 언급하지 않는다.

187 '양강(良薑)': 학명은 *Alpinia officinarum* Hance으로 BRIS에서는 국명을 '양강'이라고 한다. 이는 고양강(高良薑)에서 4-6년 정도 자란 땅 속 뿌리줄기로서 중의학의 약재로 쓰며 온위(溫胃: 위를 따뜻하게 함), 거풍(祛風: 풍사를 없앰), 산한(散寒: 차가운 기운을 몰아냄), 행기(行氣: 기를 돌게 함), 지통(止痛: 통증을 그치게 함)하는 효능을 가진 약재이며, 조미료로도 만들 수 있다.

188 '양간장(羊肝醬)': 양의 간을 으깨어서 조미료를 가미한 것으로 일종의 풀 형태의 식품이다. Buell의 역주본, p.277에서는 '양간장'을 'sheep's liver sauce'로 번역하고 있다.

189 Buell의 역주본에서는 '청즙(淸汁)'을 'bouillon' 즉, 고기국물 또는 맑은 육즙이라고 해석하고 있다.

190 '갑엽(甲葉)': 재료를 손톱 크기로 작고 얇게 자르는 것을 가리킨다. Buell의 역주본, p.276에서는 이것을 "작고 얇은 갑옷 조각 크기[(small, thin pieces like) armor scale)]"라고 하여 애매하게 해석하고 있다.

191 '조강(糟薑)': 술지게미와 소금에 절여서 담근 생강이다. 영어판 Buell의 역주본에서는 조강(糟薑)을 'pickled ginger' 즉, 절인 생강으로 해석하고 있다.

192 '과제(瓜虀)': Baidu 백과에는 이것은 외[瓜]를 장에 절여서 만든 일종의 밑반찬이라고 한다. '제(虀)'는 잘게 썰어서 절인 채소이다. 『주례』「천관(天官)」'오제(五

보리수제비와 익힌 양고기, 절인 생강, 장에 절인 외 등을 함께 넣고 익혀서) 소금과 초를 조미하여 섞어서 만든다. 혹은 이상의 재료를 직접 탕 속에 넣어 익혀 만들기도 한다.

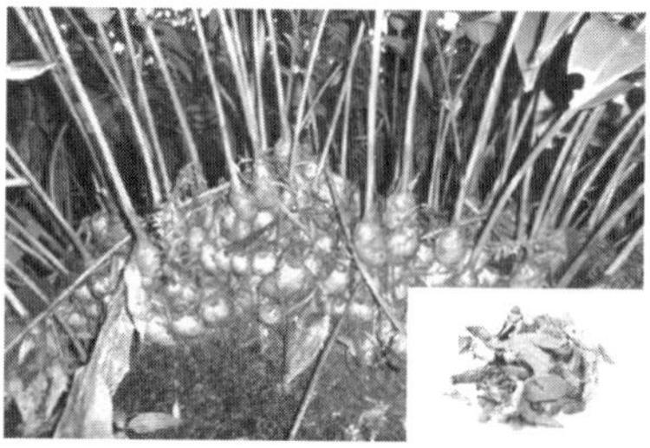

그림 16 양강(良薑)과 말린 뿌리

12. 찹쌀가루 칼국수[糯米粉搊粉][193]

(이 탕은) 비장과 위를 북돋우며 기를 보충한다.

補中益氣.

양고기 다리 하나를 잘라 작은 덩어리로 만든다. 초

羊肉一脚子, 卸成事

齊)'의 주에서는 "제(齊)는 마땅히 제(虀)이다. … 무릇 젓갈과 장을 섞어서 잘게 자른 것이 제(虀)이다."라고 하였다.

193 '나미분추분(糯米粉搊粉)': 이것은 찹쌀가루와 콩가루로 만든 칼국수의 형태로서, 고명을 섞어서 만든 탕면이다. 장빙룬의 역주본에서는 '추분(搊粉)'은 손으로 반죽하여 만든 칼국수형태를 가리킨다. 후에 밀가루로 국수를 만드는 것을 일러 추분을 만든다고 한다. 반면 김세림의 역주본에서는 '추분(搊粉)'을 반죽한 것으로 해석하고 있다. Buell의 역주본, p.277에서는 '추분(搊粉)'을 '잡채(chŏp)'로 번역하고 있다. 권1 7장 18항목의 주석도 참조.

과草果 5개, 양강良薑 2전(錢)을 준비한다.

件. 草果五箇, 良薑二錢.

이상의 재료를 모두 (솥에) 넣고 끓여 탕으로 만들고, 깨끗하게 걸러 양간장羊肝醬을 사용하여 (물을 넣고 끓인 후) 맑은 즙을 취한다. 이 즙속에 후추 5전, 찹쌀가루 2근斤과 콩가루 1근을 함께 섞어 손칼국수 형태로 만들어서 가늘게 썰어 익힌 양고기를 넣고 (익힌 후에) 적당량의 소금과 초로 조미하여 만든다. (혹은 앞쪽에서 이야기한 원료를) 전부 탕 속에 넣고 끓여서 만들기도 한다.

右件, 同熬成湯, 濾淨, 用羊肝醬熬取清汁. 下胡椒五錢, 糯米粉二斤, 與豆粉一斤, 同作搊粉, 羊肉切細乞馬, 入塩, 醋調和. 渾汁亦可.

13. 하돈갱河豘羹194

(이 탕은) 비장과 위를 북돋우며 기를 보충한다.

補中益氣.

양고기 다리 하나를 잘라 작은 덩어리로 만든다. 초

羊肉一脚子, 卸成事

194 '하돈갱(河豘羹)': 저본인 사부총간속편본과는 달리 장빙룬의 역주본, 샹옌빈의 주석본과 김세림의 역주본에서는 모두 하돈(河豚)이라고 적고 있다. Baidu 백과에는 하돈(河豘)은 등장하지 않지만 1433년 집필된 『향약집성방(鄕藥集成方)』에는 하돈(河豘)이라 하고 향명을 복지(伏只), 즉 복어라고 한다. Baidu 백과에서는 복어를 하돈(河豚)이라고 표현하고 있다. 장빙룬의 역주본에 의하면, '하돈갱(河豘羹)'은 밀가루 소로 복어[河豚] 모양의 만두를 만들어서 기름에 지지고 탕에 넣고 끓여서 만든 식품이라고 한다. 단순히 복어로 만든 국을 가리키는 것은 아니다. 그러나 Buell의 역주본, p.277에서는 '하돈갱'을 글자 그대로 해석하여 '돼지수프(river pig Broth)'라고 한다.

과草果 5개를 준비한다.

이상의 재료를 모두 (솥에) 넣고 끓여 탕으로 만들어 깨끗하게 걸러 낸다. 양고기를 가늘게 썰고 속의 흰 부분을 제거한[195] 말린 귤껍질[陳皮][196] 5전, 잘게 자른 파 2냥과 조미료[197] 2전을 넣고 소금과 간장을 섞어서 소를 만든다. 흰 밀가루 3근으로 만두피를 만들어 (소를 넣고) 빚어서 복어모양[198]의 만두를 만들고 식물성 식용유[小油]를 넣고 튀겨[199] 익힌 후에 (준비된) 탕 속에 넣어서 한 번 끓이고 (적당량의) 소금을 넣어서 조미하여 섞어서 만든다. 혹은 맑은 즙에 삶아서 만들 수도 있다.

件. 草果五箇.

右件, 同熬成湯, 濾淨. 用羊肉切細乞馬, 陳皮五錢, 去白, 葱二兩, 細切, 料物二錢, 塩醬拌餡兒. 皮用白麵三斤, 作河豘, 小油煠熟, 下湯內, 入塩調和. 或清汁亦可.

---

195 '거백(去白)': 귤껍질 속의 흰 부분을 긁어내는 것을 가리킨다.

196 '진피(陳皮)': 한약재감별도감에 의하면, 익은 귤의 말린 껍질로 중의약제의 명칭이라고 한다. 진피와 광진피(廣陳皮)로 구분된다. 맛은 맵고 쓰며 먹으면 비장과 폐장의 경로로 들어가서 기를 다스리고 비장을 튼튼하게 하며 몸의 습증을 제거하고 담증을 없앤다.

197 '요물(料物)': 일반적으로 두 종류 이상의 재료를 배합하여 만든 조미료를 두루 가리킨다. 예컨대 '노요(鹵料)', '오향면(五香麵)'이 그것이다.

198 상옌빈의 주석본, 장빙룬의 역주본과 김세림의 역주본에서는 '돈(豚)'자로 적고 있으나, 본서가 저본으로 한 사부총간속편본에는 '돈(豘)'자로 표기하였음을 밝혀 둔다.

199 '잡(煠)': 상옌빈의 주석본에는 사부총간속편본과 같이 '잡(煠)'으로 적고 있으나, 김세림과 장빙룬의 역주본에서는 '揚げる', '작(炸)' 즉 튀긴다는 의미로 해석하고 있다. 실제적으로 후자의 의미가 보다 합당한 듯하다. Buell의 역주본에서도 '소유잡숙(小油煠熟)'을 'frying in vegetable oil'로 해석하고 있다.

그림 17 초과草果와 그 뿌리 열매

14. 아채탕阿菜湯[200]

(이 탕은) 비장과 위장을 북돋우며 기를 보충한다.

補中益氣.

양고기 다리 하나를 잘라 작은 덩어리로 만든다. 초과 5개, 양강良薑 2전(錢)을 준비한다.

羊肉一脚子, 卸成事件. 草果五箇, 良薑二錢.

이상의 재료를 모두 (솥에) 넣고 끓여 탕으로 만든 후 깨끗하게 거른다. (걸러 낸) 탕 속에 양간장羊肝醬을 넣고 (끓인 뒤에) 맑은 즙을 취한 후 후추 5전을 넣는다. 별도로 양고기 절편切片과 양 꼬리[羊尾子][201] 1개, 양의 혀[羊舌] 1개, 양 콩팥[羊腰子][202] 한 짝[付][203]을 각각 손톱크기

右件, 同熬成湯, 濾淨. 下羊肝醬, 同取淸汁, 入胡椒五錢. 另羊肉切片, 羊尾子一箇, 羊舌一箇, 羊腰子一付,

---

200 '아채탕(阿菜湯)': 명대 이시진의 『본초강목(本草綱目)』 권34에서는 "夷人自稱曰阿"라고 하였는데, 김세림의 역주본에서는 『본초강목』의 '이인(夷人)'을 '파사(波斯: 페르시아)인'으로 보고 '아채탕(阿菜湯)'은 '파사채탕(波斯菜湯)'이라는 의미로 이해하였다.

201 '양미자(羊尾子)': 면양(綿羊)의 꼬리로, 비교적 많은 지방을 함유하고 있다.

로 잘라 준비한다. 버섯[蘑菰][204] 2냥과 배추[205]를 이들과 함께 맑은 즙 속에 넣고, 소금과 초로써 조미하여 섞어 만든다.

各切甲葉. 蘑菰二兩, 白菜, 一同下清汁, 塩醋調和.

15. 가시연밥가루 작설만두[鷄頭粉雀舌饅子]

(이것은) 비장과 위장을 북돋으며 사람의 정기를 보충한다.[206]

補中, 益精氣.

---

202 '양요자(羊腰子)': 이는 곧 양의 신장[羊內腎]으로 양 콩팥[羊腎]으로도 불린다.

203 사부총간속편본에서는 '부(付)'로 쓰여 있으나 장빙룬의 역주본에서는 '부(副)'로 적고 있다.

204 사부총간속편본의 '마고(蘑菰)'를 상옌빈의 주석본과 장빙룬의 역주본에서는 '마고(蘑菇)', 로 적고 있다. 본고에서는 '마고(蘑菰)'를 장빙룬 등과 같이 '마고(蘑菇)', 즉 즉 Mushroom(버섯)이라고 인식하여 '흑산과의 식물로 버섯 종자의 균사체'로 해석하였음을 밝혀 둔다.

205 '백채(白菜)': 십자화과 식물 배추를 장빙룬의 역주본에서는 그 학명을 *Brassica chinensis* L.라고 하나, Baidu 백과에서는 이것을 소백채(小白菜), 청채(青菜)로 번역하고, 백채(白菜)의 학명은 *Brassica pekinensis* (Lour.) Rupr.이라고 한다. 한국의 BRIS에서는 Baidu의 *Brassica pekinensis*를 '배추'라고 명명하고 있다. 이들은 학명은 다르지만 동일한 식물임을 알 수 있다. Buell의 역주본, p.277에서는 '배추[白菜]'를 'chinese cabbage'라고 번역하고 있다.

206 '정기(精氣)': 정기(正氣)와 같으며 생명의 정화물질 및 그 기능을 두루 가리킨다. 『황제내경』「소문(素問)·통평허실론(通評虛實論)」에는 "사기(邪氣)가 가득차면 실(實)하게 되고, 정기(精氣)를 빼앗기면 허(虛)하게 된다."고 한다. 구체적으로 생식의 정기와 같다. 「소문·상고천진론(上古天眞論)」에서는 "사내가 8살이면 신장의 기운이 실해져서 털이 나기 시작하고 이빨이 단단해진다. 16살이 되면 신장의 기가 성해져서 남자의 정액이 나오고 정기가 넘쳐 배출되어 음양이 화합하게 되므로 자식을 가질 수 있다."라고 하였다. 또한 예컨대 음식이 생화학적 작용을 통해 나타난 정미물질로 영기(營氣)와 위기(衛氣)가 그것이다. 「소문·경맥별론(經脈別論)」에 이르길 "음식이 위에 들어가면 정기가 흐르고 넘쳐서 위로

양고기 다리 하나를 잘라 작은 덩어리로 만든다. 초과 5개, 회회두[回回豆子] 반 되[升]를 (찧어) 껍질을 제거한 것를 준비한다.

이상의 재료를 모두 (솥에) 넣고 끓여서 탕으로 만들어 깨끗하게 거른다. (별도로) 가시연밥가루[鷄頭粉][207] 2근斤, 콩가루 1근을 같이 넣고 함께 섞어서 (물을 부어 반죽하여 원기둥 모양으로 만들어) 바둑 모양의 작은 떡으로 잘라서[208] (육탕 속에 넣고 끓인다. 별도의 볶을 솥에) 가늘게 썬 양고기를 넣고 생강즙 1홉[合]을 넣어서 함께 볶은 후 (바둑알 모양의 떡 위에 끼얹는다.)[209] 재차 파를 넣고 조미하여 섞어서 만든다.

羊肉一脚子, 卸成事件. 草果五箇, 回回豆子半升, 搗碎, 去皮.

右件, 同熬成湯, 濾淨. 用鷄頭粉二斤, 豆粉一斤, 同和, 切作餛子, 羊肉切細乞馬, 生薑汁一合, 炒, 葱調和.

올라가 비장에 전달된다."라고 하였다. 또한『황제내경』「영추(靈樞)·영위생회(營衛生會)」에서는 "영위(營衛)가 곧 정기이다."라고 설명하였다.

207 '계두분(鷄頭粉)': 수련과 식물인 가시연[*Euryale ferox* Salisb.]의 말린 씨를 갈아서 만든 가루이다. 즉 가시연밥[芡實]을 가루로 낸 것이다. 김세림의 역주본에서는 계두의 분말이라고 하는데, '계두(鷄頭)'는 일본에서는 맨드라미로 이해하고 있다. Buell의 역주본에서는 중국과 마찬가지로 'Euryale Flour' 즉 가시연밥가루로 해석하고 있다.

208 '가시연밥가루 작설만두[鷄頭粉雀舌餛子]'를 만드는 법은 Baidu 백과의 가시연밥 작설만두[雞頭粉雀舌餃子] 만드는 법과 같다. 장빙룬의 역주본에서는 '餛子'를 '바둑모양의 작은 麵餠'이라고 하였는데, 이것이 곧 만두[餃子]인 셈이다.

209 이 단락의 ( )안에 기술된 내용은 장빙룬의 역주본, p.60에서 보충한 내용을 참고한 것이다.

그림 18 가시연[鷄頭]과 그 열매

16. 가시연밥가루 혈분[鷄頭粉血粉]

(이것은) 비장과 위장을 북돋으며 사람의 정기를 보충한다.

양고기 다리 하나를 잘라 작은 덩어리로 만든다. 초과草果 5개 회회두[回回豆子] 반 되[升]를 찧어 껍질을 제거한 것를 준비한다.

이상의 재료를 모두 (솥에) 넣고 끓여서 탕으로 만들고, 깨끗하게 거른다. 가시연밥가루[鷄頭粉] 2근斤, 콩 가루 1근을 섞은 후에 양의 피[210]를 섞고 반죽하여 칼국수 형태로 만들어서 (걸러 낸 탕 속에 넣어서 끓이고) 가늘게 썬 양고기를 볶아서, 삶은 면속에 파와 초를 함께 넣고 조미하여 섞어 만든다.

補中, 益精氣.

羊肉一脚子, 卸成事件. 草果五箇, 回回豆子半升, 搗碎, 去皮.

右件, 同熬成湯, 濾淨. 用鷄頭粉二斤, 豆粉一斤, 羊血和作搊粉, 羊肉切細乞馬炒, 葱醋一同調和.

210 '양혈(羊血)': 소과[牛科] 동물인 산양 혹은 면양(綿羊)의 혈액(血液)이다.

17. 가시연밥가루 절면[鷄頭粉撧麵][211]

(이것은) 비장과 위장을 북돋으며 사람의 정기를 보충한다.

양고기 다리 하나를 잘라 작은 덩어리로 만든다. 초과草果 5개, 회회두[回回豆子] 반 되[升]를 찧어 껍질을 제거한 것를 준비한다.

이상의 재료를 모두 (솥에) 넣고 끓여 탕으로 만든 후 깨끗하게 거른다. 가시연밥가루[鷄頭粉] 2근, 콩가루 1근, 밀가루 1근을 함께 섞어서 (물을 붓고 반죽하여 길고 얇게 잘라서) 손으로 수제비처럼 뜯어서 면을 만든다. (솥에 넣어 끓인다.) 양고기를 가늘게 썰어 볶고 파와 초를 익힌 면 속에 섞어서 조미하여 만든다.

補中, 益精氣.

羊肉一脚子, 卸成事件. 草果五箇, 回回豆子半升, 搗碎, 去皮.

右件, 同熬成湯, 濾淨. 用鷄頭粉二斤, 豆粉一斤, 白麵一斤, 同作麵. 羊肉切片兒乞馬入炒, 葱醋一同調和.

18. 가시연밥가루 칼국수[鷄頭粉搊粉]

(이것은) 비장과 위장을 북돋으며 사람의 정기를 보충한다.

補中, 益精氣.

---

211 '절(撧)': 상옌빈의 주석본에서는 사부총간속편본과 동일하게 '절(撧)'로 적고 있으나, 장빙룬의 역주본에서는 '궐(撅)'로 표기하였으며, '궐면(撅面)'은 일종의 분식이라고 한다. 만드는 방법은 면을 반죽한 후에, 눌러 펴서 얇은 떡처럼 만들어서 칼로 넓고 길게 자른다. 다시 손으로 반죽한 긴 면을 뜯어서 솥에 넣고 삶는다. 또한 여러 재료로 끓인 탕이나 맑은 물에 삶은 후 다시 조미료를 넣을 수도 있다.

양고기 다리 하나를 잘라 작은 덩어리로 만든다. 초과草果 5개, 양강良薑 2전(錢)을 준비한다.

이상의 재료를 모두 (솥에) 넣고 끓여 탕으로 만든 후, 깨끗하게 거른다. 적당량의 양간장羊肝醬을 넣고 함께 끓여서 맑은 즙을 취하여, 후추 1냥을 넣고, 그다음 가시연밥가루[鷄頭粉] 2근斤, 콩 가루 1근을 고루 섞어서 (물을 부어 반죽하여) 칼국수[搊粉][212]를 만든다. (냄비를 열어) 칼국수와 가늘게 썬 양고기를 넣고 적당량의 소금과 초를 넣어서 조미한다.

羊肉一脚子, 卸成事件. 草果五箇, 良薑二錢.

右件, 同熬成湯, 濾淨. 用羊肝醬同取清汁, 入胡椒一兩, 次用鷄頭粉二斤, 豆粉一斤, 同作搊粉. 羊肉切細乞馬, 下塩, 醋調和.

19. 가시연밥가루 훈툰[鷄頭粉餛飩][213]

(이것은) 비장과 위를 북돋우며 기를 보충한다.

양고기 다리 하나를 잘라 작은 덩어리로 만든다. 초과草果 5개, 회회두[回回豆子] 반 되[升]를 찧어 껍질을 제거한 것를 준비한다.

補中益氣.

羊肉一脚子, 卸成事件. 草果五箇, 回回豆子半升, 搗碎, 去皮.

212 상옌빈의 주석본에 의하면 '추(搊)'는 '추(揪)'이고 추면(搊麵)은 곧 추면(揪麵)이라고 한다. 추면(揪麵)은 서북지역의 전통적인 면식으로 주로 밀가루 반죽을 밀어 손가락 2-3개 넓이, 길이는 20-30cm의 칼국수 형태로 만들어 솥에 끓여 익혀 식용한다. 김세림의 역주본에서는 이를 '반죽하여 만든 가는 면(麵)' 정도로 이해하고 있다.

213 '훈툰[餛飩]': 면피(麵皮)로 소를 싼 후에 끓는 탕 속에 넣어 끓여 탕과 함께 먹는다. 역사가 깊은 전통 식품으로 초기의 훈툰의 외형은 지금의 물만두와 닮았다.

이상의 재료를 모두 (솥에) 넣고 끓여서 탕으로 만들고, 깨끗하게 걸러 낸다. 양고기를 잘라서 소를 만들고 속의 흰 부분을 제거한 말린 귤 껍질[陳皮] 1전錢, 생강 1전을 잘게 썰고, 여러 가지 맛[五味][214]을 고루 섞는다. 그다음 가시연밥가루[鷄頭粉] 2근斤, 콩가루 1근을 (고루 섞어서 물을 넣고 반죽하여 적당한 크기로 떼어내) 훈툰피를 만들고 소를 싸서 베개모양의 훈툰[餛飩]을 만든다. (걸러 낸 육탕 속에 넣고 끓여 건져내어) 다시 육탕 중에 향갱미香粳米 1되를 넣고, 익힌 후에 (건져낸 훈툰을 넣고, 별도로 끓는 기름 냄비에) 회회두 2홉[合], 생강즙 2홉, 명자[木瓜]즙 1홉을 함께 넣고 볶아, (볶은 것을 육탕 속에 넣어서) 파와 소금으로 조미하여 고루 섞어 만든다.[215]

右件, 同熬成湯, 濾淨. 用羊肉切作餡, 下陳皮一錢, 去白生薑一錢, 細切, 五味和勻. 次用鷄頭粉二斤, 豆粉一斤, 作枕頭餛飩. 湯內下香粳米一升熟, 回回豆子二合, 生薑汁二合, 木瓜汁一合, 同炒, 葱塩勻調和.

북조(北朝) 안지추(顔之推)의 『안씨가훈(顔氏家訓)』 중에 이르기를 "훈툰의 형태는 조각달과 같으며 천하에서 널리 그것을 먹었다."라고 설명하고 있다. 1959년 중국 신강 투루판 아스타나 당(唐)대의 묘지 속에서 출토된 훈툰[餛飩]은 현재의 물만두와 외형이 흡사하다. 송대 정대창(程大昌)의 『연번로(演繁露)』에서는 훈둔은 포로인 혼(渾)씨, 둔(屯)씨의 손에서 비롯되었다고 하여 '혼둔(渾屯)'이라고 불렀는데, 이후에 음이 비슷하여 '훈툰[餛飩]'으로 와전된 것이라고 하였다. 훈툰은 원대의 주된 면식 중의 하나로서 『거가필용사류전집(居家必用事類全集)』에도 등장한다. 장빙룬은 역주에서 원문에서의 가공절차는 누락된 것이 있을 가능성이 있다고 한다. 왜냐하면 만약 이 공정에 따라 가공하면 한 대야의 풀죽 형태가 되기 때문이다. 사부총간속편본의 본문 제목에서는 혼툰(餛飩)을 혼돈(餛鈍)으로 적고 있지만 내용에서는 혼툰(餛飩)으로 바로 적고 있다.

214 '오미(五味)': 이는 단맛, 쓴맛, 신맛, 매운맛, 짠맛 등 다섯 가지의 맛이지만 본서에서는 여러 가지 맛으로 번역하였다.

20. 잡갱雜羹[216]

(이 탕은) 비장과 위를 북돋우며 기를 보충한다.

양고기 다리 하나를 잘라 작은 덩어리로 만든다. 초과草果 5개 회회두[回回豆子] 반 되[升]를 찧어서 껍질을 제거한 것를 준비한다.

이상의 재료를 모두 (솥에 넣고 물을 부어) 끓여 탕으로 만들고 깨끗하게 걸러 낸다. 양 머리 2개를 (털과 뼈를 제거하여) 깨끗이 손질하고, 양의 위[羊肚][217]와 폐[218] 각 2개를 (깨끗이 손질하여 양의 피 등을) 주입한 양백혈쌍장아羊白血雙腸兒[219] 1벌을 함께 삶아서 자른다. 그다음

補中益氣.

羊肉一脚子, 卸成事件. 草果五箇, 回回豆子半升, 搗碎去皮.

右件, 同熬成湯, 濾淨. 羊頭洗淨二箇, 羊肚肺各二具, 羊白血雙腸兒一付, 並煮熟切. 次用豆粉三斤, 作粉,

215 '총염균조화(葱塩勻調和)': 상옌빈의 주석본에서는 사부총간속편본과 동일하게 표기하고 있으나, 장빙룬의 역주본에서는 '총염조화균(葱塩調和勻)'이라고 적고 있다.

216 '탕(湯)'과 '갱(羹)'은 다른데, 전자는 끓인 국물위주라면, 후자인 '갱'은 주로 육즙으로서 조리할 때 사용한 물이 적고 걸쭉한 형태라는 점에서 차이가 있다.

217 '양두(羊肚)': 즉 소과의 동물인 산양 혹은 면양의 위이다. 맛은 달고 성질이 따뜻하다. 허한 곳을 보하며, 비장과 위를 건강하게 하는 효능이 있다. 허약하거나 피로, 수척하며 음식을 먹지 못하는 경우, 소갈증[消渴], 잠잘 때 식은땀이 나고[盜汗], 소변을 자주 보는 증상을 치료한다.

218 '폐(肺)': 양의 폐는 맛은 달고 성질은 밋밋하다[平]. 주로 폐기(肺氣)를 보충하고 이뇨를 순조롭게 한다. 폐열로 인한 기침, 소갈 등의 증상 및 소변이 순조롭지 못하거나 자주 보는 것을 치료한다.

219 '양백혈쌍장아(羊白血雙腸兒)': 장빙룬의 역주본에 의하면, 민간에서는 '양쌍장(羊雙腸)'이라고 부른다. 양의 큰창자의 잡질을 제거하고 깨끗이 씻어서 양의 피·뇌·지방을 넣고 창자 입구를 잘 묶은 후 약간 쪄서 익히고 약간 말리는데,

콩가루 3근斤을 반죽하여 칼국수처럼 만들고[220] 삶는다. 별도로 볶을 솥을 준비하여 버섯 반 근, 살구씨 가루로 만든 반죽[杏泥][221] 반 근, 후추 1냥兩을 넣으며, (적당한 양의) 푸른 채소[青菜],[222] 고수[芫荽]를 함께 넣고 볶아서 (앞에서 준비한 양머리고기, 양위, 폐, 양쌍장을 국수와 더불어 걸러 낸 탕 속에 넣고 끓이면서) 파, 소금, 초로 조미하여 고루 섞어 만든다.

蘑菰半斤, 杏泥半斤, 胡椒一兩, 入青菜芫荽炒, 葱塩醋調和.

21. 훈소갱葷素羹

(이것은) 비장과 위를 북돋우며 기를 보충한다.

양고기 다리 하나를 잘라 작은 덩어리로 만든다. 초과草果 5개, 회회두[回回豆子] 반 되[升]를 찧어 껍질을 제거한 것를 준비한다.

補中益氣.

羊肉一脚子, 卸成事件. 草果五箇, 回回豆子半升, 搗碎, 去皮.

그중 양의 피가 응고되면 작은 조각으로 썰고 다시 조미료를 넣고 쪄서 익힌다고 한다. 그리고 샹옌빈의 주석본에서는 사부총간속편본과 동일하게 '아(兒)'로 적고 있으나, 장빙룬의 역주본에서는 '아(兒)'를 '작(作)'으로 표기하였다. Buell의 역주본, p.280에서는 이를 'white blood, paired sheep intestines'라고 하여 한자 그대로를 번역하고 있다.

220 김세림의 역주본에서는 이 부분을 "녹두 가루 3근을 반죽하여 가늘게 썰어 면(麵)으로 만든다."라고 해석하고 있다.

221 '행니(杏泥)': 살구씨를 갈아서 만든 것으로 영어판 Buell의 역주본, p.280에서는 '행니'를 'apricot kernel paste'라고 한 것으로 보아 '행니'를 조미료로 사용할 경우에는 액체를 가미하여 반죽처럼 사용했음을 알 수 있다.

222 '청채(青菜)': 김세림이나 장빙룬의 역주본에서는 잎의 색이 청록색인 채소를 가리킨다고 했지만, Buell의 역주본에서는 '청채(青菜)'를 'mint', 즉 박하라고 해석하고 있다.

이상의 재료를 모두 (솥에 넣고 물을 부어) 끓여 탕으로 만들고, 깨끗하게 걸러 둔다. 콩가루 3근斤을 칼국수처럼 만들어 (거른 탕 속에 넣고 삶는다.) 좋은 양고기를 가늘게 썰고, 마[山藥][223] 1근, 지게미에 절인 생강[糟薑][224] 2개, 장에 절인 외[瓜虀] 1개, 유병乳餅[225] 1개, 당근 10개, 버섯 반 근, 생강 4냥兩을 각각 (가늘게) 자른다. (다시) 계란 10개를 풀고 지져서 전병처럼 만든 후 (가늘게) 자른다. (앞에서 준비한 양고기, 마, 계란 등을) 깨반죽[蔴泥][226] 1근, 살구씨 가루 반죽[杏泥] 반 근과 함께 볶는데, 파, 소금, 초를 조미하여 고루 섞어 만든다.

右件, 同熬成湯, 濾淨. 豆粉三斤, 作片粉. 精羊肉切條道乞馬, 山藥一斤, 糟薑二塊, 瓜虀一塊, 乳餅一箇, 胡蘿蔔十箇, 蘑菰半斤, 生薑四兩, 各切. 鷄子十箇, 打煎餅切. 用蔴泥一斤, 杏泥半斤, 同炒, 葱塩醋調和.

22. 진주분珍珠粉

(이것은) 비장과 위를 북돋우며 기를 보충한다.

補中益氣.

---

223 '산약(山藥)': Baidu 백과에는 이 학명을 *Dioscorea oppositifolia* L.라고 하며, 한국 생명자원정보서비스(BRIS)에서는 이를 '마'라고 명명한다. 이는 식용과 약용 모두 가능하다.

224 '조강(糟薑)': 술지게미와 소금에 절여서 담근 생강이다.

225 '유병(乳餅)': 소와 양 혹은 말의 젖을 달여서 정제하고, 압축하여 만든 일종의 치즈 형태의 유제품이다. 김세림의 역주본에서는 이를 '몽골치즈'라고 해석하고, Buell의 역주본에서는 이를 아프가니스탄의 Baghlan에서 볼 수 있는 것과 같은 '흰 체더(cheddar) 치즈'라고 한다.

226 일본판 김세림의 역주본에서는 '마니(蔴泥)'를 '지마장(芝麻醬: 깨반죽)'으로 해석하고 있으며 영어판 Buell의 역주본에서는 'sesame seed paste'라고 번역하고 있다.

양고기 다리 하나를 잘라 작은 덩어리로 만든다. 초과草果 5개, 회회두[回回豆子] 반 되[升]를 찧어 껍질을 제거한 것를 준비한다.

이상의 재료를 모두 (솥에 넣고 물을 부어) 끓여 탕으로 만들어, 깨끗하게 거른다. 양고기를 가늘게 썰고, 심장, 간, 위, 허파 각각 1벌을 준비한다. 생강 2냥兩, 지게미에 절인 생강 4냥, 장에 절인 외[瓜虀] 1냥, 당근 10개, 마[山藥] 1근, 유병乳餠 1개, 계란 10개는 지져서 전병처럼 만들고 각각 잘게 자른다. 이상의 재료를 (육탕을 부은 솥에 넣고) 깨반죽[麻泥] 1근을 넣어서 볶아 익히면서, 적당하게 파, 소금, 초로 조미하여 고루 섞어 만든다.

羊肉一脚子, 卸成事件. 草果五箇, 回回豆子半升, 搗碎, 去皮.

右件, 同熬成湯, 濾淨. 羊肉切乞馬, 心肝肚肺各一具. 生薑二兩, 糟薑四兩, 瓜虀一兩, 胡蘿蔔十箇, 山藥一斤, 乳餠一箇, 鷄子十箇, 作煎餠, 各切. 次用麻泥一斤, 同炒, 葱塩醋調和.

23. 황탕黃湯

(이것은) 비장과 위를 북돋우며 기를 보충한다.

양고기 다리 하나를 잘라 작은 덩어리로 만든다. 초과草果 5개, 회회두[回回豆子] 반 되[升]를 찧어 껍질을 제거한 것를 준비한다.

이상의 재료를 모두 (솥에 넣고 물을 부어) 끓여 탕으로 만들어, 깨끗하게 거른다. (탕 속에) 익은 회회두 2홉[合], 향갱미香粳米 1되와 당근[胡蘿蔔] 5개를 잘라 넣는다. 적당한 양의 양뒷다리고기를 완자처럼 자르고[227] 양갈비[肋枝][228]

補中益氣.

羊肉一脚子, 卸成事件. 草果五箇, 回回豆子半升, 搗碎, 去皮.

右件, 同熬成湯, 濾淨. 下熟回回豆子二合, 香粳米一升, 胡蘿蔔五箇, 切. 用羊後脚肉丸

한 개를 한 치[寸] 길이로 자르며,[229] 강황 3전錢, 생강가루 5전, 샤프란[咱夫蘭] 1전을 넣고 (향갱미, 양고기와 함께 삶아서 익을 때) 고수[芫荽] 잎을 뿌리고 소금, 초를 넣어 조미하여 고루 섞어 만든다.

肉彈兒, 肋枝一箇, 切寸金, 薑黃三錢, 薑末五錢, 咱夫蘭一錢, 芫荽葉同塩醋調和.

24. 삼하과三下鍋

(이것은) 비장과 위를 북돋우며 기를 보충한다.

양고기 다리 하나를 잘라 작은 덩어리로 만든다. 초과草果 5개, 양강良薑 2전(錢)을 준비한다.

이상의 재료를 모두 (솥에 넣고 물을 부어) 끓여 탕으로 만들어, 깨끗하게 거른다. (탕 속에 넣을 때) 양 뒷다리고기를 완자처럼 만들어서 못 대가리 크기로 자르고 형태는 바둑알과 같이 한다. 이 양고기로 (소를 만들고 밀가루로써) 손톱모양같이 얇게 피를 만들어 (그 속에 넣어서[230] 삶는다. 솥에서 꺼낼 때) 후추 1냥兩을 넣고

補中益氣.

羊肉一脚子, 卸成事件. 草果五箇, 良薑二錢.

右件, 同熬成湯, 濾淨. 用羊後脚肉丸肉彈兒, 丁頭餓子. 羊肉指甲匾食. 胡椒一兩, 同塩醋調和.

---

227 장빙룬은 역주본에서 고기를 '환자(丸子)'처럼 만든다고 한 데 반해, 김세림의 역주본에서는 이 모양을 '네모나게 막대모양[拍子木]으로 가늘게 썬 것'이라고 한다.

228 '늑지(肋枝)': 양 갈비뼈이다.

229 '촌금(寸金)': 어떤 재료를 자르거나 썰어서 1치[寸] 길이로 만드는 것을 가리킨다.

230 "양육지갑편식(羊肉指甲匾食)": 장빙룬의 역주본에서는 이것을 양고기로 만든 고기소이며 크기가 작고 얇다고 보고 있다. '지갑(指甲)'은 조각이 작고 얇은 것

소금, 초로 조미하여 고루 섞어 만든다.

25. 아욱국[葵菜231羹]

(이 국은) 역류된 기를 순조롭게 하고, 기가 쇠하고 막혀서 통하지 않는 것을 치료한다. 성질이 차가워서 많이 먹어서는 안 된다. 오늘날 여러 가지 재료를 함께 넣어서 만드는데, 그 성질은 약간 따뜻하다.

양고기 다리 하나를 잘라 작은 덩어리로 만든다. 초과 5개, 양강良薑 2전(錢)을 준비한다.

이상의 재료를 모두 (솥에 넣고 물을 부어) 끓여 탕으로 만들고 깨끗하게 거른다. 잘 익은 양 위[羊肚], 폐肺 각 1벌을 자른다. 버섯 반 근斤을 (닭 발톱처럼 길게) 자른다. 후추 5전錢, 밀가루 1근斤을 섞어서 (물을 부어 반죽하여 이미 준비해 둔 양의 위와 폐 등을 넣고 같이 섞고) 계조

順氣, 治癃閉不通. 性寒, 不可多食. 今與諸物同製造, 其性稍溫.

羊肉一脚子, 卸成事件. 草果五箇, 良薑二錢.

右件, 同熬成湯, 濾淨. 熟羊肚肺各一具, 切. 蘑菰半斤, 切. 胡椒五錢, 白麵一斤, 拌鷄爪麵, 下葵菜炒, 葱塩

을 가리킨다. '편식(扁食)'은 고대에 밀가루로써 만든 납작하고 작은 떡을 가리킨다. 어떤 것은 소가 있고, 소가 없는 것도 있다. 훗날 물만두를 일컬어 편식(扁食)이라 하는 것은 여기에서 비롯되었다고 한다. 김세림의 역주본에서는 이것을 '양고기 소를 밀가루 피에 싼 작은 교자(餃子)'라고 풀이하고 있다.

231 '규채(葵菜)': 여기서 가리키는 것은 '동규(冬葵)'의 연한 싹 또는 잎이다. 아욱은 고대에 상용하던 채소로 또 동한채(冬寒菜), 기채(蘄菜) 등으로 불린다. 『시경(詩經)』「빈풍(豳風)·칠월(七月)」에는 "7월에 아욱과 콩잎을 조리한다."라고 하였다. 원대에도 여전히 아욱을 일러 온갖 채소 중의 으뜸[百菜之王]이라고 하였는데 명대에 이르러서는 도리어 그것을 초류(草類)에 넣고 있다.

면鷄爪麵[232]을 만들어 (함께 양 탕 속에 넣고 끓인다.) 다시 볶은 아욱을 넣고 또 파, 소금, 초로 조미하여 고루 섞어 만든다.

醋調和.

26. 박탕[瓠子湯]

(이 탕은) 성질이 차갑다. 주로 갈증을 해소하고 이뇨를 순조롭게 하는 효능이 있다.

양고기 다리 하나를 잘라 작은 덩어리로 만든다. 초과 5개를 준비한다.

이상의 재료를 모두 (솥에 넣고 물을 부어) 끓여 탕으로 만들고 깨끗하게 거른다. 박[233] 6개의 딱딱한 껍질을 제거하고 얇게 삐진다. 익힌 양고기를 편으로 썰고, 생강즙 반 홉[合]을 준비한다. 밀가루 2냥兩을 사용하여 칼국수 형태로 만들어 (육탕 속에 넣고 삶는다. 앞에서 준비해 둔 박, 익은 고기, 생강즙을 함께 솥에 넣고) 볶은 후에 (면이 든 육탕 속에 넣어) 파, 소금, 초로 조미하여 고루 섞어 만든다.

性寒. 主消渴, 利水道.

羊肉一脚子, 卸成事件. 草果五箇.

右件, 同熬成湯, 濾淨. 用瓠子六箇, 去穰皮, 切掠. 熟羊肉切片, 生薑汁半合. 白麵二兩, 作面絲, 同炒, 葱塩醋調和.

---

232 '계조면(鷄爪麵)': 양의 위나 폐 등은 이미 닭발 형태로 작게 잘라 놓아서, 밀가루로 반죽한 이후에도 외형이 자못 닭발 모양의 식품이 되기 때문에 '계조면'이라고 한다.

233 '호자(瓠子)': 호과(瓠瓜)라고도 하며, 학명은 *Lagenaria siceraria* (Molina) Standl이며 KPNIC에서는 이를 '박'이라고 명명한다. 조롱박과 식물인 박은 주로 채소로 쓰인다.

27. 자라탕[團魚[234]湯]

(이 탕은) 주로 비장과 위에 손상된 것에 효능이 있으며, 기를 보충하고,[235] 오장의 부족을 보양한다.[236]

主傷中, 益氣, 補不足.

양고기 다리 하나를 잘라 작은 덩어리로 만든다. 초과 5개를 준비한다.

羊肉一脚子, 卸成事件. 草果五箇.

이상의 재료를 모두 (솥에 넣어 물을 붓고) 끓여 탕으로 만들어 깨끗하게 거른다. 자라 5-6마리를 삶아서 껍데기와 뼈를 제거한 후 덩어리로 자르고, 밀가루 2냥兩을 가는 칼국수[237]와 같이 만든다. 생강즙 1홉, 후추 1냥을 같이

右件, 同熬成湯, 濾淨. 團魚五六箇, 煮熟, 去皮骨, 切作塊, 用麵二兩, 作麵絲. 生薑汁一合,

234 '단어(團魚)': 이는 자라로서 또한 '갑어(甲魚)'라고도 하며, 중의약에서는 별갑(鱉甲)이라고 한다. 자라의 고기, 머리, 지방, 쓸개, 알 및 등갑을 달여서 만든 아교[鼈甲膠]는 약용으로 쓸 수 있다.

235 '익기(益氣)': 이것은 보기(補氣)라고도 한다. 기가 허한 병을 치료하는 주된 방법이다. 사람의 오장육부의 기는 폐가 주된 것이고 중초(中焦) 비위에 있는 음식물[水谷]의 소화 과정에서 나온 정기가 상초(上焦)를 열어서 전신으로 퍼지기에, 기가 허해지는 것은 대부분 폐와 비장에 달려 있다. 기가 허해지면[氣虛] 주로 권태무력하며 목소리가 낮아지고 말수가 적어지고, 호흡에 기가 적어지며, 얼굴빛이 창백해지며, 식은땀이 나서 바람을 두려워하게 되고, 대변이 새며, 맥박이 약해지고 기가 허한 현상이 크게 나타난다. 일반적으로 중초의 기를 보충하고 건강한 기의 운행을 돕는 데 사군자탕(四君子湯: 인삼, 백출, 백복령, 감초 따위를 넣어서 만듦)을 쓴다.

236 '보부족(補不足)': 사람의 오장(五臟), 음양, 기혈 등의 부족을 보양하는 것을 가리킨다.

237 '면사(麵絲)': Buell의 역주본에서는 이를 'fine vermicelli', 즉 가느다란 이탈리아식 국수라고 번역하고 있다.

볶아서 (준비해 둔 재료를 함께 육탕 속에 넣고 면을 끓이며) 파와 소금을 뿌려 조미하여 고루 섞어 만든다.

胡椒一兩, 同炒, 葱塩醋調和.

28. 잔증盞蒸

(이것은) 비장과 위를 북돋우며 기를 보충한다.

털을 벗긴[238] 양의 등가죽[239](을 깨끗이 씻어 자른다.) 또는 양고기 다리 세 개를 잘라 작은 덩어리로 만든다. 초과 5개, 양강 2전, 말린 귤껍질[陳皮] 2전, 껍질 속 흰 부분을 제거한다. 화초[小椒][240] 2전을 준

補中益氣.

撏羊背皮或羊肉三脚子, 卸成事件. 草果五箇, 良薑二錢, 陳皮二錢, 去白. 小椒二

---

238 '잠(撏)': 쟝장위의 교주본에서는 잠(撏)은 발취(拔取), 차(扯)는 적취(摘取)의 의미라고 한다. 따라서 이는 "털[毛髮]을 뜯는다."는 의미이다. 샹옌빈의 주석본에서는 사부총간속편본과 동일하게 '잠양배피(撏羊背皮)'로 표기하였으나, 장빙룬의 역주본에서는 '잠(撏)'이 생략되어 있다.

239 '양배피(羊背皮)': 양의 등 부위 가죽이다. 주요 성분은 수분(水分), 분해된 단백질[解蛋白], 콜라겐[胶原], 망경단백(網硬蛋白) 및 탄성경단백(彈性硬蛋白), 알부민[白蛋白], 구단백(球蛋白), 점단백[粘蛋白] 등이 함유되어 있다. 『식료본초(食療本草)』에서는 "(양 가죽의) 털을 제거하고, 삶아 국을 끓여 먹으면 기가 허하고 피로한 것을 보양한다. 삶아서 고깃국을 만들어 먹으면 각종 풍(風)을 없애고 폐의 허풍을 치료한다."라고 하였다. 『본초강목(本草綱目)』에서는 "마른 가죽을 구워 먹으면 고독(蠱毒: 뱀, 지네, 두꺼비 등의 독)과 하혈을 치료한다."라고 한다.

240 '소초(小椒)': 운향(芸香)과 식물인 화초(花椒)의 과피(果皮)로, 조미료를 만들 수 있으며, 또한 약용으로도 쓰인다. Buell의 역주본에서는 '소초'를 'chinese flower pepper'라고 하는데, 이것의 사전적 의미는 '초피나무'라고 하였다. 김세림의 역주본에서는 소초를 '화초(花椒)'의 과피와 동일하다고 보았다. 화초의 학명은 *Zanthoxylum bungeanum* Maxim.이며, BRIS에서는 이를 화초라고 명명하고 있다. 도입종인 화초와 한국재래종인 산초[*Zanthoxylum schinifolium* Siebold & Zucc.]는 속명이 동일한 것으로 보아 근연식물인 듯하다. 따라서 본서의 초(椒)

비한다.

이상의 재료를 (함께 솥에 넣고) 살구씨 가루 반죽[杏泥] 1근, 송황 2홉, 생강즙 2홉을 넣고 함께 볶아서, 파, 소금 및 여러 가지 맛을 고루 섞는다. (솥에서 꺼내) 사발 속[盞內]에 담고 찜틀 속에 넣고 쪄서 (양피와 양고기를 부드럽게 익힌다. 사발 속의 음식이 익으면) 밀가루 반죽 피를 감아서 만든 경권아經捲兒[241]와 함께 먹는다.

錢.

右件, 用杏泥一斤, 松黃二合, 生薑汁二合, 同炒, 葱塩五味調匀. 入盞內蒸令軟熟, 對經捲兒食之.

그림 19 화초[小椒]와 말린 열매

29. 대묘갱臺苗羹[242]

(이것은) 비장과 위를 북돋우며 기를 보충

補中益氣.

는 화초로 번역했음을 밝혀 둔다.

241 '경권아(經捲兒)': 장빙룬의 역주본과 상옌빈의 주석본에서는 저본인 사부총간속편본의 내용과는 달리 '경권아(經卷兒)'라고 표기하고 있다. 이는 앞의 주에서도 지적한 것과 같이 밀가루를 반죽해서 만든 피의 모습이 말아놓은 책과 같기 때문에 경권아(經捲兒)라고 부르며, 오늘날의 대화권아(大花捲兒)와 비슷하다.

242 '대묘(臺苗)': 대자채의 싹이다. 대자채의 싹은 야채로 쓰이며, 중의약[中藥] 재료로도

한다.

양고기 다리 하나를 잘라 작은 덩어리로 만든다. 초과草果 5개, 양강 2전(錢)을 준비한다.

羊肉一脚子, 卸成事件. 草果五箇, 良薑二錢.

이상의 재료를 모두 (솥에 넣고 물을 부어) 끓여 탕으로 만들어, 깨끗하게 거른다. 양의 간을 으깨어 간장을 넣고 함께 삶아서 맑은 즙을 취하고, 콩가루 5근을 (반죽하여) 칼국수처럼 만든다. 유병乳餠 1개, 마[山藥] 1근, 당근 10개, 양 꼬리 1개, 적당량의 양고기 등을 각각 잘게 자른다. (이상의 재료를 순서대로 탕 속에 넣고 끓일 때 다시) 대자채臺子菜[243]와 부추를 넣고, 후추 1냥兩, 소금, 초로 조미하여 고루 섞어 만든다.

右件, 熬成湯, 濾淨. 用羊肝下醬, 取清汁, 豆粉五斤, 作粉. 乳餅一箇, 山藥一斤, 胡蘿蔔十箇, 羊尾子一箇, 羊肉等, 各切細. 入臺子菜韮菜胡椒一兩, 塩醋調和.

30. 곰탕[熊湯]

(이것은) 풍한습사의 기운에 의해서 저리거

治風痺不仁, 脚

쓰인다. '대묘갱(臺苗羹)': 사부총간속편본에서는 '대묘갱(臺苗羹)'으로 쓰여 있으나, 상옌빈의 주석본에서는 '대묘갱(薹苗羹)'으로, 장빙룬의 역주본에서는 '태묘갱(苔苗羹)'으로 표기하였다.

243 '대자채(臺子菜)'는 Baidu 백과에 의하면 일본에서는 파래(青海苔; あおのり)라고 일컬으며, 사람들이 좋아하는 일종의 해조류 식품이다. 인공 양식한 대채가 식용하기에 좋고, 야생의 대채는 기타 수초와 펄이 혼합되어 맛이 좋지 못하다고 한다. 그런데 일본판의 김세림의 역주본과 Buell의 역주본에서는 '대채'를 유채(油菜)라고 해석하고 있다. 장빙룬의 역주본에서는 후술하는 권1 7장 34의 '춘반면(春盤麵)' 조항에서 '대자채(臺子菜)'를 배추와 유사한 변종으로서 중국을 원산으로 하는 특산 채소로 보고 있다.

나 다리에 감각이 없는 것[244]을 치료한다.

곰[熊]고기[245] 다리 두 개를 삶아서 작은 덩어리로 자른다. 초과草果 3개를 준비한다.

이상의 재료를 후추 3전錢, 합석니哈昔泥 1전錢, 강황 2전, 사인[縮砂][246] 2전, 샤프란[咱夫蘭] 1전과 함께 (솥에 물을 넣고 끓여) 파, 소금, 장을 넣어 조미하여 고루 섞어 만든다.

氣.

熊肉二脚子, 煑熟, 切塊. 草果三箇.

右件, 用胡椒三錢, 哈昔泥一錢, 薑黃二錢, 縮砂二錢, 咱夫蘭一錢, 葱塩醬一同調和.

31. 잉어탕[鯉魚湯]

(이 탕은) 황달黃疸[247]을 치료하고 갈증을 멈추

治黃疸, 止渴, 安

---

244 '풍비불인(風痺不仁)': 풍사의 기운이 침입하여 사지가 마비되고, 지각을 상실하거나 혹은 몸을 제어할 수 없는 병이다. '풍비(風痺)'는 곧 비증(痹症)의 한 종류로, 『황제내경(皇帝內經)』「비증(痹症)」 등에 나온다. 풍한습사(風寒濕邪)는 사지의 관절이나 경락에 침입하여, 그중에서 풍사가 심한 비증을 가리킨다. 또 행비(行痹), 주주(走注)라고도 불린다. 일설에서는 풍비를 통풍(痛風)이라 하는데 (『장씨의통(張氏醫通)』 권6에 보인다.), 증상은 사지관절의 통증과, 병의 통증이 고정되지 않는 것이다. 풍을 치료하는 것을 주로 하며, 아울러 한기를 제거하고 습기를 조절하여 보혈(補血)에 도움을 준다.

245 '웅육(熊肉)': 갈색곰 혹은 흑곰의 고기이다. 중의에서는 곰고기가 근골이 저리고 감각이 없는 것을 치료하는 작용을 한다고 여긴다.

246 '축사(縮砂)': 『한의학대사전』(정담, 2001)과 BRIS에서는 축사를 사인[砂仁: *Amomum villosum*]이라고 명명한다. 또 축사인(縮砂仁), 축사밀(縮砂蜜) 등으로 불린다. 생강과 다년생 초본식물로서 양춘사(陽春砂) 혹은 축사의 익은 과실 혹은 종자이다. 한약재감별도감에 의하면, 이것은 습(濕)을 말려주고, 소화를 돕고[開胃] 기(氣)를 잘 소통시키며, 중초(中焦)를 조화롭게 하고 비(脾)를 북돋아 주고 설사하는 것을 그치게 하며 폐(肺)를 도와주고 신장[腎]의 기운을 더해 주고 태반을 안정시키며 통증을 그치게 하는 효능이 있는 약재라고 한다.

게 하며 태반을 안정시킨다.[248] 배 속에 덩어리가 뭉친[宿瘕][249] 사람은 그것을 먹어서는 안 된다.

크고 신선한 잉어 10마리를 비늘과 내장을 제거하고 깨끗이 씻는다. 화초[小椒] 가루 5전(錢)을 준비한다.

이상의 재료에 고수[芫荽]가루 5전, 자른 파 2냥과 약간의 술과 소금을 쳐서 (모두 잉어 배 속과 체외에 발라서) 함께 절이고 솥의 맑은 즙 속에 절여 둔 잉어를 넣는다.[250] 그런 후에 후추 가루 5전, 생강가루 3전, 필발蓽撥가루 3전을 넣고 소금과 초로 조미하여 고루 섞어 만든다.

胎. 有宿瘕者, 不可食之.

大新鯉魚十頭, 去鱗肚, 洗淨. 小椒末五錢.

右件, 用芫荽末五錢, 葱二兩, 切, 酒少許, 塩一同淹, 拌清汁內下魚. 次下胡椒末五錢, 生薑末三錢, 蓽撥末三錢, 塩醋調和.

247 '황달(黃疸)': 또는 황단(黃癉)이라고도 부른다. 담즙(膽汁)의 색소(色素)가 혈액(血液) 속으로 이행(履行)하여 살갗과 오줌이 누렇게 되는 병(病)이다. 피부가 누렇게 되거나[身黃], 눈이 누레지거나[目黃], 소변이 누렇게 나오는 것이 3가지 주요 증상이다. 대부분 황달이 생길 때 사기가 많아서, 혹은 음식을 조절하지 못하여 발생한 습열이나 한습으로 인해 중초에 음기가 쌓이고 담즙이 일상화되지 못하면서 일어나는 현상이다.

248 '안태(安胎)': 태아의 움직임이 불안하거나 혹은 평소에 유산한 내력이 있는 임산부가 태아를 보호하고 유산을 예방하는 방법을 가리킨다. 『경효산보(經效産寶)』에 나온다. 원칙상으로는 어미가 병에 걸려 태동이 일어나면 마땅히 산모의 병을 치료해야 태아도 저절로 안정된다. 태기가 고정되지 못하여 산모가 병이 든 것은 태아를 안정시키면 산모의 병은 저절로 치유된다.

249 '숙하(宿瘕)': 복부 안에 덩어리가 있어 오랫동안 낫지 않는 것을 말한다.

250 '하어(下魚)': 상옌빈의 주석본에서는 사부총간속편본과 동일하게 '하어(下魚)'로 표기하였으나, 장빙룬의 역주본에서는 '하어(下魚)'가 생략되어 있다.

32. 늑대탕[炒狼湯]

고대의 본초本草에는 늑대고기[251]가 기재되어 있지 않은데, 오늘날 이르기를 이 고기의 성질은 뜨거우며, 기가 허하고 약한 곳을 치료한다고 한다. 그래서인지 그것을 먹고[252] 중독되었다는 말은 아직 듣지 못했다. 오늘날에는 각종 재료로 만들어 그 맛을 개선하였으며, 오장五藏을 따뜻하게 하고 속을 데워 준다.

古本草不載狼肉, 今云性熱, 治虛弱. 然食之未聞有毒. 今製造用料物以助其味, 暖五藏, 溫中.

늑대고기 다리 하나를 잘라 작은 덩어리로 만든다. 초과草果 3개, 후추 5전(錢), 합석니哈昔泥 1전, 필발蓽撥 2전,[253] 사인[縮砂] 2전, 강황薑黃 2전, 샤프란[咱夫蘭] 1전을 준비한다.

狼肉一脚子, 卸成事件. 草果三箇, 胡椒五錢, 哈昔泥一錢, 蓽撥二錢, 縮砂二錢, 薑黃二錢, 咱夫蘭一錢.

이상의 재료를 (솥에 넣고 물을 부어) 끓여 탕으로 만들고 파, 장, 소금, 초를 함께 조미하여 고루 섞어서 만든다.

右件, 熬成湯, 用葱醬塩醋一同調和.

---

251 '낭육(狼肉)': 개과의 동물인 늑대의 고기이다. 낭(狼)의 학명은 *Canis lupus*로서 BRIS에는 늑대라고 명명하고 있으며, 이리하는 말은 등장하지 않는다. 늑대와 이리는 아종의 차이라고도 하지만 대개 동일한 것으로 취급하고 있다.

252 사부총간속편본의 원문에는 '식지(食之)'라는 말이 들어 있으며, 상옌빈의 주석본에도 이와 동일한데, 장빙룬의 역주본에서는 '식지'라는 두 단어가 빠져 있다.

253 '필발이전(蓽撥二錢)': 사부총간속편본과 상옌빈의 주석본에서는 '필발이전(蓽撥二錢)'이 분명히 표기되어 있으나, 장빙룬의 역주본에서는 이 부분이 생략되어 있다.

33. 위상圍像

(이것은) 오장을 보양한다.

양고기 다리 하나를 잘라 삶아 익혀서 가늘게 썬다. 양 꼬리 2개를 익히고 가늘게 자른다. 연뿌리[藕][254] 2개, 부들순[蒲笋][255] 2근, 오이[黃瓜][256] 5개, 생강 반 근, 유병乳餠 2개, 지게미에 절인 생강[糟薑] 4냥(兩), 장에 절인 외[瓜虀][257] 반 근, 계란 10개를 지져서 전병[餠]처럼 만든다. 버섯[蘑菰] 1근, 무청잎[蔓菁菜], 부추 각각 길게 채를 썰어 준비한다.

이상의 재료를 좋은 양고기로 끓인 탕에 넣

補益五藏.

羊肉一脚子, 煑熟, 切細. 羊尾子二箇, 熟, 細切. 藕二枚, 蒲笋二斤, 黃瓜五箇, 生薑半斤, 乳餠二箇, 糟薑四兩, 瓜虀半斤, 鷄子一十箇, 煎作餠. 蘑菰一斤, 蔓菁菜韭菜各切條道.

右件, 用好肉湯,

---

254 '우(藕)': 수련과 식물로서 연의 통통한 뿌리줄기이다. 식용할 수 있으며 또한 일정한 약용으로서의 가치가 있다.

255 '포순(蒲笋)': 부들과 식물로 애기부들 혹은 같은 속(屬)의 여러 종류 식물이 가지고 있는 일정부분 연한 순의 뿌리줄기이다. 채소로 쓸 수 있으며 또한 약재로 들어간다. 맛이 달고 독이 없으며, 중초(中焦: 심장과 배꼽 사이의 소화 작용을 담당)의 비위(脾胃)를 보충하고 정기를 보익하며, 혈맥을 활성화한다.

256 '황과(黃瓜)': 호리병박과의 식물인 오이의 열매이다. 학명은 *Cucumis sativus* L.이며, KPNIC에서는 오이라고 명명한다. 채소[蔬菜]와 열매를 쓸 수 있으며 또한 약으로도 쓸 수 있다.

257 '과제(瓜虀)': Baidu 백과에는 이것을 장에 절인 과(瓜)라고 한다. 교동(膠東: 지금의 산동반동의 교래하(膠萊河) 동쪽지역으로서 청도(青島), 동부지역 및 연대(煙臺), 위해(威海) 전 지역을 포함.)의 대부분의 지역에서는 항아리 속에 넣고 절여서 만든 무를 일컬어 '과제(瓜齏)'라고 한다. Buell의 역주본에서는 'sweet melon pickles' 즉 절인 노랑참외라고 해석하고 있다. 김세림의 역주본에서는 'きゅうり'라고 번역하면서 주석으로는 '黃瓜' 즉 오이라고 해석하고 있다. 일본의 음식 가운데 이와 비슷한 것으로는 월과를 절인 '나라즈케(ならづけ)'가 있다.

고 깨반죽[麻泥] 2근, 생강가루 반 근을 넣어 조미하여 함께 볶는다. (꺼내기 전에) 파, 소금, 초로 조미하여 함께 섞어 완성되면 호병胡餠[258]과 함께 먹는다.

調麻泥二斤薑末半斤, 同炒. 葱塩醋調和, 對胡餠食之.

그림 20 부들순[蒲笋]과 그 속살

34. 춘반면春盤麵[259]

(이것은) 비장과 위를 북돋우며 기를 보충한다. 밀가루[白麵] 6근을 반죽하여 칼국수처럼 자른다. 양

補中益氣.
白麵六斤, 切細麵.

---

258 '호병(胡餠)': 발효된 밀가루 반죽을 화로 안에서 구워 만든 식품이다. 오늘날 신강, 중앙아시아 각국, 남아시아에서 이슬람교를 믿는 파키스탄, 방글라데시, 페르시아만 지역에 이르기까지 모두 페르시아어인 '난(Nan)'으로 부르고 있으며 아울러 '양(饟)'이라고 적는다. 한(漢)대 서역과 교통한 이후에 호병이 유입되어 한나라 땅에 거처하는 호인(胡人)들이 중국 내지에 정착시킨 것으로 소병(燒餠)도 그중 하나이다. 『태평어람(太平御覽)』에서 『속한기(續漢記)』를 인용한 바에 의거하면 후한 말의 영제(靈帝)가 호병을 매우 좋아하였으며 수도의 귀족들도 모두 다투어 호병을 먹었다고 기록하고 있다.

259 '춘반면(春盤麵)': Baidu 백과에는 원대에 인기 있는 전통식품이라고 했지만 장빙룬의 역주본에서는 이것은 중국고대에 입춘일마다 고기, 채소 등으로 만든, 일

고기 다리 두개를 삶아서 가늘게 썬다. 양의 위와 폐 각 1개씩[260]을 삶아서 자른다. 계란 5개를 지져서 전병처럼 만든 후, 가늘고 길게[261] 썬다. 생강 4냥을 자른다. 구황韮黃[262] 반 근, 버섯[蘑菰] 4냥, 대자채[臺子菜],[263] 여뀌싹[蓼牙],[264] 연지胭脂[265]물을 준비한다.

羊肉二脚子, 煑熟, 切條道乞馬. 羊肚肺各一箇, 煑熟切. 鷄子五箇, 煎作餅, 裁旙. 生薑四兩, 切. 韮黃半斤,

종의 색채가 산뜻하고 아름다운 식품으로서, 그 때문에 '춘면(春麵)'이라고 말한다. 이는 봄날의 복숭아꽃이 붉고 수양버들이 푸르러서 만물이 새로워지는 것을 상징한다. 전하는 바에 의하면 입춘에 춘반을 만드는 습속은 진(晉)대에 비롯되었다고 한다. 하지만 그때의 춘반은 단지 약간의 무, 미나리와 같은 유(類)의 채소만을 넣어서 비교적 단조로웠다. 수(隋)·당(唐)대에 이르러 사람들이 특별히 절기의 식습속을 중시해서 춘반을 먹는 풍습이 성행하였다. 당(唐)대의 『사시보경(四時寶鏡)』에서 말하길 "입춘일에 무[蘆菔], 춘병(春餠), 생채(生菜)를 먹었기 때문에 춘반(春盤)이라고 하였다."라고 한다. 두보(杜甫)는 입춘(立春)의 시에서 "봄날 춘반의 가는 생채는 홀연히 양경(낙양, 장안)의 전성기를 떠오르게 하네."라고 읊었다. 『무림구사(武林舊事)』에는 남송대 궁정후원에서 제작한 춘반을 "비취 실과 붉은 실, 금계(金鷄)와 옥제비[玉燕]가 모두 너무나 정교하여, 매 춘반의 가격이 만전을 헤아렸다."라고 기록하고 있다.

260 '각일개(各一箇)': 사부총간속편본에서는 '각일개(各一箇)'를 큰 글자로 표기하였으나, 장빙룬의 역주본에서는 작은 글자로 표기하고 있다. 다른 사항과 서로 관련하여 보면 장빙룬의 견해가 보다 합당하여 이에 따랐다.

261 '번(旙)': 원래는 깃대 아래로 걸리는 일종의 좁고 긴 깃발을 가리키나 여기서는 계란 전병을 길게 자른 것을 가리킨다.

262 '구황(韮黃)': 장빙룬의 역주본에서는 일종의 누렇게 변한 부추이며, 또한 '황구(黃韮)'라고도 일컫는다고 한다. 겨울과 봄철에 비교적 귀한 채소이다. 재배방법은 겨울에 따뜻한 온실에서 거적을 덮어 햇볕을 가려서 새로 돋는 부추의 싹이 햇빛을 보지 못하게 하는데, 잎의 엽록소가 생성되기 어렵기 때문에 색깔이 옅은 황색이 되며 재료의 품질과 맛이 모두 좋다고 한다. 김세림의 역주본에서는 '구황(韮黃)'을 옅은 황색의 어린 싹으로 중화요리에서는 고급 야채라고 한다.

263 '대자채(臺子菜)': 십자화(十字花)과 유채[蕓薹]속 유채종 배추와 유사한 변종이다. 장빙룬의 역주본에 따르면, 즉 '대자채(薹子菜)'라고 한다. 앞의 권1 7장 29 대묘갱(臺苗羹)의 주석 참조.

264 '요아(蓼牙)': 여뀌싹이다. 여뀌과 식물 여뀌[水蓼]의 부드러운 순이다. 옛날에는

이상의 것들 중 (먼저 국수를) 맑은 즙에 넣고, (삶아 건져내어 쟁반에 담고 그 후에 양고기, 양의 위, 야채 등을 넣고 주무른다.) 후추 1냥, 소금, 초로 조미하여 고루 섞어 만든다. (연지물을 삶은 국수 위에 부어서 약간 복숭아색을 띠면 음식이 완성된다.)[266]

蘑菰四兩, 臺子菜, 蓼牙, 胭脂.

右件, 用清汁下, 胡椒一兩, 塩醋調和.

그림 21 구황(韭黄)과 그 종자

항상 채소로 썼으나, 요즘은 자주 먹지 않는다.

265 '연지(胭脂)': 장빙룬의 역주본에서는 이를 홍란(紅蘭)의 꽃 또는 소목(蘇木) 등으로 제작된 자홍색의 안료이며, 독이 없고, 화장품을 만들 수 있으며 또한 식품의 착색료로 쓰거나 중의약[中藥]으로도 쓰인다고 한다. Buell의 역주본에서는 '연지(胭脂)'를 잇꽃[safflower]으로 번역하고, 김세림의 역주본에서는 이는 연지채(胭脂菜)로서 낙규(落葵)라 불린다고 한다. 상옌빈의 주석본, p.109에서는 연지는 두 종류가 있다고 하였는데, 하나는 낙규(落葵)로서 화장품과 염료로 사용되고 주로 중국, 인도가 원산이며, 다른 한 종류는 홍남(紅藍)으로 진대(晉代) 이후 중원으로 유입되었으며 이집트와 인도가 원산이라고 소개하고 있다.

266 ( )의 부분은 음식을 만드는 마지막 과정인데 누락되어 있다. 따라서 장빙룬의 역주본에 의거하여 보충하였음을 밝혀 둔다.

35. 조갱면皂羹麵

(이것은) 비장과 위를 북돋우며 기를 보충한다.

밀가루[白麵] 6근을 반죽하여 칼국수처럼 자른다, 양가슴 2개를 털을 뽑고 깨끗하게 씻어 삶아서 주사위 크기로 자른 것을 준비한다.

이상의 재료에 홍면紅麵[267] 3전을 사용하여 물에 담가서 섞은 후에 (육탕 속에 넣고) 끓여 부드럽게 하여 (꺼내서) 모두 별도의 맑은 즙[清汁][268] 속에 넣는다. 후추 1냥을 뿌리고 소금과 초로 조미하여 고루 섞어 만든다.

補中益氣.

白麵六斤, 切細麵. 羊胷子二箇, 退洗淨, 煮熟, 切如色數塊.

右件, 用紅麵三錢, 淹拌, 熬令軟, 同入清汁內. 下胡椒一兩, 塩醋調和.

그림 22 홍곡(紅曲)과 그 가루

267 '홍면(紅麵)': 김세림의 역주본에 의하면 원문은 홍면(紅麵)으로 되어 있지만 홍국(紅麴)이 잘못 쓰인 것이라고 한다. 장빙룬의 역주본에서도 이에 동의하며, 이것은 누룩곰팡이[曲霉]와 진균(眞菌)으로, 자색을 띤다. 누룩곰팡이는 멥쌀 위에 기생하여 자라는 일종의 식품착색제이며 조미료로 만들 수 있고 중의약으로도 쓰인다고 한다.

268 Buell의 역주본에서는 '청즙(清汁)'을 'bouillon' 즉, 고기국물 또는 맑은 육즙이라고 해석하고 있다.

36. 마면[山藥麵]

(이것은) 허약하고 야윈 기질[虛羸][269]을 보충하고, 원기元氣를 북돋운다.

밀가루 6근, 계란 10개의 흰자를 취한다. 생강즙 2홉, 콩가루 4냥을 준비한다.

이상의 재료와 마[山藥] 세 근을 삶고 갈아서 진흙과 같이 만들고, (적당량의 미지근한 물을 넣고) 밀가루를 반죽해서 (밀어서 면피를 만들어서 칼국수처럼 잘라 삶아서 꺼낸다.) 양고기 다리 두 개를 못 대가리 크기로 가늘게 썰고 좋은 고기로 끓인 탕을 넣고 볶은 후, (탕이 면 위에 보일 정도로 끼얹어서) 파, 소금으로 조미하여 고루 섞어 만든다.

補虛羸, 益元氣.

白麵六斤, 鷄子十箇, 取白. 生薑汁二合, 豆粉四兩.

右件, 用山藥三斤, 煮熟, 硏泥, 同和麵, 羊肉二脚子, 切丁頭乞馬, 用好肉湯下炒, 葱塩調和.

37. 괘면掛麵[270]

(이것은) 비장과 위를 북돋우며 기를 보충한다.

양고기 다리 하나를 가늘게 썰어 자른다. 괘면掛麵 6근(斤), 버섯[蘑菰] 반 근을 깨끗이 씻어서 자른다. 계

補中益氣.

羊肉一脚子, 切細乞馬. 掛麵六斤, 蘑菰

---

269 '허리(虛羸)': 허약하고 수척하다는 의미이다.

270 '괘면(掛麵)': 괘면은 영어로 fine dried noodles, 즉 vermicelli[가늘고 둥그런 롱(long) 파스타]라고 번역하고 있다.

란 5개를 지져서 전병[餠]으로 만든다. 지게미에 절인 생강[糟薑] 1냥(兩)을 자른다. 장에 절인 외[瓜虀] 1냥을 자른 것를 준비한다.

이상의 재료를 맑은 즙[淸汁]에 넣고 삶아 후추 1냥을 넣고 소금과 초로 조미하여 고루 섞어 만든다.

半斤, 洗淨, 切. 鷄子五箇, 煎作餠. 糟薑一兩, 切. 瓜虀一兩, 切.

右件, 用淸汁下, 胡椒一兩, 塩醋調和.

38. 경대면經帶麵[271]

(이것은) 비장과 위를 북돋우며 기를 보충한다.

양고기 다리 하나를 볶아서[272] 가늘게 썬다. 버섯[蘑菰] 반 근을 깨끗이 씻어 자른 것을 준비한다.

이상의 재료를 맑은 즙[淸汁]속에 (반죽한 면을 생리대 모양으로 얇게 하여 잘라 넣는다. 버섯을 넣고 익힌 이후에 볶아서 익힌 양고기를 넣고 섞어서) 후추 1냥을 넣고, 소금과 초로 조미하여 고루 섞어 만든다.

補中益氣.

羊肉一脚子, 炒焦肉乞馬. 蘑菰半斤, 洗淨, 切.

右件, 用淸汁下, 胡椒一兩, 塩醋調和.

---

271 '경대면(經帶麵)': 일종의 주재료를 생리대[經帶] 모양으로 자른 식품이다. 이 조항에서는 주재료를 언급하고 있지 않는데, 문장이 빠진 것으로 의심된다. 명대 유기(劉基)의 『다능비사(多能鄙事)』에는 경대면[經帶]을 만드는 방법이 있는데 즉, "두면(頭面) 1근과 소다[鹹], 소금 각각 1냥을 부드럽게 갈아서 새 물을 길어 바꾸어주면 반죽이 면을 펴는 것보다는 약간 연하게 된다. 막대기로 백여 차례 누르고 잠시 쉬다가 다시 백여 차례 눌러 편 것이 지극히 얇아지면 자른다."라고 한다.

272 '초초육걸마(炒焦肉乞馬)': 이것은 양고기를 볶아 가늘게 썬 것을 가리키며, 고명에 해당한다.

39. 양피면羊皮麵

(이것은) 비장과 위를 북돋우며 기를 보충한다.

양가죽 2개를 털을 뽑고 깨끗이 씻어 연하게 삶는다. 양의 혀 2개를 익힌다. 양 신장[羊腰子[273]] 4개를 삶아 (꺼내) 각각 갑옷의 비늘과 같은 형태로 자른다. 버섯[蘑菰] 한 근을 깨끗이 씻는다. 지게미에 절인 생강[糟薑] 4냥을 각각 갑옷 비늘과 같이 자른 것을 준비한다.

이상의 것들을 좋은 고기로 끓인 진한 탕[274]이나 맑은 즙[淸汁]에 넣고 (삶아), 후추 1냥, 소금, 초로 조미하여 고루 섞어 만든다.

補中益氣.

羊皮二箇, 撏洗淨, 煮軟. 羊舌二箇, 熟. 羊腰子四箇, 熟, 各切如甲葉. 蘑菰一斤, 洗淨. 糟薑四兩, 各切如甲葉.

右件, 用好肉釅湯或淸汁, 下胡椒一兩, 塩醋調和.

40. 독독마식禿禿麻食[275] 수별면과 같은 유[係手撇麵]

(이것은) 비장과 위를 북돋우며 기를 보충한다.

흰 밀가루[白麵] 6근으로 (물에 반죽하여 작은 덩어

補中益氣.

白麵六斤, 作禿禿麻

273 '요자(腰子)': 이는 신장을 가리킨다.

274 '호육엄탕(好肉釅湯)': 이는 곧 정선된 좋은 고기를 삶아 만든 진한 탕이다. 엄(釅)은 즙의 농도를 가리키고, 맛은 진하다.

275 '독독마식(禿禿麻食)': 원문에서는 '수별면(手撇麵)'이라고 주석하고 있으며, 또한 '독독마사(禿禿麽思)'라고 일컫는다. 원래는 중앙아시아와 남아시아 회족의 조상이 그 거주지에서 가지고 온 일종의 면식품이다. 조선의 『박통사(朴通事)』의 주석에서는 "'독독마사'는 일명 '수별면'이며 … 그 배합법은 '수활면(手滑麵)'과 같다."라고 하였다. 『거가필용사류전집(居家必用事類全集)』 「경집(庚集)」· 회회식

리로 뜯어내어서) 독독마식(禿禿麻食)을 만든다. (고기 즙 속에 넣어서 익힌 후 꺼내서 쟁반에 담아 둔다.) 양고기 다리 하나를 가늘게 썰어 볶아서 익힌 것를 준비한다.

食. 羊肉一脚子, 炒焦肉乞馬.

이상의 재료를 좋은 고기로 끓인 탕 속에 넣고 파를 볶아서 넣어 조미하여 고르게 섞는다. (먹을 때) 다시 다진 마늘에 유즙[酪]을 섞은 산락[276]과 바질[香菜] 가루로 조미한다.

右件, 用好肉湯下炒葱, 調和勻. 下蒜酪香菜末.

그림 23 독독마식(禿禿麻食)

41. 세수활細水滑[277] 견변수활과 같음[絹邊水滑一同]

(이것은) 비장과 위를 북돋우며 기를 보충한다.

補中益氣.

품(回回食品)」에는 '독독마실(禿禿麻失)'이 소개되어 있는데, 이는 작은 탄알처럼 둥글게 뭉쳐서 찬물을 손바닥에 묻혀 눌러 작은 떡을 만들어서 솥에 넣고 삶아서 익힌 것이다. 건져내서 국물을 부어 끓이고 볶은 산육(酸肉)을 임의로 넣어 먹는다고 하는데, 아마 이것이 '독독마식'인 듯하다.

276 '산락(蒜酪)': Baidu 백과에 의하면 이는 북방민족이 늘상 먹는 음식물로, 그 때문에 북방소수민족을 가리키는 말이라고 한다.

277 '세수활(細水滑)': 『거가필용사류전집(居家必用事類全集)』「경집(庚集)·습면식

흰 밀가루 6근을 물에 반죽하여[水滑] (뜯어내어 작은 덩어리로 만든다.) 양고기 다리 두개를 가늘게 썰어서 볶아 익힌다. 닭 한 마리를 삶아 가늘게 자른다. 버섯 반 근을 깨끗이 씻어서 자른 것을 준비한다.

이상의 재료를 맑은 즙[清汁]에 넣고 (끓인 후 떼어낸 반죽 덩이와 반 근 정도의 버섯을 넣어 삶은 후 꺼낸다. 양과 닭고기를 썰어 만든 고명을 면 위에 얇게 얹고)[278] 후추 1냥兩, 소금, 초로 조미하여 고루 섞어 만든다.

白麵六斤, 作水滑. 羊肉二脚子, 炒焦肉乞馬. 鷄兒一箇, 熟, 切絲. 蘑菰半斤, 洗淨, 切.

右件, 用清汁下, 胡椒一兩, 塩醋調和.

42. 수룡기자水龍饑子

(이것은) 비장과 위를 북돋우며 기를 보충한다.

補中益氣.

품(濕麵食品)」에는 '수활면(水滑麵)'이 소개되어 있는데, 즉 "좋은 밀가루를 쓴다. 봄, 여름, 가을에 새로 길어 온 물에다가 기름, 소금을 넣고 휘저어서 '면갱(面羹)'으로 만들고 약간 물을 넣은 뒤 주물러 반죽을 만든다. 손으로 떼서 작은 덩이로 만들고 다시 기름과 물을 넣어 반죽한다. 주먹으로 1-2백 번 눌러 3-4번 반복해서 반죽처럼 부드럽게 되면 상에 올려서 밀대로 100여 번 치댄다. 밀대가 없으면 주먹으로 수백 번 눌러 반죽이 늘어지게 되면 손가락 끝으로 비벼서 면을 만든다. 새로 길어 온 찬물에 넣고 2시진 정도 담가 부드러워지면 솥에 넣는데 굵기는 임의대로 한다. 겨울철에는 따뜻한 물에 담근다."라고 한다. 이것은 일종의 손을 찬물에 담근 후에 (밀가루 반죽이 손에 붙으면 만들기 번거로운 것을 피하기 위함이다.) 만든 면 덩이를 물에 넣어서 끓인 밀가루 음식이다. 현대 북경지역의 '수추면편아(手揪面片兒)' 또는 '수걸탑(手疙瘩)'과 흡사하다. 원주에서 이 식품을 '견변수활(絹邊水滑)'과 동일하다고 말하고 있는데, 그것은 본 식품의 가장자리가 얇아 비단 같음을 의미한다.

278 요리의 중간과정이 누락되어 장빙룬의 역주본에 의거하여 보충하였음을 밝혀둔다.

양고기 다리 두개를 삶아서 가늘게 썬다. 밀가루 6근을 (반죽하여) 동전 눈 크기의 바둑알 모양의 작은 덩어리[錢眼饋子][279]로 자른다. 계란 10개를 (지져 전병으로 만들고), 마[山藥] 1근, 지게미에 절인 생강[糟薑] 4냥, 당근 5개, 장에 절인 외[瓜虀] 2냥을 각각 잘게 썬다. 세 가지 색깔의 완자[三色彈兒] 속은 양고기로 만든 분홍색의 고기이고, 밖은 2색으로서 하나는 흰색 밀가루와 다른 하나는 계란 노른자로 만든 황색 완자를 준비한다.

이상의 것들을 맑은 즙[清汁]에 넣고 (삶아서) 후추 2냥, 소금, 초로 조미하여 고루 섞어 만든다.

羊肉二脚子, 熟, 切作乞馬. 白麵六斤, 切作錢眼饋子. 鷄子十箇, 山藥一斤, 糟薑四兩, 胡蘿蔔五箇, 瓜虀二兩, 各切細. 三色彈兒內一色肉彈兒, 外二色粉, 鷄子彈兒.

右件, 用清汁下, 胡椒二兩, 塩醋調和.

43. 마걸馬乞[280] 수차면과 같은 유. 혹은 찹쌀가루나 가시연밥가루도 좋다 [係手搓麵. 或糯米粉, 鷄頭粉亦可]

(이것은) 비장과 위를 북돋우며 기를 보충한다.

흰 밀가루 6근을 (반죽하여) 마걸(馬乞)을 만들어서 (솥에 넣고 끓인다.) 양고기 다리 두개를 삶아서, 가늘게 썬 것를 준비한다.

이상의 재료 (즉, 위의 마걸과 썬 양고기를 솥에

補中益氣.

白麵六斤, 作馬乞, 羊肉二脚子, 熟, 切乞馬.

右件, 用好肉湯

279 '전안기자(錢眼饋子)': 재료를 고대 동전처럼 중간에 방형의 구멍이 있는 바둑알 크기의 덩어리로 자른 것을 가리킨다.

280 '마걸(馬乞)': 손으로 반죽한 소수민족의 밀가루 음식이다. 원주에서는 설명하기를 '수차면(手搓面)'이라고 하였다. 장빙룬의 역주본에 의하면 그 만드는 방법이 자못 현대 북경지방의 '차묘이타(搓猫耳朶)'와 유사하다고 한다. 잘 섞은 반죽을 손으로 떼어 작은 종기 정도 크기의 덩어리로 뭉치고 다시 밀가루 판 위에서 그

넣고) 좋은 고기로 끓인 탕을 부어서 볶고 파, 초, 소금을 모두 넣고 조미하여 고루 섞어 만든다.

炒, 葱醋塩一同調和.

44. 삭라탈인搠羅脫因[281] 위구르[畏兀兒]의 차반과 유사[係畏兀兒茶飯]

(이것은) 비장과 위를 북돋우며 기를 보충한다.

밀가루 6근에 물을 넣고 반죽하여 눌러서 동전크기 모양으로 만든다. 양고기 다리 두개를 익혀서, 잘게 자른다. 양의 혀 2개를 익혀서 잘게 자른다. 마[山藥] 1근, 버섯 반 근, 당근 5개, 지게미에 절인 생강[糟薑] 4냥(兩)을 잘게 썬 것을 준비한다.

이상의 재료를 좋은 고기로 끓여 만든 진한 탕에 함께 넣고 (끓인 후에 소면을 넣고 끓이고 꺼낸다. 별도로 솥에 기름을 넣고 이상의 재료를) 볶으면서 파와 초로 조미하여 고루 섞어 만든다.

補中益氣.

白麵六斤, 和, 按作錢樣. 羊肉二脚子, 熟, 切. 羊舌二箇, 熟, 切. 山藥一斤, 蘑菰半斤, 胡蘿蔔五箇, 糟薑四兩, 切.

右件, 用好釃肉湯同下, 炒, 葱醋調和.

45. 걸마죽乞馬粥

(이것은) 비장과 위[282]를 보충하고, 기력을

補脾胃, 益氣力.

것을 하나씩 눌러서 납작하게 만든 후 손가락의 돌출부분을 이용해서 밀어서 말아 감는데, 작은 원통형 모양으로 고양이의 귓바퀴와 흡사하다. 삶은 후에 조미료를 쳐서 먹는다.

281 '삭라탈인(搠羅脫因)': 위구르족의 면 음식이다.

이롭게 한다.

양고기 다리 하나를 잘라 작은 덩어리로 만든 후, 물을 넣고 끓여 탕으로 만들어, 깨끗하게 거른다. 좁쌀[粱米][283] 2되[升]를 일어서 깨끗하게 씻은 것을 준비한다.

이상의 재료에 지방과 뼈를 발라낸 살코기를 가늘게 썰고 찧은 후, 먼저 탕 속에 차조를 넣고 (60~70% 정도로) 적당히 익혀서 다진 양고기와 차조, 파와 소금을 넣고 끓여서 죽을 만든다. 간혹 (탕 속에) 원미圓米[284]를 넣거나 절미折米[285]를 넣고 혹은 갈미渴米를 넣어도 모두 좋다.

羊肉一脚子, 卸成事件, 熬成湯, 濾淨. 粱米二升, 淘洗淨.

右件, 用精肉切碎乞馬, 先將米下湯內, 次下乞馬米葱塩, 熬成粥. 或下圓米, 或折米, 或渴米皆可.

46. 탕죽湯粥

(이것은) 비와 위를 보충하고, 신장의 기운을 북돋는다.[286]

補脾胃, 益腎氣.

---

282 '보비위(補脾胃)': 사람의 비장과 위를 보양하고 북돋우는 작용을 하는 것을 가리킨다.

283 '양미(粱米)': 벼과식물의 조의 일종인 양(粱)의 쌀알이다, 북방에서 평상시에 식용으로 하는 '좁쌀'의 일종이다. Baidu 백과에는 양(粱)의 학명을 *Setaria italica* (L.) P.Beauv.라고 하며, KPNIC에서는 이를 벼과 강아지풀속 '조'라고 명명한다. 장빙룬의 역주본에는 이것은 색깔의 차이에 따라 청량미, 백량미, 황량미 등으로 나뉠 수 있으며 일반적으로 황량미를 가리킨다고 한다.

284 '원미(圓米)': 질이 가장 좋은 쌀을 거칠게 찧은 후에, 그중에서 알곡이 둥글고 깨끗한 것이 곧 '원미(圓米)'이다. 이는 또한 '갈미(渴米)'라고도 일컫는다.

285 '절미(折米)': '절미(浙米)'라고도 부른다. (일반적인) 좁쌀을 찧은 후에, 그중에서 알곡이 둥글고 깨끗한 것을 취하는 것을 바로 '절미'라고 한다.

286 '익신기(益腎氣)': 사람의 신장의 기운을 보충하고 이롭게 한다는 의미이다. '신기

양고기 다리 하나를 잘라 작은 덩어리로 만든다.

이상의 재료를 모두 (솥에 넣고 물을 부어) 끓여 탕으로 만들어, 깨끗하게 거른다. 그다음에는 (거른 탕 속에) 깨끗하게 인 좁쌀[粱米] 2[287] 되[升]를 넣고 푹 끓여 죽으로 만든다. (죽이 되면) 좁쌀[米],[288] 파, 소금을 넣어서 조미하며 간혹 원미, 갈미, 절미를 넣는 것도 모두 좋다.

羊肉一脚子, 卸成事件.

右件, 熬成湯, 濾淨. 次下粱米二升, 作粥熟. 下米葱塩, 或下圓米, 渴米, 折米皆可.

47. 묽은 좁쌀죽[粱米淡粥]

(이것은) 비장과 위를 북돋우며 기를 보충한다.

좁쌀[粱米] 2되[升]을 준비한다.

이상의 재료를[289] (솥에 넣어) 먼저 물을 넣고 끓인 후 맑은 액체를 따라내고 깨끗하게 여과한다. (다시 솥에 넣고) 이후에 차조를 3-5번 정도 일어서 (솥에 넣고) 끓여서 죽으로 만든다. 또는

補中益氣.

粱米二升.

右, 先将水滾過, 澄清, 濾淨. 次将米淘洗三五遍, 熬成粥. 或下圓米,

(腎氣)': 정력[腎精]은 생명의 기운을 불어넣는 것으로 또한 신장의 기능 활동을 가리키며, 성장, 발육 및 성기능활동 등과 같다.

287 '이(二)': 상옌빈의 주석본에서는 사부총간속편본과 동일하게 '이(二)'로 적고 있으나, 장빙룬의 역주본에서는 '삼(三)'으로 표기하였다.

288 여기서의 쌀은 '도미(稻米)'인지 '좁쌀[粱米]'인지는 분명하지 않다. 이미 앞 문장에서 '양미이승(粱米二升)'을 넣어서 죽을 끓여 조미하는 과정이 있는데, 이때 또 다시 다른 곡물을 넣는다는 것은 이해되지 않는다. 장빙룬의 역주본에서는 '미(米)'자를 해석하지 않고 있다.

289 사부총간속편본의 원문에서는 '우(右)'만 표기하고 있는데, 장빙룬의 역주본에서는 전후 문장의 방식에 근거하여 '우건(右件)'이라고 적고 있다.

원미圓米, 갈미渴米, 절미折米를 넣어도 좋다.

渴米, 折米皆可.

48. 하서좁쌀죽[河西米湯粥]

(이것은) 비장과 위를 북돋우며 기를 보충한다.

양고기 다리 하나를 잘라 작은 덩어리로 만들고, 하서좁쌀[河西米][290] 2되[升]을 준비한다.

이상의 재료를[291] (솥에 넣고) 끓여서 탕으로 만들고 깨끗이 걸러 낸다. (그런 후에) 하서좁쌀을 깨끗이 일어서 (육탕 속에 넣고 끓여) (70-80% 정도로 적당하게 익혀서)[292] 다음 (가늘게 썬 양고기) 좁쌀[米], 파, 소금을 넣고 같이 끓여 죽으로 만드는데 간혹 얇게 썬 양고기는 넣지 않아도 좋다.

補中益氣.

羊肉一脚子, 卸成事件, 河西米二升.

右, 熬成湯, 濾淨. 下河西米, 淘洗淨, 次下細乞馬米葱塩, 同熬成粥, 或不用乞馬亦可.

---

290 '하서미(河西米)': 장빙룬의 역주본에서는 이를 하서지역에 나는 쌀이라고 하였으며, 상옌빈의 주석본에서는 '하서미죽(河西米粥)'은 서하 강족의 대표적인 음식이라고 보고 있다. 이에 대해 김세림은 이를 율무[薏苡仁]라고 하며, 쟝장위의 교주본에서는 기장쌀[稷米]이라고 한다. 본서에서는 하서의 지역적 여건을 감안하여 좁쌀로 번역하였다.

291 사부총간속편본의 원문에는 '우(右)'로만 표기되어 있는데, 장빙룬의 역주본에서는 전후 문장의 방식에 근거하여 '우건(右件)'이라 적고 있다.

292 ( )속의 내용은 본문에는 없는 내용이나 장빙룬의 역주본에서는 최근의 요리방식에 의거하여 생략된 부분을 보충하였으며, 본고에서 이를 참고한 것이다.

49. 살속탕撒速湯[293] 천축[西天] 차반이름과 관련[係西天茶飯名]

(이 탕은) 신장[元藏]이 허하고 차가운 것, 배 속이 차고 아픈 것, 허리와 등이 시큰하고 욱신거리는 통증을 치료한다.

양고기 다리 두 개(를 잘라 작은 덩어리로 만들고) 머리 1개, 발굽 4개(를 깨끗하게 손질한다.) 초과草果 4개, 관계官桂[294] 3냥(兩), 생강 반 근, 회회두[回回豆子] 2개 크기의 합석니哈昔泥[295]를 준비한다.

이상의 재료를 물을 부은 큰 쇠솥[鐵絡][296]에

治元藏虛冷, 腹內冷痛, 腰脊酸疼.

羊肉兩脚子, 頭蹄一付. 草果四箇, 官桂三兩, 生薑半斤, 哈昔泥如回回豆子兩箇大.

右件, 用水一鐵

---

293 '살속탕(撒速湯)': 이 부분의 해석에 따르면 고대인도 차반(茶飯)의 이름이다. 살속(撒速)은 고대 인도어나 몽골어를 음에 따라 한어로 표기한 것으로 보인다. 상옌빈의 주석본에서도 고대 인도나 티베트에서 중국 내지로 전래된 지역특색이 강한 음식이라고 한다.

294 '관계(官桂)': Baidu 백과에서는 학명을 *Cinnamomum wilsonii* Gamble이라 하여 녹나무과 녹나무속 계피라고 하지만, KPNIC에서는 이것은 소개되어 있지 않다. 다만 근연식물로 사이공계피나무[*Cinnamomum loureiroi* Nees]와 육계나무[*Cinnamomum aromaticum*]가 있다. BRIS에서는 육계[肉桂: *Cinnamomum cassia* Presl.]를 계피라고 명명하고 있다. 말린 계피의 껍질은 신양(腎陽)을 북돋우고 비장과 위[脾胃]를 따뜻하게 하며 혈액 순환을 촉진하고 어혈을 없애며 통증을 멎게 하는 효과가 있다. Buell의 역주본에서는 'cinnamon' 즉 계피라고 해석하고 있다.

295 '합석니(哈昔泥)': 아위(阿魏)라고도 하며, 미나리과에 딸린 다년생 초본이다. 원산지는 이란, 아프가니스탄이다. 뿌리는 살이 많으며, 처음에는 뿌리잎[basal leaf]만 뭉쳐났다가 약 5년 후에 줄기가 난다. 뿌리잎은 매우 크며 잎자루가 있고, 잎면은 몇 번 깃 모양으로 갈라지며 째진 잎은 당근잎과 비슷하다고 한다. Buell의 역주본에서도 'asafoetida' 즉 아위라고 한다. Baidu 백과에 따르면 합석니는 취아위(臭阿魏)의 별명으로서 모래가 많은 지대에서 자라는 다년생 초본식물이며 아주 강한 마늘냄새를 지닌다고 한다.

넣고 끓여서 탕을 만들고 석재로 만든 용기에 음식물을 담고,[297] 석류 씨[石榴子][298] 1근, 후추 2냥과 약간의 소금을 넣고 섞은 후, 석류 씨를 작은 국자[杓] 하나 정도의 식물성 식용유[小油]에 넣고 볶아서 가열한 후에 완두 한 알 크기의 합석니를 넣고 (끓인 후에) 석류 씨가 담황색에서 흑갈색을 띠게 될 때까지 볶다가 탕 속의 거품과 뜬 기름을 걷어내고 맑게 여과한다. 별도의 갑향甲香,[299] 감송甘松,[300] 합석니, 버

絡, 熬成湯, 於石頭鍋內盛頓, 下石榴子一斤, 胡椒二兩, 塩少許, 炮石榴子用小油一杓, 哈昔泥如豌豆一塊, 炒鵝黃色微黑, 湯末子油去淨, 澄清. 用甲香甘松哈昔泥

296 ‘철락(鐵絡)’: 이는 곧 큰 솥을 가리킨다.

297 ‘성돈(盛頓)’: 음식을 솥[鍋], 대야[盆], 사발[碗], 잔(盞) 등의 용기 속에 단정하게 넣어 두는 것이다.

298 ‘석류자(石榴子)’: 석류과(石榴科) 식물인 석류의 열매이며 신 것과 단것 두 종류가 있다. 신 석류는 또한 초석류(醋石榴)라고 불리는데, 맛은 시며 성질은 따뜻하다. 설사병[滑瀉], 오랜 설사[久痢], 하혈[崩漏], 대하증[帶下]을 치료한다. (먹으면) 주로 체액의 분비를 촉진하여 갈증을 멈추게 하고, 살충에 효과가 있다. 본 조항의 효능을 볼 때 신 석류와 단 석류를 모두 사용한 듯하다.

299 ‘갑향(甲香)’: Baidu 백과에 의하면 갑향은 수운모(水雲母), 해월(海月), 최생자(催生子)라고도 불린다. 소라과의 동물인 소라나 유사한 동물의 껍질 입구의 딱지이다. 『당본초(唐本草)』에 이르길 “맛은 짜며 성질이 평이하고 독이 없다.”라고 하였다. 복부의 통증[脘腹痛], 이질(痢疾), 임질(淋疾), 치루(痔漏), 옴[疥癬]을 치료하는 데 효능이 있다고 한다.

300 ‘감송(甘松)’: 마타리과 식물 감송속(甘松屬) 식물인 감송(*Nardostachys chinensis* Batal.)의 마른뿌리 및 뿌리줄기이다. 감송과 식물은 세 종류가 있으며 중국에는 두 종류가 있는데 감송(*N. chinensis* Batal.) 및 관엽감송(*N. jatamansi* (D.Don) DC.)로 구분된다. KPNIC와 BRIS에는 관련된 국명이 제시되어 있지 않다. 감송은 감송향(甘松香)으로도 불리며 중의학에서는 잘 쓰지 않는다. 감송의 냄새는 향기로우며 맛은 맵고 달며 성질은 따뜻하여 비장과 위에 귀속된다. 기를 치료하고 통증을 멎게 하거나[理氣止痛], 막힌 것을 열고 비장을 깨우는[開鬱醒脾] 기능을 갖추고 있으며, 복부부위가 부르고 그득하고 통증이 있는 경우[脘腹

터기름[酥油][301]을 함께 태워 병瓶을 그을린 후 (병속에 맑게 걸러 낸 탕을 넣고) 병을 봉하여 저장한다.	酥油, 燒煙薰瓶, 封貯任意.

그림 24 감송과 말린 뿌리

脹痛], 구토, 식욕부진이 있을 때 사용하며 그 외에도 치통과 발의 붓기도 치료한다.

301 '수유(酥油)': 이는 버터기름으로서 다른 이름으로는 소(蘇), 낙소(酪蘇), 버터[酥], 마사가유(馬思哥油), 백소유(白酥油)가 있다. 양의 젖 혹은 소의 젖을 가공하고 정제하여 만든 것이다. Buell은 역주본, p.293에서 수유(酥油)를 'butter'라고 번역하고 있지만, pp.375-376에서는 간혹 'liquid butter'라고도 번역하고 있다. 본서의 권2 1장 35의 '수유(酥油)' 조항이 각종 기름 항목의 중간에 위치한 것을 보면 수유는 버터기름으로 해석하는 것이 좋을 듯하다. 원대 『농상의식촬요(農桑衣食撮要)』「오월(五月) · 조수유(造酥油)」에는 초기의 버터 만드는 방법이 잘 소개되어 있다. 장빙룬의 역주본에 따르면, 재래식 가공 방법은 신선한 젖을 소가죽으로 만든 주머니나 혹은 다른 용기 속에 넣고 끊임없이 흔들어 기름과 유분을 분리한 후에 그 유지(油脂)를 취해서 만든다고 한다. 이것은 오장을 보하며 기혈을 북돋고 갈증을 멈추게 하며 (호흡기나 피부의) 건조한 것을 촉촉히 하는 효능[潤燥]이 있다. 또한 음기로 허해지고 허로해서 열이 나며, 폐가 건조해져 나는 마른 기침, 피를 토하는[吐血] 증상 및 당뇨[消渴], 변비(便秘), 건조한 피부[肌膚枯槁], 구창병[口瘡]을 치료한다고 한다.

50. 적양심炙羊心[302]

(이것은) 심기心氣가 두렵고 불안하며 가슴이 답답하여 편안하지 않은 것[303]을 치료한다.

양의 심장 동맥과 정맥의 혈관이 있는 것[304] 1개, 샤프란[咱夫蘭] 3전(錢)을 준비한다.

이상의 재료에, 물 1잔盞에 해당화[玫瑰][305]를 넣고 즙을 취하는데 약간의 소금(과 샤프란)을 넣는다.(샤프란 즙을 취한다.) 양의 심장을 대꼬챙이에 꽂고 불 위에 굽는데 (구우면서) 샤프란

治心氣驚悸，鬱結不樂.

羊心一箇，帶系桶，咱夫蘭三錢.

右件，用玫瑰水一盞，浸取汁，入塩少許. 簽子簽羊心，於火上炙，將咱夫

---

302 '적양심(炙羊心)': 상옌빈의 주석본에 의하면 원대 궁정음식물 중의 회회(回回)식품이라고 한다.

303 이 증상은 마음상태가 두렵고 불안하며 심정적으로 답답하여 편하지 못한 것이다. 심기(心氣)의 넓은 의미는 일반적으로 심리활동을 가리키며, 좁은 의미로는 심장이 추동으로 혈액이 순환하는 기능을 가리킨다. '경계(驚悸)'는 몹시 놀랐기 때문에 두근거리거나 혹은 가슴이 두근거려서 놀라는 것으로, 몹시 두렵고 불안한 병증이다.

304 '대계통(帶系桶)': 바로 양심장에 동맥, 정맥의 혈관이 있는 것이다.

305 '매괴(玫瑰)': 장미과 낙엽관목으로 학명은 *Rosa rugosa* Thunb.이다. 이것은 원산지가 중국으로 KPNIC와 BRIS에서는 모두 장미과 장미속 '해당화'라고 명명하고 있다. 명초의 『구황본초(救荒本草)』 권상 「초부(草部) · 장미(薔薇)」에는 자미(刺蘼)라고 하는 중국 특유의 야생장미(薔蘼: *Rosa multiflora* Thunb. KPNIC에서는 찔레꽃으로 명명)가 별도로 존재한다고 한다. 해당화는 맛은 약간 쓰며 성질은 따뜻하다. 기를 다스리고 답답한 것을 푸는 효능이 있어, 피를 부드럽게 하여 어혈을 풀어준다. 스트레스성 위통[肝胃氣痛], 오래되었거나 새로 생긴 마비증[新久風痹], 토혈(吐血) 및 해혈(咳血), 월경불순[月經不調], 적백대하증[赤白帶下], 이질, 유선염[乳痈], 부스럼독[腫毒]을 치료한다. 명말 요가성(姚可成)의 『식물본초』에서는 "주로 간과 지라[脾]에 이로우며 간과 쓸개를 보충하고 사기와 악기를 물리친다. 먹으면 좋은 향기가 나며 맛도 좋아서 상쾌함을 느끼는 효험이 있다."라고 한다.

즙을 천천히 그 위에 바르며, 준비된 즙이 다 할 때까지 바른다. (구운 양의 심장을) 먹으면 심기가 안정되고 사람의 기분이 좋아진다.

蘭汁徐徐塗之, 汁盡爲度. 食之安寧心氣, 令人多喜.

51. 적양요炙羊腰

(이것은) 등허리의 급성 통증을 치료한다.

양 신장 1벌, 샤프란 1전을 준비한다.

이상의 재료에 해당화를 물 한 국자에 담가 즙을 내고 즙 속에 약간의 소금(과 샤프란)을 넣는다.(샤프란 즙을 취한다.) 대꼬챙이에 양 신장[羊腰]을 끼워 불에 굽는다. (구우면서) 샤프란 즙을 천천히 바르는데, 준비된 즙을 다 바른다. 구운 신장을 먹으면 (등허리 급성 통증에) 아주 효험이 있다.

治卒患腰眼疼痛者.

羊腰一對, 咱夫蘭一錢.

右件, 用玫瑰水一杓, 浸取汁, 入塩少許. 簽子簽腰子火上炙. 将咱夫蘭汁徐徐塗之, 汁盡爲度. 食之甚有效驗.

52. 찬계아攢鷄兒306

살찐 닭 10마리를 털, 발톱, 내장을 제거하여 깨끗이 씻어 (솥에 넣고) 끓여 뼈를 제거하고 잘게 잘라 모아 둔다.

肥鷄兒十箇, 撏洗淨, 熟切攢. 生薑汁一

306 '찬계아(攢鷄兒)': 닭을 잘라 해체하여 큰 뼈를 골라낸 후에 다시 한 곳에 모아서 여타 보조 재료를 배합하여 만드는 일종의 식품이다. '찬'은 모은다는 의미이며, 여기서는 먼저 잘라서 다시 모으는 것이다. Buell의 역주본, p.294에서는 '찬계

생강즙 1홉[合], 파 2냥를 잘게 썬다. 생강가루 반근, 화초가루[小椒末] 4냥, 밀가루 2냥을 반죽하여 칼국수처럼 썰어 (익힌 것을)를 준비한다.

위의 재료의 (순서에 따라서 생강, 화초가루를 넣고 맛이 우러나면 그다음에 닭고기, 국수를 넣고) 삶은 닭탕을 넣고 볶으면서[307] 파와 식초를 넣고 생강즙으로 조미하여 섞어 만든다.

合, 葱二兩, 切. 薑末半斤, 小椒末四兩, 麵二兩, 作麵絲.

右件, 用煑鷄兒湯炒, 葱醋, 入薑汁調和.

53. 메추라기볶음[炒鵪鶉]

메추라기[308] 20마리를 (깨끗하게 손질하여서 솥에 넣고 삶아 꺼내서) 작은 덩이로 자른다.[309] 무 2개를 잘게 자

鵪鶉二十箇, 打成事件. 蘿蔔二箇, 切. 薑

아(攢鷄兒)'를 'deboned chicken morsels', 즉 '뼈를 발라낸 닭고기 조각'으로 번역하고 있다.

307 이 구절에 대해서 장빙룬[張秉倫]의 역주에서는 "별도로 기름 솥을 준비하여 기름을 넣고 불을 가하여서 순서에 따라 생강, 화초를 넣고, 이 재료가 점차 맛이 나게 되면 준비한 닭고기, 국수, 파, 소금, 식초를 함께 넣고 뒤집어 볶는다. 그 이후에 닭탕을 넣어서 끓인 후에 생강즙을 넣고 조미하여 고루 섞어 만든다."라고 해석하고 있다. 하지만 원문의 뜻과는 다소 배리된다.

308 '암순(鵪鶉)': 암순의 학명은 *Coturnix*로서, BRIS에서는 메추라기로 명명한다. 고기의 맛은 아주 좋고, 영양물질을 풍부하게 함양하고 있으며 비교적 좋은 식료(食療)로서의 가치가 있다. 『본초강목』에서 이르기를 "메추라기고기는 오장을 보양하고 비장과 위를 북돋고 기를 이어준다. 근육과 뼈를 튼튼하게 만들며 추위와 더위를 잘 견디게 하고 점점 열이 뭉친 것을 풀어준다."고 하였으며 "메추라기고기는 소두(小豆), 생강과 함께 익혀서 먹으면 설사를 멈춘다. 메추라기고기를 버터[酥]와 함께 끓여서 먹으면 하초(下焦)부위를 살지게 한다."라고도 하였다. 소화불량, 신체허약, 가래천식, 신경쇠약 등의 질환을 치료하는 데 적합하다.

309 '타(打)': 사부총간속편본에서는 '타(打)'로 적고 있으며, 다른 본에서도 동일하나

른다. 생강가루 4냥, 양 꼬리 1개 각각 주사위 크기만 하게 자른다. 밀가루 2냥을 반죽하여 칼국수처럼 만들어 (끓여) 준비한다.

이상의 재료를 끓인 메추라기탕에 넣고 볶아서 (마지막에) 마늘과 초로 조미하여 섞어 만든다.

末四兩, 羊尾子一箇, 各切如色數. 麵二兩, 作麵絲.

右件, 用煮鵪鶉湯炒, 葱醋調和.

54. 반토盤兎[310]

토끼[311] 2마리를 (털을 벗기고 배를 갈라 내장을 꺼내고 삶아서) 작은 덩어리로 자른다. 무 2개를 조각내어 자른다. 양 꼬리 1개를 조각내어 잘라서 혼합조미료[細料物][312] 2전과 혼합하여 (흰 밀가루 2량을 반죽하

兎兒二箇, 切作事件. 蘿蔔二箇, 切. 羊尾子一箇, 切片, 細料物二錢.

장빙룬의 역주본에서는 문장의 의미 및 본편의 전후 문장형식에 근거하여 '절(切)'로 고쳐 적고 있다.

310 '반토(盤兎)': 이는 요리이름으로 곧 토끼 고기를 가늘게 썰어 삶은 후에 조미하여 요리한 것이다. '반(盤)'은 여기서는 손질하고 조리한다는 의미이다. 『거가필용사류전집(居家必用事類全集)』「경집(庚集)·육관장홍사품(肉灌腸紅絲品)」의 '반토(盤兎)'조항에서는 "살찐 것 한 마리를 삶아 7푼 정도 익히고 갈라 펼쳐서 가늘게 썬다. 정련해서 익힌 참기름 4냥을 고기에 붓고 소금 약간과 파채 한 줌을 넣어 잠깐 볶은 다음, 삶은 물 맑게 띄운 것을 솥에 부어 2-3차례 끓이고 간장 조금을 넣고 다시 한두 차례 끓인다. 국수를 넣고 다시 신선한 피 두 국자를 부어서 한 번 끓인다. 간을 봐서 소금, 초를 조금 더 친다. 양 꼬리와 허구리 살을 가늘게 썰어서 함께 볶으면 더욱 좋다."라고 하였다.

311 '토아(兎兒)': 샹옌빈의 주석본에서는 사부총간속편본과 동일하게 '토아(兎兒)'라고 적고 있으나, 장빙룬의 역주본에서는 '토자(兎子)'로 표기하였다.

312 김세림의 역주본에서는 '세료물(細料物)'을 후추, 회향(茴香), 사인[砂仁: 축사밀(縮砂蔤)의 씨] 등을 혼합한 '상등의 조미료'라고 보았으며, Buell의 역주본, p.294에서는 이를 'fine spices'라고 해석하고 있다.

여서 칼국수 형태로 만들어 삶아) 준비한다.

(별도로 달군 솥에 기름을 부어), 이상의 재료를 파, 초와 함께 볶은[313] 이후에 (준비된 토끼고기를 넣고 토끼 육탕을 붓고) 마지막으로 삶은 칼국수면 2냥을 넣어서 섞어 만든다.

右件, 用炒, 葱醋調和, 下麵絲二兩, 調和.

55. 하서폐河西肺[314]

양의 폐 1개를 (깨끗하게 손질하고), 부추 6근을 짜서 즙을 낸다. 밀가루 2근에 물을 넣어 반죽한다. 버터기름 반 근, 후추 2냥, 생강즙 2홉을 준비한다.

羊肺一箇, 韮六斤, 取汁. 麵二斤, 打糊. 酥油半斤, 胡椒二兩, 生薑汁二合.

이상의 재료들에 소금을 골고루 섞어 조미하여, 깨끗하게 씻은 양 폐 속에 주입하고 (솥에 넣고 물을 부어) 삶아서, (꺼내어 작은 덩어리로 잘라) 부추즙과 생강즙을 그 위에 뿌려서 먹는다.

右件, 用塩調和匀, 灌肺, 煮熟, 用汁澆食之.

---

313 장빙룬의 역주본에서는 '용(用)'자와 '초(炒)'자 사이에 어떤 글자가 빠진 것으로 의심된다고 한다.

314 '하서폐(河西肺)': 상옌빈의 주석본에 의하면 이 식품은 오늘날 중국 서북지역에서 유행하는 민간식품인 '면폐자(麵肺子)'와 유사한데, 원대에 이 식품의 제조법이 서하(西夏)지역에서 중국으로 유입되었기 때문에 이런 명칭이 생겼다고 한다. 아울러 『거가필용사류전집(居家必用事類全集)』「경집(庚集)·육관장홍사품(肉灌腸紅絲品)」에 소개된 '관폐(灌肺)'의 제조법과 닮아 있다.

56. 강황건자薑黃腱子

양 종아리[羊腱子][315] 살 한 개를 삶고 (뼈를 제거하고 덩어리로 썬다). 양 갈비[羊肋枝] 2개를 길게 덩어리로 자른다. 콩가루 1근, 밀가루 1근, 샤프란[咱夫蘭] 2전, 치자梔子[316] 5전을 (찧어 가루로 내어) 준비한다.

이상의 재료를 소금, 조미료[料物]와 고르게 섞은 후에 (물을 넣고 반죽하여) 준비해 둔 양 종아리살과 양 갈비살에 발라서 식물성 식용유[小油]에 튀긴다.[317]

羊腱子一箇, 熟. 羊肋枝二箇, 截作長塊. 豆粉一斤, 白麵一斤, 咱夫蘭二錢, 梔子五錢.

右件, 用塩料物調和, 搽腱子, 下小油煠.

57. 고아첨자鼓兒簽子

양고기 5근을 가늘게 자른다. 양꼬리[羊尾子] 1개를 가늘게 자른다. 계란 15개를 (깨서 풀고), 생강 2전, 자른 파[葱] 2냥, 속의 흰 부분을 제거한 말린 귤껍질[陳皮] 2전, 조미료[料物] 3전을 준비한다.

羊肉五斤, 切細. 羊尾子一箇, 切細. 鷄子十五箇, 生薑二錢, 葱二兩, 切, 陳皮二錢, 去白, 料物三錢.

---

315 Buell의 역주본에서는 '양건자(羊腱子)'를 양발굽 상단부위의 살이 아닌 '양의 힘줄(tendon)'이라고 번역하고 있다.

316 '치자(梔子)': 꼭두서니과[茜草科] 식물인 치[梔]의 과실로서 학명은 *Gardenia jasminoides*이며, BRIS에서는 '치자'로 명명하고 있다. 이는 다년생 상록관목이고 약제로 사용되며 중국 대부분의 지역에서 재배된다.

317 '잡(煠)': 사부총간속편본과 상옌빈의 주석본에서는 '잡(煠)'이라고 하였으나, 장빙룬의 역주본에서는 '작(炸)'으로 표기하고 있다. 이후 동일하여 생략한다.

위의 것들을 고루 섞어 조미하여, 양 대장[羊白腸][318] 속에 넣고 (솥에 넣고) 삶아서 (식힌 후에) 북처럼 잘라 토막을 낸다. 콩가루 1근, 밀가루 1근과 혼합하고 샤프란[咱夫蘭] 1전錢, 치자 3전을 물에 담가 즙을 취해서 작은 토막의 양 창자에 버무린 후[319] 꼬챙이에 꿰어 식물성 식용유[小油]에 넣고 튀겨서 익히면 된다.

右件, 調和勻, 入羊白腸內, 煮熟切作鼓樣. 用豆粉一斤, 白麵一斤, 咱夫蘭一錢, 梔子三錢, 取汁, 同拌鼓兒簽子, 入小油煠.

58. 대화양두帶花羊頭

양 머리 3개를 삶아 (고기를 발라내어) 잘게 자른다. 양 신장 4개, 양 위와 폐 각 1벌을 깨끗이 씻어 삶아서 잘게 자른 후 모아서 연지로 붉게 착색한다. 생강 4냥, 지게미에 절인 생강[糟薑] 2냥을 각각 잘게 자른다. 계란 5개를 (풀어서 지져 전병을 만들고 잘라) 꽃모양으로 만든다. 무 3개를 (조각해서) 꽃모양으로 만든다.를 준비한다.

이상의 재료를 좋은 고기로 만든 육탕에 넣고, 볶은 후 파, 소금, 초로 조미하여 고루 섞어 만든다.(익힌 것을 쟁반에 담아 꽃모양으로 만

羊頭三箇, 熟切. 羊腰四箇, 羊肚肺各一具, 煮熟, 切, 攢, 胭脂染. 生薑四兩, 糟薑二兩, 各切. 鷄子五箇, 作花樣. 蘿蔔三箇, 作花樣.

右件, 用好肉湯炒, 葱塩醋調和.

318 장빙룬의 역주본에서는 '양백장(羊白腸)'을 깨끗이 씻은 양의 대창이라고 하고, 김세림의 역주본에는 양의 창자[腸]라고 번역하고 있다.

319 이 부분에 대해 장빙룬의 역주에서는 "이상의 재료에 소금과 물을 부어서 반죽하여 양 창자에 바른다."라고 해석하고 있다.

든 계란과 무를 얹어 장식한다.)[320]

59. 어탄아魚彈兒

큰 잉어[鯉魚] 10마리의 껍질, 뼈, 머리, 꼬리를 제거한다. 양꼬리 2개를 삶아서 뼈를 발라내고 함께 잘라서 다진다. 생강 1냥을 다지듯이 썰고, 파 2냥을 가늘게 썬다. 말린 귤껍질 가루[陳皮末] 3전, 후추 가루 1냥, 합석니哈昔泥 2전을 준비한다.

이상의 재료에 소금을 치고 생선살을 넣고 고르게 섞어서 둥근 완자처럼 만들어 식물성 식용유[小油]을 조금 넣고 튀긴다.

大鯉魚十箇, 去皮骨頭尾. 羊尾子二箇, 同剁爲泥. 生薑一兩, 切細, 葱二兩, 切細. 陳皮末三錢, 胡椒末一兩, 哈昔泥二錢.

右件, 下塩, 入魚肉內拌匀, 丸如彈兒, 用小油煠.

60. 부용계芙蓉鷄

닭 10마리를 (털을 뽑고 깨끗이 씻어서) 푹 삶아 (머리, 발톱, 뼈 부분을 제거하고 가늘게 잘라서) 모아둔다. 양의 위와 폐 각각 1벌을 (깨끗이 씻어) 삶아서 잘게 자른다. 생강 4냥(兩)을 잘게 자른다. 당근[胡蘿蔔] 10개를 잘게 자른다. 계란 20개를 깨서 지져 전병[餠]으로 만들고 그것을 꽃모양으로 만든다. 시금치[赤根],[321] 고수[芫荽]를

鷄兒十箇, 熟, 攢. 羊肚肺各一具, 熟, 切. 生薑四兩, 切. 胡蘿蔔十箇, 切. 鷄子二十箇, 煎作餠, 刻花樣. 赤根芫荽打糁. 胭脂梔

320 ( )의 내용은 장빙룬의 역주본에 의거하여 보충한 것이다.

321 '적근(赤根)': 이는 바로 시금치로, 『본초강목』「채부(菜部)」'파채(菠菜)'조항에서는 또한 '적근채(赤根菜)'라고 적고 있으며, 『석진지집일(析津志輯佚)』「물산

잘라서 가루로 만든다[打糝].[322] 연지胭脂, 치자梔子를 (물에 담가서 즙을 내어서) 색을 낸다. 살구씨 가루 반죽[杏泥] 1근을 준비한다.

子染, 杏泥一斤.

이상의 것들을 (양의 위와 폐를 구분해서 연지와 치자가루로 만든 즙을 사용하여 홍색과 황색으로 색을 입힌 후 솥에 넣고 당근과 생강을 넣고 함께 볶는다. 재료가 익을 때 살구씨 가루 반죽[杏泥]과) 좋은 육탕을 넣고 볶으며 (마지막으로 고수와 시금치 가루를 뿌리고) 파와 초로 조미하여 고루 섞어 만든다. (솥에서 꺼낸 이후에 닭고기 위에 붓고 그 위에 계란전병으로 만든 꽃을 배열한다.)[323]

右件, 用好肉湯炒, 葱醋調和.

61. 육병아肉餅兒

정선된 양고기 10근을 지방과 막(膜), 힘줄[筋]을 제거하고 잘라서 다진다. (물을 넣고 푼) 합석니 3전(錢), 후추 2냥(兩), 필발蓽撥 1냥, 고수[芫荽]가루 1냥을 준비한다.

精羊肉十斤, 去脂膜筋, 搥爲泥. 哈昔泥三錢, 胡椒二兩, 蓽撥一兩, 芫荽末一兩.

이상의 재료에 소금을 넣고 조미하여 골고루 섞고 눌러서 얇은 고기 떡을 만들어서 식

右件, 用塩調和勻, 捻餅, 入小油

(物産)」의 기록에도 "적근이 곧 시금치이다.[赤根卽菠菜.]"라고 한다.

322 '타삼(打糝)': 여기서는 고수를 잘라서 가루로 만들어서 음식에 뿌리는 것을 가리킨다.

323 ( )의 내용은 장빙룬의 역주본에서 누락된 부분을 조리의 레시피에 의거하여 보충한 내용이다.

물성 식용유[小油]에 넣고 튀긴다.	煤.

62. 염장塩腸

양의 소장[羊苦腸][324]을 물에 깨끗이 씻은 것을 준비한다.	羊苦腸水洗淨.
이상의 재료에 소금을 넣어 골고루 섞어 주고 (그늘지고) 통풍이 잘 되는 곳에서 말려서 식물성 식용유[小油]에 넣고 튀긴다.	右件, 用塩拌勻, 風乾, 入小油煤.

63. 뇌와날腦瓦刺[325]

익힌 양 가슴 2개를 (뼈를 발라내고) 얇게 편으로 자른다. 계란 20개를 깨서 (잘 저어 얇게) 전병을 지져 (가늘게 썰어 둔다.)	熟羊胷子二箇, 切薄片. 鷄子二十箇, 熟.
이상의 재료들과 각종 야채들을 함께 지져서 전[餅]으로 말아서[326] 먹는다.	右件, 用諸般生菜, 一同捲餅.

324 '양고장(羊苦腸)'을 김세림의 역주본에서는 '양의 소장(小腸)'이라 번역한 데 반해, Buell의 역주본에서는 한자 고장(苦腸)을 직역하여 'sheep's bitter bowel'이라 번역하고 있다.

325 Buell의 역주본에서는 페르시안 이름일 가능성을 제기하고 있다.

326 '권병(捲餅)': 장빙룬의 역주본과 상옌빈의 주석본에서는 저본인 사부총간속편본의 내용과는 달리 '권병(卷餅)'이라고 표기하고 있다.

64. 강황어薑黃魚

잉어 10마리의 껍질과 비늘을 벗기고 (내장을 제거하여 깨끗이 손질한다). 밀가루 2근, 콩가루 1근, 고수가루 2냥을 준비한다.

鯉魚十箇, 去皮鱗. 白麵二斤, 豆粉一斤, 芫荽末二兩.

위의 재료들 중 고수가루에 소금과 조미료를 넣고 생선의 안팎에 발라서 잠시 절여 두었다가 (밀가루와 콩가루를 섞은 후에 그것에 물을 붓고 반죽하여, 생선에 발라서), 식물성 식용유[小油]에 넣고 튀겨서 익힌다.

右件, 用塩料物淹拌過搽魚, 入小油煠熟.

잘게 썬 생강 2냥과 고수잎, 연지로 물들인 무채를 함께 별도의 기름을 두른 솥에 넣고 볶아서 생선 위에 부은 후, 다시 파를 뿌려 고루 조미하여 맛을 낸다.

用生薑二兩切絲, 芫荽葉, 胭脂染蘿蔔絲炒, 葱調和.

65. 찬안攢鴈

기러기 5마리를 (깨끗이 씻어) 삶아서 (뼈를 제거한 후에) 잘라 모아 둔다. 생강가루 반 근을 준비한다.

鴈五箇, 煮熟, 切攢. 薑末半斤.

(볶을 솥을 달구어 기름을 두르고) 이상의 재료들[327]을 솥에 넣어 한 차례 볶고, 좋은 고기로 만든 육탕을 넣고 볶아서, 파, 소금을 넣어 조

右用好肉湯炒, 葱塩調和.

327 사부총간속편본에는 '건(件)'자가 없으나, 장빙룬의 역주본에서는 문장의 뜻과 본편의 전후의 문장방식에 근거해서 우건(右件)으로 표기하고 있다.

미하여 맛을 낸다. (진한 즙을 떠낸 후에 나머지를 솥에서 꺼내어 쟁반에 담는다.)

66. 저두강시猪頭薑豉

돼지머리[猪頭][328] 두 개를 깨끗이 씻어 (삶아서 털을 벗기고) 고기를 발라서 잘게 썬다. 속의 흰 부분을 제거한 말린 귤껍질[陳皮] 2전, 양강良薑 2전, 화초[小椒] 2전, 관계官桂 2전, 초과草果 5개, 식물성 식용유[小油] 1근, 꿀[蜜] 반 근을 준비한다.

위의 재료를 (솥에 넣고 물을 부어) 함께 삶아 (고기가 익은 후에 꺼낸다. 별도로 달군 솥에 기름을 붓고 가열하여 익힌 돼지머리고기를 넣고) 그다음에 겨잣가루[芥末][329]를 넣고 함께 볶은 후에 파, 초, 소금을 넣어 조미하여 고루 섞어 만든다.

猪頭二箇, 洗淨, 切成塊. 陳皮二錢, 去白, 良薑二錢, 小椒二錢, 官桂二錢, 草果五箇, 小油一斤, 蜜半斤.

右件, 一同熬成, 次下芥末炒, 葱醋塩調和.

---

328 '저두(猪頭)': Buell의 역주본에서는 이를 'hog's head'라고 번역하고 있지만, 장빙룬의 역주본에서는 응당 돼지머리의 껍질과 고기이지, 돼지머리 전부를 일컫는 것은 아니라고 한다. 『식료본초(食療本草)』에는 "저두(猪頭)는 허한 것을 보충하고, 기력을 북돋는 데 효험이 있으며 간질[驚癎], 다섯가지 치질[五痔]을 제거하고, 단석(丹石)중독을 해소한다."라고 하였으며, 돼지 뇌[猪腦]에 대해서 『본초강목(本草綱目)』에서는 "달고, 차가우며, 독이 있다."라고 하였다.

329 '겨잣가루[芥末]': 개(芥)는 개채(芥菜)로서 학명은 *Brassica juncea*이고 BRIS에서는 국명을 '갓'으로 명명하고 있다. 갓의 영어는 mustard로 개자[*Sinapis alba* L.]로 표현하고 있다. '개말(芥末)'은 십자화과 식물 개채(芥菜)의 종자, 즉 개자를 갈아 만든 분말이다. 겨잣가루는 대개 조미료에 사용되는데, 독특한 매운맛이 있다.

67. 포황과제蒲黃瓜虀

깨끗이 손질한 양고기 10근을 삶아 마치 절인 외 크기 같은 덩어리로 자른다. 화초[小椒] 1냥, 부들꽃가루[蒲黃][330] 반 근를 준비한다.

이상의 재료에 혼합조미료[細料物] 1냥, 적당한 소금과 함께 섞어 조미한다.

淨羊肉十斤, 煮熟, 切如瓜虀. 小椒一兩, 蒲黃半斤.

右件, 用細料物一兩塩同拌勻.

그림 25 포황과 꽃가루

68. 찬양두攢羊頭

양머리 5개를 (털을 뽑아 깨끗이 씻고) 삶아서 (고기를 발라) 모아둔다. 생강가루 4냥, 후추 1냥를 준비한다.

이상의 재료를 (솥을 달군 후에 기름을 부어서

羊頭五箇, 煮熟, 攢. 薑末四兩, 胡椒一兩.

右件, 用好肉湯

330 '포황(蒲黃)': Baidu 백과에는 *Typha angustifolia* L.과 *Typha orientalis* C.Presl의 두 개의 학명이 존재하는데, KPNIC에 의하면 전자는 부들과 부들속 '애기부들'이며, 후자는 같은 속의 '부들'이라고 명명하고 있다. 포황은 이같은 부들의 말린 꽃가루이다.

생강가루와 후추, 파를 뜨거운 솥에 넣고 양머리 고기를 넣어서 볶고)[331] 다시 좋은 육탕을 넣고 볶으면서 파, 소금, 초로 조미하여 고루 섞어 만든다.

炒, 葱塩醋調和.

69. 찬우제攢牛蹄 말발굽과 곰발바닥도 모두 동일[馬蹄熊掌一同]

소 발굽 1벌(4개)을 (씻어 손질하여) 삶아 (고기를 발라내고 잘게 썰어) 모아둔다. 생강가루 2냥를 준비한다.

이상의 재료를 (달군 솥에 기름을 넣고 파와 생강가루를 넣은 후에 소 발굽고기를 넣고 볶아서 다시) 좋은 육탕을 넣고 볶은 후 파와 소금으로 조미하여 고루 섞어 만든다. (육탕이 졸아 사라질 즈음 솥에서 꺼내 쟁반에 담는다.)

牛蹄一付, 煮熟, 攢. 薑末二兩.

右件, 用好肉湯同炒, 葱塩調和.

70. 세걸사가細乞思哥[332]

양고기 다리 하나를 (삶아서 뼈를 제거하고) 잘게 썬다. 무[蘿蔔] 2개를 삶아서 가늘게 자른다. 양꼬리 1개를

羊肉一脚子, 煮熟, 切細. 蘿蔔二箇, 熟,

---

331 본문 속의 ( )부분은 조리과정으로 본서에서는 누락되어 있다. 장빙룬의 역주본에서는 오늘날 조리과정에 의거하여 보충하였는데, 이를 참고했음을 밝혀 둔다.

332 '세걸사가(細乞思哥)': 이것은 몽골어를 한자음으로 기록한 것이다. '세걸(細乞)'과 '사가(思哥)' 두 단어로 이루어져 있다. '세걸(細乞)'은 중국어로 '잘게 썬 고기[肉糜]'로 해석되며, 또한 부사로 '조각조각 내다[稀爛地]', '푹 삶다[煮爛]'라고 쓸

삶아서 가늘게 자른다. 합부아哈夫兒[333] 2전를 준비한다.

이상의 재료를 (별도로 달군 솥에 기름을 붓고 파를 넣고) 위의 재료들을 모두 넣고 볶다가 좋은 육탕을 부어서 다시 볶은 뒤 (소금을 치고) 파를 넣고 조미하여 만든다. (육탕이 졸아 사라질 즈음 솥에서 꺼낸다.)

切細. 羊尾子一箇, 熟切. 哈夫兒二錢.

右件, 用好肉湯同炒, 葱調和.

71. 간생肝生[334]

양의 간 1개를 물에 담갔다가 가늘게 자른다. 생강 4

羊肝一箇, 水浸, 切細

수 있다. '사가(思哥)'는 중국어로 '잘게 부순 것[破碎物]'으로 해석된다. 따라서 '세걸사가'는 '고기죽[肉糜]'으로 이해된다. 아스끈[阿思根]의 견해에 따르면 몽골어 중에 xijagsen, miha는 중국어로 '肉糜'라고 해석되는데, 이것은 곧 고기가 삶겨 풀처럼 된 것이라고 한다.

333 '합부아(哈夫兒)': 옛 몽골어를 한자음으로 기록한 것이다. 장빙룬의 역주본에서는 합부아에 대해 두 가지 해석을 소개하고 있다. 첫 번째는 합부아가 몽골어 '합아박아(哈兒博兒)'의 음이 변했다는 것이다. '합아박아'는 중국어로 '운향(芸香)'인데, 일종의 다년생 초본식물로 꽃, 줄기, 잎에서 특별한 향기가 나며, 맛은 맵고 쓰며 성질은 차갑다. 상한과 감기[傷寒感冒], 임질(淋疾), 풍습(風濕)으로 인해 근육과 뼈가 시큰하게 아픈 병증, 만성 기관염을 치료한다. 또한 조미료를 만드는 데도 사용된다. 또 다른 해석으로 합부아가 몽골어인 '합막아(哈莫兒)'의 한자음으로 적은 것으로, '막(莫)'이 '부(夫)'로 잘못 기록되었다고 여기는 것이다. 합막아는 중국 사막지역에서 자라는 약용식물인 '잡밀'(卡密: 또는 '시베리아 니트라리아'로 불리기도 한다.)이다. 남가새[*Nitraria sibirica* Pall.]과 식물의 열매가 작고 흰 가시가 있는 과일이다. 맛은 시큼 달콤하고 약간 짜며 성질은 따뜻하다. 비장과 위를 튼튼하게 하고, 강장을 보양(補益)하며, 월경을 고르게 하고[調經] 혈액 순환이 원활하도록 하는 효능이 있다.

334 '간생(肝生)': 이 제조법은 '간두생(肝肚生)'과 유사한데, 『거가필용사류전집(居家

냥을 가늘게 자른다. 무 2개를 가늘게 자른다. 바질[香菜]과 여뀌[蓼子] 각각 2냥을 가늘게 자른 것를 준비한다.

이상의 재료에 소금, 초, 겨잣가루를 넣고 조미하여 고루 섞어 만든다.

絲. 生薑四兩, 切細絲. 蘿蔔二箇, 切細絲. 香菜蓼子各二兩, 切細絲.

右件, 用塩醋芥末調和.

72. 마두반馬肚盤

말의 위와 장 1벌을 (깨끗이 손질하여) 삶아서 자른다. 겨잣가루 반 근를 준비한다.

백혈白血[335]을 말의 소장 속에 넣고 (장 입구를 묶어 삶아 식히고) 꽃모양으로 만든 후 말 비장의 점액과 잡질을 제거하고[澀脾][336] 말의 지방과 함께 잘게 잘라 소[餡: 心子][337]를 만든다. (이상의 재료를 별도로 달군 솥에 기름을 붓고) 함께 볶아서 적당한 양의 파와 소금, 초, 겨잣가

馬肚腸一付, 煮熟, 切. 芥末半斤.

右件, 将白血灌腸, 刻花樣, 澀脾, 和脂, 剁心子攢成炒. 葱塩醋芥末調和.

必用事類全集)』「경집(庚集) · 육하주(肉下酒)」에는 '간두생(肝肚生)'을 간 생회(生膾)로 소개하고 있다.

335 '백혈(白血)': 고대의 주방장은 종종 동물의 흰 비계[脂油]와 뇌수[腦漿]를 일컬어 '백혈(白血)'이라고 하였다.

336 '삽비(澀脾)': 한 견해에 따르면 삽비는 말 위속의 점액과 잡질을 씻어서 제거하는 방법을 가리킨다. '삽(澀)'은 축축하고 끈적거리지 않게 하는 것을 가리키며, 이것의 의미가 확대되어 미끈거리는 액체 와 그 잡질을 씻는다는 것으로 되었다.

337 '심자(心子)': 이것이 무엇을 뜻하는지가 분명하지 않다. '심자(心子)'의 사전적 의미로는 심장, 또 고기소[餡]의 의미가 있다. 중국의 장빙룬[張秉倫]의 역주에서는 '심자(心子)'를 말의 위와 지방을 잘라서 고기소로 만든다고 해석하고 있는데, 원문의 문리(文理)상으로 그 해석이 명확하지 않다.

루로 조미하여 고루 섞어 만든다.

73. 작저아炸膢兒[338] 양 갈비뼈[細項]와 관련[係細項]

양 갈비뼈[膢兒] 2개를 (뼈마디에 따라 잘라서) 각각 1마디씩 만든다. 합석니 1전, 파 1냥을 가늘게 자른 것를 준비한다.

이상의 재료들을 소금과 함께 절여 버무리고, (약간 재워서) 식물성 식용유에 넣어 튀긴다. (쟁반에 담는다.) 다음 샤프란[咱夫蘭] 2전을 물에 담가 즙을 내어 조미료[料物]와 고수가루를 뿌리고[339] 함께 양 갈비와 버무린다.

膢兒二箇, 卸成各一節. 哈昔泥一錢, 葱一兩, 切細.

右件, 用塩一同淹拌, 少時, 入小油煠熟. 次用咱夫蘭二錢, 水浸汁, 下料物芫荽末, 同糝拌.

74. 오제아熬蹄兒

양 발굽 5벌(20개)을 털을 뽑고 깨끗이 씻고, 푹 삶아

羊蹄五付, 退洗淨,

---

338 '저아(膢兒)': 『설문(說文)』 단옥재(段玉裁)의 주석에는 "저(膢)는 큰 조각의 고기이다."라고 하였다. 이 책의 앞뒤 문장의 의미로 미루어 볼 때, 양은 살이 달린 큰 갈비이며, 이는 곧 양의 왕갈비[大排]이다. 때문에 그것은 '세항(細項)'으로 불리고, 큰 갈비는 보통 경추를 포함하고 있기 때문에, 경추 또한 '항(項)' 혹은 '세항'으로 불린다. 김세림의 역주본에서는 '작저아(炸膢兒)'란 제목을 '잡저아(煠膢兒)'라고 쓰고 있으며, Buell의 역주본에서도 'scald(delicacy)'라는 표현을 쓰고 있다. 하지만 식용유를 사용했다는 점에서 데치는 것보다 튀긴 것이 보다 합당할 듯하다.

339 상옌빈의 주석본에서는 '삼(糝)'을 '뿌리는 것'이 아니라 '삶은 쌀'이라고 해석하고 있다.

서 (뼈를 제거하고) 덩이로 자른다. 생강가루 1냥, 조미료[料物] 5전를 준비한다.

(별도로 볶음 솥에 달구어 기름을 넣고 생강, 파를 달군 솥에 넣고 익혀서) 익힌 칼국수와 양고기를 넣고 볶다가 파, 초, 소금을 넣어 조미하여 고루 섞어 만든다.

煮軟, 切成塊. 薑末一兩, 料物五錢.

上件, 下麵絲炒, 葱醋塩調和.

75. 양 가슴살볶음[熬羊胷子]

양 가슴 2개의 털을 뽑고 깨끗이 씻은 뒤 푹 삶고, 주사위 크기로 자른다. 생강가루 2냥, 조미료 5전를 준비한다.

이상의 재료를 (별도로 볶음 솥에 달구어 기름을 넣고 생강가루, 파를 달군 솥에 넣고 익혀서 양 가슴살 고기를 넣고 볶은 후에)[340] 좋은 육탕에 칼국수를 넣고 볶아서 파, 소금, 초로 조미하여 고루 섞어서 만든다.

羊胷子二箇, 退毛洗淨, 煮軟, 切作色數塊. 薑末二兩, 料物五錢.

右件, 用好肉湯下麵絲炒, 葱塩醋調和.

76. 생선회[魚膾][341]

신선한 잉어 5마리의 (배를 갈라) 껍질, 뼈, 머리, 꼬

新鯉魚五箇, 去皮

340 본문 속의 ( )부분은 조리과정으로 본서에서는 누락되어 있다. 장빙룬의 역주본에 의거하여 보충했음을 밝혀 둔다.

341 '어회(魚膾)': 생식하는 생선회로서 중국 선진시대 이래 늘상 먹었던 요리이다. 『시경』,

리를 제거(하고 회를 썬다.) 생강 2냥, 무[蘿蔔] 2개, 파 1냥, 바질[香菜],[342] 여뀌[蓼子] 각각 잘게 잘라서 연지를 뿌려 준다.

(별도로 볶을 솥을 달구어 기름을 넣고 생강, 무, 파와 위의 바질과 먼저 볶고 후에) 겨잣가루를 넣고 볶으면서 파, 소금, 초로 고루 섞어 조미한다. (바로 여기에 생선회를 찍어 함께 먹는다.)

骨頭尾. 生薑二兩, 蘿蔔二個, 葱一兩, 香菜蓼子各切如絲, 胭脂打糝.

右件, 下芥末炒, 葱塩醋調和.

77. 홍사紅絲

양의 피와 밀가루[白麵]를 반죽하여 (손으로 펴서 가늘게 잘라서 솥에 넣고) 방식에 따라서 삶아 둔다. 생강 4냥, 무 1개, 바질[香菜], 여뀌[蓼子] 각각 1냥을 가늘게 자른다.

(별도로 볶을 솥을 달구어 기름을 넣고) 이상의 재료에 (면을 넣고 볶아서) 소금, 초, 겨잣가루를 사용하여 조미하여 고루 섞어 만든다.

羊血同白麵依法煮熟. 生薑四兩, 蘿蔔一箇, 香菜蓼子各一兩, 切細絲.

右件, 用塩醋芥末調和.

『마왕퇴한묘(馬王堆漢墓)』 및 『식료본초(食療本草)』 등에 등장하며, 그 제조법에 대해 『본초강목(本草綱目)』 「어회(魚膾) · 석명(釋名)」에는 "잘게 썰어 만들기 때문에 그것을 '회(膾)'라고 한다. 무릇 모든 살아 있는 물고기를 얇게 썰어서 비린내를 약간 씻어내고 마늘 양념에 찍어 먹는다. 생강, 초에 조미하여 먹는다." 라고 한다. 최덕경 외, 『麗元代의 農政과 農桑輯要』, 동강, 2017, p.155 참조.

342 '향채(香菜)': 장빙룬의 역주본에서는 이것은 광명자를 가리키며, 고수를 의미하지는 않는다고 한다. 권3 6장 32에서는 이를 '바질'이라고 주석하였으니 참고 바란다.

78. 기러기구이[燒鴈] 가마우지구이, 오리구이 등과 동일[燒鷀鵝燒鴨子等一同][343]

기러기 한 마리의 털, 내장, 위를 제거하고 깨끗이 씻는다. 양 위 한 개를 깨끗하게 씻고, 기러기를 감싼다. 파 2냥, 고수가루 1냥를 준비한다.

이상의 양념들을 소금으로 간을 맞추어, (양 위로 감싸진) 기러기 배 속에 넣고 굽는다. (먹을 때에는 양의 위는 먹지 않고 기러기 고기만 먹는다.)

鴈一箇, 去毛腸肚, 淨. 羊肚一箇, 退洗淨, 包鴈. 葱二兩. 芫荽末一兩.

右件, 用塩同調, 入鴈腹內燒之.

79. 논병아리구이[燒水札][344]

논병아리[345] 10마리를 (내장을 꺼내고 삶아) 털을 뽑고 깨끗이 씻는다. 고수가루 1냥, 파 10줄기, 조미료 5전를 준비한다.

이상의 재료를 소금을 써서 고루 섞어 절여

水札十箇, 挦, 洗淨. 芫荽末一兩, 葱十莖, 料物五錢.

右件, 用塩同拌

343 '기러기 구이[燒鴈]'의 소주(小注)가 『음선정요』 사부총간속편본(四部叢刊續編本)의 본문에는 "燒鷀鵝燒鴨子等一同."인 데 반해, 첫머리 목차에는 "鷀鵝鴨子水札同."이라 되어 있다. 생각건대 본문의 내용은 온전한 데 비해 목차 속의 소주는 아래 항목인 '燒水札'과 합해진 듯하여 본문에 의거하여 바로 잡았다. 그런데 장빙룬의 역주본, 상옌빈의 주석본과 김세림의 역주본은 사부총간속편본과는 달리 모두 '자광(鷀鵝)'을 '자로(鷀鴼)'로 쓰고 있다.

344 『음선정요』 사부총간속편본의 본문에는 이 제목이 있지만 첫머리의 목차에는 이 제목이 없어 목차에도 본문에 의거 보충하였다.

345 '수찰(水札)': 벽체(鸊鷉)라고 하며, 학명은 *colymbus ruficollis poggei* (Reicheno)이다. 논병아리과 동물인 논병아리의 고기 혹은 몸 전체이다. 일종의 물오리류로 작은 물새이다. Buell의 역주본에서는 이 새를 'Eurasian curlew', 즉 '마도요'라고 번역하고 있다.

서 조미한 후에 솥에 넣고 잠시 볶은 후에 물과 조미료를 함께 넣고) 굽는다. 간혹 앞의 각종 재료를 혼합하여서 논병아리의 배를 가른 이후에 배 속에 채워 넣고 외부에 (발효된 밀가루 반죽을 입혀) 대나무 찜통에 넣고 쪄도 좋다. 또 버터기름과 밀가루를 물에 반죽하여 (배 속에 이미 재료를 채워 넣은) 논병아리에 바르고 다시 화로[爐鏊][346]에 넣어서 구워 익혀도 좋다.

匀燒. 或以肥麵包水札, 就籠內蒸熟亦可. 或以酥油水和麵, 包水札, 入爐鏊內爐熟亦可.

80. 유증양柳蒸羊

양 1마리의 (내장을 제거하고) 털은 그대로 둔 것이 필요하다.

羊一口, 帶毛.

이상의 재료를 땅 위에서 3자[尺] 깊이로 파서 화덕을 만든다. 그 둘레에 돌을 쌓고 (아궁이에 연료를 넣고), 불을 지펴 구워서 돌이 벌겋게 될 때, (불은 빼고) 철사로 석쇠[鐵芭][347]를 만들고 양을 그 위에 얹어 함께 화덕 속에 넣은 후 (그 위에) 버드나무 잎을 덮어서 다시 그 위

右件, 於地上作爐, 三尺深. 周圍以石, 燒令通赤, 用鐵芭盛羊上, 用柳子盖覆, 土封, 以熟爲度.

---

346 '노여(爐鏊)': 현재의 화덕과 같은 조리기구에 상당한다. 상옌빈의 주석본에는 이를 '노오(爐熬)'라고 적고 '오(熬)'는 철제 주방도구인 '오(鏊)'라고 하며, 오늘날 하북, 북경, 요녕, 길림 등지에서도 널리 사용한다고 한다.

347 '철파(鐵芭)': 상옌빈의 주석본과 장빙룬의 역주본에서 이를 철사로 만든 것으로서 지지대가 있는 구이용 석쇠라고 한다. Buell의 역주본에서는 이것을 'tabaq'라고 번역하고 있다.

를 흙으로 단단히 봉해서 양을 익힌다. (익은 후에 개봉해서 구덩이 속의 양을 꺼낸다.)

81. 창만두倉饅頭[348]

양고기, 양비계, 파, 생강, 말린 귤껍질[陳皮] 각각을 잘게 썬 것이 필요하다.

이상의 재료를 조미료, 소금, 장을 넣고 반죽하여 소를 만든다. (소를 발효한 반죽 속에 넣고 창고모양의 만두를 만들어서 대나무 찜통 속에 넣고 찌면 창만두가 완성된다.)

羊肉, 羊脂, 葱, 生薑, 陳皮各切細.

右件, 入料物塩醬, 拌和爲餡.

82. 녹내방만두鹿奶肪饅頭 창만두 혹은 피박만두를 만들 때[349]도 가능[或做倉饅頭, 或做皮薄饅頭皆可]

사슴의 가슴 부위살, 양꼬리를 각각 손톱같이 얇게 자른다. 생강, 말린 귤껍질[陳皮] 각각 잘게 자른

鹿妳肪羊尾子各切如指甲片. 生薑陳

348 '창만두(倉饅頭)': 장빙룬의 역주본에 의하면, 창고형태로 고기소를 싼 만두이다. 만두는 송대 『사물기원(事物紀原)』에 의하면 "제갈량이 남쪽을 정벌할 때 호수를 건너려고 하였다. 민간에서는 사람의 머리를 베어 그 머리로 신에게 제사를 지냈는데, 제갈량은 소, 양, 돼지고기를 그 속에 넣고 면으로 싸서 사람의 머리를 대신하여 제사를 지냈다. 만두라고 불리는 것은 여기에서 비롯된 것이다."라는 기록이 있는데, 오늘날 중국의 만두는 대부분 소가 없다고 한다. 김세림의 역주본에서도 '창만두(倉饅頭)'를 곡물의 창고와 같은 형태로 한 양(羊)고기 만두라고 한다.

349 '주(做)': 사부총간속편본 『음선정요(飮膳正要)』에서는 "或做倉饅頭, 或做皮薄饅

것을 준비한다. 이상의 것들을 함께 넣고 조미료[料物], 소금을 섞어서 소를 만든다. (발효한 반죽으로 피를 만들어서 그 속에 소를 넣고 대나무 찜통 속에 넣어 쪄서 만든다.)	皮各切細. 右件, 入料物塩, 拌和爲餡.

83. 가지만두[茄子饅頭]

양고기, 양비계, 양꼬리, 파, 말린 귤껍질을 각각 가늘게 썬다. 연한 가지[嫩茄子] 꼭지를 제거하고 속을 판 것를 준비한다. 이상의 재료에 (소금을 넣고 섞어) 고기와 함께 소를 만들어서, (꼭지를 제거한) 가지 속에 채워 넣어서 (대나무 찜통에 넣고) 찐 후, 산락蒜酪,[350] 바질가루[香菜末]를 넣어서 조리하여 먹는다.	羊肉羊脂羊尾子葱陳皮各切細. 嫩茄子去穰. 右件, 同肉作餡, 却入茄子內蒸, 下蒜酪香菜末, 食之.

頭皆可."라고 표기하였으나, 상옌빈의 주석본에서는 전후의 '주(做)'를 모두 '작(作)'으로 적고 있으며, 장빙룬의 역주본에서는 앞의 '주(做)'는 '제(制)', 뒤의 것은 '주(做)'로 표기하고 있다.

350 '산락(蒜酪)': 권1 7장 40의 각주를 보충하자면, 김세림의 역주본에서는 이를 '대산(大蒜)'이라고 해석하고, 상옌빈의 주석본에서는 산(蒜)과 낙(酪)으로 이해하고 있으며, 장빙룬의 역주본에서는 산락(蒜酪)으로 처리하고 있고, Buell의 역주본에서는 이를 'garlic, yogurt'라고 번역하고 있다. 반면 Baidu 백과에서는 북방지역에서 이것을 항상 먹기 때문에 북방민족을 가리키기도 한다고 한다. 이상을 통해 볼 때 산과 낙이 '산락'의 의미로 확대된 듯하다.

84. 꽃모양만두[剪花饅頭]

양고기, 양비계, 양꼬리, 파, 말린 귤껍질을 각각 잘게 잘라 준비한다.

이상의 재료들을 (고루 섞어) 순서에 따라 조미료, 소금, 장醬을 넣고 반죽하여서 고기소를 만들어 (발효한 밀가루 반죽으로 만두피를 만들어서 소를 넣고), 감싸서 만두처럼 만든다. (그런 후에 만두피를) 가위로 꽃 모양으로 잘라서, (대나무 찜통에 넣고) 찐 후 연지즙으로 꽃모양의 만두를 붉은 색으로 물들여 만든다.

羊肉羊脂羊尾子葱陳皮各切細.

右件, 依法入料物塩醬拌餡, 包饅頭. 用剪子剪諸般花樣, 蒸, 用胭脂染花.

85. 수정만두[水晶角兒][351]

양고기, 양비계, 양꼬리, 파, 말린 귤껍질, 생강을 각각 잘게 썰어 준비한다.

이상의 재료들에 혼합조미료, 소금, 장醬을 고르게 버무려서 (고기소를 만들고) 콩가루[352]로

羊肉羊脂羊尾子葱陳皮生薑各切細.

右件, 入細料物塩醬拌匀, 用豆粉

---

351 '수정각아(水晶角兒)': 이것은 양고기로 소를 만들고 콩가루로 만두피를 만들어 외형이 자못 마름[菱角]과 같은 반투명한 식품이다. 특별히 갓 솥에서 꺼낼 때는 만두 속의 고기소가 어슴푸레하게 보이기 때문에 '수정만두[水晶角兒]'라고 한다. 다만 Buell의 역주본에서는 이를 한자를 그대로 해석하여 'quarts horn'라고 칭하고 있다. 상옌빈의 주석본에 의하면 제목의 '각아(角兒)'는 '시몽각아(蒔夢角兒)', '별열각아(撇列角兒)'와 같이 원대 민간의 면식을 지칭할 때 사용했다고 한다.

352 상옌빈의 주석본에서는 '두분(豆粉)'은 곧 전분(澱粉)으로 보통 녹두를 원료로 하

만두피를 만들어서 고기소를 감싼다. (이것을 찜통에 넣고 쪄서 만든다.)	作皮包之.

86. 수피엄자酥皮[353]奄子[354]

양고기, 양비계, 양꼬리, 파, 말린 귤껍질, 생강을 각각 잘게 썰어 넣거나 또한 고기소[餡] 속에 찧은 과합손(瓜哈孫)[355]인 산단근(山丹根)을 넣기도 한다.	羊肉羊脂羊尾子葱陳皮生薑各切細, 或下瓜哈孫係山丹根.
이상의 것들에 혼합조미료[料物], 소금, 장醬을 넣어 고루 섞어서 (고기소를 만든다.) 식물성 식용류[小油], 쌀가루와 밀가루를 함께 섞어	右件, 入料物塩醬拌匀. 用小油米粉與麵, 同和作皮.

며 밀가루와 동일한 효능을 지닌다고 한다.

353 Buell의 역주본에서는 수피(酥皮)를 'butter skin'으로 번역하고 있다.

354 상옌빈[尙衍斌]의 주석본, p.110에 의하면 제조방식으로 볼 때 오늘날 북방인이 상용하는 '합자(合子)'인 듯하다. 만드는 방법은 밀가루에 소량의 소금을 넣고 고루 섞어 뜨거운 물로 반죽한다. 각종 소와 조미료를 섞은 뒤 우선 잘 반죽된 밀가루를 일정한 크기의 덩어리로 떼어서 둥근 피를 만들어 그 속에 야채소를 넣고 가장자리를 기와를 엎은 것[瓦楞形]처럼 만든다. 바닥이 평평한 솥에 적당한 기름을 붓고 8할 정도 뜨거워졌을 때 합자를 넣고 은근한 불에 천천히 지져서 표면이 누렇게 되게 한다. 청대 원목(袁牧)이 찬술한 『수원식단(隨園食單)』의 기록에 의하면 "부추의 흰 부분[韭白]과 고기를 섞고 조미료를 가미하여 얇은 밀가루 피로 싸서 기름에 넣어 지지고 버터기름을 다시 넣고 볶는다."라고 한다. 표면이 누렇고 버터를 발라 바삭거리며, 속은 찹쌀이 있어 무르고 부드러워서 속이 야채와 어울려 맛이 아주 좋다고 한다.

355 '과합손(瓜哈孫)': 백합과 식물 산단(山丹)의 비늘줄기[鱗莖]이다. 맛은 달고 성질은 차갑다. 채소로 쓸 수 있으며, 중의약에도 쓰인다. 김세림의 역주본에서도 '산단(山丹)'은 백합과의 산단 (Lilium concolor Salisb.)의 비늘줄기로서 맛은 달고 쓰며 성질은 차가우며 가래를 멈추고 정신을 안정시키는 효능을 지니고 있다고 한다. Buell의 역주본에서는 일종의 'lily root'라고 해석하고 있다.

(물을 부어 반죽하여) 피를 만든다. (소를 피에 싸서 엄자奄子를 만들어서 솥이나 화로 속에 지져 익혀 만든다.[356])

87. 별열만두[撇列角兒][357]

양고기, 양비계, 양꼬리, 신선한 부추를 각각 잘게 썰어 준비한다.

이상의 재료들을 조미료, 소금, 장醬을 넣고 고루 섞어서 (고기소[肉餡]를 만든다.) 흰 밀가루로 반죽하여 피를 만들어 (고기소를 싸서 주물러 별열만두[撇列角兒]를 만든다.) 냄비 속에 넣어서 지지고 익힌 후 그다음으로[358] 버터기름과 꿀을 이용하여 다시 볶아서 만든다. 혹은 표주박[359]이나 박으로 소를 만들어 넣을

羊肉羊脂羊尾子新韮各切細.

右件, 入料物塩醬拌勻. 白麵作皮. 鏊上炮熟, 次用酥油蜜. 或以葫蘆瓠子作餡亦可.

356 본 항목의 제목은 '수피(酥皮)' 즉 버터 피(皮)로 되어 있지만, 본문과 장빙룬[張秉倫]의 역주본에서는 어디에도 버터와 관련된 내용은 없다. 위의 상옌빈[尙衍斌]의 주석본에서 합자(合子)를 만드는 방법으로 미루어 보아 '엄자(奄子)'를 버터기름에 지져서 만들었을 가능성도 있다.

357 '별열각아(撇列角兒)': 마치 현대의 군만두와 같다. '별열(撇列)'은 '만두[角兒]'의 외형이 각져 있고, 만두피의 끝부분이 전부 온전하게 뭉쳐진 것이 아니고 일부분이 터져 있는 것을 뜻한다.

358 냄비 속에 넣고 지진 이후에 등장하는 '차(次)'를 장빙룬[張秉倫]의 역주본에서는 '별도'라는 의미로 달리 해석하고 있다. 즉 별도로 버터기름과 꿀을 밀가루에 섞어서 피를 만들거나 또는 조롱박과 표주박으로써 소를 만들어 '별열만두[撇列角兒]'를 만든다고 해석하고 있다.

359 '호로(葫蘆)': 호리병박과 식물로서 표주박과의 과실이다. 연한 과육은 야채로 쓸

수도 있다.

88. 딜[360]만두[時蘿角兒]

양고기, 양비계, 양꼬리, 파, 말린 귤껍질, 생강을 각각 잘게 썰어 준비한다.

위의 재료에 조미료, 소금, 장을 넣고 고루 섞어서 (고기소를 만든다.) 흰 밀가루, 꿀, 식물성 식용유를 고루 섞어서 솥에 넣고, 끓는 물을 넣어서 ('탕면燙麵'을 만든다. 탕면을 이용해서) 면피를 만들어서 익힌다. (고기소를 넣고 딜 형태의 만두를 만들어서 찜통에 넣고 찐다. 또는 기름에 튀기거나, 냄비에 넣고 지져도 좋다.)[361]

羊肉羊脂羊尾子葱陳皮生薑各切細.

右件, 入料物塩醬拌匀. 用白麵蜜與小油拌入鍋內, 滾水攪熟作皮.

수 있고, 종자와 묵어서 익은 과피(果皮)도 약용으로 사용된다.

360 '시라(時蘿)': 사부총간속편본에서는 '시라(時蘿)'라고 표기하고 있으나, 상옌빈의 주석본과 장빙룬의 역주본에서는 '시라(蒔蘿)'라고 표기하고 있다. 본 장에서는 상옌빈과 장빙룬의 견해에 따라 '시라(蒔蘿)'로 간주한다. '시라(蒔蘿)'는 토회향(土茴香)이라고도 하며, 미나리과 시라(蒔蘿)속 식물로 열매는 타원형이고 지중해연안이 원산지이다. 학명은 *Anethum graveolens* L.인데, 한국의 KPNIC에서는 이것의 국명을 '딜(dill)'이라고 칭하고 있다.

361 장빙룬의 역주본의 역문에는 요리의 과정이 충분하지 않아서인지 ( )와 같은 내용을 덧붙여 설명하고 있다.

89. 천화포자天花包子[362] 해황[363]과 등화포자[364]도 만듦[或作蟹黃亦可, 藤花包子一同]

양고기, 양비계, 양꼬리, 파, 말린 귤껍질, 생강을 각각 잘게 자른다. 천화天花[365]를 끓는 물에 익히고 깨끗이 씻은 후 잘게 썰어 준비한다.

羊肉羊脂羊尾子葱陳皮生薑各切細. 天花滚水燙熟, 洗淨, 切細.

이상의 재료와 조미료, 소금, 장醬을 넣고 섞어서 소를 만든다. 흰 밀가루로 얇은 피를 만들고 (그 속에 소를 넣고 싸서 만두를 만들어 찜통에 넣고) 찐다. (혹은 해황蟹黃이나 등화분藤花粉으로 버섯[天花蕈]을 대신하며 같은 방식으로 해황이나 등화포자藤花包子도 만들 수 있다.)

右件, 入料物塩醬拌餡. 白麵作薄皮, 蒸.

90. 하연두자荷蓮兜子[366]

양고기 다리 세 개를 잘게 자른다. 양꼬리 2개를 잘

羊肉三脚子, 切. 羊

362 상옌빈의 주석본에 의하면 '천화포자(天花包子)', '등화포자(藤花包子)'의 소를 만드는 원료는 만두(饅頭)와 차이가 없다. 원대의 만두와 포자의 차이는 대개 피의 두께와 형상이 다르다는 것이다.

363 '해황(蟹黃)'은 Buell의 역주본에서 게알[蟹卵; crab spawn]로 해석하고 있다.

364 '등화포자(藤花包子)'는 Buell의 역주본에서 등나무 만두[wisteria baozi]로 해석하고 있다.

365 '천화(天花)': 장빙룬의 역주본에서는 이것을 천화심(天花蕈)으로, 버섯의 일종이라고 한다.

366 '두자(兜子)': 김세림의 역주본에 의하면, 찐 교자(餃子)의 일종이며, 현재에는 보

게 자른다. 가시연씨[鷄頭仁] 8냥(兩), 송홧가루[松黃][367] 8냥, 아몬드[八擔仁][368] 4냥, 버섯[蘑菰] 8냥, 살구씨 가루반죽[杏泥] 1근, 호두씨[胡桃仁] 8냥, 피스타치오[必思荅仁][369] 4냥, 연지胭脂 1냥, 치자나무 열매[梔子] 4전(錢), 식물성 식용류[小油] 2근, 생강 8냥, 콩가루[豆粉] 4근, 마[山藥] 3근, 계란 30개, 양의 위와 폐 각각 2벌, 고장苦腸[370] 1벌, 파 4냥, 초醋 반병(缾),[371] 고수잎을 준비한다.

尾子二箇, 切. 鷄頭仁八兩, 松黃八兩, 八擔仁四兩, 蘑菰八兩, 杏泥一斤, 胡桃仁八兩, 必思荅仁四兩, 胭脂一兩, 梔子四錢, 小油二斤, 生薑八兩, 豆粉四斤, 山藥三斤, 鷄子三十箇, 羊肚肺各二付, 苦腸一付, 葱四兩, 醋半缾, 芫荽葉.

이상의 재료에서 (송황, 연지, 치자나무 열매를

右件, 用塩醬五

이지 않는다고 한다. 실제 원대에는 좋아한 듯하며, 『거가필용사류전집(居家必用事類全集)』「경집(庚集)·건면식품(乾麵食品)」에는 '아두자(鵝兜子)', '잡함두자(雜餡兜子)', '하연두자(荷蓮兜子)' 등 두자(兜子)'의 이름을 지닌 많은 요리가 기술되어 있다.

367 Buell의 역주본에서는 plne pollen[송홧가루]으로 번역하고 있다.

368 '팔담인(八擔仁)': '담(擔)'은 원문에서는 '첨(yán檐)'으로 쓰고 있다. Baidu 백과에서는 아몬드와 흡사한 팔담행(八擔杏; 巴旦杏)의 씨라고 한다. Buell의 역주본에서는 '팔담인(八擔仁)'을 '아몬드(almond)'라고 번역하고 있으며, 김세림의 역주본에서는 편도(扁桃; Prunus amygdalus Batsch)의 말린 종자라고 보고 있다.

369 '필사답인(必思荅仁)': 필사답(必思荅)의 과일 씨다. Buell의 역주본에서는 '피스타치오[pistachio nut]'라고 해석하였다.

370 '고장(苦腸)'은 일반적으로 장피라고 일컬으며 돼지 소장의 부산물이다. 채소를 볶을 때 사용한다. Buell의 역주본에서는 '고장(苦腸)'을 글자 그대로 번역하여 'bitter bowel'이라고 해석하고 있다.

371 사부총간속편본의 이 부분의 사료상에는 '반병(半缾)'이란 글자가 분명하지 않다. 그래서인지 장빙룬의 역주본과 상옌빈의 주석본에서는 '半瓶(반병)'으로 표기하고 있다.

제외하고) 소금, 장醬, 여러 가지 맛을 고루 섞어서 (소를 만든다.) 콩가루를 (반죽하여) 피를 만들어 작은 주발[盞] 안에 펴서 (소를 넣고 피를 덮어서 송홧가루, 연지와 치자나무 열매에서 우려낸 색소로 주발 속의 음식물에 각각 색을 입힌 후 찜통에 넣어) 쪄서 (먹을 때) 위에 송황즙을 뿌려 먹는다.

味調和勻. 豆粉作皮, 入盞內蒸, 用松黃汁澆食.

그림 26 피스타치오와 열매

91. 흑자아소병黑子兒燒餠[372]

흰 밀가루 5근, 우유[牛妳子] 2되, 버터기름[酥油] 1근, 흑자아[373] 1냥을 조금 볶아 준비한다.

白麵五斤, 牛妳子二升, 酥油一斤, 黑子兒

---

372 '소병(燒餠)'은 호병(胡餠)이라고도 하며 서역의 음식으로 당대 장안에서 그 제조법이 전해져 백거이(白居易) 시에도 등장한다. 원대에는 민간의 면식(麵食)의 일종이었으며, 지마소병(芝麻燒餠)', '황소병(黃燒餠)', '경면소병(硬面燒餠)' '수소병(酥燒餠)' 등이 보이며, 『거가필용사류전집』에도 등장한다. 원말의 조선 한어 교과서인 『노걸대(老乞大)』에도 소병에 관한 정보가 등장하기도 한다.

373 '흑자아(黑子兒)': 장빙룬의 역주본에서는 이것이 마기자(馬蘄子)이고 검은 깨[黑芝麻]는 아니라고 보았다. 상옌빈은 그의 주석본에서 미나리아재비과[毛茛科]식물의 선모흑종초(腺毛黑種草: Nigella glandulifera Freyn & Sint.)의 익어 마른

一兩, 微炒.

이상의 재료에 적당량의 소금과 소다[減: soda][374]를 함께 밀가루와 섞어서 반죽하여 (적당한 크기로 잘라) 화로에 넣어 흑자아 구운 떡[燒餅]을 만든다. (냄비나 화로에 넣어 지져서도 흑자아 소병을 만들 수 있다.)

右件, 用塩減少許, 同和麵作燒餅.

그림 27 양귀비와 그 열매

종자라고 하며, 신장[新疆] 각지와 중동지역에서 재배된다고 한다. 그런가 하면 Buell의 역주본에서는 '흑자아(黑子兒)'를 'poppy seed[양귀비 씨]'라고 번역하고 있는데 'poppy seed'는 견과류의 진한 맛을 지녔으며 둥근 깍지에 쌓여진 작고 가는 모양으로 특히 유럽에서 다양한 조리에 사용되는 조미료이다. 한약재로 쓰이는 개회향으로 번역되는 경우도 있다고 하여 일치된 견해가 없다.

374 '염감(塩減)': 장빙룬의 역주본, p.107에서는 '감(減)' 대신 감(鹼)으로 표기하고, 상옌빈의 역주본, p.111에서는 이 단어를 '減(鹼)'으로 표기한 데 반해, 김세림의 역주본, p.64에서는 이와는 달리 '감(減)'으로 표기하고 '소다'로 해석하고 있다. 문제는 감(鹼)의 의미인데, 만일 소금의 의미라면 소금[鹽]을 넣고 또 소금[減]을 넣는 것이 되어 이치에 맞지 않다. 따라서 김세림의 역주본과 같이 소다[鹼]로 해석한 것이 합당할 듯하다. 다만 원대에도 '소다'가 사용되었는지는 좀 더 검토해 봐야 할 것이다.

92. 우유소병[牛妳子燒餅]

흰 밀가루 5근, 우유[牛妳子] 2되, 버터기름[酥油] 1근, 회향茴香[375] 1냥을 약간 볶는다.을 준비한다.

이상의 재료에 적당량의 소금과 소다[減: soda]를 넣고 (물을 부어 밀가루와 반죽하여 떡[餅]만한 크기로 만들어서 솥이나) 화로에 넣어서 떡을 굽는다.

白麵五斤, 牛妳子二升, 酥油一斤, 茴香一兩, 微炒.

右件, 用塩減少許, 同和麵作燒餅.

93. 정병飷餅 경권아와 동일[經卷兒一同]

밀가루 10근, 식물성 식용유 1근, 화초[小椒] 1냥을 볶아 수분을 뺀다. 회향茴香 1냥을 볶는다.을 준비한다.

이상의 재료 중에서 (화초, 회향, 적당량의 소금을 넣어 조미료로 만들어 둔다.) 하룻밤 밀가루를 재워 숙성할 효모[376]에 적당량의 소금, 소다soda, 온수와 함께 밀가루를 섞어서 묽게 반죽하여 하룻밤 재운다. 그다음 날 숙성된 반

白麵十斤, 小油一斤, 小椒一兩, 炒去汁. 茴香一兩, 炒.

右件, 隔宿用酵子塩減溫水一同和麵. 次日入麵接肥, 再和成麵. 每斤作二箇, 入籠內蒸.

---

375 '회향(茴香)': Baidu 백과에 의하면 미나리과 회향속 식물이며, 팔각향(八角香), 대회향(大茴香)로 불린다고 한다. 학명은 *Illicium verum*이며, BRIS에는 이를 팔각회향이라고 명명하고 있다.

376 '효자(酵子)': 효모를 함유한 밀가루 반죽으로, 밀가루 반죽에 넣는 효모이다.

죽에[377] 다시 밀가루를 넣고 섞어서 밀가루 반죽 덩이를 만든다. 한 근당 2개의 덩이를 만들어서 (총 20개의 반죽 덩어리를 만들고 펴서 면피를 만들어 기름과 적당량의 조미료를 넣고 발라서 책처럼 둥글게 말아) 찜통에 넣고 쪄서 만든다.

94. 양무릎 곰탕[頗兒必湯][378] 곧 양벽슬골(即羊辟膝骨)

남녀가 심신의 피로로 인해서 야기된 질병[虛勞][379]이나, 속이 차고[寒中],[380] 신체가 허약하

主男女虛勞，寒中，羸瘦，陰氣不

377 '비(肥)': 이는 효모를 함유한 밀가루 반죽[麵肥]으로, 여기서는 이미 발효가 된 밀가루 반죽을 가리킨다.

378 '파아필(頗兒必)': 상옌빈의 주석본에 의하면 이 말은 몽골어로 '양무릎뼈'를 뜻하며, 짐승의 무릎뼈는 대개 '경(脛)'이라고 부른다고 한다. Buell의 역주본에서는 이를 'knee joint of a sheep'라고 번역하고 있다.

379 '허로(虛勞)': 오랜 질병으로 체력이 쇠약해진 것으로 중의학에서의 병명(病名)이다. 『금궤요략(金匱要略)』에 나온다. 『제병원후론(諸病源候論)』, 『성제총록(聖濟總錄)』 등의 문헌을 분석하면 허로는 기혈(氣血), 오장육부의 허함과 손상에 인해 일어나는 다중질병 및 상호 유전되는 골증[骨蒸: 허로병(虛勞病)]이 있을 때 기침이 나고 미열이 나며 식은땀이 나고 뼛속이 달아오르며 때로 피가 섞인 가래를 뱉거나 객혈하며 정액이 새고 몸이 점차 여위는 병증이다. 전시[傳屍: 증상은 기침, 피가 섞인 가래, 조열(潮熱), 식은땀, 가슴이 아프고 몸이 여위는 것이다.]를 포괄하고 있다. 후세의 문헌에는 대부분 전자를 일러 허손(虛損)이라 하고, 후자를 일러 노채(勞瘵)라고 한다.

380 '한중(寒中)': 장빙룬의 역주본에서는 속에 냉기가 스며든 것은 2가지로 해석하고 있다. 첫째, 중풍 유형 중의 하나이다.(『의종필독(醫宗必讀)』 「유중풍(類中風)」에서 보인다.) 갑작스런 한기[寒邪]로 인해서 생긴다. 증상은 신체가 경직되며 말을 하지 못하고 사지가 떨리고 흔들거리며 갑자기 어지럽고 몸에 땀이 나지 않는다. 몸을 따뜻하게 하여 내부의 한기를 분산시키면 효능이 있다. 둘째, 비장과 위

며[羸瘦],[381] 음기陰氣[382]가 부족한 곳에 효력이 있다. 혈기와 맥의 순환을 촉진하며[383] 경맥의 흐름[經氣][384]을 돕는다.

足. 利血脉, 益經氣.

양무릎뼈[頗兒必] 30-40개를 물에 깨끗이 씻어서 준비한다.

頗兒必三四十箇, 水洗淨.

위의 양무릎뼈를 (솥에 넣고) 한 솥 가득 물

右件, 用水一鐵

에 사기[邪]가 있어 속이 차가워지는 증상을 가리킨다.(『황제내경』「영추(靈樞)·오사(五邪)」 및 『내외상변감론(內外傷辨惑論)』 등에 보인다.) 비장과 위가 허하고 차가워 한기로부터 사기가 생겨나거나 혹은 피로로 인해서 내부가 손상을 입은 것이 변하면서 생기는 것이다. 복부에 통증이 느껴지거나 장에서 소리가 나며 설사를 하는 등의 증상이 보인다. 따뜻하게 하여 내부의 한기를 분산시키는 것을 위주로 치료를 한다.

381 '이수(羸瘦)': 여위고 허약한 것이다. 『예기(禮記)』「문상(問喪)」에서는 "신체[身]가 병이 들고 몸[體]이 허약한 것으로, 지팡이로 병을 부축한다."라고 하였다.

382 '음기(陰氣)': 장빙룬의 역주본에서는 음기를 2가지로 해석하고 있다. 첫째 양기와 더불어 서로 대립되는 개념이다. 일반적으로 사물의 2개의 상반되어서 나타난 대립면의 한쪽을 가리킨다. 기능과 형태로 말하자면 음기는 형태를 가리킨다. 오장육부의 기능으로 말하자면 오장의 기를 가리킨다. 영위[營衛: '영'과 '위'를 한데 아울러서 일컬음. '영'은 혈맥 속으로 온 몸을 순환하면서 영양작용을 하고, '위'는 외사(外邪)의 침입을 막는 기능을 한다.]의 기로 말하자면 영기[營氣: 혈액을 화생(化生)하고 전신을 영양하는 정기이다.]를 가리킨다. 운동방향과 성질로 말하자면 몸속에서 또는 아래로 향하거나 억제되고, 점점 약해지거나 무겁고 탁해지면서 음기가 된다. 『황제소문(黃帝素問)』「음양응상대론(陰陽應象大論)」에서는 "나이가 40살이 되면 음기가 저절로 반으로 줄어들며 일상생활[起居]하는 것도 힘들어진다."라고 한다. 둘째, 음기(陰器)의 의미와 동일하다. 즉 바깥 생식기이다. 『황제소문』「경맥(經脈)」에서는 "근육[筋]은 음기가 모이고 맥락(脈絡)은 설본(舌本)에 연결되어 있다."라고 한다.

383 '이혈맥(利血脉)': 즉 혈액 경맥이 소통하는 데 도움을 준다.

384 '경기(經氣)': 경맥(經脈) 속을 운행하는 기로서, '맥기(脈氣)'라고도 부른다. 전후로 매일 정기의 결합물이 전신에 운행되고 전달되는 것으로, 경맥의 운동기능과 경맥 중의 영양물질을 가리킬 뿐만 아니라 모든 생명력의 표현을 뜻한다. 『황제소문』「이합진사론(離合眞邪論)」에는 "진기(眞氣)는 경기(經氣)이다."라고 한다.

을 붓고 달인다. 달인 물이 4분의 1정도 남았을 때 (달인 즙을) 맑고 깨끗하게 걸러내어 기름과 찌꺼기를 제거하고 다시 한 번 굳힌다. 그것을 먹을 때는 임의로 (떠서) 양을 조절한다.

絡, 同熬. 四分中熬取一分, 澄濾淨, 去油去滓, 再凝定. 如欲食, 任意多少.

95. 양육즙[米哈訥闕列孫][385]

이것은 오로칠상五勞七傷,[386] 장기藏氣[387]가 허

米哈訥闕列孫

---

385 '미합눌관열손(米哈訥闕列孫)': '미합눌(米哈訥)'은 몽골어이며, '고기[肉]'라는 뜻이며, '관열손(闕列孫)'을 한역하면 '즙(汁)'이다. 따라서 '미합눌관열손'은 즉 '양육즙'이다. 상옌빈의 주석본에 의하면 이는 원대의 궁정요리로서 '관열손(闕列孫)'의 의미는 정확하지 않다고 한다.

386 '오로칠상(五勞七傷)': 이는 각종 질병과 병을 일으키는 요인이다. 우선 '오로(五勞)'에는 3가지의 의미가 있다. 첫 번째 오래 보고[久視], 오래 눕고[久臥], 오래 앉고[久坐], 오래 서 있고[久立], 오래 걷는[久行] 다섯 가지 행동으로 과로하여 병에 이르는 요소이다. 『황제소문』 「선명오기편(宣明五氣篇)」에서 보면 "오래 보는 것은 '혈(血)'을 상하게 하고, 오래 누우면 '기(氣)'를 상하게 하고, 오래 앉으면 '육(肉)'을 상하게 하고, 오래 서 있으면 '뼈[骨]'를 상하게 하고, 오래 움직이면 '힘줄[筋]'을 상하게 하는 것이 오로가 손상되는 것을 일컫는다."라고 하였다. 두 번째 의미는 지로(志勞), 사로(思勞), 심로(心勞), 우로(怙勞), 수로[瘦勞: 『천금요방』에서는 피로(疲勞)라고 한다.]의 오로가 병에 이르는 요소이다.(『제병원후론(諸病源候論)』에 보인다.) 세 번째는 폐로(肺勞), 간로(肝勞), 심로(心勞), 비로(脾勞), 신로(腎勞)의 오로로 인하여 생기는 병증이다. 『증치요결(症治要決)』에서는 "오로(五勞)는 오장(五臟)이 피로한 것이다."라고 하였다. 그리고 '칠상(七傷)'은 『제병원후론』 「허로후(虛勞候)」에 보인다. 여기에는 두 가지 의미가 있다. 첫 번째는 일곱 가지의 피로로 인해서 장기가 손상되는 병의 원인이다. "① 너무 배부르면 비위[脾]가 손상된다. … ② 크게 화내서 기가 역류되면 간(肝)이 손상된다. … ③ 힘껏 무거운 것을 들고 습지에 오래 앉아 있으면 신장[腎]이 손상된다. … ④ 몸이 차고 찬 것을 먹으면 폐(肺)가 손상된다. … ⑤ 우울하고 깊이 생각하면 심장[心]이 손상된다. … ⑥ 비바람과 차고 더운 것을 직면하면 몸이 상한

하고 차가운 것에 효능이 있다. 꾸준히 먹으면 비장과 위를 보충하고 기를 이롭게 한다.

治五勞七傷, 藏氣虛冷. 常服補中益氣.

양 뒷다리 한 개를 뼈와 근막(筋膜)을 제거하고 잘게 쪼개어 준비한다.

羊後脚一箇, 去筋膜, 切碎.

이상의 재료를 깨끗한 솥에 넣어 약한 불에 삶는다. 뚜껑으로 밀봉하여, 공기를 통하지 않게 한 이후에 (익은 양의 다리 살을) 깨끗한 베[布]에 싸 짜서 즙을 취한다.

右件, 用淨鍋內乾爁熟. 令盖封閉, 不透氣, 後用淨布絞紐取汁.

다.[風雨寒暑傷形.] … ⑦ 크게 두려워하고 조절하지 못하는 자는 의지[志]가 상한다."라고 한다. 두 번째의 칠상(七傷)은 남자가 신기가 허하고 손상되는 현상을 뜻한다. 이는 곧 ① 음기가 많고 차가운 것이고[陰寒], ② 발기 부전[陰痿], ③ 마음이 급하고[里急], ④ 정액이 새며[精連連], ⑤ 정기가 부족하여 사타구니가 젖는 것[精少], ⑥ 정기가 묽고 정액이 적으며[精清] ⑦ 소변을 자주 누고, 나오는 방울이 멈추지 않거나 오줌이 중단되는[小便苦數] 것이다."라고 하였다.

387 '장기(藏氣)': 즉 오장의 기이다. 오장의 기능 활동을 가리킨다.

飮膳正要

권 2

1장 다양한 탕과 전[諸般湯煎]

본 장에서는 액체로 된 다양한 탕과 전은 물론이고, 차(茶)와 기름(油) 등이 55종 소개되어 있다. 원대의 전과 탕문화를 알 수 있는 흥미로운 자료이다.

1. 육계장[桂漿]

육계장은 '체액[津]'이 분비되면서[1] 갈증을 멈추게 하고, 기를 이롭게 하며 위를 편안하게 하고,[2] 습기를 제거하며[3] 음증을 몰아낸다.[4]

生津止渴, 益氣和中, 去濕逐飮.

---

1 '생진(生津)': Baidu 백과에는 이를 인체의 정상적인 생명활동의 기초이고, 정상적인 생리활동의 산물이며, 눈물, 타액, 위액과 장액을 포함한다고 한다. 장빙룬[張秉倫], 『음선정요역주(飮膳正要譯注)』(上海古籍出版社, 2014.)(이후 '장빙룬의 역주본'으로 약칭한다.)에서 '진(津)'을 2가지로 해석하고 있다. 첫째는 인체 체액을 구성하는 부분이다. 체액은 살결에서 나오면 땀이 되고, 방광으로 내려가면 소변이 된다. 『황제소문(黃帝素問)』「영추(靈樞) · 결기(決氣)」에서는 "피부는 체액의 배출을 조절하는데, 땀이 많이 나오는 것을 일러 '진(津)'이라고 한다."라고 하였다. 둘째는 타액을 가리킨다.

2 '화중(和中)': 장빙룬은 역주본에서는 '위를 편안하게 하는 것[和胃]'이라 해석한데 반해 김세림의 역주본에서는 중(中)을 비위(脾胃)라고 보고 있다. '화중'은 이들의 작용이 조화롭지 못한 것을 치료하는 방법이다. 장빙룬은 위의 작용이 조화롭지 못하면 위가 부르고 답답하며, 한숨과 신트림이 나며, 식욕이 없고, 혀가 담담하고 백태가 생기는 등의 증상이 나타나니, 말린 귤껍질[陳皮], 강반하[薑半夏: 반하(Pinellia ternata)의 뿌리줄기], 목향(木香), 사인[砂仁: 축사밀(縮砂蜜)의 씨] 등의 약을 사용한다고 한다.

3 '거습(去濕)': 인체의 습하고 사악한 기를 제거하는 것이다. '습(濕)'은 두 가지로

생강 3근의 즙을 취한다. 끓인 물[熟水] 2말, 적복령赤茯苓[5] 3냥(兩)의 껍질을 제거하고 가루를 낸다. 계피[桂][6] 3냥의 겉껍질을 제거하고 가루를 낸다. 누룩가루	生薑三斤, 取汁. 熟水二斗, 赤茯苓三兩, 去皮, 爲末. 桂三兩, 去皮,

해석되는데 첫째는 병의 원인으로 육음(六淫: 風, 寒, 暑, 濕, 燥, 火) 중의 하나이다. 외부에서 습하고 사악한 기운을 받으면 항상 오한이 나고 열이 나며, 땀이 나도 열이 내리지 않으며, 머리는 싸맨 것과 같이 무겁고, 가슴이 답답하며 허리가 시리고, 입은 마르지 않으며 몸의 마디마다 통증을 느끼는데, 통증은 일정하지 않고 사지가 쑤신다. 습하고 탁한 것이 몸속으로 들어와 비장과 위를 막아 항상 식욕이 없고, 가슴이 답답하고 편하지 못하며, 소변을 잘 보지 못하고 설사를 하는 등의 증상이 있다. 둘째는 병증의 의미이다. 지라와 콩팥에 양기(陽氣)가 허하면 운동기능이 방해받아 수기(水氣)와 습기(濕氣)가 정체되는 증상을 띤다.

4 '축음(逐飮)': 음증(飮症)을 치료하는 것이다. '음(飮)'은 병증의 이름이다. 『금궤요략(金匱要略)』 「담음해수병맥증병치(痰飮咳嗽病脈證幷治)」에서는 "무릇 음(飮)은 4개가 있는데 … 담음(痰飮), 현음(懸飮), 일음(溢飮), 지음(支飮)이 있다."라고 한다. 담음은 체액이 위에 머물러 소리를 내는 것이고, 현음은 수음(水飮)이 옆구리에 머물러 있는 병증이다. 일음은 수음이 피하조직에 몰려 생긴 병증이며, 지음은 수음이 횡격막 위에 머물러 기침이 나고 숨이 차며 가슴이 답답한 질병이다.

5 '적복령(赤茯苓)': 소나무 뿌리에 기생하는 균체(菌體)로서 혹처럼 크게 자라는데, 소나무 그루터기 주변을 쇠꼬챙이로 찔러서 찾아낸다. 약으로 쓰기 위해 재배도 한다. 빛깔이 흰색인 것을 백복령(白茯苓), 적색인 것을 적복령(赤茯苓)이라 하고, 또 복령 속을 소나무 뿌리가 꿰뚫고 있는 것, 즉 소나무 뿌리를 내부에서 감싸고 자란 것을 복신(茯神)이라 하며 복령의 껍질을 복령피라 하는데 모두 약으로 쓴다. 백복령은 적송(赤松)의 뿌리에 기생하고 적복령은 곰솔[海松]의 뿌리에 기생한다[출처: 권혁세, 『익생양술대전』, 학술편수관, 2012]. 장빙룬의 역주본에 의하면, 복령은 바탕은 부드럽고, 약간의 탄성을 지녔다. 맛은 약간 달고 성질은 평이하다. 기를 잘 통하게 하고 습기를 밖으로 배출하여 습열(濕熱)을 이롭게 한다. 소변이 잘 나오지 않거나 소변이 뚝뚝 떨어지는 증상 및 설사를 치료한다고 한다.

6 '계(桂)': Baidu 백과에서 계는 육계(肉桂)라고도 하며, 그 나무의 껍질은 계피라고 한다. 육계의 학명은 *Cinnamomum cassia* Presl이며, 한국 생명자원정보서비스(BRIS)에서는 이를 '계피나무'로 명명하고 있다. 반면 KPNIC에 이것이 등재되어 있지 않고 근연식물로 사이공계피나무[*Cinnamomum loureiroi* Nees]를 소개하고 있다. 맛은 맵고 달며 성질은 뜨겁다. 독특한 향기가 있다. Paul D. Buell

[麴末][7] 반 근, 살구씨[杏仁][8] 100개를 끓인 물에 씻으면서 겁질, 뾰족한 부분을 제거하고 날것을 갈아서 진흙처럼 만든다. 맥아[大麥蘖][9] 반냥을 가루로 낸다. 꿀[白沙蜜][10] 3근을 깨끗하게 정제하여 준비한다.

위의 약재에 꿀, 물을 넣고 고루 섞어서 깨끗한 자기항아리[磁礶][11]에 넣고 기름종이로 입구를 몇 겹으로 봉하고 진흙으로 입구를 발라 단단히 봉한 뒤 얼음구덩이[氷窨] 속에 3일간 넣어 두고 숙성시킨다. (숙성된 육계장을) 몇 겹의 비단[綿]으로 걸러서 (탕액을 용기에 넣고) 얼음

爲末. 麴末半斤, 杏仁一百箇, 湯洗, 去皮尖, 生研爲泥. 大麥蘖半兩, 爲末. 白沙蜜三斤, 煉淨.

右用前藥, 蜜水拌和勻, 入淨磁礶內, 油紙封口數重, 泥固濟, 氷窨內放三日方熟. 綿濾氷浸, 暑月飮之.

외 1인, A Soup for the Qan: Chinese Dietary Medicine of the Mongol Era As Seen in Hu Sihui's *Yinshan Zhengyao*, BRILL, 2010(이후 'Buell의 역주본'으로 약칭), p.363에서는 '계장(桂漿)'을 'cassia syrup'으로 번역하고 있다.

7 '국말(麴末)': 『사부총간속편』본 『음선정요』(이후 '사부총간속편본'으로 간칭)에서는 '국말(麴末)'로 표기하였고, 상옌빈[尙衍斌] 외 2인 주석, 『음선정요주석(飮膳正要注釋)』, 中央民族大學出版社, 2009(이후 '상옌빈의 주석본'으로 약칭)에서도 동일하게 표기하고 있으나 장빙룬의 역주본에서는 '곡말(麯末)'로 표기하고 있다. '곡말(麯末)': 가루 형태의 신곡(神麯)이다. 신곡은 또한 육신곡(六神麯)이라고도 불린다. 매운 여뀌[辣蓼], 개사철쑥[靑蒿], 살구씨[杏仁] 등의 약을 밀가루나 밀기울에 섞어서 혼합한 후 발효를 하여 만든 누룩덩어리[曲劑]이다.

8 '행인(杏仁)': 장미과의 식물인 살구 혹은 산살구[山杏] 등을 말린 열매이다.

9 '대맥얼(大麥蘖)': 즉 맥아(麥芽)를 가리킨다. 또한 대맥모(大麥毛), 대맥아(大麥芽)라고 불린다. 발아한 대맥의 알갱이[穎果]이다. 맛은 달고 성질이 약간 혼탁하다. 소화를 돕고, 위를 부드럽게 하며, 기를 내린다. 체기, 오장육부 팽만, 식욕부진, 구토와 설사, 장이 부풀어 소화되지 않는 것 등을 치료한다. 장빙룬의 역주본에서는 '벽(蘗)'자를 '얼(糱)'자로 고쳐 쓰고 있다.

10 '백사밀(白沙蜜)': 벌꿀을 가리킨다.

11 '자관(磁礶)': 상옌빈의 주석본은 사부총간속편본과 동일하나, 장빙룬의 역주본에서는 '자관(磁罐)'으로 표기하였다.

물에 담가 두고 여름철이 되면 그것을 마신다.

그림 1 다양한 탕과 전[諸般湯煎]

2. 계침장桂沉漿

습기를 제거하고 음증을 몰아내며 체액이 분비되면서 갈증을 멈추게 하고 기를 순조롭게 한다.[12]

去濕逐飮, 生津止渴, 順氣.

들깨잎[紫蘇葉][13] 1냥을 잘게 썬다.[14] 침향[15] 3전

紫蘇葉一兩, 剉. 沉

---

12 '순기(順氣)': 거스르는 기를 내리는 것으로써 기를 다스리는 법 중의 하나이다. 폐와 위의 기(氣)가 위로 역류하는 것을 치료하는 것이다. 예를 들어 폐의 기가 위로 올라가면 기침[咳嗽]과 천식[哮喘]이 있는데, 가래가 많고 숨이 차면 정탄탕[定喘湯: 폐허(肺虛)로 인해 숨이 거친 것을 치료하는 처방]을 처방한다. 위가 허하고 차서 기가 역류하여 딸꾹질이 멈추지 않고, 가슴이 답답하고 맥이 느려질 때는 정향폐채탕(丁香肺蒂湯)을 처방한다.

13 '자소잎(紫蘇葉)': 학명은 *Perilla frutescens* (L.) Britt. BRIS에는 이를 들깨라고 명명하며, '자소잎'은 들깨의 잎이다. 전국 각지에 고르게 분포되어 있다. 맛은 맵

을 잘게 썬다. 오매烏梅[16] 1냥의 과육을 취한다. 사탕[沙糖] 6냥을 준비한다.

이상의 4가지 재료에 물 5-6사발[椀][17]을 넣고 (같은 솥에 넣고 끓여서) 3사발 정도로 달여졌을 때 (가열을 멈추고) 찌꺼기를 걸러 낸다. (탕 중에) 계장 1되[升]를 넣고 고루 섞어

香三錢, 剉. 烏梅一兩, 取肉. 沙糖六兩.

右件四味, 用水五六椀, 熬至三椀, 濾去滓. 入桂漿一升, 合和作漿飲之.

고[辛] 성질이 따뜻하다. 폐의 비장(脾臟)을 순환하는 경맥(經脈)에 작용한다. 땀을 내어 겉[表]에 있는 사기를 없애고 찬 기운을 몰아내며 영기[理氣]를 부드럽게 한다. 감기로 인한 속이 차갑고 오한발열, 기침, 천식, 가슴과 배가 부풀어 오르고 그득한 증상[胸腹脹滿], 태동(胎動)이 불안한 것을 치료하며 아울러 어해독(魚蟹毒)을 풀어 준다.

14 '좌(剉)': 잘라서 가늘게 써는 것이다.

15 '침향(沈香)': 밀향(蜜香), 침수향(沈水香)이라고도 부른다. 서향과(瑞香科) 식물 침향[*Aquilaria agallocha*(Lour.) Roxb.] 혹은 백목향[白木香: *Aquilaria sinesis* (Lour.) Glig]의 수지를 함유한 목재이다. 국가표준식물목록(이후 KPNIC로 약칭)에 의하면 전자를 팥꽃나무과 아쿠이라리아속 '침향'이라고 명명하고 있다. 침향은 맛은 맵고 쓰며 성질은 따뜻하다. 신장, 비장, 위의 경맥에 작용한다. 주로 기를 내리고 속을 따뜻하게 하며 신장을 보하여 폐기(肺氣)를 흡수하는 기능을 강하게 한다. 기가 치밀어 올라 발생한 천식, 구토와 딸꾹질, 복부 팽만과 통증, 허리와 무릎이 허하고 차가운 증상[腰膝虛冷], 대장허증으로 인한 변비[大腸虛秘], 배뇨가 원활하지 못한 증상을 다스린다고 하였다.

16 '오매(烏梅)': 장미과 식물인 매실로서 학명은 *Prunus mume*(Sieb.) Sieb.etZuce.이며, 건조한 것 같은 익은 과일이다. 또 다른 이름은 훈매(熏梅), 길매육(桔梅肉)이라고 한다. KPNIC의 매실(梅實)과는 근연식물이다. 장빙룬의 역주본, p.245에서는 마르고, 익지 않은 과실이라고 하였으며, 김세림(金世林) 譯, 『藥膳の原典, 飮膳正要』, 八阪書房, 1993(이후에는 '김세림의 역주본'이라고 약칭한다.), p.114에서는 '오매(烏梅)'를 껍질을 벗기고 짚불 연기에 그을려 말린 매실을 가리킨다고 하였다.

17 '완(椀)': 상옌빈[尙衍斌] 외 2인 주석, 『음선정요주석(飮膳正要注釋)』, 中央民族大學出版社, 2009(이후 '상옌빈의 주석본'으로 약칭)과 장빙룬의 역주본에서는 이 '완(椀)'을 모두 '완(碗)'으로 표기하고 있다.

계침장桂沈漿을 만들어서 마신다.

그림 2 들깨와 종자

3. 리치고[荔枝膏]

(여지고는) 체액[津]이 분비되면서 갈증을 멈추게 하고 답답한 것을 해소해 준다.[18]

生津止渴, 去煩.

오매烏梅 반 근을 (씨를 제거하고) 과육을 취한다. 계피 10냥(兩)의 겉껍질을 제거하고 부수어 (가루로 낸다.) 사탕沙糖 26냥을 (가루로 낸다.) 사향麝香 반 전[19]을 간다. 생강즙 5냥, 잘 익은 꿀[熟蜜] 14냥을 준비한다.

烏梅半斤, 取肉. 桂一十兩, 去皮, 剉. 沙糖二十六兩. 麝香半錢, 研. 生薑汁五兩, 熟蜜一十四兩.

---

18 '거번(去煩)': 마음이 답답한 것을 해소하는 것이다.

19 '전(錢)': 이수사류(二銖四絫)의 당대 개원통보(開元通寶)의 무게가 송대 이후 실용의 단위가 되어서 '전(錢)'이라고 불렀으며, 일본에 들어오면서 1문전(文錢)의 의미가 되고 '문(文)'이라고 불렸다. 원대 1근(斤)은 치우꽝밍[丘光明] 편저, 『중국역대도량형고(中國歷代度量衡考)』, 科學出版社, 1992, p.471에서는 약 633g이라고 한다. 1근의 무게는 16냥이기 때문에 1냥은 39.56g이 된다. 1전은 1냥(兩)의 10분의 1이므로 1전(錢)의 무게는 3.956g이 된다. 이것은 장빙룬[張秉倫]의 역주에서 원나라의 1전이 지금의 3.73g라고 한 것과는 약간의 차이가 있다.

이상의 재료 중에서[20] (먼저 오매, 계피를 꿀에 넣고) 물을 1말[斗] 5되[升]를 넣어 (솥에 넣고 달여 물이) 반으로 줄어들면 걸러서 찌꺼기를 제거한다. (탕을 다시 솥에 넣고) 사탕과 생강즙을 넣고 다시 한 번 달여 또 찌꺼기[21]를 제거한 뒤 잠시 맑아지기를 기다린다. (위의 맑은 액에) 사향[22]을 넣고 골고루 섞은[23] 뒤 다시 완전히 맑아지면 적당한 양을 임의로 취해 복용한다.

右, 用水一斗五升, 熬至一半, 濾去滓. 下沙糖生薑汁, 再熬去柤, 澄定少時. 入麝香擾勻, 澄清如常, 任意服.

4. 매실환[梅子丸]

(매실환은) 체액이 분비되면서 갈증을 멈추게 하고, 술독을 풀어 주며[24] (몸의) 습기[陰邪]

生津止渴, 解化酒毒, 去濕.

20 원문에는 '건(件)'자가 없으나 장빙룬의 역주본에서는 전후 구절의 형식에 의거하여 덧붙이고 있다.

21 '사(柤)': 상옌빈의 주석본에서는 사부총간속편본과 동일하나, 장빙룬의 역주본에서는 '재(滓)'로 표기하였다.

22 '사향(麝香)': 사슴과의 동물인 사향노루 수컷의 향선낭(香腺囊: 동물의 생식기에서 고환을 감싸고 있는 주머니) 속의 분비물이다. 맛이 맵고 성질은 따뜻하다. 경락안의 막힌 곳을 소통시켜 주거나[開竅], 더러운 것을 몰아내고[辟穢], 맥락을 통하게 하고[通絡], 어혈을 풀고 붓기를 앉히는[散瘀] 효능이 있다. 중풍(中風), 담궐(痰厥: 가래로 말미암아 팔다리가 싸늘해지고 심지어 혼절하는 현상), 놀라거나 갑작스런 발작[驚癇], 가슴이 답답하고 괴로움[中惡煩悶], 흉복부가 급격히 아픈 것[心復暴痛], 배 속에 덩어리가 쌓여서 생기는 병증[癥瘕癖積], 넘어져서 생긴 손상[跌打損傷], 각종 부스럼과 종기를 치료할 수 있다.

23 '요(擾)': 상옌빈의 주석본과 장빙룬의 역주본에서는 '교(攪)'로 표기하였다.

24 '해화주독(解化酒毒)': 술주정 속의 독을 제거하는 것이다.

를 제거한다.

오매烏梅 1냥 반을 (씨를 빼고) 과육을 취한다. 백매白梅[25] 1냥 반을 (씨를 빼고) 과육을 취한다. 말린 명자[乾木瓜][26] 1냥 반, 들깨잎[紫蘇葉] 1냥 반, 감초甘草[27] 1냥을 굽는다. 백단[檀香][28] 2전, 사향 1전을 갈아서 준비한다.

이상의 것들을[29] (사향을 제외하고 전부 갈아서) 가루로 내고, (이미 가루가 된) 사향을 넣고 고루 섞는다. 사탕[沙糖]에 (물을 붓고 끓이는데 당겨서 실처럼 되면 이상의 약 가루를 섞어서 열기가

烏梅一兩半, 取肉. 白梅一兩半, 取肉. 乾木瓜一兩半, 紫蘇葉一兩半, 甘草一兩, 炙. 檀香二錢, 麝香一錢, 研.

右爲末, 入麝香和勻. 沙糖爲丸如彈大. 每服一丸, 噙化.

---

25 '백매(白梅)': 다른 이름으로서 염매(鹽梅), 상매(霜梅), 백상매(白霜梅)로 불린다. 장미과식물 매화의 미성숙한 과실을 소금에 담가서 만든다. 『제민요술(齊民要術)』에 백매를 만드는 방법이 전해지며, 맛은 시고 떫으며 성질은 밋밋하다. 목구멍의 마비[喉痺], 설사 그리고 가슴이 답답하여 목이 마른 증상[煩渴]과 목구멍이 매실의 핵으로 막혀 있는 듯하며 횡격막 주위가 아프거나 답답한 병증[梅核膈氣], 종기의 독, 외상으로 인한 출혈을 치료한다.

26 '목과(木瓜)': 학명은 *Chaenomeles speciosa* (Sweet) Nakai이며, BRIS에서는 이를 '명자나무'로 명명하고 있다. 맛은 시고, 성질은 따뜻하다. 간과 위를 평온하게 하며, 습기를 제거하고 근육을 이완시키는 데 효능이 있다.

27 '감초(甘草)': 콩과 감초속 식물인 감초[*Glycyrrhiza uralensis* Fisch.]의 뿌리 및 뿌리줄기이다. 중의약 및 조미료로 쓰인다.

28 '단향(檀香)': 학명은 *Santalum album* L.이며, BRIS에서는 백단이라 명명하고 있다. 백단은 주로 인도나 인도네시아 등지에서 생산된다. 백단의 심재(心材)는 휘발성 기름[白檀油] 3-5% 가량을 함유하고 있다. 맛은 맵고 성질은 따뜻하다. 비장과 위, 폐에 들어가서 작용을 한다. 기를 다스리고, 위를 편하게 하는 효능이 있다. 가슴과 배의 통증, 횡격막이 막혀 구토하는 것[噎膈嘔吐], 가슴과 횡격막이 편안하지 못한 것을 치료한다.

29 저본인 사부총간속편본 『음선정요』 중에는 '건(件)'자가 없으나, 장빙룬의 역주본에서는 전후 문장구조에 의거하여 덧붙이고 있다.

있을 때) 탄알크기의 환약을 만든다. 매번 한 알씩 복용하는데 입에 넣고 머금어 녹여 먹는다.

그림 3 백단[檀香]과 말린 껍질

5. 오미자탕五味子湯 포도주를 마시는 것을 대신함[代葡萄酒飲]

체액이 분비되면서 갈증을 멈추게 하고, (양기 부족으로 인한 냉증을) 따뜻하게 하고[30] 기를 북돋는다.

生津止渴, 暖精益氣.

북오미자[北五味][31] 1근을 깨끗하게 씻어서 과육을 취한다. 들깨잎 6냥(을 부수고), 인삼人參[32] 4냥에 삼노두

北五味一斤, 淨肉. 紫蘇葉六兩, 人參四

30 '난정(暖精)': 남자의 정냉(精冷)을 치료하는 것이다. 정냉이란 남자의 정기의 부족으로 야기되는 것으로 정기가 청랭(淸冷)현상으로 인해 생식능력이 없어지는 것이다. 성신경쇠약(性神經衰弱)과 정자결핍과 같은 병증이 생긴다.

31 '북오미(北五味)': 주로 요녕, 길림, 흑룡강, 하북 등지에서 생산되는 오미자를 가리키며 상품명을 관습적으로 '북오미자(北五味子)'라고 일컫는다. 맛은 시고 성질은 따뜻하다. 사람의 폐와 신장에 효과가 있다. 땀을 조절하고 신장을 윤택하게 하며, 체액을 생기게 하고, 정액이 절로 흘러나오는 것을 치료하는 효능이 있다. 폐가 허약하고 기침이 나며, 입이 마르고 갈증이 생기고, 식은땀이 흐르고, 피로로 인해서 여위는 증상, 몽정, 오랜 설사와 이질을 치료한다.

32 '인삼(人參)': KPNIC에 의하면 두릅나무과 인삼속 식물인 인삼(*Panax ginseng*

[蘆][33]를 제거하고 부수어 (가루로 만든다.) 사탕 2근을 준비한다.

이상의 것들을 (솥에 넣고) 물 2말[斗]을 넣어 (달여서) 1말이 되면 걸러서 찌꺼기를 제거하고 (여과한 탕을) 맑게 가라앉힌다. 임의로 적당량을 복용한다.

兩, 去蘆, 剉. 沙糖二斤.

右件, 用水二斗, 熬至一斗, 濾去滓, 澄清. 任意服之.

6. 인삼탕人參湯[34] 술 마시는 것을 대신함[代酒飮]

기를 순조롭게 순환시키고 흉부의 횡격막[胷膈]을 열고[35] 갈증을 멈추고 체액을 생기게

順氣, 開胷膈, 止渴生津.

C.A.Mey)의 뿌리라고 한다. 인삼의 성질은 달고, 약간 쓰며, 따뜻하다. 사람의 폐와 신장을 다스린다. 원기를 크게 보충하고, 탈진된 상태를 회복시켜서 진액을 생기게 하고, 정신을 안정시키는 효능이 있다. 과로로 인한 상처와 허기로 인한 손상, 적게 먹고 권태감을 느끼게 되거나, 위가 뒤집어져서 토하고, 대변이 새는 것, 허기로 인한 잦은 기침, 식은땀으로 인해 급격하게 탈진하는 현상과 놀라는 것, 건망증, 어지러움, 두통, 신장쇠약으로 인한 발기부전, 소변을 자주 보는 현상, 당뇨, 자궁출혈, 소아(小兒)의 허약으로 인한 경기 및 허기가 오래되어 회복되지 않고, 모든 기혈과 진액이 부족한 병증을 치료한다.

33 '노(蘆)': 삼노(蔘蘆) 즉 삼노두[인삼대가리에 붙은 줄기의 밑동이다.]이다. 오가과의 식물인 인삼의 뿌리줄기이다. 맛은 달고 쓰며, 성질이 따뜻하다. 구토를 치료하거나, 양기를 북돋는 효능이 있다. 사람이 허해서 횡격막을 막거나, 설사로 인해서 기력이 손실되는 증상을 치료한다. 인삼과 삼노두의 효능이 각각 다르기 때문에 일반적으로 두 가지를 구분하여 사용한다.

34 상옌빈의 주석본에 의하면 인삼은 수대에 걸쳐 사람들 사이에서 훌륭한 보양식품으로 인식되어 왔다. 그중 고려[신라]인삼이 유명하였다. 송원대에는 바닷길을 이용하여 중국 남방으로 유입된 고려 상품 중에는 인삼이 귀중한 화물로 인식되었다고 한다.

35 '개흉격(開胷膈)': 즉 가슴의 횡격막을 여는 것이며 또한 답답한 것을 풀어서 소

한다.

신라삼新羅參[36] 4냥에서 삼노두를 제거하고 부수어(가루로 만든다.) 귤껍질[橘皮] 1냥을 준비하여 속의 흰 부분을 제거한다. 들깨잎 2냥, 사탕沙糖 1근을 준비한다.

이상의 재료에 물 2말을 넣고 (솥에 넣고) 달여 1말이 되면, 찌꺼기를 버리고 (깨끗한 탕액으로) 가라앉혀서 임의로 적당한 양을 마신다.

新羅參四兩, 去蘆, 剉. 橘皮一兩, 去白. 紫蘇葉二兩, 沙糖一斤.

右件, 用水二斗, 熬至一斗, 去滓, 澄清, 任意飮之.

7. 선출탕仙朮湯

이것은 모든 부정한 기를 없애고, 비장과 위를 따뜻하게 하고,[37] 식사량을 늘리며,[38] 전염병을 면하게 하고,[39] 한기와 습기를 제거하

去一切不正之氣, 溫脾胃, 進飮食, 辟瘟疫, 除寒

통하여 기를 다스리는 것을 일컫는다. 관흉(寬胸), 관중(寬中), 해욱(解郁), 개도(開郁) 등과 같은 의미이다. 가슴이 눌리고 답답하여 기가 체해 야기되는 것을 치료하는 방법이다. 증상으로는 가슴의 횡격막이 그득하고 답답하며, 양옆구리 및 아랫배에 통증이 있다.

36 '신라삼(新羅參)': 즉 한반도에서 생산된 인삼으로 KPNIC에 의하면 두릅나무과 인삼속으로 학명은 *Panax ginseng* C.A.Mey.이며, 별직삼(別直蔘), 고려삼(高麗蔘)으로도 불렸다.

37 '온비위(溫脾胃)': 중초의 비장과 위를 따뜻하게 한다.

38 '진음식(進飮食)': 사람의 식사량을 증가시킨다.

39 '벽온역(辟瘟疫)': '벽(辟)'은 제거, 치료, 예방의 의미를 포함한다. '온역(瘟疫)'은 병명이다. 『황제소문(黃帝素問)』「본병론(本病論)」에서도 온역(溫疫)이라고 부른다. 전염[疫癘]의 기에 감응하여 나타나는 유행성 급성전염병의 총칭이다. 대체적으로 두 가지 유형이 있다. 첫 번째로 전염성의 기운과 독기는 흉막이나 장

게 한다.[40]

삽주[蒼朮][41] 1근을 쌀뜨물에 3일간 담그고, 대나무 칼로 얇은 조각을 떠서 불에 쬐어 말리고 가루로 낸다. 회향茴香 2냥을 볶아서 가루로 낸다. 감초甘草 2냥을 볶아 가루로 만든다. 밀가루 1근을 볶는다. 말린 대추 2되를 불에 쬐어 말려 (씨를 제거하고) 가루로 낸다. 소금 4냥을 (솥에 넣어) 볶아서 (가루로 내어) 준비한다.

濕.

蒼朮一斤, 米泔浸三日, 竹刀子切片, 焙乾, 爲末. 茴香二兩, 炒, 爲末. 甘草二兩, 炒, 爲末. 白麵一斤, 炒. 乾棗二升, 焙乾, 爲末. 塩四兩, 炒.

이상의 재료를 함께 고루 섞어서 (깨끗한 용

上件, 一同和匀.

의 외부에 잠복한다. 초기에는 춥거나 너무 뜨거운 것을 싫어하지만 조금 있으면 춥고 열이 나지 않으며, 두통이 발생하고 온몸이 아프며, 백태가 밀가루가 쌓인 것처럼 되고, 혓바닥이 붉어지고, 맥박이 자주 뛰게 된다. 설사를 해서 장을 비우는 방법으로 치료해야 한다. 두 번째로 뜨거운 전염성 독[暑熱疫毒]은 사기가 위에 잠복한다. 증상은 아주 뜨거운 열기로 인해서 말라서 머리가 깨질 듯한 두통이 있고, 복통과 설사를 동반하며 코피가 나거나 반점이 보이며, 정신이 혼미해지고 혀가 진홍색으로 타들어가는 것과 같은 증상을 보인다. 열을 낮춰서 해독을 확대한다.

40 '제한습(除寒濕)': '한(寒)'은 질병 원인의 육음(六淫) 중의 하나이다. 한은 음사(陰邪)에 속하며, 쉽게 양기를 손상시킨다. 한사(寒邪)는 신체 외부를 속박하여, 위기(衛氣)와 서로 얽혀 양기가 발산되지 못하게 되어 한열과 발열 및 땀이 나지 않는 등의 증세를 보인다. 한기가 안쪽으로 침입하면, 기혈활동이 막혀서 통증의 하나가 된다. 『황제소문』「비론(痹論)」에서는 "통증이라는 것은 한기가 많은 것이고, 한기가 있기 때문에 통증이 생긴다."라고 하였다.

41 '창출(蒼朮)': 삽주[학명은 *Atractylodes ovata* (Thunb.) DC.]라고 하며, 백출이라고도 한다. KPNIC에 의하면 국화과 삽주속 '삽주'의 뿌리줄기라고 한다. 맛은 맵고 쓰며, 성질이 따뜻하다. 비장을 건강하게 하고, 습기를 마르게 하며, 우울을 해소하고, 더러운 것을 제거하는 효능이 있다 습기가 가득 차서 비장기능이 약화되고, 권태감을 느껴서 눕고 싶어 하며 위가 체하고 배가 더부룩함으로 인한 복부팽창[完痞腹脹], 식욕부진, 구토, 설사, 이질, 학질, 담음(痰飮: 마신 물이 장이나 위에 남아 있어 출렁출렁 소리가 나며 가슴이 답답한 증세이다.), 부종, 유행성 감기, 풍·한·습기로 인한 저린 현상, 다리가 저리는 것, 야맹증 등을 치료한다.

기에 담아 두었다가) 매일 공복에 끓인 물에 타서 복용한다.

每日空心白湯點服.

그림 4 삽주[蒼朮]와 종자

그림 5 회향(茴香)과 말린 뿌리

8. 행상탕杏霜湯

폐의 기[42]를 순조롭게 하고 가슴의 횡경막을 이롭게 하며 기침을 치료한다.

좁쌀[粟米] 5되를 볶은 뒤 가루로 낸다. 살구씨[杏仁] 2되를 (끓는 물에 삶아서 피막이 일어나면 꺼내서 찬물에 담가) 껍질과 뾰족한 것을 제거하고 밀기울과 (함께 솥에 넣고) 볶아서[43] (밀기울은 체로 처내고) 가루를 낸다. 소금 3냥을 볶아서 준비한다.

調順肺氣, 利胷膈, 治咳嗽.

粟米五升, 炒, 爲麵. 杏仁二升, 去皮, 尖, 麸炒, 研. 塩三兩, 炒.

---

42 '폐기(肺氣)': 기가 위로 치밀어 오르는 병증이다. 3가지로 나눌 수 있는데, 첫 번째는 폐 기능의 활동을 가리킨다. 두 번째는 호흡의 기를 가리키는 것으로 가슴속의 종기[宗氣: 비위(脾胃)에서 소화 흡수된 곡기(穀氣)와 숨쉴 때 들어온 청기(淸氣)가 결합되어 생긴 기를 말한다.]를 포괄한다. 세 번째는 폐의 정기(精氣)이다.

43 '부초(麸炒)': 밀기울과 살구씨를 함께 볶는데, 이것은 중의약의 통째로 굽는 방식[炮制法]의 일종이다. 그러나 행상탕(杏霜湯)을 만들 때는 반드시 체로 밀기울을 제거해야 하는데, 그렇지 않으면 행상탕의 색깔과 광택에 영향을 준다.

이상의 재료를 고르게 섞는다. (깨끗한 용기 속에 넣어 두고) 매일 공복에 1전錢만큼 끓는 물에 타서 복용한다. 버터[酥][44]를 약간 넣으면 (맛과 치료에) 더욱 좋다.	右件拌勻. 每日空心白湯調一錢. 入酥少許尤佳.

9. 마탕[山藥湯]

허한 것을 보하고 기운을 북돋우며 속을 따뜻하게 하고 폐의 기능을 윤택하게 한다.[45] 마[山藥] 1근을 삶아서 (껍질을 제거하고 절편으로 잘라서 말려 가루를 낸다.)[46] 좁쌀 반 되를 볶아서 가루로 만든다. 살구씨 2근을 누렇게 되도록 볶아서 껍질과 뾰족한 부분을 제거하고 잘게 부수어 쌀과 같은 크기로 만든다. 를 준비한다.	補虛益氣, 溫中潤肺. 山藥一斤, 煮熟. 粟米半升, 炒, 爲麵. 杏仁二斤, 炒令過熟, 去皮, 尖, 切如米.

44 '수(酥)': 버터이다. 상옌빈의 주석본에서는 수(酥)라고 하여 사부총간속편본에 따르고 있으나 장빙룬의 역주본에서는 '수유(酥油)'라고 표기하였다. Buell의 역주본, p.293에는 수유(酥油)를 버터, pp.366-367에는 '수(酥)'는 cream, 아래문장에서는 또 수유(酥油)는 'liquid butter'라고 번역하고 있다.

45 '윤폐(潤肺)': 폐와 장기의 수분과 윤택함을 보충하는 작용을 하는데, 예컨대 '폐의 기능을 원활해서 타액을 부드럽게 하는 것[潤肺化痰]'과 같다. 외부의 따뜻하고 건조한 것에 직면하거나, 폐의 음기부족, 기가 허해서 생기는 열로, 체액을 담으로 만든다. 증상으로는 목구멍이 건조하여 음식이 목에 메고 아프고, 사레기침을 하며 담이 걸쭉하여 뱉어내기가 어려운 증상, 혓바닥이 붉고 황태(黃苔)가 끼며 건조하고 마른 것이 보인다.

46 '자숙(煮熟)': 원문에는 일찍이 마[山藥]의 구체적인 제조법을 설명한 적이 없다. 장빙룬의 역주본에 의하면 마는 익힌 후에 반드시 말린 후 갈아서 가루를 내면, 한편으로는 건조한 가루 상태의 물질과 서로 혼합하기가 편하고, 다른 한편으로는 수분으로 인해 변질되는 것을 방지할 수 있다고 한다.

이상의 재료를 (함께 고루 섞어서 깨끗한 용기에 담아 두고) 매일 공복에 끓는 물에 2전만큼 타서 복용하는데, 버터기름을 약간 넣으면 (더욱 좋다.) 마의 용량은 임의로 조절한다.

右件, 每日空心白湯調二錢, 入酥油少許. 山藥任意.

10. 사화탕四和湯

배 속의 냉통冷痛[47]과 비장과 위장이 조화롭지 못한 것[48]을 치료한다.

治腹內冷痛, 脾胃不和.

밀가루 1근을 볶고, 참깨[芝麻] 1근을 볶으며, 회향茴香 2냥을 볶고, 소금 1냥을 볶아서 준비한다.

白麵一斤, 炒, 芝麻一斤, 炒, 茴香二兩, 炒, 塩一兩, 炒.

이상의 것을 혼합해서 (맷돌에 갈아) 가루로 만든다. (깨끗한 용기에 넣어 두고) 매일 공복에 끓인 물에 타서 복용한다.

右件, 並爲末. 每日空心白湯點服.

11. 대추생강탕[棗薑湯]

이것은 비장과 위의 기능을 개선하며, 식욕을 돋운다.

和脾胃, 進飲食.

생강 1근을 얇게 잘라서 (햇볕에 말린다.) 대추 3되에

生薑一斤, 切作片.

47 '냉통(冷痛)': 통증 부위가 차가운 느낌[冷感]이 있어 따뜻한 기운을 바라는 표현이다. 증상은 위통, 복통, 비통 등에 보인다.

48 '비위불화(脾胃不和)': 비장과 위장의 기능이 정상이지 못한 것을 뜻한다.

서 씨를 제거하고 (솥에 넣고) 볶는다. 감초 2냥을 볶는다. 소금 2냥을 볶아서 준비한다.

이상의 재료를 (각각 갈고) 가루로 내어서 한 곳에 넣어 고르게 섞는다. (깨끗한 용기에 담아 두고) 매일 공복에 끓인 물에 타서 복용한다.

棗三升, 去核, 炒. 甘草二兩, 炒. 塩二兩, 炒.

右件爲末, 一處拌匀. 每日空心白湯點服.

12. 회향탕茴香湯

이것은 신장[元藏][49]이 허약한 것과 배꼽부위의 냉통을 치료한다.

회향 1근을 볶는다. 멀구슬[川練子][50] 반 근, 말린

治元藏虛弱, 臍腹冷痛.

茴香一斤, 炒. 川

49 '원장(元藏)': 『음선정요』 사부총간속편본에서는 본편과 아래편에는 '원장(元藏)'으로 표기하였으나, 상옌빈의 주석본과 장빙룬의 역주본에서는 '원장(元藏)'으로 표기하였다. 본 역주본에서는 두 중국학자의 견해에 따라 해석하였음을 밝혀 둔다. '원장(元藏)'의 '장(藏)'은 '장(臟)'의 의미인 신장으로 해석된다. 이와 같은 견해는 김세림의 역주본과 상옌빈[尙衍斌]의 주석본에서도 마찬가지인데 여기서는 모두 '원장(元臟)'을 신장으로 보고 있다. Buell의 역주본에서는 '원장(元臟)'을 'the store of primary energies'라고 번역하고 있다.

50 '천련자[川練子: *Melia toosendan* Sieb.et Zucc]': 한국에는 이 학명에 적합한 국명은 없다. 다만 BRIS에서는 속명이 동일한 근연식물인 멀구슬나무[楝科: Melia azedarach L.]가 있다. 천련자의 과육은 두껍고, 열은 황색깔이며, 바탕은 푹신하고 부드럽다. 과일의 씨는 구형이고 계란 모양을 띠며, 냄새는 특이하고, 맛은 시고 쓰다. 이는 습열과 간의 열기를 제거하며, 통증을 멈추고, 살충에 효과가 있다. 원대의 의학자 나천익(羅天益)의 『위생보감(衛生寶鑑)』 권21에서 그 성질에 대해 "천련자는 상한, 열, 가슴이 답답한 것을 치료하고 살충제로 쓰이며 대소변을 잘 통하게 하는 효능이 있다."라고 한다. 샹옌빈의 주석본에서는 사부총간속편본과 동일하게 '천련자(川練子)'로 표기하였으나, 장빙룬의 역주본에서는 '천련자(川楝子)'로 표기하였다. Buell의 역주본에서는 '천련자(川練子)'를 'Sichuan pagoda tree'라고 번역하고 있다.

귤껍질 반 근을 속의 흰 부분을 제거한다. 감초 4냥을 볶는다. 소금 반 근을 볶아서 준비한다.

楝子半斤, 陳皮半斤, 去白. 甘草四兩, 炒. 塩半斤, 炒.

이상의 재료들을 (별도로 갈아서) 고운 분말을 만들어 서로 고르게 섞는다. (깨끗한 용기에 담아) 매일 공복에 끓인 물에 타서 복용한다.

右件爲細末, 相和勻. 每日空心白湯點服.

그림 6 멀구슬[川楝子]과 말린 열매

13. 파기탕破氣[51]湯

신장의 허약함, 복통, 가슴의 횡격막[52]이 닫혀 답답한 것을 치료한다.

治元藏虛弱, 腹痛, 胷膈閉悶.

살구씨 1근을 (끓는 물에 넣고 약간 삶아 표피에 주름이 지면 꺼내서 찬물에 담가) 껍질과 뾰족한 것을 제거

杏仁一斤, 去皮, 尖, 麩炒, 別硏. 茴香四兩,

51 '파기(破氣)': 상옌빈의 주석본에 의하면 파기(破氣)는 중의 치료학의 술어로서 기(氣)를 치료하는 방법 중의 하나로서 기가 뭉치고 채인 것을 해결하는 방법이라고 한다. 파기탕은 주로 각종 질병의 치료를 도우며, 신체를 강하게 하는 식료법이다.

52 '흉격(胷膈)': 사부총간속편본과는 달리 상옌빈의 주석본에서는 '위격(胃膈)', 장빙룬과 김세림의 역주본에서는 '흉격(胸膈)'이라고 표기하고 있다.

하고 나서 밀기울과 함께 노랗게 볶아서 별도로 간다. 회향 4냥을 볶는다. 양강 1냥, 큐베브[華澄茄][53] 2냥, 말린 귤껍질 2냥의 껍질 속 흰 부분을 제거한다. 목서나무의 꽃[桂花][54] 반 근, 강황 1냥, 목향[55] 1냥, 정향丁香[56] 1냥, 감초 반 근, 소금 반 근을 준비한다.

炒. 良薑一兩, 華澄茄二兩, 陳皮二兩, 去白. 桂花半斤, 薑黃一兩, 木香一兩, 丁香一兩, 甘草半斤, 塩半斤.

---

53 '큐베브[華澄茄: Cubeb]': 자바 · 보르네오 산 후추 열매로, 약용하거나 조미료로 사용한다. 영어판 Buell의 역주본에서 언급한 'Cubeba'는 중국에서 약용으로 쓰였지만 원래는 양념이며, 훗날 후추가 모든 곳에서 이를 대체하였다고 한다. 중국에서 향신료 Cubeba[Listea cubeba]는 Piper cubeba의 실제적인 대체물이었다고 한다.

54 '계화(桂花)': 학명은 *Osmanthus fragrans* (Thunb.) Lour.이나 한국의 KPNIC에서는 물푸레나무과 식물 '목서'(木樨: *Osmanthus fragrans* Lour.)로 부르고 있다. 이것은 중국의 대부분 지역에서 널리 재배되고 있다. 9-10월의 개화시기에 따서 그늘에서 말리고 잡질을 골라내서 밀폐 저장하는데, 향기가 날아가고 습기로 인해 곰팡이가 끼는 것을 방지한다. 꽃에는 방향물질을 머금고 있다. 가래가 생기고, 어혈을 푸는 데 효능이 있다. 담음(痰飮: 물을 마신 후 출렁거리고 가슴이 답답한 증상이다.)과 천식, 기침하는 것, 직장궤양 출혈로 인한 혈변, 전립선염, 치통, 구취를 치료한다.

55 '목향(木香)': 국화과 식물인 운목향(雲木香), 월서목향(越西木香), 천목향(川木香) 등의 뿌리이다. 기를 운행하고 통증을 멈추며 속을 따뜻하게 하고 위를 조화롭게 하는 효능이 있다. 한기가 들어가서 기가 막힌 증상, 가슴과 복부가 부풀고 통증이 있는 경우, 구토, 설사, 이질 및 설사를 하더라도 배변이 개운치 않고, 뒤가 무거운 것과 한기로 인해서 아랫배가 쓰라리게 아픈 병증[寒疝]을 치료한다.

56 '정향(丁香)': 부처꽃과 식물 정향[丁香: *Syzygium aromaticum* (L.) Mett.et Perry]의 꽃 봉우리로서, 꽃 봉우리에는 휘발성 기름인 정향유를 함유하고 있다. 한국에서는 이에 걸맞은 국명은 없으며 근연식물로는 도금양과 시지기움속 시지기움루에마니[*Syzygium luehmannii* (F.Muell.) L.A.S.Johnson]가 있다. 정향의 기름 속에는 주로 정향유 석탄산, 아세틸 정향유 석탄산 등이 함유되어 있는데, 세균 발육을 억제하고 살충을 하며 위를 튼튼하게 하는 작용을 한다. 맛은 맵고 성질이 따뜻하다. 위, 비장, 콩팥에 작용한다. 몸을 덥히고, 콩팥을 따뜻하게 하며 치솟는 것을 내리는 효능이 있다. 위가 차가워지고 딸꾹질하는 것, 복부냉통, 콩팥이 허함으로 인한 발기부전, 허리와 무릎이 차갑고 시린 것을 치료한다.

이상의 재료를 (각각 갈아) 고운 분말을 만들고 (살구씨 가루와 고루 섞어서 깨끗한 용기에 담아) 공복에 끓인 물[57]에 타서 복용한다.

右件爲細末. 空心白湯點服.

그림 7 양강(良薑)과 말린뿌리[乾根]

그림 8 큐베브[蓽澄茄]와 종자

그림 9 목서[桂花]와 말린 꽃[乾花]

그림 10 정향(丁香)나무와 꽃

14. 백매탕白梅湯

비장과 위의 열[中熱],[58] 가슴이 초조하고 불

治中熱, 五心煩躁,

57 '백탕(白湯)': 끓인 물이다. 그 효능은 중초를 따뜻하게 하고 기를 다스린다. 주로 기가 차갑고 막힌 것을 치료하며, 복통과 횡격막이 닫혀 답답한 증상을 치료한다.

58 '중열(中熱)': 병증으로 여름철 무더위로 손상을 입거나 비장과 위에 열이 나는

안함[五心煩躁],[59] 토사곽란[霍亂],[60] 구토, 갈증, 진액津液[61]이 소통되지 않는 것을 치료한다.

霍亂, 嘔吐, 乾渴, 津液不通.

백매의 과육[白梅肉] 1근, 백단白檀[62] 4냥, 감초甘草 4냥, 소금 반 근을 준비한다.

白梅肉一斤, 白檀四兩, 甘草四兩, 塩半斤.

이상의 재료를 갈아 가루로 만든다. (깨끗한 용기에 담아 두고) 매번 1전錢의 양에 생강즙

右件爲細末. 每服一錢, 入生薑汁少許,

것을 가리킨다. '중(中)'은 중초(中焦)와 비장과 위[脾胃]를 가리킨다.

59 '오심번조(五心煩躁)': 양손과 양발, 가슴에 열이 나는 것을 가리킨다. 가슴속이 답답하고 열이 나고 초조하며 불안을 느끼는 증상을 보인다.

60 '곽란(霍亂)': 병명이다. 『황제내경(黃帝內經)』「영추(靈樞)·오란(五亂)」 등의 편에서 나온다. 병이 나면 갑자기 크게 토하고 설사를 하며, 답답하여 몸이 편하지 못한 특징이 있다. 이에 "졸지에 몸이 비틀어지고 흐트러지게 되므로[揮霍之間, 便致繚亂]" 그와 같은 이름을 얻었다. 원인으로는 날것과 차고 불결한 것을 먹고 마시거나 혹은 한(寒), 사(邪), 서(暑), 습(濕), 역(疫), 역(癧)의 기운을 받아서 생긴다. 춥고 더운 구분과 건조하고 습한 구분 및 근육이 뒤틀리는 변화가 있다.

61 '진액(津液)': 체액의 총칭이다. 장빙룬의 역주본에는 진액에는 두 가지 의미가 있다고 한다. 첫째, 음식물이 미묘하게 위, 비장, 폐, 삼초 등이 오장육부를 통과하게 하는 작용으로써 영양물질로 변화된다. 이로써 혈맥 속에서는 혈액의 성분이 조성되며, 혈맥의 밖에서는 조직의 간극 속으로 분포된다. 그래서 진과 액이 통상 동시에 제시되지만, 두 가지는 성질, 분포와 기능방면에서 모두 같지 않다. 두 번째, 모든 체액과 대사물질을 통칭한다. 『황제내경』「소문(素問)·영란비전론(靈蘭秘典論)」에서는 "방광(膀胱)은 중추적인 기관으로서 진액을 저장하는 곳이다."라고 하였다. 또한 『황제내경』「영추(靈樞)·결기(決氣)」에서는 "피부가 배출의 기능을 담당하고 땀을 많이 내보낸다 해서 이를 일러 '진(津)'이라고 한다."라고 하였다. 따라서 오줌과 땀은 모두 진액이 변해서 된 것이며, 체액을 조절하는 작용이 있다고 한다.

62 '백단(白檀)': 낙엽관목 혹은 소교목이며, 연한가지에는 회백색의 부드러운 털이 있다. 사부총간속편본에서는 '백단(白檀)'으로 표기하였으나, 상옌빈의 주석본과 장빙룬의 역주본에서는 '백단(白檀)'으로 표기하였다. 이하 동일하여 언급하지 않는다. 백단의 학명은 *Symplocos paniculata* (Thunb.) Makino이며, BRIS에서는 국명을 '백단'이라고 명명하고 있다.

을 약간 넣어서 끓인 물에 타서 복용한다.

白湯調下.

그림 11 백단(白檀)나무와 꽃

15. 명자탕[木瓜湯]

각기병에 의해서 감각이 없고, 무릎을 많이 써서 차갑고 저린 통증[63]을 치료한다.

명자 4개를 삶아 껍질을 제거하고 문드러지도록 갈아서 진흙처럼 만든다. 벌꿀[白沙蜜] 2근을 정제하여 준비한다.

이상의 2가지 종류를 조합하여 고르게 섞고, 깨끗한 도자기 속에 넣어 담아 둔다. (매번 약간씩 꺼내서) 공복에 끓인 물에 타서 복용한다.

治脚氣不仁, 膝勞冷痺疼痛.

木瓜四箇, 蒸熟, 去皮, 研爛如泥. 白沙蜜二斤, 煉淨.

右件二味, 調和勻, 入淨磁器內盛之. 空心白湯點服.

---

63 '슬로냉비동통(膝勞冷痺疼痛)': 풍(風)·한(寒)·사(邪)기로 지체(肢體)·경락(經絡)·장부(臟腑)가 막히는 것이 주원인으로, 무릎부위의 근육, 경맥 및 골절사이가 차갑고 막혀서 통하지 않아 발생하는 통증이다. '비(痺)'는 병명으로, 막혀서 통하지 않아 저리거나 마비되는 현상이다.

16. 귤피성정탕橘皮醒酲[64]湯

(술에 취해서) 숙취가 해소되지 않고, 구토 및 신물이 올라오는 것[65]을 치료한다.

治酒醉不鮮, 嘔噫吞酸.

유자 껍질[香橙皮][66] 1근을 속의 흰 부분을 제거한다. 진귤피 1근을 안쪽 흰 부분을 제거한다. 백단[檀香] 4냥, 칡꽃[葛花][67] 반 근, 녹두꽃[68] 반 근, 인삼 2냥의 삼노

香橙皮一斤, 去白. 陳橘皮一斤, 去白. 檀香四兩, 葛花半斤, 菉

---

64 '정(酲)': 술에 취하여 정신이 맑지 않은 것을 가리킨다.

65 '구희탄산(嘔噫吞酸)': 구토, 트림, 위산을 가리킨다. 고대문헌에서는 대체적으로 소리는 있지만 내용물이 없는 것을 '구(嘔)'라고 하며, 내용물이 있고 소리가 없는 것을 '토(吐)'라고 한다. 지금은 대개 구분하지 않으며 내용물이 없는 것을 헛구역질이라고 한다. 구토는 위기(胃氣)가 내려가는 것이 조화를 상실해서 일어나는 것으로 비장과 위장이 허약하거나, 한기나 사기가 위를 침범하고, 습열이 쌓여 열이 나는 것, 담음(痰飮: 마신 물이 장이나 위에 남아 있어 출렁출렁 소리가 나며 가슴이 답답한 증세이다.)이 속에 잠복하고 음식이 적체된 것이 모두 위기를 거슬리면서 구토를 유발할 수 있다. 위를 편안하게 해서 역류가 내려가도록 치료해야 한다. '희(噫)'는 증상명이다. 『황제내경(皇帝內經)』「진요경종론(診要經終論)」에 나오며 신트림[噯氣]을 가리킨다. 또한 연산(咽酸)이라 불린다.

66 '향등피(香橙皮)': 향등(香燈) 열매의 껍질로서 학명은 *Citrus junos* Siebold ex Tanaka으로 BRIS에서는 이를 유자(나무)로 명명하고 있다. 이는 맛은 쓰고 매우며 성질은 따뜻하다. 기의 운행을 빠르게 하여 횡경막을 이롭게 하고, 가래로 변해서 역류되는 것을 가라앉히며, 숙취를 해소하고 소화를 돕고 구토를 멈추며 물고기와 게로 인한 독을 해독하는 효능이 있다.

67 '갈화(葛花)': 콩과 식물인 칡의 활짝 피지 않은 꽃이다. 입추 후 꽃이 활짝 피지 않았을 때 따서 거두는 것이 적합하며 줄기와 잎을 제거하고 햇볕에 말린다. 맛은 달고 성질은 서늘하다. 술을 해독하여 비장을 깨운다. 술에 취해서 열이 나며 목이 타고 답답하며, 음식 생각이 나지 않고, 구역질하고 신물이 올라오고, 피를 토하는 증상 및 직장궤양과 하혈을 치료한다. 청대 장로(張璐)가 편찬한 약물학서인 『본경봉원(本經逢原)』에서는 "칡꽃[葛花]은 술독을 해독하니, 칡꽃은 탕에 섞어서 술을 깨는 데 사용되며 반드시 인삼을 곁들인다. 그러나 술독에 걸리지 않았을 때 복용해서는 안 되는데, 복용하면 사람의 신장[天元]이 손상을 입어서

두를 제거한다. 백두구 씨[白荳蔻仁][69] 2냥, 소금 6냥의 볶은 것을 준비한다.

이상의 재료를 가루로 만든다. 매일 공복에 끓인 물에 타서 복용한다.

豆花半斤, 人參二兩, 去蘆. 白荳蔻仁二兩, 塩六兩, 炒.

右件爲細末. 每日空心白湯點服.

그림12 백두구(白荳蔻)와 종자

피부와 근육이 크게 열려 빠져나가므로 진액이 손상된다."라고 하였다.

68 '녹두화(綠豆花)': 콩과 식물 녹두의 꽃이다. 술독을 해독하는 효능이 있다.

69 '백두관인(白荳蔻仁)': 『음선정요』 사부총간속편본에는 '백두관인(白荳蔻仁)'으로 표기하였으며, 상옌빈의 주석본과 장빙룬의 역주본에서는 '백두구인(白荳蔻仁)'으로 적고 있는데, 본 역주본은 두 학자의 견해에 따라 '백두구인(白荳蔻仁)'으로 해석하였다. 이하 동일하여 언급하지 않는다. '백두구인(白荳蔻仁)': 생강과의 다년생 초본 식물이다. 학명은 *momum kravanh* Pierre ex Gagnep.이나 BRIS에는 이를 백두구로 명명하고 있다. 백두구를 10-12월 황녹색을 띠면 아직 갈라지기 전에 따서 거두고 남아 있는 열매꼭지를 없앤 뒤 햇볕에 말린다. 맛은 맵고 성질은 따뜻하다. 기의 적체, 식체, 가슴 답답증, 북부팽만, 트림, 식도암, 구토, 구역질, 학질을 치료한다. 물고기, 육고기, 야금류를 요리할 때 주로 쓰이는 조미료이다. Buell의 역주본에서는 '백두관인(白荳蔻仁)'을 서남아시아 생강과 식물 씨앗인 '카르다몸(cardamom kernel)'으로 해석하고 있다.

17. 갈특병아渴忒餅兒

체액이 분비되면서 갈증을 멈추게 하고, 기침을 치료한다.

갈특[70] 1냥 2전, 신라삼新羅參 1냥의 삼노두를 제거한다. 창포[71] 1전을 각각 고운가루로 만든다. 흰 사탕[白

生津止渴, 治嗽.

渴忒一兩二錢, 新羅參一兩, 去蘆. 菖蒲

---

70 '갈특(渴忒)': 종려과 식물인 기린갈(麒麟竭: *Daemonorops draco* Bl.)의 과실과 나무줄기 중의 수지(樹脂)이다. 『중약대사전(中藥大辭曲)』을 찾아보면 '갈유(渴留)'와 '갈품(渴稟)'이 보이는데 '갈특'과 관련 있는 것으로 추정되며, 다음과 같이 기록하고 있다. 첫 번째는 갈유 (『당본초(唐本草)』) 즉 중의약의 '혈갈(血竭)'로서, 다른 이름은 해랍(海蠟), 기린혈(麒麟血), 목혈갈(木血竭)이다. 맛은 달고 짜고 성질은 밋밋하다. 어혈을 없애고 통증을 가라앉히고 피를 멈추며 새살이 돋아나게 하는 효능이 있다. 상옌빈의 주석본에서는 갈특(渴忒)의 향기는 치자(梔子)의 것과 비슷하며, 오장의 사기(邪氣)를 제거하는 효과도 있다고 한다. 두 번째는 갈품(渴稟)으로, 『당본초(唐本草)』에서 "자광(紫礦)은 자줏빛 아교와 같다. 이는 곧 중의약에서 사용하는 '자초용(紫草茸)'으로, 다른 이름으로는 적교(赤膠), 자광(紫礦), 자경(紫梗), 자교(紫膠), 충교(蟲膠) 등으로 자교충이 나뭇가지 위에서 분비하는 아교물질이다. 맛은 쓰고, 성질이 차다. 홍역, 반진의 사기(邪氣)가 쉽게 밖으로 나오지 않는 것, 산후 출혈로 인한 어지럼증, 대하증, 부스럼과 종기독을 치료한다. 장빙룬의 역주본에서는 혈갈(血竭), 자초용과 팥배가 모두 홀사혜가 의도한 바의 갈특은 아니라고 하였다. 왜냐하면 혈갈과 자초용은 비록 술에 담가서 용해할 수 있지만, 체액을 만들거나 갈증을 멈추고 기침을 치료하는 효과를 지니지 못하기 때문이며, 팥배는 비록 기침을 멈추는 기능은 있을지라도 도리어 술에 담가서 용해할 필요가 없으며 또한 담가서 고약상태로 만들 필요도 없다. 갈특이 어떤 것인지는 정확한 고증이 필요하다.

71 '창포(菖蒲)': 창포는 천남성과 창포속 식물로서 학명은 *Acorus calamus* L.이다. 그런데 장빙룬의 역주본에서는 *Acorus tatarinowii* Schott라는 학명의 창포를 제시하고 있다. 이 역시 KPNIC에서는 창포라고 명명하고 있는데, 속지(屬地)가 다른 근연식물의 뿌리줄기인 듯하다. 맛은 맵고 쓰며, 성질은 약간 따뜻하다. 심장, 간, 비장에 작용을 한다. 경락 안의 막힌 곳을 소통시키고 가래를 삭이며, 기를 다스리고 혈액순환을 원활하게 하며, 풍사를 흩어지게 하고, 습기를 제거하는 효능이 있다. 그 밖에 열로 인한 어지럼증, 건망증, 이명, 귀먹음, 위와 복부가 부풀

納八][72] 3냥을 갈아서 사탕으로 만든 것을 준비한다.

이상의 재료에 (먼저) 갈특을 사용하여 포도주에 담가서 고약 상태로 만든 후 위의 말한 것[신라삼, 창포, 흰 사탕]의 가루를 넣어 함께 고루 섞고 반죽하여 뭉쳐 적당한 크기의 덩어리로 만들어, (약 덩어리를 만드는 틀에) 눌러 찍어 (갈특)병餠으로 만든다. 매번 1개[餠]를 입속에 넣고 천천히 녹여 먹는다.

一錢, 各爲細末. 白納八三兩, 硏, 係沙糖.

右件, 將渴忒用葡萄酒化成膏, 和上項藥末, 令勻爲劑, 印作餠. 每用一餠, 徐徐噙化.

18. 관계갈특병아官桂[73]渴忒餠兒

체액을 생성하며, 한기로 인한 기침[寒嗽][74]

生津, 止寒嗽.

고 통증이 있는 것, 풍기, 한기, 습기로 인한 마비증상, 독창과 종기독 및 타박상을 치료한다.

72 '백납팔(白納八)': 상엔빈의 주석본에 따르면 이것은 흰 사탕으로, 맛은 달고 성질은 차고 독이 없다. 이는 심복에 열이 나고 팽창하는 데 주로 이용되며, 갈증을 멈추게 하고 눈을 밝게 한다고 한다.

73 '관계(官桂)': Baidu 백과에 의하면 학명은 *Cinnamomum wilsonii* Gamble이다. BRIS와 KPNIC에서는 이 학명은 등재되어 있지 않지만 속명(Cinnamomum)만으로 보면 녹나무, 계피나무라고 명명하여 관계와 근연식물임을 알 수 있다. 상엔빈의 주석본에는 이는 곧 육계(肉桂)이며, 계피(桂皮)의 이칭이라고 한다.

74 '한수(寒嗽)': 기침의 일종이다. 금(金) 유완소(劉完素)의 『소문병기기의보명집(素問病機氣宜保命集)』에 보인다. 외부의 한기와 사기(邪氣)에 감염되어 폐가 손상되거나 혹은 날것과 찬 것을 먹어서 비장이 손상되어 야기된다. 증상은 기침을 하고, 가래에 흰색 거품이 보이며, 얼굴이 창백하고, 맥이 많이 뛰거나 혹은 너무 느리게 뛰게 된다. 겨울에 심한 한기를 맞아서 열이 나지만, 땀이 나지 않으며 코가 막히게 된다.

을 멈추게 한다.

계피[肉桂] 2전을 가루로 만든다. 갈특渴忒 1냥 2전, 신라삼 1냥 2전을 삼노두를 제거하고 가루로 만든다. 흰 사탕[白納八] 3냥을 갈아서 준비한다.

이상의 재료 중에서 (먼저 갈특을) 해당화[玫瑰][75]물에 담가 고약 형태로 만든 후, (계피, 신라삼, 흰 사탕) 가루를 넣어서 작은 덩어리로 만들고 가자유訶子油[76]를 발라서 (약 덩어리를 만드는 틀에 넣고) 찍어서 (관계갈특)병餠으로 만든다. 매일 1개[餠]를 (입에 넣고) 서서히 녹여 먹는다.

肉桂二錢, 爲末. 渴忒一兩二錢, 新羅參一兩二錢, 去蘆, 爲末. 白納八三兩, 研.

右件, 將渴忒用玫瑰水化成膏, 和藥末爲劑, 用訶子油印作餅子. 每用一餅, 徐徐噙化.

19. 답필납병아荅必納餅兒

머리와 눈을 맑고 밝게 하고[77] 인후와 횡격막을 원활하게 하며[78] 체액이 분비되면서 갈

清頭目, 利咽膈, 生津止渴, 治嗽.

---

75 '매괴(玫瑰)': 이것의 학명은 *Rosa rugosa* Thunb.인데, BRIS에서는 이를 해당화라 명명하고 있다. 상옌빈의 주석본에 의하면, 이처럼 장미물이나 샤프란(saffron)을 조미료로 한 식품제조 방식은 확실히 페르시아나 아랍의 영향을 받은 것이라고 한다.

76 '가자유(訶子油)': Baidu 백과에 의하면 사군자과 식물인 가자나무[*Terminalia chebula* Retz.]의 열매로 만든 기름이라고 한다. BRIS에 등재만 되어 있을 뿐 국명은 없다. Buell의 역주본에서는 이를 열대 아시아산 가리륵의 열매로 'myrobalan oil[terminalia chebula]'이라 번역하고 있다.

77 '청두목(清頭目)': 머리를 맑게 하며 눈을 밝게 한다.

78 '이인격(利咽膈)': 인후와 횡격막을 원활하게 한다는 것이다.

증을 멈추게 하며 기침을 치료한다.

답필납[79] 2전을 가루로 만든다. 이것이 곧 용담초[草龍膽]이다. 신라삼 1냥 2전을 삼노두를 제거하여 가루로 만든다. 흰 사탕[白納八] 5냥을 곱게 갈아 준비한다.

이상의 재료에 적적합납赤赤哈納[80]즉 북방지역의 산각아(酸角兒)를 (물에 부어) 졸여 고약형태로 만든 연후에 (답필납, 신라삼, 흰사탕) 가루를 고루 섞어 조제한다. 덩어리를 [약병藥餠을 만드는 틀에 넣고] 찍어서 (답필납)병餠을 만든다. 복용할 때마다 매번 1개[餠]를 입에 넣고 서서히 녹여 먹는다.

答必納二錢爲末, 即草龍膽. 新羅參一兩二錢, 去蘆, 爲末. 白納八五兩, 研.

右件, 用赤赤哈納即北地酸角兒熬成膏, 和藥末爲劑. 印作餠兒. 每用一餠, 徐徐噙化.

그림 13 산각아(酸角兒)

그림 14 산자(酸刺)

79 '답필납(荅必納)': 어떠한 것인지 알 수가 없으므로 검토가 필요하다. 김세림의 역주본에서는 이를 용담[Gentiana scabra] 혹은 과남풀의 뿌리 및 뿌리줄기로 번역하고 있다.

80 '적적합납(赤赤哈納)': 본문의 주에서는 북방지역에서 생산되는 산각아(酸角兒)라고 설명하고 있는데, 산각아는 콩과의 식물인 산두(酸豆: *Tamarindus indica*)의 열매이며, 또한 산교(酸餃), 산매(酸梅), 만모(曼姆), 통혈향(通血香)이라고 불렀다. 장빙룬의 역주본에 따르면 산각아는 현재 광동, 광서, 복건, 대만, 운남 등지에 분포하며 원대에 북방에서 생산되었는지의 여부는 의심해 볼 여지가 있다고 한다. 따라서 북방지역의 산각아는 다른 종류의 식물일 가능성이 있다. 뒷부분 권2 1장 32의 '적적합납(赤赤哈納)' 조항의 제목에서 "적적합납이 곧 산자이다.[赤赤哈納即酸刺]"라고 한 것이 오히려 믿을 만하다고 하였다.

20. 등향병아橙香餠兒

흉부의 횡격막을 원활하게[81] 하고, 기를 순화시키며 머리와 눈을 맑고 밝게 한다.[82]

신선한 유자껍질[新橙皮] 1냥을 불에 쬐어 말려 속의 흰 부분을 제거한다. 침향沉香 5전, 백단白檀 5전, 사인[縮砂][83] 5전, 백두구[白豆蔲[84]]씨 5전, 큐베브 3전, 남붕사南鵬砂[85] 3전을 별도로 간다. 용

寬中順氣, 淸利頭目.

新橙皮一兩, 焙, 去白. 沉香五錢, 白檀五錢, 縮砂五錢, 白豆蔻仁五錢, 蓽澄茄三錢, 南鵬砂三

81 '관중(寬中)': 여기서는 심장과 비장 사이의 가슴 부분이라기보다 횡격막[胸膈]을 넓힌다는 의미로서, 장빙룬의 역주본에서는 중의학에서 정서가 우울함으로 인해서 야기된 기가 막히는 현상을 치료하는 방법이라고 한다.

82 '청리두목(淸利頭目)': 머리가 맑고 눈을 밝게 하는 것이다.

83 '사인[縮砂]': 『한의학대사전』(정담, 2001)과 BRIS에서는 축사를 사인[砂仁: *Amomum villosum*]이라고 명명한다. 상옌빈의 주석본에 의하면, 원대 의학가 주단계(朱丹溪)는 "태반을 안정시키며 통증을 멈추게 하고 기를 흐르게 한다. 『일화자(日華子)』에 이르기를 '일체의 기와 곽란, 심복통을 치료한다.'라고 하였다. 또 이르기를 좋아졌다 나빠졌다 하면서 오래 끄는 설사인 '휴식리(休息痢)'를 멈추게 한다. 그 이름이 축사밀(縮砂蜜)이다.'"라고 하였다.

84 '백두관(白豆蔲)'은 앞의 권2 1장 16의 각주에서 보듯 실제 백두구(白豆蔻)에 해당한다.

85 '남붕사(南鵬砂)': '남붕사(南鵬砂)'는 곧 중의약에서 사용하는 '붕사(硼砂)'이다. 광물질인 붕사(Borax)를 정제하여 만든 결정이다. 사부총간속편본에서는 '남붕사(南鵬砂)'라고 표기하였으나, 상옌빈의 주석본과 장빙룬의 역주본에서는 '남붕사(南硼砂)'로 표기하고 있는데, 본 역주본에서는 두 학자의 견해를 받아들여 '남붕사(南硼砂)'로 표기했다. 붕사는 맛이 달고 짜며 성질은 서늘하다. 열을 없애고 담을 제거하며[清熱消痰], 해독과 방독작용을 한다. 게다가 인후 부종 및 통증[咽喉腫痛], 입과 혀에 생긴 종기[口舌生瘡], 눈이 붉어져서 시야를 가리는 것[目赤翳障], 목에 가시가 박혀 통증이 있는 것[骨哽], 음식을 넘기지 못하는 것[噎膈], 기침할 때 끈끈한 가래가 나오는 병[咳嗽痰稠]을 치료한다.

뇌龍腦[86] 2전을 별도로 간다. 사향麝香 2전을 별도로 갈아서 준비한다.

이상의 것 중에서 (남붕사, 용뇌, 사향을 제외하고) 곱게 가루로 내어서 (별도로 준비한 남붕사, 용뇌, 사향과 섞어) 반죽한 감초고甘草膏와 배합하여 (약병을 만드는 틀에 넣고) 찍어서 등향병[餅]을 만든다. 매번 복용할 때 1개를 입에 넣고 서서히 녹여 먹는다.

錢, 別研. 龍腦二錢, 別研. 麝香二錢, 別研.

右件爲細末, 甘草膏和劑印餅. 每用一餅, 徐徐噙化.

그림 15 남붕사(南硼砂)

그림 16 용뇌(龍腦)

21. 우수고자牛髓膏子

이것은 근육과 골수를 보충하며, 근육과 뼈

補精髓, 壯筋骨,

86 '용뇌(龍腦)': 용뇌향과 식물인 용뇌향 수지(樹脂)의 가공품이다. 혹은 장뇌(樟腦), 테레빈유[松節油] 등의 화학적인 반응을 사용하여 합성 가공한 제품이다. 본서 중의 용뇌는 마땅히 용뇌수 줄기의 갈라진 틈에서 마른 수지를 채취하여 가공하였거나 나무줄기 및 나뭇가지를 잘라 부수어 수증기로 증류하여 승화시키고 냉각한 후에 만든 것이다. 용뇌는 주로 인도네시아의 수마트라 등지에서 생산된다. 맛은 맵고 쓰며 성질이 서늘하다. 사람의 심장과 폐에 작용한다. 경맥을 통하게 하고, 울화증을 해소하며, 종기를 없애고 통증을 멎게 한다.

대를 건장하게 하고, 혈기를 조화롭게 하며, 수명을 연장시킨다.

和血氣, 延年益壽.

황정고黃精膏[87] 5냥, 지황고地黃膏[88] 3냥, 천문동고天門冬膏[89] 1냥, 소뼈에서 취한 기름[牛骨油] 2냥을 준비한다.

黃精膏五兩, 地黃膏三兩, 天門冬膏一兩, 牛骨頭內取油二兩.

이상의 재료들과 황정고, 지황고, 천문동고를 우골유牛骨油와 함께 (솥에 넣고 약한 불로 천천히 달여) 은 숟가락으로 쉬지 않고 저어서 (열기가 있을 때 솥에서 꺼내 깨끗한 항아리에 담아)

右件, 將黃精膏, 地黃膏, 天門冬膏與牛骨油一同不住手用銀匙攪, 令冷

87 '황정고(黃精膏)': 중의약에서 황정을 달여서 만든 일종의 고약이다. 황정은 백합과 황정속 식물로 학명은 *Polygonatum sibiricum* Delar. ex Redoute이다. 이는 맛은 달고 성질이 밋밋하다. 비장, 폐, 신장에 영향을 준다. 위장과 비장을 보충하고 기를 북돋우며, 심폐를 원활하게 하고, 근골을 강하게 한다. 허기로 손상, 한열, 폐결핵, 각혈, 병을 앓은 뒤의 몸이 허하고 식욕이 없는 것, 근골이 연약한 것, 풍습으로 인한 통증, 문둥병을 치료한다. BRIS와 KPNIC에서는 이를 '층층갈고리둥굴레'라고 명명하고 있다.

88 '지황고(地黃膏)': 중의약에서 사용되는 지황[*Rehm,annia glutinosa* Libosch.]을 달여서 만든 일종의 고약이다. 지황의 신선한 뿌리줄기[鮮地黃], 쪄서 익힌 뿌리줄기[熟地黃], 잎[地黃葉], 꽃[地黃花], 열매[地黃實]가 모두 약으로 쓰인다. 여기서의 황고(黃膏)는 지황근 즉 중의약에서의 생지황(生地黃: 지황을 채취해서 80%까지 말린 것)를 달여서 만든 것인 듯하다. 생지(황)의 성질은 달고 쓰고, 서늘하다. 음기를 성하게 하고, 피를 보양하는 데 효과가 있다. 음기가 허함으로 인한 발열, 당뇨, 피를 토하는 것, 코피, 혈붕(血崩), 월경불순, 태아의 움직임이 불안한 경우 및 음기의 손상으로 인한 변비를 치료한다.

89 '천문동고(天門冬膏)': 건조하여 생기는 모든 병증에 쓸 수 있는 처방이다. 백합과 비짜루속 천문동[*Asparagus cochinchinensis* (Lour.) Merr]을 달여서 만든 일종의 연고이다. 천문동은 또 천동이라고 하며 백합과 식물인 천문동의 덩이뿌리이다. 달고 쓰며, 성질은 차갑다. 음기를 성하게 하고, 마른 것을 윤택하게 하며, 폐를 깨끗하게 하고, 화기를 내리게 한다. 음기가 허해서 열이 발생한 것, 기침을 동반한 각혈, 폐의 기능상실, 폐의 악창[肺癰], 인후가 부어 동통이 나는 것, 당뇨, 변비를 치료한다.

식히고 고루 섞어서 우수고자를 만든다. 매일 공복에 따뜻한 술에 한 숟가락을 타서 먹는다.

定和勻成膏. 每日空心溫酒調一匙頭.

22. 명자전[木瓜煎]

명자 10개의 껍질과 줄기대를 제거하고 즙을 취해 (비금속 용기에 넣고 약한 불에) 물이 다할 때까지 달인다. 흰사탕 10근을 깨끗하게 정제하여 준비한다.

이상의 재료를 함께 (비금속 용기 속에서) 다시 달여서 명자전을 만든다.[90]

木瓜十箇, 去皮穰, 取汁, 熬水盡. 白沙糖十斤, 煉淨.

右件, 一同再熬成煎.

23. 향원전香圓煎

향원[91] 20개의 껍질(과 씨)를 제거하고 과육을 취해서

香圓二十箇, 去皮取

---

90 "초성전(熬成煎)": Buell의 역주본 p.372에서는 "재료를 함께 반복적으로 졸여 농축한 것이다."라고 해석하고 있다.

91 '향원(香圓)': Baidu 백과에 의하면 향연(香櫞)이라 불리고, 그 학명은 *Citrus medica* L.이며, 운향과 식물인 구연(枸櫞) 혹은 구연자(枸櫞子)의 잘 익은 과실이다. KPNIC에서는 운향과 귤속 식물로서 '불수감'이라 불리며, BRIS에는 이를 홍팔식[*Citrus medica*]이라고 명명하여 국명이 일치되지 않는다. 근연식물로서는 같은 귤속의 '유자나무'[*Citrus medica* var. junos Siebold]가 있다. 이들이 향원과 동일한지는 의문이다. Buell의 역주본에서는 향원을 'Citron'이라고 번역하고 있는데, 이는 커다랗고 매우 울퉁불퉁한 레몬으로 보이지만 레몬보다 더 일찍 인기를 얻었으며 고대 인도의 향수가게에서 중국과 일본의 가정 내에 부처를 모신 단에 올리는 용도로 보급되었다. 과거에는 즙과 과육도 쓸 데가 있었다고 하지만 오늘날에는 거의 껍질만을 사용한다.

(진흙처럼 찧거나 즙을 짠다.) 흰 사탕 10근을 깨끗하게 정제하여 준비한다.	肉. 白沙糖十斤, 煉淨.
이상의 재료를 함께 (솥에 넣고 적당하게 물을 부어) 다시 달여 향원전을 만든다.	右件, 一同再熬成煎.

24. 주자전株子煎

주자株子[92] 100개를 깨끗하게 과육을 취해서 (진흙처럼 찧거나 즙을 짠다.) 흰 사탕[白沙糖] 5근을 깨끗이 정제하여 준비한다.	株子一百箇, 取淨肉. 白沙糖五斤, 煉淨.
이상의 재료를 함께 (솥에 넣고 적당한 양의 물을 부은 뒤) 달여서 주자전을 만든다.	右件, 同熬成煎.

25. 들깨잎전[紫蘇煎]

들깨[紫蘇]잎 5근, 말린 명자[木瓜] 5근, 흰 사탕 10근을 깨끗이 정제하여 준비한다.	紫蘇葉五斤, 乾木瓜五斤, 白沙糖十斤, 煉淨.
이상의 재료에서 (들깨잎을 잘게 썰고, 말린 명자를 갈아서 가루로 내어 솥에 넣고 물을 부어 볶아서 찌꺼기를 걸러내고, 다시 10근의 흰 사탕을 넣고) 함께 졸여서 들깨잎전을 만든다.	右件, 一同熬成煎.

92 '주자(株子)': 각두(殼斗: nut)과 식물인 종가시나무[苦櫧] 혹은 참가지나무[青椆]의 종자이다. Buell의 역주본에서는 이것을 'hazelnut'으로 번역하고 권3에서는 'Acorns'이라고 말하고 있다.

26. 금감전[金橘煎]

금감[金橘][93] 50개의 씨를 제거하고 껍질을 취한다. 흰 사탕[白沙糖] 3근을 준비한다.

이상의 재료에서 (금감의 껍질을 부드럽게 찧어 흰 사탕과 함께 솥에 넣은 뒤 물을 부어) 함께 달여서 금감전을 만든다.

金橘五十箇, 去子取皮. 白沙糖三斤.

右件, 一同熬成煎.

27. 앵두전[櫻桃煎]

(신선한) 앵두 50근에서 즙을 취한다. 흰 사탕[白沙糖] 25근을 준비한다.

이상의 재료에[94] (적당하게 물을 부어) 함께 졸여서 앵두전을 만든다.

櫻桃五十斤, 取汁. 白沙糖二十五斤.

同熬成煎.

---

93 '금감(金橘)': 운향(蕓香)과 식물인 금귤[金橘: *Fortunella margarita* (Lour.)], 금탄(金彈: *Fortunella crassifolia* Swingle) 등의 과실이다. KPNIC에서 국명으로는 전자는 운향과 금감속 '마르가리타금감'[*Fortunella margarita* (Lour.) Swingle]이라 하고 후자의 경우 속명이 같은 근연식물을 '금감'으로 소개하고 있다. 맛은 달고 성질이 따뜻하다. 기를 다스리고, 답답한 것을 풀어 주고, 가래를 삭이며 술을 깨게 하는 효능이 있다. 가슴이 답답하고 맺히는 것, 음주로 인한 갈증, 음식물이 적체되어 위에 머무르는 것을 치료한다.

94 사부총간속편본의 원문에는 '우건(右件)'이란 말이 없다. 상옌빈의 주석본에도 보이지 않지만 장빙룬의 역주본에서는 우건(右件)이란 단어를 첨부하고 있다. 본서의 번역은 전후의 방식에 근거하여 '이상의 재료'라는 말을 덧붙였음을 밝혀 둔다.

28. 복숭아전[桃煎]

큰 복숭아 100개를 껍질을 제거하며 (씨를 빼내고) 작은 조각으로 잘라서 과즙을 취한다. 꿀[白沙蜜] 20근을 깨끗하게 정제하여 준비한다. (이상의 재료들을 적당하게 물을 부어) 함께 졸여 농축하여 복숭아전을 만든다.	大桃一百箇, 去皮, 切片取汁. 白沙蜜二十斤, 煉淨. 一同熬成煎.

29. 석류장石榴漿[95]

석류 10근을 가져다가 즙을 취한다. 흰 사탕[白沙糖] 10근을 깨끗하게 정제하여 준비한다. 이상의 재료들을 (적당하게 물을 부어) 함께 달여서 석류장을 만든다.	石榴子十斤, 取汁. 白沙糖十斤, 煉淨. 右件, 一同熬成煎.

30. 소석류전小石榴煎

소석류[96] 2말을 쪄서 익히고 씨를 제거하고 갈아서 진흙	小石榴二斗, 蒸熟

95 '석류장(石榴漿)': 석류는 낙엽 관목 혹은 교목으로 맛은 달고 시고 살충의 이질을 막는 효과가 있다. 본문의 제목에서는 장(漿)을 마치 묽은 액체로 이해하고, Buell의 역주본에서도 이를 'Syrup'이라고 비슷하게 해석하고 있다. 하지만 '석류장(石榴漿)'의 항목이 각종 '전(煎)'을 만드는 항목 사이에 포함되어 있으며, Buell은 전(煎)을 농축액[concentrate]으로 해석하고 있다. 그런 측면에서 볼 때, 제목의 '장(漿)'은 농축액, 즉 전(煎)이었을 가능성도 없지 않다.

96 '소석류(小石榴)': 석류의 일종으로 그루가 작아 붙인 이름인데, 그 특징은 열매

처럼 만든다. 꿀 10근을 깨끗하게 정제하여 준비한다.

이상의 재료들을 (적당량의 물을 부어) 함께 졸여 소석류전을 만든다.

去子, 研爲泥. 白沙蜜十斤, 煉淨.

右件, 一同熬成煎.

31. 오미자음료[五味子舍兒別][97]

신선한 북오미자[新北五味] 10근의 씨를 제거하고 물에 담가 즙을 취한다. 흰 사탕 8근을 깨끗하게 정제하여 준비한다.

이상의 것들을 함께 (솥에 넣고) 졸여서 오미자음료[煎]를 만든다.

新北五味十斤, 去子, 水浸取汁. 白沙糖八斤, 煉淨.

右件, 一同熬成煎.

가 작고 과육 종자 사이에 얇은 막이 없어서 산석류(山石榴)라고 부르기도 한다. Buell의 역주본에서는 이를 'rose hips'이라고 번역하고 있다. 『본초도경(本草圖經)』에서는 "… 또한 산석류가 있는데 형태는 (석류와) 서로 유사하나 작고, 방(房)을 구분하는 막이 없다. 산동지역의 청주와 제나라 사이에서 아주 많이 생산되며, 약으로 쓰지 않고 꿀에 재워서 과일로 쓰거나 혹은 통째로 구워서[炮制] 먹으면 아주 맛있다."라고 하였다.

97 '사아별(舍兒別)': 한자로 아라비아어의 음을 기록한 것으로, 또한 '사리팔(舍里八)'이라고 쓰고 있는데, 그 원래 의미는 음료를 마실 때 넣는 재료이다. Buell의 역주본에서는 이를 'sharbat'라고 번역하고 있다. 상옌빈의 주석본에도 사아별(舍兒別)은 'sharbat'의 한역명이며, 과일주스나 과즙음료라고 한다. 장빙룬의 견해도 기본적으로 동일하다. 음료의 제조과정에서 즙을 졸인 것으로 보면 농축음료였을 것으로 짐작할 수 있을 것이다.

32. 적적합납赤赤哈納 곧 산자[卽酸刺][98]

적적합납赤赤哈納[99] 수량이 많고 적음에 (구애되지 않고) 물에 담가 즙을 취해 둔다.

위의 것을 은이나 석재 용기에 담고 졸여서 적적합납고膏를 만든다.

赤赤哈納 不以多少, 水浸取汁.

右件, 用銀石器內熬成膏.

33. 잣기름[松子油]

잣 양에 관계없이 껍질을 벗기고 (잣 씨를) 찧어서 진흙처럼 만든다.

이상의 것들에 (적당량의) 물을 넣고 (섞어서 비단 포로 짜서) 즙을 취하고, (그 후 간 잣 속에 다시 물을 붓고 반복하여 얻은 액즙을 솥에 넣고) 달여

松子不以多少, 去皮, 搗研爲泥.

右件, 水絞取汁熬成, 取浮清油綿濾淨. 再熬澄清.

---

98 제목의 소주(小注)에 사부총간속편본에는 '계산자(係酸刺)'라고 적고 있고, 상옌빈의 주석본에도 이를 따르고 있다. 하지만 양류주[楊柳竹] 외 1인 주석(注釋), 『白話註釋本 飲膳正要』, 內蒙古科學技術出版社, 2002(이후 '양류주의 백화주석본'으로 약칭)에서는 이를 '조산자(條酸刺)'로 표기하고 있다. 반면 장빙룬의 역주본에서는 '즉산자(卽酸刺)'라고 적고 있는데, 그가 근거한 저본은 『사부총간(四部叢刊)』 영인본이다.

99 '적적합납(赤赤哈納)': 즉 산자(酸刺: *Hippophae rhamnoides* Linn)로, 보리수나무과 식물인 사극(沙棘)의 열매이다. BRIS에서는 산자를 '비타민나무'라고 명명한다. 맛은 시고 떫으며, 성질은 따뜻하다. 이것은 건조하고 기름지며, 예민해 있거나 굳은 것을 푸는 효험이 있다. 주로 기침[咳嗽], 가래가 많은 것[痰多], 천식[氣喘], 폐결핵[肺癆], 폐농양(肺膿瘍), 폐 혈맥이 막힌 것, 부혈증(婦血症), 어혈[血症], 폐경(閉經), 위궤양, 소화불량을 치료하는 데 효과가 있다.

서 (위의) 깨끗하고 맑은 기름을 취해서 (열기가 있을 때 비단으로) 여과하여 찌꺼기는 제거한다.[100] (여과한 후의 기름을) 다시 달여서 수분을 제거하면 맑고 깨끗한 (잣)기름이 만들어진다.

34. 살구씨 기름[杏子油]

살구씨[杏子] 양에 관계없이 껍질 채로 찧어서 진흙처럼 만든다.

杏子不以多少, 連皮搗碎.

이상의 재료를 (솥에 넣고) 물을 부어 달여서 위에 뜬 기름을 취하고 비단으로 깨끗하게 여과하여서 다시 (솥에 넣고 수분이 없어질 때까지) 달여 살구 씨 기름을 만든다.

右件, 水煮熬, 取浮油, 綿濾淨, 再熬成油.

35. 버터기름[酥油][101]

우유 (표면의) 깨끗하게 응고된 유지를 취해서 (솥에 넣고) 달이면 버터기름이 된다.[102]

牛乳中取淨凝, 熬而爲酥.

---

100 '부(浮)': 상옌빈의 주석본에서는 사부총간속편본과 동일하나, 장빙룬의 역주본에서는 '부(浮)'를 모두 '정(净)'으로 표기하였다.

101 '수유(酥油)': 버터기름으로 해석하였다. 주석가에 따라 또는 상황에 따라 수유를 버터로 해석하기도 하고 버터기름으로 해석하기도 한다. Buell의 역주본에서는 이 경우 '수유(酥油)'를 liquid Butter라고 해석하고 있다.

102 '오이위수(熬而爲酥)': 몽골인들은 우유 속에서 우유기름을 취하는데 보통 우유기름 속에 소금을 넣지 않고 장시간 달여서 물기를 제거한 후, 양의 위로 만든 가

36. 제호유醍醐油[103]

가장 좋은 버터기름을 취한다. 대략 1천 근 이상을 (솥에 넣고) 달여서 (비단포로) 깨끗하게 여과하여 깨끗하고 큰 항아리[磁甕] 속에 저장해 두었다가 겨울에 항아리 속에서 얼지 않은 것을 꺼내는데 이를 일러 제호유라고 한다.

取上等酥油. 約重千斤之上者, 煎熬過濾淨, 用大磁甕貯之, 冬月取甕中心不凍者, 謂之醍醐.

37. 마사가유馬思哥油

깨끗한 우유를 취해서 우유기름을 만드는 목재도구인 아적阿赤을 쉬지 않고 저어서 (위층에) 뜬 응고된 유지를 취하는데 이것이 곧 마사가[104]

取淨牛妳子不住用阿赤係打油木器也, 打取浮凝者爲馬思哥

죽 부대 속에 담아서 보존하여 식용하였다.

103 '제호유(醍醐油)': 소젖에서 정제한 유지방이며, '제호'는 천축어에서 유래되었다. 상옌빈의 주석본에 의하면, 제호는 고대인들이 매우 선호했던 식품이다. 특히 허약하고 기혈이 부족하며 영양이 좋지 않고 기침을 하거나 소갈, 비뇨 등의 질환에 이용되었다고 한다. 『당본초(唐本草)』에서는 "제호는 버터[酥] 속에서 나온 버터의 엑기스이다. 좋은 버터 한 섬[石]으로 제호(醍醐) 3-4되[升]를 만들고 숙성한 것을 저어서 정제하여 용기 속에 담아 두고 굳기를 기다렸다가, 용기 가운데를 바닥에 이르기까지 뚫어서 쉽게 진액이 나오게 해서 그것을 얻는다."라고 하였다. 장빙룬의 역주본에 의하면, 지방은 제호유의 주요 성분으로 그중에는 포화지방산 및 불포화유산이 함유되어, 몸이 피곤하여 폐기능이 약화되거나, 기침하면서 피고름을 뱉는 것[咳唾膿血], 당뇨, 변비, 풍사로 인한 마비증상[風痹], 피부가려움[皮膚瘙癢]을 치료했다고 한다.

104 '마사가(馬思哥)': '오사가(烏思哥)'의 오류로 의심된다. '오사가'는 몽골어:

유이며 지금은 백수유白酥油라고도 한다. | 油, 今亦云白酥油.

38. 구기차枸杞茶[105]

구기자[106] 5말을 물에 일어서 깨끗이 씻어, 물 위에 뜬 구기자의 쭉정이를 제거한다. 약한 | 枸杞五斗, 水淘洗淨, 去浮麥. 焙

---

esugusug의 음역이다. 『원조비사(元朝秘史)』 제28절, 85절에는 '액속극(額速克)'이라고 적혀 있으며, 『지원역어(至元譯語)』「음선문(飮膳問)」에는 '올숙(兀宿)'이라고 적혀 있는데, 이는 즉 소젖 혹은 말 젖을 함께 제조해서 만든 음료이다. 우유를 휘젓는 과정에서 취한 우유기름을 '오사가유(usug-yintos)'라고 일컬으며, 그것을 정제하여 취하는 법은 위에서 서술한 것과 동일하다(스쭝원[史仲文], 후샤오번[胡曉本] 주편, 『中國全史』, 人民出版社, 1995년판을 참조함). 이에 반해 Buell의 역주본에서는 'mäskä oil'이라고 번역하고 있다.

105 '구기차(枸杞茶)': 상옌빈의 주석본에 의하면 이 차는 구기와 작설차를 혼합하여 만든 음료라고 한다. 차잎은 열과 갈증을 해소하고 안질과 고혈압을 치료해 주며, 과실은 눈을 밝게 하여 동맥경화와 혈관노화를 예방하며 피로를 해소하는 효과가 있다. 따이싱쩐[戴杏貞], 「元代中外飮食文化交流」, 暨南大學碩士學位論文, p.17에서는 차의 발전과 전파가 불교사원과 밀접한 관계가 있다고 한다. 원대의 사원에서는 '다회(茶會)'를 거행했는데, 승려와 일반인 모두가 참여하였다. 유명 인사들이 방문(榜文)을 썼는데, 이것을 '다방(茶榜)'이라고 부른다. 『다방(茶榜)』에 의하면 야율초재(耶律楚材) 역시 사원에서 다회를 거행하는 것을 환영한 적이 있다고 한다.

106 '구기(枸杞)': 가지과 식물로서 영하구기(寧夏枸杞: *Lycium barbarum* L.)를 건조하여 익힌 과실이다. 이와 근연식물의 국명은 가지과 구기자속 '구기자나무' [*Lycium barbarum* var. chinense (Mill.) Aiton]이다. 구기자의 표면은 진한 홍색 혹은 어두운 홍색이고, 끝부분에는 작고 볼록한 형태의 암술대 흔적이 있고, 밑부분에는 백색의 과일 줄기 흔적이 있다. 과피는 부드럽고 질기며, 쪼글쪼글하다. 과육의 육질은 부드럽고 광택이 나며 찰지다. 맛은 달고 약간 시며 성질은 밋밋하다. 신장을 보충하여 정기를 북돋우며, 간을 보양하고 눈을 밝게 하며, 피를 보충하여 정신을 안정시키고, 체액을 생성하여 갈증을 멈추고, 폐를 윤택하게 하여 기침을 멈추게 한다.

불에 쬐어 말리고, 흰 베를 통에 걸쳐 깨끗하게 체질하여,[107] 꼭지와 꽃받침이 검은 것을 제거하고 붉고 잘 익은 것을 선별한다. 먼저 작설차 (즙을 내고) (구기자를) 갈 맷돌을 (한 번) 씻어두고, (즙을 짠) 찻잎은 사용하지 않으며,[108] 그 다음에 구기자를 맷돌에 갈아 가루로 내어 (함께 깨끗한 용기에 저장한다.) 매일 공복에 한 숟가락씩을 버터기름에 넣어 고르게 젓고 따뜻한 술에 타서 복용하며, 끓는 물에 타서 복용해도 좋다. 유즙과 함께 먹어서는 안 된다.

乾, 用白布筒淨, 去蒂萼黑色, 選揀紅熟者. 先用雀舌茶展溲碾子, 茶芽不用, 次碾枸杞爲細末. 每日空心用匙頭, 入酥油攪勻, 溫酒調下, 白湯亦可. 忌與酪同食.

그림 17 구기자(枸杞子)

107 '통정(筒淨)': 물체를 흰 베[布] 위에 두고 체질과 키질 등의 방법을 통해서 골라내는 것이다. 예컨대 뒤에 등장하는 '옥마차(玉磨茶)' 조항에는 '사통정(篩筒淨)'이라는 구절이 있는데, 이는 곧 체를 이용하여 차의 잎을 깨끗하게 골라내는 것이다.

108 여기서 두 재료를 어떻게 배합했는지 의문이 남는다. 김세림의 역주본에서는 "작설차를 가루로 내고 잎으로는 사용하지 않는다."라고 해석한 반면, 장빙룬의 역주본에는 "작설자 즙을 내고 차 잎은 사용하지 않았다."라고 해석하고 있다. 전자는 가루이고 후자는 액체이다. 이것을 다시 구기자 가루와 함께 섞어서 용기에 저장했다. 양자를 합하면 전자는 가루상태이고 후자는 반죽상태이다. 이를 보관하고서 다시 버터기름이나 뜨거운 물에 타서 복용한다. 모두 가능하겠지만 맷돌을 다시 씻은 것을 보면 "차아불용(茶芽不用)"은 즙을 이용한 것이 보다 합리적일 듯하다.

39. 옥마차玉磨茶[109]

상등급의 자순紫筍[110] 50근을 체질하여 깨끗하게 골라낸다. (인도네시아) 수마트라의 쌀 50근을 (솥에 넣고) 볶은 후[蘇門炒米]에[111] 깨끗하게 체질하여 걸러내고, 자순차와 볶은 쌀을 함께 고르게 섞어서 옥맷돌[玉磨][112]에 넣고 가루로 내서 차를 만든다.	上等紫筍五十斤, 篩筒淨. 蘇門炒米五十斤, 篩筒淨, 一同拌和勻, 入玉磨內, 磨之成茶.

40. 금자차金字茶[113]

(이것은) 강남의 호주[江南湖州][114]에서 만들어	係江南湖州造進

109 '옥마차(玉磨茶)': 상옌빈의 주석본에 의하면 이 차는 같은 양의 '자순차(紫筍茶)'와 '소문초미(蘇門炒米)'를 같이 고루 섞어 옥맷돌[玉磨]로 갈아 만든 것이라고 한다.

110 '자순(紫荀)': 일종의 찻잎의 이름이다. '자순'은 이 같은 찻잎의 외형이 마치 처음 자라는 죽순과 같다고 하여 이름 붙인 것으로, 일반적으로 차의 연한 싹으로 제조한 찻잎을 가리킨다.

111 '소문초미(蘇門炒米)': 인도네시아 수마트라 쌀로 만든 볶은 쌀[炒米]이다. 볶은 쌀은 몽골 등 북방유목민족 즉석식품 중의 하나이다. 상옌빈의 역주본에서는 '초미(炒米)'를 조[粟]를 볶아서 만든 식품으로 보고 있다. 반면 김세림의 역주본에 따르면, '초미(炒米)'는 '미차(米茶)'로, 새싹으로 만든 제품으로 모습이 쌀과 같이 묵직하다고 한다.

112 '옥마(玉磨)': 옥 혹은 기타 석질이 부드러우면서 단단한 돌로 만든 맷돌이다.

113 상옌빈의 역주본에 따르면 '금자차(金字茶)'는 강남 호주(湖州)에서 만든 '진말차(進末茶)'의 또 다른 이름으로, 원대에 만든 차라고 하였다.

114 '강남호주(江南湖州)': 양자강 이남의 호주(湖州)를 가리키며, 고대행정구역의 이름이다. 수나라 인수(仁壽) 2년(602)에 주를 설치하였다. 주(州)의 땅이 태호(太湖)와 인접하여 이와 같이 이름하였다. 치소(治所)는 오정(烏程: 현 오흥(吳興)이

황제에게 진헌한 가루 형태의 차이다. | 末茶.

41. 범전수차范殿帥茶[115]

(이것은) 강절江浙 경원로慶元路[116]에서 만들어서 황제에게 진헌한 어린 싹잎의 차로서 맛과 색은 다른 어떤 차보다 뛰어나다.

係江浙慶元路造進茶芽, 味色絶勝諸茶.

42. 자순작설차紫筍雀舌茶[117]

신선하고 연한 싹을 (대나무 찜통에 넣고) 쪄

選新嫩芽蒸過,

다.)에 있다. 원대에는 '호주로(湖州路)'라고 이름을 고쳤다.

115 '범전수차(范殿帥茶)': 상옌빈의 역주본에 따르면 이 차는 송대에는 '일주차(日鑄茶)'라는 공납 차가 있었다. 송대 공제(孔齊)의 『지정직기(至正直記)』 권2 「송말반신(宋末叛臣)」에서는 "송말반신범전수문호(宋末叛臣范殿帥文虎)"라는 구절이 있는데, 이 '범전수(范殿帥)'는 남송말의 장수 범문호(范文虎)이다. 그는 송대 전전부도지휘사(殿前副都指揮使)를 맡았으나, 금군(禁軍)을 맡게 되면서 '전수(殿帥)'라고 불리게 되었다. 그가 일찍이 궁정에 '일주차(日鑄茶)'를 공납했기 때문에, 이 차의 이름을 '범전수차(范殿帥茶)'라고 한 것이다. 『원사(元史)』 「식화지이(食貨志二)」에서도 보인다.

116 '경원로(慶元路)': 고대행정구역의 명칭이다. 관할하는 곳은 지금의 절강성(浙江省) 용강(甬江)유역과 자계(慈溪), 상산(象山), 정해(定海), 대산(貸山), 보타(普陀) 등의 현에 해당한다. 원대에 '경원로(慶元路)'로 이름을 고쳤다.

117 '자순작설차(紫筍雀舌茶)': 일종의 찻잎의 이름이다. '자순'은 앞의 '옥마차(玉磨茶)' 조항에 보인다. '작설'은 비유컨대 이 차는 참새 혓바닥과 같이 부드럽고 어린 것이다. 이 차는 당대에 이미 공품(貢品)이었다. 심괄(沈括)의 『몽계필담(夢溪筆談)』에서는 "차의 싹을 보통사람들은 그것을 일러 작설(雀舌), 맥과(麥顆)라고 불렀는데, 지극히 연한 것을 이르는 것이다."라고 하였다.

서[118] (살청한 후 말려서) 자순紫筍을 만든다. 비록 선춘先春, 차춘次春, 탐춘探春[119]이 있을지라도 맛은 모두 자순작설에 미치지 못한다.	爲紫筍. 有先春, 次春, 探春, 味皆不及紫筍雀舌.

43. 여수아女須兒[120]

(여수아는) 중국 북부 지역에서 나는 차로서, 맛은 달고 성질은 따뜻하다.[121]	出直北地面, 味溫甘.

44. 서번차西番茶[122]

(서번차는) 본토本土에서 나오며, 맛이 쓰고	出本土, 味苦澀,

118 '선신눈아증과(選新嫩芽蒸過)': 여기에서 '자순작설차(紫筍雀舌茶)'의 살청(殺青) 방법은 찌는 것임을 알 수 있으며 따라서 청차 등을 찌는 것에 속한다.

119 '선춘(先春), 차춘(次春), 탐춘(探春)': 모두 차의 이름으로, 채취하는 시기로써 이름을 붙인 차이다.

120 '여수아(女須兒)': 어느 지역의 말인지, 어떤 의미인지 상세하지 않다. 일설에는 중의학에서의 '여아차(女兒茶)'라고 하며, 또 일설에는 벽오동나무[靑桐]의 어린 잎으로 만든 차라고도 한다. 상옌빈의 역주본에 따르면, 본문의 '직북(直北)'은 원대 중국의 정북 방향의 지역을 가리키는 것으로, 차나무의 생장 환경이 기후 조건으로 제약을 받기 때문에, 황화유역 더 나아가 몽골고원, 동 시베리아 지역에서 생장하기에는 어렵다. 이 때문에 '여수아'는 마땅히 당시 북방의 몇몇 소수 민족들이 충당한 일상음료의 일종일 것으로 보고 있다.

121 '권2 1장 43'부터 '권2 1장 48'까지의 항목은 사부총간속편본에는 제목 이외는 전부 제목에 부속된 소주(小注)와 같이 작은 글씨로 되어 있다. 하지만 전체 목차에서는 제목과 내용이 독립되어 나타난다. 때문에 장빙룬의 역주본과 상옌빈의 주석본에서는 이들을 본문과 동일한 글자크기로 바꾸고 문단도 독립시키고 있다. 본서도 본문의 내용과 전체 목차를 검토한 결과 이들과 동일하게 처리했음을 밝혀 둔다.

122 '서번차(西番茶)': 서번은 중국 서부 소수민족이며, 서번차는 『원사(元史)』「식화지(食

떫은데 버터기름을 넣어 함께 달인다.[123] | 煎用酥油.

45. 천차川茶 · 등차藤茶 · 과차誇茶[124]

이것들은 모두 사천四川에서 생산된다. | 皆出四川.

46. 연미차燕尾茶[125]

이것은 강소江蘇, 절강浙江, 강서江西에서 생 | 出江浙, 江西.

貨志)」'차법(茶法)' 조항에는 "서번대엽차(西番大葉茶)"라고 적혀 있는데, 이것이 곧 서번차인 듯하다. 서번은 원대에서는 선정원(宣政院: 중국 원대에 있던 불교 및 티베트에 관한 사항을 맡아보던 특수 관청)의 관할 구역이었는데, 현재의 티베트지역을 제외한 사천 서부 대부분의 지역을 포괄한다. 상옌빈, 「忽思慧飮膳正要識讀劄記」『中國文化硏究』, 2003, p.118에 따르면 명대『회회관잡자(回回館雜字)』와『회회관역어(回回館譯語)』에서는 '서번'을 tubbat(土百忒)이라고 하였으며,『고창관잡자(高昌館雜字)』에서는 tüböt(土伯)으로 번역하는데, 영어의 Tibet은 tubbat에서 왔다. 사료에 의하면 장족(藏族)은 이미 당대에 차를 마시는 것에 대해 알고 있었다고 한다.

123 '전용수유(煎用酥油)': 서번차는 버터기름으로 달인 것으로 일종의 수유차(酥油茶)이다.

124 '천차(川茶), 등차(藤茶), 과차(誇茶)': 모두 사천지역에서 생산되는 차의 이름이다. 장빙룬의 역주본과 상옌빈의 주석본에 의하면, 과차(夸茶)를 '귀한 차'의 의미로 해석하여 '과차(誇茶)'로 표기하였다. 과차(夸茶)는 송대에 공물로 올리던 차 중에서 최상 등급이었다.『원사(元史)』「식화지이(食貨志二) · 차법(茶法)」에는 "건녕과차(建寧夸茶)"라고 기록되어 있다. 그것의 제작법에 대해서 송대 웅번(熊蕃)의『선화북원공차록(宣和北苑貢茶錄)』중에는 "경자년(1120년) 조신(漕臣) 정가간(鄭可簡)이 처음으로 녹선수아(錄線水芽)를 만들었다. 대개 지나치게 문드러진 차[熟芽]는 가려내고 진귀한 그릇에 맑은 샘물을 넣고 이를 담가 두면 환하고 깨끗한 것이 마치 은실과 같다.

125 '연미차(燕尾茶)': 일종의 차 이름이다. 송대에 이미 출현했다. 구체적인 제작방

산된다.

47. **해아차**孩兒茶[126]

이것은 광남廣南에서 생산된다. | 出廣南.

48. **온상차**溫桑茶[127]

이것은 흑욕黑峪[128]에서 생산된다. | 出黑峪.

법은 상세하게 알 수 없으나, 다만 그 차 잎의 외형이 자못 제비의 꼬리와 같다는 점에서 보건대, 싹 하나에 2개의 잎이 달려 있어서 창 하나에 두 개의 깃발이 나부끼는[一槍兩旗] 새싹 차라고 부르는 것으로 추측된다. 송대 웅번(熊蕃)의 『선화북원공차록(宣和北苑貢茶錄)』에서는 "茶芽有數品 … 次日中茶 … 乃一芽帶兩葉, 號一槍兩旗"라고 하였는데, 여기서 '일창양기(一槍兩旗)'는 형상이 제비꼬리와 같다고 하여 붙여진 이름이다.

126 '해아차(孩兒茶)': 콩과식물 아차(兒茶: *Acacia catechu* (L.f.)Willci.)의 가지 혹은 꼭두서니과[茜草科] 식물인 아차구등(兒茶鉤藤: 이것은 해아차의 별칭이다.)의 가지와 잎을 아주 진하게 달여서 만들어 건조시킨 향료제품이다. 다른 이름으로는 오다니(烏爹泥), 오정니(烏丁泥), 서사(西謝)가 있다. 상품으로는 '아차고(兒茶膏)'와 '방아차(方兒茶)'의 두 종류가 있다. 『거가필용사류전집』「기집(己集)·제해아향차법(制孩兒香茶法)」에 등장한다. KPNIC와 BRIS에는 이 식물이 제시되어 있지 않아 국명 확인도 곤란하다.

127 '온상차(溫桑茶)': 송대에 이미 있었던 차의 일종이다. 『송사(宋史)』「식화지하오(食貨志下五)·차상(茶上)」에서는 "옹희(雍熙) 2년(985) 백성이 온상의 가짜 차를 만들었다."라고 한다. 이를 통해 온상차가 마땅히 차 중에서 품질이 상등이며 가격이 비교적 비싼 차였음을 알 수 있는데, 그렇지 않으면 민간에서 위조하지 않았을 것이다. 금대의 민간에서도 온상차를 위조한 사람이 있었는데, 아울러 차 제조를 감독하는 관리를 파면시키기도 하였다.

128 '흑욕(黑峪)': 또는 '흑곡(黑谷)'이라고도 불린다. 이는 즉 북경시 연경(延慶)현의 북쪽 지역이다. 상옌빈의 주석본에는 금대(金代)에 이미 이 같은 차나무를 심기

49. 제차諸茶[129]

무릇 제차諸茶는 맛은 달고 쓰며, 성질은 약간 차갑고, 독이 없다. 담을 제거하고 열을 내리며 갈증을 해소하고, 소변을 편하게 하며, 음식을 소화시키고, 위로 치민 기를 가라앉히며, 정신을 맑게 하고 잠을 줄여준다.

凡諸茶, 味甘苦微寒, 無毒. 去痰熱, 止渴, 利小便, 消食下氣, 清神少睡.

50. 청차清茶[130]

먼저 물을 끓여서 깨끗하게 여과한 후, 차의 새싹을 집어넣고 잠시 우려낸다.

先用水滾過濾淨, 下茶芽, 少時煎成.

시작했으며, 정부에서는 관방을 설치하여 차를 가공, 제조했다고 한다.

129 '제차(諸茶)': 사부총간속편본의 원서에는 이 조항의 제목이 없고, 온상차(溫桑茶)와도 독립된 문장이다. 상옌빈의 주석본과 김세림의 역주본에서는 온상차(溫桑茶)의 항목에 포함시켜 서술하고 있다. 하지만 이 내용을 어느 한 곳에 포함시키기는 곤란하다. 따라서 장빙룬의 역주본에서는 이 내용을 독립시켜 제목을 붙이고 있다. 본서는 이에 근거하였다. 이 단락의 내용은 여러 종류의 찻잎에 대해서 총제적인 기능을 서술하고 있다.

130 '청차(清茶)': 이것은 어떠한 것도 넣지 않고 맑은 물에 달여 만든 차이다. 그것은 오늘날의 '우린 차[沏茶]', '달인 차[泡茶]'와 크게 다른데, 왜냐하면 '우린 차'와 '달인 차'는 끓는 물에 직접 찻잎을 우려내며, 재차 끓이지 않으나 청차는 약간 끓일 필요가 있기 때문이다. 상옌빈의 주석본에서는 이것은 차의 새싹을 단기간 끓여 만든 '청음(清飮)'과 유사하여, 사람들이 차를 마실 때 먼저 뜨거운 물에 찻잎을 넣고 거른 후 다시 물을 끓여서 만든 것이라고 보았다.

51. 볶음차[炒茶]

가마솥을 붉게 달구고, 마사가유馬思哥油,[131] 우유, 어린 찻잎을 함께 넣고 볶아 만든다.	用鐵鍋燒赤, 以馬思哥油, 牛妳子, 茶芽同炒成.

52. 난고蘭膏[132]

옥맷돌에 갈아 만든 말차[玉磨末茶] 3숟가락과 (적당량의) 밀가루와 버터기름을 함께 섞어서 고약처럼 만들어, 끓는 물에 타서 (차탕을 만들어) 먹는다.	玉磨末茶三匙頭, 麵酥油同攪成膏, 沸湯點之.

53. 수첨酥簽[133]

금자말차金字末茶 2숟가락을 버터기름에 넣어서 같이 섞고 끓는 물에 타 우려내서 (차탕	金字末茶兩匙頭, 入酥油同攪, 沸

---

131 '마사가유(馬思哥油)': 앞의 "권2 1장 37 마사가유(馬思哥油)" 조항에서 살핀 바와 같이 소나 말 젖을 휘젓는 과정에서 취한 우유기름이다.

132 '난고(蘭膏)': 『거가필용사류전집』「제품차(諸品茶)」 중에 '난고차(蘭膏茶)'라고 기록되어 있다. 딴용제[單永杰], 「對李德載小令中'蘭膏'一詞注釋的辨析」, 『農業考古』第2期, 2016에 따르면, '난고(蘭膏)'는 당시 유행하던 고급차의 명칭으로서, 『음선정요』 출판 이전에 이미 상류사회에서 유행하였다. '난고'가 차의 이름으로 쓰인 것은 『음선정요』에서 처음으로 보인다.

133 '수첨(酥簽)': 목축을 하는 소수민족이 늘상 마시는 차탕으로, '수전차(酥煎茶)'라

을 만들어) 먹는다. | 湯點服.

54. 건탕建湯[134]

옥맷돌로 갈아 만든 말차[玉磨末茶] 1숟가락을 사발 속에 넣고 고르게 갈아 여러 번 끓인 탕에 타 우려내서 만든다.

玉磨末茶一匙, 入碗內硏勻, 百沸湯點之.

55. 향차香茶

백차白茶[135] 1포대, 절편으로 자른[136] 용뇌龍腦

白茶一袋, 龍腦成

고도 부른다. 『거가필용사류전집(居家必用事類全集)』「제품차(諸品茶)」에는 '수첨차(酥簽茶)'라고 적혀 있는데, 우유와 버터를 은 그릇 혹은 석기 속에서 녹여서 홍차 가루 속에 부어 넣는다. 고르게 저으면서 끓는 물을 천천히 붓고 저어 묽은 고약처럼 만든 후 잔속에 넣고 끓는 물을 부어서 오랜 시간 담가 올린다. 차와 연유의 비율은 마시는 사람의 입맛에 따라서 많거나 적게 하여 융통성 있게 배합하는데, 다만 버터[酥]가 많은 것이 좋다. 끓는 물을 이용할 때에는 계절에 따라 온도를 달리하는데, 겨울철에는 화로[風爐] 위에서 끓이는 것이 좋다.

134 '건탕(建湯)': 여러 번 끓인 물에 옥맷돌로 갈아 만든 차를 타서 만든 일종의 차 음료이다. 이 방법은 현대의 차를 가는 방법과 약간 유사하다. 건(建)은 건차(建茶)를 가리키며, 이는 고대 복건성 건주지역에서 생산되는 일종의 상등의 말차로, 일찍이 황제에게 진상한 공품으로 만들었다.

135 '백차(白茶)': 중국 6대 차중의 하나이다. 김세림의 역주본에 의하면 이 차는 복건성 동북부의 산지에서 생산되는 명차로서 백호은침(白毫銀針), 백모단(白牡丹)이라 불리는 것이 가장 최고의 차라고 한다. 상옌빈의 주석본과 장빙룬의 역주본에 따르면 백차는 약간 발효한 차로서, 중국차 종류 중에서 특별하고 진귀한 제품이다. 대부분 연한 잎[芽豆]으로 만드는데, 그 잎이 흰털로 가득 덮여 있는 것이 은색의 눈과 유사하다고 하여 이름을 얻게 되었다. 차를 제조할 때 가공방법에 따라서 녹차, 홍차, 황차, 청차, 백차로 나뉜다고 한다.

절편 3전(錢), 백약전百藥煎[137] 반 전, 사향麝香 2전을 준비한다.

모두 부드럽게 갈아서 가루로 내고, 향갱미香粳米를 볶아서 죽으로 만들어서 (앞의 가루를 넣고) 섞어서 작은 덩이로 만들어, (약병을 만드는 틀에 넣고) 찍어서 병餠을 만든다.

片者三錢, 百藥煎半錢, 麝香二錢.

同研細, 用香粳米熬成粥, 和成劑, 印作餠.

---

136 '성편자(成片者)': 사부총간속편본에서는 '성편자(成片者)'를 큰 글자로 표기하였으나, 장빙룬의 역주본에서는 소주로 표기하였다.

137 '백약전(百藥煎)': 중의약의 명칭이다. 오배자(五倍子)와 같은 찻잎 등을 발효하여 제조해서 만든 덩어리이다. 제조법은 오배자를 찧어 부수고, 가루로 내어 체에 쳐서, 근(斤)당 찻잎 분말 한 냥과 술지게미 4냥을 함께 용기 속에 넣고 고르게 섞은 후 문드러지게 찧어서 평평하게 편다. 약 사방 한 치[寸]의 작은 덩어리로 잘라서 발효시키고 표면에 흰 서리가 나오게 되면 꺼내서 햇볕에 말리고 건조한 곳에 저장한다. 약재는 회갈색의 작은 덩어리로, 표면 사이에는 황백색의 반점이 있고, 향기가 약간 난다. 그 맛은 시며, 성질은 밋밋하고 독이 없다. 폐를 윤택하게 하여 가래를 삭이고, 체액을 생성하여 갈증을 멈추게 하는 효능이 있다.

2장 제수諸水

본 장은 물에 관련된 항목으로 저본인 사부총간속편본 앞부분 전체 목차에서는 '제수(諸水)'라는 제목이 있지만, 내용 속에는 이 제목이 누락되어 있다. 전체 목차에 의거하여 본문 속에 제목을 첨부하였음을 밝혀 둔다.

1. 옥천수玉泉水[138]

(옥천수는) 맛이 달고 성질은 밋밋하며, 독이 없다. 소갈, 반위反胃,[139] 열이熱痢[140]를 치료한다.

甘, 平, 無毒. 治消渴, 反胃, 熱痢.

---

138 사부총간속편본의 내용에서는 '천수(泉水)'라고 되어 있는데, 그 첫머리에 첨부된 목차에는 '玉泉水'로 되어 있다. '상옌빈의 주석본'에도 '천수(泉水)'라고 표기하고, Buell의 역주본에서도 'spring water'라고 번역한 데 반해, '장빙룬의 역주본'에서는 '옥천수(玉泉水)'라고 표기하고 있다. 김세림은 그의 역주본에서 제목을 '[玉]泉水'라고 표기하여 어중간한 입장을 보이고 있다. 본서에서는 첫머리 목차에 의거하여 본문의 제목을 조정했음을 밝혀 둔다.

139 '반위(反胃)': 음식물이 위에 들어가지 않고 토하는 것이다. 명대 명의 장개빈(張介賓)이 저술한 『경악전서(景岳全書)』 「잡증모(雜症謨)」에서 보인다. 위반(胃反), 번위(翻胃)로 불리기도 한다. 명대 조헌가(趙獻可)가 저술한 의학이론서인 『의관(醫貫)』에서는 "'번위'란 것은 마시고 먹는 것을 보통의 두 배로 하면 위에 다 들어가지만, 아침에 먹은 것은 저녁에 토하고 저녁에 먹은 것은 아침에 토하며, 혹은 한두 시간 지나서 토하거나, 하루 밤낮으로 쌓여서 배가 부풀어 오르고 거북스러움을 참지 못해서 다시 토하며 원래의 음식물이 시큼한 악취가 나고 소화되지 않아서, 이것들이 이미 위로 들어갔지만 도리어 다시 나오기 때문에 반위라고 한다."라고 하였다. 장빙룬의 역주본에 의하면, 대부분 비장과 위가 쇠약하고, 명문화(命門火: 신정(腎精)을 기화(氣化)시켜 인체의 생명활동을 가능하게 하는 근원 에너지임)가 쇠약해서 방광이 기능을 하지 못함으로써 수분과 음식물

현재 (북경) 서쪽의 산[141]에 옥천수가 있고, (물의 성질은) 달고 맛은 다른 샘물보다 뛰어나다.

今西山有玉泉水，甘美味勝諸泉.

2. 정화수井華水[142]

(정화수는) 맛은 달고 성질은 밋밋하며 독이 없다. 주로 사람이 놀라서 아홉 구멍[143]으로 피가 나올 때 사용하는데, 정화수를 입에 머금었다가 (환자의) 얼굴에 뿜으면[144] 피가 멈춘다. (또한 정화수는) 눈병[145]이 생겼을 때 담그거

甘，平，無毒. 主人九竅大驚出血，以水噀面即住. 及洗人目瞖. 投酒醋中，令不損敗. 平

을 이동시킬 수 없어서 발생한다고 한다. 김세림은 역주본에서 비위허약으로 인해 정신피로 등이 야기된다고도 한다.

140 '열이(熱痢)': 김세림은 이를 장내에 열이 쌓여 생긴 설사라고 한 데 반해, 장빙룬 역주본에서는 내부에 열이 쌓여서 야기되는 경련증[瘛症]으로서, 대부분 어린아이에게 나타난다고 보았다. 젖을 먹고 위가 상해서, 위장에 열이 가득 차면 풍이 생기고 가래가 쌓여 막힌다. 증상으로는 입과 눈이 서로 당기고, 수족이 서로 당기며, 허리와 등이 뻣뻣해지고, 입에서 거품을 토하며, 콧속에서 맹맹한 소리가 나고, 목이 뒤집히며, 열이 심하여 큰 소리로 울게 된다고 하여 달리 해석하고 있다.

141 Buell의 역주본, p.379에서는 '서산(西山)'을 '서쪽의 산'이 아닌 고유명사로 보아 '북경의 서산(西山)'으로 해석하고 있다.

142 이른 새벽에 처음 길은 맑고 정결한 우물물을 말한다. Buell은 역주본, p.379에서 'well splendor water'라고 번역하고 있다.

143 '구규(九竅)': 인체의 안에서 바깥으로 향하는 9개의 통로로서, 김세림은 역주본에서 "입, 두 눈, 두 귀, 두 콧구멍, 요도와 항문을 들고, 갑자기 놀라면 피가 나온다."라고 한다.

144 '손(噀)': 입에 머금고 있다가 분출하는 것이다.

145 '목예(目瞖)': Baidu 백과에 의하면 예(瞖)는 예(翳)와 같은 의미로, 병증의 이름이라고 한다. 그래서인지 장빙룬의 역주본에는 이를 '목예(目翳)'로 적고 있다. 그는 이에 대해 3가지 의미로 해석하고 있다. 첫째는 검은 눈동자가 혼탁해지거

나 씻을 수 있다. (정화수를) 술과 초에 타면 변질되지 않는다. 새벽에 길어 온 것이 좋다. 지금 황실에서 사용하는 물은 추점鄒店[146]에서 긷는다. 지대至大: 1308-1311 초부터 무종武宗 황제[147]는 유림柳林[148]에 행차하여 매를 풀어서 사냥하는 비방[149]을 좋아했는데, 황태후에게 같이 가서 보기를 청하였다. 이리하여 가는 길에 추점을 지날 때에 목이 말라 마실 차가 생각나 단지 조국공趙國公인 보란해普蘭奚와 금

旦汲者是也. 今內府御用之水, 常於鄒店取之. 緣自至大初武宗皇帝幸柳林飛放, 請皇太後同往觀焉. 由是道經鄒店, 因渴思茶, 遂命普蘭奚國公金界奴朶兒只煎造.

나 혹은 손상되어서 외부로 눈에 장애가 일어나는 병이며, 병이 나은 이후에도 검은 눈동자에 상처의 흔적이 남아 있다. 예컨대 지예(脂翳)와 숙예(宿翳)가 뭉쳐 있는 것 등이다. 둘째는 무릇 눈의 안팎에서 생겨 시선을 차단하는 눈의 장애를 모두 '예(翳)'라고 일컫는다. 셋째는 첫째에서 지적한 것 이외에 어떤 내부의 장애 역시 '예(翳)'라고 일컫는다. 예컨대 '원예(圓翳)'와 '진경예(震驚翳)'가 그것이라고 한다.

146 '추점(鄒店)': 김세림의 역주본에 의하면 이곳은 북경 서남 약 60km에 위치했다고 한다.

147 '무종황제(武宗皇帝)': 원대 제3대 황제 카이샨[海山]을 가리키며, 재위 기간은 1307-1311년으로 4년에 불과하다. 그는 귀족들에게 상사와 봉작을 남발하고 물가도 폭등하여 의문의 급사를 당하였다.

148 상옌빈[尙衍斌]의 주석본에서는 '유림(柳林)'을 대도(大都) 즉 오늘날 북경 동남쪽에 있다고 한다. 반면 김세림의 역주본에서는 북경 서남 50여 km에 있는 지명으로, 서산(西山) 백화산(百花山) 근처라고 보고 있다. 위의 추점(鄒店)과 인접했다는 것을 감안할 때 김세림의 판단이 합당한 듯하다.

149 '비방(飛放)': 원나라 때 황제가 교외에 가서 매를 풀어서 사냥하는 것을 일러 '비방(飛放)'이라고 불렀다. 『신원식략(宸垣識略)』에서는 "원대에는 겨울과 봄의 교체기에 천자가 근교로 행차하여서 매를 풀어서 사냥하는 것을 놀이로 삼았는데, 이것을 일러 비방이라고 한다. 지순(至順) 2년 유림해자(柳林海子)에 제언(堤堰)을 쌓았다."라고 한다. 당시 북경 남쪽 근교의 남원을 바로 비방박(飛放泊)이라고 불렀다.

계노타아지金界奴朶兒只에게 명하여 차를 달이게 하였다. 조국공이 친히 추점의 여러 우물에 가서 물을 골랐는데 오직 한 우물의 맛이 아주 맑고 달콤하였다. 물을 길어 차를 달여 바치니 황제가 그 맛이 매우 좋다고 칭찬하였다. 황궁에서 항상 올리는 차와 맛과 색이 (크게 다르지 않아) 천하제일이라고 여겼다. 이에 조국공에게 명하여 우물이 있는 곳에 관음당觀音堂을 짓게 하고 우물가에 정자를 세우며, 그 주위를 난간으로 두르고 돌에 새겨서 그 사실을 기록하게 하였다. 그 이후부터 황궁에서 사용하는 물은 날마다 반드시 그곳에서 길었다. 그 물로 끓여 만든 차는 다른 여러 물보다 뛰어나며 인근의 좌측에 우물이 있었지만 모두 그것에 미치지 못하였다. 이 물로 끓이면 아주 맑고 깨끗한 것이 한결같았다. (이 우물물을) 다른 곳의 물과 경중을 비교하면 약간 더 무거웠다.[150]

公親詣諸井選水, 惟一井水, 味頗清甘. 汲取煎茶以進, 上稱其茶味特異. 內府常進之茶, 味色兩絕. 乃命國公於井所建觀音堂, 蓋亭井上, 以欄翼之, 刻石紀其事. 自後御用之水, 日必取焉. 所造湯茶, 比諸水殊勝, 鄰左有井, 皆不及也. 此水煎熬過, 澄瑩如一. 常較其分兩與別水增重.

150 물이 무거운 이유를 Buell의 역주본 p.381에서는 물속에 미네랄이 많았기 때문이라고 보았다.

3장 신선복식神仙服食

본 장은 홀사혜가 역대 신화, 도가(道家)의 경전 속에서 가려낸 25가지로 신선이 되고 득도하는 것과 관련된 약 처방법이다. 그중에 몇몇은 자양강장, 노화방지의 작용을 갖추고 있지만, 장생불노, 노인이 도리어 동안이 되고, 걷는 것이 달리는 말과 같다는 것 등과 같은 말은 단지 고대인들이 장생불노에 대한 일종의 추구와 염원일 따름이다. 중의학에서 양생과 병을 치료하는 것은 변증논치(變症論治: 환자의 발병 원인과 증상 · 맥박을 분석, 판단한 뒤 상응 치료하는 것이다.)를 중시하여 증상에 맞게 약을 투여한다. 따라서 의사의 처방에 따르지 않고 스스로 이런 약을 복용하면 큰 과오를 벗어날 수 없게 된다.

1. 철옹선생 경옥고鐵甕先生瓊玉膏

이 고약은 정기를 보완하고 골수를 보충하며 장을 강건하게 하고 온갖 정력을 갖추게 하며 오장의 기혈을 넘치게 하고, 골수를 충실하게 하고[151] 혈액을 충만하게 하며 흰 머리카락을 검게 하고, 노인은 오히려 동안이 되며, 걷는 것이 말이 달리는 것과 같이 힘차게 된다. 하루에 몇 차례 복용하면 종일 음식을 먹지 않더라도 배고프지 않으며, (이

此膏填精補髓, 腸化爲筋, 萬神具足, 五藏盈溢, 髓血滿, 髮白變黑, 返老還童, 行如奔馬. 日進數服, 終日不食亦不飢, 開通強志, 日誦萬言, 神識高邁, 夜

151 '수혈만(髓血滿)': 사부총간속편본의 원문에서는 이 중 '실(實)'자가 빠져 있는데, 장빙룬의 역주본과 상옌빈의 주석본에서는 『홍씨집험방(洪氏集驗方)』에 수록된 철옹선생의 신선비법인 경옥고(瓊玉膏) 제법에 의거하여 '실'자를 보충하고 있다. 김세림의 역주본에도 이는 '수실혈만(髓實血滿)'의 잘못으로 보고 있다.

경옥고는) 지능을 개발하고 기억력을 강화시켜 하루 만에 만 자를 외울 수 있게 하고, 정신과 인식력이 높고 뛰어나게 해서 밤에도 꿈을 꾸지 않는다.[152] 사람의 나이가 27세 이전에 (이 약) 한 제[料[153]: 劑]를 먹으면 360살을 살 수 있다. 45세 이전에 복용한 자는 240살까지 살 수 있다. 63세 이전에 먹은 자는 120살까지 살 수 있다.[154] 64세 이후에 복용한 자는 100살까지 살 수 있다. (경옥고를) 10첩[劑[155]]을 먹으면 욕망[156]을 끊게 되고, 음덕[陰功]을 수련하면 지선地仙이 된다. 한 제를 5등분으로 나누면 5명의 종기병[癰疾]을 치료할 수 있으며 10등분으로 나누면 10명의 폐결핵[勞疾]을 고칠 수 있다. 경옥고를 먹고 수행을 하면 몸과 마음까지 깨끗하게 되니 (이 처방은)

無夢想. 人年二十七歲以前, 服此一料, 可壽三百六十歲. 四十五歲以前服者, 可壽二百四十歲. 六十三歲以前服者, 可壽一百二十歲. 六十四歲以上服者, 可壽百歲. 服之十劑, 絕其慾, 修陰功, 成地仙矣. 一料分五處, 可救五人癰疾, 分十處, 可救十人勞疾. 修合之時, 沐浴至心, 勿輕示人.

---

152 "밤에도 꿈을 꾸지 않는다."라는 문장을 Buell의 역주본 p.381에서는 "꿈이나 예지몽을 꾸지 않는다."라고 해석하고 있다.

153 김세림의 역주본에는 '요(料)'는 처방전에 쓰는 약의 일정량이라고 한 데 반해, 장빙룬은 역문에서 제(劑)와 같은 동일한 의미로 쓰고 있다.

154 김세림의 역주본에 따르면 이 문장에서 27세, 45세, 63세는 각각 9의 3배, 5배, 7배수로서 도교에서는 3, 5, 7은 양수(陽數: 奇數)이다. 360세, 240세, 120세는 각각 60의 6배, 4배, 2배인데, 60은 화갑자(花甲子)이다. 12천간(天干)과 10지간(地干)를 조합한 60을 하나의 주기로 여기고 있다고 한다.

155 '제(劑)': 김세림의 역주본에 의하면 약의 계량단위이며 복(服)과 동일하다고 한다. 우리나라에서는 한 제라고 하면 20첩(아이는 10첩)이나, 중국에서는 위의 역주본에 따르면 하루 분을 한 봉지에 넣어 한 제라고 한 듯하다.

156 '절기욕(絕其慾)': 사부총간속편본에서는 '절기욕(絕其慾)'이라고 하였는데 장빙룬의 역주본에서는 '절기욕(絕其欲)'으로 적고 있다.

다른 사람에게 가벼이 알게 하지 마라.

(제조법은) 신라삼 24냥(兩)을 삼노두[蘆]를 제거한다. 생지황生地黃[157] 16근을 즙을 낸다. 백복령白茯苓[158] 49냥을 검은 색 껍질을 제거한다. 꿀 10근을 깨끗하게 정제한 것을 준비한다.

新羅參二十四兩, 去蘆. 生地黃一十六斤, 汁. 白茯苓四十九兩, 去黑皮. 白沙蜜一十斤, 煉淨.

이상의 재료 중 인삼, 복령은 고운 가루로 만들고 꿀은 정련하지 않은 비단으로 걸러내며, 지황[159]은 (찧어서) 생즙을 취하는데, 찧을 때는 동기나 철기 같은 금속기를 사용하

右件, 人參茯苓爲細末, 蜜用生絹濾過, 地黃取自然汁, 搗時不用銅鐵器. 取

157 '생지황(生地黃)': 학명은 *Rehmannia glutinosa* (Gaetn.) Libosch. ex Fisch. et Mey.이나 KPNIC에 의하면 한국의 근연식물로는 현삼과 지황속 '지황' [*Rehmannia glutinosa* (Gaertn.) Libosch. ex Steud.]의 뿌리이다. 지황(地黃)은 각지에서 심는다. 가을에 뿌리를 캐 흙을 털어 버리고 물에 씻는다. 신선한 것을 쓰거나 80%까지 마르도록 홍건한 것을 쓴다. 전자를 선지황(鮮地黃), 후자를 생지황(生地黃)이라 한다. 맛은 쓰고 약간 달며 성질은 몹시 차다. 심경(心經)·신경(腎經)·간경(肝經)·소장경(小腸經)에 작용한다. 열을 내리고 혈열(血熱)을 제거하며 진액을 생기게 하고 어혈을 없앤다(『한의학대사전』, 정담, 2001.; 김창민 외 5인, 『한약재감별도감』, 아카데미, 2015).

158 '백복령(白茯苓)': 다공균과(多孔菌科)의 곰팡이인 백령 곰팡이 핵 내부의 흰색의 촘촘한 부분이다. 전국 각지의 베어 낸 소나무의 땅속에서 자라며 재배도 한다. 베어 낸 지 여러 해 지난 소나무 뿌리에 기생하여 혹처럼 크게 자라는데, 소나무 그루터기 주변을 쇠꼬챙이로 찔러서 찾아낸다. 속이 흰 것은 백복령이라 하고 분홍빛인 것은 적복령이라고 하는데, 백복령은 적송의 뿌리에 기생하고 적복령은 곰솔[海松] 뿌리에 기생한다. Buell의 역주본 p.381에서는 백복령을 'China root' 라고 해석하고 있다. 맛은 달고 담백하며, 성질은 밋밋하다. 배와 가슴, 비장, 폐, 신장에 작용한다. 소변이 잘 나오지 않거나, 수종과 복부팽만, 먹은 물이 장이나 위에 고여서 기침이 올라오는 현상, 구토, 비장이 허해서 잘 먹지 못하거나 설사하는 경우, 심장이 두근거림으로 인한 불안증세, 불면으로 인한 건망증, 흐리고 탁한 정액이 저절로 나오는 증상을 치료한다.

159 Buell의 역주본 p.381에서 지황을 'Chinese foxglove'라고 번역하고 있다.

지 않는다. 즙을 다 짜면 찌꺼기는 버린다. (여과한 즙에 찧은 인삼, 복령, 정제한 꿀을) 한 곳에 넣고 고르게 섞어 은기, 석기 혹은 좋은 자기그릇에 넣고 깨끗한 종이를 20-30겹을 싸서 주둥이를 철저하게 봉하여, (솥에) 넣고 (물을 그릇 주둥이까지 부어) 뽕나무가지에 불을 지펴 3일 밤낮으로 달인다. 다시 꺼내서 밀랍종이 여러 겹을 항아리 주둥이에 싸서 우물 속에 넣고 하루 동안 화독火毒을 제거한다. 꺼낸 뒤 원래 경옥고의 솥에 넣어 하루 동안 끓여 증기가 나면 다시 꺼내서 용기를 개봉해 3숟가락 떠서 3잔으로 만들고 하늘, 땅, 모든 신에게 제사를 지내는데 향불을 피우고 절을 하며 지성을 다하고 마음을 단정하게 한다. 매일 공복에 한 숟가락을 술에 타서 복용한다.

汁盡, 去滓. 用藥一處拌和勻, 入銀石器或好磁器內封, 用淨紙二三十重封閉, 入湯內, 以桑柴火煮三晝夜. 取出, 用蠟紙數重包瓶口, 入井口去火毒一伏時. 取出再入舊湯內煮一日, 出水氣, 取出開封, 取三匙作三盞, 祭天地百神, 焚香設拜, 至誠端心. 每日空心, 酒調一匙頭.

그림 18 신선복식(神仙服食)

그림 19 생지황(生地黃)

그림 20_ 백복령(白茯苓)

2. 지선전地仙煎[160]

허리와 무릎이 쑤시고 아픈 것과 배 속의 모든 냉병을 치료한다. 사람의 얼굴색을 밝고 윤택하게 하며, 뼈를 단단하게 하여 걷는 것이 달리는 말과 같게 한다.

治腰膝疼痛, 一切腹內冷病. 令人顏色悅澤, 骨髓堅固, 行及奔馬.

마[山藥] 1근, 살구 씨[杏仁][161] 1되를 뜨거운 물에 담가서 껍질과 뾰족한 부분을 제거한다. 신선한 우유[162] 2되를 준비한다.

山藥一斤, 杏仁一升, 湯泡, 去皮, 尖. 生牛妳子二升.

이상의 재료 중에서, 살구 씨[杏仁]를 갈아서

右件, 將杏仁研

---

160 이 내용은 송 희종 때 조정에서 편찬한 방서(方書)인 『성제총록(聖濟總錄)』 권186 「보허익혈(補虛益血)」에 근거하고 있다.

161 '행인(杏仁)': 벚나무과 식물인 살구나무(*Prunus armeniaca* var. ansu Maxim.)와 산살구나무[*Prunus sibirica* var. pubescens (Kostina) Kitag.]의 씨를 말린 것이다. 성질은 따뜻하며 맛은 달고 쓰며 조금 독이 있다. 기침이 나면서 기가 치미는 것, 폐기로 숨이 찬 것 등을 치료하고 땀이 나게 하며 개의 독을 없앤다.

162 '우내자(牛妳子)': 사부총간속편본에 의거하여 '내(妳)'자로 적었는데, 중국 상옌빈의 주석본과 장빙룬의 역주본에서는 '내(奶)'자로 고쳐 쓰면서 '우내(牛奶)'를 '우유'로 해석하고 있다.

(진흙처럼 만들고), 신선한 우유, 마[山藥]를 넣고 찧어서 (비단 포대에 넣고) 비틀어 짜서 즙을 취해, 새 항아리에 담아 밀봉하여, (솥에 넣고 그 항아리 주둥이까지 물을 부어서) 하루 동안 끓인다. 매일 공복에 1숟가락을 술에 타서 복용한다.

細, 入牛妳子山藥, 拌絞取汁, 用新磁瓶密封, 湯煮一日. 每日空心, 酒調一匙頭.

3. 금수전金髓煎

(이것은) 장수하게 하며, 정기를 북돋우고 골수를 보충한다. 오래 복용하면 흰 머리가 검게 되고 노인을 도리어 동안으로 만든다.

구기枸杞 양에 관계없이 붉게 익은 것을 따서[163] 준비한다.

위의 재료를 무회주無灰酒[164]에 담그는데, 겨울에는 6일, 여름은 3일 동안 담가서 항아리 속에 (술에 담근 구기자를 넣고) 갈아서 문드러지게 한다. 이후에 베에 넣고 비틀어 즙을 짜서, 앞의 담근 술과 함께 (섞어서 항아리에 넣고) 약

延年益壽, 塡精補髓. 久服髮白變黑, 返老還童.

枸杞不以多少, 採紅熟者.

右用無灰酒浸之, 冬六日, 夏三日, 於沙盆內硏令爛細. 然後以布袋絞取汁, 與前浸酒

163 '채(採)': 상옌빈의 주석본과 장빙룬의 역주본에서는 사부총간속편본의 원문과는 달리 '채(采)'로 적고 있으며, 상옌빈의 주석본에서는 "不以多少, 採紅熟者."를 소자(小字)가 아닌 본문과 동일한 크기의 글자로 표기하고 있다.

164 '무회주(無灰酒)': 옛 술의 이름으로 아직 석회를 타지 않은 술이다. 술에 석회를 타서 산패를 방지하고 약용으로도 사용되었다. 고대 중국에서는 주정함량이 낮은 술이 변질되는 것을 방지하기 위해서 종종 술에 석회를 넣었다. Buell의 역주본, p.382에서는 이를 '불순물이 없는 술[liquor without impurities]'로 번역하고 있다.

한 불로 달여 고약처럼 만들어, 깨끗한 도자기 속에 넣고 봉하여 저장한다. 솥에 넣고 물을 부어 끓인다. 매번 한 숟가락씩 복용하며 버터기름을 약간 넣어서 따뜻한 술에 타서 복용한다.	一同慢火熬成膏, 於淨磁器內封貯. 重湯煮之. 每服一匙頭, 入酥油少許, 溫酒調下.

4. 천문동고天門冬膏

뭉친 것과 풍담風痰,[165] 전간癲癎,[166] 삼충복시三蟲伏尸[167]를 제거하고 전염병을 없앤다. 몸을	去積聚, 風痰, 癲疾, 三蟲伏尸, 除瘟

---

165 '풍담(風痰)': 담증의 일종이다. Baidu 백과에는 2가지로 해석되는데, 첫 번째는 담이 간경(肝經)을 방해하는 증상이며, 두번 째는 평소에 담증이 있어서 풍사(風邪)나 혹은 풍열(風熱)로 인해서 열이 나고 답답한 증상이다. 증상은 맥이 활처럼 팽팽하고, 얼굴이 푸르며 어지럽고, 머리가 저리며, 사지와 옆구리가 그득한 감이 있고 변뇨가 원활하지 못하고 때때로 화를 내는데, 가래가 푸르고 거품이 많다.

166 '전간(癲癎)': 상옌빈의 주석본에서는 사부총간속편본과 동일하게 '전질(癲疾)'이라고 하며, 갑작스럽게 발작을 하는 '전간(癲癎)' 혹은 '전질(癲疾)'로 해석하고 있다. 김세림의 역주본에서도 이와 동일하게 보고 있으나, 장빙룬은 그의 역주본에서 '전간'을 '나질(癩疾)' 즉 '문둥병'으로 해석하였다. 본문에 제시된 3가지 질병 중 '문둥병'은 다른 두 개와 병원체와 전염경로가 전혀 달라 '전간'으로 해석했음을 밝혀 둔다.

167 '삼충복시(三蟲伏尸)': 기생충에 의한 병이다. 『신농본초경(神農本草經)』에 이르길 "삼충복시는 즉 충이 체액을 고사하여 허약하게 만드는 것을 가리킨다."라고 하였다. 삼충은 하나로 설명하기 힘들다. 『제병원후론(諸病源候論)』 권18에 나온다. 삼충은 장충병(張蟲病), 적충병(赤蟲病), 요충병(蟯蟲病)의 합칭이다. 삼충은 도교 사상에서 인간의 몸속에 살고 있다고 전해지는 세 마리 벌레의 총칭으로, 삼시(三尸)라고도 부른다. 이들은 모두 인간의 몸에 이상을 일으켜서 즉사시키려고 한다. 삼충은 인간 생명을 주관하는 천계의 북제(北帝)에게 인간의 악행을 보고하여 수명을 단축시킨다고도 알려져 있다. 김세림의 역주본에서는 삼충복시를 회충(蛔

가볍게 하고 기를 북돋우며, 사람이 배고프지 않게 하고 해가 지나도 늙지 않게 한다.

疫. 輕身, 益氣, 令人不飢, 延年不老.

천문동天門冬[168] 수량에 관계없이 껍질을 제거하고 뿌리와 수염을 깨끗이 씻어서 준비한다.

天門冬不以多少, 去皮, 去根鬚, 洗淨.

위의 재료를 (구리와 쇠가 아닌 그릇에 넣고) 찧어서 (진흙처럼 만들어) 베에 싸서 비틀어 짜 즙을 취하고 맑고 깨끗하게 거른 후 자기, 사기 혹은 은으로 된 그릇에 담아서 약한 불에 달여서 고약처럼 만든다. 매번 1숟가락씩 복용하고 공복에 따뜻한 술에 타서 먹는다.

右件, 搗碎, 布絞取汁, 澄清濾過, 用磁器沙鍋或銀器, 慢火熬成膏. 每服一匙頭, 空心溫酒調下.

5. 천문동 복용[服天門冬][169]

『도서팔제경道書八帝經』[170]에서 이르길 "추운 것을 두려워하지 않으려면, 천문동·복령茯苓

道書八帝經, 欲不畏寒, 取天門冬

蟲), 조충(絛蟲), 요충(蟯蟲) 등과 같은 기생충에 의한 병으로 보았다.

168 '천문동': 이는 백합과 비짜루속의 천문동[*Asparagus cochinchinensis* (Lour.) Merr.]으로 겨울 약초란 의미이며 몸이 가벼워지고 정신이 맑아져서, 곧 신선처럼 되어 하늘에 오를 수 있게 한다고 전해지고 있다. Buell의 역주본, p.383에서는 천문동을 'Chinese asparagus'라고 해석하고 있다.

169 '천문동 복용[服天門冬]': 사부총간속편본의 목차와 본문에는 이런 제목이 없다. 상옌빈의 주석본에서는 '천문동고(天門冬膏)'의 항목 속에 이 내용을 포함시키고 있다. 반면 장빙룬 역주본에서는 이 부분을 별도로 '복천문동(服天門冬)'이란 제목을 달아 독립시키고 있는데, 본서도 약의 제조와 처방법이 위와는 다르다고 판단하여 독립된 제목을 붙였음을 밝혀 둔다.

170 '도서팔제경(道書八帝經)': 도가(道家)종류의 책으로 추측되고, 내용은 상세하지 않다. Buell의 역주본에서는 이를 4세기 갈홍(葛洪)의 작품으로 보고 있다.

을 구해서 가루로 만들어 복용하라. 매일 자주 복용하면 아주 추울 때도 땀이 나며, 홑옷을 입어도 추위를 타지 않는다."라고 하였다.

茯苓爲末服之. 每日頻服, 大寒時汗出, 單衣.

『포박자抱朴子』[171]에서 이르길 "두자미杜紫微[172]는 천문동을 복용하여 80명의 첩을 거느렸고 자식은 140명을 두었으며, 하루에 300리를 걸었다."라고 한다.

抱朴子云, 杜紫微服天門冬, 御八十妾, 有子一百四十人, 日行三百.

『열선자列仙子』[173]에서 이르길 "적송자赤松子[174]는 천문동을 먹고 난 이후에 치아가 빠지고 다시 났으며 가는 모발이 다시 올라왔다." 라고 한다.

列仙子云, 赤松子食天門冬, 齒落更生, 細髮復出.

『신선전神仙傳』[175]에서 이르길 "감시甘始[176]라

神仙傳, 甘始者,

---

171 '『포박자(抱朴子)』': 동진시대 갈홍(葛洪)이 저술했다. 내외편으로 구분되며 모두 70권이다. 그중 식물로 병을 치료하기 및 광물의 연단과 연금은 등의 기록은 중국고대 화학과 제약(制藥)학의 발전에 일정한 공헌을 했으며, 일부 신선 등에 관련된 기록도 있다.

172 '두자미(杜紫微)': 『포박자(抱朴子)』 중의 인물이다.

173 '『열선자(列仙子)』': 책 이름으로, 즉 『열선전(列仙傳)』이다. 옛날 제목은 한나라의 유향(劉向)이 쓴 찬술로서, 2권으로 되어 있으며, 적송자(赤松子) 등의 신선고사 70가지를 기록하고 있다. 진대 이후 신선 고사(古事)를 말하는 자는 모두 이 책에 근거하였고, 역대 문인 또한 이것을 노래로 이끌어 냈다.

174 '적송자(赤松子)': 『신선전(神仙傳)』 중의 인물로서, 신농의 '우사(雨師)'로 전해진다. Baidu 백과에 의하면 그는 불에 들어가도 타지 않았으며, 일찍이 신농에게 병을 물리치고 장수하는 방법을 가르쳤다. 이후 곤륜산(昆侖山)에 올라 서왕모의 석실(石室) 중에 기거하며 아울러 비오고 바람 불 때 유람하는 것을 좋아했다고 한다.

175 '『신선전(神仙傳)』': 이 역시 동진시기 갈홍의 찬술로서, 10권으로 되어 있다. 94개의 신선 고사를 기록하였으며, 대개 유향의 『열선전(列仙傳)』에 이어서 만들었다. 그러나 그중 용성공(容成公), 팽조(彭祖) 두 조항은 『열선전(列仙傳)』과

는 사람은 태원인太原人이다. 천문동을 복용해서 인간세계에서 300년을 살았다."라고 한다.

太原人. 服天門冬, 在人間三百年.

『수진비지修真秘旨』[177]에서는 "신선神仙은 천문동을 복용한다. (보통사람이 복용하면) 100일 후에 마음이 편안하고 안색이 좋아지며, 파리한 사람들도 강해졌다. 300일이 지나자 몸이 가벼워졌다. 3년이 되자 몸이 나는 듯 달렸다."라고 한다.

修真秘旨, 神仙服天門冬. 一百日後怡泰和顏, 羸劣者強. 三百日, 身輕. 三年, 身走如飛.

6. 지황 복용[服地黃][178]

『포박자抱朴子』에서 이르기를 "초문자楚文子[179]는 지황을 8년간 복용하여 밤에도 빛이

抱朴子云, 楚文子服地黃八年, 夜

서로 중복된다.

176 '감시(甘始)': 『신선전(神仙傳)』 중의 인물이고, 『후한서(後漢書)』 「감시전(甘始傳)」에 보인다.

177 '『수진비지(修真秘旨)』': 이는 『수진비지사목력(修真秘旨事目歷)』으로, 당대 도사(道士)인 사마승정(司馬承禎: 639-735)이 저술한 것이다. 사마승정은 평생 도교 이론을 연구하는 데 힘을 쏟았으며, 도교 수련에 대한 그의 학설은 북송시대 성리학자들에게 영향을 주었다.

178 '복지황(服地黃)': 현삼과(玄蔘科)의 지황의 신선하거나 마른 뿌리덩이를 지칭한다. 선지황(鮮地黃)과 생지황으로 구분된다. 사부총간속편본의 본문에는 이 제목이 없지만, 첫머리 목차에는 이 항목이 존재한다. 장빙룬 역주본에서는 이 목차에 근거하여 보충하고 있다. 이처럼 사부총간속편본의 내용과 목록을 비교하여 제목을 보충한 시도는 이미 상옌빈의 주석본에서도 보이는데, 하지만 장빙룬의 역주본과 완전 일치하지는 않는다.

179 '초문자(楚文子)': 『포박자(抱朴子)』 중의 인물이다.

있듯 물건을 보고 (기력이 대단해서 직접) 손으로 전차의 쇠뇌를 당길 수 있었다.[180]"라고 하였다.

視有光, 手上車弩.

7. 삽주 복용[服蒼朮][181]

『포박자抱朴子』에서 이르길 "남양南陽 문文씨는 혼란한 시기에 호산壺山으로 도망갔지만 굶주림 때문에 어려움을 겪었다. 어떤 사람이 그에게 삽주[朮] 먹는 방법을 가르쳐 주어서 그 후 마침내 굶주리지 않았다. 수년이 흐른 뒤 이내 고향으로 돌아왔는데 안색이 다시 젊어졌으며 기력은 도리어 왕성해졌다."라고 한다.

抱朴子云, 南陽文氏, 值亂逃於壺山, 飢困. 有人教之食朮, 遂不飢. 數年乃還鄉里, 顏色更少, 氣力轉勝.

『약경藥經』[182]에서 이르길 "마음속으로 장생

藥經云, 心欲長

---

180 '수상거노(手上車弩)': 거노는 고대 전쟁 무기인데, 전차 위에 쇠뇌를 설치하여 발사하는 것으로 손의 힘이 막강하여 직접 손을 사용하여 거노(車弩)를 당길 수 있음을 가리킨다. 당대 이정(李靖)의 『위공병법(衛公兵法)』「공수전구(攻守戰具)」에서는 "그 중심 축 하나[牙]를 발사하면 모든 화살이 동시에 나아가 700보에 이른다. 그런즉 맞은 성루는 무너지고 손상되지 않음이 없으며, 망루 또한 맞으면 무너진다. 이를 일러 거노라고 하였다."라고 하였다. 거노는 사정거리가 멀기 때문에, 일반적으로 반드시 축력(畜力)을 사용하거나 혹은 많은 사람들이 협력해야만 당길 수 있다.

181 '복창출(服蒼朮)': 사부총간속편본의 본문에는 이런 제목이 없으나 그 목차에 의거하여 보충하였다. KPNIC에 의거하면 '창출'의 국명을 '삽주'라고 명명하고 있다. '삽주'는 산정(山精)이라고도 하며, 몸의 습질을 제거하여 기를 따뜻하게 하고 맛은 쓰다.

182 '『약경(藥經)』': 책의 이름이다. 내용은 분명하지 않다.

하고자 한다면 당연히 산정山精을 먹어야 한다. 산정이 곧 삽주이다."라고 하였다.

生, 當服山精. 是蒼术也.

8. 복령 복용[服茯笭][183]

『포박자抱朴子』에서 이르길 "임계자任季子[184]가 복령을 18년 동안 복용하여 옥녀[185]가 그의 처가 되었고, 은신술[隱彰][186]에 능하며, 곡물을 먹지 않고도 얼굴에 광택이 났다."라고 하였다.

抱朴子云, 任季子服茯苓一十八年, 玉女從之, 能隱彰, 不食穀, 面生光.

『손진인침중기孫真人枕中記』[187]에서 말하길 "복령을 오래 복용하여 100일 동안 복용하면 백 가지 병을 낫게 한다. 200일을 밤낮으로 2번 복용하게 되면, 귀신도 부린다. 4년을 복용하면, 옥녀가 와서 시중을 든다."라고 하였다.

孫真人枕中記, 茯苓久服, 百日百病除. 二百日, 夜晝二服後, 役使鬼神. 四年後, 玉女來侍.

---

183 '복복령(服茯笭)': 사부총간속편본의 본문에는 이런 제목이 없으나 그 목차에 의거하여 보충하였다.

184 '임계자(任季子)': 『포박자(抱朴子)』 중의 인물이다.

185 '옥녀(玉女)': 김세림의 역주본에서는 이를 천녀(天女), 선녀라고 해석하고 있다. Buell의 역주본에서는 'jade woman'이라고 한자 그대로 번역하고 있다.

186 '은창(隱彰)': 여기서는 몸을 숨기는 것으로, 불교에서의 '현설(顯說)'과 대칭되는 의미의 '은창(隱彰)'과는 다르다. 즉 널리 알려진 경서의 문자 글귀 속에 숨어 있는 진의이다.

187 '『손진인침중기(孫真人枕中記)』': 책 이름이며, 당나라 의학가 손사막(孫思邈)이 저술한 것이다.

9. 원지 복용[服遠志][188]

『포박자抱朴子』에 이르기를 "능양중자陵陽仲子[189]는 원지遠志[190]를 20년 동안 복용하여 자식을 30명 낳았고, 책을 열어서 본 것은 바로 잊지 않고 기억하였다."라고 하였다.

抱朴子云, 陵陽仲子服遠志二十年, 有子三十人, 開書所見, 便記不忘.

그림 21_ 원지(遠志)

188 '복원지(服遠志)': 사부총간속편본의 본문에는 이런 제목이 없으나 그 목차에 의거하여 보충하였다.

189 '능양중자(陵陽仲子)': 『포박자(抱朴子)』에 등장하는 인물이다.

190 '원지(遠志)': 원지과 원지속의 원지[*Polygala tenuifolia* Willd]는 다년생초본으로 중국 북부와 한국 등지에서 많이 생산된다. 원지의 뿌리에는 사포닌, 알코올, 알칼로이드, 가는 잎 원지의 알칼리, 지방유, 수지 등의 성분이 함유되어 있다. 맛이 맵고 쓰며 성질은 따뜻하다. 사람의 심장과 신장을 다스린다. 신경안정과 지혜를 더하는 데 효능이 있으며, 가래를 없애고 울적한 것을 풀어준다. 『본초강목(本草綱目)』에서는 "그 효능은 의지를 강하게 하고 더욱 뚜렷하게 하는 데 효과가 있으며, 건망증을 치료한다."라고 한다.

10. 오가피주 복용[服五加皮酒][191]

『동화진인자석경東華真人煑石經』에서 이르길[192] "순임금은 항상 창오산蒼梧山에 올라서 금옥 향초를 캤다고 일렀는데, 이것이 곧 오가五加[193]이다. 이것을 복용하면 사람의 수명이 연장된다. 그 때문에 차라리 한 줌의 오가를 얻을지언정 수레에 가득 실은 금과 옥은 필요 없다고 하며, 차라리 한 근의 오이풀[地楡][194]을 얻을지언정 어찌 광채 나는 보석을 가지겠는가? 옛날 노나라 정공[魯定公][195]의 어머니는 단지 오가피주를 마신 것

東華真人煑石經, 舜常登蒼梧山, 曰厥金玉香草, 即五加也. 服之延年. 故云, 寧得一把五加, 不用金玉滿車, 寧得一斤地楡, 安用明月寶珠. 昔魯定公母, 單服五加皮酒, 以致長生. 如張子聲, 楊始建,

191 '복오가피주(服五加皮酒)': 사부총간속편본의 본문에는 이런 제목이 없으나 책의 목차에는 '오가피주(五加皮酒)'라는 항목이 있다. 전후 목차에 의거할 때 '복오가피주(服五加皮酒)'가 보다 바람직할 것으로 판단하여 수정했음을 밝혀 둔다.

192 '『동화진인자석경(東華真人煑石經)』': 또한 『동화진인자석법(東華真人煮石法)』이라고도 일컫는다. 고대 도가에서 돌을 달구어서 연단하는 방법을 다룬 책으로서, 『신농본초경소(神農本草經疏)』에는 이 책의 이름이 기록되어 있다.

193 '오가(五加)': 두릅나무과 식물인 오가(五加) 혹은 무경오가(無梗五加), 가시오가피[刺五加], 조엽오가(糙葉五加), 윤산오가(輪傘五加) 등의 뿌리의 껍질이다. 종류가 서로 다른 오가가 함유한 구체적인 성분 또한 완전히 서로 같지 않다. 현대 약리의 측면에서 보면, 여기서 사용한 것은 가시오가피이다. 가시오가피는 인삼보다 더욱 좋은 강장제의 작용을 지니고 있어 신체의 저항력을 강화시키며, 병리조절과정에서 정상적인 작용을 하도록 한다. Buell의 역주본에서는 오가피를 'acanthopanax'라고 한다.

194 '오이풀[地楡]': 『한의학대사전』(정담, 2001)에서는 장미과 식물인 오이풀[*Sanguisorba officinalis* L.]의 뿌리와 뿌리줄기를 말린 것이라고 한다. Buell의 역주본에서도 burnet-bloodwort 즉 오이풀이라고 번역하고 있다.

195 '노정공(魯定公)': 춘추시대 노나라의 25대 군주 소공(昭公)을 이어 기원전 509-

만으로 장수하였다. 예컨대 장자성張子聲, 양시건楊始建, 왕숙재王叔才, 우세언于世彦[196] 등은 모두 옛사람으로 오가피주를 복용하고 많은 처첩을 거느렸으며, 300살까지 살 수 있었고 자식이 20-30명이나 되었다. 대대로 오가피주를 복용하여 장수한 사람들이 심히 많다."라고 하였다.

王叔才, 于世彦等, 皆古人服五加皮酒而房室不絕, 皆壽三百歲, 有子三二十人. 世世有服五加皮酒而獲年壽者甚衆.

그림 22_ 오가피(五加皮)

11. 계피 복용[服桂][197]

『포박자抱朴子』에서 이르길 "조타자趙佗子[198]가 계피[桂]를 20년 복용하였더니, 발아래에 털

抱樸子云, 趙佗子服桂二十年, 足

495년간 재위했다.

196 '장자성(張子聲)', '양시건(楊始建)', '왕숙재(王叔才)', '우세언(于世彦)': 모두 『포박자(抱朴子)』에 등장하는 인물이다.

197 '복계(服桂)': 사부총간속편본의 본문에는 이런 제목이 없으나 첫머리 목차에 의거하여 제목을 보충하였다.

198 '조타자(趙佗子)': 『포박자(抱朴子)』에 등장하는 인물이다.

이 났으며[199] 하루에 500리를 걷고 힘으로는 천근의 물건을 들 수 있었다."라고 하였다.

下毛生, 日行五百里, 力擧千斤.

12. 잣 복용[服松子][200]

『열선전列仙傳』에서 이르길 "악전偓佺[201]은 잣[松子][202]을 먹어 날 수 있었으며, 걷는 것이 아주 힘차서 뛰는 것이 달리는 말과 같았다."라고 하였다.

列仙傳, 偓佺食松子, 能飛行健, 走如奔馬.

『신선전神仙傳』에서 이르길 "잣을 양에 관계없이 갈아서 고약[膏]형태로 만들어 공복에 한 숟가락[203]을 따뜻한 술에 타서 하루 세 번 복용하면 배고프거나 목마르지 않게 된다. 오래 복용하면 하루에 500리里를 걸을 수 있으며, 몸

神仙傳, 松子不以多少, 研爲膏, 空心溫酒調下一匙頭, 日三服則不飢渴. 久服日行五百

199 '족하모생(足下毛生)': 상옌빈의 주석본에서는 사부총간속편본과 동일하나, 장빙룬의 역주본에서는 '모생(毛生)'을 '생모(生毛)'로 적고 있다.

200 '복송자(服松子)': 사부총간속편본에의 본문에는 이런 제목이 없으나 첫머리 목차에 의거하여 제목을 보충하였다.

201 '악전(偓佺)': 고대 전설 중의 선인이다. 『열선전(列仙傳)』에서는 "악전(偓佺)은 괴산(槐山)에서 약초를 채집하는 사내이다. 잣[松實]을 즐겨 먹었고, 몸에는 털이 났는데, 그 길이가 수 치[寸]나 되었으며, 더군다나 두 눈은 네모졌다. 날아서 달리는 말을 좇을 수 있었다. 그리고 잣[松子]을 요임금에게 전해 주었는데, 요임금은 복용할 겨를이 없었다."라고 하였다.

202 '송자(松子)': 소나무과 식물 잣나무[紅松]의 열매를 가리킨다. 송자가 소나무의 씨인지 잣나무의 씨인지를 구체적으로 알 수 없다. 장빙룬[張秉倫]의 역주에서는 잣나무로 해석하고 있으나, Buell의 역주본에서는 'pine seeds'라고 해석하고 있다.

203 '시(匙)': 장빙룬의 역주본과 상옌빈의 주석본에서는 '시(匙)'자로 적고 있다.

이 가볍고 신체가 튼튼해진다."라고 하였다.

里, 身輕體健.

13. 송절주 복용[服松節酒][204]

『신선전神仙傳』에서 이르길 "온갖 뼈마디가 쑤시고 아프며, 오랫동안 풍한을 받아 장기가 허약하게 되고,[205] 다리가 저리고 통증이 있는 것을 치료한다. 송절松節[206]로 술을 빚어 복용하면 신비한 효험[神驗]이 나타난다."라고 하였다.

神仙傳, 治百節疼痛, 久風虛, 脚痺痛. 松節釀酒, 服之神驗.

14. 회화나무열매 복용[服槐實][207]

『신선전神仙傳』에서 이르길 "회화나무열매

神仙傳, 槐實於

204 '복송절주(服松節酒)': 사부총간속편본의 본문에는 이런 제목이 없으나 첫머리 목차와 그 전후의 내용에 의거하여 제목을 '복송절주(服松節酒)'로 보충하였음을 밝혀 둔다.

205 '풍허(風虛)': 김세림의 역주본에는 이런 증상은 산후나 기혈이 피로로 인해 내상을 입어 오장육부가 허약하게 되고 풍한(風寒)을 받아 발생한다고 한다.

206 '송절(松節)': Baidu 백과에 의하면 송절은 소나무과 식물인 유송(油松), 마미송(馬尾松), 적송(赤松), 운남송(雲南松)의 가지줄기의 맺힌 마디라고 한다. 맛은 쓰고 맵다. 풍(風)을 제거하고, 습사를 없애며[燥濕], 근육을 풀어 주고[舒筋], 경락을 통하게 하는[通絡] 효능이 있다. 뼈마디에 풍한습사가 침입한 역절풍(歷節風)의 통증, 근육이 뒤틀어지고[轉筋攣急], 다리가 저리고 마비가 일어나는 것, 다리가 말라 굽히지도 못하는 학슬풍(鶴膝風), 넘어져 다쳐서 생긴 어혈[跌損瘀血]을 치료하는 데 효능이 있다.

207 '복괴실(服槐實)': 사부총간속편본의 본문에는 이런 제목이 없으나 첫머리 목차에 의거하여 제목을 보충하였다.

[槐實][208]를 소의 쓸개[牛膽][209]에 100일 동안 담근 연후에 그늘에서 말린다. 매일 한 알씩 삼키는데 (계속해서) 열흘간 복용하면 몸이 가벼워지고, 20일간 복용하면 백발이 다시 검게 되며, 100일간 복용하면 신선과 교통하게 된다."라고 하였다.

牛膽中漬浸百日, 陰乾. 每日吞一枚, 十日身輕, 二十日白髮再黑, 百日通神.

그림 23_ 회화나무열매[槐實]

15. 구기자 복용[服枸杞][210]

『식료食療』[211]에서 이르길 "구기자 잎[212]은 사

食療云, 枸杞葉

---

208 '괴실(槐實)': 괴(槐)는 콩과 회화나무속 회화나무로 학명은 *Styphnolobium japonicum* L.이며, BRIS에서는 이를 회화나무로 명명하고 있으며, 느티나무[*Zelkova serrata*]와는 종류를 달리하고 있다. 원대 의학가 왕호고(王好古)가 찬술한 『탕액본초(湯液本草)』 권하 「목부(木部)」에 의하면, "회화나무의 열매는 맛은 쓰고 시고 짜며 성질이 차갑고 독은 없다."고 한다. 장빙룬의 역주본에 의하면 괴실(槐實)은 열을 낮추고[清熱], 간을 윤택하게 하며[潤肝], 더운 피를 식히고[涼血], 지혈(止血)하는 효과가 있다고 한다.

209 '우담(牛膽)': 소과 동물인 황소 혹은 물소의 쓸개이다. 맛은 쓰고, 성질이 매우 차다. 간을 맑게 하고 눈을 밝게 하며, 쓸개에 좋고 장을 잘 통하게 하며, 독과 종기를 해소하는 효능이 있다.

210 '복구기(服枸杞)': 사부총간속편본의 본문에는 이런 제목이 없으나 첫머리 목차

람의 근골을 건장하게 하고, 풍사風邪[213]를 제거하며 기운을 북돋우고 만성허약증[虛勞]을 없애며 남자의 성기능을 높이는 효능이 있다. 봄, 여름, 가을에는 잎을 따고 겨울에는 열매를 채집하여[214] 오랫동안 먹을 수 있다."라고 한다.

能令人筋骨壯，除風補益，去虛勞，益陽事．春夏秋採葉，冬採子，可久食之．

16. 연꽃 복용[服蓮花][215]

『태청제본초太淸諸本草』[216]에서는 "7월 7일에

太淸諸本草，七

에 의거하여 제목을 보충하였다.

211 '『식료(食療)』': 음식으로 치료하는[식료(食療)] 전문 저서이다. 또한 『식료본초(食療本草)』라고도 불리는데, 당대 맹선(孟詵)이 저술했으며 모두 3권으로 되어 있다. 그 후 장정(張鼎)이 다시 보충하였다. 원래 책은 유실되어 전하지 않고, 유실된 문장은 『증류본초(證類本草)』, 『의심방(醫心方)』 등의 서적에 흩어져 있는 것을 모은 것[集佚本]이다.

212 '구기엽(枸杞葉)': 가지과 식물인 구기(枸杞)나 영하구기(寧夏枸杞)의 연한 줄기 잎이다. 맛은 달고 쓰며, 성질은 서늘하다. 허기를 보충하고 정기를 더하며, 열을 내리고, 갈증을 해소하며, 풍사를 없애고 눈을 밝게 하는 효능이 있다. 잎과 열매는 구기차로도 사용되며 뿌리는 지골피(地骨皮)라고 하여 약재로 사용되며, 장기간 사용해도 부작용이 없다.

213 Buell의 역주본 p.386에서는 풍(風)을 'wind'로 해석하고 있다.

214 '채(採)': 문장 속에 2회 등장하는 '채(採)'자를 상옌빈의 주석본과 장빙룬의 역주본에서는 사부총간속편본과 달리 '채(采)'로 적고 있다.

215 '복연화(服蓮花)': 사부총간속편본 원본의 본문에는 이런 제목이 없으나 첫머리 목차에 의거하여 제목을 보충하였다.

216 '태청제본초(太淸諸本草)': 『본초강목서례(本草綱目序例)』에서 『경신옥책(庚辛玉冊)』을 인용한 것에 근거하면 "옛날에는 『태청본초방(太淸本草方)』, 『태청복식경(太淸服食經)』, 『태청단약록(太淸丹藥錄)』이 있었다."라고 하는데 이를 가리키는 듯하다. 『태청제본초』는 현재는 산실되었으나, 『음선정요』 이외에 그 어

연꽃을 7푼[分] 따고, 8월 8일에는 연뿌리 8푼을 캐고, 9월 9일에는 연밥 9푼을 딴다. 그늘에 말려서 식용하면 사람이 늙지 않는다."라고 하였다.

月七日採蓮花七分, 八月八日採蓮根八分, 九月九日採蓮子九分. 陰乾食之, 令人不老.

그림 24 연밥[蓮子]

17. 밤 복용[服栗子][217]

『식료食療』에서 이르길 "콩팥의 기운이 허약해지면 생밤[218]을 양에 상관없이 구해 바람에 말린다. 매일 공복에 3-5개를 잘게 씹고 천천히 삼킨다.[219]"라고 하였다.

食療云, 如腎氣虛弱, 取生栗子不以多少, 令風乾之. 每日空心細嚼之三

떤 문헌에서도 이같은 내용을 인용하고 있지 않다. 하지만 이 부분이 정말로 『태청제본초』에서 나왔는지는 알 수가 없다. 까오하오통[高皓彤], 『飮膳正要硏究』, 陝西師範大學碩士論文, 2009, P.48 참조.

217 '복율자(服栗子)': 사부총간속편본의 본문에는 이런 제목이 없으나 첫머리 목차에 의거하여 제목을 보충하였다.

218 '율자(栗子)': 또한 판율(板栗), 율과(栗果), 대율(大栗) 등으로 불렀다. 참나무과 식물인 밤의 알맹이이다.

五箇，徐徐咽之.

18. 황정 복용[服黃精][220]

신선이 황정을 복용하면 지선地仙이 된다. 옛날에 임천臨川에는 어떤 사인士人이 그의 계집종을 학대하였는데, 계집종은 이내 도망가 산속으로 들어갔다. 시간이 흘러 야생풀의 가지와 잎이 자라는 것이 먹음직스러운 것을 보고 즉시 뽑아서 먹으니 매우 맛이 좋았다. 이로부터 늘 그것을 먹었는데 오랫동안 먹게 되니 배가 고프지 않았고, 마침내 신체도 가벼워지고 건강하게 되었다. (그녀는) 밤이 되면 큰 나무 아래에서 쉬었는데, 풀이 움직이는 소리를 듣고 호랑이가 왔다고 여겨서, 두려워하여 나무 위로 올라가 피하였다가 새벽이 되어서야 평지로 내려 왔다. 그의 몸은 돌연히 가벼워져 공중을 떠듯이 정상으로 달려가 간

神仙服黃精成地仙. 昔臨川有士人虐其婢，婢乃逃入山中. 久之，見野草枝葉可愛，即拔取食之，甚美. 自是常食之，久而不飢，遂輕健. 夜息大木下，聞草動以爲虎，懼而上木避之，及曉下平地. 其身豁然，凌空而去，或自一峯之頂，若飛鳥焉. 數歲，

---

219 사부총간속편본에서는 '서서연지(徐徐咽之)'로 적고 있으나, 장빙룬의 역주본에서는 '서서연지(徐徐嚥之)'로 표기하였다.

220 '복황정(服黃精)': 사부총간속편본 원본에는 없으나 첫머리 목차에 의거하여 본문과 같이 제목을 보충하였다. 황정(黃精)은 백합과 황정속 식물로 학명은 *Polygonatum sibiricum* Delar. ex Redoute이며, BRIS에서는 이를 '층층갈고리둥글레'라고 명명하고 있다. 상옌빈은 주석본에서 이 제목을 '신선복황정성지선(神仙服黃精成地仙)'이라고 달고 있다. Buell의 역주본, p.386에서는 '황정(黃精)'을 'solomon's seal'이라고 적고 있다.

혹 산 정상에서 내려올 때는 나는 새와 같이 가벼웠다. 수년 뒤, (사인 집의) 하인이 나무를 하러[221] 와서 그녀를 보고 (돌아와서) 그 주인에게 알리니 그녀를 잡아오게 했지만 잡을 수 없었다. 하루는 절벽 아래에서 마주쳤는데, 3면에 그물을 쳐서 그녀를 포위했으나 순식간에 산꼭대기로 올라갔다. 그 주인이 그것을 기이하게 여겼는데, (이때) 어떤 이가 말하기를 "이 여종이 어찌 신선의 모습을 띠겠는가. 영험이 있는 약을 먹은 것에 지나지 않는다. (만약 그녀에게 인간세상의 음식을 먹게 하면 그녀는 즉시 날아가기가 어려울 것이다.)"라고 하였다. 마침내 여러 가지 맛과 향이 곁들여진 술과 음식을 그녀가 왕래하는 길에 차려서 그녀가 먹는지 안 먹는지를 보니 과연 와서 먹게 되었고, 마침내 다시는 (이전과 같이 민첩하게 공중을 뛰어서) 멀리 갈 수가 없어 사로잡혔다. (다른 사람이 그녀에게 몸이 날랜) 까닭을 물으니 먹은 풀을 가리켰는데 이것이 곧 황정이었다. 삼가 살피건대, 황정은 가슴의 횡격막을 넓혀서 기를 북돋우고 오장을 보양한다. 비부와 근육을 건장하게 하고 골수를 충실하게 하며,[222] 근육

其家採薪見之，告其主，使捕之，不得. 一日，遇絕壁下，以網三面圍之，俄而騰上山頂. 其主異之, 或曰, 此婢安有仙風道骨. 不過靈藥服食. 遂以酒饌五味香美，置往來之路，觀其食否, 果來食之, 遂不能遠去，擒之. 問以逑其故，所指食之草， 即黃精也. 謹按，黃精寬中益氣，補五藏. 調良肌肉, 充實骨體, 堅強筋骨. 延年不老, 顏色鮮明. 髮白再黑, 齒落更生.

221 상옌빈의 주석본과 장빙룬의 역주본에서는 사부총간속편본의 원문과는 달리 '채(採)'를 '채(采)'로 적고 있다.

222 샹옌빈의 주석본에서는 사부총간속편본과 동일하게 '충실골체(充實骨體)'라고

과 골격을 단단하게 한다. 수명을 늘리고 늙지 않게 하며, 얼굴빛이 선명해진다. 흰 머리카락이 다시 검게 되며, 빠진 이가 다시 자라게 된다.

그림 25 **황정**(黃精)

19. **신침법**神枕法

한 무제[223]가 동쪽으로 가서 태산 아래를 순행할 때 노인이 땅에서 김을 매고 있는 것을 보았는데, 등 위에 하얀 섬광이 비치는 것이 몇 자[尺]나 되었다. 무제가 괴이하게 여겨 묻기를 혹시 "도술을 부리는 것인가?"라고 하니 노인이 대답하여 말하길, "신臣은 이전에 나이가 85살 때 늙어서 죽기 직전에 처

漢武帝東巡泰山下, 見老翁鋤於道, 背上有白光高數尺. 帝怪而問之, 有道術否, 老翁對曰, 臣昔年八十五時, 衰老垂死, 頭白齒落. 有道

하였으나 장빙룬의 역주본에서는 '충실골수(充實骨髓)'라고 적고, 이를 '골격과 체격[骨體]이 충실하다.'라고 해석하고 있다.

223 '한무제(漢武帝)': 전한 무제로 유철(劉徹: 기원전 156년-87년)이다.

해 머리는 희고 이는 다 빠졌습니다. 어떤 도사가 신에게 대추를 먹고 물을 마시며[224] 곡기를 끊는 것을 가르치고, 아울러 신침神枕을 만들어 (그 속에) 32가지 약물을 넣는 것을 가르쳐 주었습니다. 그 속의 24가지 약물은 성질이 온화하여 24절기에 해당하며,[225] 나머지 8가지 약물은 독성이 있어 8풍風에 대응합니다.[226] 신이 (이런 방식에 따라 만들어 사용하자) 젊어지고 검은 머리가 다시 나고 빠진 이가 났으며,[227] 하루에 300리를 걸을 수

士者, 教臣服棗, 飮水, 絕穀, 并作神枕法, 中有三十二物. 內二十四物善, 以當二十四氣, 其八物毒, 以應八風. 臣行轉少, 黑髮更生, 墮齒復出, 日行三百里. 臣今年一百八十矣, 不能棄世入山,

224 사부총간속편본의 "服棗, 飮水"에 대해 학자마다 해석을 달리하고 있다. 김세림의 역주본과 장빙룬의 역주본에서는 "대추를 먹고 물을 마신다."라고 해석한 데 반해, 샹옌빈의 주석본에는 "대추를 달인 물을 마시고"라고 하고 있다.

225 '이십사기(二十四氣)': 입춘(立春), 우수(雨水), 경칩(驚蟄), 춘분(春分), 청명(淸明), 곡우(穀雨), 입하(立夏), 소만(小滿), 망종(芒種), 하지(夏至), 소서(小暑), 대서(大暑), 입추(立秋), 처서(處暑), 백로(白露), 추분(秋分), 한로(寒露), 상강(霜降), 입동(立冬), 소설(小雪), 대설(大雪), 동지(冬至), 소한(小寒), 대한(大寒)을 가리킨다. 태양의 황도상의 위치에 근거하여 한해를 24단락으로 나눈 것으로 농사활동에 중요한 근거가 되었다.

226 '팔풍(八風)': 일반적으로 동북, 동방, 동남, 남방, 서남, 서방, 서북, 북방 8방향의 바람을 가리킨다. 『여씨춘추』 「유시(有始)」에서는 "무엇을 팔풍(八風)이라고 부르는가? 동북을 염풍(炎風)이라고 부르며, 동방은 도풍(滔風)이라고 부르고, 동남은 훈풍(熏風)이라고 부르며, 남방은 거풍(巨風)이라고 부르고, 서남은 처풍(凄風)이라고 부르며, 서방은 요풍(飂風)이라고 부르고, 서북은 여풍(厲風)이라고 부르며, 북방은 한풍(寒風)이라고 부른다."라고 하였다. 그러나 장빙룬의 역주본에 의하면, 이 조항에서 가리키는 바의 '팔절지풍(八節之風)'은 바로 이분(二分: 입춘, 입추), 이지(二至: 하지, 동지), 사립(四立: 입춘, 입하, 입추, 입동)의 바람으로 의심된다. 또한 이것은 인체의 이롭지 못한 8가지 '사풍(邪風)'을 가리키는 가능성도 있다고 한다.

227 샹옌빈의 주석본에서는 사부총간속편본과 동일하게 "墮齒復出"이라고 적고 있으

있게 되었습니다. 신은 금년에 180살로서 인간 세상을 버리고 산속에 들어가는 것을 원하지 않으며, 아들과 손자가 그리워서 다시 돌아와서 곡기를 먹은 지 또 이미 20여년이 지났으나 (이는) 신침의 힘인 듯하며 이전처럼 다시는 늙지 않았습니다."라고 하였다. 무제가 노인을 보니 얼굴과 신체가 50세 된 사람과 같아서 이웃 사람들에게 물어보고 확인해 보니 모두 사실이라고 하였다. 황제는 이내 그 만드는 방법을 전수받아 신침을 만들었으나, 그와 같이 곡기를 끊고 단지 물만 마실 수는 없었다.

顧戀子孫, 復還食穀, 又已二十餘年, 猶得神枕之力, 往不復老. 武帝視老翁, 顏壯當如五十許人, 驗問其隣人, 皆云信然. 帝乃從授其方作枕, 而不能隨其絕穀, 飮水也.

신침 만드는 법[神枕方][228]: 5월 5일, 7월 7일에 숲에서 측백나무[柏][229]를 취해 베개를 만든다. 길이는 1자[尺] 2치[寸], 높이 4치로 하고 베개 속에 1말[斗] 2되[升]의 내용물이 들어가게 한다. 측백나무의 붉은 목질로 덮개를 만드는데, 두께는 2푼[分]으로 하며 덮개는 아주 치밀하고 촘촘하게 하고, 또한 열고 닫을 수 있게 한다. 덮개 위에는 3줄을 파서 매 줄

神枕方. 用五月五日, 七月七日, 取出林柏以爲枕. 長一尺二寸, 高四寸, 空中容一斗二升. 以柏心赤者爲蓋, 厚二分, 蓋致之令密, 又使開閉也. 又鑽蓋上爲三

나 장빙룬의 역주본에는 "齒落復出"이라고 적고 "빠진 이가 다시 난다."라고 해석하고 있다.

228 샹옌빈의 주석본과 김세림의 역주본에서는 이 항목을 신침방(神枕方)이란 이름으로 독립시키고 있다.

229 '백(柏)'은 '잣나무' 또는 '측백나무'로 해석된다. Buell의 역주본 p.388에서는 '측백나무'로 해석하였는데 본 역주에서는 이를 수용하여 측백나무로 해석하였다.

마다 49개의 구멍을 내어 무릇 147개의 구멍을 내는데 구멍의 크기는 조[粟] 크기만 하게 한다. (그런 후에) 다음과 같은 약을 (신침에) 넣는다. 궁궁芎藭,[230] 당귀當歸, 백지白芷, 신이辛夷, 두형杜衡, 백출白朮, 고본藁本, 목란木蘭, 촉초蜀椒, 계피, 마른 생강[乾薑], 방풍防風, 인삼, 도라지[桔梗], 백미꽃[白薇], 형실荊實, 육종용肉蓯蓉,[231] 비렴飛廉, 측백나무 열매[柏實], 율무씨[薏苡仁], 관동화款冬花, 백형白衡, 진초秦椒, 궁궁이싹[蘪蕪][232] 등 무릇 24가지 약물로서, 이는 24절기에 대응한다.

오두烏頭, 부자附子, 여노藜蘆,[233] 조각皂角,

行, 每行四十九孔, 凡一百四十七孔, 令容粟大. 用下項藥. 芎藭, 當歸, 白芷, 辛夷, 杜衡, 白朮, 藁本, 木蘭, 蜀椒, 桂, 乾薑, 防風, 人參, 桔梗, 白薇, 荊實, 肉蓯蓉, 飛廉, 柏實, 薏苡仁, 款冬花, 白衡, 秦椒, 蘪蕪, 凡二十四物, 以應二十四氣.

烏頭, 附子, 藜蘆,

---

230 '궁궁(芎藭)': 학명은 *Ligusticum chuanxiong hort*이나 KPNIC와 BRIS에는 이에 부응하는 식물이 등재되어 있지 않다. 다년생 초본으로 잎은 미나리와 유사하며 가을에 하얀 꽃이 피며 향기가 있다. 혹은 여린 싹에 아직 뿌리가 내리지 않은 것을 '미무(蘼蕪)'라고 칭하는데 이미 뿌리가 맺힌 이후에는 '궁궁이[芎藭]'라고 한다. 뿌리줄기는 모두 약으로 쓰인다. 사천에서 나는 것이 좋으며 따라서 '천궁(川芎)'이라고 부르기도 한다.

231 사막의 작은 교목인 사사[梭梭: *Haloxylon ammodendron* (C. A. Mey.) Bunge]의 뿌리에 기생하는 기생식물이다. 권2 6장 5 항목 참조.

232 '미무(蘪蕪)': 샹옌빈의 주석본에는 사부총간속편본과 같이 '미무(蘪蕪)'로 적고 있지만, 장빙룬의 역주본에서는 '미무(蘼蕪)'라고 적고 있다. '미무(蘼蕪)'는 Baidu 백과에 의하면 천궁(川芎)의 싹으로 학명은 *Ligusticum wallichii* Franch.로서 잎에 향기가 있는 향초라고 한다. BRIS에는 국명이 제시되어 있지 않다.

233 '여노(蔾蘆)'는 『오씨본초(吳氏本草)』에 의하면 '총규(葱葵)', '산총(山葱)'이라고 칭하는데, 장빙룬의 역주본과 샹옌빈의 주석본에서는 사부총간속편본과는 달리 '여노(藜蘆)'라고 표기하고 있다.

망초菵草, 범석凡石,[234] 반하半夏, 족도리풀[細辛][235] 등 8가지 약물은 독이 있는 것으로, 8풍風에 대응한다.

이상의 32가지 약물을 각각 1냥兩씩 모두 씹어서 부순다.[236] 이 중 (24절기에 대응하는 약물은 베개의 아래층에 두고)[237] 독약은 그 위에 두고 베개 속에 채워서 (덮개를 덮고) 포대로 베개를 싼다. (이 같은 베개로 잠을 자면) 100일이 지나면 얼굴에 광택이 나고, 1년간 사용하면 신체 중의 모든 질병이 하나하나 모두 치유되어서 몸 전체에 향기가 난다. 4년이 지나면 흰 머리카락이 검게 변하며 빠진 이가 다시 나고, 귀와 눈이 총명해진다. 이 같은 신비한 처방에 효험이 있으니 인연이 없는 자[238]에게는 그 비전을 전하지 말라. 무제

皀角, 菵草, 凡石, 半夏, 細辛, 八物毒者, 以應八風.

右三十二物各一兩, 皆㕮咀. 以毒藥上安之, 滿枕中, 用囊以衣枕. 百日面有光澤, 一年體中諸疾, 一一皆愈而身盡香. 四年白髮變黑, 齒落重生, 耳目聰明. 神方驗秘, 不傳非人也. 武帝以問東方朔, 答云, 昔女廉以此傳玉青, 玉青以

234 사부총간속편본에서는 '범석(凡石)'이라고 적고 있는데, 상옌빈의 주석본에서는 이를 따르고 있지만, 장빙룬의 역주본에서는 '반석(礬石)'이라고 적고 있다.

235 '세신(細辛)': 족도리풀속[細辛屬] 식물로 학명은 Asarum heterotropoides Fr. Schmidt이다. KPNIC에서는 이를 족도리풀로 명명하고 있다. 권2 7장 항목의 각주 참조.

236 원대 나천익(羅天益)의 『위생보감(衛生寶鑑)』에서도 "옛사람들이 병을 치료할 때 입안을 깨끗이 하여 약재를 씹어 부수어 물에 끓여 복용했다. 이를 저(咀)라고 한다.[古人用藥治病, 擇净口咀嚼, 水煮服. 謂之咀.]"는 상황을 전하고 있다. 장빙룬의 역주본에서는 부순 크기는 좁쌀보다 다소 크다고 한다.

237 ( )안의 내용은 장빙룬의 역주본, p.165의 해석에 따랐음을 밝혀 둔다.

238 본문의 '비인(非人)'의 해석은 학자들마다 각각 다르게 나타나고 있다. 장빙룬의 역주본에서는 이를 "인연이 없는 사람"이라고 보았으나 김세림의 역주본과 Buell의 역주본에서는 '악인(惡人)'이라고 해석하였다.

가 동방삭[239]에게 물으니 답하기를 "옛날 여렴女廉[240]이 이 처방을 옥청玉青[241]에게 전하였고, 옥청은 광성자廣成子[242]에게 전했으며 광성자는 황제黃帝에게 전하였습니다. 근래에는 곡성도사 순우공淳于公이 이 약침을 베고 자서 100살인데도 머리털이 희지 않았다고

傳廣成子, 廣成子以傳黃帝. 近者穀城道士淳于公枕此藥, 枕百餘歲而頭髮不白. 夫病之來皆從陽脉起, 今枕藥枕, 風邪

239 '동방삭(東方朔)': 전한의 저명한 문학가이다. 자는 만부(曼倩)이며 평원염차[平原厭次: 평원은 군명이며, 염차는 현명으로 지금의 산동 혜민현(惠民縣)] 사람(기원전 161?-93년?)이다. 무제시기 태중대부(太中大夫)를 지냈고, 사부(辭賦)를 좋아했으며, 성격은 익살스러웠다. 후세에는 그에 관한 전설이 많이 남아 있다.

240 '여렴(女廉)': 사람 이름이다. 구체적인 행적은 알 수 없다. 청대 조정동(曹庭棟)의 『양생수필(養生隨筆)』에서는 여렴의 약재를 넣은 베개에 대해서 기록하기를 "또한 여렴의 약재를 넣은 베개는 목질이 붉은 측백나무[柏木]로서 작은 상자[匣] 같은 베개를 만들고, 속에는 풍을 흩어지게 하고 혈기를 좋게 하는 약재를 넣었다. 베개 표면에는 빽빽하게 작은 구멍을 뚫어서 약기운이 잘 통과되게 하며 베개의 바깥에는 포로 평평하게 감싸 눕는다."라고 하였다.

241 '옥청(玉青)': 사람 이름으로, 구체적인 행적은 알 수 없다.

242 '광성자(廣成子)': 광성자는 도교에서 '12금선(十二金仙)'중의 한명으로, 고대 전설 중의 신선이다. 황제(黃帝)시기의 인물로 전해지며 공동산(崆峒山)의 석실에 살면서 자기 스스로 양생하여 도를 얻었는데 1,200살이 되어도 늙지 않았다고 한다. 황제가 일찍이 광성자에게 '지도지요(至道之要)'의 가르침을 청하였으나 먼저 답하지 않았다가 3개월이 지난 뒤 황제가 다시 '치신지도(治身之道)'를 물었을 때 광성자가 황제에게 말하길 "지극한 도의 정기는 깊고 아득하여 볼 수도 없고 들을 수도 없으며 조용히 심신을 가다듬어야 한다. 몸이 저절로 바르게 되면 마음이 깨끗하고 청명해진다. 그대의 몸을 괴롭히지 말고 그대의 정신을 어지럽히지 말아야 비로소 오래 살 수 있다. 안을 삼가고 신중해야 하며 바깥을 닫아야지, 많은 것을 알려고 하면 반드시 도를 이룰 수 없다."라고 말을 마치고 황제에게 『자연경(自然經)』 한 권을 주었다. 이 전설은 『장자(莊子)』「재유(在宥)」에 처음 보이며, 그 밖에 『신선전』, 『광황제본행기(廣黃帝本行記)』, 『선원편주(仙苑編珠)』, 『삼동군선록(三洞群仙錄)』, 『역세진선체도통감(歷世眞仙體道通鑑)』과 『소요허경(逍遙墟經)』 등에 기록되어 있다.

합니다. 무릇 인체 병의 원인은 모두 양맥陽脈[243]에서 비롯되니 지금 약침을 베고 자면 풍사風邪가 신체에 들어올 수 없게 됩니다. 또 (사용하지 않을 때는) 비록 포대로 베개를 쌀지라도 (충분하지 못하니) 마땅히 다시 향낭[幃囊[244]]으로 거듭 싸고, 모름지기 누워서 잠자고자 할 때는 이내 향낭을 벗겨냅니다."라고 말했다.

不得侵入矣. 又雖以布囊衣枕, 猶當復以幃囊重包之, 須欲卧時乃脫去之耳.

(무제는) 조칙을 내려서 노인에게 비단을 하사하도록 하였으나 노인은 받지 않으면서 이르길 "신에 있어서 임금은 자식에 있어서의 아버지와 같습니다. 자식이 도리를 알아서 아버지를 존중하는 것이기에 도의적으로 상을 받을 수 없습니다. 또한 신은 도道를 파는 사람이 아니고 단지 폐하께서 좋아하시기 때문에 이것을 진헌하는 것입니다."라고 말했다. 황제는 (더 이상 비단 하사하는 것을) 멈추고 다시 각종 약물을 하사하였다.

詔賜老翁疋帛, 老翁不受, 曰, 臣之於君, 猶子之於父也. 子知道以上之於父, 義不受賞. 又臣非賣道者, 以陛下好善, 故進此耳. 帝止而更賜諸藥.

---

243 양맥(陽脈): 기항지부[奇恒之腑: 오장육부에 소속되지 않는 특수 기능을 담당하는 6개의 장기로 뇌(腦), 수(髓), 골(骨), 맥(脈), 자궁(子宮), 담(膽)을 일컫는다.]와 연계되어 있는 8가지 경맥 중 하나이다. 김세림의 역주본에서는 12경맥은 양경(陽經)과 음경(陰經)으로 구분되는데, 양맥은 양경이라고 한다.

244 '위낭(幃囊)': 피륙을 여러 폭으로 감싼 향을 담는 향주머니이다. 향이나 약성분이 쉽게 빠져나오지 않게 하기 위함인 듯하다.

그림 26 백지(白芷)

그림 27 백미(白薇)

그림 28 두형(杜衡)

그림 29 당귀(當歸)

그림 30 궁궁(芎藭)

그림 31 관동화(款冬花)

그림 32 고본(藁本)

그림 33 신이(辛夷)

20. 창포 복용[服菖蒲][245]

『신선복식神仙服食』[246]에서 이르길 "창포가 (1치[寸] 길이에) 마디가 아홉 개인 것을 골라,[247]

神仙服食, 菖蒲尋九節者, 窨乾百

245 '복창포(服菖蒲)'라는 제목은 사부총간속편본에는 없으나 첫머리 목차에 의거하여 제목을 보충하였다.

246 '『신선복식(神仙服食)』': 책 이름으로, 내용은 상세히 알 수 없다.

247 사부총간속편본의 '창포심구절자(菖蒲尋九節者)'를 장빙룬의 역주본에서는 이를 '창포선구절자(菖蒲選九節者)'로 적어서 "창포가 (한 치 길이에) 9마디인 것을 골

움집[248]에서 100일 동안 말리고, 가루로 내어서 하루에 세 번 복용한다. 오랜 기간 복용하면 눈과 귀가 총명해지고, 수명이 늘어난다."라고 한다.

日, 爲末, 日三服. 久服聰明耳目, 延年益壽.

『포박자抱朴子』에서 이르길 "한취韓聚[249]는 창포를 13년 동안 복용하여 몸에 털이 나고, 하루에 만 자를 외우며, 겨울에 웃옷을 벗어도 추위를 타지 않았다. (창포는) 모름지기 돌 위에서 자라는 것으로서 1치에 9마디가 있고, 자주색 꽃이 피는 것이 효능이 더욱 좋다.[250]"라고 한다.

抱朴子云, 韓聚服菖蒲十三年, 身上生毛, 日誦萬言, 冬袒不寒. 須得石上生者, 一寸九節, 紫花尤善.

라"라고 해석하고 있으며, 김세림의 역주본에서도 이와 동일하게 해석하고 있다. 본 역주에서도 이를 따랐음을 밝혀 둔다.

248 '음(窨)': 지하실 혹은 땅속 구덩이[地窖]이로 『설문』에는 술 등을 저장하였다고 한다.

249 '한취(韓聚)': 『포박자(抱朴子)』 중에 등장하는 인물이다.

250 이 문단 즉 "抱朴子云…紫花尤善"의 한취(韓聚)에 대한 내용은 비록 창포(菖蒲)에 관한 내용이지만 사부총간속편본의 원문에서는 아래의 '복오미(服五味)'와 '복우실(服藕實)' 사이에 등장한다. 그런데 상옌빈의 주석본에서는 제목을 '神仙服食(服菖蒲)'로 고치고, '신침방(神枕方)' 다음에 이 창포의 내용을 배치하고 있다. 장빙룬의 역주본 역시 '복창포(服菖蒲)'의 끝에 이 내용을 삽입하여 배열하고 있다. 따라서 양자는 제목만 다를 뿐 창포의 내용을 한곳에 모아 배치한 것은 동일하다. 반면 김세림의 역주본에서는 이 문장을 사부총간속편본과 동일한 위치에 두고 해석하고 있다. 본 역주에서는 상옌빈과 장빙룬의 견해가 합리적이라는 판단 아래 이에 따라 역주하였음을 밝혀 둔다.

21. 호마 복용[服胡麻][251]

『신선복식神仙服食』에서 이르길 "호마胡麻를 먹으면 모든 고질병이 제거된다. 오래 복용하면 장생하며, 몸집이 불어나고 건강하게 되며, 나이가 들어도 늙지 않는 효능이 있다."라고 한다.

神仙服食, 胡麻, 食之能除一切痼疾. 久服長生, 肥健人, 延年不老.

22. 오미자 복용[服五味][252]

『포박자抱朴子』에서 이르길 "오미자를 16년간 복용하면, 안색이 옥玉색과 같이 희어지고 윤기가 흐르며, 불에 들어가도 화상을 입지 않고, 물에 들어가도 젖지 않는다."라고 한다.

抱朴子, 服五味十六年, 面色如玉, 入火不灼, 入水不濡.

23. 연뿌리 복용[服藕實][253]

『식의심경食醫心鏡』[254]에서 이르길 "연뿌리[255]

食醫心鏡, 藕實,

---

251 '복호마(服胡麻)': 사부총간속편본의 원본에는 없으나 첫머리 목차에 의거하여 제목을 보충하였다. 상옌빈의 주석본에서는 이 항목의 제목을 '神仙服食(服胡麻)'라고 하고 있다.

252 '복오미(服五味)': 사부총간속편본의 원본에는 없으나 첫머리 목차에 의거하여 제목을 보충하였다.

253 '복우실(服藕實)': 사부총간속편본의 원본에는 없으나 첫머리 목차에 의거하여 제목을 보충하였다.

는 맛이 달고, 성질은 밋밋하며 독이 없다. 속을 보양하고 기를 배양하며, 정신을 맑게 하고 온갖 병을 없앤다. 오래 복용하면 사람의 갈증을 해소하고, 얼굴색이 윤택하고 보기 좋게 된다."라고 한다.

味甘平, 無毒. 補中養氣, 清神, 除百病. 久服令人止渴悅澤.

24. 연밥 복용[服蓮子][256]

『일화자日華子』[257]에 이르길 "연밥 혹은 석연

日華子云, 蓮子

254 '『식의심경(食醫心鏡)』': 또한 『식의심감(食醫心鑒)』으로 부르기도 하며, 당대 구단(昝殷)이 9세기경 저술하였다. 원본은 송대 이후부터 산실되어 전해지지 않는다. 지금은 영인본이 있는데, 이것은 각종 고적 중에서 모아서 만든 것으로, 오로지 '식물요법(食物療法)'에 대해서만 언급한 고서이다. 후대의 의사, 요리사들에게 중시되어서 아주 큰 사랑을 받았다.

255 '우실(藕實)': 장빙룬의 역주본에 의하면 수련과 식물인 연의 뿌리줄기 즉 연뿌리를 가리키는 것으로 과실인 연밥과 구별된다고 한다. 실제 다음 권2 3장 24에 '복연자(服蓮子)'라는 별도의 항목이 있다. 그러나 Naver 백과에는 '우실(藕實)'을 연자(蓮子) 또는 연실(蓮實)이라고 하며 연밥을 일컫는다고 한다.

256 '복연자(服蓮子)': 사부총간속편본의 원본에는 없으나 첫머리 목차에 의거하여 제목을 보충하였다.

257 '『일화자(日華子)』': 이는 『일화자제가본초(日華子諸家本草)』의 간칭으로 『일화자본초(日華子本草)』라고도 한다. 본초(本草)에 관련된 저작으로서 20권으로 되어 있다. 북송대 관료 장우석(掌禹錫)은 이 책을 "개보(開寶)연간에 사명인(四明人)이 찬술한 것으로 성씨는 알려지지 않았다."라고 말했다. 원전은 이미 소실되어서 전해지지 않으며, 일부 유실된 문장은 『증류본초(證類本草)』 등의 책에서 보인다. 장빙룬의 역주본에 의하면 일화자는 당대 약학가로서 원래 성은 대(大)이고, 이름은 명(明)이다. 사명[현재 절강 영파(寧波)]사람이라고 한다. 『고금의통(古今醫統)』, 『은현지(鄞縣志)』 등의 문헌에는 그가 약물의 성질을 열심히 연구하여, 제가(諸家)의 초본에서 약으로 사용하는 것을 모았는데, 한온성미(寒溫性味) 및 화실충수(花實蟲獸)에 따라서 분류하여 『대명본초(大明本草)』(또한 『일

石蓮[258] 속의 심을 제거하고, 오랜 기간 먹으면 사람의 마음이 즐거워지고, 기를 이롭게 하며, 갈증을 해소하고, 요통, 신경쇠약으로 인한 몽정, 설사를 치료한다."라고 한다.

并石蓮去心, 久食令人心喜, 益氣, 止渴. 治腰痛, 泄精, 瀉痢.

25. 연꽃술 복용[服蓮蘂][259]

『일화자日華子』에서 말하길, "연꽃의 꽃술은 오래 복용하면 마음을 진정시켜 주고 안색을

日華子云, 蓮花蘂, 久服鎮心益色,

화자제가본초(日華子諸家本草)』이라고도 불린다.)를 편집하였다고 한다.

258 '석연(石蓮)': 수련과 식물의 연(蓮)으로 석연자(石蓮子)는 그 익은 열매이다. 학명은 *Nelumbo nucifera Gaertn*으로 BRIS에서는 연, 연꽃이라 칭한다. 연밥은 늦가을에서 초겨울에 따지만 서리를 맞으면 익어서 껍질이 회흑색으로 변하는데, 김세림의 역주본에서는 이것을 석연자라고 한다. 이는 첨석연(甜石蓮), 각연자(殼蓮子), 대피연자(帶皮蓮子)로 부른다. 청대 장로(張璐)가 편찬한 약물학서인 『본경봉원(本經逢原)』에서는 "석연자(石蓮子)는 본래 연밥이 연방(蓮房)에서 노쇠해지고, 진흙에 빠져서 시간이 흘러서 돌과 같이 단단하고 검게 되었기 때문에 얻은 이름이다. 열독(熱毒)으로 인한 이질과 식욕감퇴를 위한 특효약이다. … 비장의 음기를 보충하고 열독을 제거하지만 반드시 인삼의 큰 효력을 겸해야만 위(胃)의 기를 높이고 비로소 대항할 수 있다. 만일 이질이 오래되어 위의 기능이 허약하고 차게 되어, 입을 다물어 먹을 수 없게 되면 찔러서 자극을 준다."라고 하였다.

259 '복연예(服蓮蘂)': 사부총간속편본의 원문과 목차에도 이 항목이 없으나 본문의 내용에 의거하여 제목을 보충했다. 장빙룬의 역주본에서 '연예'의 다른 이름으로는 금앵초(金櫻草), 연화수(蓮花鬚), 연화예(蓮花蘂), 연예수(蓮蕊鬚)가 있다고 한다. 수련과 식물인 연꽃의 수술이다. 여름에 꽃이 한창 필 때 꽃술을 따서 그늘에 말린다. 맛은 달고 떫으며, 성질은 밋밋하다. 심열을 제거하고 신장을 북돋우며, 정액이 새는 증상을 치료하고 지혈의 효능이 있다. 『본초강목(本草綱目)』에서는 "심열을 제거하고 신장을 잘 통하게 하며, 정기를 탄탄하게 하고, 머리와 수염을 검게 만들며, 안색을 보기 좋게 하고 피를 생성하게 한다. 갑작스러운 하혈과 피를 토하는 것을 멈추게 한다."라고 하였다.

좋게 만들어 주며, 얼굴을 늙지 않게 하고 몸을 가볍게 한다."라고 하였다.

駐顏輕身.

26. 하수오 복용[服何首烏][260]

『일화자日華子』에서 말하길, "하수오[261]는 성질이 달고 독이 없다. 오래 복용하면 힘줄과 골격이 단단해지고, 정수가 충실해지며, 흰머리와 귀밑머리[262]가 검게 되고, 사람의 생식기능을 증강시킨다."라고 하였다.

日華子云, 何首烏, 味甘, 無毒. 久服壯筋骨, 益精髓, 黑髭鬢, 令人有子.

그림 34 하수오(何首烏)

260 '복하수오(服何首烏)': 사부총간속편본 원문에는 없으나 첫머리 목차에 의거하여 제목을 보충하였다.

261 '하수오(何首烏)': 마디풀과 다년생 초본식물인 하수오[*Fallopia multiflora* (Thunb.) Haraldson]의 뿌리덩이이다. 맛은 쓰고 달고 떫으며, 성질이 약간 따뜻하다. 사람의 간과 신장에 작용한다. 장빙룬의 역주본에 의하면 하수오를 처방에 따라 가공한 제수오(制首烏)는 간과 신장을 보충하며, 정자와 피를 많이 만드는 효능이 있다. 피가 부족한 것, 어지럼증, 수면장애, 머리가 일찍 쇠고, 허리와 무릎이 시리고 무른 것, 정액이 새는 증상, 붕대[崩帶: 붕루(崩漏)와 대하(帶下)]에 효과가 있다. 특히 생수오(生首烏)는 장을 윤택하게 하여 변이 잘 나오게 하며, 해독과 말라리아에 효과적이다.

262 '빈(鬢)': 상옌빈의 주석본에서는 '빈(鬢)' 자로 쓰고 있으며, 장빙룬의 역주본에서는 '빈(鬢)' 자로 적고 있다.

4장 사계절에 합당한 것[四時所宜]

본 장은 사계절의 양생과 섭생에 관한 내용으로 『황제내경소문(黃帝內經素問)』「사기조신대론편이(四氣調神大論篇二)」의 문장을 초록한 것이다.

봄 3개월은 발진發陳[263]이라고 부른다. 천지가 모두 소생하고 만물이 번성하여 (봄에는 사람들이) 일찍 자고 일찍 일어난다.[264] 상쾌한 기분으로 정원을 산책할 때 (비록) 머리가 흩트려지고 느릿한 상태이나[265] 생장의 의지가 생겨난다.(이 시기의) 만물은 살리고 죽여서는 안 되며, 주되 빼앗으면 안 되며, 상은 주되 벌을 주어서는 안 된다. 이것이 봄기운에 순응하는 양생의 도이다. 그것을 거스르면 간이 손상되고[266] 여름에

春三月, 此謂發陳. 天地俱生, 萬物以榮, 夜卧早起. 廣步於庭, 被髮緩形, 以使志生. 生而勿殺, 予而勿奪, 賞而勿罰. 此春氣之應, 養生之道也. 逆之

---

263 '발진(發陳)': 이는 즉 묵은 것은 밀어내고 새로운 것을 나오게 한다는 의미이다. 그러기에 24절기 중 입춘이 시작되는 3월을 가리킨다. 청나라 말의 학자인 손이양(孫詒讓)이 말하길 "진(陳)은 오래된 것이다. 발진은 옛것에 다시 새로운 것이 생겨나게 하는 것이다."라고 하였다.

264 '야와조기(夜卧早起)': 김세림의 역주본에서는 이를 "밤에 늦게 자고 아침에 일찍 일어난다."라고 해석하고 있다.

265 샹옌빈의 주석본에서는 사부총간속편본과 동일하게 '형(形)'으로 표기하고 있으나, 장빙룬의 역주본에서는 '행(行)'으로 적고서 "머리를 산개한 채 천천히 걸으면서"라고 해석하고 있다.

266 '역지즉상간(逆之則傷肝)': 중의학의 오행(五行: 나무, 불, 흙, 쇠, 물)은 인체의 오장(五臟: 간, 심장, 비장, 폐, 신장)과 자연계의 오계(五季: 봄, 여름, 장하(長夏),

는 (양기의 발생이 부족해지면서) 차갑게 변하여[267] 생장 발육하는 기가 줄어든다.[268]

則傷肝, 夏爲寒變, 奉長者少.

봄기운은 성질이 따뜻하므로, 맥麥[269]을 식용하여 (몸이 조정할 수 있게) 서늘하게 해주는 것이 좋으며, 바로 따뜻한 환경에서 생활해서는 안 된다. 따뜻한 음식을 먹고 두꺼운 의복을 입는 것을 금한다.

春氣溫, 宜食麥, 以涼之, 不可一於溫也. 禁溫飮食及熱衣服.

여름 3개월은 '번수蕃秀'[270]라고 일컬으며 천기의 기운이 교차하고 만물이 꽃이 피고 (여름이 되면) 열매를 맺으니, (여름에는) 늦게 자고 일찍 일어나며 강렬한 태양을 피하지 말고 성질을 부

夏三月, 此謂蕃秀, 天地氣交, 萬物華實, 夜卧早起, 無厭於日,

가을, 겨울)에 상응하기 때문에 간은 목(木)에 속하고 봄도 목(木)에 속한다. 따라서 만약 봄철에 양생하여 그 방법을 체득하지 못하면 바로 간장의 기능과 건강에 영향을 주어 자라고 열리는 것이 부족하게 된다.

267 '한변(寒變)': 인체에 양기가 부족하기 때문에 나타나는 차가운 성질의 병변(病變)을 가리킨다. 명대 중의학자 유창(喩昌: 1585-1664년)이 말하기를 "한변(寒變)이라는 것은 여름에 얻은 병의 총칭이다. 거슬러 간(肝)이 손상되면 기운이 왕성하지 못하고 내열을 다스릴 수 없어 여름이 되어도 내열이 왕성하여 쇠퇴하지 않고, 음식을 먹으면 배가 부르고 더부룩하여, 일을 하게 되면 여우처럼 의심만 하니 이익을 내는 것을 분주하게 좇아서 가슴 아파하며 즐거워하지 않는다."라고 하였다.

268 이상은 『황제내경(黃帝內經)』「소문(素問)」에 전한다.

269 '맥(麥)': 흔히 대맥, 소맥의 맥류를 지칭하는데, Buell의 역주본에서는 이를 밀[wheat]이라고 번역하고 있다.

270 '번수(蕃秀)': 번은 초목이 무성하고 번성한 모습을 가리킨다. 수(秀)는 주돈이(周敦頤)의 설명에 의하면 과일이 달린 모습이라고 한다. 장빙룬은 역주본에서 송대 장군방(張君房)이 편찬한 도교 교리 개설서인 『운급칠첨(雲笈七籤)』 권26을 인용하여 '번(蕃)'을 '파(播)'로 적고 있으며, 이는 초목이 무성하게 성장하고 아름답게 퍼져나간다는 의미이다. '수(秀)'는 화려하다는 뜻으로 보고 있다.

려 화를 내서는 안 된다. 신체 정수의 기운을 모아서 신체 건강을 위한 기초를 형성하며, 체내의 신진대사[泄]를 원활하게 하는 것은 (양기를 발산하여) 체외에 모으는 것과 같으니, 이것이 여름의 기운에 순응하는 양생의 도이다. 그것을 거스르면 심장이 손상되고, 가을이 되어 학질이 생기며[271](여름에 순응하지 못하여) 체내에 거두어 비축하는 (생장 발육) 물질이 줄어들면 겨울에는 중병에 걸리게 된다.[272]

使志無怒. 使華英成秀, 使氣得泄, 若所愛在外, 此夏氣之應, 養長之道也. 逆之則傷心, 秋爲痎瘧, 奉收者少, 冬至重病.

여름의 기운은 뜨거우므로 녹두[菽][273]를 먹어서 차갑게 하는 것이 좋으며 줄곧 뜨거운 환경에 노출되어서는 안 된다. 따뜻한 음식을 먹고, 배불리 먹거나, 습한 땅에 머무르거나 젖은 옷을 입는 것을 금한다.

夏氣熱, 宜食菽, 以寒之, 不可一於熱也. 禁溫飮食, 飽食, 濕地, 濡衣服.

가을 3개월은 용평容平[274]이라 한다. 천기가

秋三月, 此謂

271 '해학(痎瘧)': 학질의 통칭이며, 또한 오래되어도 낫지 않은 만성학질을 가리킨다. Baidu 백과에 의하면, 청대 오겸(吳謙)이 지은 의학서인 『의종금감(醫宗金監)』「잡병심법요결(雜病心法要訣)·해학학모(痎瘧虐母)」에서는 "해가 지나도 오랫동안 학질이 낫지 않아서 덩어리가 진 병증이다."라고 하며, 그 주석에 의하면 "해학은 시간이 지나도 낫지 않는 만성 학질이다."라고 하였다.

272 '동지중병(冬至重病)': 『황제내경』「소문(素問)·사기조신대론(四氣調神大論)」에 등장하는 말로 여름철에 성장이 좋지 못하면 중심이 손상되어 가을철이 되어도 수확이 없고, 겨울철이 되어도 차가운 물[寒水]로 인해 태양의 열기가 배합되지 못하기 때문에 중병이 나타난다고 이해할 수 있다.

273 '숙(菽)': 선진시대에는 두류(豆類)의 대칭으로 사용되었지만 한대 이후에는 두(豆)가 이 명칭을 대신하게 된다. 여름철에는 대개 녹두를 먹으면 더위[暑]를 방지하는 데 도움이 된다. Buell의 역주본에서는 이를 'pulses' 즉 두류(豆類)로 번역하고 있다.

급해져 (더운 기운이 사라지면서) 지기地氣가 청명하게 되니 일찍 자고 일찍 일어나는데 닭과 함께 일어난다. 마음을 편안하게 가지고 가을의 기운을 느긋하게 가지면서,[275] 신비로운 기운을 수렴[276]하여 (양생의 방법으로) 가을의 소슬한 기운을 완화하며, (마음을 추슬러) 외부의 사물에 대해서는 생각하지 않고 폐기肺氣를 맑게 한다. 이것이 가을의 기운에 순응하는 것이고 기르고 거두는 도이다. 이를 거스르면 폐가 손상되고 겨울이 되면 소화불량에 걸리고[277] 겨울에 저장할 물질적 바탕이 줄어든다.

容平. 天氣以急, 地氣以明, 早臥早起, 與雞俱興. 使志安寧, 以緩秋形, 收斂神氣, 使秋氣平, 無外其志, 使肺氣清. 此秋氣之應, 養收之道也. 逆之則傷肺, 冬爲飧泄, 奉藏者少.

가을의 기운이 건조하니 참깨[278]를 먹음으로

秋氣燥, 宜食

274 '용평(容平)': 『황제내경(黃帝內經)』「소문(素問)」에 등장하는 말로 만물의 과일이 풍성하게 익는다는 가을을 가리킨다.

275 '이완추형(以緩秋形)': 가을의 양생방법에 따라 가을의 소슬한 기운[肅殺之氣]을 느긋하게 느끼는 것을 가리킨다. 사부총간속편본에서는 '형(形)'이라고 한다. 상옌빈의 주석본은 이와 동일하나, 장빙룬의 역주본에서는 '형(形)'을 '형(刑)'으로 표기하면서, 이 두 자가 통한다고 하였다. 추형(秋刑)은 가을의 기후가 주로 서늘하여서[肅殺] 초목이 시들고[凋謝] 사람의 마음도 생기가 없어지는[蕭索] 것을 가리킨다.

276 사부총간속편본에선 '수감(收歛)'이라고 적고 있지만 상옌빈의 주석본과 장빙룬의 역주본에서는 '수렴(收斂)'이라고 서술하고 있다. 전후 문장으로 보아 이들의 견해가 합당하다고 판단된다.

277 '손설(飧泄)': Baidu 백과에 의하면, 중의약의 병명으로 대변설사가 묽고 아울러 소화되지 않는 음식물의 찌꺼기가 있는 것을 가리킨다. 대부분 간이 답답하고 비장[脾]이 허하기 때문에, 청기(清氣)가 올라가지 못해서 야기된다고 한다.

278 '마(麻)': 이것은 대마자(大麻子)인지 호마(胡麻)인지 분명하지 않다. 김세림의 역주본에서는 단지 '마(麻)'라고 했으며, 장빙룬의 역주본에서는 '지마류', Buell의 역주본에서는 'sesame'라고 번역하고 있다.

써 마른 것을 촉촉하게 한다. 차가운 음식과 얇은 의복을 금한다.

겨울 3개월을 폐장閉藏[279]이라고 부르는데 이 때 물이 얼고[280] 땅이 갈라지며 (겨울에는) 체내의 양기가 요동치게 해서는 안 된다. 일찍 자고 늦게 일어나는데 반드시 해가 비치기를 기다려서 기상한다. 이때에는 생장의 의지를 엎드려 있거나 숨어 있게 하는데, 마치 비밀스런 사정을 숨겨 놓은 것처럼 하고, 차가운 것은 버리고 따뜻한 것을 취하여, 피부를 한랭한 기운에 노출시켜서 양기를 빠르게 잃어버리지 않게 하는 것이 겨울의 기운에 순응하여 기르고 저장하는 도리이다. 그것을 어기게 되면 신장이 손상되고, 봄이 되면 마비현상이 생기고[281] 신체 발육

麻, 以潤其燥. 禁寒飲食, 寒衣服.

冬三月, 此謂閉藏, 水氷地坼, 無擾乎陽. 早臥晚起, 必待日光. 使志若伏若匿, 若有私意, 若已有得, 去寒就溫, 無泄皮膚, 使氣亟奪, 此冬氣之應, 養藏之道也. 逆之則傷腎, 春爲痿厥, 奉生者

---

279 '폐장(閉藏)': 겨울철은 만물이 혹한을 피하여 생존의 기제가 잠복하는 '폐장'의 계절이다.

280 '빙(氷)': 상옌빈의 주석본과 장빙룬의 역주본에서는 '빙(冰)'자로 적고 있다.

281 '위궐(痿厥)': 병증의 이름으로 위병(痿病)은 기혈이 역류가 동시에 나타남으로써 발이 마비되고 약해져서 수습되지 못하는 것이 주된 증상이다. Baidu 백과에 의하면, 『황제내경』「영추(靈樞) · 사기장부병형(邪氣臟府病形)」에는 "비맥(脾脈)이 … 심하게 느려서 마비되는 것이다."라고 한다. 『유경(類經)』「자사지병(刺四肢病)」에서는 "위궐이란 것은 반드시 몸이 폐하여 사지가 늘어져서 생기기 때문에, 혈기를 빠르게 돌아가게 해야 한다."라고 한다. '궐(厥)'은 곧 궐증이다. 『황제내경』「궐론(厥論)」 등의 편에서 나오는데, 장빙룬의 역주본에서 이를 첫째는 갑자기 혼절하여 인사불성 하였으나 대부분 점차적으로 깨어나는 병증을 가리키며, 둘째는 사지가 차가워지는 것을 가리키고, 셋째는 나른한 증세가 위중한 것을 가리킨다고 정리하고 있다. 『상한론(傷寒論)』「변궐음병맥증병치(辨厥陰病脈證併治)」에서는 "궐이라는 것은 손과 발에서 냉기가 역류하는 것을 가리킨다."

이 촉진되는 것이 감소한다.

겨울의 기운은 차가우니 기장을 먹음으로써 열성으로 그 차가운 것을 다스리는 것이 좋다. 뜨거운 음식과 더운 의복을 금한다. (옷이 너무 더워 땀이 흘러나와 체내의 양기가 배출되는 것을 막기 위함이다.)[282]

少.

冬氣寒, 宜食黍, 以熱性治其寒. 禁熱飲食, 溫炙衣服.

그림 35 봄에 맥을 먹는다[春宜食麥]

그림 36 여름에 녹두를 먹는다[夏宜食綠豆]

그림 37 가을에 참깨를 먹는다[秋宜食麻]

그림 38 겨울에 기장을 먹는다[冬宜食黍]

라고 한다. 한궐(寒厥), 열궐(熱厥), 담궐(痰厥) 등으로 구별하고 있다.

282 ( )안의 내용은 장빙룬의 역주본, p.177의 해석에 따랐음을 밝혀 둔다.

5장 오미의 편중 금기[五味偏走]

이 부분은 모두 중국 고대 의학서인 『황제내경소문』에서 인용한 것이다. 상옌빈의 주석본에는 이 항목의 내용을 첫머리의 오미(五味)부분 이외는 '오주(五走)', '오의(五宜)', '오상(五傷)', '식조익충(食助益充)'의 네 부분으로 구분하여 설명하고 있다.

신맛에는 떫고 수렴하는 성질이 있어서, 많이 먹으면 방광이 순조롭지 못하고 배뇨가 곤란하거나 소변이 나오지 않게 된다. 쓴맛은 건조하고 굳게 하는 작용을 하므로 많이 먹으면 삼초三焦[283]가 막혀서 (음식물이 아래로 내려가지 못하여) 구토가 일어나게 된다. 신맛의 작용은 (흩어지고 달아나는 성질이 있어서) 체내의 기운이 상승하여 증발되는데, 많이 먹으면 (체내의 기운이 훈증하여) 위로 올라가서 폐에 강하게 작용하여 영기榮氣와 위기衛氣가 조화를 잃어서[284] 심기心氣가 부족해

酸澀以收，多食則膀胱不利，爲癃閉. 苦燥以堅，多食則三焦閉塞，爲嘔吐. 辛味薰蒸，多食則上走於肺，榮衛不時而心洞. 鹹味湧泄，多食則外注於脉，胃

283 '삼초(三焦)': 김세림의 역주본에 따르면 '삼초(三焦)'는 상초(上焦), 중초(中焦), 하초(下焦)를 말하는 것으로, 심폐를 포함한 흉격(胸膈) 위부분을 상초(上焦), 비장과 위를 포함한 흉격 아래와 배꼽 위 부분을 중초(中焦), 신장 · 방광 · 소장 · 대장을 포함한 배꼽 아래의 부분을 하초(下焦)라고 한다.

284 '영위불시(榮衛不時)': 영기와 위기가 조화를 잃은 것이다. 장빙룬은 역주본을 보면 '영(榮)'은 즉 '영(營)'으로, '영위(榮衛)'는 곧 '영위(營衛)'이며 『황제내경』「영추(靈樞) · 영위생회(營衛生會)」에 보인다. 영위는 영기와 위기의 합칭이다. 두 기가 모두 하나의 근원에서 나오며 모두 물과 곡물의 정기가 변하여 생긴 것이다. 영은 혈맥 중에 운행하는데, 영양이 몸에 두루 미치는 작용을 지니고 있으며,

지는 심통心洞[285]이 발생한다. 짠맛은 (딱딱한 것을 부드럽게 하고 아래의 장도 부드럽게 하여) 토하고 설사하게 하므로, 많이 먹으면 기혈의 진액이 경맥 밖으로 흘러가서 위액이 마르며, 인후咽喉가 건조해지고 갈증을 일으킨다. 단맛의 작용은 느슨하고 약해지는 성질이 있어서 많이 먹으면 위장의 기능이 부드럽고 느려져 움직임이 마치 벌레가 기어 다니는 것과 같게 되어, 그로 인해서 위장과 비장이 그득한 느낌을 받으면서 가슴이 답답해진다.

竭, 咽燥而病渴. 甘味弱劣, 多食則胃柔緩而虫過, 故中滿而心悶.

매운맛은 기氣를 강하게 작용하기[286] (때문에) 기에 병이 있는 사람은 매운 것을 많이 먹어서는 안 된다.

辛走氣, 氣病勿多食辛.

짠맛은 피에 강하게 작용하여[287] 혈액에 병이

鹹走血, 血病

위는 혈맥 밖에서 운행되며 신체를 방어하는 기능을 지니고 있다고 한다. 김세림은 역주본에서 영(營)은 비위(脾胃)에서 맥중(脈中)으로 들어가 전신을 둘러싸는 것을 말하며, 맥 밖을 흐르며 피부나 근육의 사이에 침투하는 것을 위(衛)라고 설명하고 있다.

285 '심동(心洞)': 이는 곧 심기가 부족한 것을 가리킨다. 양류주[楊柳竹]의 백화주석본 p.92에서는 '마음속의 공허함'이라고 해석하고 있다. Buell도 역시 이와 'hollow' 즉 공허함이라고 해석하고 있다.

286 '신주기(辛走氣)'에 대해 양류주[楊柳竹]의 백화주석본에서는 그 매운맛의 기운은 양에 속하는데, 매운맛이 위에 들어간 이후에 삼초의 기운이 위로 올라와 위기(衛氣)를 제공하고 땀구멍[腠理]을 열어서 양기를 통하게 하여 모공을 통해서 땀을 내게 한다고 하였다. Buell의 역주본에서는 이 '주(走)'를 'moves'로 번역하고 있다.

287 '함주혈(鹹走血)'에 대해서 양류주의 백화주석본에 의하면 짠맛은 신장에 관계되며 신장은 뼈를 주관한다고 하였다.

있는 사람은 짠 것을 많이 먹어서는 안 된다.	勿多食鹹.
쓴맛은 뼈에 강하게 작용하므로[288] 뼈에 병이 있는 사람은 쓴 것을 많이 먹어서는 안 된다.	苦走骨, 骨病勿多食苦.
단맛은 살에 강하게 작용하므로[289] 살에 병이 있는 사람은 단 것을 많이 먹어서는 안 된다.	甘走肉, 肉病勿多食甘.
신맛은 근육에 강하게 작용하므로[290] 근육에 병이 있는 사람은 신 것을 많이 먹어서는 안 된다.[291]	酸走筋, 筋病勿多食酸.
간에 병이 있는 사람은 매운 음식을 먹는 것을 금하니[292] 마땅히 멥쌀, 쇠고기, 아욱, 대추[293]를 먹어야 한다.	肝病禁食辛, 宜食粳米牛肉葵棗之類.
심장에 병이 있는 사람은 짠 음식 먹기를 금하니 마땅히 소두小荳, 개고기, 자두, 부추류를 먹	心病禁食鹹, 宜食小荳犬肉李

288 '고주골(苦走骨)'에 대해 양류주의 백화주석본에서는 쓴맛은 화(火)에 속하고 심장과 관계있는데, 지금은 '주골'이라고 하는데 이것을 『유경(類經)』에 의하면 "쓴맛의 성질은 견고하게 하고 무겁기 때문에 주골이라고 하였다."라고 한다.

289 '감주육(甘走肉)'에 대해 양류주의 백화주석본에 따르면 단맛은 비장과 관계되며 비장은 피부와 살을 주관하기 때문에 '감주육'이라고 말한다.

290 '산주근(酸走筋)'에 대해 양류주의 백화주석본에서는 신맛은 간에 관계되며 간이 근육을 주관하므로 신맛이 근육에 강하게 작용한다고 설명하였다.

291 상옌빈[尙衍斌]의 주석본, p.142에 따르면 이 5가지를 '오주(五走)'라고 일컫는다. 이것은 원대 의학자인 왕호고(王好古)가 찬술한 『탕액본초(湯液本草)』 권상(上)의 '오주'에서 증보한 것에 근거한 것으로, 이른바 '오주'이다.

292 양류주의 백화주석본에서는 매운맛의 기는 폐에 작용하며 오행 중 금(金)에 속하고 간은 목(木)에 속하여 오행의 상극관계가 형성되어서 금이 목을 이기는 고로, 간에 병이 있으면 매운맛을 먹어서는 안 된다고 하였다.

293 사부총간속편본에서는 '조(棗)'로 쓰고 있으나 장빙룬의 역주본에서는 '채(菜)'자로 표기하고 '규채(葵菜)'로 해석하고 있다.

어야 한다.

비장에 병이 있는 사람은 신 음식을 먹는 것을 금하니 마땅히 콩[大荳][294], 돼지고기, 밤, 콩잎[295]과 같은 것을 먹어야 한다.

폐에 병이 있는 사람은 쓴 음식을 먹는 것을 금하는데,[296] 마땅히 밀, 양고기, 살구,[297] 염교[298]와 같은 부류를 먹어야 한다.

신장에 병이 있는 사람은 단 음식을 먹는 것을 금하니 마땅히 누런 기장, 닭고기, 복숭아, 파와 같은 것을 먹어야 한다.[299]

韭之類.

脾病禁食酸, 宜食大荳豕肉栗藿之類.

肺病禁食苦, 宜食小麥羊肉杏薤之類.

腎病禁食甘, 宜食黃黍雞肉桃葱之類.

---

294 '두(荳)': 본 조항의 '두(荳)'자를 상옌빈의 주석본과 장빙룬의 역주본에서는 '두(豆)'자로 쓰고 있다.

295 '곽(藿)': 곽은 두 가지 의미가 있는데 첫째는 콩잎이다. 『광아(廣雅)』「석초(釋草)」편에서는 "콩깍지를 일러 협(莢)이라고 하며 그 잎을 일러 '곽(藿)'이라고 한다."라고 하였다. 『시경』「소아(小雅) · 백구(白駒)」에서는 "희고 흰 망아지, 내 밭의 콩잎을 먹인다."라고 하였다. 둘째는 풀이름이다. 이는 곧 곽향(藿香)이다. 이 조항의 내용에서 볼 때 비장에 병이 있는 사람은 콩잎과 곽향을 먹으면 모두 도움이 된다.

296 양류주[楊柳竹]의 백화주석본에서는 쓴맛은 심장에 작용하며 화(火)에 속하고, 폐는 금(金)에 속하는데, 오행이 상극관계를 형성하여 화가 금을 이기기 때문에 폐에 병이 든 사람은 쓴 음식을 피하도록 하였다고 한다.

297 '행(杏)'이 살구인지 은행인지 구체적으로 알 수 없다. Buell의 역주본에서는 apricots 즉 살구라고 번역하고 있다.

298 '해(薤)': 백합과의 염교이다. 민간에서는 '효두(藠頭)'라고 한다. 다년생초본으로 2년간 재배한다. 원산지는 아시아 동부로, 중국 광서, 호남, 귀주, 사천 등에서 많이 재배한다. 비늘줄기는 채소로 쓰이며 일반적으로 가공하여 장채(醬菜)를 만든다. 중의학에서는 건조한 마른 줄기로 약재를 만들어서 이를 '해백(薤白)'이라고 일컫는다. 성질은 따뜻하고 맛은 쓰고 매우며, 양기를 통하게 하여 맺힌 것을 풀어준다. 늑막염으로 인한 신장통증, 설사 등을 치료하는 효능이 있다.

299 상옌빈[尙衍斌]의 주석본 p.142에서는 이 5가지를 '오의(五宜)'라고 일컫는다. 원

신 것을 많이 먹어 간기肝氣가 쌓이고 비기脾氣가 이로 인해 (제재를 받아서) 작용이 좋지 않게 되면,[300] 살과 피부가 트고 주름이 생겨 입술이 당겨 올라가게 된다.[301]

多食酸, 肝氣以津, 脾氣乃絶, 則肉胝䐢而唇揭.

짠 음식을 많이 먹으면 골격[骨氣]이 손상을 입고[302] 비기肥氣가 끊어지며 (정상적인 피부와 살색이

多食鹹, 骨氣勞短, 肥氣折,

대의 의학자 왕호고(王好古)가 저술한 『탕액본초(湯液本草)』 '오의' 조항에는 "간의 색은 푸르기 때문에 반드시 단 것을 먹어야 하며 멥쌀, 소고기, 대추, 아욱이 모두 단 음식이다. 심장의 색은 적색이기에 신 음식을 먹어야 하며 개고기, 삼씨, 자두, 부추가 모두 신 음식이다. 폐의 색은 흰색이니 마땅히 쓴 음식을 먹어야 하며 밀, 양고기, 살구, 염교는 모두 쓴 음식이다. 비장의 색은 황색이니 마땅히 짠 것을 먹어야 하며 콩, 돼지고기, 조, 콩잎이 모두 짠 음식이다. 신장의 색은 검은색이니 마땅히 매운 음식을 먹어야 하며 누런 기장, 닭고기, 복숭아, 파가 모두 매운 음식이다."라고 기록하고 있다(『왕호고의학전서(王好古醫學全書)』, 山西科技出版社, 2004, p.61).

300 이 구절은 『황제내경』 「생기통천론(生氣通天論)」에서 인용하였는데, 신맛의 음식과 약물을 많이 섭취하여 간 기운이 쌓여서 그 균형을 잃어 비기(脾氣)가 그로 인해 제재를 받아 쇠약해진 것이다. '진(津)'은 모인다는 뜻이다. 짠맛이 간에 영향을 준 것으로 이해할 수 있으며, 간기가 모이고 쌓여서 지나치게 왕성해지면 그 균형을 잃고 간목[肝木: 간을 오행의 목(木)에 소속시켜서 부르는 이름]이 답답해져서 비토[脾土: '비'를 오행의 토(土)에 소속시켜서 일컫는 말]를 이기게 되므로 비장의 정상적인 기능에 영향을 미친다.

301 이 구절은 『황제내경』 「생기통천론(生氣通天論)」의 "신 음식을 많이 먹으면 살과 피부가 트고 주름이 생겨 입술이 당겨 올라간다.[多食酸, 則肉胝䐢而脣揭.]"라는 구절에서 인용한 것이다. 『천금요방(千金要方)』에서는 "그렇게 되면 살과 피부가 트고 주름이 생겨 입술은 올라간다.[則肉胝䐢而脣褰.]"라고 쓰여 있다. '지(胝)'는 손과 발바닥 위의 두꺼운 피부로서, 민간에서는 '견파(繭巴)'라고 일컫는다. 『광운(廣韻)』 「지운(脂韻)」에서는 "'지(胝)'는 피부가 두껍다는 것이다."라고 하였다. '건(褰)'은 주름이 져서 위축되는 것으로 해석된다. 이 문장은 살이 두꺼워지고 입술이 위축되는 것로 이해할 수도 있다. 또한 "육지이순게(肉胝而脣揭)" 즉 피부에 굳은살이 지고 주름지며 위축되어 입술이 치켜 올라간다는 것으로 해석하는 견해도 있다.

사라지고)[303] 혈맥이 응고되어 피가 통하지 않아 건강한 안색을 띠지 못한다.[304]

則脉凝泣而變色.

단 음식을 많이 먹어 가슴[心氣]과 복부가 그득하고 호흡이 차며 피부색이 검게 되고 신장의 기운[腎氣]이 고르지 못하면[305] 골격에 통증이 있고 머리카락이 빠지게 된다.[306]

多食甘, 心氣喘滿, 色黑, 腎氣不平, 則骨痛而髮落.

---

302 이 구절은 『황제내경』「생기통천론」의 "짠맛이 지나치면 대골의 기가 손상되어, 근육이 당기고 심기가 억눌리게 된다.[味過于咸, 大骨氣勞, 短肌, 心氣抑.]"에서 인용한 것이다. 왜냐하면 맛이 짜면 부드러운 것이 굳어지기 때문에 지나치게 많이 먹으면 근골이 상하게 된다. '노(勞)'는 '병(病)'이 있다는 의미이다.

303 장빙룬의 역주본에서는 ( )부분을 보충하여 설명하고 있다.

304 이 구절은 『황제내경』「오장생성편(五臟生成篇)」의 "이 때문에 짠 음식을 많이 먹으면, 바로 혈맥이 응고되어 건강하지 못한 안색으로 변한다."에서 인용한 것이다. '응읍(凝泣)'은 응고되어 흐름이 통하지 못한다는 것을 가리킨다. 이 구절을 "짠 음식을 많이 먹은 사람은 혈맥이 뭉쳐지며 얼굴빛을 잃게 된다."로 이해할 수 있다. 사부총간속편본에서의 "則脉凝泣而變色"이란 구절을 장빙룬의 역주본에서는 "則脉凝而變色"으로 표기하고 있다.

305 이 구절은 『황제내경』「생기통천론(生氣通天論)」의 "단맛이 지나치면 심기가 답답하고 숨이 차며 피부색이 검게 되며 신장이 기운이 균형을 잃게 된다.[味過于甘, 心氣喘滿, 色黑, 腎氣不衡.]"에서 인용한 것이다. 장빙룬은 역주본에서 이 구절은 "단 음식을 지나치게 많이 먹으면 단맛은 느리고 약하게 만드는 성질이 있어서 사람의 비장과 위가 그득하고 가슴이 답답하여 호흡이 차고 얼굴색이 윤기를 잃게 된다."라고 이해하고 있다. 또 다른 견해로는 '감(甘)'을 마땅히 '고(苦)'로 적어야 한다고 보기도 한다. 『황제내경태소(黃帝內經太素)』에서는 이 부분의 '감(甘)'을 '고(苦)'로 적고 있다. 『소문소식(素問紹識)』에서는 "이것은 '고(苦)'로 쓰는 것이 옳다. 쓴맛이 지나치면 심기(心氣)가 지나치게 가득 차게 된다. 그렇게 되면 호흡이 거칠고 화기가 올라서 피가 마르게 되고 진액[水]과 화기[火]가 고르지 못하기 때문에 신장의 기가 균형을 잃게 된다."라고 하였다. 역주자가 생각하기에는 앞의 견해가 뒤의 견해보다 더욱 적절한 것으로 보인다.

306 이 구절은 『황제내경』「오장생성편(五藏生成篇)」의 "단 것을 많이 먹으면, 뼈의 통증으로 인해 머리가 빠진다."에서 인용한 것이다. 즉 단 음식을 지나치게 많이 먹으면 골격에 통증이 생기며 머리털이 빠지게 된다.

쓴 것을 많이 먹어 비장의 기운이 윤택하지 못하고 위기[胃氣]가 도리어 (이로 인해) 두터워지게 되면[307] 피부가 마르고 털이 빠진다.[308]

多食苦, 脾氣不濡, 胃氣乃厚, 則皮槁而毛拔.

매운 것을 많이 먹어 근육과 혈맥이 늘어지고 쇠퇴하며[309] 정신도 이내 이런 재앙으로 무너지면[310] 근육이 오그라들고 손톱이 마르게[311] 된

多食辛, 筋脉沮弛, 精神乃央, 則筋急而爪枯.

---

307 이 구절은 『황제내경(黃帝內經)』 「생기통천론(生氣通天論)」에서 "맛이 쓰면 비기가 머무르지 않고, 위의 기운이 이내 두터워진다."라고 한 것을 인용한 것이다. 이 구절에 관하여 두 종류의 견해가 있다. 첫째는, 명대 의학가 마시(馬蒔)는 "쓴맛은 심장을 활성화시키는데, 쓴맛이 지나치면 도리어 심장을 상하게 하고, 어미의 사악함이 자식에게 이어지듯 이 화(火)의 기운이 흙을 말리게 되니, 비장의 기운이 윤택해질 수 없고, 위의 기운은 도리어 더욱 두터워진다."라고 하였다. 즉 쓴맛을 지나치게 많이 먹게 되면 도리어 심경(心經)을 상하게 하여 심경과 관계있는 비기(脾氣)가 윤택해질 수 없게 되고, 이에 따라 위의 기운이 뒤집혀 더욱 두터워진다는 뜻이다. 두 번째는 『황제내경태소(黃帝內經太素)』와 같이 '고(苦)'를 '감(甘)'으로 써야 한다는 것이다. "단맛이 지나치게 달면 비장의 기운이 가득 차게 되고, 위기는 그로 인해서 병이 된다."라고 하였다. 첫 번째 해석이 더욱 합리적인 듯하다.

308 이 구절은 『황제내경(黃帝內經)』 「오장생성편(五臟生成篇)」의 "쓴 것을 많이 먹으면 피부가 마르고, 털이 빠진다."라는 것에서 인용한 것이다.

309 '이(弛)': 상옌빈의 주석본에서는 사부총간속편본과 동일하게 '이(弛)'로 표기하였으나, 장빙룬의 역주본에서는 '치(馳)'로 적고 있다.

310 이 구절은 『황제내경(黃帝內經)』 「생기통천론(生氣通天論)」에서 "매운맛이 지나치면 근육과 혈맥이 막히고, 정신도 무너진다.[筋脉沮弛, 精神乃央.]"라고 한 것을 인용한 것이다. 즉, 매운맛의 음식을 많이 먹으면 금(金)기가 지나치게 성한데, 금(金)이 목(木)을 이기면 곧 간기가 손상되며, 그로 인해서 근육과 혈맥이 점차 쇠퇴한다. 간에서 피를 저장하면 심장이 혈맥을 주관하고 심기를 저장하는데, 간이 손상되면 심기에 영향을 주고 [옛사람들은 심주신(心主神)으로 인식하였다.] 정신 또한 이로 인해서 무너지게 된다. '저(沮)'는 여기에서 무너지는 것으로 이해할 수 있으며 '앙(央)'은 재앙[殃]으로 이해할 수 있다.

311 이 구절은 『황제내경(黃帝內經)』 「오장생성편(五臟生成篇)」의 "매운 것을 많이 먹으면 근육이 오그라들고 손톱이 마른다."라는 것을 인용한 것이다.

다.[312]

다양한 곡물[五穀]은 주식이 되고 다양한 과일[313]은 이를 보조하며, 다양한 육류는 신체를 북돋아 주고 다양한 채소는 영양을 보충하니 맛과 성질을 조화롭게 하여 먹으면 정기가 보충되고 기가 더해진다.[314] 비록 여러 가지 맛이 조화를 이루어 음식이 입에 당길지라도 지나치게 많이 먹어서는 안 된다. 많이 먹으면 병이 생기지만 적게 먹으면 건강에 좋다. 각종 진미[315]의 진수성찬은 매일 신중하고 절제하는 것이 병을 방지하고 양생하는 가장 좋은 길이다.

五穀爲食, 五菓爲助, 五肉爲益, 五菜爲充, 氣味合和而食之, 則補精益氣. 雖然五味調和, 食飮口嗜, 皆不可多也. 多者生疾, 少者爲益. 百味珎饌, 日有愼節, 是爲上矣.

312 상옌빈[尙衍斌]의 주석본 p.143에서는 '오상(五傷)'이라고 하였으며, 왕호고가 찬술한 『탕액본초』 권상 '오상'조항에 근거하여 증보한 것이다.

313 사부총간속편본에는 '과(菓)'로 적고 있으나 상옌빈의 주석본과 장빙룬의 역주본에서는 '과(果)'자로 적고 있다.

314 이 구절은 『황제내경(黃帝內經)』 「장기법시론(藏氣法時論)」의 "다양한 곡물은 영양가가 되며 다양한 과실은 보조 식품이 되고 다양한 가축은 보익식품이 되며 다양한 야채는 영양을 보충하니 기와 맛을 합하여서 복용하게 되면 정기가 보충되고 기가 더해진다. 오과(五果)로 도우며, 오육으로 더하고[五肉爲益], 오채[葵, 韭, 藿, 薤, 葱]로 채워서[充] 기와 맛이 합해지게 하여 복용하면 정력을 보충하고 기를 더한다[補精益氣]."에서 인용한 것이다. 여기서의 '오(五)'는 마땅히 여러 종류로 해석해야 한다. 이런 측면에서 보면 본문의 이 구절은 『황제내경(黃帝內經)』의 원문과는 차이가 있음을 알 수 있으며, 이 부분을 김세림은 역주본에서 지적하고 있다.

315 '진(珎)': 상옌빈의 주석본과 장빙룬의 역주본에서는 '진(珍)' 자로 적고 있다.

그림 39 오미의 편중 금기[五味偏走]

6장 모든 병의 식이요법[食療諸病]

본 장의 식료(食療) 방법의 일부는 이전의 식료 경험의 처방에서 채록한 것이며, 이들은 대개 옛사람의 의학경험의 기초를 새로 만든 것이다. 이 같은 처방법은 비록 식료적 가치가 있을지라도 반드시 의사의 지시를 따라야 하고 함부로 사용해서는 안 될 것이다.

1. 생지황계生地黃雞[316]

이것은 허리와 등의 쑤시는 듯한 통증, 골수가 허해서 손상되거나, 오랫동안 서 있지 못하고, 몸이 무거워서 기가 부족해지고, 잘 때 식은땀이 나며,[317] 잘 먹지 못하고 반복적으로 토하고 설사하는 것을 치료한다.

생지황生地黃 반 근, 이당飴糖[318] 5냥, 오계烏

治腰背疼痛，骨髓虛損，不能久立，身重氣乏，盜汗，少食，時復吐利.

生地黃半斤，飴糖五

---

316 '생지황계(生地黃雞)': 진(晉)대 갈홍의 『시후비급방(時候備急方)』에서는 '오자계(烏雌鷄)', '생지황(生地黃)', '이당(飴糖)'의 배합이 기술되어 있다.

317 '도한(盜汗)': 병증으로 사람이 잠에 들고 난 뒤에 땀이 나고 기상 후에 땀이 멈추는 것을 가리킨다. 또한 '침한(寢汗)'이라고 부르는데, 대부분은 허하고 피곤해서 나는 증상이며 더욱이 음기가 허한 자에게 많이 보인다. 『금궤요략(金匱要略)』「혈비허노병맥증병치(血痺虛勞病脈證幷治)」에 보인다.

318 '이당(飴糖)': 쌀, 보리, 밀, 조 혹은 옥수수[玉蜀黍] 등의 양식을 발효당화 시켜 만든 탄수화물식품이다. 『본초경집주(本草經集注)』에 등장한다. 맛이 달고 성질은 약간 따뜻하다. 먹으면 비장, 위, 폐에 작용한다. 비장과 위를 보충하고 통증을 완화시키며 폐를 윤택하게 하여 기침을 멈추게 한다. 중초와 비장과 위 사이의 허하고 부족함, 안마로 풀리는 복통, 폐가 허해서 생기는 마른 기침, 입과 목구멍

鷄[319] 1마리를 준비한다.

이상의 3가지 재료 중에서 먼저 오골계를 잡아 털, 창자와 위장을 제거하고 깨끗이 씻는다. (지황을) 잘게 썰어서 지황과 사탕[糖]을 고르게 섞고 닭의 배 속에 채워 넣어 놋그릇[銅器]에 담아 다시 시루[甑] 속에 넣고 쪄서 밥 지을 시간 정도로 익힌 후에 꺼내어 먹는다. 소금과 초는 칠 필요가 없으며 오직 고기를 다 먹고 다시 탕즙을 마신다.

兩, 烏雞一枚.

右三味, 先將雞去毛腸肚淨. 細切, 地黃與糖相和勻, 內雞腹中, 以銅器中放之, 復置甑中蒸炊, 飯熟成, 取食之. 不用塩醋, 唯食肉盡却飲汁.

이 마른 것을 치료한다.

319 '오계(烏雞)': 즉 오골계, 약계(藥鷄), 무산계(武山鷄), 양모계(羊毛鷄) 등이다. 오골계는 가정용 닭의 일종으로 체구는 짧고 왜소하고 작으며 머리는 작고 목이 짧다. 닭 벼슬이 있고 귀는 연녹색이며 약간 푸른 자색을 띠고 있다. 오골계종은 털이 하얀 것 이외에도 검은 털의 오골계, 반점이 있는 오골계 및 육질이 하얗고 뼈가 검은 것 등도 있다. 맛이 달고 성질은 밋밋하다. 간, 신장에 작용하는데, 음기를 배양하며 열을 내리게 한다. 신체의 정기가 허약함, 골증(骨蒸), 당뇨, 몸이 여위거나, 비장이 허해서 설사를 하는 경우, 설사 때문에 먹지 못하는 증상, 자궁 대량 출혈, 대하(帶下)를 치료한다. 『본초경소(本草經疏)』에서는 "오골계는 피를 보충하며 음기를 더하고, 기혈로 인해서 허약해지거나 수척해지는 것을 없애고, 음기가 돌아서 열을 제거하게 되면 저절로 진액이 나와서 절로 갈증을 멈추게 한다."라고 하였다.

그림 40 모든 병의 식이요법[食療諸病]

2. 양밀고羊蜜膏[320]

만성허약, 요통腰痛, 기침,[321] 폐위肺痿,[322] 골수에서 열이 나 통증이 생기는 골증[323]을 치료	治虛勞, 腰痛, 欬嗽, 肺痿, 骨蒸.

320 김세림의 역주본에 의하면 이 항목은 송대 『성제총록(聖濟總錄)』에 기록되어 있다고 한다.

321 '해(欬)': 상옌빈의 주석본과 장빙룬의 역주본에서는 '해(咳)'로 적고 있다.

322 '폐위(肺痿)': 병의 이름이다. 첫 번째로 폐엽(肺葉)이 말라서 구토하고 점액을 뱉어내는 것을 주된 증상으로 하는 허약 질병을 가리킨다. 이는 대부분 열로 인해 건조하고 심하게 갈라져서, 오랫동안 기침을 하여 폐를 상하게 하거나 또는 기타의 질병들을 잘못 치료한 이후에 진액이 거듭 손상되어 폐가 습기를 잃고 점차 말라 건강하지 못한 것이다. 두 번째로 전시(傳尸)의 일종이다. 당대 의학자인 왕도(王燾)가 의학문헌을 정리하여 편성한 『외대비요(外臺秘要)』에서 이르길 "전시는 … 숨을 헐떡거리며 기침하는 것을 폐위이다."라고 하였다. 세 번째로 피모위(皮毛痿: 위증의 하나로 폐에 열이 있어 폐엽이 말라 병이 살갗과 털까지 미침으로써 발생한 병증이다.)를 가리키며, 명대 이중재(李中梓)가 편찬한 의학서인 『의종필독(醫宗必讀)』에서도 "폐위라는 것은 피모위이다."라고 하였다. '폐위(肺痿)'를 장빙룬의 역주본에서도 사부총간속편본과 같이 동일하게 표기하고 있지만 상옌빈의 역주본에서는 '폐위(肺萎)'로 적고 있다. 김세림의 역주본에서는 이것을 폐결핵 또는 이와 유사한 것으로 이해하고 있다.

한다.

익혀서 정제한 양기름[熟羊脂][324] 5냥, 익혀서 정제한 양골수[熟羊髓][325] 5냥, 꿀 5냥을 깨끗하게 정제한다. 생강즙 1홉, 생지황즙 5홉을 준비한다.

熟羊脂五兩, 熟羊髓五兩, 白沙蜜五兩, 煉淨. 生薑汁一合, 生地黃汁五合.

위의 5가지 재료 중 먼저 양기름을 (솥에 넣고) 끓여 김을 내고 그다음에 양골수를 넣고 또다시 김을 낸다. 그다음에 꿀, 지황, 생강즙을 넣고 손수 계속 저어서 약한 불로 달이고 수차례 김을 내어 고약처럼 만든다. 매일 공복에 한 숟가락[326] 분량을 따뜻한 술에 타서 복용한다. 혹은 국을 끓이거나 혹은 죽을 쑤어도 좋다.

右五味, 先以羊脂煎令沸, 次下羊髓又令沸. 次下蜜, 地黃, 生薑汁, 不住手攪, 微火熬數沸成膏. 每日空心溫酒調一匙頭. 或作羹湯, 或作粥食之亦可.

---

323 '골증(骨蒸)': 증병(蒸病)의 일종이다. 『제병원후론(諸病源候論)』「허로병제후(虛勞病諸候)」에서 찾아볼 수 있다. 발열이 골수에서부터 발생하기 때문에 이렇게 불린다. 피로로 인해 생긴 병에 속한다. 이는 음기가 허하고 속에서 열이 발생하는 경우에 생긴다. 오후에 발열하는 조열증상, 밤에 나는 식은 땀, 천식과 무기력증, 마음의 번뇌로 인한 불면증, 손바닥이 항상 뜨겁고 소변이 불그스레한 증상을 보인다. 마땅히 음기를 보충해 열을 낮추어 치료해야 한다.

324 '양지(羊脂)': 즉 소과 동물 산양 또는 면양의 기름이다. 맛은 달고 성질은 따뜻하다. 기가 허한 것을 보충하며, 마른 것을 윤택하게 하고, 풍을 제거하고 푸는 데 효과가 있다.

325 '숙양수(熟羊髓)': 익힌 산양 혹은 면양의 골수 또는 척수(脊髓)이다. 맛은 달고, 성질은 따뜻하며 독이 없다. 음기를 기르고 골수를 보충하며, 폐와 피부를 윤택하게 하는 효능이 있다. 정기가 허약해지고, 파리하고 약한 것, 폐위(肺痿), 골수에서 열이 나 통증이 생기는 골증(骨蒸), 기침, 당뇨, 피부와 털이 초췌한 것, 종기와 부스럼, 눈이 붉어지고 백태가 끼는 것을 치료할 수 있다.

326 '시(匙)': 상옌빈의 주석본과 장빙룬의 역주본에서는 '시(匙)'로 적고 있다.

3. 양내장국[羊藏羹][327]

이것은 허약한 신장과 피로로 인한 내상[勞損][328] 및 골수가 손상되어 쇠퇴하는 것을 치료한다.

양의 간, 위장, 콩팥, 심장, 폐를 각각 1벌[具]씩 준비하고 뜨거운 물로 깨끗이 씻는다. 버터[牛酥][329] 1냥(兩), 후추 1냥, 필발華撥[330] 1냥, 두시[豉][331] 1홉[合], 속의 흰 부분을 제거한 말린 귤껍질 2전, 양강 2전, 초과[332] 2개, 파 5줄기를 준비한다.

治腎虛勞損，骨髓傷敗.

羊肝肚腎心肺各一具，湯洗淨. 牛酥一兩，胡椒一兩，蓽撥一兩，豉一合，陳皮二錢，去白，良薑二錢，

---

327 이 국은 양의 내장과 약간의 조미품을 원료로 만든 국으로 원대 궁정의 식료(食療) 요리이다.

328 '노손(勞損)': 즉 노상(勞傷)으로, 내상질병을 가리킨다. 이는 대부분 칠정(七情: 사람이 가지고 있는 일곱 가지 감정)이 내상을 입음으로 인해서 일상생활[起居]을 절제하지 못하거나, 피로로 인해서 비기가 손상을 입고, 기가 쇠하고 열이 왕성하기 때문에 피곤하고 의욕이 없어지고 움직이면 숨이 차고 겉으로는 열이 뻗쳐 절로 땀이 나고, 마음의 번뇌가 많아서 편안하지 못하는 등의 증상을 보인다.

329 '우수(牛酥)': 이것을 Buell의 역주본에서는 '소 밀크 치즈(cow's (milk) cheese)'로 번역한 데 반해 김세림의 역주본에서는 이것을 '버터'로 번역하고 있다.

330 '필발(蓽撥)': 후추과 식물의 덜 익은 열매나 이삭[果穗]으로, 비장을 따뜻하게 하고 한기를 제거하며 기를 내리고 통증을 멈추게 한다. Buell의 역주본에서는 'long pepper'로 번역하고 있다.

331 '시(豉)': 상옌빈의 주석본은 사부총간속편본과 동일하게 이와 같이 표기하고 있으나, 장빙룬의 역주본에서는 '두시(豆豉)'라고 표기하고 있다. 반면 Buell의 역주본에서는 시(豉)를 'salted fruits'라고 번역하고, 뒤에서 두시(豆豉)는 'fermented black beans'라고 번역하고 있다.

332 '초과(草菓)': 상옌빈의 주석본과 장빙룬의 역주본에서는 '초과(草果)' 자로 적고 있다. Buell의 역주본에서는 초과(草菓)를 서남아시아 생강과 식물의 씨앗을 말린 향신료인 'tsaoko cardamom'이라고 번역하고 있다. 권1 7장 1의 항목을 참고

草菓兩箇, 葱五莖.

위의 재료들을 먼저 (깨끗하게 손질하여) 간 등과 함께 (솥에 넣고 물을 부어서) 약한 불에 삶아 익혀 즙을 내어 깨끗하게 걸러준다. 양의 간 등을 (작은 덩어리로 잘라 버터, 후추, 필발, 두시, 귤껍질, 양강, 초과, 파 등의) 약재와 함께 모두 양 배 속에 넣어서 입구를 봉하여 비단 푸대에 담아 다시 솥에 넣고 끓여서 익히고 여러 가지 맛을 가미하여 (꺼내서) 그때그때 편의에 따라 먹는다.

右件, 先將羊肝等慢火煮令熟, 將汁濾淨. 和羊肝等并藥一同入羊肚內, 縫合口, 令絹袋盛之, 再煮熟, 入五味, 旋旋任意食之.

4. 양골죽羊骨粥

이것은 만성허약, 허리와 무릎에 힘이 없는 것을 치료한다.

治虛勞, 腰膝無力.

양 뼈 통째로 1짝[付; 副][333] 전부를 쳐서[334] 부순다. 속의 흰 부분을 제거한 말린 귤껍질 2전, 양강 2전, 초과 2개, 생강 1냥, 소금 약간을 준비한다.

羊骨一付, 全者, 搥碎. 陳皮二錢, 去白, 良薑二錢, 草菓二箇, 生薑一兩, 塩少許.

하라.

333 사부총간속편본에서는 '부(付)'로 쓰여 있으나 장빙룬의 역주본에서는 '부(副)'로 적고 있다. 이후 동일하여 더 이상 언급하지 않는다.

334 '추(搥)': Buell의 역주본, p.337에서는 '추(搥)'라고 적고 있는 데 반해 상옌빈의 주석본과 장빙룬의 역주본에서는 '추(搥)'의 이체자인 '추(捶: chuí, duǒ)'로 적고 있으며, 동일하게 '치다'는 의미로 해석하고 있다.

이상의 재료들을 (솥에 넣고) 물 3말[斗]을 부어서, 은근한 불에 달여서 즙을 내고, 깨끗하게 걸러서 (맑은 탕 속에 적당량의 쌀을 넣고) 평상시와 같이 죽[335]을 끓이거나 혹은 탕을 만들어도 좋다.

右水三斗，慢火熬成汁，濾出澄清，如常作粥，或作羹湯亦可.

5. 양척추뼈 곰국[羊脊骨羹]

이것은 신장[336]이 오랫동안 허약하고, 허리와 신장이 손상된 것을 치료한다.

治下元久虛，腰腎傷敗.

양 척추 뼈 한 벌[具]을 통째로 쳐서 부순다. 육종용肉蓯容[337] 한 냥을 씻어서 절편으로 썬다. 초과 3개, 필

羊脊骨一具，全者，搥碎. 肉蓯容一兩，

335 '죽(粥)': 죽은 고대 각 민족의 주된 식품 중의 하나였다. 송원시대의 막북 초원에도 마찬가지였다. 아침에는 반드시 우유나 고기를 넣은 멀건 죽을 먹었으며, 낮에는 대개 음식을 거르고 저녁에는 고기와 육탕을 먹었다고 한다.

336 '하원(下元)': 하초의 원기(元氣), 즉 신장이다.

337 '육종용(肉蓯容)': 사막의 작은 교목인 준준(梭梭: *Haloxylon ammodendron* (C. A. Mey.) Bunge)의 뿌리에 기생하는 식물로서 중의약의 재료로 쓰인다. 오리나무더부살이라고도 한다. 학명은 *Cistanche deserticola* Ma이나 BRIS에는 국명이 제시되어 있지 않다. 맛은 달고 짜며, 성질은 따뜻하다. 신장을 보충하고, 정기를 증강하며, 건조한 것을 윤택하게 하고, 장을 매끈하게 하며, 골수를 보충한다. 특히 부인의 뭉친 배를 치료한다. 주로 내몽골, 감숙, 신강, 청해 등지에서 생산된다. 육질이 두툼하며 길고 굵으며 종갈색(棕褐色)인 것이 좋다. 다년생 초본식물이다. 이것은 이미 『신농본초경』에서부터 등장한다. 사부총간속편본에서는 '육종용(肉蓯容)'으로 쓰고 있는데, 중국의 상옌빈의 주석본과 장빙룬의 역주본에서는 동일하게 육종용(肉蓯蓉)으로 표기하고, 일본의 김세림의 역주본에서도 육종용(肉蓯蓉)으로 해석하고 있다. Buell의 역주본에서는 금작화 등의 뿌리에 기생하는 식물인 'broomrape'로 번역한다.

발 2전을 준비한다.

이상의 재료들을 (함께 솥에 넣고) 물을 부어 달여 즙을 내고, 찌꺼기는 버리고 (여과한 탕 속에 파밑동[338]과 여러 가지 맛으로 조미하여 (소금을 쳐서 끓인 후에) 밀가루를 뿌려 저어서 국을 만들어 먹는다.

洗，切作片. 草菓三箇, 蓽撥二錢.

右件，水熬成汁, 濾去滓, 入葱白, 五味, 作麵羹食之.

그림 41 육종용(肉蓯蓉)

6. 흰양신장국[白羊腎羹][339]

이것은 허약하고 남성의 성기능이 쇠퇴한 것과[340] 허리와 무릎에 힘이 없는 것을 치료한다.

治虛勞, 陽道衰敗, 腰膝無力.

338 '총백(葱白)': 백합과 식물 파의 밑동[뿌리근처]의 비늘줄기이다. Buell의 역주본에서는 이것을 'spring onions'라고 번역하고 있다.

339 당(唐) 손사막(孫思邈)의 『천금방(千金方)』, 당 잠은(昝殷)의 『식의심경(食醫心鏡)』, 송 『태평성혜방(太平聖惠方)』, 『성제총록(聖濟總錄)』에 흰양신장[白羊腎]의 식료법이 기술되어 있다.

흰 양의 신장 2벌[具]을 (깨끗하게 씻어 지방을 제거하고) 절편으로 썬다. 육종용 1냥(兩)을 술에 일정시간 담근 후에 자른다. 양 지방 4냥을 절편으로 썬다. 후추 2전, 속의 흰 부분을 제거한 말린 귤껍질 1전, 필발 2전, 초과 2전을 준비한다.

白羊腎二具, 切作片. 肉蓯蓉一兩, 酒浸, 切. 羊脂四兩, 切作片. 胡椒二錢, 陳皮一錢, 去白, 蓽撥二錢, 草果二錢.

이상의 재료들을 서로 합하여 (솥에 넣고 적당량의 물을 부어) 파밑동, 소금, 장을 넣고 끓여 탕으로 만든 후, 밀가루로 반죽하여 바둑알처럼 만들어 넣고 평상시와 같이 국을 끓여서 먹는다.

右件相和, 入葱白塩醬, 煮作湯, 入麵餜子, 如常作羹食之.

7. 돼지신장죽[猪腎粥]

이것은 신장이 허약하여 손상되고, 허리와 무릎에 힘이 없고 통증이 있는 것을 치료한다.

治腎虛勞損, 腰膝無力, 疼痛.

돼지 신장[341] 1짝[對]을 기름 막(膜)을 제거하고 자른다. 멥쌀 3홉[合]을 (깨끗이 인다.) 초과 2전(錢), 속의 흰 부분을 제거한 말린 귤껍질 1전, 사인[縮砂][342] 2전

猪腎一對, 去脂膜, 切. 粳米三合. 草果二錢, 陳皮一錢, 去白,

340 '양도쇠패(陽道衰敗)': 남자 성기능의 쇠퇴이다. 양도는 남자의 성기능을 일컫는다.

341 '저신(猪腎)': 돼지의 신장은 민간에서 '돼지콩팥[猪腰子]'이라고 부른다. 맛이 짜고 성질은 밋밋하며 독이 없다.

342 '축사(縮砂)': 생강과의 다년생초본으로 높이가 3m에 달한다. 금, 원대의 의원인 주단계(朱丹溪)는 『본초연의보유(本草衍義補遺)』에서 "축사는 태반을 안정시키고 통증을 멈추게 하며 기를 흐르게 한다."라고 했으며, 원대의 의학자 나천익(羅

을 준비한다.

이상의 재료를 (먼저) 돼지 신장, 초과, 사인, 말린 귤껍질 등을 함께 (솥에 넣고) 물을 부어 끓여서 즙을 내며, (탕 속의) 찌꺼기를 걸러 내고, (걸러 낸 탕 속에) 술을 약간 넣은 후 (탕 속에 3홉의 깨끗하게 인) 멥쌀을 넣고 약한 불로 죽을 쑤어 공복에 먹는다.

縮砂二錢.

右件, 先將猪腎陳皮等煮成汁, 濾去滓, 入酒少許, 次下米成粥, 空心食之.

8. 구기자 양신장죽[枸杞羊腎粥]

이것은 양기가 손상되고,[343] 허리와 다리의 통증 및 오로칠상五勞七傷[344]을 치료한다.

治陽氣衰敗, 腰脚疼痛, 五勞七傷.

天益)은 『위생보감(衛生寶鑑)』 권21 '풍승생(風升生)'에서 "축사인(縮砂仁)은 비위의 기가 뭉쳐 흩어지지 않는 것을 치료하며, 허로와 냉사(冷瀉)와 심복통을 치료하며, 기를 내리고 음식물을 소화시키는 작용을 한다."라고 하였다. 『한의학대사전』(정담, 2001)과 BRIS에서는 축사의 국명을 사인(砂仁)이라고 명명한다.

343 '양기쇠패(陽氣衰敗)': 양기가 부족하거나 기능이 감퇴하는 증상을 일컫는다. 양이 허하면 한기가 들며, 증상은 피로로 인한 무기력, 의욕 감퇴, 추위를 두려워하거나, 사지가 차며, 저절로 땀이 나고, 얼굴색이 창백해지며, 소변이 맑고 가늘게 나오고, 대변은 묽고 진흙처럼 되며, 혀가 물러지고, 혈맥이 크게 허하게 되거나 미세해지는 등의 증상이 나타난다.

344 '오로칠상(五勞七傷)'은 오로는 오장이 허약해서 생기는 허로(虛勞)를 5가지로 나눈 것으로, 심로(心勞), 폐로(肺勞), 간로(肝勞), 비로(脾勞), 신로(腎勞) 등이고, 칠상은 남자의 신기(腎氣)가 허약하여 생기는 음한(陰寒), 음위(陰痿), 이급(裏急: 복부의 피하에서 경련이 일어나 속에서 잡아당기는 것 같은 통증이 발생하는 증상), 정루(精漏), 정소(精少), 정청(精淸), 소변삭(小便數) 등 7가지 증상을 일컫는다. Buell의 역주본에서는 '오로칠상(五勞七傷)'을 'the five kinds of impairments and the seven wounds'라고 표면적인 현상으로 번역하고 있다.

구기자 잎 1근, 양의 신장 2짝[對]을 (깨끗이 씻어 지방을 제거한 후) 잘게 자른다. 파밑동 1줄기, 양고기 반 근을 볶아서[345] 준비한다.	枸杞葉一斤, 羊腎二對, 細切, 葱白一莖, 羊肉半斤, 妙.
이상의 4가지 재료를 함께 고르게 섞어서 여러 가지 맛을 가미하여 삶아 즙을 내며, 쌀을 넣고 끓여서 죽을 만들어 공복에 먹는다.	右四味拌勻, 入五味, 煑成汁, 下米熬成粥, 空腹食之.

9. 사슴신장국[鹿腎羹]

이것은 허약한 신장과 이농[346]을 치료한다.	治腎虛耳聾.
사슴 신장[347] 한 짝[對]을 깨끗하게 씻어서 기름 막을 제거하고 잘게 잘라서 준비한다.	鹿腎一對, 去脂膜, 切.
잘 자른 사슴 신장을 두시豆豉 속에 담근 후에 멥쌀 3홉을 넣고, (적당량의 물을 부어) 끓여서 죽 혹은 국을 만든다. 여러 가지 맛을 가미하여 공복에 먹는다.[348]	右件於豆豉中, 入粳米三合, 煑粥或作羹. 入五味, 空心食之.

345 저본인 사부총간속편본에는 '묘(妙)'라고 적고 있지만 전후 문장으로 보아 '초(炒)'가 합당할 듯하다.

346 '신허이롱(腎虛耳聾)': 신장 허약과 청력감퇴 증상을 겸한다.

347 '녹신(鹿腎)': 또한 녹경근(鹿莖筋), 녹편(鹿鞭), 녹음경(鹿陰莖), 녹충(鹿沖), 녹충신(鹿沖腎)으로 불린다. 사슴과 동물인 매화록(梅花鹿) 혹은 마록(馬鹿)의 수컷의 외생식기이다. 신장의 기운을 보호하고 양기를 강하게 하며, 정기를 북돋는데 효능이 있다. 기가 허약해서 생긴 병증과, 허리와 무릎이 시큰거리고 연약한 것, 신장 허약으로 인한 청력감퇴[耳聾], 이명(耳鳴), 양위(陽痿: 남성의 성기능 장애이다.), 자궁이 차가워서 임신하지 못하는 것을 치료한다.

348 본 처방은 원래 『성혜방(聖惠方)』「녹신죽(鹿腎粥)」에서 기원한다. 이것은 신기(腎氣) 손상으로 인한 청력감퇴[耳聾]를 치료한다. 사슴신장 한 벌을 (기름 막을

10. 양고기국[羊肉羹]

이것은 신장쇠약과 허리와 다리에 힘이 없는 것을 치료한다.

양고기 반 근을 잘게 자른다. 무 1개를 편으로 썬다. 초과 1전, 속의 흰 부분을 제거한 말린 귤껍질 1전, 양강 1전, 필발 1전, 후추 1전, 파밑동 3줄기를 준비한다.

이상의 재료들을 (함께 솥에 넣고) 물을 부어 끓여서 즙을 내고, 소금, 장을 넣고 끓여 탕을 만든다. 밀가루로 반죽하여 바둑돌처럼 만든 것을 넣어 국을 끓여 먹는다. 혹은 탕을 맑게 걸러내어 (맑은 즙에 적당량의 쌀을 넣고) 죽을 끓여 먹어도 좋다.

治腎虛衰弱, 腰脚無力.

羊肉半斤, 細切. 蘿蔔一箇, 切作片. 草果一錢, 陳皮一錢, 去白, 良薑一錢, 蓽撥一錢, 胡椒一錢, 葱白三莖.

右件, 水熬成汁, 入鹽醬熬成湯. 下麵餜子, 作羹食之. 將湯澄清, 作粥食之亦可.

11. 사슴발굽탕[鹿蹄湯][349]

모든 풍사에 의한 허증[虛], 허리와 다리 통증으로 인해 땅을 디딜 수 없는 것을 치료한다.

治諸風虛, 腰脚疼痛, 不能踐地.

제거하고, 잘라서) 멥쌀 3홉을 넣는다. 콩즙 속에 섞어 끓여서 죽을 만든다. 오미로 조미하여 앞의 방법과 같이 섞어서 공복에 먹는다. 국을 끓이거나 술을 함께 넣어서 만들어 먹을 수 있다.

349 『천금방(千金方)』, 『일화자본초(日華子本草)』에 녹제의 효용과 치료법이 기술

사슴 발굽[350] 4개,[351] 속의 흰 부분을 제거한 말린 귤껍질 2전, 초과草果 2전을 준비한다.

이상의 재료 중에서 (4개의 사슴발굽을 깨끗하게 털을 제거하고 씻고 말린 귤껍질과 초과를 솥에 넣고 물을 부어) 끓여 문드러지게 삶아서 사슴 발굽고기를 떼어내어서 여러 가지 맛을 가미하여 공복에 먹는다.

鹿蹄四隻，陳皮二錢，草果二錢.

右件，煮令爛熟，取肉，入五味，空腹食之.

12. 녹각주鹿角酒[352]

돌발성 요통으로 허리를 돌릴 수 없게 된 것을 치료한다.

사슴뿔[353] 새로 나온 것을 2-3치[寸] 길이로 잘라서 불 위에 구워서 빨갛게 달구어 준비한다.

이상의 달군 녹각을 술에 넣고 2일간 담가 두었다가 공복에 마시면 즉시 효험이 나타난다.

治卒患腰痛，暫轉不得.

鹿角新者，長二三寸，燒令赤.

右件，内酒中浸二宿，空心飲之立效.

되어 있다. 김세림의 역주본에는 『성제총록(聖濟總錄)』에도 「녹제방(鹿蹄方)」의 식료법이 기술되어 있지만 대체로 위와 동일하다고 한다.

350 '녹제(鹿蹄)': 사슴과 동물인 매화녹(梅花鹿) 혹은 마녹(馬鹿)의 발굽 고기이다.

351 사부총간속편본에는 '척(隻)' 자로 표기하였으나 상옌빈의 주석본과 장빙룬의 역주본에서는 '지(只)' 자로 고쳐 적고 있다. 이후에도 이런 경우가 종종 등장한다.

352 『명의별록(名醫別錄)』, 『본초경소(本草經疏)』, 『주후비급방(肘後備急方)』에서 관련 내용을 볼 수 있다.

353 '녹각(鹿角)': 사슴과 동물인 매화녹(梅花鹿) 혹은 마녹(馬鹿)의 뿔이 이미 뼈처럼 변한 노각이다.

13. 흑우골수조림[黑牛髓煎][354]

신장이 허약하며 골수가 손상되고, 파리하고 무력한 것을 치료한다.

흑우의 골수 반 근, 생지황즙 반 근, 벌꿀 반 근에 밀랍을 달이고 깨끗하게 정제하여 준비한다.

이상의 3가지 재료를 고루 섞고 (솥에 넣고 약한 불로), 달여 고약[膏]처럼 만든 후 따뜻한 술에 타서 공복에 복용한다.

治腎虛弱, 骨傷敗, 瘦弱無力.

黑牛髓半斤, 生地黃汁半斤, 白沙蜜半斤, 煉去蠟.

右三味和勻, 煎成膏, 空心酒調服之.

14. 여우고기탕[狐肉湯]

신체가 허기로 인해서 약해지고 오장에 사악한 기운이 든 것을 치료한다.[355]

여우고기 5근을 끓인 물에 깨끗하게 씻는다. 초과 5

治虛弱, 五藏邪氣.

狐肉五斤, 湯洗淨.

354 『명의별록(名醫別錄)』, 『천금방』, 『신농본초경』 등에 관련 내용을 볼 수 있다. Buell의 역주본에서는 이를 'Black ox marrow decoction'이라고 번역하고 있다.

355 '오장사기(五藏邪氣)': 인체 내부의 사기가 병을 일으키는 요소와 더해지는 것이다. 장빙룬의 역주본에서는 사기(邪氣)를 두 가지로 설명하고 있다. 첫째는 '사(邪)'라고도 칭한다. 인체 정기와 더불어 상대되는 말이다. 각종 병을 일으키는 요소와 그 병리의 피해를 두루 가리킨다. 『황제내경소문』「평열병론(評熱病論)」에서는 "사기가 모이면 그 기가 반드시 허해진다."라고 하였다. 두 번째로 풍(風), 한(寒), 서(署), 습(濕), 조(燥), 화(火)의 육음(六淫)과 전염병의 기운 등의 병을 일으키는 요소는 외부에서 인체에 침입해 들어오기 때문에 또 '외사(外邪)'라고 칭한다.

개, 사인[縮砂][356] 2전, 파 1줌, 속의 흰 부분을 제거한 말린 귤껍질 1전, 양강 2전, 합석니哈昔泥 1전, 이는 곧 아위(阿魏)이다. 를 준비한다.

草果五箇, 縮砂二錢, 葱一握, 陳皮一錢, 去白, 良薑二錢, 哈昔泥一錢, 即阿魏.

이상의 재료를 모두 솥에 넣고 비단포에 싸서 물 1말을 붓고, 끓여서 익힌 후에 초과草菓 등의 재료를 건져내고, 그다음에 후추 2전, 강황 1전을 넣고 초醋와 여러 가지 맛을 가미하여 고르게 섞어서 공복에 먹는다.

右件, 水一斗, 煑熟, 去草菓等, 次下胡椒二錢, 薑黃一錢, 醋五味, 調和匀, 空心食之.

15. 오골계탕[烏鷄湯][357]

신체의 허약으로 인한 내상과 심복부의 사기[心腹邪氣][358]를 치료한다.

治虛弱, 勞傷, 心腹邪氣.

수컷 오골계 1마리[359]를 (잡은 후에) 털을 뽑고 깨끗

烏雄鷄一隻, 撏洗

356 사부총간속편본에는 '축(縮)' 자로 적고 있으나 상옌빈의 주석본과 장빙룬의 역주본에서는 '축(縮)' 자로 고쳐 적고 있다. 이후에도 동일한 경우가 적지 않게 등장한다. '축사(縮砂)'는 즉 사인(砂仁)이다. 녹각사(綠殼砂)와 기원식물이 같다. 사인[縮砂]은 생강과로서 다년생 초본이며 높이는 3m 정도이고 뿌리가 옆으로 뻗어 자라는데, 간혹 통통하고 두툼하며 줄기는 곧고 바르다. 베트남, 태국, 미얀마, 인도네시아 등지에 분포하며, 맛은 맵고 성질이 따뜻하다. 주로 허로(虛勞)로 인한 설사, 소화불량에 효능이 있다.

357 『명의별록(名醫別錄)』, 『태평성혜방(太平聖惠方)』에 오계(烏鷄)의 식료법이 보인다.

358 '심복사기(心腹邪气)': 이는 곧 심복부의 밖에서 온 사기가 병을 일으키는 요소와 합해진 것이다.

359 사부총간속편본에는 '척(隻)' 자로 적고 있으나 상옌빈의 주석본과 장빙룬의 역

이 씻어 덩어리로 자른 것, 속의 흰 부분을 제거한 말린 귤껍질 1전, 양강良薑 1전, 후추 2전, 초과 2개를 준비한다.

淨, 切作塊子, 陳皮一錢, 去白, 良薑一錢, 胡椒二錢, 草菓二箇.

위의 재료와 파[葱], 초醋, 장醬을 고루 섞은 후, (크기가 적당한) 항아리 속에 넣고 입구를 봉하여 푹 삶아서 공복에 먹는다.

右件, 以葱醋醬相和, 入甁內, 封口, 令煮熟, 空腹食.

16. 제호주醍醐酒[360]

신체의 허약을 치료하고, 풍사[風]와 습사[濕]를[361] 제거한다.

治虛弱, 去風濕.

제호醍醐 1잔를 준비한다.

醍醐一盞.

위의 재료를 술 1잔[362]과 고루 섞고, 따뜻하게 해서 마시면 효험이 있다.

右件, 以酒一盃和勻, 溫飮之, 效驗.

주본에서는 '지(只)' 자로 고쳐 적고 있다.

360 '제호주(醍醐酒)': '제호'는 소젖에서 정제한 유지방으로, Buell의 역주본에서는 이를 'ghee liquor'라고 번역하고 있다. 『천금방』, 『태평성혜방(太平聖惠方)』, 『당본초(唐本草)』, 『식의심경(食醫心鏡)』 등에 제호주(醍醐酒)의 식료법이 기술되어 있다. 서역에서 전해졌으며, 어원은 산스크리트어의 'da dhi'이라고 한다. 청양판[程楊帆], 「飮膳正要語言研究及元代飮食文化探析程楊」, 寧夏大學碩士論文, p.8의 표 참조.

361 '풍습(風濕)': 풍(風)과 습(濕)의 두 종류 병사(病邪)가 결합되어서 나타나는 병증으로서, 또한 풍습증(風濕症)이라고도 한다.

362 사부총간속편본에는 '배(盃)' 자로 표기하였으나 상옌빈의 주석본과 장빙룬의 역주본에서는 '배(杯)' 자로 고쳐 적고 있다.

17. 마 수제비[山藥飥][363]

이것은 각종 허증, 오로칠상, 심복부가 냉한 통증, 골수가 손상된 것을 치료한다.

治諸虛, 五勞七傷, 心腹冷痛, 骨髓傷敗.

살이 붙은 양 뼈 5개 내지 7개, 무 1개를 큰 편으로 썬다. 파밑동 1줄기, 초과 5개, 속의 흰 부분을 제거한 말린 귤껍질 1전, 양강 1전, 후추 2전, 사인[硇[364]砂] 2전, 마[山藥][365] 2근을 준비한다.

羊骨五七塊, 帶肉, 蘿蔔一枚, 切作大片. 葱白一莖, 草果五箇, 陳皮一錢, 去白, 良薑一錢, 胡椒二錢, 硇砂二錢, 山藥二斤.

이상의 재료들을 (마를 제외하고 함께 솥에 넣고 적당량을 물을 넣어) 끓여서 즙을 취해 맑게 걸러내고 찌꺼기[366]는 버린다. 마 2근을 삶은 후에 갈아서 진흙처럼 만들고 밀가루 2근과 섞어서 (적당량의 거른 즙을 넣고) 반죽하여 수제비를 만든다.[367] 여러 가지 맛을 가미하여 공

右件同煮, 取汁澄清, 濾去柤. 麵二斤, 山藥二斤, 煮熟, 研泥, 搜麵作飥. 入五味, 空腹食之.

---

363 '탁(飥)': 북방에서 자주 먹는 밀가루 음식의 일종으로, 외형이 수제비[麵餅]와 같다.

364 사부총간속편본의 원문에는 '축(硇)' 자로 적혀 있으나 상옌빈의 주석본과 장빙룬의 역주본에서는 '축(縮)' 자로 고쳐 적고 있다.

365 '산약(山藥)': 서여(薯蕷)이며, 회산(淮山), 산서(山薯), 연초(延草), 옥연(玉延), 야산서(野山薯) 등으로 별칭된다. 다년생 초본식물이다. 신장의 기운을 더해 주며 근골을 강하게 하고 몽정과 건망증을 치료하는 상등의 보건식품이다.

366 '사(柤)': 상옌빈은 사부총간속편본과 동일하게 '사(柤)'로 적고 있지만, 장빙룬의 역주본에서는 '재(滓)'로 바꿔 적고 있다. '사(柤)'는 『강희자전』에 의하면 '재(滓)' 자와 통하기에 '찌꺼기'로 해석해도 무방할 듯하다.

복에 먹는다.

18. 마죽[山藥粥]

피로로 인한 허약증과 골증으로 열이 나서 오랫동안 신체가 차갑게 느껴지는 것을 치료한다.[368]

治虛勞, 骨蒸久冷.

양고기 1근을 지방과 근막을 깨끗이 제거하고 (솥에 물을 붓고) 푹 삶은 후 (꺼내) 갈아서 진흙처럼 만든다. 마[山藥] 1근을 삶은 후에 갈아서 진흙처럼 만들어 준비한다.

羊肉一斤, 去脂膜, 爛煮熟, 硏泥. 山藥一斤, 煮熟, 硏泥.

이와 같이 하여 양고기탕[肉湯] 속에 깨끗이 인 쌀 3홉을 넣고 끓여 죽을 만드는데, (양고기와 마를 갈아 넣고 점차 가열하여 고르게 섞어 주며) 공복에 먹는다.

右件, 肉湯內下米三合, 煮粥, 空腹食之.

19. 멧대추죽[酸棗粥][369]

허약하고, 마음이 답답하고, 잠을 잘 수 없

治虛勞, 心煩, 不

367 '수(搜)': 사부총간속편본에서는 '수(搜)'로 쓰여 있으나, 장빙룬은 『정자통(正子通)』에서 "'수(溲)'는 물을 밀가루와 반죽한 것이다."라고 한 것에 근거하여 '수(溲)' 자로 고쳐 적고 있다.

368 '골증구냉(骨蒸久冷)': 장빙룬의 역주본에 의하면 오랫동안 허약하고 피로함으로 인해서 생긴 증상이다. 골증으로 마른 열이 생겨서 몸이 차갑게 느껴지는 것을 가리킨다고 한다.

369 『태평성혜방(太平聖惠方)』에 '멧대추씨죽[酸棗仁粥]'의 식료법의 기술이 있다.

는 것을 치료한다.

멧대추 씨[酸棗仁][370] 1사발[碗]를 준비한다.

(멧대추 씨를 갈아서) 적당량의 물을 붓고 (달여) 베에 넣고 액즙을 취해 (액즙 속에) 인 쌀 3홉을 넣고 죽을 끓여 공복에 먹는다.[371]

得睡卧.

酸棗仁一碗.

右用水, 絞取汁, 下米三合煑粥, 空腹食之.

20. 생지황죽生地黃粥[372]

신체가 허약하고, 골증, 사지가 무력하고, 점차 여위고, 가슴이 답답하여 잠을 잘 수 없는 것을 치료한다.

생지황즙 1홉, 멧대추 씨 2냥[373]을 (찧어서) 물을 붓고 (달여) 포로 짜서 낸 즙 2잔[374]를 준비한다.

治虛弱骨蒸, 四肢無力, 漸漸羸瘦, 心煩不得睡臥.

生地黃汁一合, 酸棗仁水絞取汁二盞.

---

370 '산조인(酸棗仁)': 갈매나무과 식물인 멧대추나무의 종자이다. 맛은 달고 성질은 밋밋하다. 간(肝)의 기운을 배양하고 심신을 편안하게 하며 땀을 거둬들인다.

371 여기서 '산조인(酸棗仁)'이 멧대추의 과육을 제거한 씨를 가리키는 것인지 씨와 과육을 포함한 것인지는 분명하지 않다. 대개 사전에서는 씨만을 지칭하고 있다. 장빙룬[張秉倫]의 역주에서 이 부분에 대해 산조인에 적당량의 물을 붓고 베에 짜서 액즙을 취한다고 해석하고 있는데, 이럴 경우 산조인이 만약 씨를 가리킨다면 액즙을 짜기에는 매우 곤란하다. 만약 산조인이 씨와 과육을 포함한 것으로 본다면 달여 베로 짜서 액즙을 취하는 것에 논리적으로 문제가 없게 된다. 그렇지 않고 산조인을 씨라고 해석하면 이것을 먼저 찧어서 달여 베로 싸서 액즙을 짜야 한다.

372 『태평성혜방(太平聖惠方)』에 이 식료법의 기술이 있다.

373 '이냥(二兩)': 저본 사부총간속편본에는 '이냥(二兩)'이란 단어가 누락되어 있으나 장빙룬의 역주본에서는 『태평성혜방(太平聖惠方)』「식치골증로(食治骨蒸勞)」에 근거하여 보충한다. 이에 근거하였다.

374 이 부분에 대한 해석 역시 바로 앞 사료에 근거하여 해석하였음을 밝혀 둔다.

위의 생지황즙과 멧대추즙을 서로 섞어, 물을 붓고 수차례 김이 나도록 끓인 다음 (그 탕 속에) 깨끗이 인 쌀 3홉을 넣고 죽을 끓여 공복에 먹는다.

右件, 水煮同熬數沸, 次下米三合煮粥, 空腹食之.

21. 초면국[椒麵羹][375]

비장과 위장의 허약함과 장기간 체내에 쌓인 냉기,[376] 흉복부에 덩어리가 뭉쳐 통증이 있거나 구토를 하고, 음식을 먹을 수 없는 것을 치료한다.[377]

治脾胃虛弱, 久患冷氣, 心腹結痛, 嘔吐不能下食.

천초川椒[378] 3전을 볶아서 가루로 낸다. 밀가루 4냥를 준비한다.

川椒三錢, 炒, 爲末. 白麵四兩.

이상의 재료를 함께 고르게 섞어서, 약간의 소금을 치고, 두시즙[豆豉]을 섞어 국수로 만들어 국을 끓여서 먹는다.

右件同和勻, 入塩少許, 於豆豉作麵條, 煮羹食之.

---

375 김세림의 역주본에서는 이 부분을 당 잠은(昝殷) 『식의심경(食醫心鏡)』과 송 『성제총록(聖濟總錄)』의 식료법을 참고했을 것으로 생각하고 있다.

376 '구환냉기(久患冷氣)': 이는 곧 냉기가 오랫동안 체내에 쌓여 발생하는 병증이다.

377 '불능하식(不能下食)'은 음식을 먹을 수 없거나 또는 음식이 내려가지 않는 것으로 이해되는데, Buell의 역주본에서는 이 부분을 앞의 구토와 연결하여 구토로 인해서 음식이 내려가지 않는 것으로 해석하고 있다.

378 '천초(川椒)': 상옌빈의 주석본에 따르면, '천초'는 '화초(花椒)'열매의 껍질을 말린 것을 가리킨다고 한다. Buell의 역주본에서는 이를 'chinese flower pepper'라고 번역하고 있다.

22. 필발죽蓽撥粥[379]

비장과 위장의 허약함과, 흉복부의 냉기로 인한 급성통증,[380] 막히고[381] 답답하여 먹을 수 없는 것을 치료한다.	治脾胃虛弱, 心腹冷氣疞痛, 妨悶不能食.
필발[382] 1냥, 후추 1냥, 계피 5전을 준비한다.	蓽撥一兩, 胡椒一兩, 桂五錢.
이상의 3가지 재료를 가루로 낸다. 매번 3전의 양에 물을 큰 사발로 세 번 넣고 두시[豉] 반 홉을 넣어 함께 삶아 찌꺼기를 제거한 후 (맑은 즙을 취해서 인) 쌀 3홉을 넣어 죽을 끓여 공복에 먹는다.	右三味爲末. 每用三錢, 水三大碗, 入豉半合, 同煮令熟, 去滓, 下米三合作粥, 空腹食之.

23. 양강죽良薑粥[383]

흉복부의 냉통과 속이 뭉쳐 있는 듯하고 마	治心腹冷痛, 積

379 김세림의 역주본에서는 이 내용이 『식의심경(食醫心鏡)』 및 『성제총록(聖濟總錄)』의 기술과 대체적으로 동일하다고 한다.

380 '교통(疞通)': 복부의 완만한 통증이나 복부가 경미하게 마비되는 현상이 동반되는 것을 가리킨다. 대부분 혈기가 허하여 한기가 뭉쳐 나타나는 증상이다. 『금궤요략』에서는 "부녀자가 임신하여 배에 통증이 있으면 당귀와 작약산(芍藥散)으로 다스린다."라고 하였다. 또 "산후 배 속의 통증은 당귀와 생강, 양고기탕[羊肉湯]으로 다스린다."라고 하였다.

381 '방(妨)': 장애와 손상의 뜻이 있다.

382 Buell의 역주본에서는 Indian들이 이용했던 'long pepper'로 번역하고 있다.

383 이 내용은 『식의심경』과 『태평성혜방』에 기술되어 있다.

신 것이 엎혀 있는 것[384]을 치료한다.

고량강[385] 반냥을 가루로 낸다. 멥쌀 3홉을 준비한다.

(고량강 가루에) 물 큰 사발 세 번을 넣고 고량강 탕즙이 두 사발이 될 때까지 달여서 찌꺼기는 제거하고 (여과한 즙에) 쌀을 넣고 죽으로 끓여 먹으면 효험이 있다.

聚, 停飮.

高良薑半兩, 爲末. 粳米三合.

右件, 水三大碗, 煎高良薑至二碗, 去滓, 下米煮粥, 食之效驗.

24. 오수유죽吳茱萸粥[386]

이것은 심장과 배의 냉기가 상충하고, 옆구리[387]에 통증이 있는 것을 치료한다.

오수유[388] 반 냥을 물에 씻어 점액을 제거하고,[389] 불

治心腹冷氣衝, 脇肋痛.

吳茱萸半兩, 水洗,

---

384 '정음(停飮)': 이는 곧 마신 것이 속에 머무는 것이다. 수음(水飮)은 마시는 것의 일종이다.

385 '양강(良薑)'은 고량강(高良薑)의 다른 이름이며, 고량강은 생강과의 고량강의 뿌리줄기를 가리킨다. 대개 중국에서는 고량군(高良郡)에서 난다고 해서 붙인 이름이나, 일본에서는 그냥 양강이라고 일컫는다. 이것은 맛이 맵고 성질이 따뜻하다. Buell의 역주본에서는 이를 'lesser galangal'으로 번역하고 있다.

386 이 내용은 『식의심경』과 『태평성혜방』에서 인용했을 것이다.

387 '협(脇)': 상옌빈의 주석본과 장빙룬의 역주본에서는 '협(脅)'으로 고쳐 쓰고 있다. 이 두 글자의 뜻은 동일하다.

388 '오수유(吳茱萸)': 이는 운향과 오수유속 오수유[*Tetradium ruticarpum* (A. Juss) T. G. Hartley]이다. 이시진의 기록에는 "수유는 남북에 모두 있지만 오(吳)지역의 것이 가장 좋아 오라는 이름이 붙은 것이다."라고 한다. 한국의 KPNIC에 의하면 이것을 운향과 쉬나무속 '오수유'로 명명한다. 장빙룬의 역주본에서는 이는 운향과 식물인 오수유의 아직 익지 않은 과실이라고 한 데 반해 상옌빈의 주석본에서는 건조하고 익은 과실을 지칭한다고 한다. 맛은 쓰고 약간 매우며, 성질은

에 찧어 말려 볶은 후에 가루를 내어 준비한다.

이상의 재료에 쌀 3홉을 넣고 (물을 부어) 함께 죽을 쑤어 공복에 먹는다.

去涎, 焙乾, 炒, 爲末.

右件, 以米三合, 一同作粥, 空腹食之.

그림 42 오수유(吳茱萸)

25. 소고기 육포[牛肉脯]

이것은 비장과 위가 오랫동안 차가워서 식욕이 없는 것을 치료한다.

소고기 5근을 (고기 속의) 지방과 근육막을 제거하고 큰 편(片)으로 자른다. 후추 5전, 필발 5전, 속의 흰 부분

治脾胃久冷, 不思飮食.

牛肉五斤, 去脂膜, 切作大片. 胡椒五錢,

따뜻하다. 향기는 진하고 독이 있다. 중초를 따뜻하게 하며, 통증을 멈추고 기를 잘 조절하고 습기를 제거하는 효능이 있다.

389 장빙룬의 역주본에서 이것은 오수유를 가공 · 포제(炮製)하는 방법 중의 하나이다. 즉 물에 불려서 오수유의 점액을 없애는 것이라고 한다. 명대 이중재(李中梓)가 편찬한 『본초통현(本草通玄)』에서는 "오수유는 소금기 있는 탕에 담가 점액을 없애고, 약한 불로 말려 건조한다."라고 하였다. 청대 황궁수(黃宮綉)의 『본초구진(本草求眞)』에서는 "오수유는 오래된 것이 좋다. 물에 담가 쓴 점액을 없앤다. 구토를 제거하기 위해선 황련(黃連)을 달인 물에 볶고, 산통(産痛)을 치료하기 위해선 소금물에 볶고, 혈맥을 다스리기 위해선 식초에 볶는다."라고 하였다.

을 제거한 말린 귤껍질 2전, 초과 2전, 축사 2전, 양강[390] 2전을 준비한다.

華撥五錢, 陳皮二錢, 去白, 草果二錢, 縮砂二錢, 良薑二錢.

이상의 재료에서 (소고기를 제외하고 후추와 필발 등을 부드럽게 가루로 내고) 생강즙 5홉, 파즙 1홉, 소금 4냥을 함께 소고기에 넣고 섞은 후 이틀 간 담가 꺼내 불에 쬐어 말려 소고기 육포를 만들어 수시로 먹는다.

右件爲細末, 生薑汁五合, 葱汁一合, 塩四兩, 同肉拌匀, 淹二日, 取出焙乾, 作脯, 任意食之.

26. 연밥죽[蓮子粥]

이것은 마음이 불안정한 것을 치료하며, 비장과 위를 보충하여 정신을 증강시키고, 눈과 귀를 밝고 잘 들리게 한다.

治心志不寧. 補中強志, 聰明耳目.

연밥 1되를 가져다가 심을 제거하여[391] 을 준비한다.

蓮子一升, 去心.

연밥을 익힌 후 (갈아서) 진흙과 같이 만들어, 멥쌀 3홉을 넣어서 (물을 넣고 끓여) 죽으로 만들어 공복에 먹는다.

右件煑熟, 研如泥, 與粳米三合, 作粥, 空腹食之.

---

390 '양강(良薑)': 금대 의학가 장원소(張元素)의 『의학계원(醫學啓源)』 권하에 의하면 "양강은 열이 나고 맛이 짜며, 주로 위의 냉기가 역류하고, 토사곽란과 복통, 위가 뒤집히고 음식물을 토하고 근육이 뒤틀리는 증상과 설사 등을 치료하며, 기를 내리고 음식을 소화하는 작용이 있다."라고 한다.

391 '거심(去心)': 중의학에서는 연밥의 심을 제거하는 이유는 맛이 쓰고 성질이 차가워서 사람에게 구토작용을 일으키기 때문이다.

27. 가시연밥죽[鷄頭粥]

정기가 부족한 것을 치료하고 정신을 강하게 하며 귀와 눈을 밝게 한다.

가시연밥[鷄頭實][392] 3홉을 준비한다.

가시연밥을 삶아 갈아서 진흙과 같이 만들어, 멥쌀 1홉을 넣고 (솥에 물을 부어 함께) 죽을 쑤어 먹는다.

治精氣不足, 強志, 明耳目.

鷄頭實三合.

右件煮熟, 研如泥, 與粳米一合, 煮粥食之.

28. 가시연꽃가루국[鷄頭粉羹][393]

습사[濕]로 인해 저린 증상,[394] 허리와 무릎 통증을 치료한다. 돌발성 질병을 없애고 정기를 북돋우며 심지를 강하게 하며, 눈과 귀를

治濕痺腰膝痛. 除暴疾, 益精氣, 強心志, 耳目聰明.

---

392 '계두실(鷄頭實)': 계두(鷄頭), 검실(芡實)이라고 한다. 학명은 *Euryale ferox* Salisb.이며, KPNIC에서는 이를 수련과 가시연속 가시연꽃이라고 명명하며, 실(實)은 그 열매이다. 『고금주(古今注)』에서 이르길 "잎은 연과 같이 크며 잎 위에 주름져서 오그라든 모습이 샘솟는 모양과 같다. 열매는 가시가 있고, 그 안에 연밥이 있어서 허기를 채울 수 있는데 이것이 지금의 조자(蔦子)이다."라고 하였다. Buell의 역주본에서는 '계두실(鷄頭實)'을 'euryale fruits'라고 번역하고 있다.

393 '계두분갱(鷄頭粉羹)': 사부총관속편(四部叢刊續編)의 서두 부분의 목차에는 '계두분갱(鷄頭粉羹)'이라고 쓰여 있지만 본문 속 내용의 제목에는 '계두갱분(鷄頭羹粉)'으로 되어 있다. 전후의 목차의 분류로 보아 '계두분갱(鷄頭粉羹)'으로 하는 것이 합당할 것 같다.

394 저본인 사부총간속편본에서는 비(痺)라고 적고 있으나 대부분의 주석가들은 이것을 비(痹)로 해석하고 있다. 김세림의 역주본에서는 '습비(濕痹)'를 '습기에 의한 관절염'으로 보고 있다.

밝고 잘 들리게 한다.

가시연밥[鷄頭] (껍질을 제거하고) 갈아서 가루로 만든다.[395] 양의 등뼈 한 짝을 살이 붙은 채로 (솥에 물을 붓고) 끓여 (찌꺼기는 버리고) 즙을 취해 준비한다.

위의 재료에 생강즙生薑汁 한 홉을 넣고 여러 가지 맛을 가미하여 공복에 먹는다.

鷄頭磨成粉. 羊脊骨一付, 帶肉, 熬取汁.

右件, 用生薑汁一合, 入五味調和, 空心食之.

그림 43 가시연밥[鷄頭實]

29. 복숭아씨죽[桃仁粥][396]

심장과 복부의 통증, 기가 상충하여 기침이 나고 횡격막이 막혀 답답하고 숨을 급하게 헐떡거리는 것을 치료한다.

복숭아씨[桃仁][397] 3냥을 끓는 물에 삶아, 뾰족한 부분

治心腹痛, 上氣咳嗽, 胷膈妨滿, 喘急.

桃仁三兩, 湯煮熟,

395 '계두(鷄頭)'의 용량이 빠져 있는데, 다른 본에도 마찬가지이다.

396 당 잠은(昝殷)『식의심경(食醫心鏡)』, 송『태평성혜방(太平聖惠方)』,『성제총록(聖濟總錄)』에 '도인죽(桃仁粥)'의 식료법이 기술되어 있다.

397 '도인(桃仁)': 장미과 식물인 복숭아 혹은 산복숭아의 씨이다. 구체적으로 말하면

과 겹질을 제거하고, 갈아서 준비한다. | 去尖皮, 研.

위의 재료를 (포대에 싸서) 즙을 취해 멥쌀과 섞어서 함께 죽을 쑤어 공복에 먹는다. | 右件取汁, 和粳米同煮粥, 空腹食之.

30. 생지황죽生地黃粥[398]

허약하고 피로하며 몸이 여윈 것, 골증, 한기寒氣와 발열이 번갈아 일어나고,[399] 기침을 하면서 피를 토하는 증상을 치료한다. | 治虛勞, 瘦弱, 骨蒸, 寒熱往來, 咳嗽唾血.

생지황즙 2홉을 준비한다. | 生地黃汁二合.

위의 재료에 (먼저 쌀에 물을 부어) 흰죽을 끓여서 익을 때가 되면 지황즙을 넣고, 고르게 저어서 공복에 먹는다. | 右件, 煮白粥, 臨熟時入地黃汁, 攪勻, 空腹食之.

31. 붕어국[鯽魚羹]

비장과 위장이 허하고 약한 것, 설사가 오랫동안 지속되어 낫지 않는 것을 치료하며 이것을 먹으면 즉시 효험이 있다. | 治脾胃虛弱, 泄痢, 久不瘥者, 食之立效.

복숭아 핵 속의 연질의 알맹이를 뜻한다.

398 이는 당대(唐代) 잠은(昝殷) 『식의심경(食醫心鏡)』에 본문과 같은 식료법이 기술되어 있다.

399 '한열왕래(寒熱往來)': 증상의 명칭이며, 또한 '왕래한열(往來寒熱)'이라고 일컫는다. 『제병원후론(諸病源候論)』「냉열병제후(冷熱病諸候)」에 보인다.

큰 붕어 2근, 큰 마늘 2개[塊], 후추 2전, 화초[小椒][400] 2전, (속의 흰 부분을 제거한) 말린 귤껍질 2전, 사인[縮砂] 2전, 필발蓽撥 2전을 준비한다.

大鯽魚二斤, 大蒜兩塊, 胡椒二錢, 小椒二錢, 陳皮二錢, 縮砂二錢, 蓽撥二錢.

이상의 재료에서 (붕어 비늘, 내장, 아가미를 제거하고 깨끗하게 씻어서, 통마늘, 후추, 화초, 귤껍질, 사인, 필발과) 파, 장醬, 소금, 조미료, 마늘을 붕어 배 속에 넣은 이후에 졸여서 국[羹][401]을 끓이고 여러 가지 맛을 조미하여 고르게 섞어서 공복에 먹는다.

右件, 葱醬塩料物蒜, 入魚肚內, 煎熟作羹, 五味調和令勻, 空心食之.

32. 초황면炒黃麵

설사가 심하고 위장이 약한 것을 치료한다.[402]

治泄痢, 腸胃不固.

흰 밀가루 한 근을 (솥에 넣고) 볶아서 누렇게 만들어 준비한다.

白麵一斤, 炒令焦黃.

---

400 '소초(小椒)': 운향(芸香)과 식물인 화초[花椒]의 과피(果皮)인데, 본서에서는 권1과 마찬가지로 소초가 아닌 초(椒)는 '화초'라고 해석하였음을 밝혀 둔다.

401 원래 탕은 주로 약을 달일 때 사용했지만, 당대(唐代)에는 갱과 탕이 모두 국을 가리키는 것으로 변했다고 한다(이성우, 『한국요리문화사』, 서울: 교문사, 1993, p.93).

402 '장위불고(腸胃不固)': 장빙룬의 역주본에서는 이를 항상 배가 아파 설사하는 것으로 해석하며, 김세림의 역주본에서는 "위장이 약하다."고 번역하고 있다. 그런가 하면 Buell은 그 역주본에서 "설사가 심하고 장과 위가 느슨해지는 것을 치료한다."라고 번역하고 있다.

이상의 재료를 매일 공복에 한 숟가락 따뜻한 물에 타서 복용한다.

右件, 每日空心溫水調一匙頭.

33. 유병면乳餠麵

비장과 위가 허약하고, 설사에 붉은 피가 섞여 흰 점액 상태가 된 것을[403] 치료한다.

유병乳餠[404] 한 개를 잘라서 콩 모양으로 만들어 을 준비한다.

이상의 재료에 밀가루를 섞어 (솥에 넣고) 가열하여 공복에 먹는다.

治脾胃虛弱, 赤白泄痢.

乳餠一箇, 切作豆子様.

右件, 用麵拌, 煮熟, 空腹食之.

34. 누런 암탉구이[炙黃鷄]

비장과 위가 허약하고 설사를 하는 것을 치료한다.

누런 암탉 1마리[405]를 (잡아) 털을 뽑고 (내장을 제거

治脾胃虛弱, 下痢.

黃雌鷄□隻, 撏淨.

---

403 김세림은 역주본에서 '적백세이(赤白泄痢)'를 "설사에 피가 섞여 흰색점액상태로 된 것"으로 이해하고 있다.

404 '유병(乳餠)': 신선한 우유를 가공하여 만든 일종의 유제품이다. 주성분은 카세인(casein)이다. 맛은 달고 성질이 약간 차가우며 독이 없다. 오장을 윤택하게 하며 대소변을 잘 보게 하고 12경맥(經脈)을 이롭게 한다.

405 '□척(□隻)': 사부총간속편본에서는 '척(隻)' 앞이 비어 있는데, 상옌빈의 주석본과 장빙룬의 역주본에서는 '일지(一只)'로 표기하였다. 본 역주본은 두 학자의 견해에 따라 '□'를 '일(一)'로 해석했음을 밝혀 둔다. 김세림의 역주본에서도 '황자

한 후) 깨끗이 씻어서 을 준비한다.

이상의 재료에 소금, 장醬, 초, 회향茴香, 화초[小椒]가루를 함께 넣고 섞은 뒤 손질한 닭 위에 바르고 닭을 숯불 위에 올려서 껍질이 탈 정도로 구워서 공복에 먹는다.

右以, 鹽醬醋茴香小椒末同拌匀, 刷雞上, 令炭火炙乾焦, 空腹食之.

35. 우유로 필발을 달인 처방법[牛妳子煎蓽撥法]406

(당대) 정관貞觀연간 태종이 이질痢疾로 고생을 하자 많은 의원들이 (치료를 해봤지만) 효과가 없어, 주위 사람에게 누군가가 자신의 병을 치료해 준다면 반드시 큰 상을 내릴 것이라고 하였다. 이 때 어떤 술사가 처방법을 진헌했는데, 이는 우유로 필발을 달인 처방으로서 그것을 복용하니 즉시 차도가 있었다.

貞觀中, 太宗苦於痢疾, 衆醫不效, 問左右能治愈者, 當重賞. 時有術士進此方, 用牛妳子煎蓽撥, 服之立瘥.

계 일척잠정(黃雌鷄一隻撏淨)'으로 쓰는 것이 바르다고 한다.

406 '우내자전필발법(牛妳子煎蓽撥法)': 기록된 바의 사실은 『독이지(獨異志)』의 "당 태종이 이질로 고생하자 뭇 의원들이 진료를 했지만 효험이 없자 조서를 내려 물어서 찾도록 하였다. 금오장(金吾長) 장보장(張寶藏)이 일찍이 이 병으로 고생하였기에 즉시 상소를 갖추어서 유전필발(乳煎蓽撥)의 방법을 올려서 그것을 복용하니 즉시 나았다."라는 기록에서 볼 수 있다. 원문에는 아직 처방 중에 약물을 사용한 구체적인 양은 소개되어 있지 않은데 『본초강목』에서는 "그 처방은 우유 반 근에 필발 3전을 함께 반이 되게 달여 공복에 끼니때마다 복용한다."라고 비교적 상세히 언급하였다.

36. 오소리고기국[猯肉羹][407]

몸이 붓는 수종[408]과 붓기, 배가 부풀고 소변이 잘 나오지 않는 병증을 치료한다.

오소리 고기 1근을 잘게 썬다. 파 1줌[握], 초과草果 3개를 준비한다.

이상의 재료에 화초, 두시豆豉를[409] (솥에 넣고 물을 부어서) 문드러지게 삶는다. (그런 후에) 멥쌀[粳米] 1홉을 넣고 끓여서 국을 만들어서 여러 가지 맛을 조미하여 고르게 섞은 뒤 공복에 먹는다.

治水腫, 浮氣, 腹脹, 小便澀少.

猯肉一斤, 細切. 葱一握, 草果三箇.

右件, 用小椒豆豉, 同煮爛熟. 入粳米一合作羹, 五味調勻, 空腹食之.

37. 황자계黃雌鷄

배 속의 물이 고여 생긴 덩어리[410]와 몸이

治腹中水癖, 水

407 '단육갱(猯肉羹)': '단(猯)'은 바로 '단(貒: *Arctonyx collaris* F.Cuvier)'이다. 송『태평성혜방(太平聖惠方)』에는 동일한 식료법이 있다. 『본초강목』에서 "단(猯)은 바로 지금의 오소리[豬獾]이다. 오소리 고기는 땅의 기운[土氣]를 띠고 있으며 가죽과 털은 너구리[狗獾]와는 같지 않다. 북송대 관리이자 약물학자인 소송(蘇頌)의 주에서는 오소리가 아니고 너구리라고 하였다. 곽박은 '환(獾)'은 즉 '단(猯)'이라고 하였는데 이 또한 잘못된 것이다. … (이 고기는) 주로 수창(水脹)이 오래되어서 낫지 않아 죽을 지경에 이를 때 치료하는 데 효능이 있으며, 그것을 국으로 만들어 먹으면 몸 안의 수분이 빠져나가면서 크게 효능이 있다."라고 하였다.

408 '수종(水腫)': 병증의 이름이다. 또한 수(水), 수기(水氣), 수창(水脹), 수만(水滿)이라고도 일컫는다. 몸 안에 수습(水濕)이 고여 얼굴과 눈, 팔다리, 가슴과 배, 심지어 온몸이 붓는 질환이다.

409 화초[小椒]와 두시(豆豉)를 Buell의 역주본에서는 'chinese flower pepper'와 'fermented black beans'으로 번역하고 있다.

붓는 수종을 치료한다.

누런 암탉 1마리를 (잡아 털을 뽑고 내장을 제거하고) 깨끗이 씻는다. 초과 2전, 팥[赤小豆][411] 1되[升]을 준비한다.

이상의 재료를 (솥에 넣고) 함께 삶아서 빈속에 복용한다.

腫.

黃雌鷄一隻, 撏淨. 草果二錢, 赤小豆一升.

右件, 同煮熟, 空心食之.

38. 청오리국[靑鴨羹][412]

10가지의 수병[十腫水病][413]이 낫지 않는 것을 치료한다.

푸른 오리[靑頭鴨][414] 1마리를 (잡아서 털을 깨끗이

治十腫水病不瘥.

靑頭鴨一隻, 退淨.

---

410 '수벽(水癖)': 이것은 무언가를 마시게 되면 양 옆구리의 사이에 보이지 않게 형성되는 덩어리이다. 통증이 없을 때도 있으며, 평상시에는 보이지 않고 아플 때 비로소 만져지며 그 특징을 알 수 있다. 대개 물을 많이 먹어서 생긴 적병(積病)이라고 한다. Buell의 역주본에서는 'water indigestion' 즉 물로 인한 소화불량으로 이해하고 있다. 김세림은 역주본에서 배 속에 물이 고여 뭉쳐진 것이라고 한다.

411 '적소두(赤小豆)': 콩과 식물인 팥 혹은 적두(赤豆)의 종자이다.

412 진(晉) 갈홍(葛洪)의 『주후비급방(肘後備急方)』에 청두압(靑頭鴨)에 대한 기록이 보인다. 저자인 홀사혜가 이것을 인용한 듯하다.

413 '십종(十腫)': 김세림과 장빙룬의 역주본에서는 이를 마땅히 '십종(十種)'이라고 해야 하며 고대에 '10가지 수병(水病)'에 대한 총칭이라고 한다. 『태평성혜방(太平聖惠方)』 중에는 십종수병(十種水病)을 다스리는 식료(食療)의 처방이 있는데, 즉 "오소리[貒猪]고기 반 근을 잘게 썬다. 그 위에 멥쌀[粳米] 3홉과 물 3되를 넣고 파, 두시(豆豉), 화초, 생강을 넣고 죽을 만들어서 매일 공복에 먹는다."라고 하였다.

414 '청두압(靑頭鴨)': 오리의 일종이다. 머리 꼭대기의 깃털이 청남색의 금속광택을

뽑고 내장을 제거하고) 깨끗이 씻는다. 초과草果 5개를 준비한다.

草果五箇.

위의 재료 중에서 (초과와) 팥 반 되를 오리 배 속에 채워 넣고 (솥에 넣고) 삶아 익혀, 여러 가지 맛을 가미하여 (고르게 잘 섞어서) 공복에 먹는다.

上件, 用赤小豆半升, 入鴨腹內煮熟, 五味調, 空心食.

그림 44 푸른 오리[青頭鴨]

39. 무죽[蘿蔔粥]

소갈증[415], 혀가 타고 입이 마르며, 소변이 수시로 나오는 증상을 치료한다.

治消渴, 舌焦, 口乾, 小便數.

큰 무[大蘿蔔] 5개를 삶아서 (베에 넣고 짜서) 무즙을

大蘿蔔五箇, 煮熟,

띠고 있다. 『본초강목(本草綱目)』에서 "물을 다스리고 소변을 나오게 하려면 수컷 푸른 오리[青頭鴨]를 쓴다."라고 하였다.

415 '소갈(消渴)': 이는 많이 마시고 많이 먹고 소변도 많아지고 살이 빠지거나 소변에 단맛이 있는 특징을 지닌 질병이다. 『내경(內經)』 중에 소단(消癉)이 있다. 입이 말라 마실 것이 당기는 상갈(上消), 자주 배고픈 중소(中消), 마시면 소변을 보는 하소(下消)가 있는데 이를 통칭 소갈(消渴)이라고 한다. Buell의 역주본, p.407에서는 이를 'diabetes' 즉 당뇨병이라고 한다.

취하여 준비한다.

이상의 재료에 깨끗이 인 멥쌀 3홉을 넣고 물을 무즙에 부어 끓여서 죽을 만들어 먹는다.

絞取汁.

右件, 用粳米三合, 同水并汁, 煮粥食之.

40. 꿩국[野鷄羹]416

소갈증, 입이 마르며, 소변이 수시로 나오는 증상을 치료한다.

꿩[野鷄] 한 마리를 털을 뽑고 (내장을 제거하여) 깨끗이 씻어 준비한다.

위의 재료에 여러 가지 맛을 가미하여 평상시와 같이 국이나 고깃국[臛]을417 끓여서 먹는다.

治消渴, 口乾, 小便頻數.

野鷄一隻, 撏淨.

右入五味, 如常法作羹臛食之.

41. 비둘기국[鵓鴿羹]418

소갈증, 끝도 없이 물을 마시는 것을 치료한다.

흰 비둘기419 한 마리를 (잡아 털을 뽑고 내장을 제거

治消渴, 飮水無度.

白鵓鴿一隻, 切作

416 당대『식의심경(食醫心鏡)』에 동일한 식료법이 기술되어 있다.

417 '갱학(羹臛)': 고대에는 '갱(羹)'과 '학(臛)'을 구별했다. '학'은 순 고기를 원료로 하여 끓인 진한 식품인 데 반해 '갱'은 고기와 채소를 함께 끓이거나 혹 완전히 채소를 오래 끓여 만든 진한 식품을 뜻한다.

418 당대『식의심경(食醫心鏡)』에 본문과 동일한 식료법이 기술되어 있다. 김세림의 역주본에서는 홀사혜가 이 기록을 인용했을 것으로 보고 있다.

한 후에 깨끗이 씻고) 큰 절편으로 잘라서 준비한다.

위의 재료를 토소土蘇[420]와 함께 넣고 끓여서 공복에 먹는다.

大片.

右件, 用土蘇一同煮熟, 空腹食之.

42. 계란노른자[鷄子黃]

소변이 잘 나오지 않는 것을 치료한다.

계란 노른자[鷄子黃] 한 개를 생으로 준비한다.

생계란 노른자를 복용할 때는 세 차례를 넘기지 않아서 (효력을 볼 수 있다.) 익은 것도 먹을 수 있다.

治小便不通.

鷄子黃一枚, 生用.

右件, 服之不過三服, 熟亦可食.

43. 아욱국[葵菜羹]

소변이 막혀서[421] 통하지 않는 것을 치료한다.

治小便癃閉不通.

---

419 '발합(鵓鴿)': 비둘깃과 동물인 야생비둘기, 집비둘기 혹은 양비둘기의 고기나 전부를 가리킨다. 주로 신장을 보양하고 기를 돋우며 풍을 없애고 독을 해소하는 작용을 했다.

420 '토소(土蘇)': 상옌빈의 주석본에 의하면, 일종의 중의약의 이름이라고 하지만 어떤 종류의 약물인지는 상세하지 않다고 한다. 일설에서는 바로 '토수[土酥: 무(蘿蔔)]'라고 한다. Buell의 역주본에서는 이를 지방이나 기름의 의미인 'fat'나 'grease'로 해석하고 있다.

421 '융폐(癃閉)': 소변이 똑똑 떨어지고, 심하게 막혀서 잘 통하지 않는 병증으로서 각종 원인으로 야기된 소변 정체에서 볼 수 있다. 또한 융(窿) 혹은 폐융(閉癃)이라고도 칭한다. 『황제내경』 「소문 · 오상정대론(五常政大論)」에서 나온다. 실제 증상은 대부분 폐기가 막히고, 기의 기제가 뭉치거나, 수관(水管)이 쌓이고 막

아욱 잎 양에 관계없이 씻어서 깨끗한 것을 선별한다. 을 준비한다.

아욱을 (삶아 국을 끓이면서) 여러 가지 맛을 가미하여 공복에 먹는다.

葵菜葉不以多少, 洗擇淨.

右, 煮作羹, 入五味, 空腹食之.

44. 잉어탕[鯉魚湯]422

소갈, 물이 차서 몸이 붓는 증상, 황달, 각기병을 치료한다.

큰 잉어 1마리, 팥 1홉, 속의 흰 부분을 제거한 말린 귤껍질 2전, 화초 2전, 초과 2전을 준비한다.

위의 재료와 더불어 (잉어는 비늘, 아가미, 내장을 제거하고 깨끗이 씻고) 여러 가지 맛을 가미하여 고르게 잘 섞어 (솥에 넣고) 푹 삶아서 공복에 먹는다.

治消渴, 水腫, 黃疸, 脚氣.

大鯉魚一頭, 赤小豆一合, 陳皮二錢, 去白, 小椒二錢, 草果二錢.

右件, 入五味, 調和勻, 煮熟, 空腹食之.

45. 쇠비름죽[馬齒菜粥]423

각기병, 머리와 얼굴의 부종, 흉복부 팽만,

治脚氣, 頭面水

혔기 때문이다. 허중은 대부분 비장과 신장에 양기가 허하고, 진액을 운반하지 못해서 일어나게 되는 것이 원인이다.

422 당 맹선(孟詵)의 『식료본초(食療本草)』에 동일한 기술이 보인다. 김세림은 홀사혜가 이것을 인용했을 것이라고 보고 있다.

423 당 맹선(孟詵)의 『식료본초(食療本草)』, 『식의심경(食醫心鏡)』, 『성제총록(聖濟

소변이 시원하지 않은 증상을 치료한다. | 腫, 心腹脹滿, 小便淋澀.

쇠비름[424]을 깨끗이 씻어서 (찧어 짜서) 즙을 취하여 준비한다. | 馬齒菜洗淨, 取汁.

이상에서 짜낸 즙을 멥쌀과 함께 섞어서 끓여 죽으로 만들고 공복에 먹는다. | 右件, 和粳米同煮粥, 空腹食之.

46. 밀죽[小麥粥]

이것은 소갈증과 입이 마르는 것을 치료한다. | 治消渴, 口乾.

밀 일어서 깨끗이 씻되 양에 관계없이 을 준비한다. | 小麥淘淨, 不以多少.

밀을 끓여 죽을 쑤거나 불을 때서 밥을 지어 공복에 먹는다. | 右以煮粥, 或炊作飯, 空腹食之.

47. 당나귀머리국[425][驢頭羹]

이것은 중풍[426]으로 머리가 어지러우며 손 | 治中風頭眩, 手

總錄)』에 이 내용이 기록되어 있다.

424 '마치채(馬齒菜)': 학명은 *Portulaca oleracea* L.이며, KPNIC에서는 이를 쇠비름과 쇠비름속 쇠비름이라고 명명한다.

425 '여두갱(驢頭羹)': 이 조항은 『식의심경(食醫心鏡)』에서 기록된 제조법과 아주 유사하다. 『식의심경』에서는 "이것은 중풍으로 머리가 어지럽고 심장과 폐에 가벼운 열이 있으며, 손과 발에 힘이 없고 근골이 당기고 아프며, 말이 어눌하고 몸이 떨리는 것을 치료한다. 검은 당나귀 머리 한 개를 털을 벗기고 깨끗이 씻는 것은 이전의 방법과 같다. 아주 푹 찌고 잘게 잘라서 다시 두시즙 속에 넣고 끓여 오미

과 발에 힘이 없고, 근골이 당겨 아프며 말하는 것이 어눌해지는 증상을 치료한다.[427]

검은 당나귀 머리 한 개를 (털을 뽑고) 깨끗이 씻는다, 후추 2전, 초과 2전 을 준비한다.

이상의 재료들을 (함께 솥에 넣고) 물을 부어서 문드러지게 삶아 (머리고기를 떼어 내어) 두시즙豆豉汁 속에 넣고, 여러 가지 맛을 조미하여 공복에 먹는다.

足無力, 筋骨煩痛, 言語蹇澀.

烏驢頭一枚, 撏洗淨. 胡椒二錢, 草果二錢.

右件, 煮令爛熟, 入豆豉汁中, 五味調和, 空腹食之.

48. 당나귀고기탕[驢肉湯][428]

이것은 사람이 미치는 병증[429]과 근심 걱정으로 즐겁지 않은 것을 치료하며 마음의 기를 안정시킨다.

검은 당나귀 고기를 양에 관계없이 잘라서 준비한다.

이상의 재료를 두시즙 속에 넣고 문드러지

治風狂, 憂愁不樂, 安心氣.

烏驢肉不以多少, 切.

右件, 於豆豉中,

로 조미하고, 약간의 연유를 섞어서 먹는다."라고 하였다. 당대『식료본초(食療本草)』권중(中) '여(驢)' 조항에서는 "털을 제거하고 그 즙을 누룩에 담갔다가 술을 만든다. 대풍(大風)을 제거한다."라고 하였다.

426 '중풍(中風)': '졸중(卒中)'이라고도 칭하며, 갑자기 정신이 혼미하여 넘어지고, 인사불성이 되거나 갑자기 입과 눈이 비틀어지며, 반신불수가 되고 말이 순조롭지 않은 병증이다.『황제내경(黃帝內徑)』「사기장부병형(邪氣藏府病形)」에 보인다. Buell의 역주본에서는 중풍을 'apoplexy'라고 번역하고 있다.

427 '언어건삽(言語蹇澀)': 이 부분은 중풍으로 인한 언어장애와 말이 잘 나오지 않는 증상을 일컫는다.

428『천금방(千金方)』「식치(食治)」에 비슷한 내용이 기록되어 있다.

429 '풍광(風狂)'은 풍사(風邪)로 인해 사람이 미치는 병증이다.

게 삶아 여러 가지 맛을 가미하여 공복에 먹는다.	爛煮熟, 入五味, 空心食之.

49. 여우고기국[狐肉羹][430]

갑작스런 경련, 간질[431], 정신이 황홀하거나 말이 횡설수설하며 노래를 불렀다가 웃었다가 하며 종잡을 수 없는 병증을 치료한다.	治驚風, 癲癇, 神情恍惚, 言語錯謬, 歌笑無度.
여우 고기는 양에 관계없으나 내장[五藏]도 준비한다.[432]	狐肉不以多少, 及五藏.
위의 재료를 평상시와 같이 삶아서 여러 가지 맛을 가미하여 삶아서 문드러지도록 익혀서 공복에 먹는다.	右件, 如常法入五味, 煮令爛熟, 空心食之.

50. 곰고기국[熊肉羹][433]

모든 풍사에 의한 병, 각기병, 저리고 아픈 통증으로 감각이 없는 병,[434] 근육과 혈맥이 이완수	治諸風, 脚氣, 痺痛不仁, 五緩筋急.

---

430 '호육갱(狐肉羹)': 이 조항은 『식의심경(食醫心鏡)』 '호육갱(狐肉羹)' 조항에서의 재료와 만드는 방법과 아주 유사하다.

431 Buell의 역주본에서는 간질을 'epilepsy'라고 표현하고 있다.

432 Buell의 역주본에서는 본문과 유사한 해석을 하고 있으며, 장빙룬[張秉倫]의 역주에서도 이 부분을 "여우고기는 양에 관계없으나 여우의 오장(五臟)도 사용할 수 있다."고 하여 '오장'도 사용 가능했음을 보여 주고 있다.

433 당 잠은(昝殷) 『식의심경(食醫心鏡)』에 본문과 동일한 식료법이 기술되어 있다.

축이 제대로 되지 않는 병증[435]을 치료한다.

곰 고기[熊肉] 1근을 준비한다.

위의 재료를 (잘게 썰어) 두시즙[豆豉]에 넣고 파, 장醬에 여러 가지 맛을 가미해서 함께 삶아서 공복에 먹는다.

熊肉一斤.

右件, 於豆豉中, 入五味葱醬, 煑熟, 空腹食之.

51. 오계주烏鷄酒[436]

중풍, 등이 뻣뻣하고, 혀가 굳어서 말하지 못하며, 눈알이 돌아가지 않고 답답하고 열이 나는 것을 치료한다.

오골계 암탉 한 마리를 잡아 털을 뽑고 깨끗이 씻어 내장을 제거하여 준비한다.

이상의 재료에 술 5되를 붓고 술이 2되가 남을 때까지 끓여서 찌꺼기는 제거한다. 걸러낸 액체를 나누어 세 번 복용하는데 (일정한 시간 간격을 두고) 서로 연달아 복용한다. 거른 즙을 다 마시게 되면 수시로 파밑동과 생강을

治中風, 背強, 舌直不得語, 目睛不轉, 煩熱.

烏雌鷄一隻, 撏洗淨, 去腸肚.

右件, 以酒五升, 煑取酒二升, 去滓. 分作三服, 相繼服之. 汁盡無時, 熬葱白生薑粥投之,

434 '비통불인(痺痛不仁)': 이 같은 사부총간속편본의 내용과는 달리 상옌빈의 주석본과 장빙룬의 역주본에서는 '비(痺)'를 '비(痹)'로 쓰고 있다. '불인(不仁)'은 Baidu 한어의 해석에 따르면 '사지가 감각을 잃은 것'이다.

435 '오완근급(五緩筋急)': 근육과 혈맥의 이완 및 수축이 장애로 인해 뜻대로 되지 않는 것이다. 김세림의 역주본에 의하면 내장을 사기(邪氣)가 손상함에 따라 야기된 맥의 이완과 근육의 경련, 손발이 마비된다고 한다.

436 홀사혜 이후, 명 이시진 『본초강목』에는 「오계주(烏鷄酒)」의 식료법이 기술되어 있다.

넣어 끓인 죽을 (술을 끓였던 오골계에 부어서) 뚜껑을 닫고 (계속 달여) 다시 짜서 즙을 취한다.

盖覆取汁.

52. 양위장국[羊肚羹]

모든 중풍으로 인한 병증을 치료한다.

양의 위 한 개를 깨끗이 씻는다. 멥쌀 2홉, 파밑동 몇 줄기, 두시[豉] 반 홉, 촉초蜀椒 내피가 열리지 않는 것은 버리고 사용하지 않으며 (솥에 넣고) 볶아 습기를 제거하여 30개를 준비한다. 생강 2전 반을 잘게 썰어 준비한다.

(양의 위를 뺀) 나머지 재료를 고르게 섞어 양의 위 안에 넣고 (솥에서) 문드러지게 삶아 꺼내 잘게 썰어서 여러 가지 맛을 조미하여 공복에 먹는다.

治諸中風.

羊肚一枚, 洗淨. 粳米二合, 葱白數莖, 豉半合, 蜀椒去目閉口者, 炒出汗, 三十粒. 生薑二錢半, 細切.

右六味拌匀, 入羊肚內爛煮熟, 五味調和, 空心食之.

53. 갈분국葛粉羹[437]

중풍, 심장과 비장의 풍사나 열사 및 언어장애, 정신이 혼미하고[438] 손발이 뜻대로 움직

治中風, 心脾風熱, 言語蹇澀, 精神

437 당 잠은(昝殷) 『식의심경(食醫心鏡)』, 송 『태평성혜방(太平星惠方)』에 본문과 동일한 식료법이 기술되어 있다.

438 '분(憒)': 사부총간속편본에는 '분(憒)'이라 쓰여 있다. 그런데 상옌빈의 주석본에서는 '궤(憒)'가 합당하다고 하며, 장빙룬의 역주에서도 『태평성혜방(太平聖惠

이지 않는 것을 치료한다.

갈분葛粉[439] 반 근의 칡을 찧어 (체에 쳐서) 가루 4냥을 취한다. 형개수荊芥穗[440] 1냥, 두시 3홉을 준비한다.

위의 3가지 재료에서 먼저 (솥에) 물을 붓고 형개와 두시를 넣고 삶아서 6-7번 김을 낸다. 찌꺼기를 제거하고 즙을 취한다. 그다음에는 칡가루를 (물에) 반죽하여 가는 국수를 만들어 여과한 즙 속에 넣고 삶아 익혀서 공복에 먹는다.

昏憒, 手足不遂.

葛粉半斤, 搗, 取粉四兩. 荊芥穗一兩, 豉三合.

右三味, 先以水煑荊芥豉, 六七沸. 去滓, 取汁. 次將葛粉作索麵, 於汁中煑熟, 空腹食之.

그림 45 형개수(荊芥穗)

方)』「식치중풍(食治中風)」에 근거하여 '궤(憒)'로 고쳐 적고 있다. '궤(憒)'는 혼란스럽고 망령된 것을 뜻하며, 『설문(說文)』에서는 "궤는 '란(亂)'이다."라고 한다.

439 '갈분(葛粉)': 덩굴식물인 칡의 뿌리에서 취한 천연 영양식품이다. 심혈관과 중추신경에 작용을 한다. 그 속에는 전분이 함량의 대부분을 차지하며 또한 소량의 단백질, 섬유소, 회분과 수분으로 되어 있다. 맛이 달고 성질은 많이 차며 독이 없다. 체액이 생기게 하여 갈증을 멈추고, 열을 식히고 답답한 것을 없애고 해독 작용을 하는 효능이 있다. 가슴이 답답하고 열이 나고, 입이 마르며, 열이 나서 종기가 생기고 목이 붓고 막힌 듯한 느낌을 치료한다.

440 '형개수(荊芥穗)': 중의약의 이름이며 학명은 Schizonepeta tenuifolia Briq.이다. BRIS에는 형개라고 명명하고 있다. Baidu 백과에 의하면 형개수는 꿀풀과 식물로서, 잎이 많이 갈라진 형개의 잎줄기와 이삭이다. 맛은 맵고 성질은 조금 따뜻하다. 폐와 간에 작용한다. 피부의 긴장을 풀고 풍사를 흩뜨리고 발진을 배출하며, 부스럼을 없애고 피를 멈추게 하는 효능을 지닌다고 한다.

54. 형개죽荊芥粥

중풍, 언어장애, 정신이 혼미해지고, 입과 얼굴이 비틀어지는[441] 증상을 치료한다.

형개수 1냥, 박하薄荷[442]잎 1냥, 두시[豉] 3홉, 흰 좁쌀 3홉을 준비한다.

이상의 재료와 물 4되를 함께 솥에 넣고 3되가 되도록 끓여, 찌꺼기는 걸러내고 좁쌀을 넣고 죽을 끓여 공복에 먹는다.

治中風, 言語蹇澀, 精神昏憒, 口面喎斜.

荊芥穗一兩, 薄荷葉一兩, 豉三合, 白粟米三合.

右件, 以水四升, 煮取三升, 去滓, 下米煮粥, 空腹食之.

그림 46 박하(薄荷)

441 '구면와사(口面喎斜)': '와(喎)'는 치우치고 바르지 못한 것으로 입이 돌아가는 것이다. 안면신경마비인데, 중풍의 후유증의 하나이다.

442 '박하(薄荷)': 순형과 박하속식물 박하[*Mentha canadensis* Linnaeus]의 포기 혹은 잎을 일컫는다. 다른 이름은 野薄荷, 夜息香 등이다. Buell의 역주본에서는 'field mint leaves'라고 번역하고 있다. 맛은 맵고 성질은 차갑다. 폐와 간에 작용한다. 풍(風)을 트이게 하고, 열을 분산시키며, 더러운 것이 들어오는 것을 막고, 해독하는 효능이 있다. 외인으로 인한 풍열, 두통(頭痛), 충혈, 인후 부종 및 통증, 식체로 인한 복부 팽만, 입이 허는 증상, 어금니의 통증, 옴, 두드러기 등을 치료한다.

55. 삼씨죽[麻子粥][443]

중풍, 오장에 생긴 풍사와 열사, 언어장애, 수족을 뜻대로 움직이지 못하며, 대장이 막힌 것을 치료한다.

동마자冬麻子[444] 2냥을 볶아, 껍질을 제거하고 갈아서 가루로 낸다. 흰 좁쌀 3홉, 박하잎 1냥, 형개수 1냥를 준비한다.

이상의 재료는 먼저 물 3되를 붓고 박하, 형개수를 끓이고, 찌꺼기는 제거하여 즙을 취한 후 삼씨와 흰 좁쌀을 함께 넣고 끓여서 죽을 만들어 공복에 먹는다.

治中風, 五藏風熱, 語言蹇澀, 手足不遂, 大腸滯澀.

冬麻子二兩, 炒, 去皮, 研. 白粟米三合, 薄荷葉一兩, 荊芥穗一兩.

右件, 水三升, 煑薄荷荊芥, 去滓, 取汁, 入麻子仁同煑粥, 空腹食之.

그림 47 동마자(冬麻子)

443 당 잠은(昝殷) 『식의심경(食醫心鏡)』, 송 『태평성혜방(太平聖惠方)』, 『성제총록(聖濟總錄)』에 이 식료법이 기술되어 있다.

444 '동마자(冬麻子)': Baidu 백과에 의하면 뽕나무과 식물인 대마[*Cannabis sativa* L.]의 씨다. 즉 중의약에서의 화마인(火麻仁)이다. 다른 이름은 마자(麻子), 마자인(麻子仁), 대마자(大麻子), 대마인(大麻仁), 백마자(白麻子), 동마자(冬麻子), 화마자(火麻子)로 불린다고 한다. Buell의 역주본에서는 '마자(麻子)'를 'hemp seed'라고 해석하여 대마(大麻)씨로 보고 있다. 맛은 달고 성질이 밋밋하다. 마른 것을 촉촉하게 하고 장을 매끄럽게 하며, 소변을 잘 통하게 하고 피를 활성화

56. 악실채惡實菜 우방자[445] 또는 서점자라고 함[卽牛旁子, 又名鼠粘子]

중풍으로 열이 있거나 건조하여서[446] 입이 마르고, 수족을 뜻대로 움직이지 못하는 증상과 피부에 열이 나 생긴 부스럼을 치료한다.

治中風, 燥熱, 口乾, 手足不遂及皮膚熱瘡.

악실채잎[惡實菜葉][447] 통통하고 연한 것[448]과 버터기름을 준비한다.

惡實菜葉嫩肥者, 酥油.

끓인 물로 위의 재료인 악실의 잎 3-5되를 삶아 꺼낸 후에 깨끗한 물에 헹궈내어 베로 짜서 즙을 취한 후, 여러 가지 맛을 가미하고 버터기름을 조금 쳐서 먹는다.

右件, 以湯煮惡實葉三五升, 取出, 以新水淘過, 布絞取汁, 入五味, 酥點食之.

하는 데 효능이 있다. 변비, 갈증, 소변 빛이 붉고 찔끔찔끔 나오는 증상, 풍습으로 인한 저림과 설사, 월경불순, 부스럼과 옴을 치료한다.

445 '우방자(牛旁子)': 상옌빈의 주석본에서는 사부총간속편본과 동일하게 '우방자(牛旁子)'라고 표기하였으나, 장빙룬의 역주본에서는 '우방자(牛蒡子)'라고 표기하였다.

446 '조열(燥熱)': 조화(燥火)라고도 부르며, 조사(燥邪)와 열사(熱邪)가 겹친 병증을 말한다. 일반적으로 눈이 충혈되고 잇몸이 붓고 아프며 귀에서 소리가 나고 마른 기침이 나며 피가 섞인 가래가 나오거나 코피가 나는 증상 등이 나타나게 된다.

447 '악실채엽(惡實菜葉)': 국화과 식물인 우엉[牛蒡: *Arctium lappa* L.]의 줄기와 잎이다. 맛은 쓰고 약간 달며, 성질은 서늘하다. 『약성론(葯性論)』에서 이르길 "우엉은 단독으로 쓰이는데, 얼굴과 눈이 답답하고 사지가 온전하지 못한 것에 효능이 있으며, 12경맥을 잘 통하게 하고 오장의 악기를 치료하니 항상 채소로 만들어 먹으면 사람의 몸이 가벼워진다. 또 줄기와 잎으로 즙을 취해 여름에 목욕할 때 넣으면 피부의 가려움증을 제거한다. 씻고 난 뒤에는 잠시 동안 바람을 피해야 한다."라고 하였다.

448 '눈비(嫩肥)': 상옌빈의 주석본에서는 사부총간속편본과 동일하게 '눈비(嫩肥)'라고 표기하였으나, 장빙룬의 역주본에서는 '비눈(肥嫩)'이라고 적고 있다.

그림 48 악실채잎[惡實菜葉]

57. 검은 당나귀가죽국[烏驢皮羹][449]

중풍으로 수족을 뜻대로 움직이지 못하고, 뼈마디가 뻣뻣하고 통증이 있으며, 속이 말라 답답하고, 얼굴과 눈·입이 비뚤어지는 것을 치료한다.

治中風, 手足不遂, 骨節煩疼, 心燥, 口眼面目喎斜.

검은 나귀 가죽[烏驢皮] 1장을 털을 뽑고 깨끗이 씻어 준비한다.

烏驢皮一張, 撏洗淨.

위의 재료를 (찜통에 넣고) 푹 쪄서 (열이 있을 때) 채 썰고, 두시즙에 넣고 여러 가지 맛을 가미하여 고르게 섞어 국을 끓여 공복에 먹는다.

右件, 蒸熟, 細切如條, 於豉汁中, 入五味, 調和勻, 煮過, 空心食之.

449 '오려피탕(烏驢皮羹)': 사부총간속편본의 본문에는 '오려피탕(烏驢皮湯)'이라 표기하고, 목차에는 '오려피갱(烏驢皮羹)'이라고 적고 있어 일치하지 않는다. 상옌빈은 전자에 따르고 장빙룬은 후자에 따르고 있다. 본서에는 이런 차이가 있을 경우 대개 첫머리 목차에 주로 의거했으며, 또 전후의 내용으로 볼 때 '羹'이 보다 바람직할 듯하다. 당 잠은(昝殷) 『식의심경(食醫心鏡)』에도 본문과 동일한 식료법이 기술되어 있다.

58. **양머리 숙회**[羊頭膾][450]

중풍으로 머리가 어지럽거나 여위거나 손발에 힘이 없는 것을 치료한다.

흰 양머리 1개를 털을 뽑고 깨끗이 씻어서 를 준비한다.

위의 재료를 (찜통에 넣고) 김을 내어 문드러지게 익혀서 (꺼내서 머릿살을 발라내어) 잘게 썰고, 여러 가지 맛을 가미하여 만든 즙에 양머리 숙회를 잘 섞어 공복에 먹는다.

治中風, 頭眩, 羸瘦, 手足無力.

白羊頭一枚, 撏洗淨.

右件, 蒸令爛熟, 細切, 以五味汁調和膾, 空腹食之.

59. **멧돼지 고깃국**[野猪臛]

오래된 치질,[451] 외치질[野鷄病],[452] 하혈이 멈추지 않는 것,[453] 항문이 부어서 막히는 증상을 치료한다.

멧돼지 고기 2근을 가늘게 잘라 를 준비한다.

위의 재료를 (솥에 넣고 물을 부어) 문드러지

治久痔, 野鷄病, 下血不止, 肛門腫滿.

野猪肉二斤, 細切.

右件, 煮令爛熟,

---

450 이를 Buell의 역주본에서는 'sheep's head hash'라고 번역하고 있다.

451 '치(痔)': 다양한 항문 질환을 가리킨다.

452 '야계병(野鷄病)': 병명으로 항문이 붉게 붓고 하혈을 하며, 외치질의 한 종류와 유사하다. Buell의 역주본에서는 이를 'bleeding piles' 즉 혈치(血痔)라고 해석하고 있다.

453 '하혈부지(下血不止)': 여기에는 장출혈, 자궁출혈, 치질출혈 등 하혈이 멈추지 않는 것이 있다.

게 푹 삶아서 여러 가지 맛을 가미하여 공복에 먹는다.

入五味, 空心食之.

60. 수달 간국[獺肝羹]

오랜 치질로 인해 하혈이 멈추지 않는 것을 치료한다.

수달 간 한 벌을 준비한다.

위의 재료를 삶아 익혀서 여러 가지 맛을 가미하여 공복에 먹는다.

治久痔下血不止.

獺肝一付.

右件, 煮熟, 入五味, 空腹食之.

61. 붕어탕[鯽魚羹]

오랜 치질, 장풍腸風[454]으로 대변에 만성적으로 피가 보이는 것을 치료한다.

治久痔, 腸風, 大便常有血.

---

454 '장풍(腸風)': 혈변의 일종이다. 『황제소문』「풍론(風論)」에 나온다. 장빙룬의 역주본에 의하면 혈변은 첫 번째로 치질로 인한 출혈을 의미한다. (원대 위역림(危亦林)의 『세의득효방(世醫得效方)』「실혈(失血)」에 보인다.) 두 번째로 오장육부가 허하고 손상되어서, 기혈이 조화롭지 못하고 풍한열독이 대장에 영향을 미쳐서 야기되는 혈변이다.(북송대 간행된 『태평성혜방(太平聖惠方)』 권60에 보인다.) 세 번째로 이는 곧 풍사로 인한 설사이다. (남송 진언(陳言)의 『삼인극일병증방론(三因極一病證方論)』에 보인다.) 네 번째로 대변에서 피가 섞여 나오고 피는 변의 앞부분에 묻어나오며 색깔은 선홍색을 띤다. (명대 공정현(龔廷賢)이 지은 『수세보원(壽世保元)』「변혈(便血)」에서 보인다.) 대부분 밖에서 풍사가 침범하거나 혹은 내풍이 오르지 못하고 내려갈 때 야기된다고 한다. 김세림의 역주본에서는 설사의 일종으로 풍리(風痢)와 동일하다고 하며, Buell의 역주본에서는 이를 'fresh blood stool'이라고 번역하고 있다.

큰 붕어 신선한 것 한 마리를 (비늘을 벗기고 아가미와 내장을 제거하고) 깨끗하게 씻어서 편으로 썬다. 화초 2전을 가루로 낸다. 초과 1전을 가루를 내어 를 준비한다.

위의 재료에 파 3줄기를 넣고 함께 삶아서 여러 가지 맛을 가미하여 공복에 먹는다.

大鯽魚一頭, 新鮮者, 洗淨, 切作片. 小椒二錢, 爲末. 草果一錢, 爲末.

右件, 用葱三莖, 煮熟, 入五味, 空腹食之.

7장 약 복용 시 음식금기[服藥食忌]

이 내용은 송대 『정화본초(政和本草)』의 내용을 인용한 것이다. 사부총간속편(四部叢刊續編) 『음선정요(飮膳正要)』의 원문에는 '복약식기'라는 항목이 명시되어 있지만 목차에는 없다. 이 경우에는 본문에 근거하여 보충하였다. 본 문장은 전문적으로 약을 복용할 때 응당 금기해야 할 음식물과 사물 및 복약을 금기하는 날짜에 대해 이야기한 것이다. 그중 복약시간의 제한에 대해 혹자는 고대 길흉 시일을 택하는 미신적인 견해와 병을 치료하고 약을 먹는 것을 함께 연계시키는 것은 관련이 없다고 여길 수 있으나 사실 시간을 택하여 약을 먹는 것은 중국 고대 중의학 중의 시간의학과 일정하게 관계가 있으며, 이것은 깊이 연구할 필요가 있다.

단지 약을 복용할 때는 생고수와 마늘 및 각종 생야채나 장을 매끄럽게 하는 모든 식품, 기름진 돼지고기, 개고기, 기름기 많은 음식, 생선회와 같이 비리고 누린내 나는 등의 음식물을 많이 먹어서는 안 된다. 또한 상례 때의 시체와 임산부, 썩고 더러운 것[455]들을 봐서는 안 된다. 또 오래되고 부패되어 냄새 나는 음식물을 먹어서는 안 된다.

但服藥不可多食生芫荽及蒜，雜生菜諸滑物肥猪肉犬肉油膩物，魚膾腥膻等物．及忌見喪尸產婦淹穢之事．又不可食陳臭之物．

복용하는 약품 중에 삽주[蒼朮, 白朮][456]가 있

有朮，勿食桃李

455 '엄(淹)': 사부총간속편본에는 '엄(淹)'이라고 적혀 있으나, 장빙룬의 역주본에서는 '엄(腌)'의 오류로 의심된다고 한다. '엄예(腌穢)'는 더럽고 깨끗하지 않다는 것이다. 쟝장위의 교주본에서는 『방언(方言)』의 기록을 인용하여 엄(淹)을 부패라고 인식하고 있다.

456 '출(朮)': 이는 "창출, 백출(蒼朮, 白朮)"로 번역하였는데, 왜냐하면 고대 중의약학

으면 복숭아, 자두, 참새고기, 고수[胡荽], 마늘, 강청어[青魚][457] 등의 음식을 먹으면 안 된다.[458]

雀肉胡荽蒜青魚等物.

복용하는 약품 중에 여로藜蘆[459]가 있으면 오랑우탄 고기[猩肉][460]를 먹어서는 안 된다.

有藜蘆, 勿食猩肉.

복용하는 약품 중에 파두巴豆[461]가 있으면, 갈

有巴豆, 勿食蘆

의 '출(朮)'은 창출과 백출의 구분이 없었기 때문이다. 당대 이후부터 비로소 백출과 창출의 구분이 있었다. 여기에서는 단지 '출'로서 구분하기는 힘들기 때문에, "창출, 백출(蒼朮, 白朮)"로 번역하였다. 한국의 KPNIC에서는 창출을 '삽주'라고 명명하며, 근연식물로서 한국에는 국화과 삽주속의 '당삽주'[*Atractylodes koreana* (Nakai) Kitam.]와 삽주속 '삽주'[*Atractylodes ovata* (Thunb.) DC.]가 소개되어 있다.

457 '청어(青魚)': 권3 4장 6 항목에 의하면 이 생선의 학명은 *Mylopharyngodon piceus* (Richardson)이고, 이것은 정어리[*Sardinops melanostictus*]와 유사한 생선인 청어[*Clupea pallasii*]와는 달리 한국의 BRIS에서는 이를 강청어라고 명명한다.

458 『식물본초(食物本草)』 권22 '복약기식(服藥忌食)'에서는 위의 문장과 유사하게 "有白術槍術勿食, 桃李及雀肉胡芫大蒜青魚鮓."라는 구절이 있다.

459 '여로(藜蘆)': 사부총간속편본과는 달리 장빙룬의 역주본과 상옌빈의 주석본에서는 여로(藜蘆)라고 적고 있다. 이는 백합과 이로속의 다년생 초본이다. Baidu 백과에 의하면 '이로(藜蘆)'는 '여로(藜蘆)'라고도 하며, 다른 이름으로 산총(山葱), 인두발(人頭髮), 모수여로(毛穗藜蘆)라고 한다. 학명은 *Veratrum nigrum* L.이다. BRIS에서는 이를 '여로', '참여로'라고 명명하고 있다. Buell의 역주본에서는 이를 'false hellebore', 즉 백여로근(white hellebore)이라 번역하고 있다. 맛이 쓰고 매우며, 성질은 차며 독이 있다. 풍담(風痰)을 토하게 하고 충독을 제거하는 효능이 있다. 중풍으로 인한 담통, 간질 및 나병, 황달과 오랜 학질, 이질, 두통, 목 안이 붓고 막힌 듯한 느낌, 콧속 굳은살, 옴병, 악성종기를 치료한다.

460 '성육(猩肉)': 이는 곧 포유동물인 오랑우탄의 고기이다. 사부총간속편본에는 '성육(猩肉)'이나 『천금방』 「서열(序列)」에는 '이육(狸肉)'으로 적고 있다. 『본초강목(本草綱目)』 「수부(獸部) · 성성(猩猩)」에서는 "고기는 달고 짜며, 따뜻하다. 독이 없다. 주로 먹어도 맛을 느끼지도 못하고, 배가 고프지 않고 기분이 들떠 있는 것과 곡식을 회피하는 것을 치료할 수 있다."라고 하였다. 옛사람들은 진귀한 물품으로 여겼다.

대 순[蘆笋][462]과 멧돼지고기를 먹어서는 안 된다.

笋及野猪肉.

복용하는 약품 중에 황련과 도라지[463]가 있으면 돼지고기를 먹어서는 안 된다.

有黃連桔梗, 勿食猪肉.

복용하는 약품 중에 지황이 있으면, 왕느릅[蕪荑][464]을 먹어서는 안 된다.

有地黃勿食蕪荑.

복용하는 약품 중에 반하半夏,[465] 창포菖蒲가

有半夏菖蒲, 勿

---

461 '파두(巴豆)': 대극과 식물로서 파두의 종자이다. 파숙(巴菽), 강자(剛子), 파인(巴仁) 등으로 이름하며 학명은 *Croton tiglium*이다. 맛이 맵고, 성질은 뜨거우며 독이 있다. 한기가 쌓여서 설사를 하는 증상을 치료하며, 구멍이 막히는 것을 통하게 하고, 담을 없애며 물을 잘 통하게 하고, 살충에도 효과가 있다. Buell의 역주본에서는 이를 'croton beans'라고 번역한다. 위 학명으로 검색하면 한국의 KPNIC에서는 어떤 내용도 없고, BRIS에서는 '크로톤속'이라고 이름하고 있다.

462 '노순(蘆笋)': 벼과 식물로서, 갈대의 여린 싹이다. 봄, 여름에 파서 취한다. 『본초도경(本草圖經)』에서는 "맛은 조금 쓰다."라고 하였다. 『일용본초(日用本草)』에서는 "맛은 달고 성질은 차며, 독이 없다."라고 하였다. 열병으로 인한 목마름, 임질, 소변이 순조롭지 못한 것을 치료한다.

463 '길경(桔梗)': 초롱꽃과 도라지속 식물인 도라지[*Platycodon grandiflorus*]의 뿌리이다. 맛은 쓰고 매우며, 성질이 밋밋하다. 폐의 기를 열며, 담을 제거하고 고름을 없앤다. 외감(外感)으로 인한 기침, 인후가 부어서 생기는 통증, 폐의 종기나 고름을 토하고, 가슴이 답답하며 옆구리 통증이 있는 경우 및 설사, 복통을 치료한다. 북제의 의학자 서지재(徐之才)가 저술한 『본초경집주(本草經集注)』에서는 "백급(白芨), 용안(龍眼), 용담(龍膽)을 꺼려라."라고 하며, 『약대(藥對)』에서는 "돼지고기를 꺼려라."라고 한다.

464 '무이(蕪荑)': 느릅나무과 느릅나무속식물인 느릅나무[*Ulmus macrocarpa* Hance] 과실의 가공품이다. KPNIC에서는 이를 느릅나무과 느릅나무속 '왕느릅나무'로 명명하고 있다. 여름에 대과 느릅나무의 과실이 익었을 때 따서 햇볕에 말리고, 열매를 비벼서 종자를 취한다. 맛은 맵고 쓰며, 성질은 따뜻하다. 벌레가 뭉쳐서 생긴 복통, 아동 소화불량과 설사, 냉기로 인한 이질, 옴, 악성 종기를 치료한다. Buell의 역주본에서는 이를 'stinking elm'이라고 번역한다.

465 '반하(半夏)': 천남성과(天南星科) 반하속 식물인 반하[*Pinellia ternata*(Thunb.) Breit.]의 덩이줄기이다. 맛은 맵고 성질은 따뜻하고 독이 있다. 습담으로 인해서 찬 것을 먹으면 토하는 경우, 음식물이 들어가면 토하는 증상, 기침으로 가래가

있으면, 엿[飴糖]과 양고기를 먹어서는 안 된다.

복용하는 약품 중에 족도리풀[細辛][466]이 있으면, 생야채[生菜]를 먹어서는 안 된다.

복용하는 약품 중에 감초甘草가 있으면 파초이[菘菜][467]와 해조류[海藻][468]를 먹어서는 안 된다.

복용하는 약품 중에 모란[牡丹][469]이 있으면 생고수[胡荽]를 먹어서는 안 된다.

복용하는 약품 중에 자리공의 뿌리[商陸][470]

食飴糖及羊肉.

有細辛, 勿食生菜.

有甘草, 勿食菘菜海藻.

有牡丹, 勿食生胡荽.

有商陸, 勿食犬

많고, 횡경막이 부푸는 경우, 습담으로 인한 두통, 머리가 어지러워 잠을 잘 수 없는 것을 치료한다.

466 '세신(細辛)': 쥐방울덩굴과[馬兜鈴科] 족도리풀속[细辛属] 식물로 학명은 Asarum heterotropoides Fr. Schmidt이다. KPNIC에서는 이를 족도리풀로 명명하고 있다. Buell의 역주본에서는 이를 'chinese wild ginger'라고 번역한다. 맛이 맵고 성질은 따뜻하다. 풍을 제거하고 한기를 흩어지게 하며, 물을 잘 통하게 하고 막힌 구멍을 열어 주는 효능이 있다.

467 '숭채(菘菜)': 십자화과인 푸른 채소의 어린 포기이다. 학명은 *Brassica chinensis* L.이다. BRIS에서는 이를 도입종으로 '파초이'라고 명명하고 있다. 청대 왕사웅(王士雄)의 『수식거음식보(隨食居飲食譜)』에서는 "신선한 것은 장을 매끈하게 하고, 차가운 것을 먹으면 안 된다."라고 하였다.

468 '해조(海藻)': 모자반과[馬尾藻科] 식물인 양서채(羊栖菜) 혹은 해호자(海蒿子)의 말[藻體]이다. 맛은 짜고, 성질은 차갑다. 간, 위, 신장에 작용한다. 부드럽고 단단하게 하며, 담을 없애고 물을 잘 통하게 하며, 열을 배출하는 데 효능이 있다. 임파선염[瘰鬁], 갑상선염[癭瘤], 쌓여서 덩어리가 생기는 것, 부종, 각기병을 치료한다.

469 '모란[牡丹]': 작약과 작약속식물인 모란[*Paeonia suffruticosa Andrews*]의 뿌리껍질이다. 다른 이름으로 모란 뿌리껍질[牡丹根皮], 단피(丹皮), 단근(丹根)이라고 이른다. 맛은 쓰고 매우며 성질은 차갑다. 심장, 간, 신장에 작용한다. 모란은 몸 안의 열을 내리며 혈액의 열을 식히고, 혈액순환을 조화롭게 하며 어혈(瘀血)을 제거하는 효능이 있다.

470 '상육(商陸)': 자리공과[商陸科] 식물인 자리공[*Phytolacca acinosa* Roxb]의 뿌리이다. Buell의 역주본에서는 이를 'poke root'라고 번역한다. 맛은 쓰고 성질은

가 있으면 개고기를 먹어서는 안 된다.

복용하는 약품 중에 상산常山[471]이 있으면 생파와 생채소를 먹어서는 안 된다.

복용하는 약품 중에 공청空青[472]과 주사朱砂가 있으면 피로 만든 먹는 음식을 먹어서는 안 된다. 무릇 어떤 약을 먹든지 피로 만든 음식은 금한다.

복용하는 약품 중에 복령이 있으면 초醋를 먹어서는 안 된다.

복용하는 약품 중에 자라 등껍질이 있으면 비름[莧菜]을 먹어서는 안 된다.

복용하는 약품 중에 천문동天門冬이 있으면 잉어를 먹어서는 안 된다.

무릇 장기간 복약할 때 통상 피해야 하는 것:

미일未日[473]에는 약을 복용해서는 안 되며,

肉.

有常山, 勿食生葱生菜.

有空青朱砂, 勿食血. 凡服藥通忌食血.

有茯苓, 勿食醋.

有鼈甲, 勿食莧菜.

有天門冬, 勿食鯉魚.

凡久服藥通忌.

未不服藥, 又忌

차가우며 독이 있다. 비장, 방광에 작용한다. 대소변을 통하게 하고, 설사 치료, 몸 안의 뭉친 것을 풀어 주는 데 효능이 있다. 『본초경집주(本草經集注)』에서는 "상육이 있으면 개고기를 먹는 것을 피한다.[有商陸勿食犬肉.]"라고 하였는데 상육은 독이 있기에 복용하는 것은 합당하지 않으며, 중독될 가능성도 있다.

471 '상산(常山)': 범의귀과 식물인 황상산(黃常山)의 뿌리이다. 유효성분으로 황상산알칼리[黃常山鹼]가 있으며 간단하게 상산알칼리[常山鹼; dichroine]로 부른다. 맛은 쓰고 맵고 성질이 차가우며, 독이 있다. 간, 비장에 작용한다. 담을 제거하고, 학질을 멈추게 하는 기능이 있다. 학질, 임파선염을 치료한다.

472 '공청(空青)': 탄산염류의 광물인 남동석[Azurite]의 광석으로 둥근 형태 혹은 속이 빈 형태이다. 맛은 새콤달콤하고 성질은 차가우며, 약간의 독이 있다. 눈을 총명하게 하며, 눈의 막을 제거하고, 막힌 구멍을 잘 뚫는 효능이 있다. 녹내장, 야맹증, 백내장, 눈의 충혈과 통증, 중풍으로 입이 삐뚤어지거나, 팔뚝에 감각이 없는 경우, 머리의 풍사, 귀가 어두운 것을 치료한다.

473 '미(未)': 음력 중에 천간지지에 따라서 일시를 계산한 것으로, 지지(地支)는 '미

또한 만일滿日[474]도 피해야 한다.

정월, 5월, 9월에는 사일巳日을 피해야 한다.[475]

2월, 6월, 10월에는 인일寅日을 피해야 한다.

3월, 7월, 11월에는 해일亥日을 피해야 한다.

4월, 8월, 12월에는 신일申日을 피해야 한다.

滿日.

正五九月忌巳日.

二六十月忌寅日.

三七十一月忌亥日.

四八十二月忌申日.

그림 49 약 복용 시 음식금기[服藥食忌]

(未)'의 날을 가리킨다.

474 '만일(滿日)': 장빙룬의 역주본에서는 음력 중의 달이 보름달이 되는 날을 가리킨다고 한 반면, 김세림의 역주본에서는 『황제내경소문(黃帝內經素問)』의 "平旦人氣生, 日中而陽氣隆, 日西而陽氣已虛."에 근거하여 양기가 융성한 '일중(日中)'을 곧 '만일(滿日)'로 보고 있다. 이날은 복약을 금하였다.

475 '사일(巳日)': 음력 중에 천간지지에 따라서 일시를 계산한 것으로 지지(地支)는 '사(巳)'의 날을 가리킨다. 이 뒤의 인일(寅日), 해일(亥日), 신일(申日)도 이와 동일하다.

그림 50 상산(常山)

그림 51 백출(白朮)

그림 52 왕느릅[蕪荑]

그림 53 이로(藜蘆)

그림 54 파두(巴豆)

그림 55 자리공[商陸]

8장 음식물의 이로움과 해로움[食物利害]

본 장은 대개 몇 개의 부문으로 나누어 볼 수 있다. 첫째, 음식 위생 방면에 속하는 것. 둘째, 생태환경보호 방면에 속하는 것. 셋째, 지나치게 많이 먹으면 안 되는 것. 넷째는 믿기 어려운 것이거나 혹은 견강부회(牽强附會)적인 것에 속하는 것이 그것이다. 하지만 전편 대부분 내용은 비교적 과학적 근거에 합치되는 것으로, 참고할 만한 가치가 있다.

대개 모든 음식물은 이로움과 해로움이 있는데, 알게 된다면 (무지로 인한 상해를) 피할 수 있다.	盖食物有利害者, 可知而避之.
밀가루[476]가 변질되어 악취[477]가 나면, 먹어서는 안 된다.	麵有鮎氣, 不可食.
원재료가 색이 변하고 냄새가 나면, 먹어서는[478] 안 된다.	生料色臭, 不可用.
탕즙이 오래되고 밥이 쉰 것[479]은 먹어서는 안 된다.	漿老而飯溲, 不可食.
삶아도 색이 변하지 않는 고기는 먹어서는	煮肉不變色, 不

476 '면(麵)'을 Buell의 역주본에서는 'flour(밀가루)'로 해석한 데 반해, 장빙룬의 역주본에는 면(面)을 '음식물의 표면'으로 해석하고 있다.

477 '고(鮎)': 이는 곧 변질되어 악취[臭]가 난다는 의미이다.

478 '용(用)': 사부총간속편본에서는 '용(用)'으로 썼으나, 장빙룬의 역주에서는 상하의 내용에 근거하여 '식(食)'으로 수정하고 있다.

479 '수(溲)': 이는 '수(餿)'의 의미로 밥이나 반찬이 변질되어 쉰 냄새가 나는 것으로 보아야 할 것이다.

안 된다.

도살되지 않은 모든 고기는 먹어서는 안 된다. (병이나 기타 원인으로 죽을 수 있기 때문이다.)

고기가 부패된 것은 모두 먹어서는 안 된다.

모든 동물의 뇌는 먹어서는 안 된다.

무릇 제사용 상 위에 올린 고기[480]가 저절로 움직이는 것은 먹어서는 안 된다.

돼지와 양이 역병으로 죽은 것은 먹어서는 안 된다.

햇볕을 쬔 고기가 마르지 않은 것은 먹어서는 안 된다.

말의 간, 소의 간은 모두 먹어서는 안 된다.

눈동자가 닫힌 토끼는 먹어서는 안 된다.

고기를 구울 때, 뽕나무 가지를 연료로 사용해서는 안 된다.

노루, 사슴, 고라니는 4월에서 7월에 이르기까지는 먹어서는 안 된다.

2월에 토끼고기를 먹어서는 안 된다.

모든 육포는 쌀 속에 저장하면 안 되는데 독성이 생기기 때문이다.

可食.

諸肉非宰殺者, 勿食.

諸肉臭敗者, 不可食.

諸腦, 不可食.

凡祭肉自動者, 不可食.

猪羊疫死者, 不可食.

曝肉不乾者, 不可食.

馬肝牛肝, 皆不可食.

兎合眼, 不可食.

燒肉, 不可用桑柴火.

獐鹿麋, 四月至七月勿食.

二月內勿食兎肉.

諸肉脯, 忌米中貯之, 有毒.

---

480 '제육(祭肉)': Buell의 역주본에서는 이런 고기를 'sacrificial meat'라고 번역하고 있다. "제사용 상 위의 고기가 저절로 움직인다."라는 사실은 살아 있거나 완전히 절명하지 않은 동물을 제물로 삼았음을 의미할 것이다.

썩어 문드러진 생선은[481] 먹어서는 안 된다.

양의 간에 구멍이 난 것은 먹어서는 안 된다.

모든 날짐승이 스스로 입을 닫은 것은 먹어서는 안 된다.

게는 8월 이후에 먹을 수 있으며, 다른 달에는 먹어서는 안 된다.

새우를 너무 많이 먹어서는 안 되며, 수염이 없거나 복부가 붉고, 삶아서 색이 흰 것은 모두 먹어서는 안 된다.

12월에 육포나 소금에 절여서 말린 류의 고기가 간혹 비가 새서 젖었거나, 벌레나 쥐가 먹다 남은 것은 먹어서는 안 된다.

각종 해산물과 지게미에 담근 저장식품은 간혹 습기와 열에 변질되거나 저장기간이 너무 오래된 것은 모두 먹어서는 안 된다.

6월과 7월에는 기러기를 먹어서는 안 된다.

잉어 대가리는 먹어서는 안 된다. 뇌 속에 독이 있기 때문이다.

간이 청색을 띠는 것은 먹어서는 안 된다.

魚餧者, 不可食.

羊肝有孔者, 不可食.

諸鳥自閉口者, 勿食.

蟹八月後可食, 餘月勿食.

蝦不可多食, 無鬚及腹下丹, 煮之白者, 皆不可食.

臘月脯腊之屬, 或經雨漏所漬虫鼠嚙殘者, 勿食.

海味糟藏之屬, 或經濕熱變損, 日月過久者, 勿食.

六月七月, 勿食鴈.

鯉魚頭, 不可食. 毒在腦中.

諸肝青者, 不可

---

481 ‘뇌(餧)’: 굶주린다는 것과 생선이 썩어 문드러진 것을 의미한다. 『이아(爾雅)』「석기(釋器)」에서는 “고기는 (썩은 것을) ‘패(敗)’라고 하며, 생선은 (썩은 것을) ‘뇌(餧)’라고 한다.”라고 하고, 『광아(廣雅)』「석고(釋詁)」에는 “뇌(餧)는 기(飢)이다.”라고 하였다.

食.

5월에는 사슴을 먹어서는 안 되는데 (그러지 않으면) 정신이 손상된다.

五月勿食鹿，傷神.

9월에는 개고기를 먹어서는 안 되는데 (그러지 않으면) 정신이 손상된다.

九月勿食犬肉，傷神.

10월에는 곰고기를 먹어서는 안 되는데, (그러지 않으면) 정신이 손상된다.

十月勿食熊肉，傷神.

때가 아닐 때 수확한 것은 먹어서는 안 된다.

不時者，不可食.

모든 과일의 열매가 익지 않은 것은 먹어서는 안 된다.

諸果核未成者，不可食.

모든 과일 중 땅에 떨어진 것은 먹어서는 안 된다.

諸果落地者，不可食.

모든 벌레 먹은 과일은 먹어서는 안 된다.

諸果虫傷者，不可食.

복숭아와 살구에 씨가 2개인 것은 먹어서는 안 된다.

桃杏雙仁者，不可食.

연밥에 심을 제거하지 않고 먹으면 토사곽란을 일으킨다.

蓮子不去心，食之成霍亂.

멜론[甜瓜][482]의 꼭지가 2개인 것은 먹어서는 안 된다.

甜瓜雙蒂者，不可食.

모든 외[瓜] 중 물에 가라앉은 것을 먹어서는 안 된다.

諸瓜沉水者，不可食.

버섯[蘑菰]을 많이 먹어서는 안 되는데 (그러

蘑菰勿多食，發

482 '첨과(甜瓜)': 향과로 불리우며, 박과의 일년생 덩굴 초본식물이다. 학명은 *Cucumis melo* L.이며, BRIS에는 이를 멜론이라고 명명하고 있다.

지 않으면) 병이 생긴다.

病.

비술나무 씨[楡仁][483]를 많이 먹어서는 안 되는데, (그러지 않으면) 사람의 눈이 잘 떠지지 않는다.

楡仁不可多食, 令人瞑.

채소에 서리가 내린 것은 먹어서는 안 된다.

菜着霜者, 不可食.

앵두[櫻桃]를 너무 많이 먹어서는 안 되는데 (그러지 않으면) 사람에게 풍이 생긴다.

櫻桃勿多食, 令人發風.

파를 많이 먹어서는 안 되는데, (그러지 않으면) 사람의 신체가 허약해진다.

葱不可多食, 令人虛.

고수풀[芫荽]을 많이 먹어서는 안 되는데 (그러지 않으면) 사람의 건망증이 심해진다.

芫荽勿多食, 令人多忘.

죽순竹笋을 많이 먹어서는 안 되는데, (그러지 않으면) 병이 생긴다.

竹笋勿多食, 發病.

목이木耳버섯의 색이 붉은 것을 먹어서는 안 된다.

木耳色赤者, 不可食.

3월에 마늘을 먹어서는 안 되는데 (그러지 않으면) 사람의 눈을 침침하게 한다.

三月勿食蒜, 昏人目.

2월에 여뀌[蓼]를 먹어서는 안 되는데 (그러지 않으면) 병이 생긴다.

二月勿食蓼, 發病.

9월에 서리 맞은 외를 먹어서는 안 된다.

九月勿食着霜瓜.

4월에 고수풀[胡荽]을 먹어서는 안 되는데 (그러지 않으면) 암내[狐臭][484]가 난다.

四月勿食胡荽, 生狐臭.

---

483 권3 6장 38의 느릅나무과 느릅나무속의 비술나무[楡] 조항을 참조하라.

10월에 화초[椒]를 먹어서는 안 되는데, (그러지 않으면) 사람의 심장을 상하게 한다.

十月勿食椒, 傷人心.

5월에는 부추[韮]를 먹어서는 안 되는데 (그러지 않으면) 오장의 기능을 혼란하게 하여 기능이 약해진다.

五月勿食韮, 昏人五藏.

그림 56 음식물의 이로움과 해로움[食物利害]

484 '호취(狐臭)': 겨드랑, 외음과 입 등에서 나는 특이한 냄새로, 기타 유륜[乳暈], 배꼽부위[臍部], 항문주위[肛周]도 발생할 수 있다. Buell의 역주본에서는 이를 'odor from the armpits'라고 표현하고 있다. 대부분 환자는 동시에 유이타(油耳朵; 귓지상에서 고름이 나오는 귓병의 일종이다.)의 증상을 수반한다. 이는 습열로 인해서 눅눅하거나 유전에 의해서 생기며, 고수를 먹는 것과는 관계가 없다. 『주후방(肘後方)』에 나온다. 또한 이것은 '호취(胡臭)', '체기(體氣)', '액기(腋氣)'라고도 칭한다.

9장 음식 궁합의 상반[食物相反]

본 장은 주로 음식은 지나치게 번잡하게 섞어서는 안 되며 그렇지 않으면 음식물이 서로 상충되어 인체에 이롭지 못하게 된다는 이론이다. 그중 일부는 일정한 과학적 근거가 있지만, 억지스럽거나 이전의 자료를 베낀 부분도 있어 진일보한 연구가 필요하다.

무릇 음식을 먹을 때는 음식물을 (함부로) 섞어서는 안 되는데, 섞게 되면 간혹 (상호간을 상반 상극하여) 침범하는 바가 있게 되니, 알게 되면 (인체의 상해를) 피할 수 있다.

蓋食不欲雜，雜則或有所犯，知者分而避之.

말고기는 창고에 오래 저장된 쌀과 함께 먹어서는 안 된다.

馬肉不可與倉米同食.

말고기는 도꼬마리[蒼耳][485]와 생강과 함께 먹어서는 안 된다.

馬肉不可與蒼耳薑同食.

돼지고기는 소고기와 함께 먹어서는 안 된다.

猪肉不可與牛肉同食.

---

485 '창이(蒼耳)': 국명은 도꼬마리이며, 국화과 도꼬마리속 식물인 도꼬마리[*Xanthium strumarium* L.]의 줄기 잎이다. 맛은 쓰고 맵고, 성질은 차며 약간의 독이 있다. Buell의 역주본에서는 이를 'cocklebur'라고 번역하고 있다. 이것은 풍을 제거하고, 해열하며 해독하고 살충 작용을 한다. 머리에 풍사가 침입하고, 머리가 어지럽고, 습사로 인해 뼈마디가 쑤시고 쥐가 나며, 눈이 붉어지고, 안구에 막이 생기며, 팔꿈치와 무릎에 혹이 생기고, 얼굴에 부스럼이 생기는 증상, 열독으로 인한 종기, 부스럼, 피부 가려움증을 치료한다. 당대 손사막(孫思邈)의 『비급천금요방』「식치(食治)」에서는 "돼지고기와 같이 먹어서는 안 된다."라고 하였으며, 『당본초(唐本草)』에서는 "쌀뜨물을 꺼린다."라고 하였다.

양의 간은 화초와 함께 먹어서는 안 되는데, (그러지 않으면) 심장이 손상된다.

羊肝不可與椒同食, 傷心.

토끼고기는 생강과 같이 먹어서는 안 되는데, (그러지 않으면) 토사곽란을 일으킨다.

兎肉不可與薑同食, 成霍亂.

양의 간은 돼지고기와 같이 먹어서는 안 된다.

羊肝不可與猪肉同食.

소고기는 밤과 같이 먹어서는 안 된다.

牛肉不可與栗子同食.

양의 위는 팥[486]과 매실과 같이 먹어서는 안 되는데, (그러지 않으면) 사람이 손상된다.

羊肚不可與小豆梅子同食, 傷人.

양고기는 생선회와 유즙과 같이 먹어서는 안 된다.

羊肉不可與魚膾酪同食.

돼지고기는 고수와 같이 먹어서는 안 되는데, (그러지 않으면), 사람의 장이 손상 된다.

猪肉不可與芫荽同食, 爛人腸.

말 젖은 생선회와 같이 먹어서는 안 되는데, (그러지 않으면) 배 속에 덩어리[487]가 생긴다.

馬妳子不可與魚膾同食, 生癥瘕.

사슴고기는 작은 메기[鮠魚][488]와 같이 먹어서

鹿肉不可與鮠

486 '소두(小豆)': 이는 팥[赤小豆]이다. 콩과 식물인 팥 또는 붉은 콩의 종자이다. 맛은 달고 시며, 성질이 밋밋하다. 심장과 소장에 작용한다. 물을 잘 통하게 하여 습기를 제거하고, 피를 다스려 고름을 내보내며, 부기를 가라앉히고 독을 해독하는 효능이 있다. 소두는 부종, 각기병, 황달, 이질, 대변 출혈, 옹종을 치료하는 데 효능이 있다. 남당(南唐) 진사량(陳士良)이 지은 『식성본초(食性本草)』에서는 "오랫동안 먹으면 사람이 마르게 된다."라고 하였다.

487 '징가(癥瘕)': 배 속의 덩어리를 가리킨다. 쟝장위의 교주본에 의하면, 고정되어 움직이지 않는 것을 '징(癥)'이라 하고, 돌아다니며 고정되지 않은 것을 '가(瘕)'라고 한다.

488 '외어(鮠魚)': 이는 곧 종어(宗魚)이다. 학명은 *Leiocassis longirostris Gunther*이

는 안 된다.

고라니와 사슴은 새우와 함께 먹어서는 안 된다.

고라니 고기와 비계는 매실과 자두와 같이 먹어서는 안 된다.

소의 간은 메기와 같이 먹어서는 안 되는데, (그러지 않으면) 풍이 생긴다.

소의 내장은 개고기와 같이 먹어서는 안 된다.

닭고기는 생선 즙과 같이 먹어서는 안 되는데, (그러지 않으면) 배 속에 덩어리가 생긴다.

메추리 고기는 돼지고기와 같이 먹어서는 안 되는데, (그러지 않으면) 주근깨가 생긴다.

메추리 고기는 버섯과 같이 먹어서는 안 되는데, (그러지 않으면) 치질이 생긴다.

꿩은 메밀[489]과 같이 먹어서는 안 되는데 (그러지 않으면) 기생충이 생긴다.

魚同食.

麋鹿不可與蝦同食.

麋肉脂不可與梅李同食.

牛肝不可與鮎魚同食, 生風.

牛腸不可與犬肉同食.

鷄肉不可與魚汁同食, 生癥瘕.

鵪鶉肉不可與猪肉同食, 面生黑.

鵪鶉肉不可與菌子同食, 發痔.

野鷄不可與蕎麵同食, 生虫.

다. 이는 메기목의 작은메기과의 작은메기속으로 분류된다. BRIS에서는 국명을 '종어'라고 한다. 중국 고유의 유명하고 진귀한 담수어종으로, 장강 유역의 부분 하천의 구간과 각 큰 지류의 하류 수역에 주로 분포하며, 그중 또 호북 석수 일대의 장강 유역에서 생산되는 것이 가장 유명하다. 종어의 고기는 부드럽고 맛이 좋으며, 영양분이 풍부하다.

489 '교면(蕎麵)': 즉 메밀가루이고, 여뀌[蓼]과 식물인 메밀의 종자를 갈아서 만든 가루다. 맛은 달고 성질은 차갑다. 비장, 위, 대장에 작용한다. 위를 열고 장을 넓게 하며, 기를 내려 체증을 해소한다. 당대 손사막의 『비급천금요방』「식치(食治)」에서는 "모밀 음식을 먹으면 소화가 어렵고, 열사와 풍사가 크게 생긴다."라고 하였다.

꿩은 호두, 버섯과 같이 먹어서는 안 된다.	野鷄不可與胡桃蘑菰同食.
꿩의 알은 파와 같이 먹어서는 안 되는데 (그러지 않으면) 기생충이 생긴다.	野鷄卵不可與葱同食, 生虫.
참새의 고기는 자두와 같이 먹어서는 안 된다.	雀肉不可與李同食.
계란은 자라고기와 같이 먹어서는 안 된다.	鷄子不可與鼈肉同食.
계란은 생파와 마늘과 같이 먹어서는 안 되는데 (그러지 않으면) 사람의 원기가 손상된다.	鷄子不可與生葱蒜同食損氣.
닭고기는 토끼고기와 같이 먹어서는 안 되는데 (그러지 않으면) 설사를 하게 된다.	鷄肉不可與兎肉同食, 令人泄瀉.
꿩은 붕어와 함께 먹어서는 안 된다.	野鷄不可與鯽魚同食.
오리고기는 자라고기와 함께 먹어서는 안 된다.	鴨肉不可與鼈肉同食.
꿩은 돼지의 간과 함께 먹어서는 안 된다.	野鷄不可與猪肝同食.
잉어는 개고기와 함께 먹어서는 안 된다.	鯉魚不可與犬肉同食.
꿩[490]은 메기와 같이 먹어서는 안 되는데 먹게 되면 사람에게 나병이 생긴다.	野雞不可與鮎魚同食, 食之令

490 '야계(野雞)': 사부총간속편본의 본 장을 보면 '꿩'을 '야계(野鷄)'라고 표기하였는데, 이 부분만 '야계(野雞)'라고 적혀 있다. 앞뒤 문장을 살펴보았을 때 잘못 넣은 것으로 추측된다.

人生癩疾.

붕어는 당류[491]와 같이 먹어서는 안 된다.

鯽魚不可與糖同食.

붕어는 돼지고기와 같이 먹어서는 안 된다.

鯽魚不可與猪肉同食.

황어黃魚[492]는 메밀[493]과 같이 먹어서는 안 된다.

黃魚不可與喬麵同食.

새우는 돼지고기와 같이 먹어서는 안 되는데 (그러지 않으면) 사람의 정기가 손상된다.

蝦不可與豬肉同食, 損精.

새우는 당류와 같이 먹어서는 안 된다.

蝦不可與糖同食.

새우는 닭고기와 같이 먹어서는 안 된다.

蝦不可與鷄肉同食.

콩나물[大豆黃][494]은 돼지고기와 같이 먹어서는 안 된다.

大豆黃不可與猪肉同食.

기장쌀은 아욱과 같이 먹어서는 안 되는데 (그러지 않으면) 사람에 병이 생긴다.

黍米不可與葵菜同食, 發病.

---

491 '당(糖)': 엿, 엿당, 사탕 등 어떤 당인지가 분명하지 않아 당류라고 하였다. Buell의 역주본에서는 이를 'sugar'라고 번역하고 있다.

492 '황어(黃魚)': 역사상 황어는 황상어(黃顙魚), 전어(鱣魚), 석수어(石首魚)라고 일컫는다. 전어는 『음선정요(飮膳正要)』에서 '칼루가 철갑상어[阿八兒忽魚]'라고 불렀기 때문에, 여기서의 황어는 단지 황상어[동자개: *Pseudobagrus fulvidraco*]일 가능성이 있다. Buell의 역주본에서는 이를 'yellow fish'라고 번역하고 있다.

493 '교(喬)': 사부총간속편본에서는 '교(喬)'라고 표기되어 있는데, 문장의 뜻이 맞지 않다. 상옌빈의 주석본과 장빙룬의 역주본에서는 '교(喬)'를 '교(蕎)'라고 하였다. 본 역주본에서는 상옌빈과 장빙룬의 견해를 따라 번역했음을 밝혀 둔다.

494 대두황(大豆黃)은 '황두아(黃豆芽)로서 콩나물을 뜻한다. Buell의 역주본에서는 이를 'soybean sprouts'라고 번역하고 있다.

소두는 잉어와 같이 먹어서는 안 된다.

小豆不可與鯉魚同食.

소귀나무 열매[楊梅]는 생파와 같이 먹어서는 안 된다.

楊梅不可與生葱同食.

감,[495] 배는 게와 같이 먹어서는 안 된다.

柿梨不可與蟹同食.

자두는 계란과 같이 먹어서는 안 된다.

李子不可與鷄子同食.

대추는 벌꿀과 같이 먹어서는 안 된다.

棗不可與蜜同食.

자두와 마름[496]은 벌꿀과 같이 먹어서는 안 된다.

李子菱角不可與蜜同食.

아욱은 당류와 함께 먹어서는 안 된다.

葵菜不可與糖同食.

생파는 벌꿀과 같이 먹어서는 안 된다.

生葱不可與蜜同食.

상추[497]는 유즙과 같이 먹어서는 안 된다.

萵苣不可與酪同食.

죽순은 당류와 같이 먹어서는 안 된다.

竹笋不可與糖同食.

---

495 '시(柿)': 북송 소송(蘇頌)의 『본초도경(本草圖經)』에서는 "무릇 감을 먹을 때는 게와 같이 먹어서는 안 되는데, 만약 먹으면 복통으로 심한 설사를 하게 된다."라고 하였다.

496 '능각(菱角)': 마름과 식물인 마름의 과육이다. Buell의 역주본에서는 이를 'water chestnuts'라고 번역하고 있다.

497 '와거(萵苣)': 국화과 식물인 상추의 줄기 잎이다.

여뀌는 생선회[498]와 같이 먹어서는 안 된다.

비름[499]은 자라고기와 같이 먹어서는 안 된다.

부추는 술과 같이 먹어서는 안 된다.

방가지똥[苦苣][500]은 벌꿀과 같이 먹어서는 안 된다.

염교는 소고기와 같이 먹어서는 안 되는데 (그러지 않으면) 배 속에 덩어리가 생긴다.

겨잣가루와 토끼고기를 같이 먹어서는 안 되는데 (그러지 않으면) 부스럼이 생긴다.

蓼不可與魚膾同食.

莧菜不可與鼈肉同食.

韮不可與酒同食.

苦苣不可與蜜同食.

薤不可與牛肉同食, 生癥瘕.

芥末不可與兎肉同食, 生瘡.

---

498 Buell의 역주본에서는 어회(魚膾)를 'fish hash'라고 번역하고 있다.

499 '현채(莧菜)': 비름과 식물인 비름의 줄기 잎으로 학명은 *Amaranthus tricolor* L.이다. KPNIC에서는 이를 비름과 비름속 '색비름'이라고 명명한다. 비름은 자라와 함께 먹을 수 없다는 견해는 아마 원대 이전에 나왔을 것이다. 예컨대 당대 맹선(孟詵)의 『식료본초(食料本草)』에서는 "(비름은) 자라와 같이 먹으면 안 되고, 먹게 되면 자라로 인한 배탈이 난다. 또, 콩알만 한 자라 껍데기 일부를 비름으로 잘 감싸서 흙 속에 묻고 그 위를 흙으로 덮어서 하룻밤이 지나면 자라로 변하게 된다."라고 하였는데 이 사실은 믿기 힘들다.

500 '고거(苦苣)': 국화과 식물로서 토자채(兎仔菜)의 온전한 식물이다. 학명은 *Sonchus oleraceus* L.이며, KPNIC에서는 이를 '방가지똥'이라고 명명하고 있다. 당대 손사막의 『비급천금요방』「식치(食治)」에서는 "맛이 쓰고, 성질은 밋밋하고 독이 없다."라고 하였다. 황달, 급성 악성종기, 결절종을 고친다.

그림 57 음식 궁합의 상반[食物相反]

그림 58 석수어(石首魚)

그림 59 메기[鮎魚]

10장 음식물 중독[食物中毒]

본 장의 해독방법의 일부는 역대 초본에서 채록한 것이며, 일부분은 홀사혜가 새로 만들었을 것인데, 확실한 효과가 있는지 여부는 조금 더 연구를 해봐야 할 것이다.

각종 음식물에는 본래부터 독성이 있는데, 어떤 것은 그 자체로는 독이 없으나 음식을 먹은 후에 독이 생기는 것도 있다. 음식물이 함께 섞이면 상호 간에 꺼리고, 싫어하고 상반되어서 독성 물질이 생기기도 한다. 사람들이 음식을 삼가고 신중하지 않고 먹으면 오장육부가 상하고 장과 위의 기능이 문란해진다. 사람마다 손상 정도가 가볍거나 무거운 것은 각기 그 (물질이 생성한) 독의 정도에 따라서 해를 입고 독성에 따라서 (다른 약물에 의해서) 해독[501]의 여부가 결정 된다.

諸物品類, 有根性本毒者, 有無毒而食物成毒者. 有雜合相畏相惡相反成毒者. 人不戒慎而食之, 致傷腑臟和亂腸胃之氣. 或輕或重, 各隨其毒而爲害, 隨毒而鮮之.

음식을 먹은 후에 어떤 독을 먹었는지를 기억하지 못하고 가슴이 답답하고 복부가 그득한 것은 빨리 고삼苦參[502]을 달인 즙을 마셔서

如飮食後不知記何物毒, 心煩滿悶者, 急煎苦參汁飮,

501 '해(鮮)': 장빙룬의 역주본에서는 사부총간속편본과는 달리 해(鮮)를 해(解) 자로 바꾸어 놓고 있다.

502 '고삼(苦參)': 중의약의 이름이며, 콩과 고삼속 식물인 고삼[*Sophora flavescens Aiton*]의 마른 뿌리이다. 맛은 쓰고, 성질은 차갑다. 간, 신장, 대장, 소장에 작용

바로 토하도록 한다. 혹은 코뿔소의 뿔[犀角][503]을 달인 즙을 마시게 하거나, 혹은 초나 좋은 술[504]을 달여 마시게 해도 모두 좋다.

令吐出. 或煮犀角汁飲之, 或苦酒好酒煮飲, 皆良.

채소를 먹다[505] 중독되면 닭똥[506]을 태운 재를 물에 타서 복용한다. 혹은 감초 즙, 칡뿌리를 달인 즙을 마신다. 아연가루[胡粉][507]를 물에

食菜物中毒, 取鷄糞燒灰, 水調服之. 或甘草汁, 或煮

한다. 열독으로 인해 피가 섞인 설사를 하고, 치질로 인한 출혈, 황달, 적백대하, 소아폐렴, 체하여 비장과 위가 상한 경우, 급성편도염, 치루, 항문이 밖으로 빠지고, 피부가 가려운 증상, 옴・진드기로 인한 악성 종기, 음창으로 인해서 여성의 외음부가 축축하고 가려운 증상, 임파선염, 끓는 물이나 기름에 데인 상처를 치료한다.

503 '서각(犀角)': 코뿔소과의 동물인 인도코뿔소, 자바코뿔소, 수마트라코뿔소 등의 뿔이다. 북송대 소송(蘇頌)의 『본초도경(本草圖經)』에 의하면 서각은 남해에서 나는 것이 최상이며, 검(黔: 귀주), 촉(蜀: 사천)의 것이 다음이라고 한다.

504 '호주(好酒)': Buell의 역주본에서는 '호주(好酒)'가 증류주가 아니라면 좋은 와인이나 좋은 독주일 것이라고 추정하고 있다.

505 '식채물(食菜物)': 상옌빈의 주석본에서는 사부총간속편본과 동일하게 '식채물(食菜物)'이라고 하였으나, 장빙룬의 역주본에서는 '식채(食菜)'라고 표기하고 있다.

506 '계분(鷄糞)': 중의약에서는 시백(屎白)을 가리킨다. 다른 이름으로 계시(鷄矢), 계자분(鷄子糞)이 있으며, 꿩과 동물인 집닭의 똥 위의 흰색 부분을 의미한다. 맛은 쓰고 짜며, 성질은 서늘하다. 방광에 작용한다. 소변을 잘 보게 하며, 열을 배출하고, 풍사(風邪)를 제거하며, 독을 해독하는 효능이 있다. 장내에 있는 가스로 인해 부풀어 오르거나, 배 속이 뭉치는 경우, 황달, 임질, 풍사로 인한 팔다리 저림, 파상풍, 근맥이 경련하고 통증이 있는 증상을 치료한다.

507 '호분(胡粉)': 즉 중의약으로 연(鉛)을 인공 제조한 가루[鉛粉]이다. 다른 이름으로 분석(粉錫), 해석(解錫), 수분(水粉), 정분(定粉), 석분(錫粉), 유단(流丹), 작분(鵲粉), 백고(白膏), 연백(鉛白), 광분(光粉), 백분(白粉), 와분(瓦粉), 연화(鉛華), 관분(官粉), 궁분(宮粉)이 있다. 겉모습은 흰 분말이며 간혹 응고되어 불규칙적인 덩어리 모양을 이루며 손으로 비비면 바로 가루가 되는데, 곱고 부드러운 촉감이 있다. 성질은 무겁다. 색이 희고 곱고 부드러우며 잡질이 없는 것이 좋다. 가슴과 배가 뭉친 것을 해소하고 살충, 해독 작용, 새살이 돋는 효능이 있다.

타서 복용해도 좋다.

葛根汁飮之. 胡粉水調服亦可.

외[瓜]를 너무 많이 먹으면 배가 더부룩해지는데 (그럴 경우에) 소금을 먹으면 즉시 해소된다.

버섯[蘑菰]과 곰팡이류[菌子]를 먹어서 중독이 될 경우에는 지장地漿[508]으로 해독[509]한다.

마름을 지나치게 많이 먹어 복부가 그득하여 더부룩하고 답답할 때, 따뜻한 술과 생강즙을 섞어서 마시면 해소가 된다.

야생 토란[510]을 먹고 중독이 되면, 토장[511]을

食瓜過多, 腹脹, 食塩即消.

食蘑菰菌子毒, 地漿解之.

食菱角過多, 腹脹滿悶, 可暖酒和薑飮之即消.

食野山芋毒, 土

508 '지장(地漿)': 중국고대의 독특한 약품으로 다른 이름으로 지장수(地漿水)가 있다. 만드는 법은 황토땅을 파서 깊이 약 2자 되는 구덩이를 만들어 물을 붓고 휘저어서 가라앉길 기다렸다가 윗면의 맑은 즙을 취하는데 그것이 바로 지장수이다. 맛이 달고 성질은 차갑다. 『본초재신(本草再新)』에서는 "간, 폐 2곳에 작용한다."라고 하였다. 해열 및 해독을 하고, 중초를 조화롭게 하는 기능이 있다. 『본초강목』에서는 "모든 고기 · 생선 · 과일 · 채소 · 약물 · 버섯의 독을 해독하며, 토사곽란과 갑자기 죽으려는 사람을 치료할 때 한 되를 마시면 아주 좋다."라고 하였다.

509 '해(鮮)': 장빙룬의 역주본에서는 사부총간속편본과는 달리 해(鮮)를 해(解) 자로 바꾸어 놓고 있다. 이후 이 항목에 등장하는 5곳에도 마찬가지이다.

510 '야산우(野山芋)': 이는 곧, 중의학의 야생 토란이다. 천남성과 식물인 알로카시아[海芋]의 뿌리줄기이다. 학명은 *Alocasia macrorrhiza* (L.) Schott이며, 주로 광동, 광서, 사천 등지에서 생산된다. 이에 부응하는 식물이 KPNIC와 BRIS에는 등록되어 있지 않다. 맛이 맵고 성질은 따뜻하고 독이 있다. 열대성 말라리아, 급성 토사와 장티푸스, 풍습으로 인한 통증, 탈장, 적백대하증, 독창과 종독(腫毒), 위축성 비염, 임파선염, 종기, 옴, 뱀과 개에게 물린 상처를 치료한다.

511 '토장(土漿)': 이는 곧, 지장수이다. Buell의 역주본에서는 이 '토장'과 위의 '지장'을 모두 깨끗하게 흙을 걸러 낸 물인 'earth broth'라고 번역하고 있다. 『빈호집간방(瀕湖集簡方)』에서는 "야생 토란의 독에 중독이 되면 토장을 마신다."라고 하였다.

먹어서 해독한다.

박을 먹고 중독이 되었을 때, 기장 대[黍穰] 즙을 달여 마시면 즉시 해독된다.

여러 가지 잡다한 고기를 먹고 중독이 되거나, 말의 간과 부패 변질된 육포[512]를 먹고 중독이 된 것은, 돼지 뼈를 태운 재를 물에 섞어서 복용하거나, 고수 즙을 마시거나, 생부추 즙을 마셔도 좋다.

소나 양고기를 먹고 중독이 되면, 감초즙을 달여서 마신다.

말고기를 먹고 중독이 되면, 살구씨(안쪽의 부드러운 부분)를 씹어 먹으면 해독이 되며, 갈대 뿌리 즙이나 좋은 술을 마셔도 좋다.

개고기를 먹고 소화가 안 되어 배가 그득하고 더부룩하며 입안이 마르면, 살구씨의 껍질과 뾰족한 부분을 제거하고 물에 달여서 마신다.

생선회를 지나치게 많이 먹어서 체내에 기생충으로 인한 뱃병[蟲瘕][513]이 생기면, 대황[514]

漿解之.

食瓠中毒, 煮黍穰汁飲之即解.

食諸雜肉毒及馬肝漏脯中毒者, 燒猪骨灰調服, 或芫荽汁飲之, 或生韮汁亦可.

食牛羊肉中毒, 煎甘草汁飲之.

食馬肉中毒, 嚼杏仁即消, 或蘆根汁及好酒皆可.

食犬肉不消成膜脹, 口乾, 杏仁去皮尖, 水煮飲之.

食魚膾過多成蟲瘕, 大黃汁陳皮末,

---

512 '누포(漏脯)': 이는 부패 변질된 육포나 납육(臘肉)이다. 김세림의 역주본에 의하면, 마른 고기에 빗물이 스며들어 생기는 독으로 맹렬한 복통을 일으킨다고 한다.

513 '충하(蟲瘕)': 배 속에 기생충이 생겨서 단단한 덩어리가 되는 병이다. 이는 곧 '충적(蟲積)'의 일종으로 의심된다. 병의 원인은 음식이 불결하여 기생충이 생겨서 뭉치게 된 것이다. 증상은 얼굴이 누렇고 여위며, 때때로 쓴물과 묽은 물을 토하며, 복부가 크게 부풀고, 위와 배에 심한 통증이 있고, 통증 부위 혹은 배꼽 부위가 때때로 통증이 생겼다가 그쳤다가 하며, 혹은 덩어리가 만져진다. Buell의 역주본에는 충하(蟲瘕)를 'vermin accumulation'으로 번역하고 있다.

즙, 말린 귤껍질 가루를 소금탕과 함께 복용한다.

同塩湯服之.

게를 먹어서 중독되었다면,[515] 들깨열매를 찧어서 즙을 내어 마시거나[516] 동아[冬瓜][517]즙을 마시고 혹은 생연뿌리즙을 마시면 해독이 된다. 마른 마늘즙, 갈대뿌리[518]즙도 좋다.

食蟹中毒, 飮紫蘇汁, 或冬瓜汁, 或生藕汁解之. 乾蒜汁蘆根汁亦可.

생선을 먹고 중독되었다면, 말린 귤껍질 즙[陳皮汁], 갈대 뿌리 및 대황大黃, 콩, 박소朴消[519] 즙도 모두 좋다.

食魚中毒, 陳皮汁蘆根及大黃大豆朴消汁皆可.

---

514 '대황(大黃)': 대황[*Rheum palmatum* L.]은 마디풀과 대황속 식물로 장빙룬의 역주본에서는 구충의 약용으로 사용되는데, 매우 실용적인 가치가 있다고 한다. 그 외에도 적체와 습열을 해소하고, 피를 맑게 하여 어혈을 제거하고 해독하는데 효능이 있다고 한다.

515 상옌빈의 주석본에 따르면, 중의학에서는 게와 감과 같은 타닌산이 포함된 음식과 함께 먹는 것을 피했는데, 그렇지 않으면 설사와 소화불량이 일어나게 된다고 하였다. 또한 형개(荊芥)도 꺼렸는데, 그것을 같이 먹으면 경련이 일어난다고 한다. 특히 임산부는 게를 자라, 드렁허리[黃鱔]와 같이 섭취하지 않도록 하였다.

516 『금궤요략(金匱要略)』에서는 "게를 먹어서 중독되면 차조기를 갈아서 즙을 내어 마시면 치료된다."라고 하였다.

517 '동과(冬瓜)': 박과 식물인 '동아'의 과실이다. 『수식거음식보(隨食居飮食譜)』에서는 "동아는 어류와 술 등의 중독을 해독한다."라고 하였다.

518 '여근(蘆根)': 화본과 식물인 갈대의 뿌리줄기이다. 맛은 달고 성질은 차다. 비장과 위장에 작용한다. 열을 없애고 진액을 생성하며, 번거로움을 해소하고, 구토를 멈추는 효능이 있다. 열병으로 인해서 번거롭고 갈증이 나고, 위의 열사로 인해서 구토가 생기고, 음식물이 걸려 구토가 나고, 폐가 위축되며, 폐에 염증이 생긴 것을 치료한다. 아울러 복어의 독을 해독한다.

519 '박소(朴消)': 광물질인 황산나트륨[芒硝]를 가공하여 얻은 거친 결정이다. 맛은 맵고 쓰고 짜며, 성질은 차갑다. 위장과 대장에 작용한다. 열기로 인한 설사를 치료하며, 건조한 것을 윤택하게 하고, 굳은 것을 부드럽게 하는 효능이 있다. '소(消)'는 오늘날에는 '초(硝)'로 쓴다.

오리알을 먹고 중독되었다면 찰기장 쌀즙을 달여 먹으면 해독된다.

계란을 먹고 중독되었다면, 진하고 향기롭고 좋은 술[醇酒]이나 초醋를 마시면 해독된다.

술을 마시고 크게 취해서 해독이 안 된다면, 콩즙[大豆汁], 칡꽃[葛花]즙, 오디[椹子]즙,[520] 홍귤껍질즙[521] 모두 좋다.

소고기를 먹고 중독되면, 돼지비계를 정제하여 기름 1냥을 만들어서[522] 매번 한 숟가락씩 복용하는데 따뜻한 물에 타서 마시면 즉시 해독된다.

돼지고기를 먹고 중독되면, 대황大黃즙 혹은 살구씨[杏仁]즙, 박소朴消즙을[523] 마시면 모두 해독될 수 있다.

食鴨子中毒, 煑秫米汁解之.

食鷄子中毒, 可飮醇酒, 醋解之.

飮酒大醉不鮮, 大豆汁葛花椹子柑子皮汁皆可.

食牛肉中毒, 猪脂煉油一兩, 每服一匙頭, 溫水調下即鮮.

食猪肉中毒, 飮大黃汁, 或杏仁汁朴消汁, 皆可鮮.

520 '심자(椹子)': 뽕나무 오디로서 다른 이름으로는 상실(桑實), 상과(桑果) 등이 있다. 뽕나무과 식물인 뽕나무의 열매이다. 간, 신장에 작용한다. 주로 간을 보하고, 신장을 북돋으며, 풍을 제거하고 체액을 증가시키는 작용을 한다. 『본초강목』에서는 "(오디를) 찧어서 즙을 내어 마시면 술독을 해독하고 술을 담아 마시면 체액이 잘 통하고 종기가 사라진다."라고 하였다.

521 Buell의 역주본에서는 '감자피즙(柑子皮汁)'을 'orange peel juice'라고 번역하고 있다.

522 장빙룬[張秉倫]의 역주에서는 1냥의 돼지비계를 달여서 돼지기름으로 만든다고 하였는데, 원문의 문맥상으로는 번역과 같이 해석하는 것이 합리적일 듯하다. Buell의 역주본에서는 'one liang of pork lard'라고 역자와 같이 해석하고 있다.

523 Buell의 역주본에서는 '대황(大黃)즙'과 '박소(朴消)즙'을 'rhubarb juice', 'glauber's salt juice'라고 번역하고 있다.

그림 60 음식물 중독[食物中毒]

11장 금수변이 禽獸變異

본 장은 들짐승과 날짐승의 몸에 이상적인 변화가 생긴 이후 고기에 독이 있는지 없는지를 살핀 내용이다. 이 외에도 본 문장 중의 '고기를 햇볕에 쬐었으나 마르지 않은 것[曝肉不燥]', '따뜻한 곳에 하룻밤 둔 고기[肉經宿暖]' 등은 음식위생과 관계있는 내용으로, 비록 금수의 변이와는 관련이 없을지라도 일상생활에서 당연히 주의해야 한다.

금수의 형태는 그 종속한 고유한 특징에 부합되게 독이 있는 것과 독이 없는 것으로 구분되는데, 하물며 그 형상에 이미 변이가 발생했다면 어찌 독이 없겠는가? 만일 신중히 하지 않고 (이미 변이한 금과 수의 고기를) 먹어서 이로 인해 질병이 발생하였다면 이는 (생성된 변이의 해와 독을) 살피지 않았기 때문이다.

禽獸形類, 依本體生者, 猶分其性質有毒無毒者, 況異像變生, 豈無毒乎. 倘不慎口, 致生疾病, 是不察矣.

들짐승 중에 꼬리가 갈라져 있는 것, 말에 굳은살[夜目]이 없는 것,[524] 구멍이 뚫린 양의

獸岐尾, 馬蹄夜目, 羊心有孔, 肝有

524 '마제야목(馬蹄夜目)': 저본의 원문에서는 '마제야목(馬蹄夜目)'이라고 적혀 있으나, 장빙룬의 역주본에 따르면 마땅히 '마무야목(馬無夜目)'이라고 해야 한다. '야목(夜目)'은 말의 앞다리 지완골의 윗쪽과 지부골의 아래쪽에서 자라는 것으로, 한 부분에는 털이 없고 견고한 회색의 굳은살이 있어 이것을 '부선(附蟬)'이라고도 하고 민간에서는 '야안(夜眼)'이라고 부른다. 장빙룬은 부선이 없는 말을 변이라고 설명하고 있으며 그 고기를 먹으면 안 된다고 하였다. 『본초강목』 권50 '수(獸)'부의 말 조항에서는 "(정(鼎)이 말하길) 말에 뿔이 있고, 말에 야안(夜眼)이 없으며, 푸른 발굽이 있는 흰 말, 머리만 검은 백마를 먹어서는 안 된다. (먹게 되면) 사람이 미치게 된다."라고 하였다. Buell의 역주본에서는 '야목(夜目)'을

심장, 검푸른색을 띤 간, 표범무늬가 있는 사슴, 구멍이 난 양의 간, 머리만 흰 검은 닭,[525] 푸른 발굽을 가진 흰 말, 뿔이 하나인 양, 머리가 검은 흰 양, 머리가 흰 검은 양, 머리가 누런 흰 새, 6개의 뿔이 난 양, 머리가 검은 백마, 며느리발톱이 4개인 수탉,[526] 햇볕에 쬐었으나 마르지 않는 고기,[527] 뿔이 난 말, 분엽分葉이 없고 한 덩이로 된 소 간, 집게발이 하나인 게,[528] 속눈썹이 있는 물고기, 수염 없는 새우, 물에 넣었을 때 움직이는 고기[肉],[529] 따뜻	青黑, 鹿豹文, 羊肝有孔, 黑雞白首, 白馬青蹄, 羊獨角, 白羊黑頭, 黑羊白頭, 白鳥黃首, 羊六角, 白馬黑頭, 鷄有四距, 爆肉不燥, 馬生角, 牛肝葉孤, 蟹有獨螯, 魚有眼睫, 蝦無鬚, 肉入水動, 肉

'night eye'라고 하여 글자를 그대로 번역하고 있다.

525 '흑계(黑雞)': 사부총간속편본에서는 '흑계(黑雞)'라고 표기하였는데, 아래 문장을 보면 '닭'을 뜻하는 글자를 '계(鷄)'로 표기하는 것으로 볼 때 잘못 넣은 것으로 추측된다.

526 '계유사거(鷄有四距)': 일반적으로 수탉의 각 대퇴부에는 하나의 며느리발톱이 있어서 모두 2개이다. 본 조항에서 닭에 4개의 며느리발톱이 있다고 하는 것은 변이로서 그 고기에는 독이 있으니 먹어서는 안 된다고 하였다. '거(距)'는 수탉, 꿩 등의 대퇴부 뒷면에 뾰족하게 튀어나온 발가락과 같은 부분을 가리킨다. 『설문』「족부(足部)」에서는 "거(距)는 닭의 며느리발톱이다."라고 하였다.

527 '폭육부조(曝肉不燥)': 이 조항은 식품위생의 범주에 속하는 것으로, 고기를 햇볕에 말렸으나 마르지 않은 것은 수분이 너무 많기 때문에 미생물의 오염과 부패가 쉬워져 독성 물질이 생성되는데, 만일 이러한 고기를 잘못 먹게 되면 중독될 수 있다.

528 '오(螯)': 참게 등의 절지동물 변형의 첫 번째는 2개의 다리를 지닌 것인데 형태는 집게와 같으며 열고 닫을 수 있어 먹이를 먹거나 자신을 지키기 위해 사용한다.

529 이 조항은 앞의 「음식물의 이로움과 해로움[食物利害]」의 "제사상에 올린 고기가 스스로 움직인 것은 먹을 수 없다."는 것과 더불어 고기가 저절로 움직이는 문제를 말한 것이다. 장빙룬은 역주본에서 이치를 따지자면 도살 가공된 후의 고기가 움직이는 것은 불가능한데 도대체 어떻게 해석해야할지는 진일보한 연구가 필요하다고 한다.

한 곳에 하룻밤 둔 고기,[530] 생선에 창자 · 쓸개 · 아가미가 없는 것, 땅에 떨어져도 흙이 묻지 않는 고기, 생선이 눈을 떴다 감았다 하며 배 아래 부분이 붉은 것 (등은 먹어서는 안 된다.)	經宿暖, 魚無腸膽腮, 肉落地不沾土, 魚目開合及腹下丹.

그림 61 금수변이(禽獸變異)

530 고기를 따뜻한 곳에 하룻밤 두면 미생물 혹은 다른 생물에 의해 오염되어 유독물질이 생기기 쉽기 때문에 당연히 섭취해서는 안 될 것이다.

飮膳正要

권3

1장_ 미곡품米穀品

2장_ 수품獸品

3장_ 금품禽品

4장_ 어품魚品

5장_ 과품果品

6장_ 채품菜品

7장_ 조미료 맛[料物性味]

1장 미곡품米穀品

본 장의 내용은 미곡품 43종의 성질과 약효를 소개하고 있으며 이 중에는 술 13종도 포함되어 있다. 내용의 대부분은 한말(漢末)의 『명의별록(名醫別錄)』, 『당본주(唐本注)』, 당대 『신수본초(新修本草)』의 주를 인용하였으며, 또한 당대 의학서인 『천금방(千金方)』, 송대 『본초도경(本草圖經)』, 당대 『식료본초(食療本草)』 등의 내용도 인용하였다. 당시 민간의 습속을 알 수 있는 흥미로운 자료이다.

1. 쌀[稻米][1]

쌀은 맛이 달고 쓰며 (성질은) 밋밋하고 독[2]이 없다. 주로 중초의 비장과 위를 따뜻하게 하며 사람의 내열[3]을 증가시키고 대변을 단단

稻米味甘苦平, 無毒. 主溫中, 令人多熱, 大便堅, 不

---

1 사부총간속편본 『음선정요』(이후 '사부총간속편본'으로 간칭함)에는 단지 그림에 대한 제목만 있고 각 항목에 관한 일련번호는 없지만, 장빙룬[張秉倫], 『음선정요역주(飮膳正要譯注)』, 上海古籍出版社, 2014(이후 '장빙룬의 역주본'로 약칭한다.)과 마찬가지로 각 항목마다 별도의 번호를 달아 보충하였다. 상옌빈[尙衍斌] 외 2인 주석, 『음선정요주석(飮膳正要注釋)』, 中央民族大學出版社, 2009(이후 상옌빈의 주석본으로 약칭)에서는 '도미(稻米)'는 중국원산으로 4700년의 재배 역사를 지녔으며, 주로 남방지역의 양식작물이라고 한다. Paul D. Buell 외 1인, A Soup for the Qan: Chinese Dietary Medicine of the Mongol Era As Seen in Hu Sihui's *Yinshan Zhengyao*, BRILL, 2010(이후 'Buell의 역주본'으로 약칭), p.487에서는 논벼[paddy rice]라고 번역하고 있다.

2 홀사혜(忽思慧)[김세림(金世林) 역], 『藥膳の原典, 飮膳正要』, 八阪書房, 1993(이후에는 '김세림의 역주본'이라고 약칭한다.)에 의하면 본초학에서의 약물의 독성은 대독(大毒), 상독(常毒), 소독(小毒) 및 무독(無毒)으로 분류된다. 여기서 말하는 독이란 약물의 부작용 또는 독성 반응을 가리킨다.

하게 하지만 많이 먹어서는 안 된다. 이것이 곧 찹쌀[糯米][4]이다. 소문(蘇門)[5]에서 나는 쌀이 가장 좋으며 양주하는 데 많이 사용된다.

可多食. 即糯米也. 蘇門者爲上, 釀酒者多用.

2. 멥쌀[粳米][6]

멥쌀은 맛이 달고 쓰며 (성질은) 밋밋하고 독이 없다. 주로 기를 보충하며 몸이 답답한

粳米味甘苦, 平, 無毒. 主益氣, 止

---

3 '집(慹)': 사부총간속편본에서는 '집(慹)'으로 표기하였으나, 해석하기가 곤란하다. 상옌빈의 주석본과 장빙룬의 역주본에서는 '집(慹)'을 '열(熱)'로 적고 있는데, 타당하다고 생각된다. 본 역주본은 이후에도 두 학자의 견해와 같이 해석하였음을 밝혀 둔다.

4 '나미(糯米)': 또한 '강미(江米)', '원미(元米)'로 불린다. 벼과 식물인 찰벼[糯稻: Oryza *sativa* L.var. glutinosa Matsum]의 쌀이며, 벼의 변종이다. 쌀알은 유백색으로, 배유에는 아밀로펙틴이 많이 함유되어 있으며, 풀처럼 되기 쉽고 점성도 강하나 팽창성은 적다. '선도(秈稻)', '경도(粳稻)'와 같은 비슷한 종류의 논벼, 밭벼 유형 중에도 찹쌀[糯稻]이 있다. 맛은 달고 성질은 따뜻하다. 비장, 위, 폐에 작용하여 비장과 위를 보양하고 기를 북돋는다. 갈증이 나고, 오줌을 참지 못하며, 땀이 잘나고, 대변이 새는 것을 치료한다.

5 '소문(蘇門)': 이는 즉 인도네시아의 수마트라섬으로서, 여기에서는 인도네시아 일대를 가리킨다.

6 '갱미(粳米)': 다른 이름으로는 '대미(大米)', '경미(硬米)'라고 하며 멥쌀이다. Buell의 역주본에서는 이를 'non-glutinous rice'라고 번역하고 있다. 『왕정농서(王禎農書)』「백곡보(百穀譜)·수도(水稻)」에서는 도미(稻米)는 두 가지로 대별되는데 찰지지도 않고 흔히 식용하는 것이 갱미(粳米)이고, 찰지면서 양주용으로 사용하는 것은 출미(秫米; 糯米)라고 한다. 메벼[粳稻: *Oryza sativa* L.]의 쌀은 맛이 달고 성질은 다소 차갑다. 북갱(北粳), 백갱(白粳), 만백갱(晩白粳), 진갱(陳粳)은 서늘하고, 남갱(南粳)은 따뜻하며, 적갱(赤粳), 신갱(新粳)은 뜨겁다. 명대 무희옹(繆希雍)의 『본초경소(本草經疏)』에서는 "갱미는 바로 사람들이 항상 먹는 쌀로서 오곡(五穀) 중에서 으뜸이며, 사람들은 그것에 의존하여 생명을 유지

것을 해소하고 설사를 멈추게 하며 위의 기를 조화롭게 하고 근육을 증강시키는 데 효능이 있다. 지금은 여러 품종이 있는데 향갱미(香粳米),[7] 편자미(匾子米), 설리백(雪裏白), 향자미(香子米)가 그것이다. (그중에서) 향갱미의 맛이 가장 좋다. 여러 종류의 멥쌀을 찧어서 (그중에서) 둥글고 깨끗한 것을 취하는데 이것이 바로 원미圓米[8]이며, 또한 갈미渴米라고도 한다.

煩, 止洩, 和胃氣, 長肌肉. 即今有數種, 香粳米, 匾子米, 雪裏白, 香子米. 香味尤勝. 諸粳米搗碎, 取其圓淨者, 爲圓米, 亦作渴米.

그림 1 쌀[稻米]

한다. 그 맛은 달고 담백하며, 성질은 밋밋하고 독이 없다. 비록 비장과 위에 효능이 있을 뿐만 아니라 오장에도 기를 북돋는다. 혈맥과 정수가 이로 인해서 활성화되고 그로 인해서 신체의 근골과 근육, 피부가 튼튼해진다. 『본경(本經)』에서는 '기를 보충하며 열이 나고 답답한 것을 해소하고 설사를 멈추게 하며 나머지 부분에도 효능이 있다.'"라고 하였다.

7 '향갱미(香粳米)': 천연의 향미를 띤 멥쌀이다. 『수식거음식보(隨食居飮食譜)』에서는 "또한 향갱미가 있는데 자연스러운 향기가 있으며, 또한 향주미(香珠米)라고 칭하는데 죽을 끓여서 만들 때 넣으면 향과 맛이 아주 좋으며 특히 위를 좋게 한다."라고 하였다. 오늘날에도 여전히 재배되며 판매되고 있다.

8 '원미(圓米)': 품질이 가장 좋은 쌀을 찧은 후 그중에서 낟알이 둥글고 깨끗한 것을 고르는데, 이것이 곧 '원미'이며 또한 '갈미(渴米)'라고도 한다.

3. 좁쌀[粟米][9]

좁쌀은 맛이 짜고, (성질은) 다소 차가우며, 독이 없다. 주로 신장의 기운을 기르며, 비장과 위 속의 열사를 제거하고,[10] 기를 북돋는 데 효능이 있다. 묵은 좁쌀이 제일 좋다.[11] 위 속에 쌓인 열을 치료하며, 갈증을 해소하고, 소변이 잘 나오게 하며, 설사를 멈추게 한다. 『당본초唐本草』[12]의 주석에 이르길 "좁쌀의 종류는 여러 가지가 있는데, 낟알의 가늘기가 좁쌀[粱米] 같은 것을 곱게 찧어, 고르고 깨끗한 것을 취해서 체에 친 것이 절미浙米[13]이다."

粟米味鹹, 微寒, 無毒. 主養腎氣, 去脾胃中熱, 益氣. 陳者良. 治胃中熱, 消渴, 利小便, 止痢. 唐本草注云, 粟類多種, 顆粒細如粱米, 搗細, 取勻淨者爲浙米.

---

9 '속미(粟米)': 벼과 강아지풀속에 속하는 1년생 초본식물이다. 다른 이름은 백량속(白粱粟), 자미(粢米), 속곡(粟谷), 소미(小米), 경속(硬粟), 선속(籼粟), 곡자(谷子), 한속(寒粟), 황속(黃粟), 과자(稞子)이다. 벼과식물 조[粟: *Setaia italiea* (L.) Beauv.]의 알맹이이다. Buell의 역주본에서는 이를 'foxtail millet'라고 번역하고 있다. 중국 북방에서 널리 재배된다. 맛은 달고 짜며, 성질은 서늘하다.

10 김세림의 역주본에서는 위중집(胃中熱)은 위집(胃熱)과 동일하며 위염(胃炎)이라고 한다.

11 '진자량(陳者良)': 좁쌀의 저장 기간이 3-5년 된 '묵은 좁쌀[陳粟米]'의 효능이 가장 좋은데, 맛은 쓰고, 성질은 차갑다. 설사를 멈추고, 답답함[煩悶]을 해소하는 데 효능이 있다. 묵은 좁쌀은 맛이 쓰고, 성질이 차갑다.

12 '『당본초(唐本草)』': 또한 『당신수본초(唐新修本草)』라고 불리며, 어떨 때는 간단히 『신수본초(新修本草)』라고 한다. 이는 당 고종 현경(顯慶) 4년(659)에 편찬한 것으로서, 당나라 조정에서 배포하였는데, 이는 국가에서 약전을 배포한 최초의 일이다. 이 구절은 『당본초(唐本草)』 중의 원문에서 "조[粟]의 종류에는 여러 가지가 있는데, 모두 여러 양(粱)보다 작다. 북쪽에서는 상식하며, 양(粱)과 더불어 구별된다."라고 하였다.

13 '절미(浙米)': 절(浙)은 마땅히 '절(折)'로 써야 한다. 이는 곧 몇 할에 불과한 좋은

라고 하였다.

4. 청량미 青粱米[14]

청량미는 맛이 달고 (성질은) 약간 차가우며, 독이 없다. 주로 위가 마비되고,[15] 위에 열이 나고 갈증을 느끼는 것[16]에 효능이 있으며, 설사와 이질을 멈추고, 기를 북돋으며 비장과 위를 보양한다. 몸을 가볍고 장수하게 한다.

青粱米味甘, 微寒, 無毒. 主胃痺, 中熱, 消渴, 止洩痢, 益氣補中. 輕身延年.

쌀을 취한다는 의미이기 때문에 '절미(折米)'라고도 부른다.

14 '청량미(青粱米)': 사부총간속편본의 목차에는 '양미(粱米)'라고 표기되어 있으나 본문의 내용에는 '청량미(青粱米: *Setaria italica* (L.) P.Beauv.)'로 표기되어 있고, 반면 삽도에는 양미(粱米)'로 쓰여 있다. 이 부분은 본문의 내용에 의거하여 목차를 조정했다. 양미(粱米)는 서류(黍類) 작물로서 황량미, 청량미, 백량미로 구분된다. 청량미(青粱米)는 벼과 식물인 조[粟]의 일종이다. KPNIC에서는 이를 단순히 '조'라고 명명하고 있다. Buell의 역주본에서는 이를 'green millet'라고 번역하고 있다. 비장과 위를 보양하고 기를 북돋는 데 효능이 있다. 가슴이 답답한 증상, 소갈증, 설사를 치료한다. 『당본초(唐本草)』에서 이르길 "청량(青粱)은 곡물의 겹질과 이삭에 털이 있고, 낟알이 푸르며, 쌀 또한 약간 푸르고 황량미, 백량미보다 가늘고 작다. 곡식의 알갱이는 쌀보리[青稞]와 비슷하나 작고 거칠다. 여름에 먹으면 아주 청량하다. 그러나 맛과 색이 그다지 좋지 않고, 황량, 백량과 같지 않아 그 때문에 사람들은 파종을 적게 했다. 이 곡식은 일찍 거두나 수확이 적다. 엿당을 만들 때는 청량미와 백량미가 다른 쌀보다 낫다."라고 하였다.

15 '위비(胃痹)': 사기(邪氣)가 위부(胃部)를 막아서 위 기능이 상실된 것이다.

16 '중집소갈(中埶消渴)': 위(중초)에 열이 나고 말라서 마실 것을 찾는 병증이다. 장빙룬의 역주본에서는 당(唐)대 『천금방(千金方)』, 『별록(別錄)』 등의 책에서 모두 '열중소갈(熱中消渴)'이라고 쓴 것을 근거로 '열중소갈'로 고쳐 적었다.

그림 2 좁쌀[粟米]

그림 3 양미(粱米)

5. 백량미白粱米[17]

백량미는 맛이 달다. (성질은) 약간 차갑고, 독이 없다. 체내의 열사熱[18]邪를 제거하며, 기를 보충한다.

白粱米味甘. 微寒, 無毒. 主除慹, 益氣.

17 '백량미(白粱米)': 백량미(白粱米)는 벼과 식물인 백량(白粱)의 알맹이이다. 양(粱)은 벼과 식물인 조의 일종이다. Buell의 역주본에서는 이를 'white millet'라고 번역하고 있다. 한대『별록(別錄)』에서 이르길 "(백량미는) 맛은 달고, 성질은 약간 차가우며 독이 없다."라고 하였다. 속을 부드럽게 하고, 기를 보충하며, 열을 제거하는 데에 효능이 있다. 위가 허하여 구토하는 것과 가슴이 답답하고 갈증이 나는 것을 치료한다.『당본초(唐本草)』에서 이르길 "백량미(白粱米)는 이삭이 크고 털이 많고 또한 길다. 모든 기장은 서로 닮았으나, 백량의 곡식은 거칠며 길고 납작해서 조처럼 둥글지는 않다. 도정한 쌀 또한 희고 크며, 먹으면 맛이 좋아 황량미(黃粱米)에 버금간다. 남조의 본초학자인 도홍경(陶弘景)은 '죽근(竹根)'이라고 하였는데, '죽근(竹根)'이 곧 황량(黃粱)이다. 그러나 '양(粱)'은 비록 속(粟)의 종류이지만, 자세하게 말하면 구분되기에 '속찬(粟餐)'이라는 명칭은 아주 잘못되었다."라고 하였다.

18 사부총간속편본에서 집(慹)은 열(熱)과 동일한 의미로 사용되고 있다. 이후에도 동일하다.

6. 황량미黃粱米[19]

황량미는 맛이 달다. (성질은) 밋밋하며, 독이 없다. 기를 북돋우며 비장과 위를 조화롭게 하고, 설사를 멈추게 하는 효능이 있다. 『당본초唐本草』[20]의 주석에 이르길 "황량미의 이삭은 크고, 털은 길며, 낟알과 쌀은 모두 백량미보다 거칠다.[21]"라고 하였다.

黃粱米味甘. 平, 無毒. 主益氣和中, 止洩. 唐本注云, 穗大毛長, 穀米俱麄於白粱.

19 '황량미(黃粱米)': Baidu 백과에 의하면 황량미[*Panicum miliaceum* L.]의 다른 이름은 '죽근미(竹根米)', '죽근황(竹根黃)'이며, 식물인 '양(粱)'의 알맹이이고, 양(粱)은 벼과 식물인 '조'의 일종이라고 한다. Buell의 역주본에서는 이를 'yellow millet'라고 번역하고 있다. 『별록(別錄)』에서는 "(粱의) 성질은 달고, 밋밋하며, 독이 없다."라고 하였다. 『본초재신(本草再新)』에서도 "맛은 달고, 성질은 약간 차가우며, 독이 없다."라고 하였다. 비장과 위를 조화롭게 하며, 기를 북돋우고, 소변을 잘 나오게 하는 효능이 있다. 구토, 설사를 치료한다. 『당본초(唐本草)』에서는 "황량은 '촉(蜀)', '한(漢)', '상(商)', '절(浙)'지역에서도 재배하였다. 이삭은 크고 털은 길며, 낟알과 쌀은 백량보다 더 거칠고 수확량도 적으며, 가뭄과 장마를 잘 견디지 못한다. 먹으면 맛이 좋아 다른 양(粱)보다 더욱 좋다. 사람들은 '죽근황(竹根黃)'이라고 부른다. 도홍경(陶弘景)이 백량을 주석하여 이르길, '양양(襄陽)의 죽근황(竹根黃)이 좋다. (이 죽근황이) 곧 황량이고, 백량은 아니다.'"라고 하였다. 이런 논의와는 달리 이에 반해 KPNIC와 BRIS에서는 이를 '기장'이라고 명명하고 있다.

20 본서의 저본인 사부총간속편본에서는 '당본주(唐本注)'라고 쓰고 있는데, 장빙룬과 김세림의 역주본과 상옌빈의 주석본에서는 모두 '당본초주(唐本草注)'로 고쳐 적고 있다.

21 '추(麄)': 사부총간속편본에서는 '추(麄)'로 적고 있으나, 상옌빈의 주석본과 장빙룬의 역주본에서는 '조(粗)'로 표기하였다.

7. 찰기장쌀[黍米][22]

기장쌀의 맛은 달고, (성질은) 밋밋하며, 독이 없다. 주로 기를 북돋우며 비장과 위를 보양하지만 인체의 열을 많게 하여 사람을 답답하고 불안하게 한다. 오랫동안 먹으면 사람의 오장을 혼미하게 하여 사람에게 수면과잉[23]을 일으킨다. 폐병에 걸린 사람이 먹으면 좋다.[24]

黍米味甘, 平, 無毒. 主益氣補中, 多熱, 令人煩. 久食昏人五藏, 令人好睡. 肺病宜食.

그림 4 기장쌀[黍米]

22 '서미(黍米)': 벼과 식물인 기장[*Panicum miliaceum* L.]의 종자이다. 중국 화북, 서북지역에 많이 재배된다. 장빙룬의 역주본에 의하면, 일반적으로 두 종류로 나누어지는데, 줄기에 털이 있고, 이삭의 열매가 몰려 있으며, 종자에 점성이 있는 것은 '서(黍)'이다. 줄기에 털이 없고, 이삭의 열매가 흩어져 있으며, 종자에 점성이 없는 것은 '직(稷)'이라고 한다. 상옌빈의 주석본에서도 서미(黍米)는 곧 '점황미(黏黃米)라고 한다. Buell의 역주본에서는 이를 'panicled millet'라고 번역하고 있다. 떡, 쫑쯔[粽子]로 만들 수도 있고, 술을 빚을 수도 있으며, 엿으로 만들 수도 있다. 맛이 달고, 성질은 밋밋하다. 기장은 기를 북돋우고 비장과 위를 보양하는 효능이 있다. 설사, 가슴이 답답하고 갈증이 생기며, 구토, 기침, 위통, 어린아이의 아구창(鵝口瘡), 끓는 물에 데인 상처를 치료한다.

23 '호수(好睡)': 김세림의 역주본에서는 '다수(多睡)', '다와(多臥)'로 이해하고 있다.

24 '폐병의식(肺病宜食)': 고대 의학자들은 '서(黍)'를 '서(暑)'로 여겼는데, 이는 음양에서 불을 상징하며 남방의 곡식이다. 장빙룬의 역주본에 의하면 기장은 가장 차지기 때문에 찹쌀과 성질이 같으며, 그 성질은 따뜻하기 때문에 폐를 보충하는 기능이 있고, 기를 북돋는 효능이 있어서 폐의 곡식으로 불렸다고 한다.

8. 붉은 기장쌀[丹黍米][25]

붉은 기장쌀은 맛이 쓰고 (성질은) 다소 따뜻하며 독이 없다. 주로 기침이 나고 숨이 차는 것과 토사곽란에 효능이 있으며, 가슴이 답답하고 열이 나서 목이 마르는 것을 해소하고 열사熱邪를 제거한다.

丹黍米味苦，微溫，無毒．主欬逆，霍亂，止煩渴，除熱．

9. 메기장쌀[稷米][26]

직미는 맛이 달고 독이 없다. 주로 기를 더

稷米味甘，無毒．

---

25 '단서미(丹黍米)': 기장의 일종이다. 송대 구종석(寇宗奭)의 『본초연의(本草衍義)』에서 이르길 "단서미는 기장의 껍질이 붉고 그 쌀은 노란색이며, 오직 죽으로 만들 뿐, 밥으로는 적당하지 않다. 찰기가 있어서 달라붙으면 떼어 내기 어려우며 또한 풍증을 일으킨다."라고 하였다. Buell의 역주본에서는 이를 'red panicled millet'라고 번역하고 있다. 『일용본초(日用本草)』에서 이르길 "절인(浙人)들은 단서미를 '홍련미(紅蓮米)'라 불렀다. 강남에는 흰 기장[白黍]이 많으며 중간 붉은 것도 있는데, 그것을 일러 '적하미(赤蝦米)'라고 하였다."라고 하였다. 한대 『별록(別錄)』에서 이르길 "단서미는 주로 기침하고 숨이 찬 증상과 토사곽란에 효능이 있으며, 설사를 멈추고 열을 해소한다. 가슴이 답답하고 열이나 목이 마르는 것을 그치게 한다."라고 하였다.

26 '직미(稷米)': 다른 이름은 자미(粢米), 제미(穄米)나 미자미(糜子米) 등이 있다. 벼과 식물 기장의 종자 중에서 찰기가 없는 것이다. 학명은 *Panicum miliaceum* L.이며, BRIS에서는 기장이라 명명한다. Buell의 역주본에서는 이를 'ji panicled millet'라고 번역하고 있다. 맛은 달고 성질은 밋밋하다. 비장과 위장에 작용한다. 비장과 위를 부드럽게 하며 기를 북돋고, 피를 서늘하게 하여 더위를 해소하는 효능이 있다. 당 손사막(孫思邈)의 『비급천금요방(備急千金要方)』「식치(食治)」에서도 위를 편안하게 하며 비장과 위에 좋다고 하였다. 북방 지역에서는 그것을 갈아서 밀가루로 만드는 습관이 있는데, 적당량의 콩가루를 넣고 섞어서 떡을 만들어 먹으면 맛이 연하고 좋다.

하고 인체의 부족한 것을 보충하는 효능이 있다. 관서지역[27]에서는 이것을 일러 '미자미糜子米'라고 하며 또한 '제미穄米'라고도 하였다. 옛 사람들은 그 향을 좋아하였기 때문에 (직미를) 제사의 제물로 공양했다.

主益氣，補不足. 關西謂之糜子米，亦謂穄米. 古者取其香可愛，故以供祭祀.

10. 하서좁쌀[河西米][28]

하서좁쌀은 맛이 달고 독이 없다. 비장과 위를 보양하며 기를 북돋는다. 쌀알은 어떤 쌀보다 단단하다. 하서지역에서 생산된다.

河西米味甘，無毒. 補中益氣. 顆粒硬於諸米. 出本地.

11. 녹두菉豆[29]

녹두는 맛이 달고, (성질은) 차가우며 독이 없다. 주로 단독丹毒,[30] 풍진風瘮,[31] 가슴이 답답

菉豆味甘，寒，無毒. 主丹毒，風瘮，

---

27 '관서(關西)': 진한시대에 함곡관[函谷關: 하남성 삼문협(三門峽) 부근]과 대산관[大散關: 섬서 보계(寶鷄) 서남쪽]을 기준으로 구분하는데, 함곡관 동쪽을 관동(關東), 함곡관과 대산관 사이를 관중, 대산 서쪽을 관서라고 한다.

28 '하서미(河西米)': 상옌빈의 주석본에서는 당항(黨項) 강족(羌族) 지역에서 생산되는 일종의 쌀[稻米]이라고 하지만, 좁쌀과 기장 다음에 위치하고 본서 권1 7장 48에서도 등장하여 좁쌀로 번역하였다. 김세림의 역주본의 설명에 의하면, 일설에는 하서는 북조(北朝) 이후 지금의 산서성 여양산(呂梁山)에서 서쪽의 황하연안 일대를 가리킨다고 한다.

29 '녹두(菉豆)': 다른 이름은 '청소두(青小豆)'이다. 콩과 식물인 녹두[*Vigna radiatus* (L.) R.Wilczak L.]의 종자이다. 상옌빈의 주석본에 의하면 원산지는 인도, 미

하고 열이 나는 것에 효능이 있으며 오장을 조화롭게 하고 전신의 경맥을 잘 통하게 한다.

煩熱, 和五藏, 行經脈.

그림 5 녹두(菉豆)

안마 등 남아시아이며, 중국, 이란 아프리카와 유럽 등지에서 생산된다고 한다. Buell의 역주본에서는 이를 'mung beans'라고 번역하고 있다. 입추 후 종자가 익었을 때 거두는데, 뿌리째 뽑고 햇볕에 말려서 종자를 타작하고 키질하여 잡질을 제거한다. 맛은 달고 성질은 서늘하다. 열을 내리고 독을 해독하며, 더위를 없애고 체액의 순환을 원활하게 하며, 더위로 인해 목이 답답하며 목이 타는 증상, 수종, 설사, 단독(丹毒), 옹종을 치료하는 효능이 있다.

30 '단독(丹毒)': 피부에 나는 급성 열독병으로 붉은 종기이다. 『황제소문(黃帝素問)』 「지진요대론(至眞要大論)」에서 나온다. 또 화단(火丹), 천화(天火)라고 칭하는데, 환부의 피부가 빨갛게 되어서 붉은색을 바른 것 같고, 열기는 불에 굽는 것과 같기 때문이다. 처음에는 환부에 선홍색의 반점이 생기는데, 가장자리는 뚜렷하며 몹시 뜨겁고 아프며 가려운 것이 간간히 생긴다. 신속하게 널리 번져서 퍼지며, 열과 오한, 두통, 갈증, 심지어는 고열로 인한 답답증, 혼미해진 정신으로 인한 헛소리, 구역질이 나서 구토와 같이 독기와 사기가 속에서 퍼지는 증상도 볼 수 있다.

31 '풍진(風瘮)': 사부총간속편본에서는 '풍진(風瘮)'으로 적고 있으나. 상옌빈의 주석본과 장빙룬의 역주본에서는 '풍진(風疹)'으로 표기하고 있다. '풍진(風疹)'은 풍사(風痧)라고도 부른다. 일종의 비교적 가벼운 발진이 나타나는 전염병이다. 대부분 5세 이하의 영유아에게서 많이 보이며, 겨울과 봄철에 유행한다. 발진은 작은 담홍색 점이 매우 빠르게 나타났다가 없어지지만, 부스럼이 떨어지지 않고 흔적이 남으며, 그 증상은 홍역과 같기 때문에 이름이 붙여졌다.

12. 동부[白豆][32]

동부는 맛이 달고, (성질은) 밋밋하며, 독이 없다. 비장과 위를 조화롭게 하며, 비장과 위장을 따뜻하게 하고 경맥이 잘 순환하도록 돕는다. 신장병이 있는 사람이 먹으면 좋다.

白豆味甘, 平, 無毒. 調中, 暖腸胃, 助經脉. 腎病宜食.

13. 콩[大豆][33]

콩은 맛이 달고, (성질은) 밋밋하며 독이 없

大豆味甘, 平, 無

---

32 '백두(白豆)': 이는 반두(飯豆), 미두(眉豆), 백목두(白目豆), 감두(甘豆)라고 칭하며, 콩과 식물인 반강두(飯豇豆: *Vigna unguiculata* (L.) Walp.)의 종자이다. BRIS에는 이 학명의 국명을 '동부'라고 명명한다. 주로 비장과 신장에 작용한다. 비장과 위를 조화롭게 하고 기를 북돋우며, 비장을 강건하게 하고 신장을 이롭게 한다. 청대 황궁수(黃宮綉)의 『본초구진(本草求眞)』에서는 "동부는 즉, 반두(飯豆) 중의 소두 중에서 흰 것이다. 맛이 달고 성질은 밋밋하며 독이 없다. 책의 기록에 따르면 신장병이 있는 사람이 먹기에 적합하며, 더불어 오장을 보충하고, 창자와 위장을 따뜻하게 하며 기를 더하고 비장과 위를 조화롭게 하며, 경맥의 순환을 돕는다. … 반드시 볶아서 익혀 복용을 해야 비로소 유익한 것을 알 수 있는데, 만약 날것을 먹게 된다면 분명 구토, 설사와 비장과 위를 상하는 것의 증후가 없겠는가? 모름지기 상세하게 알아야 할 것이다."라고 하였다.

33 '대두(大豆)': 콩과 콩속으로 학명은 *Glycine max* (L.) Merr.이다. '황두(黃豆)', '흑두(黑豆)'의 총칭이다. 한대 이전에는 숙(菽)으로 통칭했다. 중국 각지에서 모두 재배한다. 맛은 달고 성질은 밋밋하다. 인간의 비장과 신장에 작용한다. 혈액순환을 원활하게 하고, 소변을 잘 나오게 하며, 풍한을 없애고, 해독하는 것에 효능이 있다. 몸이 붓고 배가 몹시 불러 오면서 속이 그득한 증상, 풍독으로 생긴 각기병, 황달로 인한 부종, 풍비로 인한 경련, 출산 후의 풍과 경련, 중풍으로 인해 입을 꾹 다물고 열지 못하는 증세, 살갗에 생기는 외옹이 곪아 터진 뒤 오래도록 낫지 않아 부스럼이 되는 병증을 치료하며, 약의 독성을 해독한다. 『본초강목

다. 귀기鬼氣를 없애며,[34] 통증을 멈추고, 설사를 유발하며,[35] 위 속의 열사를 없애고, 어혈을 풀어 주며, 모든 약의 독성을 해독한다. 두부를 만들면 성질이 차가워져서[36] 기병氣病을 유발하기 쉽다.

毒. 殺鬼氣, 止痛, 逐水, 除胃中熱, 下瘀血, 解諸藥毒. 作豆腐即寒而動氣.

14. 팥[赤小豆][37]

팥은 맛이 달고 시다. (성질은) 밋밋하고 독

赤小豆味甘酸.

(本草綱目)』에 이르길 "대두는 흑색, 백색, 황색, 청색, 갈색, 얼룩이 많은 색이 있다. 검은 것은 오두(烏豆)라고 하며 약에 넣거나 두시를 만들어서 먹을 수 있으며, 누런 것은 두부를 만들고 기름을 짜고, 장을 담글 수 있다. 나머지는 오직 두부를 만들거나 볶아 먹을 뿐이다."라고 하였다.

34 '살귀기(殺鬼氣)': 귀기(鬼氣)를 치료하는 것이다. 귀기는 '귀사(鬼邪)' 혹은 '사귀(邪鬼)'와 동일하며, 모두 고대 중국의 의학용어이다. 증상이 매우 독특한 병의 원인으로 작용하여 대부분 통증이 정해진 부위에 없는 것을 표현하거나 혹은 신경성 질환과 유사한 증상을 가리킨다. 김세림의 역주본에서는 '귀기(鬼氣)'는 전염병의 원인이 된다고 한다.

35 '축수(逐水)': 수기(水氣)를 배출하는 것으로 설사를 시키는 처방법 중의 하나이다. 강한 설사약으로써 마신 물을 내려보내는 방식이다. Baidu 백과에 의하면 '복수(腹水)' 및 가슴과 옆구리에 고인 물[胸脅積水] 등의 병증에 적합하게 사용된다고 한다.

36 '즉(即)': 사부총간속편본에서는 '즉(即)'이라고 표기하였으며, 상옌빈의 주석본에도 이와 동일하나, 장빙룬의 역주본에서는 '즉(即)' 대신에 '즉성(則性)'으로 적고 있다.

37 '적소두(赤小豆)': 다른 이름은 '적두(赤豆)', '홍두(紅豆)', '홍소두(紅小豆)'이다. 콩과 식물인 팥[赤小豆: *Vigna umbellata* (Thunb.)] 또는 적두의 종자이다. Buell의 역주본에서는 이를 'adzuki beans'라고 번역하고 있다. 맛이 달고 시며, 성질은 밋밋하다. 심장과 소장에 작용한다. 체액의 흐름을 원활하게 해서 습기를 제거하고, 피를 중화하여 농을 제거하며, 부기를 가라앉히고, 독을 해독하는 효능이

이 없다. 수종을 치료하며,[38] 피고름을 배출하고, 열이 있는 부종을 없애며, 설사를 멈추고 소변을 통하게 한다. 밀[小麥]의 독을 해독하는[39] 효능이 있다.

平, 無毒. 主下水, 排膿血, 去熱腫, 止瀉痢, 通小便. 解小麥毒.

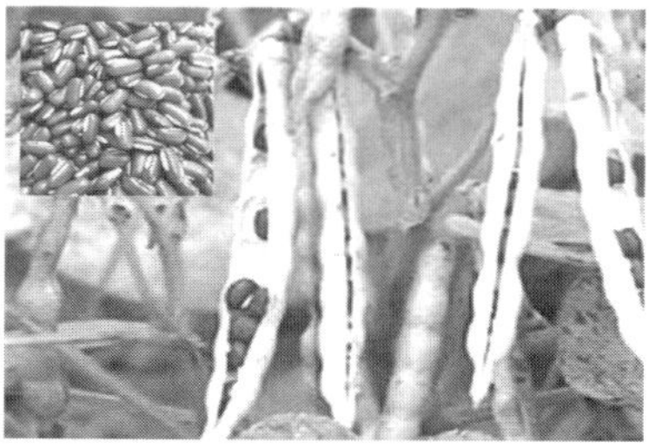

그림 6 팥[赤小豆]

있다. 수종, 각기병, 황달, 설사, 혈변, 옹종을 치료한다. 『본초강목(本草綱目)』에서는 "팥은 단단하고 작으면서 적암색을 띤 것은 약으로 쓰지만, 다소 크고 선명한 담홍색을 띤 것으론 결코 병을 고칠 수 없다."라고 하였다.

38 '하수(下水)'는 앞의 '축수(逐水)'와 유사한 의미로 해석될 수 있으나, 바로 뒷 문장에 '지사리(止瀉痢)'라는 문장이 있어서 하수와 모순되기 때문에 하수를 축수로 해석해서는 곤란할 것이다. 따라서 장빙룬[張秉倫]의 역주에서는 『황제소문』 「수열혈론(水熱穴論)」에 근거하여 '하수(下水)'가 곧 수종으로서 병증의 이름으로 보았다. 그리고 수종의 또 다른 이름으로 수(水), 수기(水氣) 혹은 수병(水病)이 있다고 하는데 이는 체내에 수분이 차서, 얼굴과 팔 다리, 가슴, 배와 심지어는 전신에 부종이 생기는 질환의 일종이라고 하였다.

39 '해소맥독(解小麥毒)': 고대인들은 소맥의 성질이 차갑기에 갈아서 밀가루로 만든 후에는 성질이 따뜻하고 독이 있다고 여겼다. 예컨대, 송대 소송(蘇頌)의 『본초도경(本草圖經)』에서는 "소맥의 성질은 차가우며, 밀가루로 만든 것은 따뜻하고 독이 있으며, 누룩으로 만든 것은 위를 다스려 설사를 그치게 한다. 그 껍질은 밀기울이 되며 비장과 위장을 중화하여 열을 제거한다."라고 하였다. 그리고 팥은 밀가루 독을 해독할 수 있다. 하지만 본서 권3 1장 19의 밀[小麥] 항목에서는 밀의 성질은 다소 차가우나 독은 없다고 한다.

15. 회회두回回豆[40]

회회두는 맛이 달고, 독이 없다. 주로 갈증을 해소하며, 소금을 넣어 끓여 먹어서는 안 된다. 회회[41]지역에서 생산되는데, 싹은 콩과 같으며, 지금은 들판의 도처에 있다.

回回豆子味甘, 無毒. 主消渴, 勿與塩煮食之. 出在回回地面, 苗似豆, 今田野中處處有之.

---

40 '회회두(回回豆)': 콩과 식물인 '응취두(鷹嘴豆: *Cicer arietinum* L.)'의 종자이다. BRIS에는 이 학명의 콩을 '병아리콩(*Cicer arietinum*)'으로 명명하고 있다. 그 콩의 알갱이 형상이 매부리 혹은 닭대가리를 닮아 또한 '응취두(鷹嘴豆)', '계두(鷄豆)'라고도 부른다. 상옌빈의 주석본에 의하면 이것은 원대 궁정음식에서 매우 중시하여 이를 원료로 한 음식이 10여 종에 달하였다고 한다. Buell의 역주본에서는 이를 'chickpeas(muslim beans)'라고 번역하고 있다. 원래 식물은 일년생초본이고 줄기는 바로 서고 가지가 있으며, 백색의 선모(腺毛)가 있으며 높이는 25-50cm 정도이다. 중국의 감숙, 청해, 섬서, 산서, 하북 등지에서 재배된다. 종자는 식용으로 쓸 수 있다. 당대 진장기(陳藏器)의 『본초습유(本草拾遺)』에서 이르길 "맛은 달고, 독이 없다."라고 하였다. "주로 갈증해소에 효능이 있으며 소금과 함께 끓여 먹지 말라."라고 하였다. 『음선정요(飮膳正要)』 중의 회회두자와 『본초습유(本草拾遺)』중의 호두(胡豆)는 효능이 비슷하여 간혹 하나의 작물로 보기도 한다. 『본초강목(本草綱目)』에서 회회두를 완두로 인식한 것은 잘못이다. 상옌빈, 「忽思慧飮膳正要不明名物考釋」, 『浙江師大學報』 2001, p.46에서는 '회회두자(回回豆子)'를 곧 '잠두(蠶豆)'라고 하였으나, 이후의 그의 논문인 「回回豆子與回回葱的再考釋」『中国回商文化』 第2輯, 2009, p.173에서는 '병아리콩[鷹嘴豆]'으로 정정하였다.

41 '회회(回回)': 이슬람을 믿는 소수민족으로 회족이다. '회회'란 말은 북송 심괄(沈括)의 『몽계필담(夢溪筆談)』에 처음 보이며, 당대까지 소급된다.

그림 7 회회두[回回豆子]

16. 청소두青小豆[42]

청소두는 맛이 달고, (성질은) 차며 독이 없다. 주로 속에 열이 나서 갈증이 나는 것을 해소한다. 설사를 멈추고, 복부팽창을 해소하는 효능이 있다. 임산부가 젖이 없을 때 3-5되를 푹 삶아서 먹으면 젖이 많아진다.

青小豆味甘寒, 無毒. 主熱中, 消渴. 止下痢, 去腹脹. 産婦無乳汁, 爛煮三五升食之, 即乳多.

17. 완두豌豆[43]

완두는 맛이 달고, (성질은) 밋밋하며, 독이

豌豆味甘, 平, 無

42 '청소두(青小豆)': Baidu 백과에는 '녹두(綠豆)'로 보고 있다. 그러나 장빙룬의 역주본에서는 『음선정요』의 다른 조항에서 볼 때, 마땅히 콩의 껍질이 청록색이며 체형이 비교적 큰 직두(稙豆)일 것이라고 한다. 송대 이방(李昉)의 『개보본초(開寶本草)』의 예에 의하면 "녹두(綠豆)는 바탕이 각이 지고, 둥글며 약간 녹색을 띤 것이 좋다. 또한 직두가 있는데 떡잎과 종자는 서로 흡사하다."라고 하였다. 이시진의 『본초강목(本草綱目)』에서는 기를 내리고 토사곽란을 치료하는 데 효능이 있다고 하였다.

43 '완두(豌豆)': 일년생 초본의 콩과 식물인 완두(*Pisum sativum* L.)의 종자이다.

없다. 영기와 위기를 순조롭게 조절하고, 비장과 위를 중화시키며 기를 북돋는 효능이 있다.

毒. 調順榮衛, 和中益氣.

18. 편두匾豆[44]

편두는 맛이 달고 (성질은) 약간 따뜻하다. 비장과 위를 중화한다. 잎은 토사곽란으로 토하고 설사하는 것이 멈추지 않을 때 효능이 있다.

匾豆味甘, 微溫. 主和中. 葉主霍亂吐下不止.

Buell의 역주본에서는 이를 'garden peas'라고 번역하고 있다. 완두종자는 품종이 같지 않기 때문에 형상은 다소 다른 점이 있고, 대다수가 원구형으로 되어 있지만, 또한 타원형, 편원형, 오목한 원형, 쪼글쪼글한 형태도 있다. 색깔은 황색, 흰색, 녹색, 홍색, 장미색, 갈색, 흑색 등이 있다. 맛은 달고, 성질은 밋밋하다. 주로 속을 중화하여 기를 내리는 효능이 있으며, 소변을 잘 나오게 하고, 창독(瘡毒)을 해소한다. 곽란(霍亂)으로 인한 경련, 각기병, 부스럼을 치료한다. 이시진(李時珍)은 '회골두(回鶻豆)', '회회두(回回豆)', '호두(胡豆)', '완두(豌豆)'를 "한 물건에 네 가지 이름"이라고 여겼는데, 장빙룬은 역주본에서 이는 잘못된 것이라고 한다.

44 '편두(匾豆)': 상옌빈의 주석본에서는 사부총간속편본과 동일하게 '편두(匾豆)'로 적고 있으나, 장빙룬의 역주본에서는 '편두(扁豆)'로 표기하였다. Buell의 역주본에서는 이를 'hyacinth beans'라고 번역하고 있다. '편두(扁豆)'는 콩과 식물인 편두[*Lablab purpureus* Linn.]의 종자이다. 말린 종자는 납작한 타원형 혹은 계란 형태이다. 표면은 황백색이고 평평하며 매끄럽고 광택이 난다. 편두의 종자는 흰색, 검은색, 홍갈색 등의 종류가 있는데, 주로 흰 편두를 약으로 사용한다. 검은색은 옛날에는 '까치콩[鵲豆]'이라고 불렸으며 약용으로는 사용하지 않는다. 홍갈색은 광서사람들이 '홍설두(紅雪豆)'라고 불렀는데, 간을 맑게 하고 염증을 내리는 작용을 하며 눈자위의 막을 치료하는 효능이 있다. 맛은 달고 성질은 밋밋하다. 비장을 튼튼하고 조화롭게 하며, 더위를 해소하고 습기를 제거한다. 더위와 습기로 인한 구토와 설사, 비장이 허하여 생기는 구토를 치료하며, 음식을 조금만 먹어도 오랫동안 설사를 하는 증상, 몸 안의 수기(水氣)가 정체되어 생기는 갈증, 적백대하증, 어린아이의 소화불량을 치료한다.

그림 8 완두(豌豆)

그림 9 편두(扁豆)

19. 밀[小麥]45

밀은 맛이 달고 성질은 약간 차가우며 독이 없다. 주로 열을 제거하며 가슴이 답답하고, 갈증과 목구멍이 마른 것을 해소하며, 소변을 잘 나오게 하고, 간의 기를 배양하며, 통증을 없애고, 침에서 피가 나오는 것을 치료하는 효능이 있다.

小麥味甘，微寒，無毒．主除熱，止煩躁，消渴，咽乾，利小便，養肝氣，止痛，唾血．

45 '소맥(小麥)': 벼과 밀속식물인 밀[*Triticum aestivum* L.]의 종자 혹은 밀가루이다. 상옌빈의 주석본에 의하면 중국 고대의 맥은 대개 소맥을 가리키며, 그들은 중국이 원산이 아니고 서역민족을 거쳐 전입되었다고 한다. 품종과 환경조건이 같지 않기 때문에 영양성분의 차이도 비교적 크다. 맛은 달고 성질은 서늘하다. 심장, 비장, 신장에 작용한다. 심기(心氣)를 강화시키고, 신장을 북돋우며, 몸 안의 열기를 제거하고 갈증을 멈추게 한다. 송대 『본초도경』에서는 "밀의 성질은 차며 밀가루로 만들면 따뜻하고 독이 있는데 누룩으로 만들면 위를 편안하게 하고 설사를 멈추게 한다. 그 껍질이 밀기울이 되면 성질은 다시 차가워지며 비장과 위를 조절하여 열을 제거한다. 이것은 콩[大豆]으로 장(醬)과 시(豉)를 만들면 성질이 달라지는 것과 같다."라고 하였다.

그림 10 밀[小麥]

20. 보리[大麥][46]

보리는 맛이 짜고, (성질은) 따뜻하거나 약간 차가우며 독이 없다. 주로 갈증과 체내의 열사[慹邪][47]를 제거하고 기를 북돋우며 비장과 위를 조절하는 효능이 있다. 또한 사람의 인체내 열을 증가시킨다. 오곡 중에서 가장 좋다. 『약성론藥性論』에서 이르길 "위 속에 차 있는 음식을 소화시키며 냉기를 해소한다."라고 하였다.

大麥味醎, 溫微寒, 無毒. 主消渴, 除慹, 益氣, 調中. 令人多慹. 爲五穀長. 藥性論云, 能消化宿食, 破冷氣.

---

46 '대맥(大麥)': 벼과 보리속 식물인 보리[*Hordeum vulgare* L.]의 종자이다. 주로 식품, 양주(釀酒)와 맥아당을 만든다. 맛이 달고 성질은 서늘하다. 비장과 위에 작용한다. 위를 조화롭게 하며, 창자를 넓히고, 소변을 잘 보게 하는 효능이 있다. 음식물에 체하고 설사가 나며, 소변이 찔끔찔끔 나오면서 통증이 있는 증상, 수종과 끓는 물에 데인 상처를 치료한다. 명대 『본초경소(本草經疏)』에서는 "보리의 효능은 밀과 서로 비슷하다. 그 성질은 밋밋하며 차갑고 매끄럽기 때문에 사람들은 멥쌀과 섞어서 같이 먹거나 혹은 흉년에는 1년 내내 그것을 먹는다. 기를 더하고 비장과 위를 보양하여 오장을 튼튼하게 하고, 비장과 위의 작용을 두텁게 하기에 효능이 멥쌀에 뒤떨어지지 않는다."라고 하였다.

47 본서에서 '집(慹)'은 '열(熱)'과 동일한 의미로 사용되고 있다.

21. 메밀[蕎麥][48]

메밀은 맛이 달다. (성질은) 밋밋하며 차갑고 독이 없다. 창자와 위를 충실하게 하며 기력을 북돋는다. (메밀을) 오랫동안 먹으면 풍기가 유발되어 사람의 머리가 어지러워진다. 돼지고기와 같이 먹으면 열풍[熱風][49]을 앓으며, 사람의 수염과 눈썹이 빠지게 된다.[50]

蕎麥味甘. 平寒, 無毒. 實腸胃, 益氣力. 久食動風氣, 令人頭眩. 和猪肉食之, 患熱風, 脫人鬚眉.

22. 흰참깨[白芝麻][51]

흰참깨는 맛이 달고 (성질은) 매우 차가우며

白芝麻味甘, 大

48 '교맥(蕎麥)': 다른 이름으로 오맥(烏麥), 화교(花蕎), 첨교(甜蕎), 교자(蕎子) 등이 있다. 마디풀과 메밀속 식물인 메밀[蕎麥: *Fagopyrum esculentum*]의 종자이다. Buell의 역주본에서는 이를 'buckwheat'라고 번역하고 있다. 중국 각 지역에서 재배되며 간혹 야생에서 자라기도 한다. 종자는 풍부한 전분을 함유하고 있어 식용으로 사용할 수 있으며, 또한 약용으로도 쓰인다. 맛이 달고 성질은 차갑다. 폐, 위, 대장에 작용한다. 식욕을 돋우고 장을 넓히며, 기를 내려 적취된 것을 풀어 주는 기능을 한다. 배가 쥐어짜는 통증을 느끼며, 장과 위가 적체된 경우, 만성설사, 음식이 잘 안 넘어가고 먹지 못하면서 설사를 하는 경우, 어린 아기의 급성피부병, 등에 부스럼이 나고, 피부가 두꺼워지는 증상, 뜨거운 물에 데어 생긴 상처를 치료한다.

49 '열풍(熱風)': 인체에 열사(熱邪), 풍사(風邪)가 침입하는 것이다.

50 "돼지고기와 같이 먹으면 열풍(熱風)을 앓게 되며, 사람의 수염과 눈썹이 빠지게 된다."라는 말은 의심스러운 것이 있어 고려할 필요가 있다.

51 '백지마(白芝麻)': 사부총간속편본의 목차에서는 '지마(芝麻)'라고 하고, 본문에는 '백지마(白芝麻)'라고 표기하고 있다. '백지마'의 다른 이름으로는 백유마(白油

독이 없다. 심신이 허약하고 피로한 것[52]을 치료하며 위와 창자를 부드럽게 한다. 풍기를 흩어서 기를 돌게 하고 혈맥을 통하게 하며, 머리의 비듬을 제거하여[53] 피부를 윤기가 나게 한다. 식후에 생으로 1홉을 먹는다.[54] (몸에 아주 유익하다.) 유모乳母에게 주어서 먹이면 아이에게 병이 생기지 않는다.

寒, 無毒. 治虛勞, 滑腸胃. 行風氣, 通血脉, 去頭風, 潤肌膚. 食後生噉一合. 與乳母食之, 令子不生病.

麻), 백호마(白胡麻)가 있다. 참깨속 식물인 '참깨'[脂麻: *Sesamum indicum* L.]의 흰색 종자이다. KPNIC에서는 이를 참깨라고 명명한다. 백지마는 기름의 함량이 높고 색이 윤택하고 깨끗하며 희고 낟알이 가득 차 있으며 종자껍질은 얇고 식감이 좋으며, 뒷맛이 향기롭고 진한 것이 좋은 품종이다. 맛은 달고 성질은 밋밋하다. 건조한 것을 윤택하고 하고, 창자를 매끄럽게 해주는 효능이 있다. 변비, 소아의 두창을 치료한다. 『신농본초경』에서 말하길, 지마는 주로 "비장과 위가 손상되어서 허약한 것과 오장을 보양하고, 기력을 북돋우며 피부와 근육을 증강하며 정기를 채우고 골수를 보태 주는" 효능이 있다고 한다. 당대(唐代) 『식료본초(食療本草)』의 저자인 맹선(孟詵)이 말하길 "허약해서 생긴 피로를 풀어 주고, 창자와 위를 매끄럽게 하며 풍기를 원활하게 하여 혈맥을 통하게 하고 머리에 있는 풍기를 제거하며 피부에 윤이 나게 한다. 식사한 후에 생으로 1홉을 먹으면 한평생 병 걱정을 하지 않는다. 외부에서 열사가 침입했을 때 그 즙을 만들어 복용하고, 날것을 갈아서 소아의 모든 악창에 바른다."라고 하였다.

52 '허로(虛勞)': 신체 내의 원기가 부족하거나 피로가 지나칠 때 따르는 증상으로 심신이 허약하고 피로한 현상이다. 장부와 기혈에 허손으로 생긴 여러 가지 허약한 증후를 통틀어 이르는 말이다.

53 '거두풍(去頭風)': 장빙룬의 역주본에서는 여기에서의 '두풍(頭風)'을 제거한다는 것은 마땅히 머리에 생기는 비듬을 제거하는 것이지 머리의 풍병(風病)을 치료하는 것은 아니라고 한 반면, 김세림의 역주본에서는 이를 신경성 두통으로 보았다.

54 '담(噉)': 사부총간속편본에는 '담(噉)'으로 표기하였으나, 상옌빈의 주석본과 장빙룬의 역주본에서는 '담(啖)'으로 표기하고 있다.

그림 11 메밀[蕎麥]

그림 12 흰참깨[白芝麻]

23. 호마胡麻[55]

호마는 맛이 달고, (성질은) 약간 차다. 모든 고질병을 제거한다. 오래 복용하면 사람의 피부와 살을 증강시키며, 사람을 강건하게 한

胡麻味甘, 微寒. 除一切痼疾. 久服長肌肉, 健人. 油,

---

55 '호마(胡麻)': Baidu 백과에 의하면 호마과 호마속 식물인 호마[*Sesamum indicum*]는 거승(巨勝), 방경(方莖), 유마(油麻), 지마(脂麻)라고 불리며 일종의 유과작물이라고 한다. 중국 각지에서 모두 재배된다. 미국 학자 Berthold Laufer[勞費爾]는 호마를 아마(亞麻)라고 칭한다. Baidu 백과의 식물사진에 따르면 호마(胡麻)와 지마(芝麻)는 식물의 형태가 다르다. 지마는 지금 한국의 참깨와 동일하지만 호마는 열매형태가 전혀 다르다. 하지만 한국의 KPNIC에서는 지마(芝麻)와 호마를 구분 없이 '참깨'라고 한다. Buell의 역주본에서는 호마를 'iranian sesame seeds'라고 번역하고 있다. 호마씨는 납작한 계란형이며, 한 끝은 뭉툭하고 다른 한 끝은 뾰족하다. 표면은 검은색이며, 그물무늬 주름이 있거나 혹은 없으며, 확대경으로 보면 속립결핵(粟粒結核) 형상의 돌기를 볼 수 있다. 가장자리는 윤이 나거나, 능형을 띠며, 뾰족한 모서리에는 둥근 점 모양의 갈색 '종자배꼽[種臍]'이 있다. 씨의 껍질은 얇은 지질(紙質)이며, 횡단면에서는 얇은 막형태의 배젖을 볼 수 있다. 배(胚)는 곧게 서 있으며, 두 덩어리의 크고 흰 자엽(子葉)이 있으며, 기름성분이 풍부하다. 냄새는 약하고, 맛은 싱거우며, 씹으면 맑은 향기가 난다. 맛은 달고 성질은 밋밋하다. 간과 신장을 도우며, 오장을 윤택하게 한다.

다. 기름은 대변을 잘 나오게 하며, 태반과 태막[56]이 내려가지 않는 것을 치료한다. 『수진비지脩真秘旨』[57]에서 이르길 신선이 호마를 복용하는 방법에는 "오래 복용하면 얼굴에서 광택이 나고, 배가 고파지지 않으며, 3년 동안 계속 복용하면 물과 불로도 해를 입지 않으며, 걷는 것이 달리는 말과 같다."[58]라고 하였다.

利大便, 治胞衣不下. 脩真秘旨云神仙服胡麻法, 久服面光澤, 不飢, 三年水火不能害, 行及奔馬.

56 '포의(胞衣)': 중의학에서 태반과 태막을 일컬어 포의라고 한다. Baidu 백과에는 이것은 의포(衣胞) 혹은 태의(胎衣)라고도 하며, 중의약재로 쓰인다고 한다.

57 『수진비지(脩真秘旨)』: 당대 사마승정(司馬承禎: 639-735년)이 저술하였으며, 원서는 이미 산실되었다. 사마승정은 당대의 도사이자 도교학자이며 서예가이다. 자는 자미(子微), 법호는 도은(道隱)이고 또한 백운자(白雲子)라고 불렸다. 숭산도사(嵩山道士) 반사정(潘師正)에게 사사하여, 상청경법(上淸經法), 부적, 도인법(導引法: 도교에서 무병장수를 위해 행한 건강법), 복이제술[服餌諸術: '복이'는 '복약(服藥)'이라고도 하는데, 인간의 신체를 불사케 하는 약[丹藥]을 복용하는 것으로 도교의 수행법 중 하나이다.] 등을 전수받았다. 그 후 천하의 명산을 두루 유람하고, 천태산(天台山) 옥소봉(玉霄峰)에 은거하면서 스스로를 '천대백운자(天臺白雲子)'라 불렀다. 진자앙(陳子昂), 노장용(盧藏用), 송지문(宋之問), 왕적(王適), 필구(畢構), 이백(李白), 맹호연(孟浩然), 왕유(王維), 하지장(賀知章)과 더불어 '선종십우(仙宗十友)'로 불린다.

58 『수진비지(脩真秘旨)』에서는 호마의 작용에 대해 과장되게 언급하였다. 앞에서 기술한 바와 같이, 인체가 영양분을 요구하는 것은 여러 방면인데, 한 종류의 음식물을 장기간 복용하게 되면 영양결핍을 조성한다. 이외에도, 호마는 연속적으로 복용할 수 없는 작물로, 청대 오의락(吳儀洛)의 『본초종신(本草從新)』에서 말하길 "호마를 복용하면 사람의 장이 매끄러워진다. 정기가 굳건하지 않은 사람은 마땅히 먹어서는 안 된다."라고 하였다. 그 외에 청대 황궁수(黃宮綉)의 『본초구진(本草求眞)』에서 이르길 "신장의 기운이 굳건하지 못하면 변이 묽고, 발기부전 증 증상이 있거나, 정액이 저절로 새어나오고, 백대하[白帶]가 있어 모두 호마를 사용하는 것을 꺼린다."라고 하였다.

그림 13 호마(胡麻)

24. 엿당[餳][59]

엿은 맛이 달고, 성질은 약간 따뜻하며, 독이 없다. 인체의 허기로 인해서 부족한 부분을 보충해 주며, 갈증을 멈추고, 머무른 피를 돌게 하며,[60] 비장의 기능을 강화하고 기침을

餳味甘, 微溫, 無毒. 補虛乏, 止渴, 去血, 建脾, 治嗽. 小兒誤呑錢, 取一

---

59 '엿당[餳]': 쌀, 보리, 밀, 조, 혹은 옥속서(玉粟黍) 등의 양식을 발효와 당화를 거쳐서 만든 엿당으로 고대에는 당(糖)자와 동일하다. Buell의 역주본에서는 이를 malt sugar라고 번역하고 있다. 엿당은 연한 것과 단단한 것으로 구분되는데, 연한 것은 황갈색의 진하고 걸쭉한 액체로, 점성이 매우 크다. 단단한 것은 연한 엿당을 뒤섞어 반죽해서 공기와 혼합한 이후 응고되어 만들어지며, 구멍이 많은 황백색의 당 덩어리다. 약용으로써는 연한 엿당이 좋다. 맛은 달고 성질은 따뜻하다. 비장, 위, 폐에 작용한다. 속을 편안하게 하고 허기를 보충하며, 체액을 생기게 하고 마른 것을 윤택하게 한다. 명대 무희옹(繆希雍)의 『본초경소(本草經疏)』에서 이르길 "엿당은 달고, 비장에 작용한다. 쌀과 보리 모두 비장과 위를 돕는 물질이기 때문에 허하고 부족한 것을 보충하는 작용을 하며, 장중경(張仲景)이 건중탕(建中湯)에서 사용한 것이 이것이다. 폐와 위에 화기(火氣)가 있으면 갈증이 나타나며, 화(火) 다음에 염(炎)이 생겨 피 근처에 제멋대로 돌아다니면서 피를 토하게 하는데, 단것으로 인해서 화기가 느슨해져서 내려가면 갈증은 저절로 사라진다."라고 하였다.

치료한다. 어린아이가 (실수로) 동전을 삼켰을 때, 엿 한 근을 취하여 조금씩 먹이면 (대변을 따라 동전이) 나온다.

斤, 漸漸盡食之即出.

25. 꿀[蜜][61]

꿀은 맛이 달고 (성질은) 밋밋하고 약간 따뜻하며, 독이 없다. 주로 심장과 배의 사기와 각종 놀라서 야기되는 경풍[驚癎][62]에 효능이 있다. 오장의 부족한 것을 보충하고, 비장과 위장의 기운[氣益中]을 보충하며,[63] 통증을 멈추

蜜味甘, 平微溫, 無毒. 主心腹邪氣, 諸驚癎. 補五藏不足, 氣益中, 止痛, 解毒, 明耳目, 和百

60 '거혈(去血)': 머물고 있는 피를 돌게 하는 것이다. 이는 곧 피가 당연히 흘러야 하는데 흐르지 않아 생긴 복통이다. 청대 추주(鄒澍)가 편찬한 『본경소증(本經疏證)』에서 이르길 "그 때문에 엿당은 어혈을 제거할 수 있는 것이 아니고, 피가 당연히 흘러야 할 것이 흐르지 않아 생긴 복통을 치료한다."라고 하였다.

61 '밀(蜜)': 즉 벌꿀이다. 석밀(石蜜), 석이(石飴), 사밀(沙蜜), 봉당(蜂糖) 등으로 이름한다. 꿀벌과 식물, 곤충, 토종꿀벌 등이 채취한 꿀이다. 걸쭉한 액체이며 백색에서 담황색[白蜜]까지, 혹은 귤황색에서 호박색[黃蜜]까지 있다. 여름에는 맑은 기름의 형상과 같고 광택을 띤다. 겨울에는 쉽게 불투명으로 바뀌며, 수분이 적으며 유성이 있고 걸쭉하기가 엉긴 지방 같고, 나무막대기를 써서 들어 올릴 때 마치 실이 끊어지지 않는 형상과 같으며, 또한 은반이 포개지는 듯한 형상이다. 맛은 달고 시지 않으며, 냄새는 향기롭다. 성질은 밋밋하며, 폐와, 비장, 대장에 들어가서 작용한다. 비장과 위장을 보양하며, 마른 것을 윤택하게 하고, 통증을 멈추게 하며 해독하는 작용을 한다. 폐가 건조하여 기침을 하는 것과 장이 말라 생긴 변비, 위 속이 쑤시고 아픈 것, 축농증, 구창(口瘡), 끓는 물에 데인 상처를 치료하며, 오두초(烏頭草)의 독을 해독한다.

62 '경간(驚癎)': 김세림의 역주본에서는 깜짝 놀라 일어나는 경풍병이나 어린아이의 경련, 경풍병을 뜻한다고 한다.

63 '기익중(氣益中)': 상옌빈의 주석본에서는 사부총간속편본과 동일하게 '기익중

고, 독을 해독하며, 귀와 눈을 맑게 하고, 온갖 약들을 조화롭게 하며, 온갖 병을 제거한다.

藥, 除衆病.

26. 누룩[麴][64]

누룩은 맛이 달고 (성질이) 매우 따뜻하다. 오장육부 중의 풍기를 치료하고 비장과 위장을 조화롭게 하며 기를 더욱 높인다. 위를 열어서 소화를 촉진하며 인체를 북돋아서 허로

麴味甘, 大暖. 療藏府中風氣, 調中益氣. 開胃消食, 補虛冷. 陳久者良.

(氣益中)'이라고 표기하였으나, 장빙룬의 역주본에서는 '익중기(益中氣)'라고 표기하였다. 장빙룬에 따르면 '중기(中氣)'는 첫째는 중초비위의 기와 비장과 위 등의 장부가 음식물을 소화전달하거나, 맑은 것을 올리고 탁한 것을 가라앉히는 생리작용을 두루 가리킨다. 두 번째는 비장의 기운을 가리킨다. 비장의 기운은 주로 상승하는데, 비장의 기운이 아래로 내려가면 항문이 빠지고 자궁이 아래로 내려가는 병증이 발생된다. 중초의 기능을 보양하는 방법으로 치료하며, 중초의 기능을 보양하는 것은 바로 비장의 기운을 보충하고 아래로 꺼진 비장의 기운을 높이는 것이다. 세 번째로 기운을 전달하는 의미의 동사로 쓰인다고 한다.

64 '국(麴)': 주모(酒母)라고도 하며, 대량의 발효 미생물 또는 생화학 효소류인 발효제 혹은 효소제를 대량 함유하고 있다. 일반적으로 양식 혹은 양식 부산품을 사용하여 미생물을 배양하여 만든다. Buell의 역주본에서는 이를 'yeast'라고 번역하고 있다. 각종 누룩 중에 미생물의 종류는 양조 용도에 따라서 다르다. 예컨대, 소흥주를 양조할 때 사용하는 누룩(민간에서는 주약이라고 부른다.)은 주로 뿌리 곰팡이, 털곰팡이와 효모를 주로 함유하고 있으며, 백주를 양조할 때 사용되는 '대국(大麴)'이나 '소국(小麴)'에 있어서 전자는 주로 누룩곰팡이와 효모 등을 함유하고 있다. 후자는 주로 뿌리 곰팡이, 털곰팡이와 효모를 함유하고 있다. 본 조항에서는 '신국(神麴)'을 가리키는 듯하며, 또한 6신국이라고 일컫는다. 매운 여뀌[辣蓼], 개사철쑥[青蒿], 살구씨 등의 약을 밀가루 혹은 밀기울 껍질에 넣어 섞어 혼합한 후에 발효시켜 만든 누룩이다. 맛은 달고 매우며, 성질은 따뜻하다. 비장과 위장에 작용한다. 비장과 위장을 건강하게 하고, 소화를 돕고 중초를 조화롭게 하는 효능이 있다.

로 인해서 야기된 냉기를 제거한다.[65] (누룩은) 오래된 것이 좋다.

27. 초醋[66]

초는 맛이 시고 (성질이) 따뜻하며, 독은 없다. 옹종을 없애고 수기를 흩뜨리며, 사악한 독을 제거하고, 피의 운반이 원활하지 않아 생기는 빈혈증상을 해결하며[67] 체내의 덩어리가 쌓여 막힌 것을 제거한다. 초에는 여러 종류가 있다. 주초(酒醋),[68] 도초(桃醋), 맥초(麥醋), 포도

醋味酸, 溫, 無毒. 消癰腫, 散水氣, 殺邪毒, 破血運, 除癥塊, 堅積. 醋有數種. 酒醋, 桃醋, 麥醋, 葡萄醋, 棗醋.

---

65 '보허냉(補虛冷)': 상옌빈의 주석본에서는 사부총간속편본과 동일하게 '보허냉(補虛冷)'이라고 적고 있으나 장빙룬의 역주본에서는 '보허거냉(補虛去冷)'으로 표기하였다. 김세림의 역주본에서는 이를 폐, 신장이 허하여 한냉한 기운을 입는 것이라고 한다.

66 '초(醋)': 다른 이름은 고주(苦酒), 순초(淳醋), 미초(米醋), 초(酢), 혜(醯) 등이다. 쌀, 맥, 고량, 술, 술지게미 등을 양조한 것은 초산의 액체를 함유하고 있다. Buell의 역주본에서는 이를 'vinegar'이라고 번역하고 있다. 상옌빈의 주석본에 의하면 원대에는 초가 이미 십수 종이 존재했다고 한다. 초를 만드는 방법에는 여러 종류가 있는데, 『제민요술(齊民要術)』 중의 기록에는 대초법(大酢法), 출미신초법(秫米神醋法), 속미국작초법(粟米麴作酢法) 등 10여 종류가 있다. 맛은 쓰고, 성질이 따뜻하다. 간과 위장에 작용한다. 산후어지럼증, 배 속 적취와 가려움증, 황달, 누런 땀이 나는 경우, 피를 토하거나, 코피가 나고 혈변을 누는 경우, 음부가 가려운 증상 및 각종 종기를 치료하며, 물고기와 고기 및 야채의 독을 해독한다.

67 '증괴(症塊)': 복강 내의 덩어리와 적체를 가리킨다.

68 '주초(酒醋)': 이것의 제작과정과 성질, 맛은 구체적으로 알 수 없다. 다만 상옌빈의 주석본에 의하면 고창(高昌) 회흘(回鶻)시에서 일찍이 포도로 주초(酒醋)를 제조했다고 하며, 돌궐어로 'bor sirka'라 했다고 한다.

초(葡萄醋), 조초(棗醋) 등이 있다. 미초(米醋)가 가장 좋으며 약재로 사용된다.[69]

米醋爲上, 入藥用.

28. 장醬[70]

장은 맛이 짜고 시다. (성질은) 차며, 독이 없다. 열사를 없애고 답답한 것을 해소하며, 온갖 약과 열탕으로 인한 화독[71]을 해소한다. 생선, 육고기, 야채 독을 모두 없앤다. 두장豆

醬味鹹酸. 冷, 無毒. 除熱止煩, 殺百藥熱湯火毒. 殺一切魚肉菜蔬毒.

---

69 '입약용(入藥用)': 고대에서는 미초(米醋)가 약으로 쓰일 수 있고, 여타 초들은 식용으로 쓰인다고 인식하였다. 예컨대 『당본초(唐本草)』에서는 "초에는 여러 종류가 있는데 미초(米醋), 밀초(蜜醋), 맥초(麥醋), 곡초(曲醋), 도초(桃醋), 포도(葡萄) 및 대추[大棗] 등의 다양한 초와 과일은 생각하건대 아주 강렬하여서 단지 먹기만 할 뿐 약용으로 쓸 수는 없다."라고 하였다. 『본초연의(本草衍義)』에서는 "초는 술지게미로 만든 것으로 미초(米醋), 맥초(麥醋), 조초(棗醋)가 있다. 미초가 모든 초 중에서 가장 좋은 초이며, 약에 넣어서 사용하고 곡물의 기운이 온전하기 때문에 지게미초보다 낫다. 임산부의 방에는 항상 초의 기운이 있으면 좋은데, 초는 피를 보양하기 때문이다."라고 하였다.

70 '장(醬)': 일종의 조미료이며, 밀가루 혹은 콩류를 사용하여 찌고 난 뒤에 덮어서 발효시키고, 소금과 물을 첨가하여 만든 점성이 있는 물질이다. Buell의 역주본에는 장을 'sauce'라고 번역하고 이에는 soybean sauce와 wheat sauce가 있다고 한다. 두장(豆醬)은 황두(黃豆), 밀가루, 소금 등의 원료를 골라서 누룩[麴]을 만들고 발효시키고 햇볕에 쬐는 등의 여러 가지 정교한 공정을 거쳐서 만드는데, 색은 윤기 나는 황금색이며, 그 재료는 향기롭고 영양분은 풍부하다. 면장(麵醬)은 밀가루를 주재료로 하여, 누룩, 발효, 햇볕 등의 각종 공정을 거쳐서 만든 일종의 조미료로서, 그 맛은 달면서 짠맛을 띠며, 동시에 장의 냄새와 에스테르 향이 있다. 맛은 짜고 성질은 차갑다. 위장, 비장, 신장에 작용한다. 열을 내리고, 독을 해독하는 효능이 있다. 벌과 전갈에 의한 상처와 뜨거운 물로 인한 화상을 치료한다.

71 '화독(火毒)': 화열(火熱)의 병사가 쌓여 독이 된 것이다.

醬의 효능과 치료가 면장麵醬보다 좋다. 오랫동안 묵힌 장이 더욱 좋다.[72]

豆醬主治勝麵醬. 陳久者尤良.

29. 두시[豉][73]

두시는 맛이 쓰고, (성질은) 차가우며, 독이 없다. 주로 상한傷寒,[74] 두통, 답답하고 열이 나며, 번민이 가득 찬 것에 효능이 있다.

豉味苦, 寒, 無毒. 主傷寒, 頭痛, 煩燥, 滿悶.

---

72 '진구자우량(陳久者尤良)': 명대 『본초경소(本草經疏)』에서는 "생각건대 장의 품종은 하나가 아니다. 오직 두장(豆醬)은 오래 묵힌 것이 약으로 쓰이는데, 그 맛은 짜고 시며, 성질은 차고 이롭다. 그 때문에 열을 제거하고, 가슴이 답답한 것을 해소하고, 뜨거운 물로 인한 화상독을 없애는 효능이 있다. 생선, 육고기, 채소와 버섯의 독을 제거하는데, 『신농본초경(神農本草經)』과 같이 '백약의 독을 없앤다는 것은 잘못이다. 또 유인장(楡仁醬)이 있는데 맛은 맵고 좋다. 모든 곤충을 죽이고, 대소변을 잘 나오게 하며, 심복부의 나쁜 기운을 없앤다. 왕느릅장[蕪荑醬]의 효능과 치료도 서로 동일하다.'"라고 하였다.

73 '시(豉)': 이는 곧 중의약인 '담두시(淡豆豉)'를 가리킨다. 다른 이름은 '향시(香豉)', '담시(淡豉)'이다. Buell의 역주본에서는 이를 'salted bean relish'이라고 번역하고 있다. 콩과 식물인 대두의 종자를 찌고 덮는 가공을 거쳐서 만든 것이다. 두시는 한대 이전부터 이미 제작되었는데 한대 유희(劉熙)의 『석명(釋名)』에서는 "두시[豉]를 즐기는데 오미를 조화하여 단맛을 즐긴다."라고 하였다. 담두시는 그 건조품을 약으로 쓴다. 맛은 쓰고 성질은 차가우며, 폐에 좋다. 풍사와 한사를 발산시키고, 답답한 것을 제거하며, 우울한 것을 소통시키고, 해독하는 데 효능이 있다. 그 외에 또 함두시(咸豆豉)가 있는데, 주로 조미료로 쓰이며, 반찬의 특별한 맛을 증가시킨다.

74 '상한(傷寒)': 심한 열병이다. 한기에 의해 야기된다. 장티푸스, 인플루엔자 등의 악성 유행병을 말한다.

30. 소금[塩][75]

소금은 맛이 짜고, (성질은) 따뜻하며, 독이 없다. 주로 전염성의 귀고와 사주독[76]을 제거하며, 상한傷寒, 가슴속의 담액을 토하는 증상, 심장과 복부의 갑작스런 통증을 멈추는 데 효능이 있다. 많이 먹으면 폐가 손상되며, 사람

塩味鹹, 溫, 無毒. 主殺鬼蠱邪疰毒, 傷寒, 吐胷中痰癖, 止心腹卒痛. 多食傷肺, 令人咳

75 '염(塩)': 즉 '식염(食鹽)'이며, 다른 이름으로 '염(鹽)', '함차(鹹鹺)' 등이 있다. 일상생활 중의 필수 조미료이다. 바닷물 혹은 염정(鹽井), 염지(鹽池), 염천(鹽泉)에서 소금물을 달여서 햇볕에 말려 만든 결정이다. 주요성분은 염화나트륨이다. 원산지, 제작방법 등이 같지 않기 때문에, 혼합물의 질과 양이 모두 차이가 있다. 중의약에서 사용되는 식염은 일반적으로 포제(炮制)를 거쳐야 한다. 소금의 맛은 짜고 성질은 차갑다. 위, 신장, 대소장에 좋다. 토를 나오게 하고, 열기를 식히며 피를 차갑게 하고, 독을 해소하는 데 효능이 있다. 『본초강목(本草綱目)』에서는 "소금은 각종 질병을 치료하는 데 가장 중요하고, 그것을 사용하지 않는 질병이 없다. 신장을 보하는 약을 복용할 때는 염탕(鹽湯)을 사용하면 짠 기운이 신장으로 들어가고, 약기운을 당겨서 장으로 들어가게 한다. 심장을 보하는 약은 볶은 소금을 사용하는데, 심장이 아프고 허약할 때 짠 것으로 그것을 보양한다. 비장을 보하는 약으로는 볶은 소금을 사용하며, 비장이 허해지면 그 어미를 보양하는데 비장은 바로 심장의 자식이다. 뭉쳐서 쌓인 결핵의 치료에 그것을 사용하는 것은 소금이 단단한 것을 연하게 하기 때문이다. 모든 눈의 종기와 혈병(血病)에 그것을 사용하는 것은 짠 것은 피를 통하게 하기 때문이며, 모든 풍열병에서 그것을 사용하는 것은 차가운 것이 뜨거운 것을 물리치기 때문이다. 대소변의 병에서 그것을 사용하는 것은 짠 기운이 축축한 것을 아래로 내리기 때문이다. 모든 골병(骨病)과 치아에 생기는 병[齒病]에 그것을 이용하는 것은 신장은 뼈를 주관하기에 짠 기운이 뼈에 들어가기 때문이다. 벌레에 물린 상처에 그것을 이용하는 것은 독을 해소할 수 있기 때문이다."라고 한다.

76 김세림의 역주본에 의하면, '귀고(鬼蠱)'는 기생충에 의해 배가 붓고 통증을 수반하는 전염병이며, 사주독(邪疰毒)은 병독이 체내에 들어와 장기간 소화가 되지 않는 전염병이라고 한다.

으로 하여금 기침을 유발하고, 건강한 얼굴빛을 잃게 한다.[77]	嗽, 失顔色.

31. 술[酒][78]

술은 맛이 쓰고 달고 맵다. (성질은) 매우 뜨	酒味苦甘辣. 大

77 '다식상폐(多食傷肺), 영인해수(令人咳嗽), 실안색(失顔色)': 한대 유향의 『별록(別錄)』에서는 "많이 먹으면 폐가 상하고 기침을 하게 된다."라고 하였다. 『황제소문(黃帝素問)』에서는 "혈병은 소금을 많이 먹는 것에 관계없이 음식을 많이 먹으면 혈맥이 응고되어 색이 변한다."라고 하였다. 『촉본초(蜀本草)』에서는 "많이 먹으면 사람의 얼굴색이 바뀌고 피부색이 검게 되며, 근력을 잃게 된다."라고 하였다.

78 '주(酒)': 사부총간속편본(四部叢刊續編本) 『음선정요』의 목차에는 13종의 술이 소주(小注)로 편입되어 있는데, 본문에는 '주(酒)'의 항목 아래 13종의 술이 본문과 같은 글자로 줄을 바꾸어 가며 개별적으로 소개되어 있다. 술은 쌀, 맥, 기장, 고량 등과 누룩으로써 술을 빚어 만든 일종의 음료이다. 원료, 양조, 가공, 저장 등등 조건이 같지 않기 때문에, 술의 품종은 매우 많고, 그 성분의 차이 역시 매우 크다. 제작 방법상에서 술은 증류주(고량주, 소주)와 비증류주[소흥주(紹興酒), 포도주] 두 종류로 나눌 수 있다. 무릇 술에는 모두 에탄올을 함유한다. 중의학에서는 술의 맛은 달고 쓰고 매우며, 성질은 따뜻하고 독이 있다고 한다. 심장, 간, 폐, 위에 좋다. 혈맥을 통하게 하고, 한기를 막고, 약효를 발휘시키는 데 효능이 있다. 풍한으로 인한 저림 통증, 정맥 혈관이 오그라들고 급해지는 것, 가슴 저림증, 심장과 배의 냉통(冷痛)을 치료한다. 상옌빈의 주석본에 따르면 원대에는 술의 종류와 형태가 다양하다고 하는데, 원료로 분류를 하면 '양식주(糧食酒)', '과실주(果實酒)', '마유주[馬奶酒]'로 나눌 수 있으며, 제작방식으로 분류하면 '주곡발효(酒穀醱酵)', '백행발효(百行醱酵)', '증류주(蒸餾酒)'로 나눌 수 있다고 한다. 쉬이밍[徐儀明], 「忽思慧飮膳正要道教醫學觀念與元代少數民族飮食文化」, 『老子學刊』, 2018, p.81에 따르면 『음선정요』에는 '마유주(馬乳酒)'가 보이지 않으며, 단지 권3 '수품(獸品)'에서 말고기에 대해 언급하고 있지만, 술에 관한 내용이 보이지 않는다. 아마도 홀사혜가 보기에 말젖은 갈증을 멈추고, 열을 다스리는 효능이 있으나, 이것을 술로 만들어도 그 이외의 효능이 없기에 '마유주'를 언급하지 않는 것으로 보았다.

겁고, 독이 있다. 주로 약물의 약효가 발휘하는 것을 돕고, 각종 사악한 기운을 제거하며,[79] 혈맥을 잘 통하게 하고,[80] 창자와 위를 두텁게 하며, 피부를 윤택하게 하고, 걱정과 슬픔을 없앤다. 많이 마시면 사람의 수명이 줄어들고, 정신을 상하게 하며 본성을 바꾸기도 한다.[81] 술은 여러 종류가 있는데 오직 술의 발효 정도에 따라서 그 성질을 달리한다.

慹, 有毒. 主行藥勢, 殺百邪, 通血脉, 厚腸胃, 潤皮膚, 消憂愁. 多飮損壽傷神, 易人本性. 酒有數般, 唯醞釀以隨其性.

31-1. 호골주虎骨酒[82]

호골주는 호랑이 뼈를 바싹 구워 버터색으로 변하면 부수어 술을 담근다. 골절의 통증이나 풍기로 인한 만성 전염병,[83] 냉기로 인한

虎骨酒以酥炙虎骨搗碎, 釀酒. 治骨節疼痛, 風疰, 冷

79 '살백사(殺百邪)': 각종 병을 일으키는 균을 죽인다는 것이다.

80 '통혈맥(通血脉)': 혈맥이 잘 통하게 한다. 현대의학에서는 중급량의 에탄올은 피부혈관을 확장시키므로, 피부가 빨갛게 되어 따뜻한 느낌이 생긴다고 설명한다.

81 '역인본성(易人本性)': 사람의 본성을 바꾼다는 의미이다. 장빙룬의 역주본에 의하면 에탄올은 신경의 중추에 있는 마취제와 같은 작용과 비슷하기 때문에 대뇌의 억제기능을 약화시키므로, 음주자는 겸손과 자제력을 상실하고, 동시에 식별력, 기억력, 집중력과 이해력이 모두 약해지거나 사라진다. 시력(중추성) 역시 자주 장애가 나타난다고 한다.

82 '호골주(虎骨酒)': 호랑이의 뼈와 백주(혹은 기타 약재를 넣는다.)를 함께 섞어 만든 일종의 약주(藥酒)이다. 이 조항의 기록은 너무 간략하기 때문에 장빙룬의 역주본에서 호골주의 제작방식을 제시하고 있다. 이 술은 풍, 한, 습의 기류가 경락 속에 들어가서 생기는 근육과 혈맥이 나고 오그라들며, 사지가 마비되고, 팔다리 저림, 관절의 시큰거림 등의 증상을 치료한다고 한다.

83 '풍주(風疰)': 중의학의 옛 병명이다. 풍사가 인체 관절 중에 침입해서 통증을 유발하여 움직임에 방해되는 일종의 병증을 지칭한다. 현대 서양의학에서 지칭하

저림과 통증을 치료한다.

痺痛.

31-2. 구기주枸杞酒[84]

구기주는 감주[85]지역의 구기자를 일정한 방법에 따라 양조한 술이다. 허약한 것을 보충하고, 피부와 살을 증강하며, 정기를 북돋고, 인체의 차가운 풍사를 없애 주며, 남자의 성 기능을 증강한다.

枸杞酒以甘州枸杞依法釀酒. 補虛弱, 長肌肉, 益精氣, 去冷風, 壯陽道.

31-3. 지황주地黃酒[86]

지황주는 지황의 뿌리를 짠 즙으로 술을 빚

地黃酒以地黃絞

는 '풍습성 관절염'과 비슷하다. 풍은 병을 일으키는 풍사를 지칭한다. '주'는 여기서 '주입하다[注]' 혹은 '머무르다[住]'라는 뜻과 통하며, 관주(灌注)는 인체에 침입하여 오래 머무르면서 떠나지 않는 의미가 있다. 대부분 전염병과 만성 질병을 지니고 있는 것을 가리킨다.

84 '구기주(枸杞酒)': 가지과 구기자속의 구기자[*Lycium chinense* Mill.]를 주요 원료로 사용하여 양조해 만든 술이다. 김세림의 역주본에 의하면 구기자는 영하(寧夏), 감숙과 내몽골 서부에서 생산되는 것이 상등이라고 한다. 고대에 구기주의 재료와 양조법은 간단하면도 정밀한 구분이 있다. 한 가지 방법은 감주의 구기자 한 움큼을 푹 삶아 찧어서 즙을 내고, 술누룩과 술밑쌀을 함께 섞어 술을 만들기도 한다.

85 '감주(甘州)': 고대 행정구역의 명칭이다. 서위 폐제 3년(554)에 서량주(西凉州)를 고쳐 감주로 했는데, 감준산(甘峻山)에서 이름을 따온 것이다. 치소는 영평(永平)에 있다[수나라에서는 '장액(張掖)'으로 명칭을 고쳤는데, 현재 감숙성 장액이다]. 관할하는 지역은 지금의 고대 감숙 동쪽의 약수(弱水) 상류에 해당된다. 그 후 영역에 여러 차례 변화가 있었는데 몽골 때 감주로 다시 고쳤고, 무후(武后)에 이르러서는 '감주로(甘州路)'로 고쳤다. 청나라 옹정제 때 처음으로 부(府)로 고쳤다가 1913년 폐지되었다.

86 '지황주(地黃酒)': 현삼과 지황속의 '지황'[*Rehmannia glutinosa* (Gaertn.) Libosch. ex

는다. 허약한 것을 치료하며 근육과 뼈를 튼튼하게 하고 혈맥을 통하게 하며 복부 내의 통증을 치료한다.

汁釀酒. 治虛弱, 壯筋骨, 通血脉, 治腹內痛.

31-4. 송절주松節酒[87]

송절주는 '신선의 처방[仙方]'에서는 5월 5일에 소나무 마디를 채집하여 잘게 부순 뒤 물을 끓여 양주한다. 풍사, 한사로 인한 허기,[88] 뼈가 약하고 다리로 땅을 디딜 수 없는 것을 치료한다.

松節酒仙方以五月五日採松節, 剉碎, 煮水釀酒. 治冷風虛, 骨弱, 脚不能履地.

Steud.]으로 주호화(酒壺花)란 별명을 지녔다. 이것은 신선한 지황을 짜낸 즙에 누룩과 쌀 등을 섞어서 만든 약주이다. Buell의 역주본에서는 이를 'chinese foxglove liquor'이라고 번역하고 있다. 『본초강목』에서는 원료 및 구체적인 양조 방법에 대해 기록하기를 "지황주는 허로하여 허약한 것을 보충하고 근육과 뼈를 튼튼하게 하며, 손과 발이 저린 증상을 치료하고 혈맥을 통하게 하며, 복부의 통증을 치료하고 백발을 변하게 한다. 지황을 짠 즙을 사용하여 누룩과 쌀을 섞어서 그릇에 넣고 밀봉하여 5-7일 뒤에 개봉하면 그 속에 푸른 즙이 생기는데 이는 알짜배기로서 마땅히 그것을 먼저 마신다. 이내 즙을 걸러서 (항아리에) 저장한 뒤 쇠무릎[牛膝]즙을 넣으면 약효가 더욱 빠르다. 또한 여러 약재를 넣을 수도 있다."라고 하였다.

87 '송절주(松節酒)': 소나무의 마디 혹은 소나무 잎을 삶아서 즙을 내고 다시 누룩, 쌀을 같이 섞어서 일정한 방법에 따라 양조한 술이다. 『외대비요(外臺秘要)』에 그 방법이 전한다.

88 '냉풍허(冷風虛)': 『본초강목』에서는 "냉내허약(冷內虛弱)"이라고 적고 있다. 이것은 풍사, 한사, 습사가 몸에 들어와서 신체가 허약해지는 것을 가리킨다.

31-5. 복령주茯苓酒[89]

복령주는 '신선의 처방[仙方]'에 따라 복령주를 담근다. 허로한 것을 치료하고 근육과 뼈를 튼튼하게 하며 만수무강하게 한다.

茯苓酒仙方, 依法茯苓釀酒. 治虛勞, 壯筋骨, 延年益壽.

31-6. 송근주松根酒[90]

송근주는 소나무 아래에 구멍을 파서 (소나무 뿌리를 잘라 그곳에) 항아리를 두고 소나무 뿌리의 진액을 채취하여 술을 담근다. 풍[91]을 치료하며 근육과 뼈를 튼튼하게 한다.

松根酒以松樹下撅坑置瓮, 取松根津液釀酒. 治風, 壯筋骨.

31-7. 양고주羊羔酒[92]

양고주는 보통 술을 만드는 방식에 따라 (양

羊羔酒依法作

---

89 '복령주(茯苓酒)': 소나무 뿌리 안에 기생하는 균류(菌類)식물로, 야생복령은 해발 200-1000m 전후의 침활엽수가 혼재된 산림 중 기후가 온화하고 햇빛이 충분한 습윤한 토양에서 잘 자란다. Buell의 역주본에서는 이를 'china root [poria cocos] liquor'이라고 번역하고 있다. 이 술은 중의학에서 복령을 주요 원료로 하여 누룩과 쌀을 함께 넣고 양주하여 만든 술이다. 『본초강목』에는 복령주가 있는데 "모든 풍사로 인한 어지러움을 치료하고 허리와 무릎을 따뜻하게 하며 오장이 허약해서 생긴 허로에 효능이 있다. 복령가루와 누룩, 쌀로 양주해서 마신다."라고 하였다.

90 '송근주(松根酒)': 소나무 뿌리 속에 흘러나온 진액과 누룩, 쌀을 넣고 양조하여 만든 술이다. 송근주는 『본초강목』에서는 '송액주(松液酒)'라고 적고 있다. 그 제조방법은 "큰 소나무 아래에 구멍을 파고 항아리를 설치하여 그 진액을 취한다. 1근을 양주하려면 찹쌀 5되[升]가 필요하며, 술을 담가 마신다."라고 하였다.

91 이 풍(風)은 풍비(風痹)와 동일하며, 마비되는 병증이다. 한사와 습사가 사지 관절에 침입하여 생기는 것이라고 한다.

92 '양고주(羊羔酒)': 고대 분주(汾州: 지금의 산서성)에서 생산되는 술의 일종으로

고육으로) 술을 만드는데, 이 술은 사람에게 크게 유익하다.

酒, 大補益人.

31-8. 오가피주五加皮酒[93]

오가피주는 오가피를 술에 담그거나 혹은 보통의 방식에 따라 술을 빚는다. 뼈가 약하거나 달리지 못하는 것을 치료한다. 오랫동안 복용하면 근육과 뼈가 튼튼해지며 늙지 않고 오래 살 수 있다.

五加皮酒五加皮浸酒, 或依法釀酒. 治骨弱不能行走. 久服壯筋骨, 延年不老.

31-9. 올눌제주膃肭臍酒[94]

올눌제주는 신장이 허약한 것을 치료하고 허리와 무릎을 건장하게 하여 사람을 크게 이롭게 한다.

膃肭臍酒治腎虛弱, 壯腰膝, 大補益人.

양고기에 쌀(또는 찹쌀)을 넣어 발효시킨 것으로 양고아주(羊羔兒酒), 양고미주(羊羔美酒)라고도 불린다. 한위(漢魏)시대에 기원하여 당송 때에 홍성했으며, 원대에는 해외로 판매되기까지 했다. 『본초강목』에는 두 종류의 제조방법을 제시하고 있다.

93 '오가피주(五加皮酒)': 중의학에서 오가피를 주요원료로 하여 만든 일종의 약주이다. 『본초강목』에는 제조방법이 기록되어 있다. 첫 번째로 먼저 잘라서 깨끗이 씻은 오가피를 잘게 부수어 깨끗이 씻은 포대 속에 넣고 다시 포대에 술을 넣고 끓여서 만든 오가피주가 있으며 간혹 당귀, 쇠무릎[牛膝], 오이풀[地楡] 등의 약재를 넣는 것도 있다. 두 번째로 오가피를 잘라서 깨끗이 씻은 뒤 껍질 속의 나무줄기를 제거한 뒤 끓여서 즙으로 만들어 적당량의 술누룩과 (쪄서 익힌 찹쌀을) 함께 섞어 발효하여 양조한 술이다.

94 '올눌제주(膃肭臍酒)': 일명 해구편주(海狗鞭酒)라고 하는데, 물개 혹은 바다표범

31-10. 소황미주小黃米酒[95]

소황미주는 성질은 뜨거워서 많이 마시면 좋지 않다. 사람의 오장을 혼미하게 하고[96] 가슴을 답답하게 하며 열을 나게 하고 잠이 많게 한다.

小黃米酒性熱, 不宜多飲. 昏人五藏, 煩熱多睡.

31-11. 포도주葡萄酒[97]

포도주는 기를 더하고 위장과 비장을 조화롭게 하며 배고픔을 참게 해주고 의지를 강하게 한다. 술에는 여러 종류가 있다. 첫 번째는 서번西番[98]에서 난 것, 두 번째는 투루판[哈剌

葡萄酒益氣, 調中, 耐飢, 強志. 酒有數等. 有西番者, 有哈剌火者, 有平

의 음경과 고환을 술 속에 넣고 담근 후에 쳐서 진흙과 같이 문드러지게 한 후 이를 적당량의 누룩과 쌀을 함께 넣고 발효시켜 만든 술이다. Baidu 백과에서는 이를 구기자와 백주(白酒)에 넣어 제조한다고 한다. 이 술은 양기를 돕고 정수를 더하며 응어리진 냉기를 깨트려 사람을 크게 이롭게 한다.

95 '소황미주(小黃米酒)': 소황미를 주요 원료로 사용하여 일정한 양조 방법으로 만든 술이다. 소황미주가 바로 에탄올의 함량이 백주보다 낮은 황주라고 보는 견해도 있다.

96 '혼인오장(昏人五藏)': 과다하게 마신 소황미주는 사람의 정신을 혼미하게 한다.

97 '포도주(葡萄酒)': 포도즙이나 포도 덩굴 중에서 똑똑 떨어져 나온 즙과 포도를 말려서 일정한 방법에 따라 양조한 술이다. 상옌빈의 주석본에는 원대 궁중 연회에서 필수적인 음료였으며, 주요 산지는 신강 투르판[吐魯蕃]과 산서 태원(太原), 평양(平陽) 등지였다고 한다. 장빙룬의 역주본에 의하면, 고대에는 대부분 포도즙에 누룩을 더해 발효시켜 만들었다. 『본초강목(本草綱目)』상에 적힌 바와 같이 "(포도)즙을 취해 누룩과 함께 섞어 평상시 찹쌀로 밥을 지어서 양조하는 것과 같다. 즙 없이 마른 포도가루를 써도 좋다."라고 하였다. 중국 포도주의 양조역사는 유구하다. 사마천의 『사기(史記)』 중에는 중국 서북쪽 지역의 많은 지방에서 포도 생산과 양조에 관한 기록이 있다. 당대에는 중국 포도주 양조가 가장 융성하게 발전한 시기였다.

98 '서번(西番)'은 서강(西羌) 지역으로서, 종족은 매우 많으며 섬서에서 사천과 운남의 서쪽 변경 밖의 소수민족 지역이 모두 이에 해당한다. 보통 중국 고대 서쪽

火][99]에서 난 것, 세 번째는 평양平陽[100]과 태원太原[101]에서 생산되는 것이 있는데, 그 맛은 모두 투루판[哈剌火]에서 생산되는 것에 미치지 못한다.[102] 투루판의 농지에서 생산된 포도로 빚은 술이 가장 좋다.

陽太原者, 其味都不及哈剌火者. 田地酒最佳.

31-12. 아날길주阿剌吉酒[103]

아날길주는 맛이 달고, 맵다. (성질은) 매우

阿剌吉酒味甘

의 소수민족을 일컫는다.

99 '합랄화(哈剌火)': 위구르어로, 즉 오늘날의 투르판이다. 원래 위구르 사람들이 살던 지방의 특산품으로는 씨 없는 청포도가 유명하다.

100 '평양(平陽)': 부(府)와 로(路)의 이름이다. 송 정화 6년(1116)에 관청을 두는 진주(晉州)로 승격하여서 부를 두었다. 치소는 임분(오늘날의 臨汾시)이며, 관할하는 곳은 오늘날 산서성 임분(臨汾), 홍동(洪桐), 부산(浮山), 곽현(藿縣), 분서(汾西), 안택(安澤) 등의 시, 현 지역에 상당한다. 원대 초기에 로(路)로 고쳐졌고, 대덕 때 진녕(晉寧)으로 바뀌었다. 명나라 초에 평양부로 바뀌었다. 관할 구역이 조금 확장되었으나, 1912년에 폐지되었다. 그곳에는 쇠[金], 명반[礬] 등이 생산되며 송나라 치세 때 반무(礬務)를 두었다. 금나라 때에는 흰 마지(麻紙)를 생산했으며, 조판인쇄업의 중심지였다.

101 '태원(太原)': 부(府)와 로(路)의 이름이다. 당대 개원 11년(723) 병주(幷州)로 승격하여 부를 두었다. 치소는 태원(지금의 서남쪽 진원진에 해당한다)에 있었다. 관할 구역은 지금의 산서성 양공(陽貢) 이남과 문수(文水) 이북의 북류에 상당하며, 욱천(旭泉), 평정(平定), 수양(壽陽), 석양(昔陽), 우현(盂縣) 등지에 걸쳐 있다. 송나라가 태평스러울 때 병주로 개칭했으며, 옮겨서 양곡(陽曲: 오늘날의 태원시에 해당한다.)을 다스렸다. 북송 가우(嘉祐: 1056-1063년) 때 다시 태원부로 삼았다. 원나라 때 로(路)로 고쳐졌고, 대덕(大德) 때 이름을 기녕(冀寧)으로 이름을 바꾸었다. 명대에 다시 태원부로 고쳐졌다.

102 이시진의 『본초강목(本草綱目)』에서는 투루판에서 생산된 포도주의 알코올 도수가 가장 높다고 하였다.

103 '아날길주(阿剌吉酒)': 이 술은 아리걸(阿里乞), 찰뢰기(札賴機), 이이기(阿爾奇),

뜨거우며, 강한 독이 있다. 주로 냉사의 침입으로 형성된 단단한 적체를 해소하고, 한기를 제거하는 효능이 있다. 좋은 술을 증류하여[104] 그 이슬을 취해 아날길을 만든다.

辣. 大熱, 有大毒. 主消冷堅積, 去寒氣. 用好酒蒸熬, 取露成阿刺吉.

31-13. 속아마주速兒麻酒[105]

속아마주의 다른 이름은 '발조撥糟'[106]이다.

速兒麻酒又名撥

합날길(哈剌吉), 합날기(哈剌基) 등의 이칭이 있다. 좋은 술을 다시 끓여서 얻은 증류주이다. 주정의 함량이 증류하지 않은 술을 크게 초과하여, 불을 붙이면 바로 연소되기 때문에 또한 '화주(火酒)', '소주(燒酒)'라고 일컫는다. Buell의 역주본, p.499에서 이를 'arajhi liquor[brandy]'이라고 번역하고 있으며, 이러한 증류주는 후한 때부터 알려져 이후 아시아로 전파되었다고 한다. 상옌빈의 주석본에 의하면 아날길주의 제조법은 14세기 상반기에 중국에 유입되어, 궁정과 귀족에서 민간으로 보편화되었다고 한다. 그러나 김세림의 역주본에 따르면 '아날길주'는 『거가필용사류전집』「기집(己集)·주국류(酒麴類)」'남번소주[南番燒酒; 번(番)명은 아리걸(阿里乞)]'의 내용과 유사한데, 남번이라고 기록되어 있는 것으로 볼 때 남쪽의 외국에서 들어온 것일지도 모른다고 추측하였다. 그 제조법은『거가필용사류전집』의 '남번소주법(南番燒酒法)'(阿里乞)에 자세하게 안내되어 있다. 이시진의『본초강목(本草綱目)』「곡사(穀四)·소주(燒酒)」[석명(釋名)]에서는 "화주(火酒)는 아날길주이다."라고 하였다. 청대 학의행(郝懿行)의『정속문(証俗文)』「주(酒)」에서는 "화주는 차조술이다. … 화주는 원대에 처음 시작되었으며 일명 아날길주라고 하며,『음선정요(飮膳正要)』에 보인다. 이시진의『본초강목(本草綱目)』에 자세하게 나와 있다."라고 하였다. 아날길은 아랍어로 aragi이며, 몽골을 통해 중국으로 들어왔다고 한다(청양판[程楊帆], 「飮膳正要語言研究及元代飮食文化探析程楊」, 寧夏大學碩士論文, p.8을 참조). 최근 출판된 Hyunhee Park, *Soju: A Global History*, Cambridge: Cambridge Unive. Press. 2021이 주목된다.

104 '용호주증오(用好酒蒸熬)': 다시 끓여서 증류하는 것은 술을 양조하는 기술의 큰 진보이며 이 문헌은 오늘날 중국에서 볼 수 있는 증류주에 대한 최초의 기록이다.

105 '속아마주(速兒麻酒)': 원대 위구르족의 음료이다. 현대에 순도가 비교적 낮은 소

맛은 약간[107] 달고 맵다. 주로 기를 더하고 갈증을 멈추는 효능이 있다. 많이 마시면 사람의 (흉부와 복부가) 부풀고 가래가 생기게 된다.

糟. 味微甘辣. 主益氣, 止渴. 多飲令人膨脹生痰.

주[露酒]를 머금은 술과 비슷하다. 속아마주는 투르크지역에서 전해졌으며, 투르크어로 sorma라고 한다(청양판[程楊帆], 「飲膳正要語言研究及元代飲食文化探析 程楊」, 寧夏大學碩士論文, p.8을 참조).

106 '발조(撥糟)': '속아마주'를 한자어로 '발조(撥糟)'라고 칭하나, '발조'에 대해서는 상세하지 않아 검토가 필요하다.

107 사부총간속편본의 '미미감랄(味微甘辣)'은 상옌빈의 주석본에서도 동일하나, 장빙룬의 역주본에서는 '미감랄(味甘辣)'로 쓰고 있으며, "맛이 달고 맵다."라고 해석하였다.

2장 수품獸品

본 장에서는 가축과 짐승 36종의 고기의 성질과 약효를 제시하고 있다. 특히 서북지역, 동남아시아, 동북지역 및 아프리카의 각종 짐승들은 당시 원제국과의 교역관계를 알 수 있는 흥미로운 자료이다.

1. 소[牛]

소고기[牛肉][108]는 맛이 달고 (성질은) 밋밋하며, 독이 없다. 주로 갈증을 해소하고 설사를 멈추며,[109] 속을 편안하게 하고 기를 북돋우며, 비장과 위를 보충하는 데 효능이 있다.

소골수[牛髓][110]: 비장과 위를 보양하며, 정기

牛肉味甘, 平, 無毒. 主消渴, 止啘洩, 安中益氣, 補脾胃.

牛髓. 補中, 填精

---

108 '우육(牛肉)': 소과 동물인 황소[*Bos taurus domesticus* Gmelin] 혹은 물소[*Bubalus bubalis* Linnaeus]의 고기이다. 소고기의 화학적 성분은 소의 종류, 성별, 연령, 생장지역, 사육방법, 영양상태, 신체부위 등에 따라서 차이가 있으며, 그 성분의 함량의 차이는 매우 크다. 소고기 단백질에는 아미노산이 가장 많기 때문에 그 영양가가 풍부하다. 맛은 달고 성질은 밋밋하다. 비장과 위장에 작용을 한다. 비장과 위장을 보양하고, 기력을 북돋우며, 근육과 뼈를 강화시키는 데 효능이 있다. 허로하여 마르고, 소갈, 비장과 위가 약해서 운수기능이 부족하고, 배 속의 적체된 덩어리와 수종 및 허리와 무릎의 산통을 치료한다.

109 '지완설(止啘洩)': 상옌빈의 주석본에서는 사부총간속편본과 동일하게 '지완설(止啘洩)'로 표기하였으나, 장빙룬의 역주본에서는 '지설(止泄)'로 적고 있으며, 김세림의 역주본에선 '토사(吐瀉)'라고 주석하고 있다.

110 '우수(牛髓)': 우골수, 우척수(牛脊髓)라고도 한다. 한대 『별록(別錄)』에 이르기를 "맛은 달고 성질은 따뜻하며 독이 없다. 폐를 윤택하게 하고 신장을 보양하며

와 골수를 채운다.

버터[牛酥][111]: (성질은) 차갑다. 심장과 폐를 돕고, 갈증과 기침을 멈추며, 모발을 윤택하게 한다. 폐가 저리고 심열로 인해 피를 토하는 것을 해소한다.

우락牛酪[112]: 맛은 달고, 시큼하다. (성질은) 차갑고, 독이 없다. 이것은 주로 열독[113]을 치료하고, 갈증을 멈추게 하고, 가슴 속의 허기

髓.

牛酥. 凉. 益心肺, 止渴嗽, 潤毛髮. 除肺痿, 心熱吐血.

牛酪. 味甘酸. 寒, 無毒. 主熱毒, 止消渴, 除胷中虛

골수를 채우는 효능이 있다. 허로로 인해서 여위고 정기와 혈기가 손상을 입고, 설사와 이질, 소갈, 넘어져서 다친 상처, 손과 발이 트고 갈라지는 것을 치료한다."라고 한다.

111 '우수(牛酥)': 우유를 정제하여 만든 버터이다. 이것을 Buell의 역주본에서는 소 우유 치즈(cow's (milk) cheese)로 번역한 데 반해, 김세림의 역주본의 권2에서는 이것을 '버터'로 번역하고 있다. 토종가공법은 신선한 우유를 소가죽 포대나 기타 용기 속에 담고 끊임없이 저어서 우유와 기름을 분리시킨 이후에 유지를 취해서 만든 것이다. 오늘날에는 일반적으로 접편식(蝶片式) 원심분리기를 사용하여 신선한 우유에서 멀건 우유기름을 추출하고 다시 가공을 거쳐 만든다.

112 '우락(牛酪)': 소 우유를 정제하여 만든 반응고 식품이다. Buell의 역주본에서는 cow's milk cream으로 번역하고 있다. 진한 우유즙의 맛은 달고 시며, 성질은 밋밋하다. 폐를 보충하고, 장을 매끈하게 하고, 음을 기르고, 갈증을 멈추는 데 효능이 있다. 허열, 답답하고 목마름, 장이 말라서 생긴 변비, 근육과 피부가 건조한 것, 발진으로 인한 가려움을 치료한다.

113 '열독(熱毒)': 이것은 따뜻하고 나쁜 열독을 받아서 야기되는 급성열병의 총칭으로, 대부분이 겨울과 봄에 일어난다. 다른 이름은 온독(溫毒)이고 『주후방(肘後方)』에 나온다. 증상은 갑자기 한열로 인해 열이 높이지고, 두통으로 속이 메스껍고, 초조하며 목마르고, 설태(舌苔)가 누렇게 되며, 혀가 빨개지는 것이 보인다. 맥박이 빨라지고, 머리와 얼굴에 붉은 종기가 나며, 턱이나 인후가 붓거나 통증을 느끼면서 하얗게 변질되고, 혹은 몸에 반진이 생긴다. 주된 병은 유행성 옆구리선염, 머리와 얼굴의 단독(丹毒), 성홍열(猩紅熱), 반진으로 인한 상한(傷寒) 등에서 보인다.

로 인한 열을 없애고,[114] 몸과 얼굴에 생긴 열창을 제거한다.

熱, 身面熱瘡.

소 유부[牛乳腐][115]: (성질은) 약간 차갑다.[116] 오장을 윤택하게 하며, 대소변을 잘 나오게 하고, 십이경맥을 북돋는다. 체내의 풍기를 다소 유발한다.

牛乳腐. 微寒. 潤五藏, 利大小便, 益十二經脈. 微動氣.

그림 15 소[牛]

2. 양羊

양고기[羊肉][117]는 맛이 달고 (성질은) 매우 뜨

羊肉味甘, 大熱,

---

114 '흉중허열(胸中虛熱)': 김세림은 역주본에서 이를 가슴 속의 음(陰), 양(陽), 기(氣), 혈(血)의 부족으로 야기되는 발병이라고 한다.

115 '우유부(牛乳腐)': 소 우유를 가공하여 만든 물품이다. 다른 이름은 유병(乳餠)과 유부(乳腐)이다. Buell의 역주본에서는 cow's milk curds로 번역하고 있다. 『본초강목(本草綱目)』에서는 유부는 모든 우유로 모두 만들 수 있지만, 오직 소젖으로 만든 것이 가장 좋다고 지적하였다. 『구선신은서(臞仙神隱書)』에서 "유병(乳餠)을 만드는 방법을 보면, '우유부'는 실제로 현대의 치즈에 가깝다.

116 사부총간속편본에서의 '미한(微寒)'을 장빙룬의 역주본에서는 '성미한(性微寒)'으로 고쳐 적고 있다.

거우며 독이 없다. 주로 중초를 따뜻하게 하고, 만성두통[頭風], 심한 풍사[大風],[118] 땀이 나고 허약하며 몸이 한랭한 증상에 효능이 있으며, 비장과 위장을 보양하고 기를 북돋는다.

無毒. 主暖中, 頭風大風, 汗出, 虛勞, 寒冷, 補中益氣.

양머리: (성질은) 서늘하다. 뼛속이 후끈거리는 골증과 머리에 열이 나고 현기증이 생기며 신체가 허약해지는 병증을 치료한다.

羊頭. 涼. 治骨蒸, 腦熱, 頭眩, 瘦病.

양의 심장[119]: 주로 걱정과 원한으로 횡격막이 막혀 통하지 않는 증상[120]을 치료하는 효능이 있다.

羊心. 主治憂恚, 膈氣.

양의 간[121]: 성질은[122] 차갑다. 간기가 허약하

羊肝. 性冷. 療

117 '양육(羊肉)': 소과 동물인 산양[*Capra hirus* L.] 혹은 면양[*Ovis aries* L.]의 고기이다. 그 영양성분과 약용가치는 양의 종류, 연령, 영양상태, 신체 부위 등에 따라서 차이가 있다. 맛은 달고 성질은 따뜻하다. 비장과 위장에 작용한다. 기를 북돋우며 허약한 것을 보익하고, 비장과 위를 따뜻하게 하며, 따뜻한 기운을 내린다. 허약하고 쇠약한 증세, 허리와 무릎에 산통이 있고, 산후에 허하고 냉증이 생기며, 아랫배가 차고 통증이 있으며, 중초가 허하여서 구역질이 나는 것을 치료한다.

118 '대풍(大風)': 『황제소문』「풍론(風論)」에 등장하며 이를 대풍, 나병, 대풍악병, 대마풍 등으로 부른다. 주로 몸이 허해서 폭려(暴厲), 풍독에 감염되거나 접촉으로 감염되어 혈맥에 침투하여 생기는 병이다. 김세림의 역주본에서는 '나병(癩病)'으로 해석하고, 장빙룬[張秉倫]의 역주본에서도 대풍을 나병으로 보고 있으나 전후 문장을 미루어 볼 때 대풍은 나균에 의해서 생기는 질병이라기보다는 심한 풍사(風邪)로 해석하는 것이 좋을 듯하다.

119 '양심(羊心)': 소과 동물인 산양 혹은 면양의 심장이다. 맛은 달고 성질은 따뜻하다. 신경을 안정시켜 울화병, 수면부족을 치료하며 심장을 보익하는 효능이 있다. 횡격막이 막힌 것과 경기를 치료한다.

120 '우에격기(憂恚膈氣)': 가슴에 근심과 원한의 감정이 쌓여 생긴 것으로, 횡격막이 막혀서 역류하거나 답답하여 통하지 않는 증상을 가리킨다. 여기서는 격(膈)은 어떨 때는 '횡격막(橫擊膜)' 또는 '격(隔)'과 동일하며 횡격막이 막혀 통하지 않는 것을 가리킨다.

고 부족하여 허열이 생겨 눈이 빨갛고 시야가 흐려진 증상을 치료한다.

肝氣虛熱, 目赤闇.

양의 피[123]: 주로 여자의 중풍과 빈혈[血虛],[124] 산후에 피를 많이 흘려 어지러운 것[125]을 치료하는 데 효능이 있다. (어지럼증으로 인하여) 답답하고 혼절하려고 하는 자는 양의 선혈 1되를 마시면 된다.

羊血. 主治女人中風, 血虛, 産後血暈. 悶欲絶者, 生飮一升.

양의 오장: 사람의 오장을 보양한다.

羊五藏. 補人五藏.

---

121 '양간(羊肝)': 소과 동물인 산양 혹은 면양의 간이다. 맛은 달고 쓰며, 성질은 서늘하다. 『원기계미(原機啓微)』[이는 원대 예유덕(倪維德)이 편찬하고, 명대 설기(薛己)가 교정하고 주석을 달았으며 1370년에 초간된 안과서(眼科書)이다.]에서는 "간에 작용한다."라고 하였다. 피를 보양하며, 간을 북돋고, 눈을 밝게 한다. 빈혈로 생긴 황달 및 쇠약증과 간이 허하여서 눈이 침침하고, 야맹증, 녹내장, 눈에 막이 생긴 것을 치료한다.

122 '성냉(性冷)': 사부총간속편본과 상옌빈의 주석본에서는 동일하나, 장빙룬의 역주본에서는 '냉(冷)'자 한 자만 적고 있다.

123 '양혈(羊血)': 소과 동물인 산양 혹은 면양의 혈액이다. 맛은 짜고 성질은 밋밋하며, 피를 멈추고 가래를 해소하는 효능이 있다. 피를 토하고, 코피를 흘리는 증상, 직장궤양과 치질로 인한 출혈, 부녀자의 자궁출혈과 산후어혈, 외상출혈 및 타박상을 치료한다.

124 '혈허(血虛)': 『당본초(唐本草)』에서는 "혈허로 인해서 정신이 혼미한 것[血虛悶]"으로 쓰고 있다. 김세림은 역주본에서 이를 빈혈로 보고 있다. 명대 무희옹의 『본초경소(本草經疏)』에서는 "여인의 피가 위주가 되는데, 피가 뜨거워지면 풍이 생기고, 피가 허해지면 답답하여 혼절하게 된다."라고 하였다. 양의 피는 맛이 짜고 성질은 밋밋하며, 피를 보익하고 차게 하기 때문에, 여인의 피가 허해서 생기는 중풍과 산후에 어혈로 인해서 답답해서 혼절에 이르는 증상에 효능이 있다.

125 '혈훈(血暈)': 과다출혈로 인해 의식이 혼미해지는 증상을 가리킨다. (이런 현상은) 대부분은 자궁출혈이나 피를 토하는 등 많은 피를 흘리는 병증에서 주로 보이는데, 갑자기 혼미해지거나, 얼굴색이 창백해지고, 사지가 마비되며 차가워지고, 혈관이 가늘어져서 혼절하는 등의 증상이 나타난다.

양의 신장[126]: 비장의 허약을 보양하고 골수를 보익한다.	羊腎. 補腎虛, 益精髓.
양의 뼈[127]: (성질은) 뜨겁다. 허약하고 피로하며 비장과 위의 한중과[128] 신체가 허약한 것을 치료한다.	羊骨. 熱. 治虛勞, 寒中, 羸瘦.
양의 골수[129]: 맛이 달고 (성질은) 따뜻하다. 주로 남녀의 중초비위가 상하고 음기가 부족	羊髓. 味甘, 溫. 主治男女傷中, 陰

126 '양신(羊腎)': 소과 동물인 산양 혹은 면양의 신장이다. 맛은 달고, 성질은 따뜻하다. 신장의 기운을 보호하고, 정수를 북돋는다. 신장이 허하고 심신이 노곤한 것, 허리와 등의 통증, 다리와 무릎의 마비, 청력감퇴, 갈증, 발기부전, 빈뇨증, 잔뇨증상을 치료한다.

127 '양골(羊骨)': 소과 동물인 산양 혹은 면양의 골격이다. 맛은 달고 성질은 따뜻하다. 신장을 보호하고, 근육과 뼈를 강건하게 하는 효능이 있다. 몸이 허약하고 쇠하며, 허리와 무릎에 힘이 없고, 근골이 마비되고 통증이 있으며, 소변이 뿌옇고 걸쭉한 증상, 배뇨 통증과 오랜 설사를 치료한다.

128 '한중(寒中)': 몇 가지 의미가 있다. 첫 번째 뜻은 중풍 유형의 하나이다(『의종필독(醫宗必讀)』「유중풍(類中風)」에서 보인다). 한여름에 한사(寒邪)로 인해서 유발되는 병증으로 신체가 경직되고, 입을 다문 채 말을 못하며, 사지를 떨고, 갑자기 어지럽고, 몸에 땀이 나지 않는 등의 증상을 보인다. 김세림의 역주본에서도 이를 중풍으로 보고 있다. 두 번째 뜻은 비장과 위장에 사기가 있어서 속에 한증이 생긴 병증을 가리킨다(『황제소문』「영추(靈樞)·오사(五邪)」와 『내외상변혹론(內外傷辨惑論)』 등에서 보인다). 비장과 위장이 허하고 차가우며, 사기로 인하여 한기가 생기고, 피로함으로 인해서 내상이 생김으로써 생기는 현상이다. 그러한 증상은 배 부위의 통증, 장에서 소리가 나고 설사를 하는 등의 병증에서 보인다. 속을 따뜻하게 하고 한기가 흩어지는 것을 위주로 치료한다. 침향을 통해서 위를 따뜻하게 하는 환약을 가감하여서 사용한다.

129 '양수(羊髓)': 소과 동물인 산양 혹은 면양의 골수 혹은 척수이다. 맛은 달고, 성질은 따뜻하며 독이 없다. 음기를 더하여서 신장을 보익하고 폐를 윤택하게 하며 피부를 윤기 나게 하는 효능이 있다. 피로, 허약함, 폐 기능 상실, 뼈마디에 통증이 있는 골증, 기침, 갈증, 피부가 초췌한 경우, 독창, 부스럼, 충혈, 눈에 막이 생긴 것을 치료한다.

한 것을 치료하며, 혈맥을 잘 통하게 하고, 여자의 경맥을 순조롭게 하는 효능이 있다.[130]

氣不足, 利血脉, 益經氣.

양의 뇌[131]: 많이 먹으면 안 된다.

羊腦. 不可多食.

양젖[132]: 갈증을 해소시키고 인체의 허기와 부족한 것을 보충한다.

羊酪. 治消渴, 補虛乏.

3. 황양黃羊[133]

황양은 맛이 달고, (성질은) 따뜻하며 독이

黃羊味甘, 溫, 無

---

130 '익경기(益經氣)': 김세림의 역주본에서는 경맥을 따라서 인체의 영양에 필요한 물질을 순환시키는 힘이라고 보고 있으며, Paul D. Buell 외 1인, A Soup for the Qan: Chinese Dietary Medicine of the Mongol Era As Seen in Hu Sihui's *Yinshan Zhengyao*, BRILL, 2010(이후 'Buell의 역주본'으로 약칭)에는 원천적인 기를 보양하는 것("augment essential qi.")으로 해석하고 있다.

131 '양뇌(羊腦)': 소과 동물인 산양 혹은 면양의 뇌다. 『수식거음식보(隨食居飮食譜)』에서는 "성질과 맛은 달고 따뜻하다."라고 하였다. 『본초강목(本草綱目)』에서는 "성질과 맛에는 독이 있다. 치료하는 효능은 얼굴과 손의 지방 속에 넣으면 피부를 윤택하게 하고, 기미를 제거하며, 손상되고 붉은 종기, 찔린 상처에 바르면 치료에 효능이 있다."라고 하였다.

132 '양락(羊酪)': 양 젖을 사용해서 만든 유락이다. Buell의 역주본에서는 이를 sheep's milk cream으로 번역하고 있다.

133 '황양(黃羊)': 소과 동물인 황양(黃羊: *Procapra gutturosa* Pallas)이다. Buell의 역주본에서는 gazelle로 번역하고 있다. 체형은 가늘고 말랐으며, 크기는 중간정도이다. 초원과 반사막지역에서 서식한다. 내몽골, 감숙, 길림, 하북 등지에 분포한다. 『본초강목(本草綱目)』에서 이르길 "황양은 관서와 계림의 여러 곳에서 나온다. 네 종류가 있다. 생김새는 양과 비슷하지만 키가 작고 가는 갈빗대를 가지고 있고, 배 아래에는 황색을 띠며 뿔은 영양(羚羊)과 닮았다. 사막에서 자라고, 달리기에 능하고 눕기를 좋아하며, 단독으로 행동하고 꼬리가 검은 양은 '흑미황양(黑尾黃羊)'이라고 칭한다. 야생초원에서 자라며 무리를 이루는데, 간혹 수십 마

없다. 주로 비장과 위를 보양하며 정기를 북돋는다. 피로하여 생긴 상처와 정기正氣가 허하여 생기는 내한의 증상[134]을 치료한다. 황양의 종류는 여러 가지가 있으며 황양이 무리를 이룰 때는 (간혹) 수천 마리에 달한다.

毒. 補中益氣. 治勞傷虛寒. 其種類數等成群, 至於千數.

백황양白黃羊은 초원에서 자란다.

白黃羊, 生於野草內.

흑미황양黑尾黃羊은 사막에서 자라며, 달리기에 능하고, 눕기를 좋아하며, 단독으로 행동하고 무리를 이루지 않는다. 황양의 뇌는 먹을 수 없으며, 골수와 뼈는 먹을 수 있는데 사람을 보양하는 작용을 한다. 삶아서 탕으로 먹으면 잡스러운 맛이 없어진다.

黑尾黃羊, 生於沙漠中, 能走善臥, 行走不成群. 其腦不可食, 髓骨可食, 能補益人. 煮湯無味.

리에 달하는 것을 '백황양'이고 부른다. 난주 임조(臨洮)의 여러 곳에서 나며, 덩치가 크고 꼬리는 노루와 사슴과 유사하여 '조양(洮羊)'이라고 한다. 그 가죽은 모두 이불로 만들 수 있다. 남방 계림에서 태어난 것은 짙은 갈색이며 등이 검고 흰 반점이 있으며, 사슴과 서로 닮았다."라고 하였다.

134 '허한(虛寒)': 정기가 허하여 속이 찬 현상을 동반하는 추상적인 병증이다. 주로 얼굴이 누렇고, 화색이 적고, 식욕이 부진하며, 멀건 침이 입속에 넘치고, 추위를 타며, 위와 배가 팽창하고 아픈 증상을 보인다. 따뜻하면 편안해지며, 부녀자의 대하(帶下)가 맑아지고 줄어들며, 허리와 등이 시큰시큰하고, 소변이 맑고 길게 나오며, 대변이 묽고, 혀가 열고 백태가 끼어 있으며, 맥박이 가라앉아 느리고 약한 증상이 나타난다. 따라서 독립적인 질병이라고는 볼 수 없다.

4. 산양山羊[135]

산양은 맛이 달고 (성질은) 밋밋하며 독이 없다. 주로 사람의 신체를 보양한다. 산골짜기에서 자란다.

山羊味甘, 平, 無毒. 補益人. 生山谷中.

5. 고리羖䍽[136]

맛은 달고 성질은 밋밋하며 독이 없다. 주로 인체의 오로칠상五勞七傷[137]으로 인해 야기

羖䍽味甘, 平, 無毒. 補五勞七傷,

---

135 '산양(山羊)': 이는 곧 소과 동물인 청양[*Naemorhedus goral* Hardwicke.]이다. 또 '야양(野羊)', '산양(山羊)', '반양(斑羊)'으로도 부른다. 인류가 가장 먼저 길들인 가축 중 하나이다. 온몸의 털색은 회갈색이고, 속의 잔털은 회색이다. 목뒤부분은 흰색의 큰 반점이 있다. 여름에는 바위 동굴에 기거하며, 겨울에는 내려와 삼림에서 지낸다. 깎아지른 절벽에 오르는 것을 좋아하며, 아침, 저녁으로 먹을 것을 찾아다닌다. 산양의 고기, 간, 피, 뿔, 기름은 모두 약용으로 쓰인다. 산양고기의 맛은 달고, 성질은 열이 있으나 독은 없다. 허한 것을 보충하고 양(陽)을 돕는다. 허로로 인한 내상과, 근골이 마비되고 허리와 척추가 시큰거리는 증상, 발기부전, 대하증, 불임을 치료한다. 산양의 피의 맛은 짜고 열이 있다. 피를 돌게 하고, 어혈을 흩뜨리며, 경락을 통하게 하고, 해독에 능하다. 산양의 간은 야맹증을 치료한다. 산양 뿔의 효능은 영양뿔의 효능과 비슷하다. 진정시키고, 열을 물리치며, 눈을 맑게 하고, 지혈에 능하다. 소아경기, 두통, 산후복통, 월경통을 치료한다. 『비방집험(秘方集驗)』에는 "산양의 기름은 가슴 통증과 여러 통증을 치료한다."라고 하였다.

136 '고리(羖䍽)': 장빙룬은 그의 역주본에서 마땅히 고력(羖䍽; guli)으로 써야 한다고 했으며, Buell의 역주본에서는 이를 goat로 번역하고 있다. 고력은 분명 체형이 비교적 크고 건장하며 성질이 흉폭하고 털은 길이가 1자 정도의 흑갈색인 숫양으로서, 북방의 목축지역에서는 보통 선두 양으로 쓰인다. 명대 노지이(盧之頤)의 『본초승아반게(本草乘雅半偈)』 권4에서 이르길 "고양(羖羊)에는 또한 갈색, 흑색, 백색인 것들이 있는데, 털의 길이는 1자 정도 되며, 또한 그것을 일러

된 허약을 보양하며, 비장과 위를 따뜻하게 하고 기를 북돋운다. 그 고기는 약간 비리다.

溫中益氣. 其肉稍腥.

그림 16 황양(黃羊)

그림 17 양(羊)

그림 18 고리(羖羠)

고력양이라고 한다. 북쪽사람들은 대양을 견인할 때 이 양을 선두로 삼기 때문에 양두라고 하였다. 하동(河東)에도 고력양이 있는데, 성질이 매우 사납고 굳세다. 털이 길고 두꺼우며, 약으로 써도 좋다. 고력양을 몰아 남쪽으로 데리고 오면 근력이 자연히 손상되는데, 어찌 사람을 보양할 수 있겠는가?"라고 하였다.

137 '오로칠상(五勞七傷)': Baidu 백과에 의하면, 의학상 오로(五勞)는 심(心), 간(肝), 비(脾), 폐(肺), 신(腎)장의 과로로 인한 손상을 가리키며, 칠상(七傷)은 과식하여 생기는 상비(傷脾), 대노하여 생기는 상간(傷肝), 무거운 것을 들거나 습지에 오래 앉아 있어 생기는 상신(傷腎), 찬 것을 마셔 생기는 상폐(傷肺), 걱정이 많아 생기는 상심(傷心), 비바람과 기온차로 생기는 상형(傷形), 공포 조절이 안 되어 생기는 상지(傷志) 등이 그것이다. 이는 신체 허약으로 야기되는 각종 병증을 가리킨다.

6. 말[馬]

말고기[馬肉][138]는 맛은 맵고 쓰며 (성질은) 차고 약간의 독이 있다. 주로 열을 없애고 기를 내리며,[139] 뼈와 근육을 자라게 하고 허리와 무릎을 강화시키며 몸을 튼튼하고 가볍게 해 준다.

말 머리뼈[140]: 베개로 만들면 사람의 수면 시간을 줄일 수 있다.

말의 간[141]: 먹을 수 없다.

馬肉味辛苦, 冷, 有小毒. 主熱下氣, 長筋骨, 強腰膝, 壯健輕身.

馬頭骨. 作枕令人少睡.

馬肝. 不可食.

---

138 '마육(馬肉)': 말과 동물인 말[*Equus cuballus*]의 고기이다. 맛은 새콤달콤하며 성질은 차갑다. 상옌빈의 주석본에 의하면 마육을 원대 궁중연회에서 상용했지만, 전쟁과 생산에 활용되면 도살을 엄격히 통제했다고 한다. 한대의 본초학서인 『명의별록』에서는 "열을 없애고 기를 내리게 하며 근육이 생기게 하고 허리와 척추를 강화시킨다. 포로 먹으면 한기와 열기로 인한 위증(痿症)과 비증(痹症)을 치료할 수 있다."라고 하였으며, 당대 맹선(孟詵)의 『식료본초』에서는 "창자 속의 열을 내리는 데 효능이 있다."라고 하였다.

139 '주열하기(主熱下氣)': 장빙룬의 역주본에서는 『당본초』, 『명의별록』 등에 의거하여 '주제열하기(主除熱下氣)'로 고쳤다. '제열하기(除熱下氣)'는 바로 인체의 열사를 제거함으로써 기가 거꾸로 올라가는 것을 치료하는 것이다. '하기(下氣)'는 바로 기를 내리는 것으로 중의학에서 기를 다스리는 방법 중의 하나이다. 이것은 기가 거꾸로 올라가는 것을 치료하는 방법이다. 숨을 헐떡이며 기침을 하는 경우 및 딸국질 등의 병증을 치료하는 데 활용된다.

140 '마두골(馬頭骨)': 말과 동물인 말의 머리뼈이다. 성질은 차고 서늘하다. 머리의 종기, 귀의 종기, 부녀의 성기에 난 종기, 연주창[瘰疽]을 치료한다. 『명의별록』에는 "(말의) 머리뼈는 눈을 좋게 하며 사람의 수면을 줄여준다."라고 하였다.

141 '마간(馬肝)': 말과 동물인 말의 간이다. Baidu 백과에 의하면 마간을 먹으면 사람이 죽게 된다고 한다. 간혹 약에 섞어 먹기도 했는데, 송대 『성혜방(聖惠方)』에서는 "부녀자의 월경불통, 가슴과 배가 막히고 답답한 것, 사지의 통증을 치료한다. 붉은 말의 간 한 조각을 구워 말려 찧고 곱게 쳐서 가루로 만들어 매일 식사 전 뜨거운 술에 1전(錢)을 타서 복용한다."라고 하였다.

말발굽[142]: 흰 발굽은 부녀자가 (노심초사하여 자궁경맥[胞脈]이 손상되어) 질에서 다량의 피[143]와 대하[144]가 끊임없이 쏟아지는 것을 치료하며, 붉은 발굽은 부녀자의 질에서 피가 쏟아지는 것[145]을 치료한다.

馬蹄. 白者治婦人漏下, 白崩, 赤者治婦人赤崩.

---

142 '마제(馬蹄)': 이것은 곧 중의학에서의 '마제갑(馬蹄甲)'이다. 맛은 달고 성질은 밋밋하다. 대하가 갑자기 터지는 증상, 잇몸창[牙疳], 큰 종기[禿瘡], 옴, 고름이 있는 종기를 치료한다. 당대 손사막의 『천금방』에서는 흰 대하가 끊이지 않은 것을 치료할 때는 "백마의 말발굽, 우여량(禹餘粮) 각각 4냥(兩), 용골(龍骨) 3냥, 갑오징어뼈[烏賊骨], 백강잠(白殭蠶), 적석지(赤石脂) 각각 2냥이 필요하다. 위의 6가지 재료를 가루로 내어, 꿀을 넣고 오동나무 열매 크기로 환을 만든다. 술을 마실 때는 10개의 환을 복용하는데, 최대한 30개까지 복용할 수 있다."라고 하였다.

143 '누하(漏下)': 병증의 이름이다. 부인의 자궁 출혈이나 치루(痔漏)이다. 수(隋)대에 편찬된 『제병원후론(諸病源候論)』 권38에는 "누하(漏下)는 혈기가 허로하여 충맥[沖脈: 기경팔맥(奇經八脈)의 하나로, 자궁에서 시작하여 척추를 따라 올라간다.]과 임맥(任脈: 기경팔맥의 하나로, 몸의 앞정중선에 분포된 경맥이다.)이 손상을 입었기 때문이다. 이 2가지의 경맥은 위로는 젖[乳水]에 영향을 미치며, 아래에는 월경[月水]에 영향을 미친다. 부녀자의 경맥이 조절되어 적당해지면 때맞추어 월경이 생긴다. 만약 허로로 인해서 손상이 생기면 충맥과 임맥의 기가 손상을 입게 되어 그 경맥을 제어할 수 없기 때문에, 피가 시도 때도 없이 쏟아져 나오는 것이 끊이지 않아서 이를 일러 누하라고 한다."라고 하였다.

144 '백붕(白崩)': 돌연히 질에서 대량의 하얀 액체가 흘러나오며 묽어서 물과 같거나 혹은 점액과 같은 것이 보이는 병증이다. 『제병원후론(諸病源候論)』에서 나온다. 대부분의 원인은 수심이 과도하여 피로로 인해 심장, 비장, 위가 손상을 입거나 혹은 허하고 차가우며 피로가 극에 달하여 포맥(胞脈: 자궁과 연결된 경맥으로서, 충맥과 임맥을 말한다.)이 손상되어 야기된다.

145 '적붕(赤崩)': 월경기간이 아닌데도 질에서 대량의 피가 나오거나 혹은 출혈이 계속되는 것으로, 피가 끊임없이 뚝뚝 떨어지는 증상이다. 출혈량이 많으며 급격하게 나오기에 '혈붕(血崩)' 혹은 '붕중(崩中)'이라고 부른다. 출혈량이 비교적 적으나 계속해서 끊임없이 나오는 것을 '누하'라고 부른다.(『금궤요략(金匱要略)』「부인임신병맥병치(婦人姙娠病脈幷治)」) 일설에서는 월경이 막 멈춘 후에도 지속적으로 피가 끊임없이 나오는 것을 가리킨다고 한다.

흰 수말의 성기[白馬莖]:146 (수말의 음경은) 맛은 짜며 달고 독이 없다. 주로 비장과 위에 상처가 생기고 맥이 끊기는 병증147을 호전시키는 데 효능이 있다. 의지를 강하게 하고, 피부와 근육을 증강시키며 사람의 생식능력을 좋게 하며 음기를 강하게 한다.

白馬莖. 味鹹甘, 無毒. 主傷中, 脉絕. 強志, 益氣, 長肌肉, 令人有子, 能壯盛陰氣.

말의 심장148: 주로 건망증에 좋다.

馬心. 主喜忘.

말고기: 속에 검은 먹과 같은 즙이 있는데 독이 있으므로 먹어서는 안 된다. 백마의 고기 속에는 이런 (묵즙이) 많이 있다.

馬肉. 內有生黑墨汁者, 有毒, 不可食. 白馬多有之.

말젖:149 성질은 차갑고 맛은 달다. 갈증을

馬乳. 性冷, 味

---

146 '백마경(白馬莖)': 즉 백마의 외생식기로 음경과 고환을 포함한다. Buell의 역주본에서는 이를 'the penis of a white stallion'이라고 번역하고 있다.

147 '맥절(脈絕)': Baidu백과에 의하면 혈맥이 막혀서 끊기는 병증이라고 한다. 당대 손사막(孫思邈)의 『비급천금요방(備急千金要方)』「심장(心臟)」에서는 "편작(扁鵲)이 말하길 '맥절'은 3일 안에 치료하지 못하면 죽게 되는데, 어찌 그것을 아는가? 맥기가 공허하면 바로 얼굴이 검게 되며 얼굴빛이 좋지 않게 된다. 맥은 마땅히 수소음(手少陰)이어야 하는데 수소음이 되어서 기가 끊기면 혈이 통하지 않아서 죽게 된다."라고 한다.

148 '마심(馬心)': 말과 동물인 말의 심장이다. 한대 『명의별록』에서는 "건망증에 좋다."라고 하였으며 양(梁)나라 도홍경의 『주후방(肘後方)』에는 '마음이 혼란하고 잘 잊게 되는 것[心昏多忘]'을 치료할 때는 "말, 소, 돼지, 닭의 심장을 말린 뒤 갈아서 가루로 내어 매일 3번씩 술에 타서 사방 1치 정도의 숟가락[方寸匕]에 넣어 먹는다."라고 하였다.

149 '마유(馬乳)': 말과 동물인 말의 젖이다. Buell의 역주본에서는 이를 '(fermented) mare's milk'라고 번역하고 있다. 맛은 달고 성질은 차갑다. 피를 보충하며 마른 것을 윤택하게 하고 열을 해소하고 갈증을 멈추는 효능이 있다. 혈이 허하여 생긴 번열, 허로로 인한 골증, 소갈, 잇몸창을 치료한다. 『수식거음식보(隨食居飮食譜)』에서는 "효능은 우유와 동일하며 성질이 차며 기름기가 없다. 피를 보하고 건조한 것을 윤택하는 것 이외에 쓸개와 위의 열을 해소하고, 인후와 입속의 여

멈추게 하며 인체의 뜨거운 성질을 다스린다. 젖에는 품질에 따라서 3가지 등급이 있는데 '승견(升堅)', '황화아(晃禾兒)', '창올(窓兀)'이 있다.[150] 이 중 '승견'이 (품질이) 가장 좋다.

甘. 止渴, 治熱. 有三等, 一名升堅, 一名晃禾兒, 一名窓兀. 以升堅爲上.

7. 야생마[野馬]

야생마고기[151]는 맛은 달고 (성질은) 밋밋하며 독이 있다. 주로 사람의 근골을 건장하게 한다. (야생마의 고기는) 집에서 기르는 말고기와 자못 유사하나, 그 고기는 땅에 떨어지면 모래가 묻지 않는다.[152] 그러므로 많이 먹어서는 안 된다.

野馬肉味甘, 平, 有毒. 壯筋骨. 與家馬肉頗相似, 其肉落地不沾沙. 然不宜多食.

러 질병을 치료한다. 머리와 눈을 좋게 하고 소갈을 멈추며, 특히 잇몸창으로 인해서 다리에 멍이 든 현상을 치료하는 데 효과가 있다."라고 하였다.

150 여기에서 나오는 우유 등급은 Baidu 백과에도 이 자료를 제외하고는 거의 소개되어 있지 않다. 이후 상세한 조사, 검토가 필요하다.

151 '야마육(野馬肉)': 말과 동물 야생마의 고기이다. 야생마[*Equus przewalskii*] 또는 '보씨야마(普氏野馬)'라고 널리 불리며, 말목[奇蹄目] 말과이다. 초원이나 구릉에 서식하는데, 고정된 서식지는 없다. 겨울철에는 무리가 크고 여름철에는 작다. 어미 말 한 마리가 무리를 거느린다. 청력과 시력이 예민하며 성정이 용맹하다. 낮 동안의 활동은 체력이 좋아서 뛰는 것을 좋아하며, 겨울에는 눈 밑의 마른 풀이나 이끼를 찾아서 배를 채운다. 『본초강목(本草綱目)』에서 이르길 "(야생마의) 고기는 맛이 달고 성질은 밋밋하며 약간의 독이 있다. 사람이 간질에 걸려 말울음소리를 내게 되는 질환[馬癎], 근맥을 스스로 움직이지 못하고, 피부와 근육이 두루 마비가 되어 움직이지 못하는 것을 치료하는 데 효능이 있다."라고 하였다.

152 '기육낙지불점사(其肉落地不沾沙)': 물체의 표면에는 점액 또는 수분이 있어서 땅에 떨어지면 그 위에 자연 모래가 달라붙는데, 그렇지 않다는 것은 이해하기 곤란하다.

그림 19 야생마[野馬]

그림 20 말[馬]

8. 코끼리[象]

코끼리고기[象肉][153]는 맛은 싱겁다. 먹기에 적합하지 않으며 많이 먹으면 사람의 체중이 무거워진다. 가슴 앞의 작은 쇄골 같은 소횡골을 (태워서 그 재를 술에 타서 복용하면) 사람을 물에 뜨게 할 수 있다.[154] 코끼리의 몸에는 각종 짐승의 (맛이 나는) 고기가 있는데 모두 (코끼리 몸의) 일정 부분에 나눠져 있으며 오직 코

象肉味淡. 不堪食, 多食令人體重. 胸前小橫骨, 令人能浮水. 身有百獸肉, 皆有分段, 惟鼻是本肉.

---

153 '상육(象肉)': 코끼리과 동물인 아시아 코끼리[*Elephas maximus* L.]의 고기이다. 주로 단백질을 함유하는 것 이외에도 여전히 지방, 탄수화합물(글리코겐과 같다.), 유기산, 비단백질 질소화합물과 무기염 등을 함유하고 있다. 일반 온대 동물의 고기에 비해 비타민이 풍부하다. 맛은 달고 성질은 밋밋하다. Baidu 백과에 따르면 주로 대머리와 큰 종기를 치료하는 데 사용되며, 장빙룬은 역주본에서 이것을 가루로 만들어 기름에 타서 복용한다고 한다.

154 '흉전소횡골(胸前小橫骨), 영인능부수(令人能浮水)': 옛 의학 서적에서 이르길 코끼리의 앞가슴에 있는 작은 쇄골[小橫骨]을 태워서 재로 만들어 술에 타서 복용하면 사람을 수면 위로 뜨게 하여 가라앉지 않게 한다고 하였으나, 이 말은 신뢰할 수 없다.

의 고기 맛이 코끼리 본래의 고기이다.[155]

상아象牙[156]: 독이 없다. 주로 쇠나 기타 잡물이 몸에 찔려 들어갔을 때 깎아서 부스러기를 취해서 잘게 갈아 물에 타서 상처 위에다가 바르면 들어간 쇠나 이물질이 바로 나오게 된다.

象牙. 無毒. 主諸鐵及雜物入肉, 刮取屑, 細研, 和水傅瘡上即出.

그림 21_ 코끼리[象]

9. 낙타[駝]

낙타 고기[駝肉][157]는 모든 풍을 치료하며 기

駝肉治諸風, 下

155 '신유백수육(身有百獸肉), 개유분가(皆有分叚), 유비시본육(惟鼻是本肉)': 옛사람들의 말로는 코끼리 몸에는 다양한 동물의 고기가 있는데 각각 그 소재의 부위가 있다. 코끼리의 몸에는 총 12종류의 고기가 있으며 이것을 십이간지의 고기라 하였으나, 심화된 연구가 필요한 듯하다.

156 '상아(象牙)': 코끼리과 동물인 아시아 코끼리의 이빨이다. 주된 성분은 아본질(牙本質)로서 골두(骨頭)의 성분과 흡사하다. 상아를 조각할 때 남는 부스러기는 대부분 약용에 쓰인다. 아프리카 코끼리의 상아 또한 약재로 쓸 수 있다. 상아는 유기질을 많이 함유하고 있는 것이 특징이다. 맛은 달고, 성질은 차다. 사람의 심장과 신장에 작용한다. 열을 내리고 놀란 것을 진정시키며, 독을 없애고 피부를 재생하게 하는 효능이 있다. 경기와 발작, 골증으로 인한 담열, 옹종이 곪아 부스럼이 되는 병증, 치루를 치료한다.

를 내리고, 근골을 건장하게 하며 피부를 윤택하게 한다. 주로 모든 만성 마비와 풍비[158]와 같이 사기가 관절에 들어와 쑤시고 마비되는 질환, 근육과 피부가 위축된 것, 악창과 부스럼 독을 치료한다.

氣, 壯筋骨, 潤皮膚. 療一切頑痲風痺, 肌膚緊急, 惡瘡腫毒.

낙타 기름[159]: 2개의 낙타 봉우리 속에는 낙타의 지방이 쌓여 있는데 술에 타서 복용하면 좋다.

駝脂. 在兩峯內, 有積聚者, 酒服之良.

낙타 젖[160] 애랄(愛剌)[161]과 연관되어 있다.: 성질은

駝乳係愛剌. 性溫,

---

157 '타육(駝肉)': 낙타과 동물인 쌍봉낙타의 고기이다. 낙타속 포유강 낙타과이며, 되새김질한다. 머리는 작고 목은 길며 체구가 크고 털은 갈색이다. 눈은 쌍꺼풀이 있으며 콧구멍을 열고 닫는 데 능하고, 사지는 가늘고 길며 두 발의 발바닥에는 두꺼운 가죽이 있어서 사막을 다니기에 적합하다. 등에는 한 개 혹은 두 개의 낙타 봉우리가 있는데 그 속에는 지방이 쌓여 있다. 위에는 3개의 방으로 나눠져 있는데 첫 번째 위에는 20-30개 정도 되는 물주머니가 달려 있어서 물을 비축하는 데 사용되기 때문에 배고픔과 목마름을 잘 견딘다. 맛은 달고, 성질은 따뜻하다.

158 사부총간속편본에는 '풍비(風痺)'라고 적고 있지만 병증의 성격상 '풍비(風痹)'가 합당하다. 상옌빈의 주석본과 장빙룬의 역주본에도 모두 이런 관점에 의거하여 '풍비(風痹)'로 적고 있다. 이후에도 동일한 병증의 경우 이와 같은 방식으로 처리했음을 밝혀 둔다.

159 '타지(駝脂)': 낙타과 동물인 쌍봉낙타 혹 속의 끈적한 지방즙이다. 맛은 달고, 성질은 따뜻하다. 마른 것을 윤기있게 하며 풍을 제거하고 피를 잘 돌게 하며 종기를 없애는 효능이 있다. 풍질과 만성마비, 근육위축증을 치료하며 부스럼, 종독, 베인 상처를 치료한다. 『일화자본초(日華子本草)』에서 이르길 "모든 풍질, 만성마비, 피부 위축, 악창과 종독이 오래되어 문드러져서 흘러내리는 것을 치료한다. 아울러 약과 함께 발라 준다. 야생의 것이 더욱 좋다."라고 하였다.

160 '타유(駝乳)': 낙타과 동물인 쌍봉낙타의 젖이다. 『달단역어(韃靼譯語)』「음식문(飮食門)」에서는 '애역랄(愛亦剌)'이라 칭하였으며, 『화이역어(華夷譯語)』「음식문(飮食門)」에서는 '애역랄흑(愛亦剌黑)'이라 칭하였다. 원나라 때 몽골인은 낙타를 길렀으며 또한 낙타 젖을 먹었다. 낙타 젖은 영양이 매우 풍부하여 항상 각

따뜻하고 맛은 달다. 위장과 비장을 보양하며 기운을 북돋고 근골을 건장하게 하며 사람으로 하여금 배고프지 않게 해 준다.

味甘. 補中益氣, 壯筋骨, 令人不飢.

10. 야생 낙타[野駝][162]

야생 낙타는 맛이 달고, (성질은) 따뜻하며 밋밋하고 독이 없다. 주로 온갖 풍風을 치료하고, 기를 내리며, 근육과 뼈를 건장하게 하고, 피부를 윤택하게 한다.

野駝味甘, 溫平, 無毒. 治諸風, 下氣, 壯筋骨, 潤皮膚.

낙타 봉峯[163]: 모든 허로로 인한 풍질을 치료한다. 냉사冷邪가 배 속에 쌓인 사람이 있으면, 포도주를 따뜻하게 하여 낙타 봉 기름[164]과 섞

駝峯. 治虛勞風. 有冷積者, 用葡萄酒溫調峯子油, 服

양각색의 유제품을 만드는 데 사용되었다. 낙타 젖을 사용하여 만들어 낸 유제품은 호박색을 띠고 영양이 풍부하며, 또한 쉽게 딱딱해지지 않아서 장기간 보존하더라도 신선하고 부드럽다. 『본초강목(本草綱目)』에서 말하길 "그 맛은 달고, 성질은 서늘하며 독이 없다."라고 하였다. 뜨겁게 고아 낸 후에 마셔야 한다.

161 '애랄(愛剌)': 즉 낙타의 젖으로 또한 '애란(愛蘭)' 혹은 '애역랄흑(愛亦剌黑)'이라 칭한다. airan 혹은 airag의 음독이다. 원나라 때 몽골인이 낙타의 젖을 칭하기를 airan 혹은 airag이라 하였는데, 돌궐어의 어족중에서 airan은 양, 소, 낙타의 젖으로 만든 음료를 가리킨다. 원나라에서 선교활동을 했던 프랑스 선교사 기욤 드 뤼부룩(Guillaume de Rubruquis)은 킵차크한국에 있는 돌궐인에게서 이 음료를 접하였기 때문에, 우유로 만든 음료를 airan이라 칭하였다.

162 '야타(野駝)': 진타(眞駝)속 낙타과이다. 야생낙타와 가정에서 기르는 쌍봉낙타는 매우 유사하다. 체격이 크며 가슴부위가 비교적 넓고, 네 다리는 가늘고 길며 등에는 2개의 낙타봉이 있는데 밑은 둥글고 위는 뾰족하다. 대부분 중국의 서북지구(西北地區)에서 서식한다.

163 '타봉(駝峯)': Buell의 역주본에서는 이를 camel hump라고 번역하고 있다.

은 후에 복용하면 좋다. 좋은 술도 가능하다. | 之良. 好酒亦可.

그림 22 낙타[駝]

그림 23 야생 낙타[野駝]

11. 곰[熊]

곰고기[熊肉][165]는 맛이 달고, 독이 없다. 주로 풍사로 인한 관절통과 근골의 마비를 완화하는 효능이 있다. 만약 배 속에 적체가 있거나 한열이 있어서 몸이 여윈 사람은 먹어서는

熊肉味甘, 無毒. 主風痺, 筋骨不仁. 若腹中有積聚, 寒熱羸瘦者, 不可食

164 '봉자유(峯子油)': 낙타봉 내부에 있는 지방이며, 낙타봉의 안에 있어서 또한 '봉자유(峰子油)'라고도 칭한다. 맛은 달고 성질이 따뜻하며 독이 없다. 중의약에서는 야생 낙타의 봉 속의 기름을 약으로 쓸 때 약의 효과는 집에서 기르는 낙타보다 더 좋다고 인식하였다.

165 '웅육(熊肉)': 곰의 종류는 많으며 예컨대, 백곰, 갈색곰, 흑곰 등이 있다. 이 조항에서 가리키는 것은 갈색곰(*Ursus arctos* Linnaeus) 혹은 흑곰[*Selenarctos thibetanus* G. Cuvier]의 고기이다. 맛은 달고 성질은 따뜻하다. 허로로 인해 손상된 것을 보양하며, 근육을 강화하는 효능이 있다. 각기병, 풍사로 인한 관절통, 손과 발을 마음대로 움직일 수 없거나, 근맥이 오그라드는 것을 치료한다. 『의림찬요(醫林纂要)』에서는 "위장과 비장을 보양하고 기를 북돋우며 피부를 윤택하게 하고, 근력을 증대시킨다."라고 하였다.

안 되며 (그렇지 않으면) 평생토록 치료할 수 없게 된다.

之, 終身不除.

곰 기름[166]: (성질은) 서늘하고 독이 없다. 중질을 치료하고 허기로 인한 손상을 보양하며 결핵균[勞蟲][167]을 죽인다.

熊白. 涼, 無毒. 治風補虛損, 殺勞蟲.

곰 발바닥[168]: 그것을 먹으면 풍사와 한사를 막을 수 있다. 곰 발바닥[熊掌]은 8가지 진미[169]

熊掌. 食之可禦風寒. 此是八珍之

---

166 '웅백(熊白)': 곰과 동물인 갈색곰 혹은 흑곰의 지방이다. 늦가을과 초겨울에 수렵한 것의 지방이 가장 많다. 지방을 추출하여 끓여서 정제하여 찌꺼기를 제거해서 얻는다, 곰 기름은 색이 희고 약간 황색을 띠며 돼지기름과 다소 유사한데, 차가울 때 응고되어 고약처럼 되며, 뜨거우면 액체가 된다. 순수하고 찌꺼기가 없다. 약간 향이 나는데, 냄새가 향기로운 것이 좋다. 맛은 달고 성질은 따뜻하다. 족태음(足太陰), 수양명(手陽明), 소음(少陰)의 3가지 경맥에 작용한다. 허로로 인해 손상된 것을 보익하고, 근골을 강건하게 하며, 피부를 윤택하게 하는 효능이 있다. 풍사로 인한 관절마비와 근육과 혈맥이 위축되고 허로의 손상으로 인해 여위며 머리백선, 기계총 및 종아리 궤양을 치료한다.

167 '노충(勞蟲)': 인체 내에서 사람이 야기하여 생긴 질병의 병균으로 전문적으로 결핵병균을 가리킨다. 김세림의 역주본에서도 '노충(勞蟲)'을 결핵병균이라고 하고 있지만 Buell의 역주본에는 '노충'을 인체의 양분을 다 빨아 먹는 기생충으로 인식하고 있다.

168 '웅장(熊掌)': 곰과 동물인 갈색곰 혹은 흑곰의 발바닥이다. Buell의 역주본에서는 이를 bear's paw라고 번역하고 있다. 상옌빈의 주석본에 의하면 일찍이 주대 상층의 연회 중에서도 '웅장'은 제후와 귀족들이 환호했다고 한다. 곰의 발바닥에 진흙을 바르고 서늘한 그늘에 걸어서 말리거나, 약한 불에 그을려 말린 후에 깨끗하게 진흙을 제거한다. 크고, 두툼하며, 잘 마르고 냄새가 나되 독하지 않은 것이 좋다. 맛은 달고 짜며, 성질은 따뜻하다. 비장과 위장 2곳에 작용한다, 풍사와 한사를 막고 기력을 북돋는다. 기혈을 보양하고, 풍을 제거하며 저림증을 없애고, 끊어진 것을 이어서 상처를 낫게 한다.

169 '입진(入珍)': 상옌빈의 주석본에서는 사부총간속편본과 동일하게 입진(入珍)이라고 쓰고 있는데, 장빙룬은 이를 팔진(八珍)으로 보고 있다. 본 역주에서는 장빙룬의 견해에 따랐음을 밝혀 둔다. '팔진(八珍)'은 고대의 8종류의 요리법이다. 정

중의 하나이며 옛사람들은 그것을 가장 중히 여겼다. 이것을 10월에 먹어서는 안 되며 (먹으면) 정신이 손상된다.

數, 古人最重之. 十月勿食之, 損神.

12. 당나귀[驢]

당나귀고기[驢肉][170]는 맛은 달고, (성질은) 차가우며 독이 없다. 주로 풍사로 인한 미친 병증, 근심걱정으로 즐겁지 않은 것을 치료하며, 심기를 안정시키고, 가슴이 답답한 것을 해소한다.

驢肉味甘, 寒, 無毒. 治風狂, 憂愁不樂, 安心氣, 解心煩.

머리고기[171]: 오래된 소갈을 치료하며, (나귀

頭肉. 治多年消

현은 『주례(周禮)』 「천관(天官) · 선부(膳夫)』 중에서 "진의 8가지 물건을 사용할 때[珍用八物]"에 주를 달면서 "진은 순오(淳熬), 순모(淳母), 포돈(炮豚), 포장(炮䍧), 도진(擣珍), 지(漬), 오(熬), 간료(肝膋)를 일컫는다."라고 하였다. 이후에는 8종류의 진귀한 식품을 가리켰다. 원말명초의 학자인 도종의(陶宗儀)의 『철경록(輟耕錄)』 권9 '이북팔진(迤北八珍)'에서는 "이른바 8진은 제호(醍醐), 조항(麆沆), 야타제(野駝蹄), 녹진(鹿唇), 타유미(駝乳麋), 천아자(天鵝炙), 자옥장(紫玉漿), 현옥장(玄玉漿)을 일컫는 것이다. 현옥장은 곧 말젖이다."라고 하였다. 민간에서는 용의 간, 봉황의 골수, 표범의 태, 잉어 꼬리, 부엉이 구이, 오랑우탄의 입술, 곰 발바닥, 수락선(酥酪蟬)을 8가지 진미라고 일컫는다.

170 '여육(驢肉)': 말과 동물인 당나귀[*Equus asinus* L.]의 고기이다. 당나귀의 생리, 해부와 형태는 말과 서로 닮았으나 비교적 작고, 머리가 크며, 눈이 둥글고, 귀가 길며 뻣뻣한 털은 없고 갈기털은 드물고 짧다. 꼬리 부분에는 긴 털이 없으며, 꼬리 끝에 긴 털은 드물고 짧다. 네 다리는 가늘고 길며 앞다리에만 부선(附蟬)이 있고, 발굽은 작고 곧게 뻗어 있으며 발굽의 바탕은 단단하다. 당나귀 고기의 맛은 달고 시며 성질은 밋밋하다. 피를 보하고 기를 돋우는 데 효능이 있다. 피로로 몸이 허약해진 것, 풍으로 인한 현기증, 가슴이 답답한 것을 치료한다.

171 '두육(頭肉)': 말과 동물인 당나귀의 머리고기이다. 당대 손사막의 『비급천금요방』

고기를) 삶아 익힌 것이 좋다. 검은 당나귀가 (소갈에 효과가) 더욱 좋다.

渴, 煮食之良. 烏驢者, 尤佳.

당나귀지방[172]: (당나귀지방을) 검은 매실과 함께 환으로 만들면 오래된 학질을 치료할 수 있다.

脂. 和烏梅作丸, 治久瘧.

13. 야생 나귀[野驢][173]

야생나귀의 성질과 맛은 (일반 나귀고기와) 같다. 집 나귀보다 갈귀와 꼬리가 길고, 골격이 크다.[174] 그것을 먹어서 풍사로 인한 어지

野驢性味同. 比家驢鬃尾長, 骨格大. 食之能治風眩.

「식치(食治)」에서 이르길 "머리를 불에 구워서 털을 제거하고, 삶아서 즙을 취해 누룩을 담궈 술을 양조하면, 심히 풍에 의해 흔들려서 멈추지 않는 것을 치료한다."라고 하였다.

172 '지(脂)': 말과 동물인 당나귀의 지방이다. 기침, 학질, 청력 감퇴, 옴을 치료한다. 당대 맹선이 편찬한 『식료본초(食療本草)』에서 이르기를 "생비계를 생초와 섞어서 익혀 찧어 비단에 싸서 귀 속에 채워 넣으면 오래된 귀먹음을 치료할 수 있다. 미쳐서 말을 못하고 사람을 알아보지 못하는 자는 술과 섞어서 3되를 복용한다. 오매와 함께 환으로 만들어 복용하면 오래된 학질을 치료하는데, 효과가 없을 경우 30환을 복용한다."라고 하였다.

173 '야려(野驢)': 학명은 *Equus hemionus*이고, 또는 몽려(蒙驢)라고도 불린다. 포유강 말과이다. Buell의 역주본에서는 이를 kulan이라고 번역하고 있다. 외형은 노새와 닮았고 몸집은 집 나귀보다 크다. 황량한 사막이나 반 사막지대에서 생활하며 무리를 짓고 주행성이며, 서식지를 옮겨가며 살아간다. 성질은 기민하고 오래 달리기를 잘하며, 목욕을 좋아하고 수영을 한다. 갈증을 잘 견디나 성질은 난폭하여 길들이기 쉽지 않다. 몽골지역, 구소련의 중앙아시아, 터키 및 중국 내 내몽골, 청해 등지에 분포해 있다. 이시진의 『본초강목(本草綱目)』에서 나귀 고기에 대해 이르길 "맛은 달고 성질은 서늘하며 독이 없다. 마음이 번거로운 것을 풀고 풍사로 인하여 미친 것을 멈추는 데 효능이 있으며, (고기로) 양조해서 먹으면 모든 풍을 치료할 수 있다. 풍사로 인해 미쳐서 근심으로 인해 즐거워하지 못하는 것을 해소하는 데 효능이 있으며 심기를 안정시킨다. 각종 맛을 함께 넣어 먹거

러움[風眩][175]을 치료할 수 있다.

그림 24 곰[熊]

그림 25 당나귀[驢]

14. 사불상[麋]

사불상고기[麋肉][176]는 맛은 달고 (성질은) 따

麋肉味甘, 溫, 無

나, 즙으로서 죽을 끓여서 만들어 먹으면 혈기를 보양하며 허로로 인한 손상을 치료할 수 있으며, 삶은 즙을 공복에 먹으면 치인충(痔引蟲)을 치료한다. 야생 나귀도 효능이 같다."라고 하였다.

174 상옌빈의 주석본에서는 사부총간속편본과 같이 '골격대(骨格大)'라고 표기하고 있으나, 장빙룬의 역주본에서는 이를 '골체대(骨體大)'로 고쳐 적고 있다.

175 '풍현(風眩)': 장빙룬은 역주본에서 Baidu 백과를 참고하여 이를 두 가지로 해석하고 있다. 첫 번째로는 현기증[眩暈]의 일종이다. 신체가 허약해져 풍사가 뇌에 들어가서 질병을 일으킨다. 증상은 머리가 어지럽고, 눈이 침침하며, 구토를 일으키며, 심할 때는 넘어진다. 발작하는 것이 보통과는 다르며, 지체의 통증을 수반한다. 이를 바로잡고 풍한을 제거하는 데 적합하다. 천궁산(川芎散)을 사용하면 된다. 두 번째로는 간질병(癎疾病)의 별칭이다. 김세림의 역주본에서는 이를 발작으로 의식장애가 오는 병증인 전간(癲癇)으로 인식하고 있다.

176 '미육(麋肉)': 사슴과 미록속(麋鹿屬) 포유동물인 사불상[*Elaphurus davidianus*]의 고기이다. 미록(麋鹿) 또는 '미(麋)'라고 칭하는데, 그 머리가 말과 유사하고 몸은 당나귀와 흡사하고, 발굽은 소와 비슷하며, 뿔은 사슴과 같기 때문에 '사불상(四不象)'이라고 일컫는다. Buell의 역주본에서는 이를 sika deer라고 번역하

뜻하며 독이 없다. 주로 비장과 위장의 기운을 북돋우며 허리와 다리에 힘이 없는 것을 치료한다. 이는 야생 꿩고기와 새우, 생야채, 매실, 자두와 함께 먹어서는 안 되는데, (그렇지 않으면) 병에 걸리게 된다.

毒. 益氣補中, 治腰脚無力. 不可與野雞肉及蝦, 生菜, 梅, 李果實同食, 令人病.

사불상 기름:[177] 맛은 맵고 (성질은) 따뜻하며 독이 없다. 주로 종기, 악창, 풍사로 인한 관절통, 사지 근맥의 압박과 이완에 효능이 있다. 혈맥을 통하게 하고 피부에 윤이 나게 한다.

麋脂. 味辛, 溫, 無毒. 主癰腫惡瘡, 風痺, 四肢拘緩. 通血脉, 潤澤皮膚.

사불상 가죽: 장화로 만들면 각기병을 치료하는 효능이 있다.

麋皮. 作靴能除脚氣.

15. 사슴[鹿]

사슴고기[鹿肉][178]는 맛이 달고 (성질은) 따뜻

鹿肉味甘, 溫, 無

고 있다. 꼬리에는 길고 촘촘한 털이 있으며, 꼬리 끝이 뒷다리의 복사뼈 관절을 덮는다. 사지는 큼직한 데 중심발굽은 넓고 갈라져 있으며 곁발굽은 뚜렷하다. 매년 두 차례 뿔을 갈이 하는데 여름 뿔은 6-7월에 성장하고 11-12월에 빠지며, 이후 1벌의 겨울 뿔이 자라나는데, 다음해 3월이 지나면 빠지게 된다. 사불상 고기는 기를 보익하고 근육을 건장하게 하는 효능이 있다. 허로로 인한 정기 부족과 허리와 다리가 연약한 것을 치료한다.

177 '미지(麋脂)': 다른 이름으로 '관지(官脂)', '미고(麋膏)'가 있다. 사슴과 동물인 사불상의 지방이다. 진한대의 『신농본초경(神農本草經)』에서는 "맛은 맵고 따뜻하다."라고 설명하였다. 혈맥을 잘 통하게 하고, 피부를 윤기있게 하는 효능이 있다. 풍사, 한사, 습사로 인한 마비증과 악창 및 부스럼을 치료한다.

178 '녹육(鹿肉)': 사슴과 동물인 매화록(梅花麓: *Cervus nippon* Temminck) 혹은 마록(馬鹿: *Cervus elaphus* Linnaeus.)의 고기이다. 매화록은 또한 '화록(花鹿)'이

하며 독이 없다. 주로 비장과 위장을 돕고, 오장을 강하게 하며, 기를 보충한다.

사슴골수[鹿髓]:[179] 맛이 달고 (성질은) 따뜻하다. 남녀의 중초비위에 손상을 입고, 맥이 끊기고,[180] 근육이 오그라드는 증상과 딸국질[欬逆][181]을 완화하는 데 효능이 있으며, (골수를) 술에 타서 복용한다.

사슴머리[182]: 주로 소갈과 꿈속에서 요괴가

毒. 補中, 強五藏, 益氣.

鹿髓. 甘, 溫. 主男女傷中, 絕脉, 筋急, 欬逆, 以酒服之.

鹿頭. 主消渴, 夜

라고도 칭한다. Buell의 역주본에서는 이를 red deer라고 번역하고 있다. 일종의 중간 크기의 사슴이다. '마록(馬鹿)'은 체형이 비교적 크며, 몸길이는 2m 남짓이다. 맛은 달고 성질은 따뜻하다. 오장을 보익하는 데 좋으며, 혈맥을 고르게 한다. 허로로 인하여 마르고 여윈 것, 산후에 젖이 나오지 않는 것을 치료한다.

179 '녹수(鹿髓)': 사슴과 동물 매화록(梅花麓) 혹은 마록(馬鹿)의 척추 혹은 골수이다. 한대 『별록(別錄)』에서 이르길 "맛은 달고, 성질은 따뜻하다."라고 하였다. 양기를 보충하고 음기를 더해 주며, 정기를 생성하게 하고 건조한 것을 윤택하게 하는 데 효능이 있다. 허로로 인해 여위고 약한 것[虛勞羸弱], 폐가 마비되어 기침을 하는 것[肺痿咳嗽], 발기부전[陰痿], 젊은 여성의 조기 폐경[血枯]을 치료한다.

180 '절맥(絕脉)': 김세림의 역주본에 의하면 혈맥이 통하지 않아 맥이 끊긴 것이라고 한다.

181 '해역(欬逆)': 딸국질을 가리킨다. 송대 이전에는 대부분 홰(噦)라고 일컬었다. 금, 원, 명초에는 대부분 '해역(咳逆)'이라고 하였으며, 명말 이후에는 대부분 '애역(呃逆)'이라고 불렀다. 또한 '흘역(吃逆)'이라고 불렀으며, 민간에서는 '타애특(打呃忒)'이라고도 한다. 위의 기운이 충돌하여 거슬러 올라와서 '딸꾹[呃呃]'소리가 나기 때문에 '애역(呃逆)'이라고 불렀다. 비장과 위의 허하고 차가워서 일어난 것이 비교적 많다. 발생 원인에 따라 '한애(寒呃)', '열애(熱呃)', '기애(氣呃)', '담애(痰呃)', '어애(瘀呃)', '허애(虛呃)'의 여섯 종류로 나눌 수 있다.

182 '녹두(鹿頭)': 사슴과 동물인 매화록(梅花麓) 혹은 마록(馬鹿)의 머리이다. 실제로 사용되는 것은 사슴의 머리고기이다. 그 성질은 밋밋하다. 기를 보하며 정기를 북돋게 한다. 허로와 소갈을 치료한다. 당대 『비급천금요방』「식치(食治)」에서는 "소갈을 치료하고, 꿈속에서 망령된 것을 많이 보는 것을 진정시키는 데 효능이 있다."라고 하였다.

나타나는 것을 막는 데 효능이 있다.[183]

사슴발굽[184]: 주로 다리와 무릎의 통증을 치료한다.

사슴의 생식기[鹿腎][185]: 주로 비장과 위를 따뜻하게 하며 신장을 보양하고 오장을 안정시키며 양기를 강성하게 하는 데 효능이 있다.

녹용[186]: 맛은 달고 (성질이) 약간 따뜻하며

夢見物.

鹿蹄. 主脚膝疼痛.

鹿腎. 主溫中, 補腎, 安五藏, 壯陽氣.

鹿茸. 味甘, 微

---

183 '야몽견물(夜夢見物)': 『당본초』에는 '야몽귀물(夜夢鬼物)'이라고 적혀 있으며, 『비급천금요방』「식치(食治)」에는 '다몽망견자(多夢妄見者)'라고 적혀 있다. 즉 밤중에 악몽을 많이 꾸거나 항상 꿈속에 귀신이나 요괴 등이 보이는 것이다. 장빙룬의 역주본에 의하면 밤중에 악몽을 과하게 꾸는 것은 실제 사람의 정신상태가 정상인지 아닌지와 관련이 있으며 항상 신경이 쇠약한 사람에게 보인다고 한다.

184 '녹제(鹿蹄)': 사슴과 동물인 매화록(梅花麓) 혹은 마록(馬鹿)의 네 다리의 발굽이다. 여기에서 사용된 것은 사슴발굽 고기이다. 당대 『비급천금요방』「식치(食治)」에서는 "성질은 밋밋하며 다리, 무릎, 뼈 중의 통증과 땅에 디디고 설 수 없는 병증에 효능이 있다."라고 하였다. 풍기와 한기, 습기로 인한 저림, 허리와 다리의 통증을 치료한다.

185 '녹신(鹿腎)': 사슴과 동물인 매화록(梅花麓) 혹은 마록(馬鹿) 수컷의 외생식기이다. Buell의 역주본에서는 이를 'red deer stag's penis'라고 번역하고 있다. 음경 및 고환을 잘라 취한 뒤 남은 고기 및 유지를 깨끗하게 제거하고 목판 위에 고정해서 바람에 말린다. 약재는 기다란 형태를 띠며, 굵고 길쭉하며 남은 고기와 지방질이 없는 것이 좋다. 맛은 달고 짜며, 성질은 따뜻하다. 간, 신장, 방광 3곳에 작용한다. 신장을 보하며, 양기를 북돋고, 정기를 더한다.

186 '녹용(鹿茸)': 사슴과 동물인 매화록(梅花麓) 혹은 마록(馬鹿)의 골화되지 않은 연한 뿔이다. Buell의 역주본에서는 이를 'red deer velvet'라고 번역하고 있다. 녹용은 (매화록에 생산되는) 화용(花茸) 및 마록용을 제외하고 또한 같은 속의 동물인 수록(水鹿), 백순록(白唇鹿), 흰 사슴 등의 연한 뿔이 있으며 이 역시 녹용으로 사용한다. 녹용의 맛은 달고 짜며, 성질은 따뜻하다. 간과 신장에 작용한다. 근본이 되는 양기를 북돋우며 기혈을 보충하고 골수를 더하며 근골을 건장하게 하는 효능이 있다. 허로로 인해 여위거나 정신이 기진맥진하는 증상, 현기증, 청력 감퇴, 눈이 침침함, 허리와 무릎에 시린 통증, 발기부전, 정액이 저절로 나오

독은 없다. 주로 (부녀자가 월경기가 아닌데도) 대량의 나쁜 피를 쏟거나,[187] 한기와 열기와 같은 사기가 침입하여 경기를 일으키는 병증에 효능이 있으며, 기를 보충하고 심지를 강하게 하며, 허하고 파리한 것을 보양하고, 근골을 건장하게 한다.

溫, 無毒. 主漏下惡血, 寒熱驚癎, 益氣強志, 補虛羸, 壯筋骨.

사슴뿔[188]: 약간 짜고 독은 없다. 주로 악창과 부스럼에 효능이 있으며, 몸 안의 사기를 좇아내고, 부녀자의 자궁에 적체된 어혈로 인

鹿角. 微鹹, 無毒. 主惡瘡癰腫, 逐邪氣, 除小腹血

거나, 자궁이 허하고 찬 것, 자궁의 대량 출혈과 대하증을 치료한다.

187 '주루하악혈(主漏下惡血)': 이 '악혈'에 대해 김세림은 역주본에서 산후의 악혈이나 병독을 함유한 피라고 한다. 『신농본초경』에서는 "녹용은 피와 살의 덩어리로 양기가 허하거나 혈맥이 솟아서 안정되지 못하여 자궁의 피가 갑자기 쏟아져 내리는 허한 증상을 치료한다."라고 하였다. 당대 손사막의 『천금방』에서는 "녹용가루는 부녀자의 자궁에서 피가 쏟아져 멈추지 않는 것을 치료한다."라고 하였다. 명대 왕긍당(王肯堂)이 편찬한 『증치준승(証治準繩)』에서는 "녹용가루는 부녀자의 자궁에서 피가 쏟아져 멈추지 않는 것과 허로로 인한 손상과 여위게 되는 병증을 치료한다. 여성의 하혈 및 한기와 열기로 인한 간질에 효능이 있으며, 기를 보익하고 의지를 강하게 하며 치아가 나고 늙지 않게 한다."라고 하였다.

188 '녹각(鹿角)': 사슴과 동물인 매화록(梅花麓) 혹은 마록(馬鹿)의 이미 골화된 뿔이다. Buell의 역주본에서는 이를 'red deer horn'라고 번역하고 있다. '감각(砍角)'과 '퇴각(退角)' 2종류로 나눌 수 있다. 감각은 10월에서 이듬해 2월 간에 나며 사슴을 죽인 후에 사슴의 머리 뚜껑 채로 자르고 남아 있는 고기는 제거하여 깨끗이 씻어서 바람에 말린 것이다. 퇴각은 또한 '해각(解角)', '도각(掉角)' 혹은 '탈각(脫角)'이라고도 불린다. 수사슴이 뿔갈이 하는 시기에 자연스럽게 떨어지는 것이기 때문에 머리뼈에 붙어 있지 않다. 대부분 3-4월에 얻을 수 있다. 맛은 짜고 성질은 따뜻하다. 간, 신장에 작용하여 피를 돌게 하고, 붓기를 가라앉히거나, 신장을 보양하는 효능이 있다. 독이 있는 악성종기, 어혈로 인한 통증, 허로로 인한 내상, 허리와 척추의 통증을 치료한다. 음기가 적고 양기가 많은 사람은 먹어서는 안 된다.

한 하복부의 통증, 허리와 척추의 통증 및 자궁 속에 어혈이 남아 있는 것을 제거하는 데 효능이 있다.

急痛, 腰脊痛及留血在陰中.

16. 고라니[麞]

고라니고기[麞肉][189]는 (성질은) 따뜻하고 주로 오장을 보익하는 기능이 있다. 『일화자日華子』에서 이르길[190] "고기엔 독이 없다. 8월부터 섣달 사이에 먹게 되면 양고기보다 좋고, 섣달 이후부터 7월 사이에 먹게 되면 기병을 유발한다. 도가道家에서 늘상 먹으며 (시간적으로) 꺼리고 금하는 바가 없다."라고 하였다.

麞肉溫, 主補益五藏. 日華子云, 肉無毒. 八月至臘月食之, 勝羊肉, 十二月以後至七月食之, 動氣. 道家多食, 言無禁忌也.

---

189 '장육(麞肉)': 이는 '장육(獐肉)'이라고도 부르며 사슴과 동물인 고라니의 고기이다. 고라니를 Buell의 역주본에서는 river deer라고 번역하고 있다. 상옌빈의 주석본에서는 사부총간속편본과 동일하게 '장육(麞肉)'으로 적고 있으나, 장빙룬의 역주본에서는 이를 '장육(獐肉)'이라고 표기하고 있으며, 김세림도 같은 용어로 번역하고 있다. 고라니는 갈대가 있는 강변이나 호숫가에 서식하고 또한 산기슭이나 경작지 혹은 긴 풀이 있는 광야에도 있다. 숨는 것에 능숙하다. 물을 좋아하고 헤엄을 잘 친다. 장강 유역 각지에 분포돼 있다. 고라니고기의 맛은 달고 성질은 따뜻하다. 한대 유흠(劉歆)의 『별록(別錄)』에서 이르길 "오장을 보익한다.[補益五臟.]"라고 하였다.

190 이 조항은 『일화자(日華子)』 권2에 등장하며, 원래 문장에는 도가에서 먹을 수 있는 육류 중에 고라니고기가 있는데, 『음선정요』에 인용된 문장에는 주로 고라니고기를 먹을 수 있는 달[月]을 설명하고 있다. 까오하오통[高皓彤], 『음선정요연구(飮膳正要硏究)』, 陝西師範大學碩士論文, 2009, p.32 참조.

그림 26 사불상[麋]

그림 27 고라니[麞]

그림 28 사슴[鹿]

17. 개[犬]

개고기[犬肉][191]는 맛은 짜고, (성질이) 따뜻하며 독이 없다. 주로 오장을 편하게 하고 부러진 상처에 좋으며 남자의 성기능을 북돋고, 혈맥을 보양하며 장과 위를 왕성하게 하고 하초下焦를 충실하게 하며, 정수精髓를 채워 준다. 황색 개고기의 맛이 더욱 좋다. 마늘과 함께 먹어서는 안 되며 (그렇지 않으면) 반드시 바

犬肉味鹹, 溫, 無毒. 安五藏, 補絕傷, 益陽道, 補血脉, 厚腸胃, 實下焦, 塡精髓. 黃色犬肉尤佳. 不與蒜同食, 必頓損人.

---

191 '견육(犬肉)': 개과 동물인 개[狗]의 고기이다. '구(狗)'는 또한 '견(犬)', '지양(地羊)', '황이(黃耳)' 등으로 칭한다. 한대 화상석에는 우물가에서 개를 잡는 장면이 많이 등장하며, 개고기의 맛은 짜고 성질은 따뜻하다. 비장과 위장을 보양하고 기를 북돋으며 콩팥을 따뜻하게 해 양기를 보충한다. 비장과 신장의 기가 허한 것, 가슴과 배가 차서 더부룩한 경우, 뱃가죽이 부풀어 오르는 증상, 부종(浮腫), 허리와 무릎이 연약해지는 경우, 한기에 의해 생기는 학질[寒瘧], 부스럼이 곪아서 오랫동안 낫지 못한 것을 치료한다. 원대가 되면 개를 기르는 것을 엄하게 금지하였는데, 『원사(元史)』 권21 「성종본기(成宗本紀)」 대덕(大德) 10년의 조서에서는 "무릇 매와 개를 숨기는 자는 재산의 절반을 몰수하고 태형 30대를 가했으며, 헌납한 자에게는 상을 지급했다."라고 하였다. 이 때문에 원대 성종 대덕 10년(1296)부터 원이 멸망할 때까지 개를 기를 수가 없었다.

로 사람에게 상해를 입힌다. 9월에는 마땅히 먹어서는 안 되는데, 사람의 정신이 손상되기 때문이다.[192]

九月不宜食之, 令人損神.

개의 네 다리[193]: 삶아서 그 즙을 마시는데, 젖의 분비를 촉진시킨다.

犬四脚蹄. 煮飲之, 下乳汁.

그림 29 개[犬]

18. 돼지[猪]

돼지고기[肉猪][194]는 맛이 쓰고 독이 없다. 사

猪肉味苦, 無毒.

---

192 '구월불의식지(九月不宜食之), 영인손신(令人損神)': 이 부분은 구체적인 근거가 미비하여 좀 더 연구가 필요하다.

193 견사각제(犬四脚蹄)는 사부총간속편본과 상옌빈의 주석본에서는 이와 동일한데, 장빙룬의 역주본에서는 '견사제각(犬四蹄脚)'으로 적고 있다.

194 '저육(猪肉)': 돼지과 동물인 돼지[*Susscrofa domestica* Brisson]의 고기이다. 맛이 달고 짜며 성질은 밋밋하다. 비장, 위장, 신장에 작용한다. 정력을 왕성하게 하고, 건조한 곳을 윤택하게 하는 효능이 있다. 열병으로 인해 체액이 손상되고, 갈증이 나며, 쇠약하고, 마른기침이 나는 것과, 변비를 치료한다. 청대 왕앙(汪昂)이 편찬한 의서『본초비요(本草備要)』에서는 "돼지고기의 맛은 깊으며 먹으면 장과 위장이 윤택해지고, 정액을 생성하며, 신체에 살이 찌게 하고, 피부를 윤

람의 혈맥이 막히고[195] 근골이 약해지는 것을 치료한다.[196] 비만증 환자는[197] 오래 먹어서는 안 되는데, (그렇지 않으면) 풍이 유발된다. 칼이나 창과 같은 금속기에 상처[198]를 입은 자가 먹으면 더욱 심해진다.

主閉血脉, 弱筋骨. 虛肥人, 不可久食, 動風. 患金瘡者, 尤甚.

돼지 위[199]: 비장과 위를 보익하고 기운을 북돋우며 갈증을 멈추는 효능이 있다.

猪肚. 主補中益氣, 止渴.

돼지 신장[200]: (성질은) 서늘하다. 신장의 기

猪腎. 冷. 和理

기 나게 하는데, 본래 그러하다. 다만 많이 먹으면, 풍사와 열사를 부추겨서 담이 생기며, 풍을 유발해서 습사를 만들고, 풍사와 한사로 인한 손상이 있는데, 병 초기에는 특히 크게 꺼린다. 한사로 인해서 손상을 입은 자가 복용을 꺼리는 이유는 겉근육을 단단하게 하고, 끈적끈적한 기름을 보충해서 풍사가 흩어지지 못하게 하기 때문이다."라고 하였다.

195 '폐혈맥(閉血脉)': 혈맥이 막힌 것이다.

196 이 문장 서두의 '주(主)'를 장빙룬의 역주본에서는 '주된 결함'으로 해석한 데 반하여 김세림의 역주본에서는 이를 '치료한다.'로 해석하고 있다.

197 '허비(虛肥)': 김세림의 역주본에서는 이를 병적 비만증으로 보고 뒤 문장과 연결시키고 있는 데 반해, 장빙룬의 역주본에서는 앞문장의 끝맺음으로 삼고 있다.

198 '금창(金瘡)': 『유연자귀유방(劉涓子鬼遺方)』[이는 진(晋)대 말 유연자(劉涓子)가 짓고 남제(南齊)의 공경선(龔慶宣)이 정리한 외과전문 서적이다.]에서 보인다. 다른 이름으로 금창(金瘡), 금상(金傷), 금인상(金刃傷), 금양(金瘍) 등이 있다. 금속기의 날에 의해 생긴 상처를 가리킨다. 또한 상처를 입은 후에는 독사(毒邪)로 감염되고 궤양으로 인해서 문드러져서 상처가 되는 것을 일러 '다창(多倉)' 혹은 '금양(金瘍)'이라고 한다.

199 '저두(猪肚)': 돼지과 동물인 돼지의 위이다. 맛은 달고 성질은 따뜻하다. 허로로 인한 손상을 보익하고, 비장과 위장을 강건하게 하는 효능이 있다. 허로, 쇠약증, 설사, 갈증, 소변을 자주 보고, 소아의 감병(疳病)으로 인한 적체를 치료한다. 『본초경소(本草經疏)』에서는 "돼지 위는 비장과 위장과 같은 중요한 장기를 보양하며, 비장과 위장을 보충하여서 중초의 기를 더하고, 스스로 기능이 저하되는 것을 통하게 한다."라고 하였다.

200 '저신(猪腎)': 돼지과 동물인 돼지의 신장이다. 다른 이름은 '저요자(猪要子)'이다.

운을 조화롭게 하며, 방광을 잘 통하게 한다. 腎氣, 通利膀胱.

돼지 네 발굽[201]: (성질은) 조금 차다. 채찍이나 몽둥이로 맞아서 찢어진 상처를 치료하는 효능이 있으며 젖의 분비를 촉진한다. 猪四蹄. 小寒. 主傷撻諸敗瘡, 下乳.

19. 멧돼지[野猪]

멧돼지고기[野猪肉][202]는 맛이 쓰고, 독이 없다. 주로 피부를 보익하고 허약함과 기혈의 불균형으로 인해서 사람을 살지게 한다. 암컷의 고기가 더욱 맛있다. 겨울철에 (돼지가) 도 野猪肉味苦, 無毒. 主補肌膚. 令人虛肥. 雌者肉更美. 冬月食橡子,

---

맛은 짜고 성질이 밋밋하다. 신장이 허한 경우, 요통, 부종, 몽정, 잠잘 때 식은땀이 나는 증상, 노인의 청력 감퇴를 치료한다.

201 '저사제(猪四蹄)': 돼지과 동물인 돼지의 앞뒤 다리이다. 맛이 달고 짜며, 성질은 밋밋하다. 피를 보충하고, 젖이 잘 돌게 하며, 종기의 독을 빼는 데 효능이 있다. 부녀자의 젖이 적은 경우와 부스럼, 독창을 치료한다. 『수식거음식보(隨息居飮食譜)』에서는 "신장의 정기를 채우고 허리와 다리를 강건하게 하며, 위장의 진액을 늘림으로써 피부를 매끄럽게 하고, 근육을 증가시켜서 종기가 터져서 낫게 하며, 혈맥을 도와서 젖을 생성하게 한다. 고기보다 더욱 좋다."라고 하였다.

202 '야저육(野猪肉)': 돼지과 동물인 멧돼지[*Sus scrofa* L.]의 고기이다. 수컷이 암컷보다 크다. 숫돼지의 송곳니는 유달리 발달하고 암돼지는 사냥이빨이 발달하지 않았다. 새끼 돼지의 몸은 옅은 황갈색이고, 등 부위에는 6줄의 옅은 황색 세로무늬가 나 있으며, 민간에서는 '화저(花猪)'라고 일컫는다. 멧돼지고기의 맛은 달고 짜며, 성질은 밋밋하다. 허로로 인해서 쇠약하고, 대소변에 피가 섞여 나오며, 치질로 인해 피가 나는 것을 치료한다. 당대 맹선의 『식료본초(食療本草)』에서는 "주로 간질을 치료하고, 피부를 보익하며, 사람으로 하여금 허약함 및 기혈의 불균형으로 인해서 살이 찌게 한다. 고기가 붉은 것은 사람의 오장을 보익하고, 풍사로 인해 허한 기가 나타나지 않게 한다."라고 하였다.

토리[203]를 먹으면 살이 붉어져서 사람의 오장을 보익하며, 장에 풍기가 들어서 나오는 혈변을 치료한다. 그 고기 맛은 집돼지보다 낫다.

肉色赤, 補人五藏, 治腸風瀉血. 其肉味勝家猪.

그림 30 돼지[猪]

그림 31 멧돼지[野猪]

20. 상괭이[江猪][204]

상괭이(고기)맛은 달고 (성질이) 밋밋하며, 독이 없다. 그러나 많이 먹어서는 안 되는데,

江猪味甘, 平, 無毒. 然不宜多食,

---

203 '상자(橡子)': 참나무과 식물인 상수리나무[*Quercus acutissima* Carr.]의 과실이다. 근연식물인 상수(橡樹)는 학명이 *Quercus palustris* Münchh.으로 BRIS에서는 대왕참나무로 명명하고 있다. 녹말, 지방, 타닌을 함유하고 있다. 성질은 따뜻하다. 장을 껄끄럽게 하여서 설사를 멈추는 효능이 있다. 많이 먹으면 변비를 일으킨다. 그 부드러운 잎을 달여서 차 대용으로 사용할 수 있다.

204 '강저[(江猪)': 이는 고래목 이빨고래아목 쇠돌고래과에 속하는 상괭이[*Neophocaena*]이다. Buell의 역주본에서는 이를 'yangtse porpoise'라고 번역하고 있다. 형체는 등지느러미가 없는 작은 몸집의 돌고래로 길이는 1.2-1.6m이다. 전신은 납회색 혹은 회백색이다. 머리 부위는 뭉툭하고 둥글며, 이마 부위는 솟아올라서 약간 앞으로 볼록 튀어나와 있다. 눈은 비교적 작고, 뚜렷하지 않다. 꼬리는 편평하고 등지느러미가 없다. 상괭이는 통상 바닷물과 담수의 접경 해역에 서식하고, 또 크고 작은 하천의 하류지역 등의 담수에서 생활할 수 있다. 고기는 먹을 수 있고, 뼈와 고기로는 유지를 추출하고 비료를 만들 수 있으며, 가죽은 허리띠로 만들 수 있다.

(먹으면) 풍기를 유발하며, 사람의 몸이 무거워진다.

動風氣, 令人體重.

21. 수달[獺]

수달고기[獺肉][205]는 맛이 짜고 (성질이) 밋밋하며, 독이 없다. 주로 체내에 수기의 대사 장애로 부종이 생기는 것[206]을 치료하며 전염병을 치료하고 모든 열독과 풍사의 질병, 기침, 허로로 인한 심신의 손상을 치료한다. 토끼고기와 같이 먹어서는 안 된다.

獺肉味醎, 平, 無毒. 治水氣脹滿, 瘵瘟疫病, 諸熱毒風, 欬嗽, 勞損. 不可與兎同食.

수달의 간[207]: 맛이 달고 독이 있다. 장풍으

獺肝. 甘, 有毒.

---

205 '랄육(獺肉)': 이는 바로 '달육(獺肉)'이다. 족제비과 동물인 수달[*Lutra lutra* L.]의 고기이다. 수달은 반쯤 물에 서식하는 동물로 대부분 강, 호수 및 계곡 연안에서 서식하며 물가 근처의 나무뿌리, 갈대, 및 덤불 아래에 구멍을 파고 산다. 밤에 활동하며, 수영과 잠수에 뛰어나다. 물고기류 및 개구리, 게, 물새, 쥐류를 먹는다. 맛은 달고 짜며, 성질은 차갑다. 허로로 인한 골증, 수종으로 인해서 몸이 붓고, 소변과 대변이 막혀 잘 나오지 않고, 부녀자의 월경이 막히는 것을 치료한다. 사부총간속편본의 '랄육(獺肉)'을 상옌빈의 주석본과 장빙룬의 역주본에서는 '달육(獺肉)'으로 표기하였다.

206 '수기창만(水氣脹滿)': 수분의 대사 장애로 인해 인체 내에 수기가 머물러서 생기는 것으로 얼굴, 사지, 복부가 팽팽하고 심지어 전신이 붓는 것이다. 장빙룬의 역주본에서는 여기서의 '수기(水氣)'는 수종(水腫)을 가리킨다고 한다. 『황제내경소문』「평열병론(平熱病論)」에서는 "모든 수기가 있는 것은 약간 붓는데 먼저 눈 아래에서 나타난다."라고 하였다. 한말 장중경(張仲景)의 『금궤요략』에서는 수기병에 대해서 말할 때 '풍수(風水)', '피수(皮水)', '정수(正水)', '석수(石水)' 등을 포괄한다.

207 '랄간(獺肝)': 족제비과 동물인 수달의 간이다. 수달의 말린 간은 크기에 관계없이 덩어리가 생기는데 항상 심장과 폐 및 기관 부위가 있는 것은 자홍색이며, 온

로 야기된 하혈 및 전염성 질병[208]의 상호 간의 전염을 치료한다.

治腸風下血及主疰病相染.

수달의 가죽[209]: 옷깃이나 소매에 달면 먼지와 때가 붙지 않는다. 예컨대 바람에 모래가 날려서 눈을 뜨지 못할 경우 (이를 단) 소매로 문지르면 즉시 이물질이 나온다. 또한 생선가시가 목구멍에 걸려서 나오지 않는 것은 수달의 발톱으로 목 아래 부분을 긁어 주면 바로 나온다.

獺皮. 飾領袖則塵垢不著. 如風沙翳目, 以袖拭之即出. 又魚刺鯁喉中不出者, 取獺爪爬項下即出.

그림32 수달[獺]

전하거나 혹은 조각 형태이며 부서지지 않고 남은 고기가 없는 것이 좋다. 주로 길림에서 가장 많이 생산된다. 맛은 달고 짜며, 성질은 밋밋하다. 정력을 보양하며 몸속의 열을 제거하고 기침을 안정시키며 지혈의 효능이 있다. 허로와 골증으로 인해 정기적으로 열이 나고, 잠을 잘 때 땀이 나며, 기침으로 피가 나오는 증상, 야맹증, 치질로 인한 출혈을 치료한다.

208 '주병상염(疰病相染)': '주(疰)'는 '전염병'과 '오래 머무른다.'는 뜻이 있다. 대부분 전염성이 있고 병의 경과가 긴 만성병을 뜻하나, 주로 폐결핵을 가리킨다. '주(疰)'는 '주(注)'로 통한다. 『석명(釋名)』 「석질병(釋疾病)」에서는 "'전염병[注病]'에 걸려 한 사람은 죽고, 한 사람은 다시 살아나니 이는 기가 서로 전염되는 것이다."라고 하였다.

209 '달피(獺皮)': 족제비과 동물인 수달의 가죽이다. 이것은 진귀한 모피로서 항상 가죽옷을 만들 때 사용된다. "바람에 모래가 날려서 눈을 뜨지 못할 경우 소매로 문지르면 즉시 이물질이 묻어 나온다. 생선가시가 목구멍에 걸려서 나오지 않는 것은 수달의 발톱으로 목 아래 부분을 긁어 주면 바로 나온다."라는 설명은 비과학적이다.

22. 호랑이[虎]

호랑이고기[虎肉]210는 맛이 짜고 시며 (성질은) 밋밋하고 독이 없다. 주로 위기가 거슬러 토하는 증상에 효능이 있으며, 기력을 보충해 준다. 그것을 먹고 산에 들어가면 호랑이가 보고 두려워하며 36가지 종류의 산정귀매山精鬼魅211가 사람을 상해하는 것을 피할 수 있다.

虎肉味鹹酸，平，無毒．主惡心欲嘔，益氣力．食之入山，虎見則畏，辟三十六種魅．

호랑이의 눈동자[虎眼睛]212: 학질을 치료하고

虎眼睛．主瘧疾，

---

210 '호육(虎肉)': 고양이과 동물인 호랑이[*Panthera tigris* L.]의 고기이다. 중국 동북지역의 호랑이의 체형은 비교적 크며, 털이 길고, 무늬가 좁고 색이 옅은데 이를 일러 '동북호랑이' 혹은 '북호(北虎)'라고 부른다. 화남지역 호랑이의 체형은 비교적 작으며 무늬의 행이 짧고 색이 짙으며 무늬가 많고 넓은데 이를 일러 '하남호(河南虎)' 혹은 '남호(南虎)'라고 부른다. 삼림, 덤불, 고산 풀숲에 서식한다. 호랑이 고기의 맛은 달고 시며 성질은 따뜻하다. 비장과 위를 보충하며 기력을 더하고 근육과 뼈를 튼튼하게 한다. 비장과 위의 허약함과 속이 더부룩하여 토하는 증상 및 학질을 치료한다.

211 '삼십육종매(三十六種魅)': 옛사람들은 36종류 혹은 99종류의 사람의 병을 일으키는 산정귀매(山精鬼魅)가 있다고 여겼다. 비록 몇몇의 질병의 원인은 귀괴가 몸 위에 붙어서 홀리는 것[鬼怪精魅]으로 귀결된다고 하므로 과학적이지는 않지만, 미생물의 개념이 없던 고대에 발생할 만한 견해라고 생각된다. 그 외에 산정, 귀매는 또한 삼림 중에 병을 일으키는 각종 요인의 의미를 두루 가리킨다.

212 '호안정(虎眼睛)': 고양이과 동물인 호랑이의 눈이다. 채집방법에 대해 장빙룬의 역주본에 의하면, 호랑이의 눈을 잘라 꺼낸 다음 볶은 곡식 속에 넣어서 다시 그을리고 식힌 뒤 다시 볶고 그을려서 마른 상태가 되게 한다. 완성된 약재는 타원형을 띠며, 주글주글하고 눈은 검은색이고, 눈 주위와 뒷면은 등황색으로 비린내가 난다고 한다. 『뇌공포자론(雷公炮炙論)』[유송(劉宋)때 뇌효(雷斅)가 저술한 제약학 저서이다.]에서는 "호랑이 눈을 사용할 때는 먼저 싱싱한 양피[羊血]에 하루 동안 담갔다가 걸러내어 약한 불에 쬐어 건조시키고 찧어서 가루로 만든다. 그런 후에 다른 약재가 나오길 기다려서 그것을 합쳐서 사용한다."라고 하였다. 발작을 진정시키며, 눈을 밝게 하는 효능이 있다. 경기, 간질, 눈에 막이 생기는

악기를 피하는 데[213] 효능이 있으며, 유아의 열 경기를 멈추게 한다.

辟惡, 止小兒熱驚.

호랑이의 뼈[214]: 주로 몸 안의 사기와 악기를 제거하며[215] 귀신과 전염병의 독기를 없애고[216] 경기를 멈추게 한다. 악창, 임파선 결핵에 효능이 있으며,[217] 머리뼈에 더욱 좋다.

虎骨. 主除邪惡氣, 殺鬼疰毒, 止驚悸. 主惡瘡鼠瘻, 頭骨尤良.

23. 표범[豹]

표범고기[豹肉][218]는 맛이 시고 (성질은) 밋밋

豹肉味酸, 平, 無

것을 치료한다.

213 '벽악(辟惡)': Baidu 백과에 의하면 이것은 곧 사람에게 병이 나게 하는 원인인 악기(惡氣)나 전염병을 제거하는 것이라고 한다.

214 '호골(虎骨)': 고양이과 동물인 호랑이의 골격이다. 맛은 맵고 성질이 따뜻하다. 폐와 신장에 작용한다. 풍을 제거하여 경련을 안정시키며, 뼈를 튼튼하게 하고, 발작을 진정시키는 효능이 있다. 관절염에 의한 통증, 사지마비, 허리와 다리를 못 움직이는 증상, 경기와 간질, 치질로 인해 항문이 빠지는 것을 치료한다.

215 '제사악기(除邪惡氣)': '벽악(辟惡)'의 내용과 유사한 것으로 이는 곧 사람에게 병이 나게 하는 원인을 없애는 것이다.

216 '귀주독(鬼疰毒)': 옛 의학서에서는 몇몇 병의 원인이 불명확하기 때문에 전염성의 요소가 있다고 지적하고 있다.

217 '서루(鼠瘻)': 이는 바로 목과 겨드랑이의 림프결핵을 가리킨다. 『황제내경』 「영추(靈樞) · 한열(寒熱)」에서는 "서루의 근원은 모두 장에 있다. 그 마지막은 목과 겨드랑이 사이에서 나온다."라고 하였다. 서루와 내장결핵과의 관계를 정확하게 지적한 것이다. '서루'라고 칭하는 까닭에 대해서 청말의 의학자인 막매사(莫枚士)의 『연경언(研經言)』에서는 "'쥐[鼠]'의 성질은 구멍을 뚫는 것을 좋아한다. … '루(瘻)'는 '서(鼠)'라고 부르며 또한 경맥을 관통한다는 뜻이 있다."라고 하였으며, 또한 '나력(瘰癧)'이라는 별명이 있다.

218 '표육(豹肉)': 고양이과 동물인 표범[*Panthera pardus* L.]의 고기이다. '표(豹)'는

하며 독이 없다. 주로 오장을 편안하게 하고, 부러진 상처에 좋으며, 사람의 근골을 건장하게 하고, 기개를 강하게 한다. 오래 먹으면 사람을 용맹하고 강건하게 하지만, 성질이 거칠고 호탕하게 되며,[219] 추위와 더위를 잘 견디게 한다. 정월에는 먹어서는 안 되는데 (먹게 되면) 정신이 손상된다.

毒. 安五藏, 補絕傷, 壯筋骨, 強志氣. 久食令人猛健忘, 性麄踈, 耐寒暑. 正月勿食之, 傷神.

『당본초』에서 이르기를 "마차 의장용의 장식에 표범의 꼬리를 달게 되면, 그 위엄에 힘입어 존귀해진다."라고 하였다.

唐本注云, 車駕鹵簿用豹尾, 取其威重爲可貴也.

스라소니[220]의 뇌 : 허리통증을 치료할 수

土豹腦子. 可治

또 '정(程)', '실자손(失刺孫)', '금전표(金錢豹)', '은전표(銀錢豹)', '문표(文豹)'라고 일컫는다. 형태는 호랑이와 닮았지만 (호랑이보다) 작고 머리가 둥글며 귀가 짧다. 사지는 굵고 건장하다. 온몸의 피부와 털은 선명하며, 배, 머리, 네 다리 바깥쪽과 더불어 꼬리 배에는 모두 불규칙적인 검은색 반점 혹은 타원형의 검은색 고리가 가득 분포되어 있다. 주요 서식지는 산간지역이며, 구릉지대에서도 볼 수 있다. 나무 위 혹은 삼림 속에서 서식하며, 고정적으로 머무는 동굴이 있다. 나무에 오르는 것을 좋아하고, 야간에 활동을 하며 성격은 흉폭하고 용맹하다. 표범 고기의 맛은 달고 시고 성질은 따뜻하다. 한대 유향의 『별록(別錄)』에서 이르기를 "오장을 편안하게 하고, 부러진 상처에 좋고, 기를 더해 준다."라고 하였다. 당대 손사막의 『비급천금요방』 「식치(食治)」에서 이르기를 "신장에 좋다."라고 하였다. 당대 맹선의 『식료본초(食療本草)』에서 이르기를 "사람을 보익하고, 먹으면 사람의 근골을 강하게 하며, 추위와 더위에 잘 견디게 한다."라고 하였다.

219 사부총간속편본의 '추소(麄踈)'를 상옌빈의 주석본과 장빙룬의 역주본에서는 '조소(粗疏)'로 적고 있다.

220 '토표(土豹)': 즉 사리(猞猁: *Felis lynx*) 또는 사리손(猞猁孫)이라고 칭한다. 포유강 고양이과이다. Buell의 역주본에서는 이를 'local leopard'라고 번역하고 있다. 털은 붉은색 혹은 회색을 띠며 항상 검은 반점이 있다. 네 다리는 굵고 길다. 고기는 먹을 수 있으며, 모피는 가죽옷을 지을 수 있는데, 아주 귀하다.

있다. | 腰疼.

그림 33 호랑이[虎]

그림 34 표범[豹]

24. 노루[麅][221]

노루(고기)는 맛이 달고, (성질은) 밋밋하며 독이 없다. 사람의 몸을 보익한다.

麅子味甘, 平, 無毒. 補益人.

---

221 '포(麅)': 민간에서는 포자(麅子)라고 칭한다. 이것이 사슴의 일종인지 노루의 일종인지 분명하지 않다. 상옌빈의 주석본과 장빙룬의 역주본에서는 이를 포자(狍子)와 동일시하여 포유강 사슴과 초식동물인 노루(*Capreolus capreolus* L.)로 보았다. BRIS에서도 이 학명을 '유럽노루'라고 명명하고 있다. Baidu 백과에서는 사슴의 일종이라고 한다. 몸길이는 1m에 달하며, 꼬리 길이는 2-3cm이다, 수컷 노루는 뿔이 있는데 세 갈래로 나뉘어져 있다. 암컷은 뿔이 없다. 겨울에는 털이 길고 갈색이며, 여름에는 털이 짧고 밤홍색이다. 엉덩이 부분이 뚜렷한 흰색을 띤다. 작은 산비탈이나 작은 나무들 사이에 서식한다. 다육과 혹은 야생 버섯을 즐겨 먹는다. 유럽과 아시아에 분포하며 중국은 동북, 화북, 서북과 사천 등지에서 서식한다. 고기는 먹을 수 있으며, 털과 가죽은 침구 혹은 무두질한 가죽을 만들 수 있다고 한다. 이에 반해 'Buell의 역주본', p.510에서는 '포(麅)'를 'pere david's deer 즉 붉은색을 띤 대형의 회색 사슴'이라고 해석하고 있다.

25. 작은 사슴[麂]222

작은 사슴 고기[麂肉]는 맛은 달고, (성질이) 밋밋하며, 독이 없다. 주로 다섯 종류의 치질223에 효능이 있다. 많이 먹으면 사람의 고질병이 재발할 수 있다.

麂肉味甘, 平, 無毒. 主五痔. 多食能動人痼疾.

26. 사향노루[麝]224

사향노루고기[麝肉]225는 독이 없고 성질은

麝肉無毒, 性溫.

---

222 '작은 사슴[麂]': 작은 사슴으로 수컷은 긴 이빨과 짧은 뿔이 있으며, 다리는 가늘고 힘이 있으며, 뛰기를 좋아한다. 가죽은 부드러워 피혁을 만들며 궤자(麂子; *Muntiacus reevesi* Ogilby)로 통칭한다. Buell의 역주본, p.510에서는 '궤(麂)'를 musk deer라고 해석하고 있다. 중국에서는 서식하는 것은 황궤(黃麂), 흑궤(黑麂) 그리고 적궤(赤麂)가 있다. 작은 사슴[麂肉]은 식용할 수 있다.

223 '오치(五痔)': 『제병원후론(諸病源候論)』에서는 '모치(牡痔)', '빈치(牝痔)', '맥치(脈痔)', '장치(腸痔)', '혈치(血痔)'로 쓰고 있다. 여기서는 여러 종류의 항문질병을 두루 지칭한다.

224 'Buell의 역주본', p.511에서는 '사(麝)', 즉 사향노루를 Muntjac deer라고 해석하고 있다.

225 '사육(麝肉)': 사슴과 동물 원사(原麝: *Moschus moschiferus* L.)와 같은 속의 여러 종류 동물의 고기이다. '사향노루[麝]'는 또한 향장(香獐)이라고도 칭한다. 수컷의 사타구니에는 사향샘이 있는데, 주머니모양을 띠며, 외부는 약간 융기해 있고, 향주머니 밖의 털은 짧고 가늘며, 드문드문해서 피부가 외부로 노출되어 있다. 사향노루의 털은 짙은 갈색이고, 등과 측면의 털 색깔은 비교적 짙으며, 배 부분의 털은 비교적 옅다. 등 부분에는 뚜렷하지 않은 계피색 반점이 있고, 4-5개의 세로줄이 배열되어 있으며, 허리부분과 둔부 양측의 반점은 비교적 명확하다. 암석이 많은 침엽림과 침엽림의 혼합림 속에서 서식한다. 소나무, 전나무, 설송(雪松)의 어린 가지와 잎, 이끼를 주식으로 하며. 잡초와 각종 야채 등도 먹는다.

따뜻하다. 노루고기[麞肉]와 서로 비슷하나 비린내가 나며, 먹으면 뱀의 독도 두려워하지 않게 된다.[226]

似麞肉而腥, 食之不畏蛇毒.

그림35 노루[麞]

그림36 작은 사슴[麂]

27. 여우[狐]

여우고기[狐肉][227]는 (성질이) 따뜻하며, 약간

狐肉溫, 有小毒.

『본초강목(本草綱目)』에서 이르길 "(사향노루고기는) 맛이 달고 성질은 따뜻하며, 독이 없다. … 배 속의 질병을 치료한다."라고 하였다.

226 '식지불외사독(食之不畏蛇毒)': 장빙룬의 역주본에 의하면 옛사람들은 사향노루가 뱀을 먹을 수 있기 때문에, 사람이 사향노루 고기를 먹은 후에는 뱀의 독을 두려워하지 않아도 된다고 생각하였으나, 이 설명은 과학적인 근거가 없다.

227 '호육(狐肉)': Baidu 백과에 의하면 이것은 개과 동물인 여우[*Vulpes vulpes* L.]의 고기라고 한다. 여우의 얼굴부위는 좁고, 주둥이가 뾰족하며, 네 다리가 비교적 짧다. 항문부분 근처에 취선(臭腺)이 있어서 분비물이 혐오스러운 여우냄새를 풍긴다. 꼬리털은 풍성하고 부드럽다. 삼림, 초원, 구릉 지역의 나무구멍이나 혹은 토굴 속에 서식한다. 후각과 청각이 발달하였으며, 낮엔 동굴에 엎드려 있다가 밤에 나오고, 행동이 민첩하다. 식성은 잡식이므로, 쥐, 토끼 등 각종 야생조류를 즐겨 먹으며, 곤충, 개구리, 물고기 또는 야생과실도 먹는다. 맛은 달고 성질은 따뜻하다. 허한 것을 보충하고 비장과 위를 따뜻하게 하며, 창독(瘡毒)을 해

의 독이 있다. 『일화자日華子』에서 이르길 "성질은 따뜻하고, 허로[虛勞]를 보충하고, 악창과 옴을 치료한다."라고 하였다.

日華子云, 性暖, 補虛勞, 治惡瘡疥.

28. 코뿔소[犀牛][228]

코뿔소고기[犀牛肉][229]는 맛이 달고 (성질은) 따뜻하며 독이 없다. 주로 여러 맹수와 독사, 벌레의 독[虫蠱毒][230]에 효능이 있으며, (남방 삼림지대의 사기인) 장기瘴氣[231]를 물리치는 데 효

犀牛肉味甘, 溫, 無毒. 主諸獸蛇虫蠱毒, 辟瘴氣. 食之入山不迷其路.

독한다. 허로(虛勞), 건망증, 놀라서 발작하는 간질[驚癎], 수음[水飮: 몸안에 수습(水濕)이 엉기어 있음]과 담음(痰飮: 체액이 위나 장에 고여 소리를 내는 것) 등에 의해서 누렇게 붓는 병증[水氣黃腫]을 치료한다.

228 '서우(犀牛)': Buell의 역주본에서는 이를 rhinocerros(코뿔소)라고 해석하고 있지만 본서에 삽입된 그림만으로 보면 코뿔소가 아니라 물소인 듯하다.

229 '서우육(犀牛肉)': 코뿔소과 동물인 인도 코뿔소[*Rhinoceros unicornis* L.], 자바 코뿔소[*Rhinoceros sondaicus* Desmarest], 수마트라 코뿔소[*Rhinoceros sumatrensis* (Fischer)], 검은 코뿔소[*Rhinoceros bicornis* L.], 흰 코뿔소[R.smus Burchell]의 고기이다. 인도 코뿔소는 네팔과 인도 북부에 분포하고 있다. 자바 코뿔소는 자바에 분포하고 있다. 수마트라 코뿔소는 미얀마, 태국, 말레이시아, 인도네시아의 수마트라, 싱가포르 등지에 분포하고 있다. 검은 코뿔소와 흰 코뿔소는 아프리카에서 서식한다. 본문에서 "(코뿔소 고기를) 먹고 산에 들어가면 길을 잃지 않는다."라고 하는 말은 근거가 부족하다.

230 '고독(蠱毒)': 이 병의 증상은 사지가 붓고, 근육이 여위며, 피부가 건조하고 주름지며, 기침이 나고, 배에 물이 차며, 전염성이 있는 등등의 증상을 보인다. 혹자는 이 병이 현대의 소위 폐결핵이나 결핵성 복막염과 유사하다는 견해도 있다. '고독'은 하나같이 고주(蠱注)라고 쓴다. 김세림의 역주본에서는 이것을 배 속의 기생충으로 보고 급성 감염성 질환의 원인이 된다고 한다. 하지만 여기서는 전후의 문장으로 보아 독충으로 해석하는 것이 타당할 듯하다.

능이 있다. 그것을 먹고 산속에 들어가면 길을 잃지 않는다.

코뿔소 뿔: 맛이 쓰고 짜며 (성질은) 약간 차고 독이 없다. 주로 온갖 독, 벌레와 만성 전염병, 사귀邪鬼, 장기를 치료하는 데 효능이 있으며, 구문독초[鉤吻],[232] 짐새의 깃털[鴆羽],[233] 독사의 독을 해독한다. 추위로 인해 생기는 급성 열병인 상한과 급성 열성 전염병인 온역[234]을 치료한다.

犀角. 味苦鹹, 微寒, 無毒. 主百毒蠱疰, 邪鬼瘴氣, 殺鉤吻鴆羽蛇毒. 療傷寒瘟疫.

---

231 '장기(瘴氣)': 장독(瘴毒)이라고도 하며, 일반적으로 남방지역의 덥고 습하며 찌는 듯이 답답한 산림에서 사람의 질병을 일으키는 사기를 가리킨다. 또한 학질[혹은 장증(瘴症)]을 가리키며, 대부분 서남지역에서 발생한다. 오늘날 이른바 악성 학질에 해당된다.

232 '구문(鉤吻)': 마전과(馬錢科) 구문속 식물인 겔세미움[胡蔓藤]의 전초(全草)이다. Baidu 백과에 제시된 학명은 *Gelsemium elegans* (Gardn. & Champ.) Benth.이다. 또한 야갈(野葛), 진구문(秦鉤吻), 독근(毒根), 야갈(冶葛), 호만초(胡蔓草), 제신(除辛), 문망(吻莽), 단장초(斷腸草), 황등(黃藤), 난장초(爛腸草) 등으로 부른다. 강한 독을 가지고 있으며, 뿌리와 잎(특히 부드러운 잎)의 독성이 가장 크다. 잘못 복용한 후에는 중독을 야기하여 심지어는 죽음에까지 이를 수 있다. 김세림의 역주본에서는 이를 맹독식물이라 지칭한다.

233 '짐우(鴆羽)': 짐새는 전설속의 독새[毒鳥]이며, 짐우는 그것의 깃털이다. 수컷은 운일(運日)이라고 부르고, 암컷은 음해(陰諧)라고 부른다. 깃털은 자주색과 초록색이다. 뱀을 즐겨 먹고 술 속에 넣으면 독이 능히 사람을 죽일 수 있다. 그래서 독주(毒酒)를 가리키기도 한다. 당(唐)대의 학자 안사고(顔師古)의 주석에서는 후한시대 관료인 응소(應劭)의 주석을 인용하여 이르기를 "짐새는 검은 몸과 붉은 눈을 가졌으며, 살무사와 야갈(野葛)을 먹고, 그 깃털 한 획을 술에 넣어서 마시면 즉시 죽는다."라고 하였다.

234 '온역(瘟疫)': 장빙룬의 역주본에 의하면 두 가지 의미가 있는데, 첫 번째로 역병과 같은 의미이다. 이것은 강한 전염병의 기운에 감염되는 유행성 급성 전염병을 총칭한 것이다. 보통 두 종류의 형태가 있다. 한 종류는 전염병 기운이 있는 역독

코뿔소에는 여러 종류가 있다. 산서(山犀), 통천서(通天犀), 벽진서(辟塵犀), 수서(水犀), 진유서(鎭帷犀)[235]가 있다.

犀有數等. 山犀, 通天犀, 辟塵犀, 水犀, 鎭帷犀.

29. 늑대[狼][236]

늑대고기는 맛은 짜고 성질은 따뜻하며, 독이 없다. 주로 오장을 보익하고 장과 위장을 왕성하게 하며, 정수를 채우는 효능이 있다. 배에 냉기가 쌓인 사람이 먹으면 좋다. 맛은 여우고기와 개고기보다 낫다.

狼肉味鹹, 性熱, 無毒. 主補益五髒, 厚腸胃, 填精髓. 腹有冷積者, 宜食之. 味勝狐犬肉.

늑대 목구멍 가죽[狼喉嗉皮]: 삶아서 정련하여

狼喉嗉皮. 熟成

(疫毒)으로서 횡격막에 잠복하고 있다. 처음에는 머리가 아프고 몸이 욱신거리며, 맥이 아주 빠른 것 등의 증상이 있다. 또 다른 한 종류는 전염병의 기운에 의한 무더운 역독(疫毒)이 위에 잠복하는 것이다. 증상은 열기가 심하고 답답하며, 머리가 쪼개질 듯이 아프고, 복통 설사가 일어나며 간혹 코피를 흘리거나 반점이 올라오고 정신과 의식이 혼미해지고, 혀에 붉은 설태가 눌러 붙는 것이 보인다. 두 번째로 상한열이 아직 그치지 않았는데 다시 감염될 때 그 기운이 나타나는 것이다.

235 코뿔소의 종류는 이미 앞에서 서술한 것과 같으며, 문장에서 서술된 분류는 옛사람들이 산지와 관련된 전설에 근거하여서 구분한 것이다.

236 '낭(狼)': 개과 동물인 늑대[*canis lupus* L.]이다. BRIS에서는 늑대라고 명명하고 있다. 외형은 개와 유사하나, 다만 주둥이가 다소 뾰족하고 귀는 쫑긋하고, 꼬리는 비교적 짧으며, 복슬복슬하면서 말리지 않았다. 몸통은 강건하며 사지에는 힘이 있다. 송곳니와 어금니가 고루 발달해 있다. 대체로 야간에 활동한다. 중국에서는 대만, 해남도와 운남의 남쪽 변경지역을 제외한 각지에 고르게 분산되어 있다. 맛은 짜고 성질은 따뜻하다. 주로 오장을 보익하고, 장과 위장을 왕성하게 하는 효능이 있다. 허기로 인한 피로를 치료하고, 냉기가 적체된 것을 제거한다. 본문에서 늑대의 가죽, 꼬리, 이빨의 효능에 대해 언급하지만 근거가 부족하다.

가죽 띠로 만들어서, 머리에 묶으면 두통이 사라진다.

皮條, 勒頭去頭痛.

늑대 가죽: 삶아서 정련하여 겉옷[番皮]를 만들면 아주 따뜻하다.

狼皮. 熟作番皮, 大暖.

늑대 꼬리: 이를 말 가슴 앞에 달면 악귀를 물리치고, 말이 놀라지 않는다.

狼尾. 馬胷堂前帶之, 辟邪, 令馬不驚.

늑대 이빨: 이것을 몸에 지니면 악귀를 물리친다.

狼牙. 帶之辟邪.

그림 37 여우[狐]

그림 38 코뿔소[犀牛]

그림 39 늑대[狼]

30. 토끼[兎][237]

토끼고기[兎肉][238]는 맛이 맵고 (성질은) 밋밋

兎肉味辛, 平, 無

237 Buell의 역주본에서는 이 토끼를 hare라고 번역하고 있다.

238 '토육(兎肉)': 장빙룬의 역주본에 의하면 토끼과 동물인 몽골토끼[蒙古兎], 동북토끼[東北兎], 고원토끼[高良兎], 화남토끼[華南兎], 집토끼[家兎]의 고기라고 한다. 맛은 달고 성질은 서늘하다. 간과 대장에 작용한다. 비장과 위장을 보하고 기를 북돋으며, 피를 식히고 독을 없애는 효능이 있다. 당뇨[消渴]와 몸이 마르고 체중이 감소되는 증상[羸瘦], 위에 사열이 생겨 토하는 증세[胃熱歐吐]와 변에 피가 섞여 나오는 증상[血便]을 치료한다.

하며 독이 없다. 주로 비장과 위장을 보하고 기를 북돋는다. 많이 먹으면 좋지 않은데, 남자의 성기능을 약화시키고 혈맥을 잘 통하지 않게[239] 해서 사람의 얼굴이 저리고 누레진다.[240] 생강 · 귤과 함께 먹어선 안 되는데, (그렇지 않으면) 사람이 갑자기 심장에 통증을 느낀다. 임신부는 먹으면 안 되는데 (먹으면) 아이가 언청이[缺唇]가 된다. 2월에는 먹으면 안 되는데 (먹으면) 정신이 손상된다.

毒. 補中益氣. 不宜多食, 損陽事, 絕血脉, 令人痿黄. 不可與薑橘同食, 令人患卒心痛. 妊娠不可食, 令子缺唇. 二月不可食, 傷神.

토끼 간[兎肝][241]: 이것은 주로 눈을 밝게 하는 효능이 있다.

兎肝. 主明目.

섣달에 토끼머리와 가죽 털을 불태워 재로 만들어 술에 타서 복용하면 난산難産과 태아를 분만한 후 태반이 순조롭게 나오지 않거나 자궁 속에 남아 있는 피가 배출되지 않는 것을 치료한다.

臘月兎頭及皮毛, 燒灰, 酒調服之, 治產難, 胞衣不出, 餘血不下.

---

239 '절혈맥(絕血脈)': 사람의 혈맥이 손상된다는 의미이다.

240 '위황(痿黄)': 이는 얼굴이 저리고 누렇게 되는 현상으로 김세림의 역주본에서는 여자 특유의 빈혈이라고 한다.

241 '토간(兎肝)': 토끼과 동물인 몽골토끼[蒙古兎], 동북토끼[東北兎], 고원토끼[高原兎], 화남토끼[華南兎], 집토끼[家兎]의 간이다. 『본초강목(本草綱目)』에서 이르길 토끼의 간은 "성질은 차다."라고 하였다. 『의림찬요(醫林纂要)』[청대 왕불(汪紱)이 여러 의서를 모아 1758년에 편집]에서 이르길 "맛이 달고 쓰고 짜며, 성질은 차다."라고 하였다. 간을 보양하고 눈을 밝게 하는 효능이 있다. 간이 허해 생기는 어지럼증[肝虛眩暈], 눈이 어두워지고 흐릿하게 보이는 것[目暗昏糊], 눈이 흐려지는 것[目翳], 눈이 아픈 것[目痛]을 치료한다.

31. 보박 마르모트[塔剌不花][242] 일명 토발서(一名土撥鼠)

보박 마르모트는 맛이 달고 독이 없다. 주로 야계병과 부스럼을 치료한다. 삶아서 먹으면 사람에게 좋다. 산 뒤의 늪지 근처의 초원에 서식한다. 북쪽 사람들은 굴을 파서 잡아서 먹었다.[243] 비록 살이 쪘더라도 삶으면 기름이 없어지며, 탕을 끓이면 특별한 맛은 없다. 많이 먹으면 소화시키기 어려우며, 약간 꼬르륵 소리가 난다.[244]

塔剌不花味甘, 無毒. 主野鷄, 瘻瘡. 煮食之宜人. 生山後草澤中. 北人掘取以食. 雖肥, 煮則無油, 湯無味. 多食難克化, 微動氣.

---

242 '탑날불화(塔剌不花)': 히말라야 보박 마르모트[*Marmota bobak*]이다. 또한 토발서(土拔鼠), 즉 초원의 설치류[犬鼠; Cynomys]라고도 칭하며 5종류가 있다. 대개 몸집이 비대하며, 몸길이는 50cm 전후이고, 체중은 3-5kg이다. 꼬리는 짧고 약간 납작하다. 머리는 굵고 짧으며, 귀 둘레는 짧고, 눈은 매우 작다. 네 다리는 굵고 튼튼하다. 앞다리의 엄지발가락은 퇴화되었으며, 그 발톱은 매우 작다. 나머지 네 발가락의 발톱은 길고 구부러져 있다. 초원의 동굴에서 무리 지어 서식한다. 굴은 대부분 양지바른 언덕에 만든다. 낮에 활동하며, 동면하는 습성이 있다. 그 고기의 맛은 맵고 짜고, 성질은 밋밋하다. 풍습으로 인한 저린 통증, 다리와 무릎이 붓고 아픈 것과 치루(痔瘻)를 치료한다. 몽골어로는 tarbaga라고 하고, 복수형은 tarbagad이다. 당대 진장기의 『본초습유』에서도 "生西番山澤, 穴土爲窠, 形如獺, 夷人掘取食之."라고 하였다. 몽골인들은 먹을거리가 부족할 때 마르모트로 보충하였는데, 『원조비사』에서는 "칭기즈칸이 어렸을 때 집안이 가난해서 마르모트와 들쥐를 잡아먹었다."라고 기록되어 있다.

243 '북인굴취이식(北人掘取以食)': 몽골에는 보박 마르모트[土拔鼠]를 잡을 때, 일반적으로 동면중일 때 잡은 것이 가장 좋다. 굴에는 여러 개의 구멍이 있는데, 전통적인 방법으로는 잡을 때에 한 구멍만 남겨 두고 그 나머지를 막아서 잡으며, 그런 후에 유황이나 고추 등을 태워서 연기를 쐬거나, 물을 부어서 굴 밖으로 몰아서 나오게 한다. 이때, 굴 입구에 마대자루를 펼쳐 두면 사로잡을 수 있다.

244 '동기(動氣)': 즉 소화시키지 못해 배 속에서 꼬르륵 소리가 나는 것이다.

가죽은 겉옷[番皮]으로 만들면, 비에 맞거나 눈에 젖어도 스며들지 않고 아주 따뜻하다.

皮作番皮, 不濕透, 甚暖.

머리뼈는 아래턱뼈 고기를 떼어 내고 이빨을 온전한 상태로 두면, 어린아이가 잠을 자지 못하는 것을 치료하는데, (그 방법은) 그것을 아이의 머리 곁에 걸어 두면 즉시 잠이 들게 된다.[245]

頭骨去下頦肉, 令齒全, 治小兒無睡, 懸之頭邊, 即令得睡.

그림 40 토끼[兎]

그림 41 보박 마르모트[塔剌不花]

그림 42 보박 마르모트의 실물[塔剌不花]

32. 오소리[獾]

오소리고기[246]의 맛은 달고 (성질은) 밋밋하

獾肉味甘, 平, 無

245 이 설명은 과학적인 근거는 결여되지만 이 동물이 지닌 습속과 당시의 풍습을 이해할 수는 있다.

246 '환육(獾肉)': 족제비과 동물인 오소리[*Meles meles* L.]의 고기이다. 이는 구환(狗獾), 산달(山獺), 산구(山狗)라고도 하며, 가죽, 털, 고기와 약을 겸비한 희귀 야생동물이다. 상옌빈의 주석본에 의하면, 이 오소리의 체형은 비대하며 몸 길이는 45-55cm이며 꼬리 길이는 11-13cm이다. 체중은 10-12kg이다. 주둥이는 길고 코끝은 뾰족하며 콧밑과 윗입술 사이는 털로 덮여 있다. 귀는 짧고 눈은 작다. 목은 짧고 굵다. 사지는 튼실하며 모두 강한 발톱이 있다. 산기슭, 덤불, 황량한 들판

며 독이 없다. 기가 올라와서 기침이 나고, 복부에 물이 차서 팽창하여 차도가 없을 때[247] (오소리고기로) 국을 끓여 먹으면 효과가 좋다.	毒. 治上氣欬逆, 水腹不差, 作羹食良.

그림 43 오소리[獾]

33. 살쾡이[野狸][248]

살쾡이고기는 맛이 달고 (성질은) 밋밋하며	野狸味甘, 平, 無

및 호수 근처, 시냇가에 서식하며 굴을 파고 산다. 해 질 무렵 혹은 야간에 활동하며 성질은 흉폭하다. 왕영(汪穎)의 『식물본초(食物本草)』에서는 "비장과 위를 보하여 기를 이롭게 하기에 사람에게 좋다."라고 하였다.

247 '수복불차(水腹不差)': '수복'은 배 속에 물이 찬다는 의미이다. 장빙룬의 역주본에서는 『정화본초(政和本草)』「수부(獸部)」[이 책은 정화6년(1116)에 북송 조정에서 『경사증류비급본초(經史證類備急本草)』를 수정하여 간행한 본초서이다.]에 의거하여 '수복불차(水腹不差)'의 '불차(不差)'는 바로 '불채(不瘥)'이며, '채(瘥)'는 병이 낫다는 의미라고 한다.

248 '야리(野狸)': 고양이과 동물인 살쾡이[*Felie bengalensis* Kerr]로 또한 '이(狸)', '야묘(野猫)', '이묘(狸猫)' 등으로 불린다. Buell의 역주본에서는 이를 'wildcat'이라고 번역하고 있다. 외형은 집고양이와 비슷하다. 산골짜기, 밀림 및 들판의 덤불 등에 서식한다. 살쾡이 고기는 당대 손사막의 『비급천금요방』「식치(食治)」에서는 "성질은 따뜻하고 독이 없다."라고 했다. 『본초강목』에서는 "맛은 달고 성질이 밋밋하며 독이 없다."라고 하였다. 살쾡이 뼈[狸骨]는 또한 약용으로 사용할 수 있는데 풍기와 습기를 제거하며, 가슴이 답답하고 뭉친 것을 풀어 주고, 기생

독이 없다. 주로 림프샘염과 악창을 치료한다. 머리뼈가 (이러한 병증을 치료하는 데) 더욱 좋다.

毒. 主治鼠瘻, 惡瘡. 頭骨尤良.

34. 족제비[黃鼠][249]

족제비(고기)는 맛이 달고 (성질은) 밋밋하며 독이 없다. 많이 먹으면 부스럼이 생긴다.

黃鼠味甘, 平, 無毒. 多食發瘡.

35. 원숭이[猴]

원숭이 고기[猴肉][250]는 맛이 시고 독이 없다.

猴肉味酸, 無毒.

충을 죽이는 작용을 한다. 관절 통증과 얼굴 부종, 음식 장애로 인한 구토, 감질, 경부 림프선염, 치루, 악성종기를 치료한다.

249 '황서(黃鼠)': 토끼목 새앙토끼과 동물인 족제비[黃鼠: *Citellus dauricus* Brandt] 또는 '지송서(地松鼠)', '몽골족제비[蒙古黃鼠]', '대안적(大眼賊)' 등으로 부른다. Buell의 역주본에서는 이를 'weasel'이라고 번역하고 있다. 김세림의 역주본에서는 다람쥐라고 번역하고 있으나, 그 형상과 식생은 다람쥐보다 족제비에 가깝다고 볼 수 있다. 앞다리 발톱은 매우 발달해 있으며 크고 곧으며, 앞 발바닥은 털이 없고 뒷 발바닥은 털로 덮여 있다. 구강 양측에 볼 주머니가 있다. 초원 혹은 모래땅, 굴에 서식하며, 대두, 옥수수, 고량(高粱), 곡물 등의 작물을 훔쳐 먹는다. 또한 곤충도 먹는다. 『본초강목(本草綱目)』에서 이르길 족제비는 "폐를 촉촉하게 하고 체액을 생성하며, 기름을 달여서 부스럼에 붙이면 독을 해독하여 통증을 멈추는 데 효능이 있다."라고 하였다.

250 '후육(猴肉)': 원숭이과 원숭이[*Macaca mulatta* Zimmermann]의 고기이다. 얼굴의 두 귀는 대부분 살색[肉色]을 띤다. 엉덩이 굳은살은 뚜렷하며 다홍색을 띠고, 암컷은 더욱 붉다. 손발은 모두 다섯 손가락(발가락)을 갖추고 있으며, 손가락 끝에는 평평한 손톱이 있다. 산림에 서식한다. 밝은 낮에 음식을 찾아 활동하며, 해질 녘에 암벽이나 나무 위에서 쉰다. 모여 사는 성질이 있다. 행동이 민첩하고 날래며, 나무를 잘 타고 뛰어오르기를 잘하며, 물속에서 헤엄을 잘 친다. 성질과 맛

주로 각종 풍사가 인체에 침입하여 발생하는 노질勞疾을 치료한다. 술을 담가 먹으면 더욱 좋다.

主治諸風, 勞疾. 釀酒尤佳.

36. 고슴도치[蝟][251]

고슴도치고기는 맛이 쓰고 (성질이) 밋밋하며, 독이 없다. 주로 위의 기운을 다스리고, 하초下焦를 충실하게 한다.

蝟味苦, 平, 無毒. 理胃氣, 實下焦.

에 대해 북송 당신미(唐愼微)의 『증류본초(證類本草)』에서 이르기를 "맛은 달고 시며 성질은 밋밋하고 독이 없다."라고 하였다. 『의림찬요(醫林纂要)』에서 이르기를 "맛은 달고 시며 성질은 따뜻하다."라고 하였다. 주로 각종 풍사로 인한 노질을 치료하며, 술을 담가 먹으면 효과가 더욱 좋다. 육포를 만들면 장기간 앓고 있는 학질을 치료할 수 있다.

251 '위(蝟)': '위(猬)'와 같으며, 즉 고슴도치과 동물 고슴도치[刺猬: *Erinaceus europaeus* L.] 혹은 단자위(短刺蝟: *Hemiechinus dauurieus sundevall.*)이다. 사부총간속편본에서는 '어품(魚品)' 속 '동죽[蛤蜊]' 항목 다음에 위치하고 상옌빈의 주석본과 Buell의 역주본에서는 이를 따르고 있지만 서로 종류가 달라 장빙룬의 역주본에서는 위치를 바꾸어 '수품(獸品)' 항목의 끝에 위치하였다. 이것이 합당하다고 판단하여 본서에서는 장빙룬의 견해에 따른다. 고슴도치를 보면, 몸의 등 부분은 거칠고 단단한 가시로 덮여 있고, 낮에는 엎드려 있다가 밤에 나오며, 동면 기간이 반년에 달한다. 적을 만나면 몸을 웅크려서 가시공 형태로 만든다. '단자위(短刺猬)'는 또한 '달호이자위(達呼爾刺猬)', '대이위(大耳猬)'로도 칭하며, 외형은 고슴도치와 동일하나 약간 작다고 한다. 이는 북부지대에 서식하며 저지대에 비교적 많다. 또한 동면에 드는 습관이 있다. 고슴도치의 맛은 달고 성질은 밋밋하며, 독이 없다. 음식물로 인해 토하는 병증, 위완통(胃脘痛), 치루(痔漏)를 치료한다. 『본초강목(本草綱目)』에서 이르길 "하초가 약한 것에 효능이 있고, 위의 기능을 조절하며, 사람이 원활하게 먹을 수 있게 한다."라고 하였다. 고슴도치의 쓸개, 지방, 뇌, 심장, 간, 내장 또한 중의학에서 약재로 사용된다.

그림 44 살쾡이[野狸]

그림 45 족제비[黃鼠]

그림 46 원숭이[猴]

3장 금품禽品

이 장은 날짐승 18종을 모은 것으로 그 성질과 맛, 그리고 약재로써의 용도를 제시했을 뿐만 아니라 당시 민간의 생활습속과 섭생을 이해할 수 있다.

1. 고니[天鵝]252

고니 고기의 맛은 달고 성질은 뜨거우며, 독이 없다. 주로 비장과 위를 보충하고 기를 북돋는다. 고니는 서너 개의 등급으로 나뉜다. '금두아金頭鵝'가 가장 좋고, '소금두아小金頭鵝'가 그다음이다. (털의 색깔이) 꽃 모습을 한 '화아花鵝'와 같은 것도 있으며, 또한 어떤 것은 '울지 못하는 고니[不能鳴鵝]'도 있는데, 날 때는 깃털에서 소리가 나고 (이런 고니의) 고기는

天鵝味甘，性懃，無毒．主補中益氣．鵝有三四等．金頭鵝爲上，小金頭鵝爲次．有花鵝者，有一等鵝不能鳴者，飛則翎響，其肉微腥，皆不及金頭

---

252 '천아(天鵝)': 기러기목 오리과 고니속 '큰고니[大天鵝]'이다. 큰고니와 작은 고니로 구분된다. 큰고니의 학명은 *Cygnus cygnus* (L.)이며, 작은 고니의 학명은 *Cygnus columbianus* 이다. 큰고니는 '곡(鵠)', '천아(天鵝)', '금두아(金頭鵝)'로도 칭한다. 몸집은 크고, 생김새는 거위와 닮았다. 부리는 크고 모두 검은색이며, 윗주둥이의 밑부분(콧구멍이 있는 곳)는 황색이고, 아랫부리의 기반부의 정중앙 또한 황색이다. 호수와 소택지 등에서 서식한다. 겨울에는 장강 이남의 각지에 보이며, 봄과 가을에는 옮기는데 화북과 동북지역 남쪽을 거쳐서 신강 북부와 흑룡강 등지에서 번식한다. 그 고기의 맛은 달고, 성질은 밋밋하며 독이 없다. 소금에 절이거나 구워서 먹으며, 사람의 기력을 더하고, 오장육부의 기능을 순조롭게 한다.

약간 비린내가 나며, (이것들은) 모두 '금두아金頭鵝'의 맛에 미치지 못한다.

鵝.

금두아(金頭鵝) 소금두아(小金頭鵝) 불능명아(不能鳴鵝) 화아(花鵝)

그림 47 고니[天鵝]

2. 거위[鵝][253]

거위의 맛은 달고 (성질은) 밋밋하며 독이 없다. 오장을 이롭게 하며 주로 갈증을 없애는 데 효능이 있다. 맹선孟詵이 이르기를 "고기의 성질은 서늘하고 많이 먹어서는 안 되는데 (많이 먹으면) 만성 고질병이 재발한다."라고 하였다. 『일화자日華子』에서 이르기를 "푸른 거위[254]고기의 성질은 서늘하고, 독이 있으

鵝味甘, 平, 無毒. 利五藏, 主消渴. 孟詵云, 肉性冷, 不可多食, 亦發痼疾. 日華子云, 蒼鵝性冷, 有毒, 食之發瘡. 白鵝無毒,

253 '아(鵝)': 거위[*Anser domestica* Brisson]의 다른 이름은 집거위 또는 집기러기이다. Buell의 역주본에서는 이를 'oriental swangoose'이라고 번역하고 있다. 주둥이는 편편하고 넓으며 수컷은 크고, 황색 혹은 흑갈색을 띤다. 목이 길다. 몸집은 넓고 건장하며 흉골은 길고, 흉부가 풍만하다. 꼬리는 짧다. 날개 깃털은 흰색 혹은 회색이다. 다리는 크고 물갈퀴가 있으며, 황색 혹은 흑갈색이다. 맛은 달고 성질은 밋밋하다. 비장과 폐에 작용한다. 기를 북돋우고 허약한 것을 보익하며, 위를 다스리고 갈증을 그친다. 허로로 인해 수척하고 여위는 것을 치료한다.

며 먹으면 부스럼을 유발한다. 흰 거위[255]고기는 독이 없으며 오장의 열을 해열하고 갈증을 그치게 한다."라고 하였다.

解五藏熱, 止渴.

지방[256]: 피부를 윤택하게 하고, 주로 귀가 먹은 것을 치료하는 효능이 있다.

脂. 潤皮膚, 主治耳聾.

거위 알[257]: 오장을 보충하고, 기를 더한다. 고질병이 있는 사람이 많이 먹기에는 부적절하다.

鵝彈. 補五藏, 益氣. 有痼疾者, 不宜多食.

3. 기러기[鴈][258]

기러기의 맛은 달고 (성질은) 밋밋하며, 독이

鴈味甘, 平, 無

---

254 '창아(蒼鵝)': 거위의 일종으로 털색은 푸르거나 혹은 사이사이에 흑갈색이 있다. 푸른 거위라는 뜻으로 호인(胡人)과 같은 외적을 비유하는 말로도 사용되었다.

255 '백아(白鵝)': 거위의 일종으로 털색은 순백색이며 또한 '대백아(大白鵝)'라고도 부른다.

256 '지(脂)': 오리과 동물인 거위의 지방이다. 맛은 달고 성질은 서늘하다. 피부를 윤택하게 하고, 옹종을 제거하며, 튼 살을 치료하는 효능이 있다.

257 '아탄(鵝彈)': 저본인 사부총간속편본에는 '아탄(鵝彈)'이라고 적고 있는데, 상옌빈의 주석본과 장빙룬의 역주본에서는 '아단(鵝蛋)'이라고 표기하고 있다. 의미는 동일한 거위의 알[鵝蛋]이다. 알은 크고 타원형이며, 맛은 약간 기름기가 있으며 신선한 알 속에는 단백질, 지방, 광물질과 섬유소 등이 풍부하게 함유되어 있으며, 반드시 익힌 후에 식용해야 한다.

258 '안(鴈)': 조류강[鳥綱] 오리과, 기러기과(Anser) 종류의 통칭이다. Buell의 역주본에서는 이를 'wild goose'이라고 번역하고 있다. 대형 물새로서 크기와 외형은 일반적으로 집 거위와 유사하거나 비교적 작다. 주둥이가 넓고 두터우며, 끝부분의 주둥이 부리는 넓다. 이빨은 빗처럼 돌출되어 있다. 주로 식물의 어린 잎, 잔뿌리, 씨앗을 먹으며 간간이 또한 곡물을 부리로 쪼아 먹는다. 깃털과 고기는 모두

없다. 주로 풍사로 인해 야기되는 근육, 경맥의 돌발적 경련과 반신불수, 기가 잘 통하지 않는 것을 치료하고, 기를 더해 주며, 근골을 건장하게 하고, 허로로 인해 허약한 것을 보충한다.

毒. 主風攣拘急, 偏枯, 氣不通利, 益氣, 壯筋骨, 補勞瘦.

기러기 뼈를 태운 재: (그 재를) 쌀뜨물에 섞어서 머리를 감으면 두발의 성장이 촉진된다.[259]

鴈骨灰. 和米泔洗頭, 長髮.

기러기 기름[260]: 귀먹은 것을 치료하고 또한 머리카락을 자라게 하는 효능이 있다.

鴈膏. 治耳聾, 亦能長髮.

기러기 지방[261]: 허로로 인해 쇠약한 것을 보

鴈脂. 補虛羸, 令

사용할 수 있다. 기러기는 매년 춘분 후에 북방으로 날아가서 추분 후 남방으로 돌아오는 철새의 일종이다. 기러기 고기의 맛은 달고 성질은 밋밋하다. 폐에 작용하며 아울러 간, 신장에도 작용한다. 풍을 제거하고, 근골을 건장하게 하는 효능이 있다. 마비증과 풍으로 인해 저리는 것을 치료한다. 남조 양, 제 시기의 의학가인 도홍경(陶弘景)이 이르기를 "『시경(詩經)』에서 이르길 큰기러기는 '홍(鴻)'이고, 작은 것은 '안(雁)'이라고 일컫는다. … 기러기는 지방이 별로 많지 않으며, 그 고기를 먹는 것은 또한 좋다. 비록 수렵 시기는 일정하지 않지만 겨울이 좋다."라고 하였다.

259 '장발(長髮)': 맹선의 『식료본초(食料本草)』에서는 "(기러기) 뼈를 태운 재와 쌀뜨물로 머리를 씻으면 머리카락이 자란다."라고 하였다.

260 '안고(鴈膏)': 기러기과 동물의 지방이다. 맛은 달고 성질은 밋밋하다. 피를 잘 돌게 하고, 풍을 없애며, 열을 내리고, 독을 해독하는 효능이 있다. 중풍과 반신불수, 수족 위축증을 치료하며 심흉부의 답답증 및 발열, 구토, 부스럼, 탈모를 치료한다.

261 '안지(鴈脂)': 이는 중의학의 약재로서 기를 돕고 해독작용을 하며 근육을 부드럽게 하고 피의 부족을 돕는다. 근육마비, 탈모, 허약한 신장과 부스럼 독을 치료하는 데도 유효하다. 일설에는 앞에서 말한 거위 기름이 이것이라고 한다. 기러기의 '기름진 고기[肥肉]'를 가리킨다는 견해도 있다. 이미 원서의 저자가 이것을 두 가지로 구분하고 있기 때문에 기러기의 피하지방으로 해석하는 것이 적합하다고 생각된다.

충하며, 사람을 살지고 희게 한다. 6월, 7월에는 기러기고기를 먹어서는 안 되는데, (먹으면) 사람의 정신이 상하게 된다.[262]

人肥白. 六月七月勿食鴈, 令人傷神.

그림 48 거위[鵝]

그림 49 기러기[鴈]

4. 무수리[鶖鶬][263]

무수리(고기)의 맛은 달고 (성질은) 따뜻하며

鶖鶬味甘, 溫, 無

---

262 '유월칠월물식안, 영인상신(六月七月勿食鴈, 令人傷神).': 장빙룬의 역주본에서는 이 말은 동물자원보호의 측면에서 야기된 음식금기로 보인다고 한다. 기러기는 매년 춘분 후 북방으로 날아가며, 음력 5, 6월은 바로 교배와 산란을 진행하여 새끼를 부화시키고 양육하는 시기이므로, 이때 수렵이 기러기의 번식에 가장 큰 영향을 끼친다. 별도로 『본초강목(本草綱目)』에서는 "기러기가 남쪽에서 올 때는 여위어서 먹을 수 없고, 북쪽으로 갈 때는 살쪄 있기 때문에 먹기에 적합하다."라고 설명하고 있는데 여기에는 일정한 근거가 있다.

263 '자로(鶖鶬)': 일종의 큰 수조(水鳥)이다. Buell의 역주본에서는 이를 'cranes'이라고 번역하고 있다. 『본초강목(本草綱目)』에서는 '독추(禿鶖)'라고 쓰고 있다. 여기에서는 "무릇 새는 가을이 되면 털이 빠져서 대머리가 되는데, 이 새가 가을에 털갈이하는 것처럼 머리가 대머리가 되고 또한 노인이 머리가 벗겨진 것이 지팡이의 모양과 같아서 그러한 이름이 붙여졌다."라고 하였으며 또 이와 같은 새는 중국 남방에 있는 큰 호수 지역에서 서식한다고 하였다. 외형은 학과 닮았지만 그보다는 크다. 모이주머니 아래의 호주머니는 펠리컨의 것과 같으며 다리와 발톱은 닭의 것과 같다. 본성은 매우 탐욕스럽고 흉악하며 사람에게도 덤벼들고 물

독이 없다. 위장과 비장을 보하고 기를 북돋는다. 먹으면 인체에 매우 유익하고, 구워 먹으면 그 맛이 더욱 좋다. 하지만 이것은 몇 가지 종류가 있는데 백무수리[白鶖鶬], 흑두무수리[黑頭鶖鶬], 호자로胡鶖鶬 등이 있고, 그 고기는 모두 같지 않다.

골수: 맛은 감미롭고 정수를 보충해 준다.

毒. 補中益氣. 食之甚有益人, 炙食之味尤美. 然有數等, 白鶖鶬黑頭鶖鶬胡鶖鶬, 其肉皆不同.

髓. 味甘美, 補精髓.

그림 50 무수리[鶖鶬]

5. 논병아리[水札]264

논병아리 고기의 맛은 달고 (성질은) 밋밋하며 독이 없다. 위장과 비장을 보하고 기를 북

水札味甘, 平, 無毒. 補中益氣. 宜

고기와 뱀, 어린 새를 즐겨 먹는다. 맛은 짜고 성질은 조금 차며 독이 없다. 주로 벌레나 어류의 독에 중독된 것을 치료한다. 그 고기는 위장과 비장을 보하고 기를 북돋으며 사람의 몸에 아주 이롭다. 구워 먹으면 더 맛있다.

264 '수찰(水札)': 벽체[鸊鷉: *colymbus ruficollis poggei*(Reicheno)]라고도 하며, 체(鷉), 수라(須羸), 습압(習鴨), 도압(刀鴨), 유압(油押) 등으로도 칭한다. 논병아리과 동물인 논병아리의 고기 혹은 몸 전체이다. '수호로(水胡盧)'라고도 불린다. Buell의 역주본에서는 이를 'eurasian curlew'이라고 번역하고 있다. 몸길이는 약

돋는다. 구워 먹으면 맛이 매우 좋다. | 炙食之, 甚美.

그림 51 논병아리[水札]

6. 단웅계丹雄鷄[265]

단웅계는 맛이 달고, (성질은) 밋밋하며 약간 따뜻하고, 독이 없다. 주로 부녀자들이 (비월경기에 갑자기) 자궁에서 혈액과 대하가 대량으로 나오는 것[266]에 효용이 있으며, 허한 것

丹雄鷄味甘, 平, 微溫, 無毒. 主婦人崩中漏下赤白, 補虛, 溫中, 止血.

26cm이고 겉모습은 오리와 닮았지만 그보단 작다. 부리는 짧고 뾰족하며 검은색이고 끝부분은 흰색이며 부리가 갈라진 부근은 황록색이다. 수초가 무성한 호수에 서식한다. 잠수를 잘하며 항상 짝을 짓거나 혹은 무리 지어 수면에 있으며 갈대 수풀 사이에 둥지를 지어 산다. 아시아 동부 호수 혹은 습지 지역에 분포하며, 중국 동남쪽 연안 일대에 서식한다. 논병아리 고기는 허약하고 여윈 것에 작용하여 도움을 주며 항상 식료와 약재로 쓰인다.

265 '단웅계(丹雄鷄)': '단웅계(丹雄鷄)'는 꿩과 동물인 집닭[*Gallus gallus domesticus* Brisson] 중의 수탉으로서 즉 붉은 수탉[紅公鷄]이다. 사부총간속편본 『음선정요』의 목차에는 단계(丹鷄)라고 표기하고 내용에는 이와는 달리 단웅계(丹雄鷄)라고 표기하고 있으며, 삽도에는 단지 계(雞)라고만 표시하고 한자도 다르다. 이런 혼란 때문인지 상옌빈의 주석본과 김세림의 역주본에서는 '계(鷄)'라고 적고 있으며, Buell의 역주본에서는 이를 'chickens'이라고 번역하고 있다. 이렇게 제목을 붙인 것은 이후의 5종류의 계(鷄)를 일괄해서 설명하기 위한 것인 듯하다. 단

을 보충하고, 비장과 위를 따뜻하게 하며, 피를 멈춘다.

흰 수컷 닭[267]: 맛은 시큼하고, 독이 없다. 기를 내리고, 광기와 사기[狂邪][268]를 치료하며, 비장과 위를 보충하고, 오장五藏을 편하게 하며, 소갈을 치료하는 데 효능이 있다.

白雄鷄. 味酸, 無毒. 主下氣, 療狂邪, 補中, 安五藏, 治消渴.

수컷 검은 닭[269]: 맛은 달고, 시큼하며, 독이 없다. 주로 비장과 위를 보충하고, 통증을 멈추며, 심장과 배 속의 악한 기를 제거하는 데 효능이 있다. 허약한 사람이 마땅히 먹어야 한다.

烏雄雞. 味甘酸, 無毒. 主補中, 止痛, 除心腹惡氣. 虛弱者, 宜食之.

암컷 검은 닭[270]: 맛은 달고, (성질은) 따뜻하

烏雌雞. 味甘,

웅계는 머리꼭대기 위에는 비교적 큰 갈색 홍색의 (새의) 벼슬이 있고, 깃털은 암탉보다 아름다우며, 길고 산뜻하며 멋진 꼬리털이 있으며, 발의 뒤쪽에는 며느리발톱[距]이 있다. 소리 내어 잘 운다. 맛은 달고 성질은 따뜻하다. 비장과 위장을 따뜻하게 하고, 기를 이롭게 하며, 정수를 보충하고, 골수를 증가시킨다. 『신농본초경(神農本草經)』에서는 "단웅계는 달고 약간 따뜻하다. … 여자의 대하와 출혈에 효능이 있고, 허한 것을 보충하며 비장과 위를 따뜻하게 하고, 혈을 멈추며, 독을 제거한다."라고 하였다.

266 '붕중루하적백(崩中漏下赤白)': 즉 월경기간이 아닐 때 갑자기 자궁에서 대량의 혈액 혹은 흰색의 점액이 나오는 것을 가리킨다.

267 '백웅계(白雄鷄)': 깃털이 주로 흰색인 수탉이다. 한대 『별록(別錄)』에서는 "백웅계는 기를 내리고, 광기와 사기를 치료하며, 오장을 편안하게 하고, 비장과 위가 손상된 것과 소갈증을 치료한다."라고 하였다. 당대 『신수본초(新修本草)』에 의하면 백웅계는 맛은 시고 성질은 따뜻하며 기를 내리는 데 효과가 있다고 한다.

268 '광사(狂邪)': 사람의 신경이 정상적이지 않은 병증의 표현이다.

269 '오웅계(烏雄雞)', '오자계(烏雌雞)': 사부총간속편의 본편에서는 '오웅계(烏雄雞)', '오자계(烏雌雞)'를 제외하면 모두 '계(鷄)'자로 표기하고 있다. 여기서 가리키는 '오웅계(烏雄鷄)'는 깃털색이 흑색으로 된 수탉이거나 깃털의 색이 검은색 위주인 수탉일 것이다. 『별록(別錄)』에서는 "비장과 위를 보충하고 통증을 멈추게 한다."라고 설명하였다.

며, 독이 없다. 주로 풍사, 한사, 습사로 인한 저림증[271]과 오장육부가 느릿하고 완만한 것을 조절하거나,[272] 갑자기 어지럽고 혼미해지는 병증[中惡][273]에 효능이 있다. 복통 및 뼈가 골절되어서 생기는 통증(을 치료하고), 태아를 안정시키는 데 효능이 있다. 암컷 검은 닭의 피는 젖이 나오지 않는 것을 치료한다.

溫, 無毒. 主風寒濕痺, 五緩六急, 中惡. 腹痛及傷折骨疼, 安胎. 血, 療乳難.

황색 암탉[274]: 맛은 시큼하고, (성질은) 밋밋

黃雌鷄. 味酸,

---

270 '오자계(烏雌雞)': 황계(黃鷄) 중의 암컷이다. 두 가지 의미가 있는데, 첫 번째는 검은 닭의 암컷이다. 두 번째로는 깃털색이 검은색 위주의 암탉이다. 당대 맹선의 『식료본초(食療本草)』에서는 "검은 암탉의 성질은 따뜻하고 맛은 시큼하며 독이 없다. 음식물의 역류[反吸], 복통, 발이 삐어 생긴 통증, 유선염을 치료하고, 태아를 안정시킨다."라고 하였다. 『본초강목』 권48에는 "산후 허약함을 치료하며 즙을 달여 약으로 복용하면 좋다."라고 한다.

271 '풍한습비(風寒濕痺)': 풍(風), 한(寒), 습(濕) 세 종류의 나쁜 기운이 모여서 만들어진 저림증이다. 『황제소문』 「비론(痹論)」에서는 "풍·한·습 3가지의 기가 섞여서 저림증이 된다."라고 이른다.

272 '오완육급(五緩六急)': 구체적으로 내포된 뜻은 분명하지 않다. 일설에서는 오장의 기능이 완만해지고 육부(六腑)가 균형을 잃어서 긴박한 통증의 상태가 나타나는 것이다. 오장육부의 통증이 느리고 완만한 것을 가리킨다고 보는 견해도 있다.

273 '중악(中惡)': 병명이다. 김세림의 역주본에 의하면 이것은 사기가 침입하거나 놀라 갑자기 발생하며 수족이 차고 얼굴이 창백해지면서 혼절한다고 한다. 진대 갈홍의 『주후방(肘後方)』 「구졸중악사방(救卒中惡死方)」에서 나온다. 옛사람들이 이른바 사기와 악기는 귀신에 홀려서 병에 이른 것이다. 명나라 의학자인 서춘보(徐春甫)는 본병(本病)을 가리켜 "만일 세속에 이른바 귀신과 같은 요괴가 없다면, … 만약 이와 같은 병증이 생긴 사람은 … 기혈이 부족하거나 흩어져서 생긴 것이다. 기혈이라는 것은 마음을 제어하는 정신이다. 정신이 쇠약하고 부족하면, 사기가 들어와서 육체를 통제하거나 머물게 된다. 혈과 기가 둘 다 허하게 되면, 담이 심장과 가슴을 막고, 오르내리는 것을 막아서 운행을 못하게 되므로, 12기관은 맡은 바 직명을 상실하게 되어 보고, 듣고, 말하는 것이 모두 허망하게 된다."라고 하였다.

하며, 독이 없다. 주로 비장과 위의 손상, 소갈, 소변을 자주 보거나 이질, 설사를 조절하지 못하는 것에 효능이 있으며,[275] 사람의 오장을 보익한다. 일찍이 골열을 앓았던 사람은 먹어서는 안 된다.

平, 無毒. 主傷中, 消渴, 小便數, 不禁, 腸澼, 洩痢, 補五藏. 先患骨熱者, 不可食.

계란[276]: 기를 유익하게 하고, 많이 먹으면 사람의 (소화불량으로) 장에서 소리가 난다. 출산 후의 설사에 효능이 있으며, 어린아이에게 먹이면 설사를 멈춘다. 『일화자日華子』에서는 "계란은 심장의 답답함을 진정시키고,[277] 오장을 편안하게 한

鷄子. 益氣, 多食令人有聲. 主産後痢, 與小兒食之止痢. 日華子云, 鷄子, 鎭心, 安五藏.

---

274 '황자계(黃雌鷄)': 깃털의 색이 주로 황색인 암탉의 일종이다. 당대 손사막이 지은 『비급천금요방』 「식치(食治)」에서는 "황색의 암탉은 시큼하고 짜고, 밋밋하다."라고 이른다. 당대 『식료본초(食料本草)』에서는 "황색의 암탉은 배 속에 물이 많이 고인 경우 및 부종에 효능이 있다. 닭 한 마리를 다음과 같은 방법으로 먹는데, 팥 한 되를 닭과 같이 삶고, 콩이 문드러질 때 꺼내어 그 즙을 마신다. 낮에 두 번, 밤에 한 번, 매번 복용할 때 4홉식 복용한다. 남자의 양기를 보충하고, 냉기를 치료한다. 여위어서 평상에 붙어 있는 사람이 먹으면 점차 좋아진다. 이전에 골증을 앓았던 사람은 먹어서는 안 된다."라고 하였다.

275 '설리(洩痢)': 상옌빈의 주석본에서는 사부총간속편본과 동일하게 '설리(洩痢)'라고 표기하고 있으나, 장빙룬의 역주본에는 '사리(瀉痢)'로 적고 있다.

276 '계자(鷄子)': 계란은 계단(鷄蛋), 계란(鷄卵)이라고 한다. 이것은 껍데기[鷄子殼], 흰자[鷄子白], 노른자[鷄子黃], 속의 막[鳳凰衣]의 몇 부분으로 나누며, 모두 약으로 쓰인다. 계란의 맛은 달며, 성질은 밋밋하고, 독이 없다. 심장과 신장에 작용한다. 정력을 보양하고 건조한 것을 윤택하게 하며, 피를 보충하고 풍기를 멈추게 한다. 심장이 답답하고 잠을 이루지 못하는 것, 열병으로 인한 경련, 허로하여 피를 토하는 것, 구토, 설사, 태루하혈(胎漏下血: 임신으로 인해 배가 아프면서 자궁출혈이 있는 증상), 물에 데인 경우, 열창(熱瘡), 습진, 어린아이의 소화불량을 치료한다.

277 '진심(鎭心)': 정심(定心)과 정심(靜心)의 의미로, 심장의 답답한 것을 해소하는 것으로 이해할 수 있다.

다. 흰자[278]의 (성질은) 약간 차갑다. 눈이 빨갛고, 열이 나며 통증을 유발하는 것을 치료하고, 심장 아래의 명치부분[279]에 잠복해 있는 열사를 제거하며, 심장이 답답하고 팽창하고 기침이 나는 것을 멈추게 한다."라고 하였다.

其白微寒. 療目赤熱痛, 除心下伏熱, 止煩滿欬逆.

그림 52 닭[鷄]

7. 꿩[野雞][280]

꿩고기는 맛이 달고 시며, (성질은) 약간 차고, 독성이 조금 있다. 주로 비위중초를 보양

野鷄味甘酸, 微寒, 有小毒. 主補

278 '백(白)': 즉 흰자[鷄子白]이고, 또 '계란백(鷄卵白)', '계자청(鷄子淸)'이라고 칭한다. 꿩과 동물인 집닭의 계란 흰자이다. 맛은 달고 성질은 차갑다. 폐를 윤택하게 하고 인후를 잘 통하게 하며, 열을 내리고 독을 없앤다. 인후의 통증, 눈의 충혈, 기침, 설사, 학질(瘧疾), 화상, 열독으로 인한 통증을 치료한다.

279 '심하(心下)': 통상 명치부위[胃脘部]를 가리킨다.

280 '야계(野雞)': 치(雉)라고도 한다. 사부총간속편본의 목차와 본문의 삽도에서는 이를 '야계(野雞)'라고 쓰고 있지만 본문에서는 야계(野鷄)라고 쓰고 있다. 제목은 목차에 의거하였다. 이는 곧 꿩[*Phasianus colchicus* Linnaeus]이며, 또한 치계(雉雞), 환경치(環頸雉), 산계(山雞), 경권야계(頸圈野雞)로 칭한다. Buell의 역주본에서는 이를 'pheasant'이라고 번역하고 있다. 암컷과 수컷의 색은 다르다. (장끼의) 깃털은 화려하며 머리정수리는 황동색이고, 양쪽에는 약간의 흰색 눈썹선

하며 기를 북돋우고 설사를 멈추는 데 효능이 있다. (꿩 고기를) 오래 먹으면 사람이 여윈다. (음력) 9월부터 11월 사이에 꿩 고기를 먹으면 신체에 다소 유익하나 다른 달[281]에 먹으면 여러 종류의 항문 질환[五痔]과 각종 부스럼이 생긴다. 또한 호두와 버섯과 목이버섯을 함께 먹어서는 안 된다.

中益氣, 止洩痢. 久食令人瘦. 九月至十一月食之, 稍有益, 他月即發五痔及諸瘡. 亦不可與胡桃及菌子木耳同食.

8. 산계山雞[282]

산계고기는 맛이 달고 (성질은) 따뜻하며 독

山雞味甘, 溫, 有

이 있다. 턱과 목 뒷덜미는 모두 검은색이며 금속과 같은 반광(反光)이 있다. 목 아래에는 뚜렷하게 나타난 흰 띠가 둘러져 있고, 등의 앞부분은 주로 황금색이며 뒤로 향할수록 밤홍색으로 바뀐다. 까투리의 몸은 길고 비교적 작으며 꼬리도 또한 비교적 짧다. 몸의 깃털은 대부분 갈색이며 등 표면은 밤색과 검은색의 반점으로 가득 섞여 있다. 꼬리 위는 검은색 띠가 밤색과 이어져 있으며, 며느리발톱은 없다. 맛은 달고 시며 성질은 따뜻하다. 인간의 심장과 위장을 아울러 조화롭게 한다. 중초비위를 보하고 기를 돋는다. 설사와 이질을 멈추고 갈증을 해소하며, 잦은 소변을 치료한다.

281 '타월(他月)': 장빙룬의 역주본에서는 이하의 구절은 의심의 여지가 있어 연구가 필요하다고 하지만, 상옌빈의 주석본에서는 이 내용은 명대 적충(狄沖) 등이 편집한 의서인 『식물본초(食物本草)』 권12 「금부(禽部)·치(雉)」의 기록과 서로 동일하다고 한다. 여기서는 9-11월까지는 다소 보양의 효과가 있지만 다른 달에는 오치(五痔)와 각종 종기를 유발하며 호두와 같이 먹으면 두통, 현기증과 심장 통증이 있고 버섯, 목이버섯과 같이 먹으면 오치가 나타나고 하혈이 쏟아진다고 한다.

282 '산계(山雞)': 사부총간속편본의 본문에는 '산계(山雞)'라고 적고 있으나 그림에는 산계(山鷄)라고 표기하고 있다. 하지만 첫머리 목차에는 이 부분이 빠져 있다.

성이 조금 있다. 주로 기침이 멈추지 않아 오장이 편치 않은 것을 다스리는 데 효능이 있으며, 음식을 먹는 방식으로 복용한다. 그러나 오래 먹으면 각종 항문 질병[五痔]이 생기며, 메밀가루와 함께 먹으면 기생충이 생긴다. 오늘날 요양遼陽지역에는 '식계食雞'가 있는데, 맛은 아주 기름지고 좋다. 또한 '각계角鷄'도 있는데, 맛이 어떤 닭고기보다 더욱 좋다.[283]

小毒. 主五藏氣喘不得息者, 如食法服之. 然久食能發五痔, 與蕎麥麵同食生蟲. 今遼陽有食雞, 味甚肥美. 有角鷄, 味尤勝諸鷄肉.

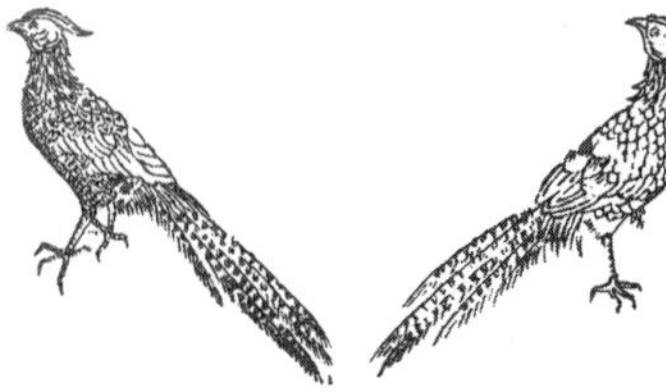

그림 53 꿩[野鷄]

그림 54 산계[山鷄]

Buell의 역주본에서는 이를 'wild pheasant'이라고 번역하고 있다. 다만 본문의 삽도에는 '산계(山鷄)'로, 내용 중에는 '산계(山雞)'로 표기하여 서로 혼용해 쓰고 있다. 이시진이 이르길 산계는 여러 종류가 있고 동명이물로서 꿩과 흡사하나 꼬리가 3-4척인 것을 적치(鸐雉)라고 한다. 장빙룬의 역주본에서는 이를 꿩과 동물인 적색야계[原雞: *Gallus gallus*]로서 닭의 원조이며, 형상은 집닭과 같으나 비교적 작다. 닭 벼슬과 아래벼슬 및 털이 없이 노출되어 있는 얼굴과 목은 모두 붉은 홍색이다. 홍채는 적갈색 혹은 감귤색이다. 맛은 달고 성질은 따뜻하다. 온기를 자양해서 보충해 주며 근육과 뼈를 강건하게 하고, 간의 조혈작용을 돕는 데 효능이 있다. 갑작스런 대량의 자궁 출혈과 대하[崩漏帶下]를 치료한다고 한다.

283 『본초강목(本草綱目)』에서는 일찍이 "요양(遼陽)지역에는 '식계(食鷄)'와 '각계(角鷄)'가 있는데, 맛은 모두 기름지고 좋으며, 어떤 닭보다 맛있다."라고 기록하고 있다. 광서 연간의 『요양향토지(遼陽鄉土志)』에서는 그것을 합쳐 '요양계(遼陽鷄)'라고 일컬었는데, 또한 이것은 바로 오늘날의 요동 대골계(大骨鷄)로, 주로 육식용으로 사용한다. 이전에 조사한 문헌에서 볼 때, 요양의 '식계'와 '각계'는 아마도 본서에서 최초로 기재한 듯하다.

9. 야생오리[鴨][284]

오리고기[鴨肉][285]는 맛이 달고 (성질은) 차며 독이 없다. 인체의 내장이 허한 것을 북돋우며[286] 독으로 인한 열을 없애고 소변을 잘 나오게 하며 어린아이가 열로 인해서 경련을 일으키는 것을 치료한다.

야압野鴨[287]: 맛이 달고 (성질은) 약간 차가우

鴨肉味甘, 冷, 無毒. 補內虛, 消毒熱, 利水道及治小兒熱驚癎.

野鴨. 味甘, 微

---

284 '압(鴨)'은 본문과는 달리 목차에는 "鴨, 野鴨"이라고 하여 야생오리임을 밝히고 있다.

285 '압육(鴨肉)': 오리과 동물인 집오리[*Anas domestica* L.]인 압자(鴨子), 가압(家鴨), 가부(家鳧)의 고기다. 집오리는 또한 '목(鶩)', '서부(舒鳧)', '가부(家鳧)' 등이 있다. 부리는 길고 납작하다. 목은 길다. 몸체는 평평하다. 날개는 작고, 덧깃은 크다. 배 부분은 배 밑바닥과 같으며 꼬리는 짧고 깃털은 아주 촘촘하며, 색은 전부 흰색, 밤색, 흑갈색 등으로 서로 같지 않다. 수컷 오리의 목 부분은 검은색으로 덮혀 있고 금록색(金綠色)의 광택이 있다. 맛은 달고 짜며, 성질은 밋밋하다. 정력을 보양하고 위를 좋게 하며 몸의 수기가 잘 통하게 하고 붓기를 내린다. 허로로 인해서 열이 나며 골증이 나거나, 기침, 수기로 인한 붓기를 치료한다. 당대 맹선의 『식료본초』에서는 "(오리)고기는 몸이 허한 것을 북돋우며 독으로 인한 열을 없애고, 소변을 잘 보게 하며, 어린아이가 열이 나고 경련을 일으키는 것과 머리에 부스럼이 나는 증상에 좋다. 또한 파, 두시[豉]와 섞어서 즙을 내어 마시면 갑작스럽게 생긴 번열을 없앤다."라고 하였다.

286 '보내허(補內虛)': 인체의 허로한 것을 보충하는 것이다.

287 '야압(野鴨)': 좁은 의미로 청둥오리를 가리킨다. 넓은 의미로는 대부분의 오리과 오리류를 포괄하는데 예컨대 쇠오리, 가창오리, 청머리오리, 푸른머리흰죽지오리가 있다. 체형의 차이는 비교적 크지만 통상적으로 집오리보다 작다. 대부분 무리 지어서 호수에서 서식한다. 잡식이나 주로 식물을 먹는다. 당대 『식료본초』에서는 "맛은 달고, 성질은 서늘하며, 독은 없다. 속을 보하고 기를 북돋우며, 위를 편안하게 하고 밥을 잘 소화시킨다. 9월 이후에서 입춘 이전까지 먹기에 알맞고 병자에게 매우 유익하다. 집오리보다 월등히 나은 점은 성질은 비록 차지만 기를

며 독이 없다. 중초비위를 보양하고 기를 북돋으며 소화를 돕고, 위의 기능을 조화롭게 하며[288] 부종浮腫을 치료한다. 머리색깔이 녹색인 것이 품질이 가장 좋으며, 꼬리가 뾰족한 것이 그다음으로 좋다.

寒, 無毒. 補中益氣, 消食, 和胃氣, 治水腫. 綠頭者爲上, 尖尾者爲次.

10. 원앙鴛鴦[289]

원앙고기는 맛이 짜고 (성질은) 밋밋하며 약간 독이 있다. 주로 부스럼을 치료하는 데 효능이 있다. 만약 부부가 화목하지 못할 경우에는 (다른 사람이) 국을 만들어서 몰래 먹이면

鴛鴦味鹹, 平, 有小毒. 主治瘻瘡. 若夫婦不和者, 作羹私與食之, 即相愛.

동하게 하지는 않는 것이다."라고 하였다. 한국전통지식포탈에는 야압(野鴨)이 소체(消滯), 축적(逐積), 보혈(補血), 보중(補中), 익기(益氣), 화위(和胃), 소식(消食), 이수(利水), 해독(解毒)하는 효능을 가진 약재라고 소개하고 있다.

288 '화위기(和胃氣)': 이는 바로 위장 기능을 조화롭게 하고, 조정작용을 한다는 것이다.

289 '원앙(鴛鴦)': 필조(匹鳥), 관압(官鴨), 황압(黃鴨) 등으로 불리는 오리과 동물인 원앙(*Aix galericulata*)이다. Buell의 역주본에서는 이를 'mandarin duck'이라고 번역하고 있다. 숫원앙의 목부분에는 녹색, 흰색과 밤색으로 이루어진 우관(羽冠)이 있으며, 가슴과 배부분은 순백색이다. 등 부분은 옅은 갈색이며, 어깨 양쪽에는 흰무늬가 2줄기 있다. 맛은 짜고 성질이 밋밋하다. 치질과 개선충[疥癬]을 치료한다. 『식의심경(食醫心鏡)』에서는 원앙고기가 여러 가지 항문질환과 고름이 나는 악창을 치료하며, "원앙 한 쌍을 음식 만드는 것처럼 조리하는데, 끓여서 푹 익힌 후 아주 잘게 잘라 오미와 식초를 쳐서 먹는다. 국으로 먹어도 좋다."라고 하였다. 원래 사부총간속편본의 목차에는 이 조항이 '비오리[鸂鶒]' 뒤에 있었는데, 본문에서는 '비오리[鸂鶒]' 앞에 위치하고 있다. 상옌빈의 주석본과 장빙룬의 역주본에서는 원문의 본문 순서에 의거하여 배열하고 있다.

바로 서로 사랑하게 된다.[290]

11. 비오리[鸂鶒][291]

비오리고기는 맛이 달고 (성질은) 밋밋하며 독이 없다. 경기의 사기邪氣를 치료한다.

鸂鶒味甘, 平, 無毒. 治驚邪.

그림 55 오리[鴨]

그림 56 원앙(鴛鴦)

그림 57 비오리[鸂鶒]

12. 집비둘기[鵓鴿][292]

집비둘기는 맛이 짜고 (성질은) 밋밋하며,

鵓鴿味鹹, 平, 無

---

290 이 구절은 원앙이 평상시에 암수가 짝을 이루며 생활하는 습성 및 그와 유사한 전설에서 나온 것으로 믿을 바가 못 된다.

291 '계칙(鸂鶒)': 사부총간속편본에는 '계칙(鸂鶒)'으로 표기하였으나, 상옌빈의 주석본과 장빙룬의 역주본에는 '계칙(鸂鶒)'으로 표기하였다. '계칙(鸂鶒)'은 물오리의 이름으로, 원앙보다 크며 자색을 많이 띠기 때문에 또한 '자원앙(紫鴛鴦)'으로 일컫는다. Buell의 역주본에서는 이를 'tufted duck'이라고 번역하고 있다. 송대 장우석(掌禹錫) 등이 편찬한 『가우본초(嘉祐本草)』에서는 "고기의 맛은 달고 성질은 밋밋하며 독이 없다."라고 하였는데, 경기를 없애고 물여우의 독을 약화시키는 효능이 있다. 겨울에 먹는다.

292 '발합(鵓鴿)': 여기서 지칭하는 것은 마땅히 비둘기과[鳩鴿科] 동물인 원합(原鴿:

독이 없다. 정기를 조절하고 기를 북돋우며,[293] 각종 약의 독[294]을 해독한다. | 毒. 調精益氣, 解諸藥毒.

13. 비둘기[鳩]

비둘기고기[鳩肉][295]는 맛은 달고 (성질이) 밋밋하며, 독이 없다. 오장을 편안하게 하고, 기 | 鳩肉味甘, 平, 無毒. 安五藏, 益氣

Columba livia Gmelin), 가합(家鴿: *Columba livia domestica* L.)과 암합(岩鴿: *Columba rupestris* Pallas)의 고기 혹은 그 새이다. 이 중 원합(原鴿)은 또한 야합(野鴿)으로도 칭한다. Buell의 역주본에서는 이를 'pigeon'이라고 번역하고, 다음 항목의 구(鳩)는 'dove'라고 번역하고 있다. 가합(家鴿)의 종류는 매우 많으며, '선미(扇尾)', '구흉(球胸)', '유비(瘤鼻)', '안경(眼鏡)'과 '전서구(傳書鳩)' 등의 품종이 있다. 털색은 복잡하고, 청회색이 보편적이며, 또한 순백색, 다갈색, 흑백이 뒤섞인 것 등이 있다. 그리고 암합(岩鴿)은 보통의 길들여진 비둘기와 매우 유사하고, 암수의 몸 색깔이 서로 닮았다. 집비둘기[鵓鴿] 고기의 맛은 짜고, 성질은 밋밋하다. 간과 신장에 들어가서 작용한다. 신장을 자양하고 기를 더하는 효력이 있다. 풍을 제거하고 독을 해독한다. 허로로 인해 여윈 것[虛羸], 소갈증, 오래된 학질[久瘧], 부녀자가 혈허로 인하여 월경이 나오지 않는 증상[婦女血虛經閉], 악창과 옴을 치료한다.

293 '주정익기(調精益氣)': 신장의 정기를 자양하며, 기가 허한 증세를 치료한다.

294 '약독(藥毒)': 사부총간속편본에서는 '약독(藥毒)'으로 표기되어 있으나, 상옌빈의 주석본과 장빙룬의 역주본에서는 '독약(毒藥)'으로 표기하였다.

295 '구육(鳩肉)': 비둘기과[鳩鴿科] 동물인 멧비둘기[山班鳩: *Streptopelia orientalis*]의 고기이다. 부리는 어두운 납색깔이다. 홍채는 주황색이다. 몸의 깃털은 녹갈색이고, 허리는 회색, 꼬리 깃은 흑색에 가까우며, 꼬리 끝은 옅은 회색이다. 나무숲 사이에서 서식하고, 항상 무리를 이루어 활동하며, 나뭇가지에 둥지를 튼다. 번식기는 4-7월이다. 수대 의학자 최우석(崔禹錫)의 『식경(食經)』에서 이르길 "맛은 쓰고 짜고 밋밋하며, 독이 없다."라고 하였다. 송대 『가우본초(嘉祐本草)』에서는 "달고 성질이 밋밋하며 독이 없다."라고 하였다. 기를 더하고, 눈을 맑게 하며, 근골을 강건하게 하는 데 능하다. 허로로 인해 손상된 것과 딸꾹질을 치료한다.

를 더하며 눈을 밝게 하고, 종기를 치료하고, 피고름을 배출한다.

明目, 療癰腫, 排膿血.

14. 느시[鴇]

느시고기[鴇肉][296]는 맛이 달고 (성질이) 밋밋하며, 독이 없다. 사람을 보익한다. 그 고기는 거칠지만 맛은 좋다.

鴇肉味甘, 平, 無毒. 補益人. 其肉麄, 味美.

그림 58 집비둘기[鵓鴿]

그림 59 비둘기[鳩]

그림 60 느시[鴇]

296 '보육(鴇肉)': 느시과 동물인 느시[*Otis tarda* L.]의 고기이다. 느시는 일종의 수조(水鳥)로서 두루미목 느시과에 속해 있다. 주둥이는 납회색이고, 그 끄트머리는 흑색에 가깝다. Buell의 역주본에서는 이를 'great bustard'이라고 번역하고 있다. 홍채는 암갈색이고, 머리, 목과 앞가슴은 모두 짙은 회색이며, 목부분은 흰색에 가까우며, 비교적 길고 가는 털이 가득하다. 수컷의 가는 털은 목에서 밖으로 향해 수염처럼 돌출되어 있고, 암컷에게는 수염이 없다. 명대 『식물본초(食物本草)』 권12 「금부(禽部)」와 『본초강목(本草綱目)』에서 이르길 "느시고기는 맛은 달고 성질이 밋밋하며 독이 없다. 허한 사람을 보익하고 치료하며, 풍으로 인한 마비기운을 제거한다. 그 지방은 털을 길게 자라게 하며, 근육과 피부를 윤택하게 하고, 악창과 종기를 제거한다."라고 하였다.

15. 갈까마귀[寒鴉][297]

갈까마귀고기는 맛이 시고 짜고 (성질이) 밋밋하며 독이 없다. 주로 신체가 허약한 병에 효능이 있으며, 기침을 멈추고, 골증으로 병약해진 사람을 치료하는 데 효능이 있다.

寒鴉味酸鹹，平，無毒．主瘦病，止欬嗽，骨蒸羸弱者．

16. 메추라기[鵪鶉][298]

메추라기고기는 맛이 달다. (성질은) 따뜻하고 밋밋하며 독이 없다. 주로 기를 더하고 오장을

鵪鶉味甘．溫平，無毒．益氣，補五

---

297 '한아(寒鴉)': 이는 '자오(慈烏)', '오(烏)' 등으로 불린다. 학명은 *Corvus monedula*이며, BRIS에서는 갈까마귀라고 명명한다. Buell의 역주본에서는 이를 'collared crow'이라고 번역하고 있다. 부리는 굵고 단단하며 검은색이다. 홍채는 흑갈색이다. 뒷목, 목옆, 윗등과 가슴, 복부 모두 창백색이고, 나머지 각 부분은 모두 검은색이다. 송대 장우석의 『가우본초(嘉祐本草)』에서 갈까마귀 고기는 "맛은 시고 짜며, 성질은 밋밋하고 독이 없다. 허한 것을 보충하고 마르고 여윈 것을 치료하며, 기를 순조롭게 하고 기침을 멈춘다. 골증(骨蒸)으로 마르고 약해진 사람은 오미와 함께 재워 두었다가 구워서 먹는다."라고 하였다.

298 '암순(鵪鶉)': 닭목 꿩과 메추라기 속의 일종이다. Buell의 역주본에서는 이를 'common quail'이라고 번역하고 있다. 겉모습은 병아리와 닮았고, 머리는 작으며 꼬리에는 깃털이 없다. 부리는 짧고 작으며 흑갈색이다. 홍채는 밤갈색이다. 중국에서 메추라기를 식용한 지는 이미 몇천 년의 역사가 있는데, 그 고기가 맛이 좋고 또한 일정한 보익작용이 있기 때문이다. 몇몇 병에 대한 식료로 쓰이기도 한다. 맛은 달고 성질이 밋밋하다. 이질과 감병이 쌓여 나타나는 병증[疳積], 습사가 쌓여 신체마비가 오는 병증을 치료한다. 당대 맹선의 『식료본초(食料本草)』에서 이르길 "오장을 보하고 중초비위를 이롭게 하며 기를 이어 주고, 근골을 충실하게 하며 추위와 더위를 이겨 내게 해주고 맺힌 열사를 해소한다."라고 하였다.

보하며, 근골을 충실하게 하고 겨울과 여름을 이겨내게 하며 인체 내의 뭉친 열사를 해소한다. 버터기름에 지져 먹으면 사람의 하초下焦[299]를 튼튼하게 한다. 4월 이전에는 먹을 수 없다.

藏, 實筋骨, 耐寒暑, 消結熱. 酥煎食之, 令人肥下焦. 四月以前未可食.

그림 61 갈까마귀[寒鴉]

그림 62 메추라기[鶉鶉]

17. 참새[雀]

참새고기[雀肉][300]는 맛은 달고 독이 없으며

雀肉味甘, 無毒,

---

299 '하초(下焦)': 삼초 중의 하나이다. 삼초 중 하부를 말한다. 한의학대사전에 의하면 배꼽[또는 유문(幽門)]에서 전음(前陰)·후음(後陰)까지의 부위에 해당한다. 하초에는 간(肝)·신(腎)·대장·소장·방광 등이 속하여 있기 때문에 하초의 주요 기능은 간·신·소장·대장·방광의 기능과 밀접히 연관되어 있다. 즉 대소변이 잘 나오게 하고 대사 과정에서 생긴 쓸모없는 물질을 대소변을 통하여 몸밖으로 내보내는 기능을 한다. 그러므로 하초의 기능이 장애 되면 주로 설사와 배뇨 장애 증상들이 나타난다고 한다. 『황제내경』「영추(靈樞)·영위생회(營衛生會)」에서 이르길 "하초라는 것은 소장의 끝부분[回腸]에서 나누어지며 방광으로 흘러들어 스며든다. 그 때문에 수액과 곡물은 항상 위에 함께 머물러 있다가 찌꺼기가 되어서 모두 대장으로 내려가서 하초를 이룬다. 스며들면서 함께 내려가며 다른 즙액이 분비되는 것을 도와 하초를 따라서 방광으로 스며든다."라고 하였다.

300 '작육(雀肉)': 이는 곧 새과 동물인 참새[麻雀: *Passer montanus*] 혹은 그 고기이다. Buell의 역주본에서는 이를 'sparrows'라고 번역하고 있다. 부리는 굵고, 짧으며, 원뿔형으로 검은색이다. 홍채부위는 어두운 홍갈색이다. 참새고기의 맛은

성질은 뜨겁다. 남자의 성기능을 강하게 하여 자식을 낳게 한다. 겨울 참새고기가 좋다.[301]

性慹. 壯陽道, 令人有子. 冬月者良.

18. 촉새[蒿雀][302]

촉새고기는 맛이 달고 (성질이) 따뜻하며 독이 없다. 먹으면 남자의 성기능을 증강한다. (촉새고기는) 각종 참새고기보다 맛있다.

蒿雀味甘, 溫, 無毒. 食之益陽道. 美於諸雀.

그림 63 참새[雀]

그림 64 촉새[蒿雀]

달고, 성질은 따뜻하다. 양기를 북돋우며 정기를 더하고, 허리와 무릎을 따뜻하게 하며 소변을 잘 나오게 하는 효능이 있다. 양기 부족으로 인한 쇠약증, 발기불능, 산통, 잦은 소변, 갑작스러운 자궁 출혈, 대하증을 치료한다.

301 '동월자량(冬月者良)': 당대 『식료본초(食料本草)』에서는 "그 고기를 10월 이후, 정월 이전에 먹으면 오장의 기운이 부족한 것을 더하고, 여성의 성기능[陰道]을 도우며, 정수를 보익한다."라고 하였다.

302 '호작(蒿雀)': 참새과 동물인 호작[*Emberiza spodocephala* Pallas]의 고기 혹은 몸 전신이다. 국가생물종지식정보시스템에서는 이를 '촉새'라고 명명하고 있다. 형체는 참새와 같다. Buell의 역주본에서는 이를 'bunting'이라고 번역하고 있다. 산골짜기, 강 언덕 또는 평원 소택지의 소림 또는 관목숲속에서 서식하고, 가을철에는 대부분 풀숲지대에서 서식한다. 당대 진장기의 『본초습유(本草拾遺)』에서 촉새의 고기를 설명한 것에 따르면 "맛은 달고, 성질은 따뜻하며 독이 없다. 남성의 성기능을 더하고, 정수를 보익한다."라고 하였다. 『동북중초약(東北中草葯)』에서는 "독을 해독하고, 보익한다. 알콜중독, 버섯중독, 발기부전 등을 치료한다."라고 하였다.

4장 어품魚品

본 장에서는 어품 21종의 맛과 성질 및 치료효과에 대해 소개하고 있다. 이 중 대다수가 담수어이고 해수어는 일부에 그친다는 것이 흥미롭다.

1. 잉어[鯉魚][303]

잉어는 맛이 달고 (성질은) 차가우며, 독이 있다.[304] 기침[305]으로 위기胃氣가 위로 치솟는 것과 황달黃疸에 효능이 있고, 갈증을 해소하

鯉魚味甘, 寒, 有毒. 主欬逆上氣, 黃疸, 止渴, 安胎.

303 '이어(鯉魚)': 이괴자(鯉拐子) 혹은 적잉어[赤鯉魚]라고도 부른다. 학명은 *Cyprinus carpio* L.이며, BRIS에서는 이를 잉어라고 명명하며, Buell의 역주본에서는 이를 carp라고 번역하고 있다. 몸은 방추형이면서 옆으로 납작한 모양이고, 등부분에서 등지느러미 앞이 약간 튀어나와 있다. 강, 호수, 저수지, 늪의 비교적 얕은 층과 수초가 무성하게 자라는 곳에 많이 서식한다. 『신농본초경』에서는 상품(上品)에 배치되어 있고 잉어를 모든 물고기의 으뜸으로 여기며, 식품 중 최고의 맛으로 인식하고 있다. 잉어의 맛은 달고 성질은 밋밋하다. 폐와 신장에 들어가서 작용하여, 소변을 잘 나오게 하고 종기를 없애며, 기를 내리고 젖이 돌게 한다. 붓고 창만한 것과 각기, 황달, 기침으로 기가 역행하는 것, 젖이 돌지 않는 증상을 치료한다.

304 '유독(有毒)': 잉어의 고기에는 독이 없다. 당대 『식료본초』에서는 잉어의 척추 위에 있는 2개의 힘줄 및 검은 피를 독의 근원이라고 설명하고 있지만, 이것은 의문이 있어 검토를 요한다. 하지만 잉어 배 부분에 양쪽의 각각 한 줄기 실과 같은 흰 힘줄이 있는데, 요리할 때는 통상적으로 이것을 제거해야 비린내가 제거된다.

305 '해(欬)': 상옌빈의 주석본과 장빙룬의 역주본에서는 사부총간속편본의 원문과 달리 '해(咳)'자로 표기하고 있다.

며, 태아를 편안하게 한다. 수기로 인한 붓기[306]와 각기를 치료한다. 유행성 전염병[天行][307]을 앓았던 사람은 먹어서는 안 되며, 오랫동안 배 속에 덩어리가 뭉치는 증세를 앓고 있는 사람은 먹어서는 안 된다.

治水腫，脚氣. 天行病後不可食，有宿瘕者不可食.

2. 붕어[鯽魚][308]

붕어는 맛이 달고 성질은 따뜻하며 밋밋하

鯽魚味甘，溫平，

---

306 '수종(水腫)': 병증의 이름으로서, 체내의 수습이 고여 있는 것을 가리킨다. 『황제소문』 「수열혈론(水熱穴論)」에 나온다. 또한 '수(水)', '수기(水氣)', '수병(水病)'으로도 이름한다. 얼굴과 눈, 사지, 가슴과 배 심지어 전신부종에 이르는 질환이다. 한대 장중경의 『금궤요략』에서는 이 병을 '풍수(風水)', '피수(皮水)', '정수(正水)', '석수(石水)' 등으로 나누고 있다 『단계심법(丹溪心法)』[이 책은 주진형(朱震亨)이 짓고 명대 정충(程充)이 바로잡아 1481년에 펴냈다. 이것이 오늘날 전해진다.]에서는 '허실변증(虛實辯證)'에 근거하여 양수와 음수의 2가지로 분류한다. 발병의 원리에 대해서 『황제소문』 「수열혈론」에서는 "그 병은 신장에 있으며 그 끝은 폐(肺)에서 나타나며 모두 물이 차서 생긴다."라고 하였다.

307 '천행병(天行病)': 즉 '천행(天行)'으로 유행병을 일컫는다. 진대 갈홍(葛洪)의 『주후방(肘後方)』에서 나온다. 또한 '시기(時氣)', '시행(時行)'이라고도 칭한다. 송대 진언(陳言)이 편찬한 의서인 『삼인방(三因方)』에서 이르길 "한 측면에서 볼 때 남녀노소가 앓았던 병증의 양상이 모두 서로 유사한 것을 일러 '천행(天行)'이라고 한다."라고 하였다. 당연히 한기와 열기로서 구분되는데 한기에 속하는 것은 시행한역(時行寒疫)이라 칭하며, 열기에 속하는 것은 천행온역(天行溫疫)이나 온역이라고 일컫는다.

308 '즉어(鯽魚)': 잉어과 동물 붕어[*Carassius auratus*]이다. 부어(鮒魚), 희두(喜頭), 괴자(拐子), 금편어(金片魚), 희두어(喜頭魚) 등으로 불린다. Buell의 역주본에서는 이를 colden carp이라고 번역하고 있다. 붕어는 적응성이 매우 강한 어류로 붕어의 몸체 옆면은 납작하나 옆면은 넓고 높다. 맛은 달고 성질은 밋밋하다. 사

고 독이 없다. 중초 비위를 조화롭게 하며 오장을 보익한다. 순채蓴菜[309]와 함께 국으로 끓여 먹으면 좋다. 장풍과 치루를 앓아 대변에서 피가 나오는 사람은 반드시 먹어야 한다.

無毒. 調中, 益五藏. 和蓴菜作羹食良. 患腸風痔瘻下血, 宜食之.

그림 65 잉어[鯉魚]

그림 66 붕어[鯽魚]

3. 방어魴魚[310]

방어는 (맛이) 달고 (성질은) 따뜻하며 밋밋하고 독이 없다. 보익하는 데 붕어와 같은 효과가 있다. 만약 회를 쳐서 먹으면[311] 비장과

魴魚甘, 溫平, 無毒. 補益與鯽魚同功. 若作鱠食, 助

람의 비장과 위장, 대장을 다스리는데, 위를 굳건하게 하고 습기를 잘 소통하게 한다. 비장과 위가 허약하고 적게 먹어서 힘이 없는 경우, 설사, 혈변, 수기로 인한 부종, 임질, 옹종, 궤양을 치료한다.

309 '순채(蓴菜)': 어항마름과 순채속 '순채'(蓴菜: *Brasenia schreberi* J.F.Gmelin)의 줄기잎이다. 다년생 수생 본초이다. 줄기뿌리는 진흙 속에서 가로로 자란다. 줄기는 가늘고 길이는 1미터 이상이며, 물속에 잠겨 있다. 잎은 수면위에 떠오르며, 알 모양의 타원형 방패형을 이루고 있다. 한대 유향의 『별록(別錄)』에서는 "맛은 달고 성질은 차며 독이 없다."라고 하였다. 이는 열기를 제거하고 수기를 잘 통하게 하고 부종을 없애며 독을 해독하는 효능이 있다. 열로 인한 이질, 황달, 옹종, 못 형태의 종기를 치료한다.

310 '방어(魴魚)': 사부총간속편본의 목차에서는 방어 아래에 '백어(白魚)'와 '황

위를 돕는다. 소화불량과 설사병[疳痢]312을 앓는 사람은 먹어서는 안 된다.

脾胃. 不可與疳痢人食.

그림 67 **방어**魴魚

어(黃魚)'가 부속된 것처럼 작은 글자로 표기되어 있으나 본문에서는 이러한 차이 없이 병렬로 표기하고 있다. 본문의 방식에 의거하여 목차를 조정했다. Buell의 역주본에서는 이를 chinese bream이라고 번역하고 있다. 장빙룬의 역주본에 의하면, '방어'는 잉어과 동물인 삼각 방어[*Megalobrama terminalis* (Richardson)]라고 한다. 하지만 BRIS에는 이 학명에 부응하는 국명이 존재하지 않는다. 방어의 몸체는 높고 측면은 평평하며 전체는 마름모 형태이고 머리는 매우 작다. 꼬리지느러미는 깊이 갈라져 있으며 아랫부분이 윗부분보다 길다. 강과 호수 가운데에서 생활하며, 평소에는 물의 중하층에서 서식한다. 맛과 성질에 대해 『본초강목(本草綱目)』에서 이르길 "맛은 달고, 성질은 따뜻하며 독이 없다."라고 하였다. 당대 『식료본초(食料本草)』에서 방어고기는 "위기를 조절하고, 오장을 이롭게 하며 겨자 장에 찍어 먹으면 폐기를 돕고 위계통의 풍을 제거한다. 곡기가 소화되지 않는 사람도 이것을 회로 만들어 먹으면 비기가 좋아져 능히 먹을 수 있다."라고 하였다.

311 '회식(鱠食)': 회(鱠)는 회(膾)와 통용되며, 일반적으로 잘게 썬 어육을 통상 '회(鱠)'라 칭한다. 상옌빈의 주석본에 의하면 여기서는 작법은 생선회가 아니라 어육을 잘게 썬 후에 각종 조미료를 넣어 익혀서 만든다고 한다.

312 '감리(疳痢)': 병증의 이름이다. 『노신방(顱顖方)』에 보인다. 원인은 대부분 음식이 불결함에 의해 차고 따뜻한 것이 조화를 잃게 되면서 야기된다. 김세림의 역주본에서는 소화 및 영양불량으로 몸이 약해져 설사를 하는 소아병이라고 한다.

4. 백어白魚[313]

백어는 맛이 달고 (성질은) 밋밋하며 독이 없다. 위를 열게 하여 음식물의 소화를 촉진하며, 체내에 고인 수기로 인해서 생긴 수종을 치료한다. 오래 먹게 되면 병이 생긴다.

白魚味甘, 平, 無毒. 開胃下食, 去水氣. 久食發病.

5. 동자개[黃魚][314]

동자개는 맛이 달고 독이 있다.[315] 풍을 일

黃魚味甘, 有毒.

---

313 '백어(白魚)': 잉어과 동물인 백어[*Erythroculter ilishaeformis* (Bleeker)]이다. 민간에서는 대백어(大白魚), 교치파(翹嘴鮊) 등으로 불린다. 강과 호수에서 생활하는데 일반적으로 강의 상·중층에 있으며 행동이 민첩하고 튀어 오르기를 좋아하며, 성질은 흉폭하다. 흑룡강, 장강, 황하, 요하 등의 큰강과 지류 및 그 부속 호수 중에서 모두 분포한다. 맛은 달고 성질은 밋밋하다. 위를 열어서 비장을 튼튼하게 하며, 음식을 소화하고 수기를 잘 통하게 하는 데 효능이 있다.

314 '황어(黃魚)': 해석이 다양하다. 혹자는 황어가 곧 칼루가 철갑상어[阿八兒忽魚]라고 하지만, 장빙룬의 역주본에서는 황어는 마땅히 '황상어(黃顙魚)'를 가리킨다고 한다. 왜냐하면 고금에서 일컫는 황어라는 것은 비록 조기[石首魚], 전어(鱣魚), 황상어의 의미가 있다고 할지라도 석수어, 전어라고 칭하기 때문이다. 하지만 BRIS에서는 황상어[*Pseudobagrus fulvidraco*]를 담수어인 동자개로 명명하고 있다. 이 『음선정요』의 기록은 당대 『식료본초』의 영향을 매우 많이 받았는데, 『식료본초』 중에는 석수어, 황어(즉 전어)와 황뢰어(즉 황상어) 3종류로 나누고 그것을 황어류라고 일컫는다. 황상어[*Pseudobagrus fulvidraco* (Richardson)]는 염형목 동자개과 황상어속이다. 맛은 달고 성질은 밋밋하다. 소변을 잘 누게 하며, 수기의 부종을 해소하고, 경부 림프선염을 치료하는 데 효능이 있다. 『일용본초』에서는 "풍을 일으키며 기병을 유발한다. 부스럼병을 앓고 있는 사람은 더욱 그것을 먹어서는 안 된다."라고 하였다.

315 '유독(有毒)': 황상어고기는 독이 없지만 황상어류의 등지느러미의 가시와 가슴

으키고 기병을 유발한다. 메밀가루로 만든 음식과 같이 먹어서는 안 된다.[316]

發風動氣. 不可與蕎麵同食.

6. 강청어[青魚][317]

강청어는 맛이 달고, (성질이) 밋밋하며, 독이 없다. 남방인들은 젓갈[318]로 만든다. 고수와 면장麵醬[319]과 함께 먹어서는 안 된다.[320]

青魚味甘, 平, 無毒. 南人作鮓. 不可與芫荽麵醬同食.

지느러미의 가시는 모두 독선(毒腺)이 있어서, 가시에 찔리게 되면 강렬한 통증이 나타나며, 피부가 찢어지고 출혈이 동반된다. 상처부분이 붓고 아울러 열이 나며 환부는 아주 심한 통증을 느끼게 된다.

316 '불가여교면동식(不可與蕎麵同食)': 이 부분은 황어와 메밀가루에 대해 보다 과학적인 검증이 필요할 듯하다.

317 '강청어[青魚]': 학명은 *Mylopharyngodon piceus* (Richardson)이고, 다른 이름은 '청(鯖)'이며, 어망리(魚網鯉)과이다. 이것은 정어리[*Sardinops melanostictus*]와 유사한 생선인 청어[*Clupea pallasii*]와는 달리 한국의 BRIS에서는 이를 '강청어'라고 이름한다. Buell의 역주본에서는 이를 단순히 green fish라고 번역하고 있다. 몸은 대략 원통형을 띠고, 꼬리 부분은 옆면이 납작하며, 배 부위는 둥글고 배에서 뒤쪽으로 각진 부분이 없다. 대부분 강과 호수의 중하층에서 서식한다. 겨울철에는 강바닥의 깊숙한 곳에서 월동한다. 양자강 이남의 평원지대에 주로 분포하며, 화북에는 비교적 적다. 맛은 달고 성질이 밋밋하다. 기를 보익하고, 각기병과 습사로 인한 마비증을 치료한다.

318 '자(鮓)': 어육을 술지게미와 함께 섞어 발효시켜 만든 식품이다. 김세림은 역주본에서 옛사람들은 생선을 소금과 누룩에 담가 만들었다고 한다. 『수식거음식보(隨息居飮食譜)』에서는 "강청어젓갈은 소금에 곡물가루를 섞어 술을 빚듯 만들었는데, 민간에서는 이른바 생선을 술지게미에 절여 건어(乾魚)로 만들었다. 오직 강청어가 가장 맛있다고 한다. 이는 위장을 보익하고 술을 깨게 하며, 피를 따뜻하게 해서 소화를 돕는데, 다만 이미 술지게미에 담갔기에 부스럼을 유발하거나 풍기를 일으킬 수 있기 때문에 환자들은 피하는 것이 좋다."라고 하였다.

319 '면장(麵醬)'을 김세림의 역주본에서는 '면장(麯醬)'이라고 표기하고 있으며 Buell

7. 메기[鮎魚][321]

메기는 맛이 달며, (성질이) 차갑고 독이 있어서[322] 많이 먹으면 안 된다. 눈이 붉고, 수염이 붉은 것은 먹을 수 없다.[323]

鮎魚味甘, 寒, 有毒, 勿多食. 目赤鬚赤者, 不可食.

그림 68 강청어靑魚

그림 69 메기[鮎魚]

의 역주본에서는 '맥간장(wheat soy sauce)'으로 표기하고 있다.

320 '불가여원수(不可與芫荽), 면장동식(麵醬同食)': 이 조항은 도홍경의 "청어 젓갈은 고수와 아욱과 더불어 맥장(麥醬)을 먹어서는 안 된다."라고 한 것에서 인용한 것이다. 과학적인 근거가 있는지의 여부는 좀 더 검토를 해봐야 할 것이다.

321 '점어(鮎魚)': 이어(鮧魚), 제어(鯷魚), 언어(鰋魚)라고도 칭한다. Baidu 백과에서는 메기[鮎魚]의 학명을 *Silurus asotus*라고 하나 장빙룬의 역주본에서는 청어[鯡形]목 메기과 메기[*Parasilurus asotus* (L.)]라고 제시하고 있으며, 다른 이름은 '액백어(額白魚)', '메기[鯰]'라고 한다. Buell의 역주본에서는 이를 sheatfish이라고 번역하고 있다. 『본초강목』 권44에 의하면, "점(鮎)은 점(粘)이다. 옛날에는 언(鰋)이라고 했는데 지금은 점(鮎)이라고 하며, 북쪽 사람들은 언(鰋)이라고 하고 남쪽인들은 점(鮎)이라고 한다."라고 하였다. 강, 호수와 저수지에서 자라며, 낮에는 대부분 수초가 무성한 바닥에서 서식하고, 밤에 나와서 먹는 것을 좋아하며, 먹이는 대부분 소형의 물고기 종류이다. 가을이 지나면 깊은 물 혹은 흙탕물 속에서 월동한다. 맛은 달고, 성질은 따뜻하다. 기혈과 장부가 기능이 약화되며, 젖이 많이 나오지 않고, 수기로 인해 몸이 붓고, 소변이 순조롭게 나오지 않는 것을 치료한다.

322 '유독(有毒)': 메기고기에는 당연히 독이 없다.

323 '목적(目赤), 수적자(鬚赤者), 불가식(不可食)': 이 구절은 의문이 남아 있어 고려할 필요가 있다.

8. 사어沙魚[324]

사어는 맛이 달고 짜며 독이 없다. 주로 독기와 사기에 의해서 심장의 활동이 좋지 않은 증상,[325] 사지가 붓는 감염병이나[326] 피를 토하

沙魚味甘鹹, 無毒. 主心氣鬼疰, 蠱毒, 吐血.

---

324 '사어(沙魚)': 바다 상어와 민물고기라는 두 견해가 있다. 사부총간속편본의 목차에는 '사어' 아래에 '鱓魚', '鮑魚', '河豘'와 '石首' 등의 항목이 부속된 것처럼 '소주(小注)'로 표기되어 있는데, 본문에서는 이들이 '사어'와 동일하게 병렬되어 있다. 때문에 본문에 의거하여 목차도 조정하였다. 장빙룬의 역주본에 의하면, '사어(沙魚)'는 까치상어과 동물인 흰반점별상어[白斑星鯊: *Mustelus manazo* Bleeker], 괭이상어과[虎鯊科] 삿징이상어[狹紋虎鯊: *Heterodontus zebra* Gray], 돔발상어과[角鯊科] 흰반점곱상어[白斑角鯊: *Squalus acanthias* L.], 돌묵상어과[姥鯊科] 돌묵상어[姥鯊: *Cetorninus maximus* (Gunner)] 등의 사어(鯊魚)고기로, 일반적으로 '상어(沙魚)'로 통칭되며 중국에는 70여 종이 있다고 한다. 한편 김세림의 역주본에서는 '사어(沙魚)'를 삽입된 그림과 같이 톱상어로 해석하고 있으며, 이는 Buell의 역주본의 'sawfish'와 견해를 같이하고 있다. 상어고기의 맛은 달고 짜며, 성질은 밋밋하다. 당대 『식료본초(食療本草)』에서 이르길 "오장을 보익한다."라고 하였으며, 『의림찬요(醫林纂要)』에서 이르길 "종기를 삭이고 어혈을 없앤다."라고 하였다. 반면 이시진은 『본초강목』에서 사어(沙魚)는 바닷속의 사어(鯊魚)가 아니라, 남방의 개울이나 계곡에 살고 있는 작은 물고기로 보았는데, 상옌빈[尙衍斌]의 주석본 역시 이와 동일하게 보고 있다. 본서에 배열된 사어의 위치 또한 민물고기 사이에 있다. 그 고기는 밋밋하며 독은 없다. 중초비위를 따뜻하게 하고, 기를 북돋는 효능이 있다.

325 '심기귀주(心氣鬼疰)': 심장의 기능이 외부의 알 수 없는 사악한 독기에 노출되어서 야기된 병증으로 땀이 많이 나고 사지가 차가워진다. 장빙룬의 역주본에 의하면 심기는 넓은 의미에서 심장의 활동을 가리키며, 좁은 의미로는 심장의 혈액순환을 추동하는 작용을 가리킨다고 한다.

326 '고독(蠱毒)': 이 병의 증상은 사지가 붓고, 근육이 여위며, 피부가 건조하고 주름지며, 기침이 나고, 배에 물이 차며, 전염성이 있는 등등의 증상을 보인다. 혹자는 이 병이 현대의 소위 폐결핵이나 결핵성 복막염과 유사하다는 견해도 있다. 고독은 하나같이 고주(蠱注)라고 쓴다. 김세림의 역주본에서는 이것을 배 속의 기생충으로 보고 급성 감염성 질환의 원인이 된다고 한다.

는 질병에 효능이 있다.

9. 드렁허리[鱓魚][327]

드렁허리는 맛이 달고 (성질이) 밋밋하며, 독이 없다. 습기로 인한 저림증에 효능이 있다. 유행성 전염병에서 갓 치유된 자는 먹어서는 안 된다.

鱓魚味甘, 平, 無毒. 主濕痺. 天行病後, 不可食.

그림 70 사어沙魚

그림 71 드렁허리[鱓魚]

327 '선어(鱓魚)': 또한 '선어(鱔魚)'라고도 쓴다. 드렁허리과 동물인 누런 드렁허리[黃鱔: *Monopterus albus* (Zuiew)]의 고기 혹은 몸체이다. Buell의 역주본에서는 이를 mud eel이라고 번역하고 있다. 누렁 드렁허리는 진흙이 많은 논이나 호수 등에 살며, 몸은 뱀처럼 가늘고 길며, 앞부분은 둥글고 뒤로 갈수록 점점 측면이 납작해지며, 꼬리부분은 뾰족하고 가늘다. 맛은 달고, 성질은 따뜻하다. 간과 비장, 신장에 들어가서 작용한다. 허하여 손상된 것을 보충하는 데 효능이 있고, 풍습(風濕)을 없애고, 근골을 강건하게 한다. 허로로 인한 손상[癆傷], 풍(風), 한(寒), 습(濕)기에 의한 비증, 산후에 소변을 찔끔거리며 요도에 통증을 느끼는 병증[産後淋瀝], 피고름 섞인 설사[下痢膿血], 치루(痔漏), 정강이 부스럼[臁瘡]을 치료한다.

10. 전복[鮑魚][328]

전복은 맛이 비린내가 나고, 독이 없다. 주로 높은 곳에서 떨어져 골절되어[墜蹶][329] 어혈이 뭉쳐서 사지가 저려 풀리지 않는 것이나, 혹은 부녀자의 자궁에서 대량의 유혈이 멈추지 않는 것을 치료한다.	鮑魚味腥臭, 無毒. 主墜蹶踠折瘀血, 痺在四肢不散者, 及治婦人崩血不止.

11. 복어[河豘魚][330]

복어는 맛이 달고 (성질은) 따뜻하다. 주로 인체의 허약한 것을 보충하고 체내의 습기를	河豘魚味甘, 溫. 主補虛, 去濕氣, 治

---

328 '포어(鮑魚)': 전복과 동물인 구공포(九孔鮑: *Haliotis diversicolor* Reeve), 반대포(盤大鮑: *Haliotis gigantea discus* Reevee)의 고기이다. BRIS에 의하면 전자의 학명은 '마대오분자기'이며 후자는 전복의 근연인 '말전복[*Haliotis gigantea*]'이라고 명명하고 있다. 포어의 성질과 맛에 대해 『의림찬요(醫林纂要)』에서 이르길 "맛은 달고 짜며, 밋밋하다."라고 하였다. 정력을 강화하며, 열사를 제거하고, 정기를 더하며 눈을 밝게 하는 데 효능이 있다. 허로의 열로 인한 골증, 기침, 자궁출혈[崩漏], 대하(帶下), 임질, 시력감퇴[靑盲內障]를 치료한다.

329 '궐(蹶)': 부러지고 다친 것이다.

330 '하돈어(河豘魚)': 사부총간속편본의 목차에서는 '하돈(河豘)'으로 표기하고, 본문에서는 '하돈어(河豘魚)'라고 표기하고 있다. 그리고 상옌빈의 주석본과 장빙룬의 역주본에서는 '하돈어(河豚魚)'로 표기하였다. Buell의 역주본에서는 이를 puffer라고 번역하고 있다. '하돈어(河豚魚)'는 주로 복과동물인 활무늬반점의 동방복어[弓斑東方魨: *Fugu ocellatus* (Osbeck)], 벌레 무늬의 동방복어[蟲紋東方魨: *Fugu vermicularis* (Temminck et Schlegel)], 어두운 색의 동방복어[暗色東方魨: *Fugu obscurus* (Abe)]이다. BRIS에도 참복[*Takifugu chinensis*]을 비롯한 졸복, 황복, 검복 등 다양한 근연 복어를 소개하고 있다. 복어의 종류는 매우 많은

제거하며, 허리, 다리, 치질[痔] 등의 질환을 치료한다.

腰脚痔等疾.

12. 조기[石首魚][331]

조기는 맛이 달고, 독이 없다. 소화를 촉진하고 기운을 북돋는다. 말려 짭짤하게 만든 것을 칭하여 굴비[鱟][332]라고 한다.

石首魚味甘, 無毒. 開胃益氣. 乾而味鹹者, 名爲鱟.

데, 체내에는 대체로 상이한 양의 유독성분을 함유하고 있으며, 독이 없는 종은 극히 적다. 복어의 맛은 달고 성질은 따뜻하며 독이 있다. 허한 것을 보충하고, 습기를 제거하며, 허리와 다리를 편안하게 하고, 치질을 치료하며, 기생충을 죽인다.

331 '석수어(石首魚)': 사부총간속편본의 목차에서는 단지 '석수(石首)'라고 표기한 데 반해, 본문에서는 '석수어'로 표기하여 이에 근거하여 조정했다. 장빙룬의 역주본에서는 이를 조기과 동물인 대황어 혹은 소황어를 가리키며, 대황어[부세; *Pseudosciaena crocea* (Rich.)]의 다른 이름은 대황화어(大黃花魚)라고도 한다. 대부분 바다 중하층에서 활동하며, 남쪽에서 북쪽으로 거슬러 올라가는[洄游] 습성이 있다. 다음으로 소황어[*Pseudosciaena polyactis Bleeker*]의 다른 이름은 황화어(黃花魚), 화어(花魚), 고어(古魚), 대안(大眼)이다. 형상은 대황어와 서로 가까우나 보다 작다. 조기의 맛은 달고 성질은 밋밋하다. 주요한 효능은 설사와 이질을 치료하고, 눈을 밝게 하며 정기를 보충하며, 심신을 안정시키는 것이다. 순채와 함께 국을 끓이면, 식욕을 돋우고 기를 보충한다. Buell의 역주본에서는 이를 sciaenid fish라고 번역하고 있다.

332 '후(鱟)': 장빙룬의 역주본에서는 여기에서의 '후(鱟)'를 마땅히 '상(鯗)'으로 보고 있는데, 왜냐하면 후는 절지동물인 참게 혹은 갑옷새우를 가리키기 때문이라고 한다. 황화어를 햇볕에 쬐어 말려서 만든 마른 고기를 일컬어 '굴비[鯗]'라고 칭한다.

13. 칼루가 철갑상어[阿八兒忽魚][333]

칼루가 철갑상어는 맛이 달고 (성질은) 밋밋하며 독이 없다. 오장을 보익하며 사람을 살지게 한다. 많이 먹으면 소화가 잘 되지 않는다. (이 고기의) 지방은 누렇고 육질은 거칠며 비늘이 없고 뼈는 단지[334] 연골만 있다.[335] 부레로 아교를 만들 수 있는데, 점성이 매우 강하다. 부레에 술을 타 녹여 복용하면 파상풍을 제거한다.[336] 물고기 중 큰 것은 길이가 10-20자[尺]이다. 일명 심어(鱘魚)라고 하며 또한 전어(鱣魚)라고 한다. 요양遼陽 동북의 강과 바다에 산다.

阿八兒忽魚味甘, 平, 無毒. 利五藏, 肥美人. 多食難尅化. 脂黃肉麄, 無鱗, 骨止有脆骨. 胞可作膘膠, 甚粘. 膘與酒化服之, 消破傷風. 其魚大者有一二丈長. 一名鱘魚, 又名鱣魚. 生遼陽東北海河中.

---

333 '아팔아홀어(阿八兒忽魚)': 즉 황어(鰉魚: *Huso dauricus* (Georgi))이며, 또한 '옥판어(玉版魚)', '심황어(鱘鰉魚)'라고 칭한다. BRIS에는 이 학명에 대한 국명을 제시하지 못하고 있지만 naver 백과에서는 이를 '철갑상어'로 이름하고 있다. Buell의 역주본에서는 이를 siberian sturgeon이라고 번역하고 있다. 맛은 달고, 성질은 밋밋하다. 기를 보하고 허한 것을 보충하는 데 쓰인다.

334 '지(止)': 상옌빈의 주석본에서는 사부총간속편본과 동일하게 '지(止)'라고 적고 있으나, 장빙룬의 역주본에서는 '지(只)'로 표기하였다.

335 '골지유취골(骨止有脆骨)': 철갑상어 속은 뼈가 부드럽고 비늘이 딱딱한 경린어류이다.

336 '파상풍(破傷風)': 병명이다. 대부분의 원인은 외상에 풍사가 들어간 것으로, 침입한 균이 생성하는 독소가 사람의 신경에 이상을 유발하여 근육 경련, 호흡 마비 등을 일으키는 질환이다. 또한 '상경(傷痙)', '금창경(金瘡痙)'이라고 칭한다.

14. 철갑상어[乞里麻魚]337

철갑상어는 맛이 달고 (성질은) 밋밋하며 독이 없다. 오장을 보익하며 사람을 살지게 한다. (이 고기의) 지방은 누렇고 육질은 약간 거칠며 부레로 아교를 만들 수 있다. 그 물고기 중 큰 것은 5-6자[尺]길이이며, 요양遼陽 동북의 강과 바다에 산다.

乞里麻魚味甘，平，無毒．利五藏，肥美人．脂黃肉稍麄，脆亦作膘．其魚大者，有五六尺長，生遼陽東北海河中．

그림 72 칼루가 철갑상어[阿八兒忽魚]

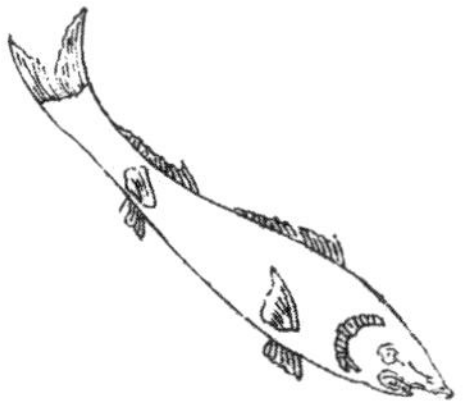

그림 73 철갑상어[乞里麻魚]

337 '걸리마어(乞里麻魚)': 장빙룬은 역주본에서 이를 철갑상어과 동물 중의 중화철갑상어[*Acipenser sinensis* Gray]라고 한다. BRIS에서는 이 학명을 철갑상어로 명명하고 있으며, Buell의 역주본에서는 이를 chinese sturgeon이라고 번역하고 있다. 철갑상어는 일종의 대형의 강을 거슬러 올라가는 회유성 물고기로서, 중국 특유의 오래된 진귀한 물고기이며 세계에서 현존하는 어류 중 가장 원시적인 종류의 하나로 "물속의 팬더", "장강의 물고기왕"이라는 명성이 있다. 기원전 1000년경의 주대(周代)에는 철갑상어를 '왕유어(王鮪魚)'라고 불렀다. 철갑상어의 몸에서 생물진화의 몇몇 흔적이 보이기 때문에 수생물 중의 살아 있는 화석이라고 불리며, 매우 높은 과학적 가치를 가지고 있다. 맛은 달고 성질은 밋밋하다. 기를 더하고 허한 곳을 보충하며, 피와 소변을 잘 통하게 하는 효능이 있다.

15. 자라[鼈]

자라고기[鼈肉][338]는 맛이 달고 밋밋하며 독이 없다. 기를 아래로 내려 주고, 뼈마디 사이가 허로하여 열이 나는 증세[骨節間勞熱][339]와 담과 어혈 등이 뭉쳐서 기혈이 막혀 통하지 않는 병증[340]을 치료한다.

鼈肉味甘, 平, 無毒. 下氣, 除骨節間勞熱, 結實壅塞.

338 '별육(鼈肉)': 자라과 동물인 자라[*Trionyx sinensis* (Wiegmann)]의 고기이다. 중국자라는 또한 단어(團魚), 갑어(甲魚)라고도 불린다. Buell의 역주본에서는 이 자라를 softshelled turtle이라고 번역하고 있다. 몸은 타원형을 띠고 있고 등의 중앙은 튀어나왔으며 그 가장자리는 들어간 형태이다. 머리는 뾰족하고 목은 굵고 길며, 주둥이는 튀어나와 있고 그 끝에는 한 쌍의 콧구멍이 있다. 맛은 달고 성질은 밋밋하다. 정력을 보양하고 피를 식히는 효능이 있다. 허로로 인해서 열이 나서 생긴 골증, 오랜 학질과 오랜 이질, 갑작스러운 자궁의 대량 출혈과 대하[崩漏帶下] 및 경부 림프선염[瘰癧]을 치료한다.

339 '골절간로집(骨節間勞槷)': 장빙룬의 역주본에서는 허로의 열로 인해 생긴 골증이다. 골증(骨蒸)은 열이 골수를 통과해서 나오기 때문에 붙인 이름이라고 한다. 만성 폐결핵과 같은 유(類)가 이에 속한다. 대부분 음기가 허하여 속에 열이 나기 때문에 생긴다. 증세로는 매일 정기적으로 열이 나는 것, 잠잘 때 식은땀을 흘리고[盜汗], 숨이 차고 무력해지며, 가슴이 답답하여 잠을 이루지 못하고, 손바닥이 항상 뜨겁거나 누렇고 붉은 소변 등의 현상이 보인다. 김세림의 역주본 역시 노열(勞熱)은 허로(虛老)하여 발열하는 것을 가리킨다고 한다. 주요 원인으로는 기혈이 손상된 것 혹은 양기가 쇠약해지고 음기가 허해진 등으로 말미암아 야기되는 주기적으로 열이 나는 골증이며, 양쪽 손발바닥과 가슴[五心]에서 번열(煩熱)이 나는 증상 등은 모두 흔히 볼 수 있는 열병의 증세이다.

340 '결실옹새(結實壅塞)': 김세림의 역주본에는 이 병증은 체내에 덩어리[瘕]가 생겨 기가 막혀 통하지 않는 것이라고 한다.

16. 참게[蟹][341]

참게는 맛이 짜고 독이 있다. 주로 가슴 속에 사기와 열사가 뭉쳐서 생긴 통증을 치료하는 데에 효능이 있으며, 위기를 잘 통하게 하고, 경락과 혈맥을 조절한다.

蟹味鹹, 有毒. 主胷中邪慹結痛, 通胃氣, 調經脉.

17. 새우[蝦][342]

새우는 맛이 달고 독이 있다.[343] 많이 먹으

蝦味甘, 有毒. 多

341 '해(蟹)': 원래는 바위게과 동물 중의 참게[中華絨螯蟹: *Eriocheir sinensis*]이다. 몸 전체는 단단한 껍데기를 지니고 있으며, 등 쪽은 흑녹색이고 배 쪽은 등에 비해 옅은 색이다. 머리와 가슴 쪽 껍질은 방원형이고 등 쪽은 솟아올라 있다. 강, 하천, 호수 못 또는 논 주변의 둔덕에 굴을 파서 숨어살고, 야행성이며 동물의 시체 혹은 곡물을 먹는다. 가을철에 성장하여 살이 차며 항상 회유해서 바닷가 근처에서 번식한다. 그리고 다시 강을 거슬러 올라가 민물에서 계속해서 성장한다. 맛은 짜고 성질은 차다. 간과 위에 작용한다. 열을 내리고 어혈을 풀며 부러져서 다친 상처를 다시 이어 주는 효능이 있다.

342 '하(蝦)': 사부총간속편본의 목차에는 '새우[蝦]' 항목 안에 '고둥[螺]', '동죽[蛤蜊]', '펄조개[蚌]', 농어[鱸魚] 등이 포함된 것으로 적혀 있다. 본문을 보면 '고둥' 등은 '새우'와 병렬되어 독립적으로 배열되어 있고 그림은 '새우'만 제시되어 있다. 한편 장빙룬의 역주본과 상옌빈의 주석본에서는 이들을 차이 없이 동일한 방식으로 배열하고 있다. '하(蝦)'는 징거미새우과 동물 징거미새우[青蝦: *Macrobrachium nipponense* (de Haan)] 등 여러 종류가 있다. 담수 호수와 강 속에서 생활하며, 보통 수초 많은 기슭에 서식한다. 맛은 달고 성질은 따뜻하다. 사람의 간과 신장을 다스린다. 신장을 보익하고 양기를 북돋으며, 젖을 돌게 하고, 독을 밀어내는 효능이 있다. 발기부전, 출산 후 젖이 나오지 않는 것, 피부 급성 열독, 큰 종기, 정강이 종기를 치료한다.

343 '유독(有毒)': 새우살은 당연히 독이 없다.

면 사람에게 해를 입힌다. 수염이 없는 것은 먹어서는 안 된다.[344]

食損人. 無鬚者, 不可食.

그림 74 자라[鼈]

그림 75 참게[蟹]

그림 76 새우[蝦]

18. 고둥[螺][345]

고둥은 맛이 달고 (성질은) 매우 차며 독이 없다. 간기로 인해 생긴 열을 치료하며, 갈증을 멈추고 술독을 해소한다.

螺味甘, 大寒, 無毒. 治肝氣熱, 止渴, 解酒毒.

---

344 '무수자(無鬚者), 불가식(不可食)': 관습인지 아니면 과학적인 근거가 있는지 보다 심화된 연구가 필요하다.

345 '라(螺)': 소라과 동물 방형배능고둥[方形環陵螺: *Bellamya quadrata* (Benson)] 혹은 기타 같은 속 동물의 전체를 가리킨다. 위 학명에 대해 BRIS에서는 국명을 제시하지 못하고, 다만 근연생물로 점갯고둥[Batillaria zonalis]을 들고 있다. 반면 Naver 백과에서는 위 학명을 '고둥'이라고 이름하고 있다. Buell의 역주본에서는 이를 sea snail이라고 번역하고 있다. 고둥 껍데기는 원추형이며, 딱딱하고 두꺼우며, 껍데기 끝은 뾰족하고 나선형의 층[螺層]은 일곱 층이다. 강, 호수, 늪, 논 속에서 생활하며, 부식질(腐殖質)이 비교적 많은 물 밑에 많이 서식한다. 맛은 달고 성질은 차다. 열을 해소하고, 소변을 잘 통하게 하며 눈을 맑게 하는 효능이 있다.

19. 동죽[蛤蜊][346]

동죽(조개)은 맛이 달고, (성질은) 매우 차갑고 독이 없다. 오장을 윤택하게 하고, 갈증을 제거하며, 식욕을 증진시키고,[347] 술독을 해독한다.[348]	蛤蜊味甘, 大寒, 無毒. 潤五髒, 止渴, 平胃, 解酒毒.

20. 펄조개[蚌][349]

펄조개는 성질이 차고, 독이 없다. 눈을 밝	蚌冷, 無毒. 明

346 '합리(蛤蜊)': 백합과 동물인 각진 조개[四角蛤蜊: *Mactra quadrangularis* Deshayes] 혹은 기타 조개종류의 살이다. BRIS에서는 이를 '동죽'이라 명명한다. Buell의 역주본에서는 이를 trough shells이라고 번역하고 있다. 각진 조개는 조개 껍데기는 두 조각이고, 조개 껍데기는 단단하고 두꺼우며, 대략 사각형을 띤다. 맛이 짜고 성질은 차갑다. 정력을 북돋우고, 소변을 잘 나오게 하며, 가래를 해소하고 굳은 것을 부드럽게 풀어 주는 효능이 있다.

347 '평위(平胃)': 김세림의 역주본에서는 이를 '위를 안정시켜 평온하게 하는 것'이라고 한 반면, 장빙룬의 역주본에서는 '식욕을 증진하는 것'으로 해석하고 있다.

348 사부총간속편본(四部叢刊續編本) 『음선정요』에서는 '동죽[蛤蜊]' 항목 다음에 고습도치[蝟] 편이 등장하여 "蝟味苦, 平, 無毒. 理胃氣, 實下焦"와 같은 문장이 이어진다. 어품인 조개류 속에 수품인 고슴도치가 들어 있는 것은 원서의 잘못인 듯하다. 따라서 본서에서는 「수품」의 끝부분인 '원숭이[猴]' 다음에 삽입했음을 밝혀 둔다.

349 '방(蚌)': 수방(水蚌)이라고 하며, 학명은 *Anodonta woodiana* (Lea)이며, BRIS에서는 이를 펄조개라고 명명하고 있다. 이는 대부분 체내에 자연스럽게 진주를 형성하고 살은 식용할 수 있다. 맛은 달고 짜며, 성질이 차갑다. 열을 내리고, 정력을 기르며, 눈을 밝게 하고, 해독한다. 번열(煩熱), 갈증, 자궁 출혈[血崩], 대하, 치루, 눈이 붉은 것, 습진을 치료한다. Buell의 역주본에서는 위와는 달리 이를 fresh water mussels라고 번역하고 있다.

게 하고, 갈증을 해소하며, 조바심을 제거하고, 열독을 해산한다.

目, 止消渴, 除煩, 解慭毒.

21. 농어[鱸魚][350]

농어는 (성질이) 밋밋하다. 오장을 보익하고, 근골을 이롭게 하며, 비장과 위의 기능을 조화롭게 하고, 수기水氣를 치료하며, 먹으면 사람에게 유익하다.

鱸魚平. 補五藏, 益筋骨, 和腸胃, 治水氣, 食之宜人.

그림 77 농어[鱸魚]

350 '노어(鱸魚)': 다랑어과 생선으로 BRIS에서는 이를 농어[鱸魚: *Lateolabrax japonicus*]로 명명하고 있으며, Buell의 역주본에서는 이를 prickly sculpin이라고 번역하고 있다. 농어는 또한 화로(花鱸), 노자어(鱸子魚)로도 칭한다. 몸은 길고 옆은 편평하며 등과 배 모두 뭉툭하고 둥글며, 등부분은 첫 번째 등지느러미의 기점에서부터 솟아 있다. 연해(沿海) 일대와 강 입구와 강에 분포한다. 맛은 달고, 성질은 밋밋하다. 명대 무희옹(繆希雍)이 편찬한 『본초경소(本草經疏)』에서 이르길 "농어는 맛이 달고 담백하며 기운을 고르게 하고 비장과 위에 서로 좋다. 신장은 뼈를 다스리고, 간은 근육을 다스린다. 그 음식은 음에 속해서 결국은 장기로 돌아가며, 두 장기의 음기를 더하기 때문에 근골을 이롭게 하는 데 도움을 준다. 비장과 위에 병이 있으면 오장에 자양할 바가 없어서 이것이 쌓여 점점 허약에 이르고, 비장이 약하면 수기가 범람하니, 비장과 위를 이롭게 하면 스스로 없어지는 것이 증명된다."라고 하였다.

5장 과품果品

본 장에서는 각 지역에서 생산된 39종의 과일에 대해 성질과 약효를 제시하고 있다. 사부총간속편본(四部叢刊續編本)의 본문에는 '과품(果品)'이라고 표기하고 있지만 첫머리의 목차에서는 '과품(菓品)'이라고 표기하고 있다. 본서에서는 현재 통용되는 명칭으로 표기하였음을 밝혀 둔다.

1. 복숭아[桃][351]

복숭아는 맛이 맵고 달며, 독이 없다. 폐의 기를 이롭게 하고, 기침이 나 기가 역류하는 것을 멈추게 하고, 심장 아래 단단하게 뭉친 것을 해소하며, 갑자기 타격을 입어서 생긴 어혈을 치료하고, 배 속의 덩어리를 해소하며, 월경을 원활하게 하고, 통증을 멈추게 한다. 복숭아 씨[352]는 심장의 통증을 멈추는 효능이 있다.

桃味辛甘, 無毒. 利肺氣, 止欬逆上氣, 消心下堅積, 除卒暴擊血, 破癥瘕, 通月水, 止痛. 桃仁止心痛.

---

351 '도(桃)': 장미과 복숭아속 식물의 열매인 복숭아[*Prunus persica*(L.) Batsch] 혹은 산복숭아[*P. davidiana* (Carr.) Franch.]이다. 『시경(詩經)』에는 일찍이 복숭아의 기록이 보인다. 맛은 달고 성질은 따뜻하다. 체액을 생성하고, 장을 윤택하게 하며, 피를 잘 돌게 하고, 뭉친 것을 없애는 효능이 있다.

352 '도인(桃仁)': 장미과 식물로서 복숭아 혹은 산 복숭아의 종자이다. 맛은 쓰고 달고, 성질은 밋밋하다. 심장, 간, 대장에 작용한다. 어혈을 해소하여 피를 잘 돌게 하고, 마른 것을 윤택하게 하며, 장을 매끄럽게 한다. 월경이 제때에 나오지 않는 것, 배에 덩어리가 뭉친 것, 열병에 의한 어혈, 풍사로 인한 마비, 학질, 넘어져서 생긴 상처, 어혈로 인한 부종과 종기, 피가 말라 변비가 생긴 것을 치료한다.

2. 배[梨][353]

배는 맛이 달고 (성질은) 차가우며, 독이 없다. 주로 열사로 인해서 생긴 기침[熱嗽][354]을 치료하고 갈증을 멈추며, 풍사를 흩트리고[踈風][355] 소변이 잘 나오게 한다. 많이 먹으면 중초비위가 차갑게 된다.

梨味甘, 寒, 無毒. 主熱嗽, 止渴, 踈風, 利小便. 多食寒中.

그림 78 복숭아[桃]

그림 79 배[梨]

---

353 '이(梨)': 장미과 팥배[棠梨]속 식물인 백리(白梨: *Pyrus bretschneideri* Rehd.), 돌배나무[沙梨: *Pyrus pyrifolia* (Burm. f.) Nakai], 산돌배[秋子梨: *Pyrus ussuriensis* Maxim] 등 재배종의 과일이다. Buell의 역주본에서는 이를 chinese pear로 번역하고 있다. 맛은 달고 약간 시고 성질은 차가우며, 독이 없다. 폐, 위, 심장, 간에 들어가서 작용한다. 진액을 생기게 하고, 마른 것을 윤택하게 하며, 열을 내리고, 가래를 풀어 주는 데 효과가 있다.

354 '열수(熱嗽)': 기침의 일종이다. 상옌빈의 주석본에서는 '열해(熱咳)'라고 고쳐 쓰고 있다. 김세림의 역주본에서는 열수를 열이 폐를 침입하여 야기되는 기침으로 보고 있다. 당대(唐代) 왕도(王燾)의 『외대비요(外臺祕要)』 권9에서는, 열이 나서 답답하여 손상을 입고 쌓인 열로 폐가 손상되면서 야기된다. 증세는 목구멍이 말라서 통증을 느끼고 코에서 열기가 나오며, 기침과 가래는 많지 않지만, 가래의 색은 누렇고 끈적끈적하며, 기침을 하고자 하나 나오지 않고, 간혹 핏발을 동반하거나 혹은 발열이 있다고 한다.

355 '소풍(踈風)': 『강희자전(康熙字典)』에 의하면, '소(踈)'는 '소(疏)'자의 잘못이라고 한다. 즉 풍과 피부의 사악한 기운을 약을 써서 흩트리는 치료법이다.

3. 감[柿][356]

감은 맛이 달고 (성질은) 차며 독이 없다. 귀와 코에 기가 잘 통하게 하고 피로로 인해서 허기가 생긴 것을 보충하고, 만성장염에 의한 허약체질을 보완하며, 장과 위의 기능을 강건하게 한다.

柿味甘, 寒, 無毒. 通耳鼻氣, 補虛勞, 腸澼不足, 厚脾胃.

4. 명자[木瓜][357]

명자는 맛은 시고 (성질은) 따뜻하며 독이 없다. 주로 습사와 사기로 인해 저리고[358] 토

木瓜味酸, 溫, 無毒. 主濕痺邪氣,

---

356 '시(柿)': 감과 식물인 감[*Diospyros kaki* Thunb]의 과실로 품종이 매우 많다. 과실은 서리가 내리는 입동이 되기 전에 따고, 시간이 지나 떫은맛이 없어지고 빨갛게 익은 이후엔 식용으로 쓴다. 과실은 자당(蔗糖), 포도당(葡萄糖), 과당(果糖)을 함유하고 있다. 맛은 달고 떫으며, 성질은 차다. 심장과 폐, 대장에 작용한다. 열을 내리고 폐를 윤택하게 하며 갈증을 멈추는 효능이 있다. 열사로 인한 갈증, 기침, 피를 토하는 증상, 입에 창이 나는 것을 치료한다.

357 '목과(木瓜)': 장미과 낙엽관목식물로 이미 3천 년 전『시경』「위풍(衛風)」편에도 등장하며, 장빙룬의 역주본에서는 이 나무의 학명을 *Chaenomeles lagenaria* (Loisel.) Koidz.라고 하며, 한국의 KPNIC에서는 이 나무의 국명을 '명자나무'라고 명명하고 있다. Buell의 역주본에서는 이를 chinese quince라고 번역하고, 김세림은 이를 명자나무로 번역하고 있다. 그런데 Baidu 백과에 따르면 학명이 *Chaenomeles speciosa* (Sweet) Nakai인 것은 명자나무, *Chaenomeles sinensis* (Thouin) Koehne는 명자나무의 근연식물로서 BRIS에서는 이를 '모과[木瓜]'라고 명명하고 있다. 비록 본서의 삽도에 제시된 그림은 모과와 흡사하지만 본서에서는 목과(木瓜)를 명자나무로 번역하였음을 밝혀 둔다. 과육의 맛은 시고 떫으며 약간 향기가 있다. 날개의 크기가 크고 표피가 주름지고 자홍색인 것이 좋다. 간과 위를 평안하게 하고 습사를 없애며 근육을 풀어 주는 효능이 있다. 구토와 설

사곽란으로 인한 구토와 설사, 수족 등의 근육경련이 멈추지 않는 것[359]에 효과가 있다.

霍亂吐下, 轉筋不止.

그림 80 감[柿]

그림 81 명자[木瓜]

5. 매실梅實[360]

매실은 맛이 시고 (성질이) 밋밋하며, 독이 없다. 주로 기를 내리고, 가슴이 답답하고 열이 나는 것을 제거하며, 심장을 안정시키고,

梅實味酸, 平, 無毒. 主下氣, 除煩懣, 安心, 止痢, 住

사, 근육이 뒤틀리는 증상, 습사로 인한 저림증, 각기병, 수기로 인한 부종, 이질을 치료한다.

358 '사(邪)': 사부총간속편본에는 '사(邪)'로 적혀 있지만, 장빙룬의 역주본에서는 『본초강목(本草綱目)』「과부(果部)」의 명자[木瓜] 조항에 근거하여 '각(脚)'으로 고쳐 적어 각기병으로 해석하고 있다.

359 '전근부지(轉筋不止)': 이를 김세림의 역주본에서는 수족 등의 근육경련이 멈추지 않는 증상으로 보고 있다.

360 '매실(梅實)': 장미과 식물 매실나무의 열매이다. 즉 '오매(烏梅)'이다. 대개 산매(酸梅), 매실(梅實) 등으로 부른다. Buell의 역주본에서는 이를 oriental flowering apricot이라고 번역하고 있다. 장미과 식물인 매화나무의 미성숙한 과실을 말려 만든 것이다. 매화나무[*Prunus mume* Sieb. et Zucc.]는 또한 '춘매(春

설사와 갈증을 멈춘다.

渴.

6. 자두[李]

자두[李子][361]는 맛이 쓰고, 밋밋하며 독이 없다. 주로 (갑자기 정신을 잃고) 땅에 넘어져 생긴[362] 어혈을 풀고 뼈마디가 아픈 통증을 치료하는 효능이 있으며, 고질적인 열병을 없애고 중초비위를 고르게 한다.

李子味苦, 平, 無毒. 主僵仆, 瘀血, 骨痛, 除痼懃, 調中.

그림 82 매실(梅實)

그림 83 자두[李子]

梅)'라고도 한다. 오매의 맛은 시고, 성질은 밋밋하다. 간, 비장, 폐, 대장에 작용한다. 진액을 생성하고, 회충을 몰아내는 데 효능이 있다. 장기간 기침하는 증상, 허해서 열이 나고 답답해서 열이 나는 증상[虛熱煩渴], 오래된 학질, 오래된 설사와 혈변, 혈뇨, 갑작스런 자궁 하혈, 회궐(蛔厥)로 인해 배가 아픈 증상[蛔厥腹痛], 구토, 구충병, 건선[牛皮癬], 결막에 생긴 군살을 치료한다.

361 '이자(李子)': 장미과 벚나무속 자두[*Prunus salicina* Lindl]의 과실이다. Buell의 역주본에서는 이를 japanese plum이라고 번역하고 있다. 맛은 달고 시며, 성질이 밋밋하다. 열을 낮추고, 간을 깨끗이 하는 효능이 있으며, 체액의 분비를 촉진시키고 수기를 잘 통하게 한다. 허로로 인한 골증, 갈증, 배에 물이 차는 것을 치료한다.

362 '강부(僵仆)': 상엔빈의 주석본에 따르면 강부는 사지가 뻣뻣해지거나, 갑작스럽게 넘어지는 병이라고 하였다.

7. 능금[柰子][363]

능금은 맛이 쓰고 성질은 차다. 많이 먹으면 사람의 배가 팽창하며, 병을 앓고 있는 사람은 먹어서는 안 된다.

柰子味苦, 寒. 多食令人腹脹, 病人不可食.

8. 석류石榴[364]

석류는 맛이 달고 시며 독이 없다. 주로 인

石榴味甘酸, 無

---

363 '내자(柰子)': Baidu 백과에서는 이 학명을 *Malus asiatica*라고 한다. 한국의 '국가표준식물목록(KPNIC)에서는 능금나무[*Malus asiatica* Nakai]로 표기하고 있다. 그렇다면 후술하는 권3의 5장 9의 능금[林檎]과 차이가 없게 된다. 『사원(辭源)』에는 "능금[柰]은 과일나무의 이름으로 능금[林檎]과 같은 종류이다."라고 하고, 『설문(說文)』「목부(木部)」에서는 "능금[柰]은 과일이다."라고 하였다. 왕균은 "내(柰)에는 푸른 것, 하얀 것과 붉은 것 세 종류가 있다."라고 하였다. 『본초강목(本草綱目)』「과부(果部)·내(柰)」에서 이르길 "내(柰)와 임금(林檎)은 같은 부류의 두 종류의 것으로 나무와 과일은 닮았으나 능금[柰]이 더 크다. 서토(西土)에 가장 많다. 옮겨 심을 수도 있고, 휘묻이를 할 수도 있다. 백색, 청색과 적색 세 가지 색이 있다. 흰 능금을 소내(素柰)라고 하고, 붉은 것은 단내(丹柰), 주내(朱柰)라고 하며, 푸른 것은 녹내(綠柰)라고 하는데, 모두 여름철에 익는다. 양주(涼州)에는 동내가 있는데 겨울철에 익고 과실은 청록색을 띤다. …"라고 하였다. 이상과 같이 내자와 임금은 구분이 쉽지 않지만 '내자(柰子)'의 경우 맛은 쓰고, 성질은 찬 데 반해, '임금[林檎]'은 맛이 달고 시며, 성질이 따뜻한 것으로 보아서 양자의 품종은 차이가 있음을 볼 수 있다. 혹자는 사과가 19세기 초엽 apple의 개량품종이 서양에서 유입되면서 오늘날과 같은 능금이 등장했다고 하는가 하면, 중국의 '평과(蘋果)'가 잘못 전해지면서 사과라는 명칭이 쓰였다는 견해도 있다. 이런 측면에서 보면 『음선정요』에 나타난 '내자'와 '임금'은 능금의 다른 품종으로 해석하는 것이 바람직할 것이다. Buell의 역주본에서는 내자(柰子)를 prinsepia라고 번역하고 있다.

364 '석류(石榴)': 이것은 응당 석류과 석류나무속 식물인 석류나무[*Punica granatum*

후咽喉의 갈증을 치료한다. 많이 먹어서는 안 되는데, 많이 먹으면 사람의 폐를 상하게 한다. (그리고) 남자의 정액이 저절로 새는 것[漏精]을[365] 치료한다.

毒. 主咽渴. 不可多食, 損人肺. 止漏精.

9. 능금[林檎][366]

능금은 맛이 달고 시며 (성질은) 따뜻하다.

林檎味甘酸, 溫.

L.]의 과실이다. Buell의 역주본에서는 이를 pomegranate이라고 번역하고 있다. 『박물지(博物志)』에 의하면 전한(前漢) 장건이 서역에 사자로 갔다 종자를 가져왔다고 한다. 다른 이름으로는 천장(天漿), 감석류(甘石榴)라고도 불린다. 맛은 달고 시고 떫으며, 성질은 따뜻하다. 진액의 분비를 촉진시키고 갈증을 멈추게 하며, 기생충을 죽이는 효능이 있다. 인후가 마르고 입에 갈증을 느끼는 것, 배 속에 기생충이 몰려서 생긴 병증과 오랜 이질을 치료한다. 신 석류는 맛은 시고, 성질은 따뜻하다. 심한 설사, 오랜 이질, 생리 시기가 아닌 시기에 자궁에서 피가 쏟아지는 것[崩漏]과 여성의 대하증을 치료한다.

365 몽정, 유정(遺精) 등을 일컬으며, 후자의 경우 몸이 허약할 때 일어난다.

366 '임금(林檎)': 장미과 식물인 임금을 장빙룬은 역주본에서 그 학명을 *Malus asiatica Nakai*라고 한다. 한국의 KPNIC에서는 이를 장미과 사과나무속 '능금나무'로 명명하여 앞(권3 5장 7)의 내자(柰子)와 구별 짓고 있지 않다. 그럼 '능금[柰子]'과 '임금(林檎)'은 어떤 차이가 있을까? Buell의 역주본에서는 '능금[柰子]'을 prinsepia [유인(蕤仁)]으로 해석하고, '임금'은 Carb Apple[야생능금 또는 꽃사과]이라고 해석하고 있다. 김세림의 역주본에서는 내자의 학명을 *Malus asiatica* Nakai, 즉 능금으로 보고 있어서 학자 간의 '내자'와 '임금'에 대한 견해차가 적지 않다. 장빙룬의 역주본에 의하면 임금은 원래 식물은 작은 교목이다. 열매[梨果]는 납작한 구형이고 과실의 정수리 부분은 움푹 파여 있고, 과실의 밑바닥은 쑥 들어가 있다. 잎과 뿌리 등은 중의학의 재료로 쓰인다. 임금 과실의 맛은 시고 달며 성질이 밋밋하다. 갈증을 해소하고, 막힌 것을 풀어 주며, 정액이 새는 것을 치료하는 데 효능이 있다고 한다. Buell의 역주본에서는 '임금'을 Carb Apple[야생능금 또는 꽃사과]이라고 해석하고 있다.

많이 먹어선 안 되는데[367] (많이 먹게 되면) 열이 발생하고 인체의 기가 운행되는 길이 막히며,[368] 사람의 잠이 많아지게 한다.

不可多食, 發熱, 澀氣, 令人好睡.

그림 84 능금[柰子]

그림 85 석류(石榴)

그림 86 능금[林檎]

10. 살구[杏][369]

살구는 맛이 시큼하다. 많이 먹어선 안 되

杏味酸. 不可多

---

367 '불가다식(不可多食)': 송대 『개보본초(開寶本草)』에서 이르길 "(능금은) 많이 먹으면 안 되는데 열을 일으키고 기를 차단하며, 사람으로 하여금 잠이 많게 하고 담증을 일으키고[冷痰] 부스럼과 종기가 나게 하며 기맥이 닫혀 운행되지 않게 된다."라고 하였다.

368 '삽기(澀氣)': 김세림의 역주본에는 이 경우 기가 막혀 정체되며, 담이나 기침이 발생한다고 한다.

369 '행(杏)': 다른 이름은 행실(杏實)이다. 장미과 식물로서 살구[*Prunus armeniaca* L.] 혹은 개살구[山杏: *P. armeniaca* L.var.ansu Maxim]의 열매이다. 원래 식물은 낙엽교목(落葉喬木)으로, 높이는 4-9m이다. 씨[核]는 반들반들하며, 딱딱하고, 편평한 심장모양이며, 고랑모양의 테두리가 있다. 과실은 비교적 작고, 과육은 비교적 얇다. 맛은 시큼하고 달고, 성질은 따뜻하다. 폐를 윤택하게 하여 호흡을 안정시키고, 진액을 생성하여 갈증을 풀어준다.

며, (많이 먹으면) 근골을 상하게 한다. 살구씨[杏仁][370]에는 독이 있고, 기침으로 기가 역류하는 것에 효능이 있다.

食，傷筋骨． 杏仁有毒，主欬逆上氣．

11. 홍귤[柑]

홍귤[柑子][371]은 맛이 달고 (성질은) 차갑다. 장과 위 속의 사열邪熱을 제거하고, 소변을 잘 나오게 하며, 갈증을 해소한다. 많이 먹게 되면

柑子味甘，寒．去腸胃熱，利小便，止渴．多食發痼疾．

---

370 '행인(杏仁)': 장미과 식물로서 살구, 개살구, 시베리아 살구[*Prunus sibiraca* L.] 및 동북 살구[*Prunusm andshurica* (Maxim.) Koehne]의 건조종자이다. 살구 씨[杏仁]는 달콤한 것과 쓴 것이 있지만 재배된 살구는 단것이 비교적 많고, 야생의 것은 일반적으로 모두 쓴맛이다. 맛은 쓰고, 성질은 따뜻하며, 독이 있다. 가래를 없애서 기침을 멈추고, 호흡을 안정시키며, 장을 윤택하게 한다. 외부 감염[外感]으로 인한 기침, 숨이 차는 것, 목구멍이 저린 증세, 장이 건조하여 생긴 변비를 치료한다.

371 '감자(柑子)': 운향과 식물 차지감(茶枝苷), 구감(甌柑) 등 여러 종류의 홍귤류의 익은 열매이다. Buell의 역주본에서는 이를 mandarin orange라고 번역하고 있다. 장빙룬의 역주본에 의하면, 감자의 원식물은 첫 번째로 차지감(茶枝苷: *Cirtrus chachiensis* Hort.)이 있는데 또한 신회감(新會柑), 강문감(江門柑)으로도 부른다. KPNIC와 BRIS에는 이 학명에 대한 어떠한 식물도 제시되어 있지 않다. 감자(柑子)의 표면은 오렌지색이고, 광택이 있으며, 껍질은 벗기기 쉽고, 그 바탕은 연하고 부드러우며, 흰색의 속층은 목화솜과 같은 형태이고, 특이한 향기가 난다. 주요 분포지는 주강(珠江) 삼각주 일대로, 신회(新會)에서 제일 많이 재배하며, 광주(廣州) 근교 등지에서도 재배한다. 두 번째로, 구감(甌柑: *Citrus suavissima* Tanaka.)은 또한 유감(乳柑), 진감(眞柑), 춘귤(春橘) 등으로 칭한다. 가시가 없다. 오렌지색이고, 유선(油線)이 많고, 오목하게 들어가 있으며, 껍질은 벗기기 쉽다. 맛은 달고 시며, 성질은 차갑다. 주된 효과는 진액을 생성하고 갈증을 멈추며, 술을 깨게 하고 소변이 잘 나오게 한다.

전에 앓고 있었던 치유하기 어려운 고질병이 도진다.

그림 87 살구[杏]

그림 88 홍귤[柑子]

12. 편귤[橘]

편귤[橘子][372]은 맛이 달고 시며 (성질이) 따뜻 | 橘子味甘酸, 無

---

372 '귤자(橘子)': 황귤(黃橘), 길자(桔子), 길(桔) 등으로 칭한다. 운향과 식물로 학명은 Citrus reticulata이며, 이를 한국의 생명자원정보서비스(BRIS)에서는 편귤로 명명하고 있다. Buell의 역주본에서는 이를 tangerine이라고 번역하고 있다. 이는 복귤(福橘), 주귤(朱橘) 등 각종 귤류의 익은 열매를 뜻한다. 첫 번째는 복귤(福橘: *Citrus tangerina* Hort. et Tanaka.)의 소교목으로, 나무 형태는 뻗어나가는 형태이고, 껍질은 밝고, 등적색이며, 유선은 가늘고 빽빽하거나 편평하게 나 있다. 안휘(安徽), 절강(浙江), 강서, 호북, 사천, 복건 등지에 분포한다. 두 번째로 주귤(朱橘: *Citrus erythrosa* Tanaka.)은 상록소교목으로, 열매는 넓고 둥근 형상으로, 열매의 표면은 주홍색이며, 거칠고, 유선(油線)은 원형이며 작고 오목하게 들어가 있다. 섬서, 안휘, 강소, 절강, 호북, 호남, 강서 등지에 분포한다. 맛은 달고 시며, 성질은 차갑다. 소화를 촉진하고 기를 잘 다스리며[開胃理氣], 갈증을 해소하고 폐를 윤택하게[止渴潤肺] 한다. 흉격부(胸膈部)에 기가 맺히는 증상[胸膈結氣], 구토, 갈증을 치료한다. 귤과육[橘囊]과 귤껍질의 구분에 관해서 청대 황궁수(黃宮綉)가 편찬한 『본초구진(本草求眞)』에는 "귤과육과 껍질은 같은 속의 한 가지 물질이나, 성질은 차이가 크다. 귤껍질의 맛은 맵고 쓰지만, 귤과육

하고,[373] 독이 없다. 구토를 멈추고, 기를 내리며, 수도水道를 잘 통하게 하고, 가슴 속에 뭉쳐서 생긴 발열을 제거한다.

毒, 溫. 止嘔, 下氣, 利水道, 去胷中瘕熱.

13. 당귤[橙][374]

당귤은 맛은 달고 시며 독이 없다. 헛구역질[375]을 멈추게 한다. 많이 먹으면 간의 기운이 손상된다. 당귤의 껍질은 향기가 매우 좋다.

橙子味甘酸, 無毒. 去惡心. 多食傷肝氣. 皮甚香美.

은 맛이 변해서 달고 시다. 껍질은 가래를 흩뜨리고, 가래를 밀어내어 기를 다스리는 효능이 있다."라고 하였다.

373 '무독온(無毒溫)': 상옌빈의 주석본에서는 사부총간속편본과 동일하게 '무독온(無毒溫)'이라고 적고 있으나, 장빙룬의 역주본에서는 '온무독(溫無毒)'이라고 표기하였다.

374 '등자(橙子)': 황등(黃橙), 금등(金橙), 나한등(羅漢橙), 해등(蟹橙)이라고 칭한다. 운향과 귤속의 '당귤'의 과실이다. Baidu 백과에서는 당귤의 학명을 Citrus sinensis라고 하는데, 한국의 국가표준식물목록에서는 이 학명의 국명은 '대삼도'이며, 당귤나무는 Citrus sinensis (L.) Osbeck라는 학명을 권유하고 있다. 김세림의 역주본에서는 이를 귤과(科) 유자라고 하고 있으며, Buell의 역주본에서는 이를 sweet orange라고 번역하고 있다. 당귤의 맛은 시고 성질은 차다. 구토감을 멈추고, 횡격막을 넓혀 주며, 혹을 삭이고, 술기운을 해독하고, 어류와 게의 독을 해독하는 효능이 있다. 당귤은 생으로 먹어도 되며, 등자 떡을 만들어도 좋다.

375 '오심(惡心)': 의학용어로서 상복부가 불편하고 긴장되어 구토하고 싶어 하는 것을 일컬어 '오심'이라 한다. 수(隋)대 소원방(巢元方)의 『제병원후론(諸病源候論)』에서 보인다. 항상 구토의 전조이며, 또한 때때로 오심이 있으나 구토를 계속하지 못하는 것을 말한다. 무릇 위가 허하거나, 위에 한기, 열기, 습기, 담, 식채가 있으면 모두 이와 같은 현상이라고 할 수 있다.

그림 89 **편귤**[橘子]

그림 90 **당귤**[橙子]

14. **밤**[栗][376]

밤은 맛이 짜고 (성질은) 따뜻하며 독이 없다. 주로 기를 북돋우고, 장과 위를 증진하며, 신장의 허기를 보익하는 효능이 있다. 볶아서 먹으면 사람의 기가 막혀 통하지 않게 된다.

栗味鹹，溫，無毒. 主益氣，厚腸胃，補腎虛. 炒食，壅人氣.

15. **대추**[棗][377]

대추는 맛이 달고 독이 없다. 주로 가슴과

棗味甘，無毒. 主

376 '율(栗)': 판율(板栗)이라고 칭한다. 각두과(殼鬥科) 식물 밤[*Castanea mollissima* BI.]의 과육이다. 낙엽교목이며, 맛은 달고 성질은 따뜻하다. 사람의 비장, 위장, 신장을 다스린다. 위장을 보양하고 비장을 튼튼하게 하며, 신장을 보익하고 근골을 건장하게 하며, 혈액순환을 활발하게 하고 지혈에 효능이 있다. 구역질과 구토[反胃], 설사, 허리와 다리가 연약한 경우, 구토, 코피, 혈변, 쇠붙이에 의한 상처, 뼈가 부서지면서 생긴 통증, 경부 림프선염을 치료한다.

377 '조(棗)': 즉 대추[大棗]이다. 갈매나무과 식물 대추의 익은 열매이다. 대추는 홍조(紅棗), 흑조, 밀조(蜜棗), 남조(南棗) 등으로 구분되며 홍조가 가장 일반적이다.

배의 사기를 제거하고, 중초를 편안하게 하며 비장을 보양하고, 인체의 경맥을 도와 체내의 진액을 생성한다.

心腹邪氣, 安中養脾, 助經脉, 生津液.

그림 91 밤[栗]

그림 92 대추[棗]

16. 앵두[櫻桃]378

앵두는 맛이 달다. 주로 중초비위를 조정하

櫻桃味甘. 主調

홍조는 또 대홍조(大紅棗), 양조(良棗)로 불린다. 대추[*Zizyphus jujuba* Mill.]는 낙엽관목 혹은 소교목이며, 가지는 매끄럽고 털이 없으며, 마주 보고 있는 가시는 곧게 뻗어 있거나 갈고리처럼 굽어 있다. 중의학에서는 대추의 맛은 달고 성질은 따뜻하다고 여기고 있다. 사람의 비장과 위장을 다스린다. 비장을 보익하고 위장을 조화롭게 하며, 기를 북돋우고 진액을 생성하며, 영기와 위기를 조정하고, 약물의 독성을 해독한다. 위가 허하여 적게 먹는 것, 비장이 약하여 변이 무른 것, 기혈의 진액이 부족한 것, 영기(營氣: 혈액 속으로 순환하면서 혈을 생기게 하고 온몸을 자양하는 물질)와 위기[衛氣: 인체를 외사(外邪)로부터 방어하는 기능을 가진 기운]가 조화를 이루지 못하는 것, 가슴이 두근거리는 신경쇠약, 부인에게 생기는 정신신경장애를 치료한다. 대추는 가공하는 방법에 따라 홍조, 흑조로 분류한다. 일반적으로 홍조를 약으로 사용한다. BRIS에서는 위의 근연식물의 학명을 *Zizyphus jujuba* Mill. var. jujuba라고 하여 멧대추나무로 명명하고 있다.

378 '앵두[櫻桃]': Baidu 백과에서 제시한 장미과 식물 앵두의 중국학명은 Cerasus spp.인데, 장빙룬의 역주본에서는 그 학명을 *Cerasum pseudocerasus* (Lindl.)

고 비장의 기를 보익하며, 사람으로 하여금 안색을 좋게 하는 효능이 있다. 머리가 어지럽고 눈앞이 깜깜해지는 증상[暗風][379]이 있는 사람은 먹어서는 안 된다.

中, 益脾氣, 令人好顔色. 暗風人忌食.

17. 포도葡萄[380]

포도는 맛이 달고 독이 없다. 주로 근골에

葡萄味甘, 無毒.

G.Don)으로 표기하고 있다. 그런데 한국의 KPNIC에서는 앵두의 학명을 *Prunus tomentosa* Thunb.로 안내하고 있다. 야생인지 재배종인지에 따라 학명은 다소 차이는 있지만, 이 경우 차이가 현격해 보인다. 『이아(爾雅)』의 곽박의 주에 의하면 앵두는 늦어도 동진시기에 이미 출현했다고 한다. 과즙이 많고 단 가운데 신맛도 띠고 있다. 맛은 달고 성질은 따뜻하다. 기를 북돋고 풍기와 습사를 제거하는 효능이 있다. 중풍, 사지 마비, 풍기와 습사로 인해 허리와 다리가 아픈 것과 동상을 치료한다.

379 '암풍(暗風)': 병명이다. 당대 맹선(孟詵)의 『식료본초(食料本草)』에는 "많이 먹어서는 안 되고 (많이 먹으면) 사람에게 암풍을 유발한다."라는 말이 있다. 한국전통지식포탈에 의하면, 머리가 빙글빙글 도는 듯하며 눈앞이 캄캄해지고 방향을 잘 분간하지 못하는 병증이라고 한다. 이는 장부(臟腑)가 고르지 못함으로써 풍양(風陽)이 위로 솟구치는 질환을 말하는데, 내풍(內風)과 비슷하다. 느끼지 못하는 사이에 안에서 점차 발생하므로 암(暗)이라 한다. 어지럽고 눈에 꽃 같은 것이 가물거리는 것이 주된 증후라고 한다. 김세림의 역주본에서는 이와는 달리 '암풍병'을 풍사가 몸속에 남아 허열과 기침을 유발한다고 보았다.

380 '포도(葡萄)': 포도과 식물 포도의 열매이다. 포도나무[*Vitis vinifera* L.]는 높고 크게 얽힌 덩굴 식물이다. 물이 많은 과실인 포도알은 원형이거나 알과 같은 장방형이다. 즙액이 풍부하고 익을 때에는 자흑색 혹은 붉은빛을 함유한 청색을 띠며, 바깥쪽은 흰색 분말로 덮여 있다. 맛이 좋고 과즙이 풍부한 가을철 과실이며, 아주 좋은 영양가를 가지고 있다. 그대로 먹어도 되고 건포도를 만들어 먹거나 포도주를 양조해 먹을 수 있다. 맛은 달고 시며 성질이 밋밋하다. 『사기』「대완열전(大宛列傳)」에는 이미 '포도주(蒲陶酒)'가 등장한다. 포도는 기혈을 보양하

습기가 차서 생긴 저림 증세를 치료하고 기를 북돋우며, 의지[381]를 강하게 하고 사람을 건강하고 살지게 한다.	主筋骨濕痺, 益氣強志, 令人肥健.

그림 93 앵두[櫻桃]

그림 94 포도葡萄

18. 호두[胡桃][382]

호두는 맛이 달고 독이 없다. 먹으면 사람을 살지우고 건강하게 하며, 피부를 윤택하게	胡桃味甘, 無毒. 食之令人肥健, 潤

고 근골을 굳건하게 하며 소변이 잘 통하게 하는 효능이 있다. 기혈이 쇠한 것, 폐가 허해 기침 나는 것, 가슴이 두근거리고 밤에 식은땀을 흘리며, 풍기와 습사로 마비되고 아픈 증상, 임질과 부종을 치료한다. 일반적으로 약용으로는 신강에서 재배하는 쇄쇄포도(瑣瑣葡萄)[또는 색색포도(索索葡萄), 두립포도(豆粒葡萄)라고 한다.]가 가장 좋다.

381 일본판 김세림의 역주본과 영어판 Buell의 역주본에서는 '지(志)'를 의지[will]로 번역하는 데 반해, 장빙룬[張秉倫]의 역주에서는 '기억'이라고 해석하고 있다.

382 '호두[胡桃]': 핵도(核桃)라고도 칭하며 호두과 식물로서 장빙룬의 역주본에서 제시한 학명 *Juglans regia* L.은 흑호두이며, 한국의 KPNIC에서는 호두의 학명을 *Juglans regia* Dode로 안내하고 있다. Buell의 역주본에서는 이를 walnut라고 번역하고 있다. 호두의 맛은 달고 성질은 따뜻하다. 주로 신장을 보양하고, 폐를 따뜻하게 하고 숨을 안정시키며, 장을 윤택하게 하는 데 쓰인다. 신장이 허해서 생긴 천식, 요통, 다리가 약해진 경우, 발기부전[陽痿], 정액이 새는 것, 잦은 소변,

하고 모발을 검게 한다. 많이 먹으면 풍기를 유발한다.	肌黑髮. 多食動風.

19. 잣[松子][383]

잣은 맛이 달고 (성질은) 따뜻하며, 독이 없다. 온갖 풍, 머리가 어지러운 것을 치료한다. 체내의 수기를 흩트리고 오장을 윤택하게 한다. 수명을 늘인다.	松子味甘, 溫, 無毒. 治諸風, 頭眩. 散水氣, 潤五藏. 延年.

그림 95 잣[松子]

요로결석[石淋]과 대변이 말라서 굳은 것을 치료한다. 임상실험에 의하면, 호두 과육과 기타 약물을 배합하면 요로결석, 피부염, 습진과 외이도에 생긴 부스럼을 치료하는 데 사용할 수 있다.

383 '송자(松子)': 즉, 잣이며 또한 송자인(松子仁), 신라잣[新羅松子]으로도 칭한다. Buell의 역주본에서는 이를 pine nuts라고 번역하고 있다. 소나무과 소나무속식물의 잣나무[*Pinus koraiensis* Siebold & Zucc.]의 씨이다. 원래 식물인 홍송은 또한 해송(海松), 신라송, 과송, 조선오엽송으로도 부른다. 여기서 말하는 신라송자(新羅松子)는 중국약명으로는 해송자(海松子)에 해당하는데, 학명은 *Pinus koraiensis* Sieb. et Zucc.이며, KPNIC에는 잣나무로 명명하고 있다. 이시진은 『본초강목』에서 해송자(海松子)의 약용가치를 높이 평가하면서, 이것이 신라송자라고 말하고 있다. 맛은 달고, 성질은 따뜻하다. 간, 폐, 대장에 작용한다. 진액

20. 연밥[蓮子][384]

연밥은 맛이 달고 (성질은) 밋밋하며, 독이 없다. 중초비위를 보익하고, 정신을 배양하며, 기를 돕고, 각종 질병을 없애며, 몸을 가볍게 하고 늙지 않게 한다.

蓮子味甘, 平, 無毒. 補中養神, 益氣, 除百疾, 輕身不老.

21. 가시연밥[鷄頭][385]

가시연밥은 맛이 달고 (성질이) 밋밋하며,

鷄頭味甘, 平, 無

을 기르고, 풍을 제거하며, 폐를 윤택하게 하고, 장을 매끄럽게 한다. 풍사로 인한 저림증[風痹], 머리가 어지러운 것[頭眩], 마른기침[燥咳], 피를 토하는 것, 변비를 치료한다. 식품공업에서는 잣을 떡의 재료로 삼는데, 특별히 맑은 향기를 지닌 잣이 잣 중에서 가장 좋다.

384 '연자(蓮子)': 중의약의 명칭으로 연꽃과 연꽃속의 '연'[*Nelumbo nucifera* Gaertn.]의 열매 혹은 씨다. 원래 식물인 연은 또한 하(荷), 부거(芙蕖), 부용(芙蓉)으로도 칭한다. 다년생 수생 초본이다. 견과는 타원형 혹은 알 형태를 띠고, 과일 껍질은 굳고 단단하며 가죽 같은 성질이고, 안에는 1개의 씨가 있으며, 민간에서는 연밥이라고 일컫는다. 일반적으로 늦가을, 초겨울에 연밥 송이인 연방(蓮房)을 잘라서 열매를 취하고 햇볕에 쬐어 말린다. 열매껍질을 제거한 씨를 일컬어 '연육(蓮肉)'이라고 한다. 연육의 맛은 달고 떫으며, 성질은 밋밋하다. 심장, 비장, 신장에 들어가서 작용한다. 심장을 기르고, 신장을 이롭게 하며, 비장과 위를 보익하고, 설사를 그치게 만든다. 잠을 자면서 꿈을 매우 많이 꾸는 것[夜寐多夢], 정액이 저절로 나오는 것[遺精], 소변을 볼 때 아프고 고름이 나오는 병증[淋濁], 오랜 이질, 허로로 인한 설사[虛泄], 부인의 자궁출혈 및 대하증을 치료한다. 석연자(石蓮子)는 아울러 구토를 완화하고, 식욕증진에 효능이 있으며, 먹으면 이질로 인해 입맛이 없는 병증을 치료한다.

385 '계두(鷄頭)': 계두실(鷄頭實), 수계두(水鷄頭) 등으로도 부른다. Buell의 역주본에서는 이를 euryale ferox라고 번역하고 있다. 수련과 식물 가시연[*Euryale ferox* Salisb.]의 익은 씨이다. 이것은 세발마름[芰]으로도 칭하며, 맛은 달고 떫

독이 없다. 주로 습사로 인해 저린 것, 허리와 무릎 통증을 다스리는 데 효능이 있다. 중초의 비위를 보익하고 질병을 제거하며, 정기를 보익한다.

毒. 主濕痺, 腰膝痛. 補中, 除疾, 益精氣.

22. 큰마름[芰實]386

큰마름은 맛이 달고 (성질이) 밋밋하며 독이 없다. 주로 중초비위를 편안하게 하며, 오장을 보익하고, 몸을 가볍게 하며 허기를 느끼지 않게 한다.

芰實味甘, 平, 無毒. 主安中, 補五藏, 輕身不飢.

으며, 성질은 밋밋하다. 비장, 신장에 작용하여 신장의 기운을 굳게 한다. 정액이 새는 증상을 치료하며[固腎澀精], 비장을 보익하고 설사를 멈추는 데에 효능이 있다. 정액이 저절로 나오는 것[遺精], 소변을 볼 때 아프고 고름이 나오는 병증[淋濁], 대하증, 소변을 참지 못하는 것, 설사를 치료한다. 식료 중에는 가시연밥과 기타 재료를 함께 사용하며, 신장의 기운을 보하고 정액이 새는 증상을 치료하는[補腎澁精], 면(麵)・국[羹] 혹은 환약으로 만들 수 있다.

386 '기실(芰實)': 능각으로 Baidu 백과에 의하면 학명은 *rapa bispinosa* Roxb.으로 마름과 마름속 식물의 과실로서 수율(水栗), 능실(菱實)이라고도 한다. KPNIC에서는 이를 '큰마름'이라고 명명한다. Buell의 역주본에서는 이것을 Trapa bispinosa 이라고 번역하고 있다. 원식물인 큰마름은 한해살이 수생 본초이다. 뿌리는 두 형태인데, 흡수근(吸收根) 외에, 동화근(同化根)이 있다. 줄기는 가늘고 길며 물 깊이의 차이에 따라 길이도 달라진다. 과실은 점차 납작해지는 역삼각형이며, 못, 강, 늪 속에서 자란다. 큰마름의 맛은 달고 성질은 차다. 날것으로 먹으면, 습열사(濕熱邪)로 인한 열기를 식히고, 갈증과 번거로운 느낌을 제거하며, 익혀서 먹으면 기를 북돋우고 비장과 위를 강하게 하는 데 효능이 있다. 『본초강목(本草綱目)』에서 이르길 "더위와 한기로 인해 쌓인 열기를 해소한다. 갈증을 멈추고 술독을 해소한다. 초오두(草烏頭)의 즙을 햇볕에 말려 만든 독[射罔毒]을 풀어준다."라고 하였다.

그림 96 연밥[蓮子]

그림 97 가시연밥[鷄頭]

그림 98 큰마름[芰實]

23. 리치[荔枝]387

리치는 맛이 달고 (성질은) 밋밋하며 독이 없다. 갈증을 멈추고 진액을 생성하며 사람의 안색을 좋게 한다.

荔枝味甘, 平, 無毒. 止渴生津, 益人顏色.

---

387 '여지(荔枝)': 무환자과 리치속 식물인 리치[*Litchi chinensis* Sonn.]의 열매이다. 리치나무는 상록교목으로 핵과는 원모양 혹은 알 모양이며 외과피는 질감이 가죽 같으며 혹 모양의 돌기가 있고 익으면 붉은색이 된다. 리치[荔枝]의 두 글자는 전한대부터 등장한다. 당나라 두목(杜牧)의 『과화청궁(過華淸宮)』에서 이르길 "장안에서 머리를 돌려 비단을 쌓은 것 같은 여산원을 바라보니, 산꼭대기의 화청궁(華淸宮)의 많은 문이 차례로 열린다. 한 마리 말이 홍진을 일으키니 양귀비가 미소를 짓네. 아무도 (남방에서) 신선한 리치를 가져왔다는 것을 모르네."라고 하였다. 가우(嘉祐) 4년(1059)에 완성된 『여지보(荔枝譜)』에서는 복건성의 리치의 품종, 산지 및 재배, 가공, 저장 등의 방법을 논술하고 있으며, 이것이 중국에서 현존하는 가장 이른 리치에 대한 전문 저서이다. 리치의 맛은 달고 성질은 따뜻하다. 진액을 생성하고, 피를 더하며, 기를 다스리고, 통증을 멈추는 데 효능이 있다. 가슴이 답답하고 목이 마른 것, 딸꾹질, 위의 통증, 경부 림프선염[瘰癧], 얼굴에 생기는 작은 악성 종기[疔腫], 치통, 상처로 인한 출혈을 치료한다.

24. 용안龍眼[388]

용안은 맛이 달고 (성질은) 밋밋하며 독이 없다. 주로 오장의 사기를 치료하며, 마음을 편안하게 하고, 먹기 싫어하는 병증을 치료하고, 기생충을 없애고, 독을 제거한다.	龍眼味甘, 平, 無毒. 主五藏邪氣, 安志, 厭食, 除蟲, 去毒.

그림 99 리치[荔枝]

그림 100 용안(龍眼)

25. 은행銀杏[389]

은행은 맛이 달고 쓰며, 독이 없다.[390]	銀杏味甘苦, 無

---

388 '용안(龍眼)': 계원(桂圓), 익지(益智)라고도 이름한다. 무환자과 디모카르푸스속 식물 용안[*Euphoria longan* (Lour.) Steud.]으로 상록교목이다. 한국의 KPNIC에는 이 식물을 무환자나무과 디모카르푸스속의 '용안'이라고 명명한다. Buell의 역주본에서는 이를 longan이라고 번역하고 있다. 용안의 짝수개의 깃 모양 복엽은 통상적으로 어긋나게 자라며 바탕이 가죽 같고, 타원형에서 알 모양의 피침형에 이른다. 용안 과육의 맛은 달고 성질은 따뜻하다. 사람의 심장과 비장과 위를 다스린다. 심장과 비장 및 기혈을 보익하며, 정신을 안정시키는 데 효능이 있다. 허로병으로 몸이 마른 것, 잠을 잘 이루지 못하는 것, 건망증, 놀라서 가슴이 두근거리는 것, 신경쇠약[怔忡]을 치료한다.

389 '은행(銀杏)': 또한 백과(白果)로도 일컫는다. 은행과 식물 은행나무[銀杏: *Ginkgo*

볶아 먹거나 삶아 먹어도 모두 좋으나, 날것으로 먹으면 병이 발생한다.

毒. 炒食煮食皆可, 生食發病.

26. 감람橄欖[391]

감람은 맛이 시고 달고 (성질은) 따뜻하며 독이 없다. 주로 술기운을 해소시키며, 소화를 증진시키고, 기를 내려 주며, 갈증을 멈추는 데 효능이 있다.

橄欖味酸甘, 溫, 無毒. 主消酒, 開胃, 下氣, 止渴.

---

biloba L.]의 종자이다. Buell의 역주본에서는 이를 ginkgo라고 번역하고 있다. 은행나무는 또한 압각(鴨脚), 공손수(公孫樹), 압장수(鴨掌樹)라고도 불린다. 낙엽교목으로, 나무줄기는 곧고 나무껍질은 회색이다. 잎은 부채꼴이며, 끝부분의 중간이 두 갈래로 얕게 갈라져 있다. 꽃은 단성이며 자웅이수이다. 은행의 맛은 달고 쓰고 떫으며, 성질은 밋밋하고, 독이 있다. 폐와 신장에 작용한다. 기를 수렴하고, 기침을 안정시키며, 소변이 혼탁한 것을 해소하며 소변이 잘 나오지 않는 것을 치료하는 데 효과가 있다.

390 '무독(無毒)': 실제로는 과육이 백과산[Ginkgolic acid]을 함유하고 있어서 많이 먹게 되면 중독을 일으킨다. 은행을 먹고 중독이 된 것은 고대에도 기록이 있는데, 예컨대 『수식거음식보(隨息居飮食譜)』에서는 "은행독에 중독된 자는 술 먹은 것처럼 혼미해지니, 백과(白果)의 껍질이나 흰 건어의 머리를 삶아 탕을 만들어 해독한다. 그것을 지나치게 많이 먹으면 구제할 수 없으니, 진실로 살고자 하는 자는 몰라서는 안 된다."라고 하였다.

391 '감람(橄欖)': 감람과 식물인 감람[*Canarium albun*]의 열매이다. 한국의 BRIS에는 이 작물을 감람이라고 명명하고 있다. Buell의 역주본에서는 이를 chinese olive라고 번역하고 있다. 감람나무는 상록교목이며, 나무껍질은 담회색이며, 편평하고 매끄럽다. 광동, 광서, 복건, 사천, 운남, 대만 등지에 분포하고 있다. 신선한

그림 101 은행(銀杏)

그림 102 감람(橄欖)

27. 소귀나무열매[楊梅][392]

소귀나무의 열매는 맛이 시고 달고 (성질은) 밋밋하며 독이 없다. 주로 가래를 없애 주고,[393] 구토를 멈추며, 소화를 돕고 주정의 중독을 해소하는 데 효능이 있다.

楊梅味酸甘, 溫, 無毒. 主去痰, 止嘔, 消食, 下酒.

감람은 북[梭]모양이고, 맛은 달고 떫으며 시고, 성질은 밋밋하다. 폐를 깨끗하게 하며, 인후를 잘 통하게 하고 진액을 생성하며 독을 해독한다. 인후 부종 및 통증, 번열로 인한 갈증, 기침과 토혈, 세균성 이질, 간질을 치료하며, 복어독과 술독을 해독한다.

392 '양매(楊梅)': 소귀나무과 소귀나무속 식물인 소귀나무[*Myrica rubra* (Lour.) Siebold & Zucc.]의 열매이다. 한국의 KPNIC에서는 이를 '소귀나무'로 명명하고 있다. Buell의 역주본에서는 이를 chinese myrica라고 번역하고 있다. 소귀나무는 상록교목이며, 맛은 달고 시며, 성질은 따뜻하다. 사람의 폐와 위를 다스린다. 진액을 생성하고 갈증을 멈추며, 위를 조화롭게 하고, 소화를 돕는 효능이 있다. 번열로 인한 갈증, 구토설사, 이질, 복통을 치료한다.

393 '거(去)': 상옌빈의 주석본에서는 사부총간속편본과 동일하게 '거(去)'로 표기하였으나, 장빙룬의 역주본에서는 '거(祛)'로 표기하였다.

28. 개암[榛子][394]

개암은 맛이 달고, (성질은) 밋밋하며 독이 없다. 기력을 보익하고, 위와 장의 기능을 좋게 하며, 인체를 건강하게 하고 걸음을 가볍고 빠르게 하며, 배고픔을 느끼지 않게 한다.	榛子味甘, 平, 無毒. 益氣力, 寬腸胃, 健行, 令人不飢.

그림 103 소귀나무열매[楊梅]

그림 104 개암[榛子]

29. 비자榧子[395]

비자는 맛이 달고, 독이 없다. 주로 5가지 치질[五痔]을 치료하고, 각종 기생충[三蟲]을 구	榧子味甘, 無毒. 主五痔, 去三蟲, 蠱

394 '진자(榛子)': 이를 KPNIC에서는 자작나무과 개암나무속 식물 개암나무[*Corylus heterophylla* Fisch. ex Trautv.]의 열매라고 한다. Buell의 역주본에서는 이를 hazelnuts이라고 번역하고 있다. 개암나무는 낙엽관목 혹은 소교목이고, 그 열매를 볶아서 먹으면 달콤하며 연하다. 아울러 과자, 빵의 고명으로 사용할 수도 있다. 중의학에서는 평진(平榛)과 천진(天榛)이 약에 쓰인다. 맛은 달고, 성질은 밋밋하다. 중초비위를 조화롭게 하고 식욕을 돋우며, 눈을 밝게 하는 효능이 있다.

395 '비자(榧子)': 향비(香榧)라고도 이름하며, 주목과 비자나무속 식물 큰비자나무[*Torreya grandis* Fortune ex Lindl.]의 종자이다. 한국의 KPNIC에서는 '큰비자나

제하고,[396] 벌레의 독[蟲毒], 인체에 들어온 전염성 사기[鬼疰][397]를 제거하는 데 효능이 있다.

毒鬼疰.

30. 사탕沙糖[398]

사탕은 맛은 달고 성질은 차가우며, 독이 없다. 주로 심장과 배에 열이 나서 더부룩한 것을 치료하고, 갈증을 멈추며 눈을 밝게 하는 효능이 있다. 즉 사탕수수의 즙을 졸여서 사탕을 만든다.

沙糖味甘, 寒, 無毒. 主心腹熱脹, 止渴, 明目. 即甘蔗汁熬成沙糖.

무'로 명명하고 있다. Buell의 역주본에서는 이를 torreya nut이라고 번역하고 있다. 비자나무는 또한 야삼(野杉), 향비(香榧), 목비(木榧)로도 칭한다. 상록교목으로 나무껍질은 회갈색이며, 통상적으로 암수가 다른 나무에 있다. 냄새는 약간 향기롭고, 맛은 약간 달다. 비자는 항상 건과로 만들어 식용으로 쓰이며 또한 중의약 재료로도 쓰인다. 맛은 달고, 성질은 밋밋하다. 벌레를 죽이고, 적체를 없애며, 마른 것을 윤택하게 하는 데 효능이 있다. 벌레가 쌓여 배가 아픈 것, 소아의 비장과 위 기능장애로 여위는 것, 마른기침, 변비, 치질과 부스럼을 치료한다.

396 '거삼충(去三虫)': 옛 의약서에서는 항상 비자(榧子)로써 기생충을 구제하였다. 예컨대, 당대 맹선(孟詵)의 『식료본초(食療本草)』에서는 환자에게 권하여 비자를 매일 7알씩, 7일 동안 먹게 하면 촌충[白蟲]을 치료한다고 기재되어 있다. 송대 『성제총록(聖濟總錄)』, 청대 『구급방(救急方)』 등에도 처방이 있다.

397 '귀주(鬼疰)': Baidu 백과에 의하면 '귀주'에 대한 설명이 하나가 아니다. 종기[膿瘍] 혹은 전염성이 강한 전염병이라 하는가 하면 송대 이전에는 결핵성 전염병의 이름으로 불리기도 했다. 죽은 다음에 사기(邪氣)가 주위 사람들에게 흘러들어가서 생기는 병이다.

398 '사탕(沙糖)': 화본과 식물 사탕수수의 줄기에서 나오는 즙이다. 장빙룬의 역주본에서 사탕수수의 학명을 *Saccharum Sinensis* Roxb.라고 한 것에 반해, 한국의 BRIS에서는 이를 *Saccharum officinarum* L.라고 표기하고 있다. 사탕은 정제를

그림 105 비자(榧子)

그림 106 사탕[沙糖]수수

31. 멜론[甜瓜][399]

멜론은 맛은 달고 (성질은) 차가우며 독이 있다.[400] 갈증을 그치고 번열을 제거한다. 많이 먹으면 냉병을 유발하여 배를 아프게 하고

甜瓜味甘, 寒, 有毒. 止渴, 除煩熱. 多食發冷病, 破腹.

거쳐서 만든 유백색의 결정체이다. 맛은 달고, 성질은 밋밋하다. 폐를 윤택하게 하고, 진액을 생성하는 효능이 있다.

399 '첨과(甜瓜)' : 감과(甘瓜), 과과(果瓜)라고도 하며, 박과 식물인 첨과를 Baidu 백과에서는 그 학명을 *Cucumis melo* L.라고 하며, 장빙룬의 역주본에서도 이를 따르고 있는데, 한국 국가표준식물목록(KPNIC)에 의하면 이 학명의 국명은 '멜론'이라고 한다. 참외의 학명은 Cucumis melo var. makuwa Makino라고 하여 이와는 다르다. 다만 삽입된 그림은 참외와 흡사하다. 멜론은 일년생 넝쿨이며 기는 식물이다. 껍질은 연하고 즙이 많으며 맛있고 입에 맞으며, 여름철에 자주 먹는 과일이다. 중의학에서는 멜론의 맛이 달고 성질은 차다고 여긴다. 심장과 위장에 작용한다. 무더위로 인한 열병을 없애고 가슴이 답답하여 입이 마르고 갈증이 나는 병증을 해소하며 소변 배출을 편하게 하는 효능이 있다. 비장과 위장의 허기로 인한 한증, 복부팽창 증상이 있거나 변이 묽은 사람은 먹어서는 안 된다.

400 '유독(有毒)': 멜론 꼭지의 맛은 쓰고 성질은 차며 독이 있다. 주요 작용은 구토를 촉진하는 것이고, 음식물 중독, 담이 섞인 타액이 사라지지 않는 증상과 간질 등의 병증에 주로 쓰인다. 몸이 허약하고 피를 많이 흘렸거나 상부에 기운이 없고 사기가 있는 자는 복용해서는 안 된다. 멜론 꼭지 50g을 구입해서 물에 달여 2번 나누어 복용하면 중독되어 어떤 약도 듣지 않는 자를 구할 수 있다.

설사를 일으킨다.

32. 수박[西瓜][401]

수박은 맛이 달고, (성질은) 밋밋하며 독이 없다. 주로 갈증을 해소하는 효능이 있고 가슴의 번열을 치료하며 술독을 해독한다.

西瓜味甘, 平, 無毒. 主消渴, 治心煩, 解酒毒.

그림 107 멜론[甜瓜]

그림 108 수박[西瓜]

33. 멧대추[酸棗][402]

멧대추는 맛이 시고 달며, (성질은) 밋밋하고

酸棗味酸甘, 平,

401 '서과(西瓜)': 박과 식물인 수박[*Citrullus lanatus* var. lanatus (Thunb.) Matsum. & Nakai]의 열매이다. 수박은 일년생 덩굴성 초본이다. 상옌빈의 주석본에 의하면 수박의 원산지는 아프리카 열대의 사막지대라고 한다. 줄기는 가늘고 약하며 기는 성질이 있으며, 열매는 원형에 가깝거나 긴 타원형이다. 맛은 달고, 성질은 차다. 심장과 위장, 방광에 작용한다. 열을 식히고 더위를 해소하며, 답답한 것을 없애고 갈증을 그치며 소변 배출을 편하게 하는 효능이 있다. 여름 더위로 인해 생긴 번열과 갈증, 열이 차서 진액이 손상되거나, 소변이 잘 나오지 않는 증상, 인후가 저리고 입에 부스럼이 나는 것을 치료한다.

402 '산조(酸棗)': 극(棘), 야조(野棗), 산조(山棗) 등으로 불리우며, 갈매나무과 식물

독이 없다. 주로 심장과 복부의 오한과 발열, 사기가 침범해서 기가 뭉치는 것을 치료하며, 초조하고 불안한 것을 제거하는 데 효능이 있다.

無毒. 主心腹寒熱, 邪結氣聚, 除煩.

34. 개아그배[海紅]403

개아그배는 맛이 시고 달고, (성질은) 밋밋하며 독이 없다. 설사와 이질을 치료한다.

海紅味酸甘, 平, 無毒. 治洩痢.

그림 109 멧대추[酸棗]

그림 110 개아그배[海紅]

멧대추[*Zizyphus jujuba* Mill.]의 열매이다. 멧대추나무는 낙엽관목 혹은 소교목이며, 늙은 가지는 갈색, 어린 가지는 녹색이다. 가지 위에는 두 종류의 가시가 있는데, 하나는 바늘모양 가시로 길이는 약 2cm이며, 다른 하나는 밖으로 굽은 가시로 길이는 약 5mm이다. 열매는 새콤달콤하고 맛있는데, 원래 덜 익은 것을 따서 먹는 야생 과일이 대부분이며, 간혹 이것으로 멧대추 국수, 멧대추 떡 등의 간단한 요깃거리를 만들어 먹는다.

403 '해홍(海紅)': 장미과 식물인 서부해당화[西府海棠; *Malus micromalus* Makino]의 열매이다. 원식물인 서부해당화[西府海棠]는 또한 소과해당화[小果海棠], 팔릉해당화[八棱海棠], 실해당화[實海棠]로 칭한다. 한국의 KPNIC에서는 이 학명을 장미과 사과나무속 '개아그배나무'로 명명하고 있다. Buell의 역주본에서는 '해홍(海紅)'을 'Flowering Apricot red [Malus micromalus]' 즉 서부해당이라고 쓰고 있으며, BRIS에서는 이를 야생종 '제주아그배'라고 한다. 『석명(釋名)』에서는 이를 '해당리(海棠梨)'라고 하며, 당대 이덕유(李德裕)는 『화목기(花木記)』에서 이를 해외에서 유입되었으며 해당(海棠)과 같은 류라고 하였다. 또 이백(李白)시를

35. 향원香圓404

향원은 맛이 시고 달며, (성질은) 밋밋하고 독이 없다. 기를 내리고, 가슴과 횡격막을 열어서 역류하는 기를 내려 잘 통하게 한다.	香圓味酸甘，平，無毒．下氣，開胷膈．

36. 주자株子405

주자는 맛이 달고 시며, (성질은) 밋밋하고	株子味酸甘，平，

주석하면서 '해당'은 신라국에서 가장 많이 난다고 하였다.

404 '향원(香圓)': 또 향연(香櫞)이라고 칭하며, 학명은 *Citrus medica* L.이다. KPNIC에서는 이를 윤향과 귤속 '불수감'이라고 부르지만 양자의 과일의 형태는 제시된 그림과는 전혀 다르다. Buell의 역주본에서는 '향원(香圓)'을 'Citron' 즉, 레몬류의 과일이라고 쓰고 있으며, 일본판 김세림의 역주본에서는 '향원(香圓)'을 구연(くえん: 枸櫞)이라고 해석하고 있다. 그런가 하면 장빙룬의 역주본에는 운향과 식물인 구연(枸櫞) 혹은 향원(香圓)의 익은 열매라고 한다. 우선 구연(枸櫞: *Citrus medica* L.)은 구연자(鉤櫞子), 향포수(香泡樹), 향연감(香櫞柑)으로 칭하는데, 상록 소교목이며, 열매는 긴 타원형 혹은 알 모양 원형이며, 과일 끝부분에는 젖꼭지 모양의 돌기가 있으며, 열매 껍질은 굵고 두텁고 향기롭다고 한다. 그리고 향원(香圓: *Citrus wilsonii* Tanaka.)은 상록교목이며 줄기가지는 매끈하며 털이 없고, 짧은 가시가 없다. 이처럼 향연의 기원에는 구연과 향원 두 종류가 있고, 간혹 불수(佛手)도 그 속에 포함되기도 한다. 특징은 향연은 비록 향기는 상큼하나, 맛은 아주 시고 써서 식용으로 사용할 수 없어서, 대부분 감상하거나 혹은 방향제로 쓰인다. 그리고 생산량에서는 향원이 더 많으며, 비교적 광범위하게 사용된다. 반면 구연의 맛은 맵고 쓰고 시며, 성질은 따뜻하다.

405 '주자(株子)': 즉 중의약에서의 저자(櫧子) 또는 고저(苦櫧)이다. 학명은 *Castanopsis sclerophylla* (Lindl.) Schott.인데, BRIS에서는 등재되어 있지 않다. Buell의 역주본에서는 주자(株子)를 'Acorns'이라고 쓰고 있다. 그러나 일본판 김세림의 역주본에서는 '주자(株子)'를 앵두[prunus tomentosa]라고 쓰고 있다. 이는 참나무과 식물인 고저(苦櫧) 혹은 청조(青棡)의 열매이다. 첫 번째로 고저(苦

독이 없다. 성질은 약간 차갑다. 많이 먹어서는 안 된다. | 無毒. 性微寒. 不可多食.

그림 111 향원(香圓)

그림 112 주자(株子)

37. 사과[平波]406

사과는 맛이 달고, 독이 없다. 갈증을 멈추게 하고 진액을 생성한다. 옷상자 안에 넣어두면 좋은 향기가 사람의 기분을 좋게 한다. | 平波味甘, 無毒. 止渴生津. 置衣服篋笥中, 香氣可愛.

櫧)는 *Castanopsis sclerophylla* (Lindl.)Schott. 혈저(血櫧), 저율(櫧栗)로도 칭한다. 두 번째로 청주(青椆: *Quercus myrsinaefolia* Bl. KPNIC에서는 이를 '가시나무'로 명명한다.)는 상록교목으로 나무껍질은 회갈색이다. 주자(株子)의 성미와 효능에 관해서 당대 진장기의 『본초습유(本草拾遺)』에서 이르기를 "그것의 맛은 쓰고 떫다. 설사를 멈추는 데 능하고, 먹으면 배고프지 않게 되며, 신체를 건강하게 하며, 악혈을 제거하고 갈증을 멈추는 데 효능이 있다."라고 하였다. 『수식거음식보(隨息居飲食譜)』에서 이르길 "술독[酒膈]을 앓는 자는 잘게 씹어서 자주 먹어야 한다."라고 하였다.

406 '평파(平波)': 장미과 식물 한국의 국가표준식물목록(KPNIC)에는 장미과 사과나무속 '사과나무'[*Malus pumila* Mill.]의 열매라고 명명한다. 김세림의 역주본에서는 '평파(平波)'를 능금[りんご]이라고 해석하고 있으며, Buell의 역주본에서는 '평파(平波)'를 'pingpo(Malus sp)'라고 중국어를 그대로 음역하고 있다. 사과나무는 낙엽교목으로 높이는 15m에 달한다. 민간에서는 '면평과(綿苹果)'라고 일

38. 아몬드[八檐仁][407]

아몬드는 맛이 달고 독이 없다.[408] 기침을 멈추게 하고 기를 아래로 내리며 심장과 배의 기가 역류되어 더부룩한 것을 해소한다. 그 열

八檐仁味甘, 無毒. 止欬下氣, 消心腹逆悶. 其果出回

컫는데 즉 고대의 이른바 '내(柰)'이다. 또한 한 번 더 가공해서 과주, 잼과 고체음료로 만들 수 있다. 맛은 달고 성질은 차갑다. 진액을 생성하고 폐를 윤택하게 하며, 답답한 증세를 제거하고, 더위를 물리치며, 식욕을 촉진하고, 술을 깨게 하는데 효능이 있다. 생으로 먹을 수 있고 찧어 즙을 내거나 졸여서 고(膏)를 만들 수도 있다. 사과를 졸여 만든 고(膏)는 또한 '옥용단(玉容丹)'으로도 부르는데, 오장육부를 통하게 하고 십이경락을 돌게 하며, 영기와 위기를 조절하여 정신을 밝게 하고, 전염병[瘟疫]을 제거하고 한기와 열기를 차단하는 데 효능이 있다.

407 '팔첨인(八檐仁)': 장빙룬의 역주본과 상옌빈의 교석본에서는 사부총간속편본과는 달리 '첨(檐)'을 '담(擔)'으로 적고 있다. 영어판 Buell의 역주본에서는 '팔담인(八擔仁)'을 'Badam Nut[아몬드]'으로 해석하고 있고, 일본판 김세림의 역주본에서는 '팔첨인(八檐仁)'이라 하고, 편도(扁桃, 아몬드)라고 해석하고 있다. 팔담인(八擔仁)이 한국의 KPNIC와 BRIS에는 등록되어 있지 않지만 Naver 백과에서도 *Prunus amygdalus*를 '아몬드'라고 명명하고 있다. 이상을 볼 때 장빙룬이 제기한 팔담인(八擔仁)의 학명[*Prunus amygdalus* Butsch]은 아몬드의 말린 씨임을 알 수 있다. 열매는 단것과 쓴 것으로 나뉜다. 첫 번째로, 단 아몬드 씨[甜巴旦杏仁]는 단 아몬드의 말린 열매이다. 두 번째로 쓴 아몬드 씨는 쓴 아몬드의 말린 열매로 모양은 단 아몬드와 닮았는데, 다만 비교적 작고 비교적 가지런하지 못하다. 맛은 쓰고 곱게 갈아 유액으로 만들면 특이한 악취가 난다. 고대에 쓰인 것들은 대부분 단 아몬드 씨였다. 맛은 달고 성질은 밋밋하다. 폐를 윤택하게 하고 기침을 그치게 하며, 가래를 해소하고 기를 아래로 내리는 효능이 있다. 허로하여 나는 기침, 심장과 배의 기운이 역류해서 생긴 답답함을 치료한다. 현재는 쓴 아몬드를 약용으로 많이 사용한다.

408 '무독(無毒)': 아몬드 씨는 단것과 쓴 것으로 나뉘는데, 단 아몬드 씨는 아미그달린을 함유하지 않거나 0.1% 정도 함유하고 있어 독이 없다고 여기기 때문에 많이 먹어도 된다. 그러나 쓴 아몬드 씨는 비교적 많은 아미그달린(약 3%)과 에물신을 함유하고 있기 때문에 독이 있다. 쓴 아몬드 씨를 성인은 약 50-60개, 소아는 7-10개를 복용하면 곧 죽음에 이를 수 있는데, 죽음의 원인은 주로 (세포)조직들의 질식이다.

매는 회족 지역에서 생산된다.

囬田地.

39. 피스타치오[必思答]409

피스타치오는 맛이 달고 독이 없다. 중초비위를 고르게 하고 기를 순화시킨다. 그 열매는 회족의 지역에서 생산된다.

必思答味甘, 無毒. 調中順氣. 其果出囬囬田也.

그림 113 사과[平波]

그림 114 아몬드[八檐仁]

그림 115 피스타치오[必思答]

---

409 '필사답(必思答)': 명(明)대 이현 등이 찬술한 『명일통지(明一統志)』 권89에 사마르칸트에는 "필사단(必思檀)은 나뭇잎은 산차(山茶)와 같으며 열매는 은행과 같으나 작다."라고 하고 있는데, 이것이 피스타치오[必思答]인 것 같다. 영어판 Buell의 역주본에서는 '필사답(必思答)'을 'Pista[Pistacia vera]'로 해석하고 있으며, 일본판 김세림의 역주본에서는 또한 '피스타치오[ピスタチオ]'라고 해석하고 있다. 명대 『만력야획편(萬曆野獲編)』에서 "갈석(渴石: 사마르칸트 남쪽에 있는 샤흐리삽스이다.) 지역은 사마르칸트의 서남부 약 260리(里)에 위치하고 있다. 어떤 사람은 필사답이 바로 '아월혼자(阿月渾子)'라고 하고 있으며, 다른 이름으로는 호진자(胡榛子) 또는 무명자(無名子)라고 불린다고 한다. 실제 『본초강목(本草綱目)』에서는 단지 '아월혼자(阿月渾子)'만이 열거되어 있다. 『본초강목』 권30에서는 진장기(陳藏器: 687-757년)의 견해를 인용하여 "아월혼자는 서역의 제번에서 생산되며, 호진자(胡榛子)와 같은 나무이다. 첫해의 것을 호상자(胡搡子)라고 하고, 이듬해의 것을 아월혼자이다."라고 하고 있다.

6장 채품菜品

본 장은 각종 야채 46종을 제시하여 그들의 성질, 맛은 물론이고 치료효과 등을 자세하게 안내하고 있다. 이들 중에는 서역에서 유입된 것들도 적지 않다.

1. 아욱[葵菜][410]

아욱은 맛이 달고 (성질은) 차며 밋밋하고 독이 없다. 각종 나물의 으뜸이다. 오장육부의 한증과 열증, 여위고 수척한 것과 소변이 잘 나오지 않는 것[五癃][411]을 치료하며, 소변이 원활하게 배출되게 하고 부인의 젖이 잘 나오지 않는 것을 치료한다.

葵菜味甘，寒平，無毒. 爲百菜主. 治五藏六府寒熱，羸瘦，五癃，利小便，療婦人乳難.

410 '규채(葵菜)': 즉 아욱과 식물인 아욱[*malva verticillata* L.]이다. 일찍이 『시경』에 등장하며, 『광아(廣雅)』, 『설문(說文)』과 『제민요술』 등에도 보인다. Buell의 역주본에서는 이를 mallow라고 번역하고 있다. 일년생 초본으로 맛은 달고 성질은 차다. 점액질을 함유하고 있다. 열을 낮추고 수기를 잘 통하게 하며 장을 윤택하게 하는 효능이 있다. 폐의 열기로 인한 기침, 열독으로 인한 설사, 황달, 대소변 배출 장애, 균에 의해서 피부가 빨갛게 달아오르는 단독(丹毒)과 금속류에 의해 입은 상처를 치료한다.

411 '오륭(五癃)': 소변이 통하지 않아 생긴 질병을 가리킨다. 김세림의 역주본에서는 비뇨결석이라고 진단하고 있다.

2. 순무[蔓菁][412]

순무는 맛이 쓰고 (성질은) 따뜻하며 독이 없다. 주로 오장을 다스리며, 몸을 가볍게 하고, 기를 보익하는 데 효능이 있다. 순무씨[413]는 눈을 밝게 한다.

蔓菁味苦, 溫, 無毒. 主利五藏, 輕身, 益氣. 蔓菁子明目.

그림 116 아욱[葵菜]

그림 117 순무[蔓菁]

---

412 '만청(蔓菁)': 십자화과 배추속 식물인 순무[蕪菁: *Brassica rapa* L.]의 덩이뿌리와 잎이다. 순무는 고대 고적 중에 전후하여 봉(葑), 수(須), 나청(蘿菁), 개(芥) 등으로 불리었다. 상옌빈의 주석본에 의하면 홀사혜(忽思慧)는 또 그것을 사길목아(沙吉木兒)라고 칭했으며, 오늘날 신강 주민들은 그것을 흡막고(恰莫古)라고 한다. 이것을 민간에서는 대두채(大頭菜)라고 부른다고 한다. Buell의 역주본에서는 이를 '근대'[swiss chard]로 번역하고 있다. 이년생초본이며, 덩이뿌리는 육질로 되었으며, 공 모양이고 납작한 원형이거나 어떤 경우는 긴 타원형을 띠고 있다. 순무의 성질은 밋밋하고, 맛은 쓰고 맵고 달다. 식욕을 돋우고 기를 내리며, 습사를 다스리고 독을 해독하는 데 효능이 있다. 체하여 소화하지 못하는 것, 황달, 갈증으로 물을 많이 마시는 경우, 열독으로 인한 풍과 종기, 정창(丁瘡: 뿌리가 깊은 쇠못 형태의 종기), 화농성 유선염[乳癰]을 치료한다.

413 '만청자(蔓菁子)': 십자화과 식물인 순무[蕪菁]의 씨이다. 늦봄과 초여름에 익은 종자를 수확하여 잡질을 제거하고 햇볕에 말린다. 맛은 맵고 성질은 밋밋하다. 눈을 밝게 하며, 열을 내리고 습기를 다스리는 데 효능이 있다. 점차 시력을 잃어가는 것[靑盲], 눈이 어두운 것, 황달, 이질, 소변을 잘 누지 못하는 것을 치료한다.

3. 고수[芫荽][414]

고수는 맛이 맵고, (성질은) 따뜻하며, 독이 약간 있다. 곡물의 소화를 촉진하고, 오장의 부족한 것을 보충해 주며, 소변을 잘 통하게 한다. 일명 호수(胡荽)이다.	芫荽味辛, 溫, 微毒. 消穀, 補五藏不足, 通利小便. 一名胡荽.

4. 갓[芥][415]

갓은 맛이 맵고 (성질은) 따뜻하며, 독이 없	芥味辛, 溫, 無

---

414 '고수(芫荽)': KPNIC에서는 이를 산형과 고수속 식물인 고수[*Coriandrum sativum* L.]라고 이름한다. 다른 이름으로는 바질[香菜], 향수(香荽), 호수(胡荽) 등이 있다. 원산지는 지중해 연안과 중앙아시아이다. 전하는 말에 의하면 장건이 서역의 사신으로 갔을 때 처음으로 종자를 얻어 왔다고 하여 호수(胡荽)라고 불렀다고 한다. 일년생초본이며, 그루에는 털이 없다. 항상 채소로 쓰고, 강렬한 특유의 향기가 있어 조미료로 사용되며, 중의학에서는 약재로 사용된다. 맛은 맵고 성질이 따뜻하다. 사람의 폐와 비장을 다스린다. 땀을 내어 발진을 배출하며, 소화를 돕고 기를 내린다. 피부발진이 피부로 발현하는 속도를 늦추며, 먹은 음식물이 쌓여서 체한 것을 치료한다.

415 '개(芥)': 이는 곧, 십자화과 식물인 개채(芥菜: *Brassica juncea* (L.) Czern.)로, 다른 이름으로는 설리홍(雪裏蕻), 추엽개(皺葉芥), 황개(黃芥)라고도 한다. Buell의 역주본에서는 이를 mustard(겨자)라고 번역하고 있다. 일년생 혹은 이년생 초본이다. 상옌빈의 주석본에 의하면 서안 반파촌 앙소문화유적에서 일찍이 개채자(芥菜籽)가 출토되었다고 하며, 『예기』「내칙(內則)」편에도 '개(芥)'가 등장한다. 그 잎의 맛은 맵고 성질은 따뜻하다. 폐를 소통시키고 가래를 삭이며, 중초비위를 따뜻하게 하고 기를 통하게 하는 데 효능이 있다. 한대 유향의 『별록(別錄)』에서 이르길 "신장의 사기를 제거하고, (인체의) 아홉 구멍을 잘 통하게 하며, 귀와 눈을 밝게 하고, 중초비위를 안정시키는 데 효능이 있다. 오래 복용하면 중초비위가 따뜻해진다."라고 하였다. 그 종자를 일컬어 '개자(芥子)'라고 하는데, 맛은 맵고 성질이 뜨겁다.

다. 주로 신장의 사기를 없애는 데 효능이 있고, 인체의 아홉 구멍을 통하게 하며, 눈을 밝게 하고, 비장과 위장의 기능을 정상으로 조절한다.

毒. 主除腎邪氣, 利九竅, 明目, 安中.

그림 118 고수[芫荽]

그림 119 갓[芥]

5. 파[葱][416]

파는 맛이 맵고 (성질은) 따뜻하며, 독이 없다. 주로 눈을 밝게 하고, 인체의 부족한 것을 보하며, 한사의 침범으로 인해 열이 나는 것[傷寒]과 땀이 나는 것을 치료하며, 종기를 제거하는 데 효능이 있다.

葱味辛, 溫, 無毒. 主明目, 補不足, 治傷寒, 發汗, 去腫.

---

416 '총(葱)': 백합과 부추속 식물인 파[*Allium fistulosum* L.]이다. '총(葱)'의 기원은 분명하지 않지만 상옌빈의 주석본에 의하면 당대(唐代) 무렵 중앙아시아로부터 유입되었다고 보고 있다. 실제 총은 회흘문(回鶻文), 돌궐어(突厥語), 몽골어[蒙古語]와 페르시아어에도 등장하는데, 회회총(回回葱), 탑아총(塔兒葱) 등의 명칭도 보이며, 冬葱은 페르시아어로 'gandenna'라고 불리기도 한 것을 보면 다양한 종류가 존재한 듯하다. 그런데 『관자(管子)』「계(戒)」편의 "북쪽으로 가 산융(山戎)을 정벌하고 동총(冬葱)과 융숙(戎菽)을 가져와 천하에 퍼트렸다."란 기록을

6. 마늘[蒜][417]

마늘은 맛이 맵고 (성질은) 따뜻하며, 독이 있다. 주로 옹종을 삭이고, 풍사를 제거하며, 독기를 제거하는[418] 데 효능이 있다. 한 뿌리 마늘이 약효가 더욱 좋다.

蒜味辛，溫，有毒．主散癰腫，除風邪，殺毒氣．獨顆者佳．

그림 120 파[葱]

그림 121 마늘[蒜]

보면 동총은 춘추전국시대부터 이미 중국의 동북쪽에 존재했음을 알 수 있다. 장빙룬의 역주본에 의하면, 파 수염의 성질은 밋밋하다. 풍사와 한사로 인해 생긴 두통과 인후의 종기, 동상을 치료한다. 비늘줄기는 맛은 맵고 성질은 따뜻하다. 폐와 위에 작용한다. 땀을 내어 체내의 사기를 발산시키는 데[發表] 효능이 있으며, 양기를 통하게 하고 독을 해독한다. 상한으로 인한 한열과 두통, 음기와 한기로 인한 복통, 배 속에 기생충이 쌓여 안을 막고 있고, 대소변을 잘 누지 못하는 증상, 이질, 종기를 치료한다.

417 '산(蒜)': 백합과 부추속 식물인 마늘[大蒜: *Allium sativum* L.]의 비늘줄기이고, 호산(胡蒜), 독산(獨蒜), 독두산(獨頭蒜)으로도 칭한다. 마늘은 뿌리줄기가 작고 알이 적으면서 아주 매운 소산(小蒜)과 뿌리줄기가 크고 알이 많으면서 매우면서 단맛을 띤 대산(大蒜)이 있다. 마늘은 다년생 초본이고 강렬한 마늘 냄새를 지니고 있다. 마늘의 매운 성분은 살균작용을 하고, 다종의 병균, 진균류와 병원충에 대해서도 소멸작용을 한다. 맛은 맵고 성질은 따뜻하다. 체한 기운을 소통시키고, 비장과 위장을 따뜻하게 하며, 독을 해독하며 살충효과가 있다. 복부가 차고 아픈 증세, 몸이 붓고 속이 그득한 증세, 설사, 이질, 학질, 백일해, 종기독[癰疽腫毒], 머리버짐[白禿癬瘡]과 뱀이나 벌레에게 물려서 다친 상처를 치료한다. 요리 중에 마늘을 조미료로 만들어 쓰면 육류, 어류 등 동물의 비린내와 이상한 냄새가 제거된다.

418 '살독기(殺毒氣)': 마늘은 강력한 여러 종류의 병원균을 죽이는 효능을 지니고 있

7. 부추[韮][419]

부추는 맛이 맵고 (성질은) 따뜻하며, 독이 없다. 오장을 편안하게 하고, 위열을 없애며, 기를 내리고, 허약한 것을 보충하는 데 효능이 있다. 오래 먹어도 좋다.	韮味辛, 溫, 無毒. 安五藏, 除胃熱, 下氣, 補虛. 可以久食.

8. 동아[冬瓜][420]

동아는 맛이 달고 (성질은) 밋밋하고 약간 차가우며, 독이 없다. 주로 기를 보충하고, 사	冬瓜味甘, 平微寒, 無毒. 主益氣,

음을 의미한다.

419 '구(韮)': 백합과 부추속 식물인 부추[*Allium tuberosum* Rottler ex Spreng.]이다. Buell의 역주본에서는 이를 chinese chives라고 번역하고 있다. 이미 『설문(說文)』에 부추[韭菜]는 영양이 풍부하고 약용가치가 매우 광범하다고 한다. 강렬하고 특이한 냄새를 지닌다. 부추의 잎에는 황화물, 글리코시드 종류와 쓴맛의 성질이 함유되어 있다. 맛은 맵고 성질은 따뜻하다. 간, 위, 신장에 작용한다. 중초비위를 따뜻하게 하고, 기를 잘 통하게 하며, 어혈을 풀고, 해독하는 데 효능이 있다. 가슴이 저리고, 횡격막이 막히며, 음식물이 들어가면 토하는 증상, 피를 토하고 코피를 쏟는 증상, 혈뇨, 설사, 갈증, 치루, 직장이탈증, 넘어져서 생긴 상처, 전갈에 쏘여 생긴 상처를 치료한다. 부추 씨는 주로 간과 신장을 보충하는 데 쓰이고, 허리와 무릎을 따뜻하게 하고, 양기를 복돋우고, 정액이 새는 증상을 막는 데 사용된다. 발기부전과 몽정, 소변이 자주 마렵고, (자기도 모르게) 오줌을 싸고, 허리와 무릎이 시큰거리면서 차고 통증이 있는 경우, 이질, 여자의 대하증을 치료한다.

420 '동과(冬瓜)': KPNIC에서는 이를 박과 동아속 식물인 동아[冬瓜: *Benincasa hispida* (Thunb.) Cogn.]라고 이름한다. Buell의 역주본에서는 이를 winter melon으로 소개하고 있다. 일년생 덩굴성 초본이다. 박 열매는 육질로 되어 있고, 타원형 혹은 긴 사각 형태의 타원형이지만 어떤 것은 원형에 가깝다. 과육은 흰색으로 두툼하다. 열매는 원주형이고, 세로로 홈이 나 있다. 맛은 달고, 성질은 차갑다. 폐, 대·소장, 방광에 작용한다. 수기가 잘 통하게 하고, 가래를 없애며,

람의 피부를 윤택하게 하며, 건강한 안색을 유지하게 해 준다. 사람이 배고픔을 느끼지 않게 해 준다.	悅澤駐顏. 令人不飢.

9. 오이[黃瓜]421

오이는 맛이 달고 (성질은) 밋밋하며 차갑고, 독이 있다. 기가 동하여 병이 나고, 사람에게 허기로 인한 열[虛㥫422]이 생긴다. 많이 먹어서는 안 된다.	黃瓜味甘, 平寒, 有毒. 動氣發病, 令人虛㥫. 不可多食.

그림 122 부추[韭]

그림 123 동아[冬瓜]

그림 124 오이[黃瓜]

열을 제거하고, 독을 해독하는 효능이 있다. 수종, 복부팽만, 각기병, 임질, 가래, 기침, 열병으로 인한 답답증, 갈증, 설사, 부스럼, 치루를 치료하고, 생선독과 술독을 해독한다. 이 외에, 동아씨[冬瓜子], 동아 껍질[冬瓜皮], 동아 속살[冬瓜瓤] 역시 중의학에서 약재로 쓰이며, 각각의 효능이 있다.

421 '황과(黃瓜)': 다른 이름은 호과(胡瓜), 왕과(王瓜)이다. 전해지는 말에 의하면 장건이 서역에 사신으로 갔다가 이 종자를 얻어 왔기에 이런 이름이 붙여졌다고 한다. 박과 오이속 식물인 오이[*Cucumis sativus* L.]의 열매이다. 일년생 덩굴성 초본이고, 오이의 맛은 달고 성질은 차갑다. 열을 제거하고, 수기를 잘 통하게 하고, 독을 해소하는 효능이 있다. 번열로 인한 갈증, 인후 부종과 통증, 급성 결막염, 화상을 치료한다. 본문에서 오이에 대해 가지는 해로운 점만 말하고 이로운 점을 이야기하지 않는 것은 분명히 전면적인 검토가 이루어진 것으로 보기 힘들다.

422 '허집(虛㥫)'의 '집(㥫)'은 '두렵다', '움직이지 않다'의 의미이나 여기서는 '허열(虛

10. 무[蘿蔔][423]

무는 맛이 달고 (성질은) 따뜻하며 독이 없다. 주로 기를 내리고 곡물의 소화를 도우며, 담증으로 막힌 것[424]을 해소하고 갈증을 치료하며 밀가루 독을 해소[425]하는 데 효능이 있다.	蘿蔔味甘, 溫, 無毒. 主下氣消穀, 去痰癖, 治渴, 制麵毒.

熱)'과 동일한 뜻으로 사용되었을 것이다.

423 '나복(蘿蔔)': KPNIC에서는 이를 배추과 무속의 2년 혹은 1년생 식물인 무[*Raphanus sativus* L.]로 명명한다. 내복(萊菔), 노복(蘆菔)이란 별칭이 있으며 이집트에서는 이미 4500년전부터 이용된 중요식품 중 하나였으며, 중국에도 일찍부터 재배되었다. 수확하는 시기에 따라서 봄 무, 여름가을 무, 겨울 무, 사철 무 등의 유형으로 나눌 수 있다. Buell의 역주본에서는 이를 chinese radish라고 소개하고 있다. 중국의 주요 채소 중 하나로 생식할 수 있으며 또한 익혀서 먹을 수도 있다. 뿌리는 두툼한 데 육질과 크기, 색깔과 광택, 형태 모두 다르다. 줄기는 튼실하고 무의 뿌리는 포도당, 자당과 과당을 함유하고 있다. 무의 신선한 뿌리의 맛은 맵고 달며, 성질은 서늘하다. 폐와 위에 작용하여, 음식물이 적체된 것을 소화시키고, 담이 쌓여 열이 나는 것을 해소하며, 기운을 아래로 내려 중초비위의 기운을 편안하게 하고 독을 해독하는 기능을 한다. 음식물이 쌓여서 배가 더부룩한 증상, 담이 차서 기침할 때 소리가 나지 않는 경우, 피를 토하거나 코피가 나는 증상, 갈증, 이질, 편두통과 정두통을 치료한다.

424 '담벽(痰癖)': 옛 병명이다. 『제병원후론(諸病源候論)』「벽병제후(癖病諸候)」에서 보인다. Baidu 백과에는 수음(水飮)이 오랫동안 장부(臟腑)에 정체되었다가 배어 나오면서 담(痰)이 되는 것을 가리키는데, 옆구리와 갈비뼈 사이로 흘러들어가 간혹 옆구리 통증을 일으킨다. 음벽(飮癖)의 증상과 더불어 서로 유사하다고 한다.

425 '제면독(制麵毒)': 옛사람들은 밀로써 밀가루를 만들게 되면 찬 성분이 더운 성질로 변한다고 여겼다. 열성이 쌓이면, 음식을 먹은 이후에 불편한 증상이 나타나서 '밀가루 독[麵毒]'의 작용이라 여겼다. 송대 소송(蘇頌)의 『본초도경(本草圖經)』에서 이르길 "밀의 성질은 찬데, 밀가루로 만들면 따뜻해지고 독이 생긴다. … 그 껍질은 밀기울로 성질은 차갑다."라고 하였다. 밀가루 음식을 먹을 때는 식초를 조금 조미하여 먹는 것이 면독을 해독하는 데 좋은 방법으로 여겨진다. 『음선정요』에서는 무가 밀가루 독을 해독하는 효능이 있다고 여겼는데, 장빙룬의 역주본에

11. 당근[胡蘿蔔][426]

당근은 맛이 달고 (성질은) 밋밋하며 독이 없다. 주로 기를 아래로 내리고 장과 위를 정상적으로 조절하는 데 효능이 있다.

胡蘿蔔味甘，平，無毒. 主下氣，調利腸胃.

12. 천정채天淨菜[427]

천정채는 맛이 쓰고, 성질은 밋밋하며 독이 없다. 얼굴과 눈에 황달이 있는 것[428]을 제거

天淨菜味苦，平，無毒. 除面目黃，

의하면 이는 아마 일종의 생활 경험을 통한 결론일 것이라고 한다.

426 '호나복(胡蘿蔔)': 홍나복(紅蘿蔔), 감순(甘荀)이라고도 하며, 산형과 당근속 식물인 당근[*Daucus carota* L. var.sativa DC.]의 뿌리이다. 원식물은 일년생 혹은 이년생 초본으로 약간의 가시로 덮여 있다. 김세림의 역주본에 의하면, 당근이 기술되어 있는 본초학 서적 중 가장 빠른 것은 원대 오단(吳端)의 『일용본초(日用本草)』라고 한다. 당근은 맛이 달고, 성질은 밋밋하다. 폐와 비장에 작용하여, 비장을 건강하게 하고 적체된 것을 해소하는 효능이 있으며, 소화불량, 오랜 이질과 기침을 치료한다. 명대 적충(狄沖)의 『식물본초(食物本草)』 권6 「호라복(胡蘿蔔)」에서는 "원대에 처음으로 오랑캐(胡)땅에서 전래되었다."라고 한다. 상옌빈의 주석본에 따르면 '당근[胡蘿蔔]'의 원산지는 서남아시아이며, 아프가니스탄에서 최초로 진화되었다고 하며, 이란을 통해 중국에 들어온 것은 13세기라고 하였다.

427 '천정채(天淨菜)': 이는 곧 거매채(苣蕒菜)이다. 또 다른 이름은 매채(蕒菜), 야고채(野苦菜), 야고매(野苦蕒)로서 씀바귀와 흡사하다고 한다. Buell은 그의 역주본에서 이를 'Tianjing Vegetable'로 번역하면서 권3 6장 45의 '사데풀'과 동일한 것으로 보고 있으며, 쟝빙룬의 역주본에서도 양자의 학명을 동일하게 표기하고 있다. 거매채의 맛은 쓰고 성질이 차갑다. 열을 내리고 독을 해소하는 효능이 있다.

428 김세림의 역주본에 의하면, 얼굴과 눈이 황색으로 되는 것은 비위에 습열(濕熱)이 남아 있어 생긴 현상이라고 한다.

하고, 뜻을 강하게 하고 정신을 맑게 하며,[429] 오장의 기능을 정상적으로 조절한다. 이는 곧 야고매(野苦買)[430]이다.

強志清神，利五藏．即野苦買．

그림 125 무[蘿蔔]

그림 126 당근[胡蘿蔔]

그림 127 천정채(天淨菜)

13. 박[瓠][431]

박은 맛이 쓰고 (성질은) 차가우며 독이 있다.[432] 주로 얼굴과 눈 및 사지의 부종을 치료

瓠味苦，寒，有毒．主面目四肢浮

---

429 [역자주]: "강지청신(強志清神)"에 대해서 영어판 Buell의 역주본과 일본판 김세림의 역주본에서는 "뜻을 강하게 하고, 정신을 맑게 한다."고 해석하고 있는데, 장빙룬[張秉倫]의 역주본에서는 "기억을 증강시킨다."라고 해석하고 있다.

430 '야고매(野苦買)': 장빙룬의 역주본에서는 사부총간속편본과 달리 '매(買)'를 '매(蕒)'로 표기하였다.

431 '호(瓠)': 호리병과 호리병속 식물인 박[瓠]을 한국의 BRIS(생명자원정보서비스)에서는 이를 '박'이라 명명하고 학명을 *Lagenaria siceraria*라고 제시하고 있다. 상옌빈의 주석본에서는 이를 표주박[葫蘆]의 변종 중의 하나라고 한다. Buell의 역주본에서는 이를 long bottle gourd, 즉 '호리병박'이라고 번역하고 있다. 장빙룬의 역주본에서는 박[瓠]은 단 박과 쓴 박으로 나뉘며, 단 박의 학명은 *Lagenaria siceraria* (Molina) Standl.var.clavata Ser.라고 하며, 채소로 사용했다고 한다. 명대 왕상진(王象晉)의 『군방보(群芳譜)』에서는 "박[瓠]을 강남에서는 편부(扁蒲)

하고, 신체의 수분을 내리는 효능이 있다. 많이 먹으면 사람이 토하게 된다.	腫, 下水. 多食令人吐.

14. 채과菜瓜433

채과는 맛이 달고 (성질은) 차며 독이 있	菜瓜味甘, 寒, 有

라고 칭한다. 땅에 나아가면서 덩굴이 생기고, 곳곳에 있다. 모종, 잎, 꽃 모두가 조롱박과 유사하고, 짧은 것은 굵기가 대략 사람의 팔뚝만 하고, 가운데는 박속이 있으며, 양끝은 서로 비슷하다. 맛은 싱거우며 삶아서 먹을 수 있고 생으로 먹을 수 없으며, 여름에 식용으로 하고 가을에 이르면 다 먹게 되니, 오랫동안 저장할 수 없다."라고 하였다. 반면 쓴 박은 같은 과 식물인 쓴 박[瓠]의 열매이며, 그 학명은 *Lagenaria siceraria* (Molina) Standl. var. gourda Ser(KPNIC와 BRIS에서는 이것도 '박'이라고 명명)로서 열매이다. 식용으로 쓸 수 없으며, 대부분 약재로 쓰인다. 본서의 삽화로 봐서 박의 과실은 기다란 형태로 마땅히 '단 박'인 듯하나, 그 효능으로 봐서는 '쓴 박'을 가리키고 있다. 현재는 그 효능을 근거로 '쓴 박'으로 이해하고 있다. 약용으로 쓸 때에는 가을철에 잘 익은 묵은 열매를 따서 껍질을 제거하고 사용한다. 맛은 쓰고 성질은 차갑다. 『본경(本經)』에서는 "주로 수기와 얼굴과 눈 및 사지의 부종을 치료하는 효능이 있다. 물을 내리고, 사람이 토하게 된다."라고 하였다. 주로 수기를 잘 통하게 하고 부종을 치료하는 데 사용된다."라고 하였다.(『당본초(唐本草)』에 보인다.) 이처럼 박[瓠]의 학명이 다양한 것은 그만큼 변종이 많았음을 의미한다.

432 '유독(有毒)': 쓴 박에는 약간의 독이 있으며, 많이 먹으면 사람이 토하게 된다.

433 '채과(菜瓜)': 채과(菜瓜; *Cucumis melo subsp.* agrestis (Naudin) Pangalo)라고 부르는 것에는 '생과(生瓜)', '사과(絲瓜)'와 '월과(越瓜)'가 있는데, 다만 '초과(稍瓜)'라고 부르는 것은 오직 월과(越瓜)뿐이다. 월과는 표주박과[葫蘆科] 식물인 월과[*Cucumis melo* L. var. conomon (Thunb.) Makino [C.conomon Thunb.]]의 열매이다. 상옌빈의 주석본에 의하면 채과와 월과는 같은 표주박과(葫蘆科) 첨과속(甛瓜屬)으로 모두 첨과의 변종으로, 채과는 주로 장강 이북에서 생장하며, 월과는 대개 장강 이남에서 생장하는데, 두 가지를 서로 혼동하기 쉽다고 한다. Buell의 역주본에서는 이를 oriental pickling melon이라고 번역하고 있다. 이는 일년생 덩굴 혹은 포복성 식물이다. 맛은 쓰고, 성질은 차다. 사람의 장과 위를

다.[434] 장과 위를 잘 조절하며, 가슴의 번열과 갈증을 멈추게 한다. 많이 먹어서는 안 된다. 이는 곧 초과(稍瓜)이다.

毒. 利腸胃, 止煩渴. 不可多食. 即稍瓜.

15. 표주박[葫蘆][435]

표주박은 맛이 달고 (성질은) 밋밋하며 독이 없다. 주로 수종을 해소하고 기를 보하는 효능이 있다.

葫蘆味甘, 平, 無毒. 主消水腫, 益氣.

그림 128 박[瓠]

그림 129 채과菜瓜

그림 130 표주박[葫蘆]

다스린다. 소변을 잘 누게 하며, 열독을 해독하는 효능이 있다. 가슴의 번열로 인해서 입이 마르고, 소변이 잘 나오지 않는 것을 치료한다.

434 '유독(有毒)': 채과는 응당 독이 없다. 당대 손사막(孫思邈)의 『비급천금요방』 「식치(食治)」에서 이르길 "(월과는) 맛이 달고 밋밋하며 독이 없다."라고 하였으나 『중화본초(中華本草)』에서는 "맛은 달고 성질은 차며, 위와 소장에 들어가서 작용한다. 가슴의 번열을 제거하고, 진액을 생성하며, 소변을 잘 누도록 한다. 번열로 입이 마른 경우, 소변을 잘 누지 못하는 증상, 입 안의 부스럼을 치료한다. 다만, 비장과 위장이 허하고 찬 사람은 먹으면 안 된다."라고 하였다.

435 '호로(葫蘆)': 호리병박과 호리병속식물인 표주박[*Lagenaria siceraria* (Molina) Standl.]의 열매이다. 한국의 BRIS에서 제시한 표주박의 학명은 *Lagenaria leucantha*이다. 다른 이름으로는 포(匏), 포과(匏瓜) 등이 있다. Buell의 역주본에서는 이를 pear-shaped bottle gourd, 즉 '박'이라고 번역하고 있다. 원대인 가명의 『음식수지(飮食須知)』 권3 '채류(菜類)'에서는 이를 '호로(壺盧)'라고 칭한

16. 주름버섯[蘑菰][436]

주름버섯은 맛이 달고 성질은 차가우며, 독이 있다.[437] 풍기를 일으켜서 병을 유발한다. 많이 먹어서는 안 된다.	蘑菰味甘, 寒, 有毒. 動氣發病. 不可多食.

17. 버섯[菌子][438]

버섯은 맛이 쓰고 성질은 차가우며, 독이 있다.[439] 오장에 풍[五藏風][440]을 일으키고, 경맥	菌子味苦, 寒, 有毒. 發五藏風擁氣

다고 한다. 이는 일년생 덩굴 초본이고 어린 시기에는 식용으로 쓰고, 늙어서 익게 되면 용기나 바가지 혹은 완구로 만들어 쓸 수 있다. 늙어서 익은 과피는 중의학의 재료로 쓰인다. 맛은 달고 싱거우며, 성질은 밋밋하다. 폐와 비장, 위장에 작용한다. 수종, 복부 팽창, 황달과 임질을 치료한다.

436 '마고(蘑菰)': 흑산과(黑傘科) 식물인 버섯[蘑菇: *Agaricus campestris* L. Fr.]이다. 한국의 BRIS에서는 이 학명의 식물을 '주름버섯'이라 명명하고, Buell의 역주본에서는 이를 moog mushrooms이라고 번역하고 있다. 상옌빈의 주석본에 의하면 이 조항은 버섯류가 원대의 부식 중의 하나였다는 중요한 증거가 된다고 한다. 맛이 신선하고 영양이 풍부한 것이 버섯류 식품 중에서 상품(上品)이다. 맛은 달고, 성질은 차갑다. 장, 위, 폐에 들어가서 작용한다. 기분을 좋게 하고, 소화를 촉진시키며, 설사 및 구토를 멈추는 데 효능이 있다.

437 '유독(有毒)': 어떤 품종은 독이 있는 것이 분명한데, 상옌빈의 주석본에는 이것을 야생마고(野生蘑菰)라고 했으며, 당시 외형을 통해 독의 유무를 판별했을 것이라고 추측하고 있다.

438 '균자(菌子)': 즉 버섯종류 식물의 자실체(子實體)이다. 고대에서 이른바 심(蕈), 지심(地蕈), 지계(地鷄), 고(菇), 지(芝)는 모두 버섯에 속하며, 대부분 담자균강(擔子菌綱)의 어떤 과속(科屬)에서 비롯되었다. 숲 속이나 풀밭에서 자란다. 형상은 대략 우산모양이며 종류는 매우 많다. 땅 속에 있는 부분은 독이 없어서 먹을 수 있는데 대표적으로 표고버섯[香菇], 주름버섯 등이 있다.

439 '유독(有毒)': 어떤 품종은 독이 있고, 잘못 먹으면 종종 심각한 중독(中毒) 증상

의 기를 막아 통하지 않게 하며, 치질을 일으키고,[441] 사람의 정신을 혼미하게 한다.

動脉痔, 令人昏悶.

18. 목이버섯[木耳][442]

목이버섯은 맛이 쓰고 (성질은) 차가우며, 독

木耳味苦, 寒, 有

을 불러일으키며, 심지어 중독되어 사망하게까지 한다. 독버섯은 많은 종류가 있는데, 독의 성질은 각각 다르다. 먹은 이후 즉각 피부에 홍조를 띠고, 땀을 흘리고, 침을 질질 흘리고, 시력이 끊어져 모호하게 되고, 머리가 어지럽고 눈이 흐릿해지거나, 구토와 설사를 하고, 허탈(虛脫: 과다출혈이나 탈수 등의 원인으로 심장 및 혈액순환이 돌연 쇠약해지는 현상)하게 된 자는 죽는다. 또한 식후 몇 시간 뒤 급성복통, 구토, 설사 등 증상이 발생되고, 이삼일 후에 심각한 간 손상으로 인해 황달이 일어나며, 혼미해져서 사망하게 된다. 신중하게 감별하여 버섯류를 먹으면 중독을 피할 수 있다. 잘못 먹은 후에 빨리 위를 씻어서 독을 제거하고 아울러, 중독의 차이에 따라서 대증치료를 해야 한다. 민간에서는 종종 황토즙[土漿], 똥즙[糞汁]을 이용해서 해독한다.

440 '오장풍(五藏風)': 이는 곧 내풍(內風)이다. 장빙룬의 역주본에 의하면 오장육부의 기능이 조화롭지 못하고, 기혈이 역류되고, 근육과 혈맥이 영양을 잃어서, 풍(風)과 같이 다급하고 동요하여 변화가 컸기 때문에 풍으로 칭하였다. 흔히 말하는 '중풍(中風)'은 곧 내풍이 동요되어 야기된 것이다. 그러나 본문에서 언급한 바와 같이 버섯을 먹고서 생긴 '오장풍(五藏風)'은 흡사 독버섯이 야기하는 어떤 중독반응을 가리키는 것 같다. 아래 문장의 "경맥과 기혈이 막혀서 통하지 않게 되어 치질이 유발되고 사람의 정신이 혼미해지는 것"은 실제적으로도 중독의 증상으로 이해된다.

441 '옹기동맥치(擁氣動脉痔)': 사부총간속편본의 이 구절은 뜻이 통하지 않는다. 장빙룬의 역주본에서는 당대 맹선(孟詵)의 『식료본초(食料本草)』의 버섯조항에 근거하여 '옹경맥동치병(擁經脉動痔病)'으로 수정하였다. 김세림의 역주본에서는 '동맥치(動脉痔)'는 맥치(脉痔)를 일으킨다고 해석했으며, 맥치는 다섯 종류 치질 중의 하나로서 가벼운 치질[痔瘡], 즉 항문림프종이라고 한다.

442 '목이(木耳)': 목이과 식물인 목이버섯[*Auricularia auricula* (L.exHook.) Undrew.]의 자실체이다. 썩은 나무 위에서 생장하는 식용균으로 색은 담갈색이며, 민간에

이 있다.[443] 오장을 이롭게 하고, 장과 위 사이에 채인[444] 독기를 푼다. 많이 먹어서는 안 된다.

毒. 利五藏, 宣腸胃擁毒氣. 不可多食.

그림 131 주름버섯[蘑菰]

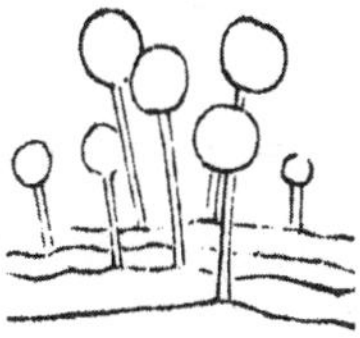

그림 132 버섯[菌子]

그림 133 목이버섯[木耳]

19. 죽순竹筍[445]

죽순은 맛이 달고 독이 없다. 주로 갈증을

竹筍味甘, 無毒.

서는 흑목이(黑木耳)라고 부른다. 자실체의 형태는 사람의 귀와 같고, 내면은 어두운 갈색이며, 납작하고 미끌미끌하다. 음습하고 썩은 나무줄기 위에서 기생한다. 목이버섯의 영양은 풍부하여, 많은 종류의 식품의 원료와 보조제가 된다. 맛은 달고, 성질은 밋밋하다. 위장과 대장에 작용한다. 피를 차갑게 하고 또 지혈하는 효능이 있다. 직장 궤양 출혈, 혈변을 누는 이질, 혈뇨, 자궁 출혈, 치질을 치료한다. Buell의 역주본에서는 이를 tree ears라고 번역하고 있다.

443 '유독(有毒)': 대부분의 옛 의약서에는 목이버섯의 맛은 달고 성질은 밋밋하며 약간의 독이 있다고 설명하고 있다. 옛사람들은 목이버섯이 썩은 나무에서 자라서 음기를 얻기 때문에 정력이 쇠하고 신장이 냉해지는 해로움이 있다고 여겼으며, 또한 목이버섯의 독의 유무는 목이가 생장하는 나무와 관계가 있다고 여겼다. 예컨대 『본초강목』에서는 "목이는 모두 각 나무에서 자라는데, 그 좋고 나쁨은 나무의 성질에 따르니 살피지 않을 수 없다."라고 한다.

444 '옹(擁)': 상옌빈의 주석본에서는 사부총간속편본과 동일하게 '옹(擁)'으로 표기하였으나, 장빙룬의 역주본에서는 '옹(壅)'으로 적고 있다.

445 '죽순(竹筍)': 화본과(禾本科) 다년생 식물인 대나무의 어린 줄기와 싹이다. 겨울

해소하고, 몸의 수기를 잘 통하게 하며, 기를 보익한다. 많이 먹으면 병이 생긴다.	主消渴, 利水道, 益氣. 多食發病.

20. 부들순[蒲筍][446]

부들순은 맛이 달고 독이 없다. 중초비위를 보하고, 기를 더하며, 혈맥의 순환을 활발하게[447] 한다.	蒲筍味甘, 無毒. 補中, 益氣, 活血脈.

철에 땅 속에서 캐서 얻은 것을 '동순(冬筍)'이라고 하며, 봄철에 지면을 뚫고 나온 것을 캔 것을 '춘순(春筍)'이라 한다. 장빙룬의 역주본에 의하면 중국의 죽순 종류는 많으며, 늘상 식용하는 죽순은 10종류이고, 그중 모죽순(毛竹筍)의 품종이 가장 좋다고 한다. 성질과 맛은 『본초강목(本草綱目)』에 의하면 "맛은 달고 성질은 차다."라고 하였다. 그 기능과 효능은 왕영(汪穎)의 『식물본초(食物本草)』에서 이르기를 "소아의 홍진(紅疹)이 배출되지 않을 때, 삶아서 죽을 끓여 먹이면 독이 해독된다."라고 하였으며, 『강목습유(綱目拾遺)』에는 "아홉 구멍을 잘 통하게 하며, 혈맥을 잘 소통시키고, 담과 타액을 해소하며, 음식으로 인해 배가 더부룩한 것을 치료한다."라고 하였다.

446 '포순(蒲筍)': 부들과 다년생 숙근초본 식물인 장포향포(長苞香蒲: *Typha angustata* Bory et Chaub), 애기부들[狹葉香蒲: *Typha angustifolia* L.], 큰잎부들[寬葉香蒲: *Typha latifolia* L.], 또한, 선엽향포(線葉香蒲: *Typha davidiana* Hand-Mazz), 소향포(小香蒲: *T. minima* Funk), 동방향포(東方香蒲: *T. orientalis* Presl) 등 동속다종(同屬多種)의 식물에서 일부분이 연한 뿌리줄기이다. Buell의 역주본에서는 이를 cattail shoots라고 번역하고 있다. 부들의 맛은 달고 성질은 차가우며, 열을 내리고 피를 차갑게 하며, 수기를 잘 통하게 하고 붓기를 가라앉힌다. 임산부의 허로로 인한 열, 태동에 의한 하혈, 갈증, 입안의 상처, 발열, 설사, 임질, 대하, 수종, 경부림프선염을 치료한다.

447 '활(活)': 상옌빈의 주석본에서는 사부총간속편본과 동일하게 '활(活)'로 적고 있으나, 장빙룬의 역주본에서는 '활(活)'을 '치(治)'로 표기하였다. 김세림의 역주본에는 '활혈맥(活血脈)'을 피의 순환을 자극하여 활발하게 하는 것으로 이해하고 있다.

그림 134 죽순(竹筍)

그림 135 부들순[蒲筍]

21. 연뿌리[藕][448]

연뿌리는 맛이 달고 (성질은) 밋밋하며, 독이 없다. 주로 중초비위를 보익하며, 정신을 기르고, 기를 보익하고, 온갖[百][449] 질병을 제거	藕味甘，平，無毒. 主補中，養神，益氣，除疾，消熱

448 '우(藕)': KPNIC에서는 이를 연꽃과 연꽃속 식물인 연꽃[*Nelumbo nucifera* Gaertn.]으로 명명하나 여기서는 그 비대한 뿌리줄기를 뜻한다. Buell의 역주본에서는 이를 sacred lotus rhizomes라고 번역하고 있다. 비대하며 가로로 뻗어 있고, 외피는 황백색이며 마디부분은 좁아져 있으며, 비늘모양 잎과 막뿌리[不定根]가 나 있는데, 가운데는 비어 있고, 세로로 난 선이 많은 관이 있다. 연뿌리(뿌리줄기)는 맛은 달고, 성질은 차다. 심장과 비장, 위장에 작용한다. 날것은 열을 내리고 피를 서늘하게 하며, 어혈을 풀어 준다. 열병으로 인한 번갈, 피를 토하고 코피를 쏟는 증상, 열로 생긴 염증을 치료한다. 삶은 것은 비장을 건강하게 하고 식욕을 북돋우고, 피부를 재생시키며, 설사를 그치게 한다.

449 '백(百)': 사부총간속편본과 기타 여러 본에는 '백(百)' 자가 빠져 있으나, 장빙룬의 역주본에서는 『본초경(本草經)』의 "연뿌리는 맛은 달고 밋밋하며 성질은 차고 독이 없다. 중초비위를 보양하고, 정신을 편하게 하며 기력을 더해 주고 온갖 질병을 제거하며 오래 복용하면 몸을 가볍게 하고 늙지 않게 하며, 굶주리지 않게 하고 장수하게 한다."라는 조항에 근거하여 이 글자를 보충하고 있다. 김세림의 역주본에서도 '제질(除疾)'보다 '제백질(除百疾)'이 정확하다고 보고 있다. 본 역주도 이들의 견해를 따라 해석하였음을 밝혀 둔다.

하며, 열사로 인한 갈증을 해소하고, 어혈이 흩어져 사라지게 하는 데 효능이 있다.

渴, 散血.

22. 마[山藥][450]

마는 맛이 달고 (성질은) 따뜻하며, 독이 없다. 비장과 위장을 보익하며, 기를 더해 주고, 머리에 풍사風邪가 침입하여 어지러운 것을 치료하고, 요통을 없애며, 근골을 건장하게 한다.

山藥味甘, 溫, 無毒. 補中益氣, 治風眩, 止腰痛, 壯筋骨.

23. 토란[芋][451]

토란은 맛이 맵고, (성질은) 밋밋하며, 독이

芋味辛, 平, 有

---

450 '산약(山藥)': 마과 식물인 마[薯蕷: *Dioscorea oppositifolia* L.]의 덩이줄기이다. 원식물은 다년생 덩굴초본이다. Buell의 역주본에서는 이를 chinese yam이라고 번역하고 있다. 덩이줄기의 육질은 살지고 통통하며, 약간 원주형을 띠고, 수직으로 생장하며, 맨들맨들하고 털이 없다. 마의 덩굴과 살눈은 모두 약재로 쓰인다. 신선한 것은 보통 꿀에 절이거나 탕후루, 맛탕으로 만들며, 또한 쪄서 먹거나 채소나 다른 재료를 함께 넣어 볶아 먹을 수 있다. 말린 것은 약재로 쓰인다. 상옌빈의 주석본에 따르면 산약의 본명은 '서여(薯蕷)'이나, 이후 여러 명칭으로 바뀌게 되는데, 옛 설에 의하면 처음에는 당태종을 피휘하기 위해서 '서약(薯藥)'이라고 고쳤으나, 이후 송대 영종(英宗)을 피휘하기 위해서 '산약(山藥)'이라고 고쳤다고 한다.

451 '우(芋)': KPNIC에서는 이를 천남성(天南星)과 토란속 식물인 토란[*Colocasia esculenta* (L.) Schott]으로 명명한다. Buell의 역주본에서는 이를 taro라고 번역하고 있다. 본 식물은 다년생 초본이다. 땅속에는 알 모양에서 긴 타원형에 이르기까지의 덩이줄기가 있으며, 맛은 달고 맵고, 성질은 밋밋하다. 일반적으로 고

있다.[452] 장과 비장을 잘 통하게 하며, 근육과 피부를 풍만하게 하고, 중초비위를 매끄럽게 한다.[453] 야생의 토란[454]은 (독이 있어서) 먹으면 안 된다.

毒. 寬腸胃, 充肌膚, 滑中. 野芋不可食.

그림 136 연뿌리[藕]

그림 137 마[山藥]

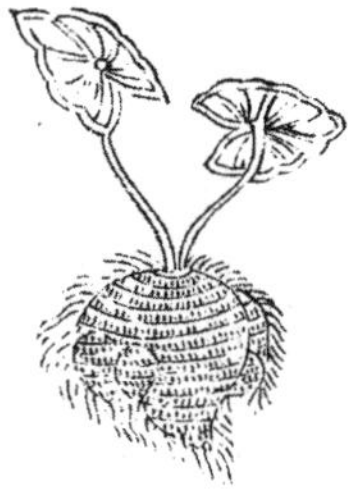

그림 138 토란[芋]

대 의학서에서는 날로 먹으면 독이 있다고 여겼다. 연주창[癧]을 없애고, 뭉친 것을 풀어 주는 효능이 있다. 경부 림프선염[瘰癧], 부종의 독, 배 속에 덩어리가 뭉친 것, 마른버짐[牛皮癬], 물에 데인 상처를 치료한다.

452 '유독(有毒)': 『당본초(唐本草)』의 주석에 의하면 토란에는 6종류가 있는데, 그중 청우(青芋)는 그 형태가 가늘고 길며 독이 많다고 한다. 이것은 처음엔 잿물[灰汁]에 넣고 끓이고, 이후 물을 바꾸어 삶게 되면 먹을 수 있다고 한다.

453 '활중(滑中)': 토란의 효능은 장과 위를 편안하게 하고, 근육과 피부를 탄력 있게 하며, 활중(滑中)의 효과가 있다. 장빙룬의 역주본에서는 활중(滑中)의 중(中)은 곧 중초비위(中焦脾胃)라고 한다. 그에 의하면 비위의 기능이 떨어지면, 활탈(滑脫) 계열의 증상이 나타나게 되는데, 예컨대 설사가 멈추지 않고, 몸이 차고 숨이 가쁜 것 등이다. 비장과 위로 인해 나타나는 활탈증을 '활중'이라고 부른다.

454 '야우(野芋)': 천남성과 토란속 식물인 야생 토란[*Colocasia antiquorum* schottet Endl.]의 뿌리줄기이다. 본 식물은 다년생 초본이다. 뿌리줄기는 공모양이다. 맛은 맵고, 성질은 차가우며, 독이 있다. 유선염, 부종의 독, 나병, 옴, 넘어져서 생긴 상처, 벌에게 쏘인 상처를 치료한다.

24. 상추[萵苣][455]

상추는 맛이 쓰고 (성질은) 차며, 독이 없다. 주로 오장을 이롭게 하며, 가슴의 막힌 기를 열고, 혈맥을 잘 통하게 하는 효능이 있다.

萵苣味苦, 冷, 無毒. 主利五藏, 開胷膈擁氣, 通血脉.

25. 배추[白菜][456]

배추는 맛이 달고 (성질이) 따뜻하며,[457] 독이 없다. 주로 장과 위의 기능을 촉진시키고, 가슴 속의 번민을 제거하며, 술로 인한 갈증[458]을 해소[459]하는 데 효능이 있다.

白菜味甘, 溫, 無毒. 主通利腸胃, 除胷中煩, 解酒渴.

---

455 '와거(萵苣)': KPNIC에서는 이를 국화과 왕고들빼기속 식물인 상추[*Lactuca sativa* L.]라고 명명한다. 초본서 중에는 이를 천금채(千金菜), 석거(石苣)라고 부르기도 한다. Buell의 역주본에서는 이를 lettuce라고 번역하고 있다. 상추는 일년 혹은 이년생 초본이다. 상추의 맛은 쓰고 달며, 성질은 차다. 소변이 잘 나오지 않는 증상, 혈뇨, 젖이 잘 나오지 않는 것을 치료하는 데 사용할 수 있다.

456 '백채(白菜)': 십자화과 식물 배추를 장빙룬의 역주본에서는 그 학명을 *Brassica chinensis* L.라고 하나, Baidu 백과에서는 이것을 소백채(小白菜), 청채(青菜)로 번역하고, 백채(白菜)의 학명은 *Brassica pekinensis* (Lour.) Rupr.이라고 한다. 한국의 BRIS에서는 Baidu의 *Brassica pekinensis*를 '배추'라고 명명하고 있다. 이들은 학명은 다르지만 동일한 식물임을 알 수 있다. Buell의 역주본에서 이를 bokchoy 즉 청경채라고 번역하고 있는 것도 비슷한 맥락이다. 백채의 원식물은 일년생 혹은 이년생 초본이다. 상옌빈의 주석본에는 『시경(詩經)』「곡풍(谷風)」 중의 '봉(葑)'을 백채의 일종이라고 한다. 맛은 달고, 성질은 밋밋하며, 열을 내리고 번민을 제거하고, 장과 위의 기능을 원활하게 하는 효능이 있다. 폐의 열로 인해 토하는 것, 변비, 피부가 붉게 되는 단독과 옻독으로 인한 피부병을 치료한다.

457 '온(溫)': 다수의 의약서에서 그 성질이 '밋밋하다[平]'라고 하고 있다.

458 '주갈(酒渴)': 김세림의 역주본에 의하면 이것은 술에 취해 목구멍이 마르는 증상

그림 139 상추[萵苣]

그림 140 배추[白菜]

26. 쑥갓[蓬蒿][460]

쑥갓은 맛이 달고 (성질은) 밋밋하며, 독이 없다. 주로 장과 위의 기능을 원활하게 하고, 심기를 안정시키며, 장부에서 스며 나오는 액체[水飮][461]를 제거한다.

蓬蒿味甘, 平, 無毒. 主通利腸胃, 安心氣, 消水飮.

이라고 한다.

459 사부총간속편본에서는 해(鮮)라고 적고 있는데, 상옌빈의 주석본과 장빙룬의 역주본에서는 이를 해(解)라고 바꾸어 놓고 있다.

460 '봉호(蓬蒿)': 동호(茼蒿)라고도 한다. 본서에 삽입된 그림에 의거하여 볼 때, 쑥갓[蓬蒿]과 비슷하지 않으며 흰 쑥[白蒿]의 모양을 하고 있다. 다만 기능에 의거하여 볼 때, 당대 맹선(孟詵)의 『식료본초(食療本草)』의 '봉호(蓬蒿)'조항의 내용과 효과가 서로 같다. 국화과 식물인 동호(茼蒿: *Chrysanthemum coronarium* L. var. spatiosum Bailey)의 줄기잎이다. 한국의 BRIS에는 이 학명을 '쑥갓'이라고 명명하고 있다. 원식물은 일년생초본이고, 맛은 달고, 성질은 밋밋하다. 비장과 위장에 작용한다. 장과 위를 이롭게 하고, 대소변을 잘 나오게 하며, 체내에 고인 수액[痰飮]을 해소하는 데 효능이 있다.

461 '수음(水飮)': 수음의 사(邪)인 음사(飮邪)가 장이나 위에 정체되어 있다가 오장육부의 병에 의해 배어 나온 점막의 이상 분비물이다. 묽고 맑은 것을 수(水)로, 묽고 점성이 있는 것을 음(飮)으로 구별한다. 이름과 실체에 차이가 있기 때문에 항

27. 가지[茄子]462

가지는 맛이 달고 (성질은) 차가우며, 독이 조금 있다. 풍기를 일으키고, 악창과 고질병을 유발한다. 많이 먹어서는 안 된다.

茄子味甘, 寒, 有小毒. 動風, 發瘡及痼疾. 不可多食.

그림 141 쑥갓[蓬蒿]

그림 142 가지[茄子]

28. 비름[莧]463

비름은 맛이 쓰고 (성질은) 차가우며, 독이

莧味苦, 寒, 無

상 수음(水飮)으로 함께 부른다.

462 '가자(茄子)': 가지과 식물인 가지[*Solanum melongena* L.]의 열매이다. Buell의 역주본에서는 이를 chinese eggplant라고 번역하고 있다. 원식물은 일년생 초본이다. 열매는 긴 타원형, 구형(球形) 혹은 긴 기둥모양이다. 그 뿌리, 잎, 꽃은 모두 중의학에서 약의 재료로 쓰인다. 맛은 달고 성질은 차갑다. 비장, 위장, 대장에 작용한다. 열을 내리고, 혈액 순환을 원활하게 하며, 통증을 멈추고, 종기를 없애는 효능이 있다. 풍사로 인한 장의 하혈, 열독으로 인한 악창[熱毒瘡癰], 피부궤양에 효능이 있다. 하지만 원대『음식수지(飮食須知)』권3에는 약간의 독이 있어 많이 먹으면 풍기를 유발하고 부스럼이 생기며, 가을 이후에 가지를 먹으면 눈이 손상되고, 마늘과 함께 먹으면 치루를 유발한다고 한다.

463 '현(莧)': KPNIC에서는 이를 비름과 비름속 식물인 비름[*Amaranthus mango-*

없다. 아홉 개의 구멍을 잘 통하게 한다. 비름 열매는 남자의 정기를 보익한다. 비름은 자라와 같이 먹어서는 안 된다.[464]

毒. 通九竅. 莧子, 益精. 菜, 不可與鼈同食.

29. 유채[芸薹][465]

유채는 맛이 맵고 (성질은) 따뜻하며, 독이 없다. 풍열성으로 인해 얼굴과 다리가 붉게 부은 것이나[丹腫],[466] 화농성 유선염[467]을 치료

芸薹味辛, 溫, 無毒. 主風熱, 丹腫, 乳癰.

---

stanus L.]이라고 명명하고 있다. 이는 열에 잘 견디며, 봄, 여름, 가을에 재배한다. 원식물은 일년생 초본으로 맛은 달고, 성질은 서늘하다. 열을 내리고, 구멍을 잘 통하게 하는 효능이 있다. 하얀 고름이나 피가 대변에 섞여 나오는 이질과 대소변을 잘 누지 못하는 것을 치료한다. 비름의 뿌리와 종자는 중의학의 약재로 쓰인다.

464 '불가여별동식(不可與鼈同食)': 비름을 자라와 함께 먹지 못하는 이유가 관습인지 과학적인 근거가 있는 지는 불분명하다.

465 '운대(芸薹)': 이칭으로 호채(胡菜), 태개(苔芥), 유채(油菜) 등 많은 이름을 지닌다. 십자화과 배추속 식물인 유채(油菜: *Brassica campestris* L.)의 어린 줄기 잎이다. Buell의 역주본에서는 이를 oil rape라고 번역하고 있다. 유채[芸薹]의 명칭은 『당초본(唐草本)』에 가장 먼저 보인다. 본 식물은 일년생 혹은 이년생 초본이고 유채는 중국에서 기름을 채취하고 꿀을 따기 위한 주요 작물 중의 하나이다. 잎은 보통 채소로 쓰며, 일반적으로 어리고 연한 잎을 식용으로 한다. 유채의 맛은 맵고, 성질은 서늘하다. 어혈을 풀고 종기를 제거하는 효능이 있다. 과로로 인해 피를 토하는 증상, 혈변, 피부 전염병, 열독으로 인한 종기와 화농성 유선염을 치료하는 효능이 있다.

466 '종(腫)': 상옌빈의 주석본에서는 사부총간속편본과 동일하게 '종(腫)'으로 표기하였으나, 장빙룬의 역주본에서는 '종(腫)'을 '독(毒)'으로 표기하였다.

467 '유옹(乳癰)': 이는 오늘날 급성 화농성 유선염이다. 대부분 산후 모유 수유과정에서 발생한다. 『주후비급방(肘後備急方)』에서 나온다. 또, 취유(吹乳), 투유(妒乳), 취내(吹奶)라고 칭한다. 대부분 간기가 성하여 뭉치고, 위의 열이 막히고 정

하는 데 효능이 있다.

그림 143 비름[莧]

그림 144 유채[芸薹]

30. 시금치[菠薐][468]

시금치는 맛이 달고 (성질은) 차가우며, 약간 독성이 있다. 오장五臟을 원활하게 하고, 장과 위에 쌓인 열을 통하게 하며, 술독을 해독[469]하는 데 효능이 있다. 즉 적근(赤根)이다.

菠薐味甘, 冷, 微毒. 利五藏, 通腸胃熱, 鮮酒毒. 即赤根.

체되어 야기된다. 처음에는 유방에 멍울이 지고 부풀어서 통증이 생기고, 젖이 잘 나오지 않는 것으로 시작하여 오한으로 인해 전신에 열이 난다. 그 후에는 계속해서 덩어리가 부어서 커지고, 심한 통증을 느끼고, 한기로 인한 열이 내리지 않고, 고름으로 농익게 된다.

468 '파릉(菠薐)': 학명은 *Spinacia oleracea* L.이다. KPNIC에는 이를 명아주과 시금치속 시금치라고 명명한다. 파채(菠菜), 파사채(波斯菜), 적근채(赤根菜)라고도 한다. 붉은 뿌리가 달려 있는 식물이다. 일년생 초본으로, 원산지는 페르시아이고, 주로 녹색의 잎은 야채로 쓰인다. 칼슘을 비교적 많이 함유하지만, 인체에 쉽게 흡수되지 않는다. 그래서 일반적으로 반찬으로 만들 때, 먼저 시금치를 끓는 물에 넣고 한 번 데쳐서, 옥살산을 제거한 후에 다시 볶거나 국을 끓여 먹는다. 맛은 달고, 성질은 차갑다. 혈액을 생성하고 지혈하며, 음기를 수렴하고, 마른 것을 윤택하게 하는 데 효능이 있다. 코피가 터지는 것, 혈변, 괴혈병, 갈증, 대변이 매끄럽지 못한 것을 치료한다.

31. 근대[莙薘][470]

근대는 맛은 달고 (성질은) 차가우며, 독이 없다. 중초비위의 기능을 다스리고,[471] 기를 내리며, 두풍頭風[472]을 제거하고, 오장을 이롭게 하는 데 효능이 있다.

莙薘味甘, 寒, 無毒. 調中下氣, 去頭風, 利五藏.

그림 145 시금치[菠薐]

그림 146 근대[莙薘]

469 사부총간속편본에서는 해(鮮)라고 적고 있는데, 상옌빈의 주석본과 장빙룬의 역주본에서는 이를 해(解)라고 바꾸어 놓고 있다.

470 '군달(莙薘)': 명아주과 근대속 식물인 근대[莙薘菜: *Beta vulgaris* var. cicla L.]의 줄기와 잎이다. 한국의 KPNIC에서도 이 학명을 '근대'라고 명명하고 있다. 하지만 Buell의 역주본에서는 이를 white sugar beet, 즉 사탕무라고 번역하고 있다. 일년 혹은 이년생 초본이고, 맛은 달고 성질은 차갑다. 열을 제거하고 독을 해소하며, 어혈을 풀어 주고 지혈의 효능이 있다. 홍역이 피부로 발산되는 것[透發]이 빠르지 않는 것, 열독으로 인한 이질, 월경불순, 소변에 고름이 나오는 것, 부스럼이 터져 생긴 상처를 치료한다.

471 '조중(調中)': 상옌빈의 주석본에는 비위가 신체의 중앙에 위치하기 때문에 '조중'이라고 한다고 한다.

472 '두풍(頭風)': 머리 부분에 풍사로 인해 생기는 병증이다. 두통, 현기증 및 눈과 잎이 비틀리고 머리가 가려우며 비듬이 많은[頭痒多屑] 병증이다. 최근에는 두통이 오랫동안 치료되지 않아 이따금씩 발현되는 병증을 두풍이라고 한다.

32. 바질[香菜][473]

바질은 맛이 맵고 (성질은) 밋밋하며, 독이 없다. 각종 채소와 함께 먹을 수 있고, 향기는 매우 좋으며, 음식의 비린내를 제거한다.

香菜味辛, 平, 無毒. 與諸菜同食, 氣味香, 辟腥.

33. 여뀌[蓼子][474]

여뀌는 맛이 맵고 (성질은) 따뜻하며, 독이 없다. 주로 눈을 밝게 하고 중초비위를 따뜻

蓼子味辛, 溫, 無毒. 主明目, 溫中,

473 '향채(香菜)': 통상 향채로 일컫는 것에는 고수와 나륵(羅勒)이 있다. 고수는 이미 앞에서 서술한 바 있다. Buell의 역주본에서는 이를 basil이라고 번역하고 있으며, 장빙룬은 역주본에서 이 향채의 학명을 *Ocimum basilicum* L.으로 제시하고 있다. KPNIC 검색결과 이 학명에 해당하는 국명을 '바질'이라고 이름하고 있다. 일년생으로 곧게 자라는 초본으로, 전체에서 향기가 나고, 표면은 보통 자녹색으로, 가늘고 부드러운 털로 덮여 있다. 원래 열대 아시아와 아프리카에서 생산된다. 줄기와 잎은 방향유(芳香油)를 함유하고, 그 냄새는 매우 향기롭고, 보통 향신료로 사용되어, 생선의 비린내와 이상한 냄새를 없앤다. 바질의 맛은 맵고, 성질은 따뜻하다. 풍사를 흩트리고 기를 잘 돌게 하며, 습사를 없애고 소화를 돕고, 혈을 활기차게 하고, 해독의 효능이 있다. 외감(外感)으로 인한 두통, 음식을 먹은 후에 붓고 급체가 있는 것, 위통, 설사, 월경불순, 넘어져서 생긴 상처, 뱀에게 물린 상처, 피부습창, 두드러기 가려움을 치료한다. 민간에서는 신선한 잎을 차를 대신하여 우려먹고, 소화를 돕고, 더위를 쫓고, 비장을 건강하게 한다.

474 '요자(蓼子)': 마디풀과 여뀌속 식물인 여뀌[木蓼: *Polygonum hydropiper* L.[*Persicaria hy-dropiper* (L.) Spach]의 열매이다. 그런데 이 절의 제목이 '채품(菜品)'이라는 점에서 '요자(蓼子)'를 '여뀌'라고 해야 할지 '여뀌씨'라고 해야 할지 고민된다. 삽도에는 씨가 없지만 '요자(蓼子)'라고 표현하고 있기 때문에 제목을 여뀌라고 하였음을 밝혀 둔다. Buell의 역주본에서는 이를 smartweed라고 번역하고 있다. 원식물 수료(水蓼)는 일년생 초본이고, 맛은 맵고 쓰며, 성질은 밋밋하다. 중초비위를 따뜻하게 하고 수기가 잘 통하게 하며, 어혈을 없애고 맺힌 것

하게 하며, 풍기와 한기를 견딜 수 있게 해주며 체내의 수기를 몰아내는 효능이 있다.

耐風寒, 下水氣.

그림 147 바질[香菜]

그림 148 여뀌[蓼子]

34. 쇠비름[馬齒][475]

쇠비름은 맛이 시고 (성질은) 차며 독이 없다. 주로 녹내장[青盲],[476] 각막 반흔[白瞖][477]을

馬齒味酸, 寒, 無毒. 主青盲白瞖,

을 풀어 주는 효능이 있다. 구토와 설사, 복통, 병사가 쌓여 생기는 저림증과 더부룩함, 수기로 인한 부종, 옹종으로 생긴 피부 부스럼, 경부 림프선염을 치료한다. 어린 싹은 채소로 쓰이며 고기와 함께 볶아 먹거나 '오신반(五辛盤)'으로 만든다.

475 '마치(馬齒)': KPNIC에서는 이를 쇠비름과 쇠비름속 식물인 쇠비름[馬齒莧: *Portulaca oleracea* L.]으로 명명한다. 이 식물의 영문명은 purslane이다. 이는 일년생 초본으로 민간에서 자주 식용하는 야채로 쓰였고 일부 지역에는 섣달 그믐날 밤에 쇠비름[長命菜]을 먹는 풍속이 있다. 맛은 시고, 성질은 차다. 대장과 간, 비장에 작용한다. 열을 낮추고 독을 해독하고, 어혈을 풀어 주고 부종을 없애는 효능이 있다. 열사로 인한 이질과 피고름, 열로 생긴 임증, 혈뇨, 대하증, 옹종과 악창, 피부가 붉게 부어오르는 것과 경부 림프선염을 치료한다.

476 '청맹(青盲)': 눈의 외관은 보통사람과 크게 다른 점이 없으나 점차 시력을 잃어 가는 것으로, 시신경 위축과 같은 것이다. 대부분의 원인은 간과 신장이 허하고 쇠약해진 것으로, 정혈(精血)이 손상을 입어 눈의 기능이 쇠퇴한 탓이다. 수(隋)대 소원방(巢元方)의 『제병원후론(諸病源候論)』에서 이르길 "청맹을 앓는 자의

다스리고 한사와 열사를 없애며, 각종 기생충을 죽이는[殺諸虫][478] 효능이 있다.

去寒憝, 殺諸虫.

35. 천화天花[479]

맛은 달고 (성질은) 밋밋하며, 독이 있다. 주름버섯과 약간 닮았다. 아직 그 성질은 자세히 알려져 있지 않다. 오대산[480]에서 자란다.

天花味甘, 平, 有毒. 與蘑菰稍相似. 未詳其性. 生五臺山.

눈은 정상인 사람의 눈과 다를 것이 없으며 눈동자에 흑백이 분명하나 사물을 제대로 보지 못한다."라고 하였다. 김세림은 역주본에서 이것을 녹색 색맹(色盲)이라고 한다.

477 '백예(白瞖)': 사부총간속편본에는 '백예(白瞖)'라고 적고 있으나, 상옌빈의 주석본과 장빙룬의 역주본에서는 '백예(白翳)'로 표기하였다. 각막의 색이 흰 것을 일러 '백예(白翳)'라 한다. '예(翳)'는 눈 안팎이 눈병에 의해서 시선이 가려지고 시력에 영향을 주는 모든 병증을 가리킨다. 김세림은 역주본에서 이를 각막 백반(白斑)이라고 한다.

478 '살제충(殺諸虫)': 『전국중초약회편(全國中草藥匯編)』에서는 쇠비름이 "이질을 멈추고 살균한다. 이질, 장염, 설사, 습열성 황달을 치료한다."라고 하였다.

479 '천화(天花)': 또한 천화심(天花蕈), 천화채라고 칭한다. 외형은 (주름)버섯과 약간 닮았으며, 또한 일종의 식용버섯이지만, 옛사람들이 버섯에 대해서 상세한 분류를 행하지 않았기 때문에 천화가 도대체 어떤 것인지 여전히 고증이 필요하다. 상옌빈의 주석본에 따르면 '천화(天花)'는 산서(山西) 오대산(五臺山)에서 나는데, 형태는 송화(松花)와 같으나 크고 향기가 버섯과 같으며 먹으면 아주 맛있다고 한다.

480 '오대산(五臺山)': 산서성 동북부에 위치한다. 동북-서남 방향으로 길이는 약 100여 km이다. 오래된 바위로 이루어진 돌산이다. 북부는 깊고 가파르게 깎여 있으며, 다섯 봉우리가 우뚝 솟아 있고, 산꼭대기는 평탄하다. 주봉(主峰)인 북대(北臺)는 해발 2,893m이다. 산 위에는 많은 절들이 있는데, 보타(普陀), 구화(九華), 아미(峨眉)와 함께 중국 불교 4대 명산이다. 여름에 찌는 듯한 더위가 없기 때문에 불교에서는 청량산(清凉山)이라고 부른다.

그림 149 쇠비름[馬齒]

그림 150 천화天花

36. 샤롯[回回葱]481

샤롯은 맛이 맵고 성질은 따뜻하며, 독이 없다. 중초비위를 따뜻하게 하고, 곡류의 소화를 도우며, 기를 내리고, 기생충을 죽이는 데 효능이 있다. 장기간 먹으면 병이 발생한다.

回回葱味辛, 溫, 無毒. 溫中, 消穀, 下氣, 殺虫. 久食發病.

---

481 '회회총(回回葱)': 백합과 식물인 샤롯[胡葱: *Allium ascalonicum* L.]의 비늘줄기이다. 한국의 BRIS에는 이 회회총의 학명을 국명으로 '샤롯', 영문명을 Wild onion이라고 명명하고 있다. Buell의 역주본에서도 이를 shallot이라고 번역하고 있다. 이것은 다년생 뿌리 초본이다. 맛은 맵고, 성질은 따뜻하다. 주된 효능은 중초비위를 따뜻하게 하고, 기를 내리는 것이다. 몸이 붓는 것[水腫], 배가 불러오는 것[脹滿], 종기의 독을 치료한다. 유채와 함께 조미료로 만들어 쓸 수도 있다. 상옌빈의 주석본에 따르면, '회회총'은 원대의 양총(洋蔥)에 대한 칭위라고 한다. 중국 고대 서적에서는 그것을 다른 명칭으로 쓰고 있는데 송대『개보본초(開寶本草)』에서는 '호총(胡蔥)'으로 표기하였고,『천금식료(千金食療)』에서는 '호총(葫蔥)'으로 적고 있는데, 그 뿌리가 마늘과 비슷하여 붙여진 것이다. 이러한 파속[蔥屬] 식물은 당대(唐代) 사천(四川)에서 이미 재배되었다. '호총(胡蔥)'이 어떻게 중국 내지로 유입되었는가는 고증하기는 어렵기 때문에 학계에서는 거의 논쟁이 없다. 그러나 원대에 수많은 서역 무슬림들이 중국 내지로 이동함에 따라 이 식물이 광범위하게 재배되었으며, 원대에 이르러『음선정요』에서와 같이 '호총(胡蔥)'을 '회회총(回回蔥)'으로 개칭하고 있다.

37. 감로자甘露子[482]

감로자는 맛이 달고 성질은 밋밋하며, 독이 없다. 오장을 잘 통하게 하고, 기를 내리며, 정신을 맑게 한다. 적로(滴露)라고 부른다.	甘露子味甘, 平, 無毒. 利五藏, 下氣, 清神. 名滴露.

38. 비술나무[楡][483]

비술나무의 씨는 맛이 맵고 (성질이) 따뜻하며 독이 없다. 장[484]을 만들어 먹을 수 있으며,	楡仁味辛, 溫, 無毒. 可作醬, 甚香

---

482 '감로자(甘露子)': 중의약의 명칭이다. 이는 꿀풀과 식물인 초석잠[*Stachys sieboldi* Miq.]의 덩이줄기 혹은 전초이다. 일명 초석잠(草石蠶), 토용(土蛹), 잠석(蠶石)이라고 한다. Buell의 역주본에서는 이를 chinese artichoke, 즉 두루미냉이라고 번역하고 있다. 다년생 초본으로, 그 덩이줄기는 찐 후 식용으로 사용할 수 있는데, 맛은 백합과 비슷하다. 또한 이것을 소금에 절인 채소로 만들 수 있으며, 품종은 함라사채(鹹螺絲菜), 장라사채(醬螺絲菜), 하류라사채(蝦類螺絲菜), 보탑채(寶塔菜), 당초보탑채(糖醋寶塔菜) 등이 있다. 중의학에서 약재로 사용된다. 『육천본초(陸川本草)』에서는 이것을 "자양강장하고, 정기를 보익하며 폐를 맑게 보양하고, 공류동충초(功類冬蟲草)이다."라고 인식하고 있다. 『귀주초약(貴州草藥)』에서는 이것을 "성질은 밋밋하고, 맛은 달며 약간 맵다."라고 인식하고 있다. 풍열로 인한 감기, 허로로 인한 기침 및 소아의 빈혈증을 치료하는 효능이 있다.

483 '유(楡)': 느릅나무과 느릅나무속 식물로, 학명은 *Ulmus pumila* L.인데, 한국의 KPNIC에서는 이를 '비술나무'로 명명하고 있다. Buell의 역주본에서는 이를 elm seeds라고 번역하고 있다. 비술나무 씨로 죽을 만들 수 있으며, 또한 옥수수 가루, 파, 소금과 혼합한 후 기름으로 볶아 익히면 '초파납(炒疤拉)'을 만들 수 있고, 또한 날것으로 먹을 수 있다. 맛은 약간 맵고, 성질은 밋밋하며 독이 없다. 습사와 열사를 제거해 주며, 기생충을 없애는 효능이 있다. 부녀자의 백대하와 소아의 영양장애로 인해 몸이 야윈 것을 치료한다.

맛이 좋고 아주 향기롭다. 폐의 기의 운행을 돕고 모든 기생충을 없애는 효능이 있다.

美. 能助肺氣, 殺諸虫.

그림151 샤롯[回回葱]

그림152 감로자(甘露子)

그림153 비술나무[楡]

39. 순무[沙吉木兒][485]

순무는 맛이 달고 (성질이) 밋밋하며, 독이

沙吉木兒, 味甘,

484 '장(醬)': 비술나무 씨와 밀가루 등을 이용해 만든 장[楡仁醬]이다. 『본초강목(本草綱目)』에서 장의 제조법을 상술하고 있으며, 성질과 맛은 "맵고 따뜻하며 독이 없다."라고 한다. 효능은 당대 맹선(孟詵)의 『식료본초(食療本草)』에서 이르길 "폐의 기의 운행을 돕고, 모든 기생충을 죽이며, 기를 내려 사람이 음식을 잘 먹을 수 있게 하는 데 효능이 있다. 또한 가슴과 배 사이의 악기를 속에서 제거하는데, (장이) 묵은 것일수록 더욱 좋다. 또한 각종 종기와 버짐에 바르면 효과가 탁월하다. 또한 갑자기 냉기로 인해 가슴통증이 있을 때 (비술나무 씨 장을) 먹으면 차도가 있으며, 소아의 간질, 소변이 잘 나오지 못하는 것을 치료한다."라고 한다.

485 '사길목아(沙吉木兒)': 장빙룬의 역주본에는 이를 곧 순무의 뿌리[蔓菁根]라고 한다. 아랍어로는 'saljam'이라 하며, 원대의 한역음이 '沙吉木兒'였다. 서하(西夏) 사전인 『문해(文海)』에는 '괴근채(塊根菜)'란 단어가 있는데 이를 '만청류(蔓菁類)'라고 해석하고 있다. 본 식물과 관련된 내용은 본서 권3의 6장 2의 순무 조항을 참고할 수 있다. 사길목아(沙吉木兒)는 항상 사용하는 채소 중의 하나이며, 익히지 않고 먹을 수도 있다. 육질이며, 구형, 둥글납작하거나 긴 타원형이다. 중의학에서 약재로 사용한다. 갑작스러운 독으로 인한 종기, 급통, 뿌리가 있는 악창, 완두모양으로 나는 종기, 남자의 음경이 붓거나 고환이 아픈 증상 등을 치료한다.

없다. 중초비위를 따뜻하게 하며, 기를 보익하고, 심장과 복부의 냉통을 멈춘다. 이것은 곧 순무뿌리이다.

平, 無毒. 溫中, 益氣, 去心腹冷痛. 即蔓菁根.

40. 사탕무[出莙蓬兒]486

사탕무의 맛은 달고, (성질은) 밋밋하며, 독이 없다. 경맥을 잘 통하게 하고, 기를 내리며, 가슴이 더부룩한 것을 해소한다. 이는 곧 근대[莙蓬]의 뿌리이다.

出莙蓬兒, 味甘, 平, 無毒. 通經脉, 下氣, 開胷膈. 即莙蓬根也.

---

486 '출군달아(出莙蓬兒)': 명아주과 식물인 첨채(菾菜; *Beta vulgaris* L.*varcruenta* Alef.)의 뿌리이다. 다른 이름은 사탕무[糖蘿蔔]이다. 한국 KPNIC의 '사탕무'는 명아주과 근대속으로 학명은 *Beta vulgaris var. saccharifera* Alef.라고 하여 비록 속명은 같지만 다소 차이가 있다. Buell의 역주본에서는 이 식물의 영문명을 sugar beet라고 한다. 장빙룬의 역주본에 의하면, 이는 이년생 혹은 다년생 초본으로, 뿌리는 육질이 통통하고, 원뿔형 혹은 방추형이고, 표피는 자홍색 혹은 황백색이다. 육질의 뿌리는 야채로 사용하고, 생으로 먹거나 볶아서도 먹으며, 잘라 꽃모양으로 만들어 장식용으로도 쓸 수 있다고 한다. 상옌빈의 주석본에 따르면, '출군달아(出莙蓬兒)'는 페르시아와 몽골어가 복합된 어휘로 미국학자 베르톨트 라우퍼가 말하길 "당대 한어 중의 '군달(莙蓬)'은 명백히 중고 페르시아어에 의거하면 'gundanr' 혹은 'gundur'로 읽는다. 당대에 아라비아인들이 중국으로 유입되었고 그들은 수많은 페르시아어와 생산품을 가지고 중국으로 들어오게 되었다."라고 하였다. 그 밖에 미국 학자 셰퍼 빈센트 조셉(Schaefer. Vincent Joseph)도 베르톨트의 견해를 수용하였다. 사오쉰정[邵循正] 선생은 "이 책 가운데 언어학의 허구가 매우 많아 (주로 중고 페르시아어이다.) 신뢰성에 문제가 있다."라고 하였다.

41. 산단山丹

산단근[487]은 맛이 달고, (성질이) 밋밋하며, 독이 없다. 주로 사기로 인한 복부팽창에 효능이 있으며, 각종 종기를 제거한다. 다른 이름은 백합(百合)이다.

山丹根味甘, 平, 無毒. 主邪氣腹脹, 除諸瘡腫. 一名百合.

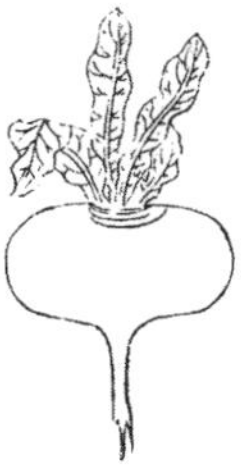

그림154 순무[沙吉木兒]

그림155 사탕무[出莙薘兒]

그림156 산단(山丹)

42. 미역[海菜][488]

미역은 맛은 짜고 (성질은) 차며, 약간 비리

海菜, 味鹹, 寒,

---

487 '산단근(山丹根)': 백합과 식물인 산단(山丹: *Lilium pucmilum* DC.)의 비늘줄기[鱗莖]이다. 강구(强瞿), 산뇌서(蒜腦薯)라고도 한다. 한국의 KPNIC에는 유사한 학명으로 *Lilium concolor* Salisb.가 있는데, 이는 백합과 백합속 '하늘나리'로서 속명은 같지만 학명의 차이로 보아 양자는 근연식물인 듯하다. Buell의 역주본에서는 이를 lily root라고 번역하고 있다. 산단은 다년생 초본으로, 쌀과 함께 끓여서 죽으로 만들거나, 고기와 함께 익혀서 먹을 수도 있으며, 말리거나 가루로 만들어서도 먹을 수 있다. 맛은 달고 쓰고, 성질은 차갑다. 답답하여 생긴 열을 제거하고, 폐를 윤택하게 하며, 기침을 멈추고, 정신을 안정시키는 효능이 있다. 허로로 인한 기침, 피를 토하는 것, 가슴이 두근거리는 것, 불면증, 수기로 인해서 몸이 붓는 증상을 치료한다.

488 '해채(海菜)': 넓은 의미로 말하자면 해채(海菜)는 미역과[海帶科] 수생식물 미역,

고 독이 없다. 주로 갑상선 부종[癭瘤][489]을 치료하고 부종의 망울[490]과 부스럼을 없앤다. 많이 먹어서는 안 된다.

微腥, 無毒. 主癭瘤, 破氣核癰腫. 勿多食.

43. 고사리[蕨菜][491]

고사리는 맛이 쓰고 (성질은) 차며 독이 있

蕨菜, 味苦, 寒,

다시마과[翅藻科] 식물 다시마[昆布]와 미역[裙帶菜]의 엽상체(葉狀體)이다. 장빙룬의 역주본에서는 이 학명을 *Undaria pinnatifida* (Harv.) Sur.이라 하였는데, 한국의 BRIS에서는 이를 '미역'으로 명명하고 있다. Buell의 역주본에서는 이를 포괄적으로 seaweed라고 번역하고 있다. 위구르 의약전적인 『배지의약서(拜地依藥書)』에 의하면, "해대(海帶)는 일종의 해저식물로서 뿌리는 옆으로 누워 있고, 줄기는 바닥에서 가지로 나누어지며 편평하고 잎은 가죽띠 모양을 하고 있다."라고 한다. 미역은 다년생 대형의 갈조류로서 고기와 함께 국으로 끓여 먹을 수 있고 혹은 데친 후에 실 같이 가늘게 자른 후 간장, 식초, 조미료, 소금 등의 향신료를 넣고 버무려 무침 등으로 만들어서도 먹을 수 있다. 일반적으로 미역에 함유된 요오드와 요오드화물을 이용하여 요오드의 부족으로 야기되는 갑상선 기능 저하를 해결하는 동시에 일시적으로 갑상선 기능 항진의 신진 대사율을 억제하고 증상을 경감하지만, 오래 유지되지는 않아서 수술 전에 사용된다.

489 '영류(癭瘤)': 대부분 갑상선 비대증 질환을 가리킨다. 발병은 그 지역의 풍토와 관련이 있는데, 혹은 근심과 답답함으로 화를 내고, 간이 편안하지 못하거나 비장이 건강한 기능을 상실하고, 기가 막히고 담이 엉기게 되어서 생긴다. 증세로는 목 앞에 종기가 생겨나는데 붉은색을 띠고 돌출되며 간혹 꼭지가 작고 아래로 처져서 마치 달려 있는 '영락(瓔珞: 목이나 팔에 두르는 구슬을 꿴 장식품)'과 같다. 『중장경(中藏經)』에 보이는데, 영(癭)과 류(瘤)의 합칭이며 또는 영(癭)만을 가리킨다. 영은 대발자(大脖子)라고도 불린다. 『설문(說文)』에서 영은 "목의 혹"이라고 하였다. 영류의 명칭은 비교적 많은데, 송대 『성제총록(聖濟叢錄)』에는 오영(五癭), 석영(石癭), 니영(泥癭), 노영(勞癭), 우영(憂癭), 기영(氣癭)이 있다. 남송대 진언(陳言)의 『삼인극일병증방론(三因極一病證方論)』에 또한 오영(五癭), 석영(石癭), 육영(肉癭), 근영(筋癭), 혈영(血癭), 기영(氣癭)이 있다.

490 '기핵(氣核)': 김세림의 역주본에서는 이를 '영기결핵(癭氣結核)'이라고 한다.

491 '궐채(蕨菜)': 고사리과 식물인 고사리(*Pteridium aquilinum* (L.) Kuhn var.

다.[492] 풍기를 일으켜서 발병하게 되므로 많이 먹어서는 안 된다.

有毒. 動氣發病, 不可多食.

그림 157 미역[海菜]

그림 158 고사리[蕨菜]

44. 야생완두[薇菜][493]

야생완두는 맛은 달고, (성질이) 밋밋하며,

薇菜, 味甘, 平,

---

latiusculum (Desv.) Undrw.)의 여린 잎이다. 다년생 초본이다. 고사리에는 여의채(如意菜), 낭기(狼萁), 장수채(長壽菜), 길상채(吉祥菜), 용두채(龍頭菜) 등의 이명이 있다. 한국의 BRIS에서 이 고사리에 가장 가까운 근연식물의 학명은 *Pteridium aquilinum* (L.) Kuhn subsp. latiusculum (Desv.) W.C.Shieh이다. Buell의 역주본에서는 이를 bracken이라고 번역하고 있다. 어리고 연할 때에 채집하여 재탕[灰湯]에 삶아서 미끌미끌한 것을 없애고 햇볕에 말린 후에 채소로 식용하는데, 맛은 달고 성질은 미끌미끌하며 독특한 풍미를 가진다. 뿌리는 전분을 함유하고 있는데, 뿌리를 빻아서 깨끗이 걸러 내어 궐분(蕨粉)을 만들 수 있다. '궐분'의 맛은 달고, 성질은 차다. 열을 내리고 장을 윤택하게 하며 기를 내리고 담을 풀어 주는 효능이 있다. 음식에 체하고, 숨이 차며, 장에 풍사와 열독이 차게 된 것을 치료한다.

492 '유독(有毒)': 고사리는 원래 독이 없다. 『중화본초(中華本草)』에서는 그 맛은 조금 떫고 달며 성질이 차다고 기록하고 있다. 열을 내리고 해독하며, 풍기를 없애고 습사를 제거하며 수기가 잘 통하게 해 소변이 잘 나오게 하고, 기생충을 죽이는 효능이 있다. 열독으로 난 종기, 화상, 직장이탈, 풍사와 습사에 의한 저림 증세를 다스린다.

493 '미채(薇菜)': 콩과 식물인 대소채(大巢菜: *Vicia sativa* L.)이다. 장빙룬은 역주본

독이 없다. 기를 보익하며, 피부를 윤택하게 하고, 정신을 맑게 하며, 뜻을 강하게 한다.

無毒. 益氣, 潤肌, 淸神, 強志.

45. 사데풀[苦買菜][494]

사데풀은 맛이 쓰고 (성질은) 서늘하며, 독이 없다. 얼굴과 눈의 황달을 치료하고 힘을 강건하게 하며, 피로한 것을 멈추고, 각종 종기를 치료한다.[495]

苦買菜, 味苦, 冷, 無毒. 治面目黃, 強力, 止困, 可傳諸瘡.

에 의하면 미(薇)는 『본초강목(本草綱目)』에서 "맥전(麥田)에서 자라고, 또 평원과 습지에 있으며, 또 『시경』에는 산에 궐미(蕨薇)가 있다고 한 것으로 보아 수초는 아니고 '야생완두[野豌豆]'라고 했다. 촉나라 사람들은 이를 소채(巢菜)라고 했으며, 덩굴져서 자라고, 줄기 잎의 성질과 맛은 모두 완두와 비슷하며, 그 콩잎으로 나물을 만들고, 국에 넣으면 좋다."라고 한다. 맛은 맵고, 성질은 차갑다. 열을 내리고, 습사를 제거하며, 어혈을 풀어 주는 효능이 있다. 황달, 부종, 학질, 코피를 쏟는 경우, 심장이 두근거리는 증상, 몽정, 월경불순을 치료한다. 상옌빈의 주석본에 의하면, 이는 물가에 자라며 잎은 부평초[萍]와 유사하며, 쪄 먹으면 좋다고 한다. KPNIC와 BRIS에는 이 학명에 조응하는 식물이 없다. 다만 Naver 백과에는 이 학명을 '지중해 살갈퀴'라고 보고 있다. Buell의 역주본에서는 이를 vetch, 즉 '살갈퀴'라고 번역하고 있다.

494 '고매채(苦買菜)': 한국의 국가표준식물목록(KPNIC)에 의하면 이는 국화과 방가지똥속 식물인 '사데풀'[*Sonchus brachyotus* DC.]이라고 명명하고 있으며, Buell의 역주본에서는 이를 sonchus spp greens이라고 번역하고 있다. 다년생 초본으로 전 그루에 유즙이 있다. 길가와 들판에서 자란다. 봄여름 기간에 중국 농촌 사람들이 늘상 먹는 일종의 야채이고, 가금류의 사료로 쓴다. 성질은 차가우며 맛은 쓰다. 열을 내리고 독을 해독하는 효능이 있다. 급성 세균성 이질, 후두염, 허약하여서 기침하는 증세, 항문 내부 치질이 밖으로 튀어나오는 염증 및 여성의 대하증을 치료한다. 권3의 6장 12의 '천정채'와 흡사하다.

495 '부(傅)': 사부총간속편본에는 '부(傅)'라고 표기되어 있지만, 상옌빈의 주석본과 장빙룬의 역주본에서는 '부(敷)'로 쓰고 있다.

46. 미나리[水芹][496]

미나리는 맛이 달고, (성질이) 밋밋하며, 독이 없다. 정신을 기르고, 기를 더하며, 사람을 살지고 건강하게 한다. 약독을 없애고, 여인의 분비물에 혈액이 섞여 나오는 것[497]을 치료한다.

水芹, 味甘, 平, 無毒. 主養神, 益氣, 令人肥健. 殺藥毒, 療女人赤沃.

그림 159 야생완두[薇菜]

그림 160 미나리[水芹]

496 '수근(水芹)': KPNIC에는 이를 산형과 미나리속 식물인 미나리[*Oenanthe javanica* (Blume) DC.]로 명명하고 있으며, Buell의 역주본에서는 이를 water celery라고 번역하고 있다. 다년생 습성 혹은 수생 초본으로, 전체적으로 윤기가 나고 털이 없으며, 습도가 낮은 저지대 혹은 도랑에서 잘 자란다. 맛은 달고 매우며, 성질은 서늘하다. 폐와 위장에 작용하며, 열을 내리고 물을 잘 통하게 하는 효능이 있다. 더운 열로 인한 답답함과 갈증, 황달, 수종, 임질, 대하증, 경부 림프선 염, 볼거리를 치료한다. 부드러운 줄기는 소금에 절여서 절인 채소로 만들 수 있으며, 끓는 물에 데친 이후에 다른 조미료를 넣고 버무려 먹는다.

497 '적옥(赤沃)': 병명이다. 부녀자들에게 늘상 있는 증상으로, 비정상적인 붉은 점액 형태의 액체를 배출하는 것이다. 간혹 붉은 이질을 쏟는다고 하여 '적옥'이라고 부른다. 이 외의 경우에는 응당 전자를 가리킨다. 김세림의 역주본에는 '적옥'을 '적대하(赤帶下)'로 보고 여인의 음도에서 나오는 붉은 분비물로 인식했으며, Buell의 역주본에는 'female hematuria' 즉 여성의 혈뇨라고 해석하고 있다.

7장 조미료 맛[料物性味]

본 장에서는 음식을 조리할 때 사용되는 28종의 각종 조미료의 맛과 성질 및 약효에 대해 언급하고 있다. 여기서도 전술한 식품 소재와 같이 서역을 통해 유입된 것이 적지 않은 것이 특징이다. 명대 마유(馬踰)의 『마씨일초기(馬氏日鈔記)』에서는 "回回茶飯中, 自用西域香料, 與中國不同."라는 말이 적혀 있다.

1. 후추[胡椒]498

후추는 맛이 맵고 (성질은) 따뜻하며, 독이 없다. 주로 기를 내리고, 오장육부 중의 풍사와 냉기를 제거하며, 가래를 삭이고, 육류의 독을 해독하는 데 효능이 있다.	胡椒, 味辛, 溫, 無毒. 主下氣, 除藏府風冷, 去痰, 殺肉毒.

498 '호초(胡椒)': 한국의 BRIS에서는 이 식물을 후추과 후추속 식물인 후추(*Piper nigrum* L.)의 열매라고 명명한다. Buell의 역주본에서는 이를 black pepper[Iranian pepper]라고 번역하고 있다. 원식물은 상록의 덩굴식물이다. 열대, 아열대 지역에 분포하고, 울창한 숲 속에서 자란다. 열매가 전부 홍색으로 변하자마자 채취하여 며칠간 물에 담갔다가, 비벼서 바깥 껍질을 제거하고 햇볕에 말리면 표면이 회백색을 띠는데, 통칭 '백후추[白胡椒]'이다. 복용하면 풍을 없애고, 위를 건강하게 하며, 인체에 바르면 자극제, 발적제(發赤劑)로 사용된다. 후추의 맛은 맵고, 성질은 뜨겁다. 위와 대장에 작용한다. 중초비위를 따뜻하게 하고, 기를 내리며, 가래를 삭이고, 독을 해독하는 데 효능이 있다. 또한 조리 중에 항상 쓰이는 매운 향의 조미료이다.

2. 화초[小椒]499

화초는 맛이 맵고 (성질은) 뜨거우며, 독이 있다.500 주로 사기로 인해서 생긴 기침에 효능이 있으며, 중초비위를 따뜻하게 하고, 냉기를 내리며, 습기로 인한 저림 증상을 없앤다.

小椒味辛, 慹, 有毒. 主邪氣欬逆, 溫中, 下冷氣, 除濕痺.

그림 161 후추[胡椒]

그림 162 화초[小椒]

499 소초(小椒)': 운향과 식물인 소초[*Zanthoxylum bungeanum* Maxim.]의 과피이다. 한국의 BRIS에서는 이 학명을 '화초(花椒)'로 명명하고 있다. Buell의 역주본에서는 이를 chinese flower pepper[lesser pepper]라고 번역하고 있다. 유입식물인 화초[*Zanthoxylum bungeanum* Maxim.]와 한국 야생식물인 산초[*Zanthoxylum schinifolium* Siebold & Zucc.]가 속명이 동일한 것을 보면 근연식물인 듯하다. 원식물은 관목 혹은 소교목이며, 여린 가지는 짧고 부드러운 털로 덮여 있다. 맛은 맵고, 성질은 따뜻하며 독이 있다. 사람의 비장, 폐, 신장을 다스린다. 중초비위를 따뜻하게 하여 한기를 흩트리고, 습기를 제거하며, 통증을 멈추고 기생충을 죽이며, 날 생선의 비린내를 제거하고 독을 해독한다. 임상에서는 회충성 장폐색증, 주혈흡충병, 요충병 치료에 주로 사용하며, 통증을 멈추고 젖을 돌게 한다. 옛 의서 중에서는 화초(花椒)를 진초(秦椒)와 촉초(蜀椒)로 나누었으며, 『범자계연(範子計然)』에서 이르길 "촉초(蜀椒)는 무도(武都)에서 생산되며 붉은 것이 좋다. 진초(秦椒)는 농서(隴西), 천수(天水)에서 생산되며 고운 것이 좋다."라고 하였다.

500 '유독(有毒)': 『중화본초(中華本草)』에서 이르길 "약간의 독이 있다."라고 하였다.

3. 양강良薑[501]

양강은 맛은 맵고 (성질이) 따뜻하며, 독이 없다. 주로 위의 냉기가 역류하는 것, 토사곽란, 복부의 통증, 술독을 해독하는 데 효능이 있다.

良薑味辛, 溫, 無毒. 主胃中冷逆, 霍亂, 腹痛, 解酒毒.

4. 회향茴香[502]

회향은 맛이 달고 (성질은) 따뜻하며, 독이

茴香味甘, 溫, 無

501 '양강(良薑)': 이것이 곧 고량강(高良薑)이다. 생강과 식물인 고량강(高良薑: *Alpinia officinarum* Hance)의 뿌리줄기이다. 한국의 BRIS에서는 이 학명을 '양강'이라고 명명하고 있다. Buell의 역주본에서는 이를 lesser galangal이라고 번역하고 있다. 원식물은 다년생 초본으로 뿌리줄기는 원주형이며, 가로로 자라고 마디 위에서 뿌리가 난다. 줄기는 떨기로 자라며 곧게 자란다. 잎은 2열로 나며, 잎자루가 없다. 열매[蒴果]는 벌어지지 않으며 공모양으로, 길가, 산비탈의 초지대 혹은 관목 덤불에 자란다. 냄새는 향기로우며 맛은 맵다. 맛은 맵고, 성질은 따뜻하다. 비장과 위장에 작용한다. 위장을 따뜻하게 하며 풍사를 제거하고 한기를 흩트린다. 기를 잘 돌게 하며 통증을 멈추게 한다. 임상에서는 심장과 복부가 뒤틀리면서 찌르는 듯한 통증, 양 옆구리에 덩어리가 지는 것, 번민을 참을 수 없는 상태를 치료할 때 사용되는데, 비장을 좋게 하고 위를 따뜻하게 하며 냉기를 제거하고 담을 제거한다. 매운 향기가 나기 때문에 요리를 할 때도 사용된다. 샹옌빈, 「忽思慧飮膳正要不明名物再考釋」, 『中央民族大學學報』, 2001, pp.60-61에 따르면 『회회약방(回回藥方)』 권12에는 "소올린장즉양강(掃兀隣張卽良姜)"이라고 적혀 있으며, '소올린장방(掃兀隣張方)', '대속란장환(大屬蘭章丸)', '속린장환(屬隣章丸)' 등의 구절이 있는데, 마땅히 페르시아어 saw rin jan의 음역으로 양강은 일종의 '콜키쿰[秋水仙]'과의 식물이라고 한다.

502 '회향(茴香)': 미나리과 회향속 식물인 '회향'[*Foeniculum vulgare* Mill.]의 열매이다. Buell의 역주본에서는 이를 fennel이라고 번역하고 있다. 상옌빈의 주석본에

없다. 주로 방광과 신장경맥[503]의 냉기를 치료하며, 중초를 조화롭게 하고, 통증을 멈추고 구토를 그치게 한다.

毒. 主膀胱, 腎經冷氣, 調中止痛, 住嘔.

그림 163 양강(良薑)

그림 164 회향(茴香)

5. 딜[蒔蘿][504]

딜은 맛이 맵고 (성질은) 따뜻하며 독이 없다. 비장을 건강하게 하고 식욕을 북돋으며,

蒔蘿味辛, 溫, 無毒. 健脾開胃, 溫

의하면 회향은 당대 손사막이 저술했다는 『천금익방(千金翼方)』에 처음 등장한다고 한다. 본 식물은 다년생 초본이며 강렬한 향기가 있다. 종자는 휘발성 기름을 약 3-6% 함유하고 있으며, 맛은 맵고, 성질은 따뜻하다. 신장과 방광, 위장에 작용한다. 신장을 따뜻하게 하고 한기를 제거하며, 위기를 조화롭게 하고 기를 다스리는 작용을 한다. 음낭이나 아랫배가 차고 아픈 것, 신장의 기능이 허해서 생긴 요통, 위의 통증, 구토, 건습(乾濕)으로 인한 각기(脚氣)를 치료한다. 중국 일부 지역에서는 회향의 어린 줄기와 잎을 식용채소로 먹는 것을 좋아한다. 회향자(茴香子)는 일반적으로 향신조미료로 사용되는데, 생선과 고기의 비린내와 누린내를 없애며, 또한 소화를 돕는다.

503 김세림의 역주본에서는 '신경(腎經)'을 12경맥 중의 하나인 신경맥(腎經脈)으로 보고 있다.

504 '시라(蒔蘿)': 미나리과 식물인 소회향[*Anethum graveolens* L.]의 열매이다. 한국의 KPNIC에서는 이것의 국명을 '딜(dill)'이라고 칭하고 있다. 상옌빈의 주석본에

중초비위를 따뜻하게 하고 신장[505]의 기능을 보충해 주며 어류나 육류의 독을 없앤다.	中, 補水藏, 殺魚肉毒.

6. 말린 귤껍질[陳皮][506]

말린 귤껍질은 맛이 달고 (성질은) 밋밋하며,	陳皮味甘, 平, 無

의하면 당대에는 시라(蒔蘿)라고 불렀지만 오늘날 상품명은 자연(孜然)이라고 한다. 신장지역에서 자연(孜然)을 'zira'라고 부르는데 이 말이 페르시아에 기원하는 점을 볼 때, 이 식물은 이란에서 중국으로 유입되었을 가능성이 가장 크다고 한다. 원식물은 일년생 혹은 이년생 초본이다. 비장과 신장을 따뜻하게 해주고 식욕을 북돋으며, 한기를 흩트리고 기가 잘 통하게 하며 어류와 육류의 독을 해독하는 효능이 있다. 토사곽란, 복부 냉증과 통증, 음낭 냉증과 통증[寒疝]과 배가 결리고 더부룩해 식욕이 없는 것[痞滿少食]을 치료한다. 그 맛은 맵고 좋으며 성질은 건조하고 세찬 까닭에 기를 소모하고, 진액이 손상되기에 단지 경락을 행하는 경우에만 이용해야 한다. 상옌빈, 「忽思慧飮膳正要不明名物再考釋」, 『中央民族大學學報』, 2001, p.58에 의하면 이것은 당대에 수마트라 섬에서 유입이 되었다. 그 종자를 '시라'라고 하는데, 이 명칭은 산스크리트어의 jiraka의 음역이 아니라, 페르시아어 žira의 음역이다. 페르시아인의 후예인 이순(李珣)의 『해약본초(海藥本草)』에서는 『광주기』를 인용하여 이 식물이 페르시아에서 온 것이라고 하였다. 특이한 향이 나며, 맛은 약간 맵고 얼얼하다. 유입지가 인도인지 페르시아인지에 대해서는 진일보된 연구가 필요하다.

505 '수장(水藏)'은 신장(腎臟)의 기능과 동일하다.

506 '진피(陳皮)': 운향과 식물인 복귤(福橘) 혹은 주귤(朱橘) 등 다양한 종류의 귤을 말린 껍질이다. Baidu 백과에는 학명은 *Citrus reticulata* Blanco라고 제시하며, BRIS에서는 편귤(*Citrus reticulata*) 혹은 당귤(*Citrus sinensis* x reticulata)을 제시하고 있다. 그리고 Buell의 역주본에서는 이를 mandarin orange peel이라고 번역하고 있다. 진피는 우선 말려서 귤껍질 속의 매운 기운을 다소 완화시킨 것이다. 약재는 '진피(陳皮)'와 '광진피(廣陳皮)'로 나뉜다. 진피(陳皮)는 보통 벗기면 여러 조각이 되며, 밑부분은 서로 연결되어 있고, 어떤 것은 불규칙한 모양을 띠며, 두께는 1-4mm이다. 광진피(廣陳皮)의 경우 보통 3개의 조각이 연결되어 있고, 형태는 가지런하며, 두께는 약 1mm로 균등하다. 점 모양의 유실은 비교적

독이 없다. 갈증을 멈추고, 소화를 증진시키며,[507] 담을 내리고, 복부에 냉기가 쌓인 것을 치료한다.

毒. 止消渴, 開胃氣, 下痰, 破冷積.

그림 165 딜[蒔蘿]

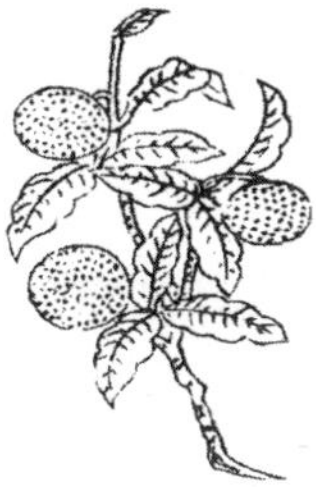

그림 166 귤

7. 초과草果[508]

초과는 맛이 맵고 (성질은) 따뜻하며, 독이

草果味辛, 溫, 無

크고, 빛에 비추면 보이고, 투명하고 또렷하다. 성질은 비교적 부드럽고 연하다. 과일 껍질이 함유하는 휘발성 유류는 위와 장의 통로를 따뜻하게 하고 자극하는 작용을 하여, 소화액의 분비를 촉진시키고, 장기 내에 쌓여 있는 기를 해소하고, 식욕을 증진시킨다. 진피 역시 한 종류로 항상 중의학의 약재로 사용된다. 맛은 달고 쓰며, 성질은 따뜻하다. 비장과 폐에 작용한다. 기를 다스리고, 중초비위를 조절하며, 습사를 말리고, 가래를 삭이는 효능이 있다.

507 '개위기(開胃氣)'는 앞의 '개위(開胃)'와 동일하며 소화를 통해 식욕을 증진한다는 의미이다.

508 '초과(草果)': 생강과 식물인 초과[*Amomum tsaoko* Crevost et Lem.]의 열매이다. 한국의 KPNIC에는 이와 속명이 같은 근연식물로 '양하'[*Amomum mioga* Thunb.]가 있지만 초과는 제시되어 있지 않다. Buell의 역주본에서는 이를 tsaoko cardamom이라고 번역하고 있다. 주로 중국의 남부지역과 남아시아 및 인도 등지에서 생산된다. 이것의 원식물은 다년생 초본으로 종자를 부술 때 특이한 냄새가 나며, 종자는 휘발성 기름 등을 함유하고 있으며, 비교적 강한 향기와

없다. 심장과 배의 통증을 치료하고, 구토를 멈추며, 위장을 보익하고, 기를 내리며, 술독을 해독한다.

毒. 治心腹痛, 止嘔, 補胃, 下氣, 消酒毒.

8. 계피[桂][509]

계피는 맛이 달고 매우며, (성질은) 매우 뜨겁고, 독이 있다.[510] 심복부의 한사와 열사, 냉담冷痰[511]을 치료하고, 간과 폐의 기를 순조롭게 한다.

桂味甘辛, 大熱, 有毒. 治心腹寒熱, 冷痰, 利肝肺氣.

맛이 있고, 요리할 때 향신료로 사용할 수 있다. 맛은 맵고, 성질은 따뜻하다. 습사를 제거하고, 한기를 없애며, 담을 해소시키고, 학질로 인한 발작을 예방하며, 소화를 돕고, 적체를 내리는 효능이 있다.

509 '계(桂)': 녹나무과 식물인 육계(肉桂: *Cinnamomum cassia* Presl.)의 줄기 껍질과 가지 껍질이다. 남옥계(南玉桂)라고도 칭한다. BRIS에서는 이 학명을 '계피나무'라고 명명하고 있다. 원식물은 상록교목이고, 나무껍질은 회갈색이고, 향내가 나며, 어린 가지는 약간 네 모서리진 형태를 띤다. 약재로는 관계(官桂), 기변계(企邊桂), 판계(板桂)로 나뉘는데, 모두 껍질은 얇고 육질은 두껍다. 단면은 자홍색이고, 유성이 크고, 향기가 짙으며, 맛은 달고 약간 매우며, 씹었을 때 찌꺼기가 없는 것이 가장 좋다. 맛은 맵고 달며, 성질은 뜨겁다. 비장과 위를 따뜻하게 하며, 냉기가 쌓인 것을 제거하고, 혈맥을 통하게 하는 데 효능이 있다. 신장의 양기가 허한 경우, 복통설사, 한습사(寒濕邪)가 간경(肝經)에 침범하여 아랫배와 고환이 아프면서 명치로 기운이 치미는 병증, 허리와 무릎에 냉통이 있는 것, 월경을 하지 않고 아랫배 속에 덩어리가 생기는 것[癥瘕], 매복성 악성 종기[陰疽], 농혈증을 치료하며 또한 양기가 위로 떠오르는 병증과 위는 뜨겁고 아래는 차가운 것을 치료한다. 이 또한 상용하는 향신료 중 하나이다.

510 '유독(有毒)': 계피는 중의약으로 상용하는 약재이므로 독이 있다는 구절은 검토할 필요가 있다.

511 '냉담(冷痰)': 양기가 허해서 한사와 습사가 침입하여 생기는 담증이다. 수(隋)대 소원방(巢元方)의 『제병원후론(諸病源候論)』 권12에 보인다. 증상은 발과 무릎이 노곤하고, 허리와 배에 강한 통증이 있으며, 사지의 관절이 시리고 저리며, 뼈

그림 167 초과(草果)

그림 168 계피[桂]

9. 강황薑黃512

강황은 맛이 맵고 쓰고, (성질은) 차가우며 독이 없다. 주로 가슴과 배에 뭉친 것을 치료하며, 기를 아래로 내리고, 어혈을 풀어 주며, 몸속의 풍사와 열사를 제거한다.

薑黃味辛苦, 寒, 無毒. 主心腹結積, 下氣破血, 除風熱.

가 아픈 것 등이 있다.

512 '강황(薑黃)': 생강과 식물인 울금(鬱金: *Curcuma longa* L.) 혹은 강황(薑黃: *Curcuma aromatica* Salisb.)의 뿌리줄기이다. 장빙룬의 역주본에서는 후자의 학명을 울금이라고 했지만, 한국의 BRIS에서는 전자의 학명을 강황, 울금이라고 명명하고, 후자를 '강황'이라고 표기하고 있어 제목을 '강황'이라고 하였다. Buell의 역주본에서는 이를 turmeric라고 번역하고 있다. 장빙룬의 역주본에서는 강황과 울금을 구분하여 설명하고 있다. 강황은 다년생 초본으로 뿌리는 굵고 끝부분은 통통하며 긴 계란형 혹은 방추형으로 자라는 뿌리줄기이며, 울금은 다년생 숙근초본이라 한다. 강황은 휘발성 기름을 4.5-6%를 함유하고 있다. 맛은 맵고 쓰고, 성질은 따뜻하다. 비장, 간에 작용한다. 어혈을 제거하고 기를 순환시키며, 경맥을 통하게 하고, 통증을 멈추는 효능이 있다. 심복부가 차서 그득하고 부으며 아픈 것, 팔마디가 저리고 아픈 증세, 아랫배 속에 덩이가 생긴 병증[癥瘕], 여성이 어혈로 인해 월경이 막히는 증상, 산후 어혈로 인한 복통, 타박상, 옹종을 치료한다. 이것을 조미료로 사용할 수 있으며, 후추, 회향과 섞어서 '카레가루'를 만들 수 있다고 한다.

10. 필발蓽撥[513]

필발은 맛이 맵고 성질은 따뜻하며, 독이 없다. 중초비위를 따뜻하게 하며, 기를 내리고, 허약으로 인한 허리와 다리의 통증을 완화하고 소화를 도우며, 위의 찬 기운을 제거한다.

蓽撥辛，溫，無毒. 主溫中下氣, 補腰脚痛, 消食, 除胃冷.

그림 169 **강황**(薑黃)

그림 170 **필발**(蓽撥)

513 '필발(蓽撥)': 후추과 식물 필발[*Piper longum* L.]의 덜 익은 열매이다. 별칭으로 필발초(蓽撥草), 심성(葚聖), 합위(哈萎), 서미(鼠尾), 필발리(蓽撥梨) 등이 있다. Buell의 역주본에서는 이를 pippali(long pepper)라고 번역하고 있다. 원식물은 다년생 덩굴식물이다. 맛은 맵고, 성질은 뜨겁다. 중초비위를 따뜻하게 하고, 한기를 흩뜨리며, 기를 내리고, 통증을 멈추는 효능이 있다. 가슴과 배가 차면서 아프며, 구토와 신물이 올라오고, 배에서 소리가 나며 배가 차가워져 설사를 하는 경우, 아랫배와 고환의 통증, 두통, 누런 콧물이 그치지 않는 증상과 치통을 치료한다. 고대의 일부 음식물을 통해 치료하는 방법 중에서는 필발을 보조재료로 사용하고 있다. 예컨대, 보리수를 사용할 때 필발을 볶아서 넣으면 복통과 설사를 치료할 수 있다. '필발'은 송대 『개보본초(開寶本草)』, 『본초도경(本草圖經)』에서는 모두 페르시아에서 나온 것이라고 생각하고 있으나, 당대 단성식(段成式)의 『유양잡조(酉陽雜俎)』 권18에서는 마가타국(摩伽陀國)에서 나고 그곳에서는 필발리(蓽撥梨)라고 부르며, 불림국(拂林國)에서는 아리가탑(阿梨訶塔)이라고 부른다고 하였다. 상옌빈의 주석본에 따르면 '필발(蓽撥)'은 곧 필발(蓽茇)로서, 다른 명칭으로는 '필발초(蓽撥草)', '심성(葚聖)', '합위(哈萎)', '서미(鼠尾)', '필발리(蓽撥梨)' 등이 있다. 필발은 범어(梵語)로는 'pippali'로 이는 긴 후추[長胡椒]를 가리킨다고 하였다.

11. 사인[縮砂]514

사인은 맛이 맵고 (성질은) 따뜻하며, 독이 없다. 주로 허로를 치료하고, 한랭성 설사, 먹은 것이 오래되어 소화가 잘 되지 않는 것을 치료하며, 기를 내리는 효능이 있다.	縮砂味辛, 溫, 無毒. 主虛勞, 冷瀉, 宿食不消, 下氣.

12. 큐베브[蓽澄茄]515

큐베브는 맛이 맵고, (성질은) 따뜻하며 독	蓽澄茄味辛, 溫,

---

514 '축사(縮砂)': 다른 이름은 축사인(縮砂仁), 축사밀(縮砂蔤) 등이 있다. 『한의학대사전』(정담, 2001)과 BRIS에서는 축사를 '사인'(砂仁: *Amomum villosum*)이라고 명명한다. Buell의 역주본에서는 이를 grain of paradise라고 번역하고 있다. 생강과 식물인 양춘사(陽春砂: *Amomum villosum* Lour.) 혹은 사인[縮砂: *Amomum xanthioides* Wall.]의 익은 과실이나 종자이다. 첫째는 양춘사(陽春砂: BRIS에서는 이것도 '사인'이라 명명한다.)로 다년생 초본이며 열매[蒴果]는 공 모양에 가까운데, 갈라지지 않고, 익었을 때는 홍갈색이 되고, 씨가 많고 향기롭다. 산골짜기의 숲과 음습지에서 자라며 혹은 재배되기도 한다. 둘째는 사인[縮砂]은 다년생 초본이고 열매[蒴果]는 단단하고 긴 타원형 혹은 공 모양의 삼각형이고, 재배되거나 야생에서 자란다. 사인은 휘발성 기름을 함유하는데, 맛은 맵고, 성질은 따뜻하고 비장과 위장에 작용한다. 기를 운행하여 중초비위를 조절하고, 위를 편하게 하며, 비장의 활동을 촉진시키는 기능이 있다. 사인은 또한 조미료로 항상 사용되며 주로 짐승과 가축류의 고기를 삶거나, 후추와 계피 등과 함께 소스나 혼합향료로 만들 때 사용하기도 한다.

515 '필징가(蓽澄茄)': 별칭으로 산호초(山胡椒), 징가(澄茄), 비능가자(毗陵茄子) 등이 있다. 한국의 BRIS에 의하면 이 식물은 후추과 식물인 '큐베브'[蓽澄茄: *piper cubeba* L.] 혹은 녹나무과 식물인 '메이창'[山鷄椒: *Litsea cubeba* (Lour.) Pers.]의 열매라고 명명한다. 첫 번째로 큐베브는 상록의 기는 덩굴로 열매[核果]는 구

이 없다. 소화를 돕고, 기를 내리며, 가슴과 복부가 더부룩한 것을 제거하고 사람에게 식욕을 돋게 한다.

無毒. 消食下氣, 去心腹脹, 令人能食.

그림 171 사인[縮砂]

그림 172 큐베브[蓽澄茄]

13. 감초甘草[516]

감초는 맛이 달고 (성질은) 밋밋하며 독이

甘草味甘, 平, 無

형이며, 약재로 사용되는 덜 익은 큐베브의 건조된 열매[核果]는 윗부분은 원구형에 가까우며 표면은 암갈색에서 짙은 갈색이다. 가지와 잎에 향기가 난다. 맛은 맵고, 성질은 따뜻하다. 비장과 신장을 따뜻하게 하며, 위장을 튼실하게 하고 소화를 돕는다. 위에 음식물이 적체되어 가스가 차서 더부룩한 것, 위와 복부의 차가운 통증, 구역질과 구토, 배 속에서 꾸르륵 소리가 나며 설사하는 증상, 이질, 옆구리에 담이 채여 생긴 통증을 치료한다. 큐베브는 메이창[山鷄椒: *Litsea cubeba* (Lour.) Pers.]과 더불어 또한 조미료로 사용한다.

516 '감초(甘草)': 이는 국노(國老), 감초(甜草), 甜根子로도 불린다. KPNIC에서는 이를 콩과 감초속 식물인 감초[*Glycyrrhiza uralensis* Fisch.]라고 명명한다. Buell의 역주본에서는 이를 liquorice라고 번역하고 있다. 원식물은 다년생 초본으로 뿌리줄기는 원주형이며, 주요 뿌리는 길고 굵다. 감초의 맛은 달고, 성질은 밋밋하다. 사람의 비장과 위장, 폐에 작용한다. 중초비위의 완급을 조절하며, 폐를 윤택하게 하고, 독을 해독하며, 모든 약과 조화를 이룬다. 볶아서 사용하면 비장과 위가 허약한 것, 음식을 잘 먹지 못하는 것, 복부에 통증이 있고 변이 무른 것, 항상

없다. 온갖 약과 조화를 이루며, 각종 독을 해독한다.	毒. 和百藥, 解諸毒.

14. 고수[芫荽]

고수씨[517]는 맛이 맵고 (성질은) 따뜻하며, 독이 없다. 음식의 소화를 돕고 오장의 기능 상실로 인한 질병을 치료하며, 어류와 육류의 독을 해독한다.	芫荽子辛, 溫, 無毒. 消食, 治五藏不足, 殺魚肉毒.

그림 173 감초(甘草)

그림 174 고수[芫荽]

노곤하며 열이 나는 것을 치료한다. 폐가 위축되고 기침이 나는 것, 가슴이 답답하고 답답한 것, 발작[驚癎]하는 것을 치료하는 데 효능이 있다. 날것을 사용하면 인후부 부종과 통증, 소화성 궤양을 치료하고, 약의 독과 음식물의 독을 해독한다. 또한 사탕, 담배, 의약품 등의 물품에도 첨가할 수 있다.

517 '원수자(芫荽子)': 미나리과 고수속 식물인 고수[*Coriandrum sativum* L.]의 열매이다. 원식물은 본서 권3의 6장 3의 고수 항목을 참조하라. Buell의 역주본에서는 이를 coriander seeds라고 번역하고 있다. 향기가 있으며 손으로 비벼 부수면 독특하고 짙은 향기가 풍기는데, 맛은 약간 맵다. 씨가 꽉 차있고, 깨끗하며 잡질이 없는 것이 좋다. 열매는 휘발유와 지방 등을 함유하고 있다. 익은 열매는 약한 방향제로 쓰이며, 일반적으로 기타 약재와 섞어서 방취제로 만든다. 또한 위장의 내분비선의 분비를 촉진하며, 또한 쓸개즙 분비를 촉진하는 효능이 있다. 맛은 맵고 시며, 성질은 밋밋하고 독이 없다. 진독의 배출을 도우며, 위를 건강하게 하는 기능이 있다. 두창의 발진[痘疹]이 원활하지 않은 것, 미각 감퇴, 이질, 치질을 치료한다.

15. 말린 생강[乾薑][518]

말린 생강은 맛이 맵고 (성질은) 따뜻하고 뜨거우며, 독이 없다. 주로 횡격막이 줄어들면서 생긴 기의 역류로 인한 기침[胷膈欬逆][519]을 치료하고, 복통을 멈추며, 토사곽란을 치료하고, 배가 더부룩한 병증을 제거하는 데 효능이 있다.

乾薑味辛，溫熱，無毒. 主胷膈欬逆，止腹痛，霍亂，脹滿.

16. 생강生薑[520]

생강은 맛이 맵고 (성질은) 약간 따뜻하다. 주로 풍한사로 인한 두통, 기침으로 인해서 기

生薑味辛，微溫. 主傷寒頭痛，咳逆

---

518 '건강(乾薑)': 생강과 생강속 식물인 생강[*Zingiber officinale* Roscoe]의 말린 뿌리줄기이다. 상옌빈의 주석본에 의하면 금대의 『진주낭(珍珠囊)』과 원대의 『당액본초(唐液本草)』와 같은 의서에는 생강의 약용가치에 대해 모두 언급하고 있다고 한다. 원식물은 본서의 그림 권3의 7장 16의 생강을 참고하라. 향기롭고, 맛은 매워서 아릴 정도이다. 비장과 위장, 폐에 작용하여 중초비위를 따뜻하게 하고, 한기를 몰아내며, 양기를 돌게 해서 맥을 통하게 하는 데 효능이 있다. (말린 생강은) 그 매운 맛과 향기로 어류와 육류의 비린내를 제거할 수 있으며, 또한 일상생활 중에 자주 쓰는 조미료이다.

519 '흉격해역(胷膈欬逆)': 기침이 흉강과 격막부위에서 발생하는 것을 가리킨다. 상옌빈의 주석본과 장빙룬의 역주본에서는 '흉격해역(胸膈咳逆)'으로 적고 있다.

520 '생강(生薑)': KPNIC에서는 이를 생강과 생강속 식물인 생강[*Zingiber officinale* Roscoe]이라고 이름하고 있다. 다른 이름으로 강피(薑皮), 강(薑), 강근(薑根), 백날운(百辣雲)으로 불리우며, Buell의 역주본에서는 이를 sprouting ginger라고 번역하고 있다. 원식물인 생강은 다년생 초본이고, 냄새는 향기롭고 특수하며, 맛은 맵고 아리다. 덩어리는 크고, 풍만하며, 육질이 연한 것이 가장 좋다. 연한 생강은 직접 채소로 하여 식용으로 쓸 수 있으며, 또한 당, 소금, 장, 초 등을 사용해서 가공하여 상이한 맛의 군것질 거리나 반찬을 만들 수 있다. 늙은 생강[老薑]

가 치밀어 오르는 것[咳逆上氣]을 치료하고, 구토를 멈추고, 정신을 맑게 하는 효능이 있다. | 上氣, 止嘔, 淸神.

그림 175 말린 생강[乾薑]

그림 176 생강(生薑)

17. 오미자五味子[521]

오미자는 맛이 시고 (성질은) 따뜻하며, 독 | 五味子味酸, 溫,

은 일상에서 상용하는 조미료로 만든다. 맛은 맵고 성질이 따뜻하다. 폐, 위, 비장에 작용한다. 땀을 내고, 한기를 흩트리고, 구토를 멈추고, 가래로 막힌 것을 여는 데 효능이 있다. 감기, 풍사와 한사, 구토, 담음(痰飮: 체액이 몸에 흩어지지 않고 위나 장에 머물러 소리가 나는 것), 기침, 복부 팽만, 설사를 치료한다.

521 '오미자(五味子)': 오미자과 오미자속 식물인 오미자[*Schisandra chinensis* (Turcz.) Baill.]의 열매이다. Buell의 역주본에서는 이를 schisandra라고 번역하고 있다. 원식물은 낙엽목질의 덩굴 식물로 다른 수목을 감고 자라며, 과육의 냄새는 미약하고 독특하며, 신맛이 난다. 종자를 부수면 향기가 나며, 맛은 맵고 쓰다. 종자는 자홍색이고 알갱이가 크며 두툼하고 기름지고 광택이 있는 것이 좋다. 맛은 시고, 성질은 따뜻하다. 폐의 기를 모아 주고 신장을 보익하며, 진액을 생성시키고 땀을 멎게 하며 정액을 붙잡아 주는 효능이 있다. 폐가 허해서 숨이 차고 기침이 나고, 입이 마르고 갈증이 생기며, 절로 땀이 나고, 잘 때 식은땀이 나며, 과로로 내상이 생겨 야위고, 몽정과 오랜 설사와 이질을 치료한다. 『본초강목』 권18에 의하면 오미자는 남, 북으로 구분되는데, 남쪽에서 생산된 것은 붉고 북쪽 것은 검다. 약재로는 북쪽 것이 좋다고 한다.

이 없다. 기를 북돋고 정기를 보하며 중초비위를 따뜻하게 하고, 폐를 윤택하게 하고 오장[522]을 보양하며 정력을 강하게 한다.[523]

無毒. 益氣, 補精, 溫中, 潤肺養臟強陰.

18. 호로파[苦豆][524]

호로파는 맛이 쓰고 (성질은) 따뜻하며 독이 없다. 주로 신장이 허하고 찬 것, 배와 옆구리가 그득하고 더부룩한 것을 다스리며, 방광의 질병을 치료한다.

苦豆味苦, 溫, 無毒. 主元藏虛冷, 腹脅脹滿, 治膀胱疾.

---

522 '장(臟)': 상옌빈의 주석본에서는 사부총간속편본과 동일하게 '장(臟)'이라고 표기하였으나, 장빙룬의 역주본에서는 '장(藏)'으로 표기하였다.

523 [역자주]: '강음(強陰)': 음기가 부족하거나 진액이 쇠약해지는 것 등으로 생기는 병증을 치료하는 것이다. Buell의 역주본에는 '강음(強陰)'을 "음의 기운을 북돋운다."라고 해석했으며, 김세림의 역주본에서는 "정기와 음액(陰液)을 강하게 한다."라고 해석하고 있다.

524 '고두(苦豆)' : Baidu 백과에서는 이 학명을 *Sophora alopecuroides* L.라고 제시하고 있지만 장빙룬의 역주본에서는 이와는 달리 *Trigonella foenum-graecu* L.라고 한다. 전자의 학명에 대해서는 BRIS에서는 국명을 제시하고 있지 않지만 후자의 경우 KPNIC에서 콩과의 '호로파'라고 명명하고 있다. Buell의 역주본에서는 이를 fenugreek seeds라고 번역하고 있다. 원식물은 일년생초본으로 식물 전체에서 향기가 난다. 줄기는 곧게 자라고 대부분 떨기로 자라며 드문드문 털로 덮여 있다. 맛은 쓰고 성질은 따뜻하다. 신장의 양기를 보하고 한사와 습사를 제거하는 효능이 있다. 음낭이 차고 아프고, 배와 옆구리가 그득하고 더부룩하며, 한사와 습사로 생긴 각기나, 신장이 허해서 허리가 시큰하고 발기부전을 치료한다. 『본초강목(本草綱目)』에서 이르길 "호로파는 오른쪽 신장 혈관조직의 약으로 신장에 원기와 양기가 부족하고, 냉기가 잠복하고 있어 원기가 돌아오지 않게 된 자에게 적합하다."라고 하였다. 옛날에는 요리하는 데 쓰는 조미료였으나, 오늘날에는 그다지 많이 쓰이지 않는다.

그림 177 오미자五味子

그림 178 호로파[苦豆]

19. 홍국紅麯[525]

홍국은 맛이 달고 (성질은) 밋밋하며, 독이 없다. 비장을 건강하게 하고,[526] 기를 이롭게	紅麯味甘, 平, 無毒. 建脾, 益氣, 溫

525 '홍국(紅麯)': 이는 중의약의 이름이며, 다른 이름은 적국(赤麯), 홍미(紅米), 복국(福麯)이다. 누룩곰팡이과인 진균류의 자주색 홍국 곰팡이[*Monascus purpureus* Went.]이다. Buell의 역주본에서는 이를 red yeast라고 번역하고 있다. (그것은) 멥쌀을 물에 담가 누룩을 가미하여 발효시키고, 물로 5-6차례 습하게 해서 만든 홍국미(紅麯米)이다. 단면은 분홍색으로, 약간 산기(酸氣)가 있고, 맛은 싱겁다. 홍색의 투명한 연유와 같은 성질로서, 오래 묵혀 둘수록 좋다. 장빙룬의 역주본에 의하면, 그 제작 방법은 첫째, 토양이 홍색인 지점에서 깊은 구덩이를 파서, 구덩이 위아래와 주변에 거적을 덮고, 멥쌀을 그 안에 넣고 무거운 돌로 위를 누르고, 발효시켜서 홍색으로 변하게 한다. 3, 4년 이후, 쌀의 표면은 자홍색을 띤다. 안쪽 또한 홍색이 되면, 잘 숙성된 것이다. 둘째, 흰색의 멥쌀을 깨끗이 씻어 인 후에 밥을 짓는다. 누룩밑을 넣어서 발효시켜 만든다고 한다. 홍국은 중의학의 약으로도 쓰이는데, 맛은 달고, 성질은 따뜻하다. 간, 비장, 대장에 작용한다. 혈을 생기 있게 하여 어혈을 풀어 주고, 비장을 건강하게 하여 음식을 소화시키는 데 효능이 있다. 출산 후에도 산후분비물[惡露]이 다 나오지 않고, 어혈이 막혀 생긴 복통, 음식이 쌓여 배가 더부룩한 것, 곱과 피고름이 섞인 대변을 보는 이질과 넘어져서 생긴 타박상을 치료한다.

526 '건(建)': 사부총간속편본에서는 '건(建)'으로 표기하고 있지만, 상옌빈의 주석본과 장빙룬의 역주본에서는 '건(健)'으로 적고 있다.

하고, 중초를 따뜻하게 하는 효능이 있다. 물고기와 육류를 담글 때 홍국을 (조미료와 색소로) 사용한다.

中. 淹魚肉內用.

20. 흑자아黑子兒527

흑자아는 맛이 달고 (성질은) 밋밋하며, 독이 없다. 식욕을 돋우고, 기를 내리는 데 효능이 있다. 떡을 구울 때 흑자아를 조미료로 사용하면 맛이 더욱 좋다.

黑子兒味甘, 平, 無毒. 開胃下氣. 燒餅內用, 極香美.

21. 마사답길馬思荅吉528

마사답길은 맛이 쓰고 향기로우며, 독이 없

馬思荅吉味苦

527 '흑자아(黑子兒)': 미나리과 식물인 마기(馬蘄)의 씨이다. Buell의 역주본에서는 이를 poppy seed, 즉 양귀비[*papaver somniferum*]라고 번역하고 있지만 검토를 요한다. 상옌빈의 주석본과 장빙룬의 역주에 의하면, 이것은 구소련, 이란, 아프가니스탄과 파키스탄 등에서 생산되고, 중국에서는 신장[新疆] 각지에서 재배되며 종자는 3개의 모서리를 지닌 계란형이며 검다. 때문에 흑종초(黑種草)라고 이름한다. 주로 궁중음식인 호병(胡餠), 소병(燒餠)을 만들 때 사용했다고 한다. 『본초강목(本草綱目)』 채부(菜部)에는 "마기와 미나리는 같은 부류이지만 종은 다르다. 도처의 낮은 습지에서 자란다. 3, 4월에 싹이 나고, 뿌리는 쑥과 같이 떨기로 나오고, 흰색의 털이 더부룩하게 나며, 연할 때는 채소로 쓸 수 있다. 잎은 미나리와 비슷하나 약간 작고, 궁궁이[芎藭]의 잎과 유사하나 색은 진하다. … 소회향 꽃같이 모여 나며, 청백색을 띤다. 열매 또한 소회향과 흡사하나 색은 검고 무겁다. 씨는 달고 매우며, 성질은 따뜻하고 독이 없다. 가슴과 배가 더부룩하고, 식욕은 돋우나 소화가 되지 않는 것을 치료하고 조미료로도 사용된다."라고 하였다.

528 '마사답길(馬思荅吉)': 이시진의 『본초강목』에서도 그 형상을 구체적으로 제시하

다. 사악한 기를 제거하고, 중초의 비위를 따뜻하게 하며, 횡격막을 잘 통하게 하고, 기를 순조롭게 하며, 통증을 멈추고, 진액을 생기게 하며, 갈증을 풀고, 사람의 입에서 향기가 나게 한다.[529] 회족 거주지에서 생장하며, 향이 매우 진한 물질이라고 일컬어진다.[530]

香, 無毒. 去邪惡氣, 溫中利膈, 順氣止痛, 生津解渴, 令人口香. 生回回地面, 云是極香種類.

22. 샤프란[咱夫蘭][531]

샤프란은 맛이 달고 (성질은) 밋밋하며, 독이 없다. 주로 마음이 우울하고 답답해서 응

咱夫蘭味甘, 平, 無毒. 主心憂鬱積,

지 못했는데, 최근 외래사전 편찬에 참가한 연구자들은 마사답길(馬思荅吉)이 뜻하는 아랍어를 한자로 음역하여 유향(乳香)이라고 보는 견해가 있다.

529 장빙룬[張秉倫]의 역주와 영어판 Buell의 역주본에서는 모두 "사람의 입에서 좋은 향기가 나게 한다."라고 해석하고 있다.

530 "생회회지면, 운시극향종류(生回回地面, 云是極香種類)": 사부총간속편본에서는 이 문장을 소주로 적었지만, 장빙룬의 역주본에서는 이 문장을 본문과 같은 큰 글자로 표기해 두었다.

531 '찰부란(咱夫蘭)': 이것이 곧 장홍화(藏紅花), 번홍화(番紅花)이다. 이는 아랍어 'za'faran'의 한어 음역이다. 학명은 *Crocus sativus* L.이고, KPNIC에서는 이것을 붓꽃과 코로커스속 식물인 '샤프란'이라고 명명한다. 상옌빈, 「忽思慧飮膳正要不明名物再考釋」, 『中央民族大學學報』, 2001, p.59에 따르면, 샤프란은 아랍어 zàferān 혹은 zàfarān의 음역으로 페르시아어가 이 아랍어를 차용한 것이다. 당대에는 '샤프란[咱夫蘭]' 혹은 '샤프람[咱夫藍]'을 dzap-fu-lam 혹은 sat-fap-lan으로 읽었다. 샤프란의 원산지에 대해서 이시진의 『본초강목』에서는 서역의 이슬람지역과 천방국에서 나온다고 하였다. 『본초강목(本草綱目)』에서는 "번홍화(番紅花)는 티벳의 회족지역과 아라비아 국가에서 나오는데, 즉 그 지역의 홍람화(紅藍花)가 이것이라고 한다. 원나라 때는 요리에 넣어서도 사용했다. 장화(張華)의 『박물지(博物志)』에 의거하면, 장건(張騫)은 홍람화를 구하여 서역에서 파

어리진 것, 기분이 답답하여 풀어지지 않는 것에 효능이 있고, 오래 먹으면 사람의 마음을 기쁘게 한다. 즉 이것이 회족 거주지역의 홍화인데, 사실여부는 상세하지 않다.[532]

氣悶不散, 久食令人心喜. 即是回回地面紅花, 未詳是否.

그림 179 샤프란[咱夫蘭]

종하였는데, 이것이 곧 그와 같은 종류이며, 간혹 지역의 땅기운[地氣]에 다소 차이가 있어 생긴 현상이다."라고 하였다. 하지만 상옌빈은 번홍화(番紅花)와 홍람화(紅藍花)는 동일한 식물이 아니라고 하며, Baidu백과에서도 양자의 꽃이 서로 다르고, 다만 紅藍花[Carthamus tinctorius L.]는 홍화와 동일한 것으로 보고 있다. 이것을 졸여서 조제한 약재는 쥐, 기니피그, 토끼, 개 및 고양이의 몸의 이체(離體)자궁과 재위(在位)자궁에 대해서 모두 흥분시키는 작용을 한다. 조제량이 적으면 자궁으로 하여금 긴장성과 리듬에 수축을 일으키며, 조제량이 많으면 자궁 긴장과 흥분을 증가시켜서, 자동으로 수축률이 증강되고, 심지어 경련의 정도까지 이르며, 이미 임신한 자궁은 더 민감해진다. 또한 개, 고양이를 마취시키면 혈압이 낮아지고 아울러 비교적 긴 시간 동안 지속된다. 샤프란은 원나라 시대에 비록 이미 요리의 재료로 사용되었으나, 임신한 자궁에 대해 자극적인 작용을 하기 때문에, 일반적으로는 조미료로 만들지는 않는다.

532 이는 번홍화(番紅花)의 산지와 성질, 맛에 대해 잘 알 수 없음을 말한다.

23. 합석니哈昔泥533

합석니는 맛이 맵고 (성질은) 따뜻하며, 독이 없다. 온갖 기생충을 죽이며, 악취를 없애	哈昔呢味辛, 溫, 無毒. 主殺諸虫,

---

533 '합석니(哈昔泥)': 이는 곧 아위(阿魏)이다. 미나리과 식물 아위[*Ferula assafoetida* L.], 신강아위[*Ferula sinkiangensis* K. M. Shen], 부강아위[*Ferula fukanensis* K. M. Shan] 등에서 분비된 수지(樹脂)이다. 이상의 학명 등은 KPNIC와 BRIS에는 등록되어 있지 않다. Buell의 역주본에서는 이를 asafoetida, 즉 아위라고 번역하고 있다. 상옌빈, 「忽思慧飮膳正要不明名物再考釋」, 『中央民族大學學報』, 2001, p.58에 따르면 『한어외래어사전』에서는 '합석니'를 몽골어 gajni, 페르시아어 ghazni로 보았으며, 아위(阿魏)는 Ghazni에서 생산되기 때문에 이러한 이름이 붙은 것이라고 한다. 『회회관잡자(回回館雜字)』, 『회회관석어(回回館釋語)』에서는 아위가 anguzha의 음역이라고 보았는데, 확실히 합석니가 페르시아어에서 유래된 몽골어이다. 아마도 몽골인이 중원으로 가지고 왔기에 이 명칭이 유행되었을 것으로 보았다. 당대 단성식의 『유양잡조(酉陽雜俎)』 권18에서는 "아위가 가사나국(伽闍那國)에서 나는데, 즉 북천축(北天竺)이다."라고 하였다. 또한 당대 『신수본초(新修本草)』에서는 "서번(西蕃)과 곤륜(昆崙)에서 생산된다."라고 하였다. 이는 다년생 초본이며, 온 그루는 강렬한 마늘 같은 특이한 냄새가 난다. 모래땅과 황량한 사막에서 자란다. 꽃이 피기 전에 채집하여 저장한다. 뿌리 부분의 흙을 파서 뿌리부분이 드러나게 하고, 줄기를 뿌리 끝부분에서 자르면, 즉시 유액이 단면에서 흘러나오는데 윗면은 나뭇잎으로 다시 덮는다. 약 열흘이 지나면 흘러나온 액이 지방처럼 응고되는데, 그러면 긁어낼 수 있다. 맛은 맵고 성질이 밋밋하며 독이 없다. 간, 비장, 위에 작용한다. 적체된 것을 해소하고 기생충을 죽이는 데 효능이 있다. 배 속의 덩어리로 인해 결리고, 기생충이 뭉친 것, 비장이 허한 데 고기를 많이 먹어서 체했거나, 심장과 복부가 차고 통증이 있고, 학질, 이질 등을 치료한다. 고대 식료처방 중에서 조미료로 사용하였다. 상옌빈의 주석본에서는 합석니에 관한 기원을 아래와 같이 정리하고 있다.

(1) 리우정탄[劉正淡] 등이 편찬한 『한어외래어사전(漢語外來語事典)』에 기재된 것에서는 합석니(合昔泥), 아위(阿魏)는 일종의 약용작물로서, 또 '합석니'로 써야 하며 몽골어의 gajni에서 기원된 것이라고 하였다.

(2) 양보우원[楊博文] 선생에 의하면 "합석니는 조구타국(漕矩吒國)의 도성 학실나(鶴悉那: Gazni)의 음역으로, 이것은 사물의 이름이 지명으로 쓰인" 것이라고 한다.

고, 배 속 덩어리를 풀어 주며, 부녀자의 산후 배출물[惡露]을 내리게 하고,[534] 사기邪氣를 없애고, 뱀, 지네, 두꺼비 따위의 독[蠱毒]을 해독한다. 이는 곧 아위(阿魏)이다.

去臭氣, 破癥瘕, 下惡除邪, 解蠱毒. 即阿魏.

24. 은전穩展[535]

은전은 맛은 맵고 쓰며 성질은 따뜻하고 독이 없다. 주로 기생충을 죽이고 악취를 제거하는 데 효능이 있다. 그 맛은 또한 아위阿魏와 동일하다. 또한 이르기를 이것이 곧 아위나무의 뿌리이며, 양고기를 잴 때 넣어서 사용하고, 맛과 향기가 매우 좋다.

穩展味辛, 溫苦, 無毒. 主殺虫去臭. 其味與阿魏同. 又云, 即阿魏樹根, 淹羊肉香味甚美.

(3) 베르톨드 라우터는 "몽골어의 합석니는 페르시아어 'kasni', 'kisna' 혹은 'gisni'와 동일하며, 이것은 가즈니(chazni: 加兹泥) 혹은 가즈나[加兹脂]의 이름에서 파생된 것이다. 현장의 말에 근거하여 이곳이 이 식물의 생산지라고 보았다." 라고 하였다.

534 '하오(下惡)': 산후 자궁에서 나오는 피나 배출물을 내리게 하는 것이다.

535 '은전(穩展)': 장빙룬은 역주본에서 이는 수지(樹脂)를 취하지 않은 아위(阿魏) 뿌리 혹은 뿌리줄기라고 한다. Buell의 역주본에서는 이를 asafoetida root라고 번역하고 있다. 상옌빈의 주석본에 의하면 은전(穩展)은 몽골인의 칭호이지만 이것

25. 연지胭脂[536]

연지는 맛이 맵고 (성질은) 따뜻하며, 독이 없다. 주로 산부가 산후에 과다한 출혈로 인해 갑작스레 어지러워지는 병증, 심장과 배가 뒤틀리는 듯한 통증을 치료해 주며, 피부 위의 부종에 바르면 효과가 있다.[537]

胭脂味辛, 溫, 無毒. 主產後血運, 心腹絞痛, 可傅游腫.

이 몽골어에서 나온 것은 아니라고 한다. 원식물은 권3의 7장 23의 '합석니(哈昔泥)'를 참조하라. 옛사람들은 아위의 냄새가 맵고 지독하다고 여겼기에, 모든 날짐승, 길짐승, 어류와 거북의 비린내와 모든 독을 제거하는 용도로 사용하였다. 또한 과일, 채소, 쌀, 밀, 조, 콩 등의 음식물이 배 속에서 적체된 것을 소화시키는 효능이 있다. 그 때문에, 고대 식료처방에서는 조미료로 만들어서 사용하였다.

536 '연지(胭脂)': 홍람화(紅藍花)는 홍화(紅花)로서 국화과 잇꽃속 식물인 잇꽃[紅花: *Carthamus tinctorius* L.]이다. Buell의 역주본에서도 이를 safflower라고 번역하고 있다. 국화과 식물인 잇꽃의 꽃이다. 일종의 홍색 안료로, 본서의 여러 곳에서 식품을 염색하는 조제로 쓰인다. 그 내원은 대략 세 종류가 있는데 첫째, 홍람화, 둘째 소목(蘇木), 셋째 암컷연지벌레이다. 장빙룬의 역주본에 의하면, 연지는 당연히 홍람화(紅藍花)에서 얻은 홍색 안료라고 한다. 본 식물은 일년생 초본으로, 맛은 맵고 성질은 따뜻하다. 심장, 간에 작용한다. 피를 활성화하여 경맥을 통하게 하고, 어혈을 없애고 통증을 멈추는 효능이 있다. 장기간 월경 중단, 배 속에 덩어리가 잡히는 것, 난산, 사산(死產), 분만 후 포궁(胞宮) 안에 남아 있는 혈액과 탁액(濁液) 및 어혈로 생긴 통증, 옹종(擁腫) 그리고 넘어져서 생긴 타박상 등을 치료한다.

537 김세림의 역주본에서는 "피부에 나서 번지는 종기에 발라도 좋다."라고 해석한 반면에 장빙룬은 역주본에서 "외부에 발라서 돌아다니는 종기를 치료할 수 있다."고 해석하고 있다. Buell의 역주본에서도 "부종을 치료할 수 있다."라고 해석하고 있다.

26. 치자梔子[538]

치자는 맛이 쓰고 (성질은) 차가우며, 독이 없다. 오장[539] 내부의 사기를 치료하고, 눈이 빨갛게 붓고 열이 나는 것을 치료하며, 소변이 잘 나오게 한다.

梔子味苦, 寒, 無毒. 主五內邪氣, 療目赤慹, 利小便.

27. 부들[蒲]

부들꽃가루[540]는 맛이 달고 (성질은) 밋밋하

蒲黃味甘, 平, 無

---

538 '치자(梔子)': 꼭두서니과 식물인 치자나무[山梔: *Gardenia jasminoides* J.Ellis]의 열매이다. 한국의 KPNIC에서는 이 학명을 '치자나무'라고 명명하고 있다. 치자나무는 상록관목으로 향기가 있다. 종자를 물 안에 담그면 물을 선명한 황색으로 물들여서 쓸 수 있다. 냄새는 미미하고, 맛은 약간 시고 쓰다. 맛은 쓰고, 성질은 차갑다. 심장, 폐, 위에 작용한다. 열을 내리고, 화(火)를 없애며, 피를 차갑게 하는 효능이 있다. 허로로 인한 불면증, 황달, 임질, 갈증, 충혈, 인후통증, 피를 토하거나, 코피를 쏟고, 설사에 피가 나오는 증상, 혈뇨, 열독으로 인한 부스럼, 접질러서 부어오른 통증을 치료한다.

539 '오내(五內)': 이는 오장(五臟)과 동일하다.

540 '부들꽃가루[蒲黃]': 부들과에서 오래된 식물인 부들[長包香蒲], 애기부들[狹葉香蒲], 큰잎부들[冠葉香蒲] 혹은 그와 같은 동속이면서 다양한 종류의 식물 꽃가루이다. Buell의 역주본에서는 이를 cattail 즉, 부들이라고 번역하고 학명은 *typha* sp.[KPNIC에 의하면 정명은 *Typha orientalis* C.Presl이다.]이라고 하였는데, 부들의 근연식물 중 하나인 듯하다. 본 식물은 본서 권3의 6장 20의 '부들순[蒲筍]'을 참고하라. 부들꽃가루는 외형이 선홍색인 아주 작은 꽃의 가루이다. (가루의) 성질은 가볍고 부드러워 바람을 만나면 쉽게 흩날리며, 손에 달라붙으나 뭉치지는 않으며, 물에 넣으면 수면으로 떠오른다. 맛은 달고 매우며, 성질은 차다. 간과 심장에 작용한다. 피를 식히고 지혈하며 피에 활기를 주고 어혈을 없애는 효능이 있다. 날것을 쓰면 월경 중단 및 복통, 산후에 어혈이 쌓여 생기는 통증, 넘어지거나 부딪혀서 어혈이 생겨 갑갑한 것, 부스럼과 종기의 독을 치료한다.

며 독이 없다. 심복부에 든 한사와 열사를 치료하고 소변이 잘 나오게 하며 각종 출혈을 수반하는 병증을 멈추게 하는 효능이 있다.	毒. 治心腹寒熱, 利小便, 止血疾.

28. 남동석[回回青][541]

남동석은 맛이 달고 (성질은) 차며 독이 없다. 모든 약독을 해소하고 열독으로 인한 부스럼을 치료할 수 있다.	回回青味甘, 寒, 無毒. 解諸藥毒, 可傅熱毒瘡腫.

---

541 '회회청(回回青)': 탄산염류 광물 '남동광'(藍銅礦: *Azurite*)의 광석이다. Buell의 역주본에서는 이를 muslim green이라고 번역하고 있다. 편청(扁青) 또는 백청(白青), 벽청(碧青), 석청(石青), 대청(大青)으로도 불린다. 단사정계[monoclinic system]에 속한다. 광물의 가루[條痕]는 옅은 하늘색이다. 광택은 유리나 금강석 혹은 토상의 형상을 띠고 있는데, 반투명이거나 불투명하다. 맛은 시고 짜며, 성질은 밋밋하고 약간의 독이 있다. 담을 없애고 토하게 해주며, 체내에 쌓인 것을 흩트리고 눈을 밝게 해주는 효능이 있다. 풍담으로 인한 간질, 경기, 안구 통증, 눈 각막이 뿌옇게 덮이는 것, 외상, 옹종을 치료한다. 『음선정요』에서는 도자기 청색안료인 '남동석[回回青]'을 약재로 사용하였는데, 무독한 것을 취해서 식료처방중의 약물과 식품의 염색제로 쓰고 있다. 상옌빈의 주석본에서는 '회회청(回回青)'의 명칭으로 보아 서역과 중앙아시아 일대에서 생산된 것으로 기존의 연구에 의하면, '회회'란 단어는 원대에 광범위한 '서역민족'의 개념과 같은데, 원래 아라비아 제국 내의 아라비아인, 페르시아인 역시 포함하고 있으며, 중앙아시아에서 이슬람화된 돌궐인, 하루호인[哈剌魯人] 및 서역 옛 땅의 기타민족들도 포함하고 있다고 한다.

그림 180 남동석[回回青]

飮膳正要

부록

- 장원제張元濟의 발문[跋]
- 中文介绍

장원제張元濟의 발문[跋][1]

『음선정요』 세 권은 원대 홀사혜의 찬술이다. 책의 앞쪽에는 천력 3년의 상보란혜의 진서표와 우집의 봉칙서가 있는데, 이는 원대 음선태의의 관찬서이다. 명 대종 경태연간에 내부內府에서 중각했다. 이 판본은 벽송루皕宋樓에 소장된 서지書志로서 원대에 간행하고 원대에 인쇄한 것이다. 나는 전에 상숙의 구씨 철금동검루의 소장본에서 본 적이 있는데, 이것과 같은 판각이었지만 인쇄상태는 약간 떨어졌다.

飲膳正要三卷, 元忽思慧撰. 前有天曆三年常普蘭奚進書表, 虞集奉敕序. 蓋元代飲膳太醫官書也. 明景泰間重刻於內府. 此本, 皕宋樓藏書志作元刻元印. 余曏見常熟瞿氏鐵琴銅劍樓藏本, 同出一刻, 而楮印較遜.

'경태년 서문'이 있다는 것에서 이것은 명본이고 원대본이 아님을 알 수 있으나, 단지 경태년의 서문이 산실되었을 따름이다. 이

有景泰年序, 知此爲明本而非元本, 特佚去景泰一序耳. 其

1 이 발문(跋文)은 민국19년(1930)에 작성된 것으로 상옌빈[尙衍斌] 외 2인 주석, 『음선정요주석(飲膳正要注釋)』, 中央民族大學出版社, 2009, p.361에 게재된 원문을 번역한 것이다.

책에는 육아, 임신, 음선위생, 음식습성과 기피에 대한 생각이 자세하다. 비록 아직 모든 의학적 진리에 부합되지는 않지만, 원대 사람들의 습속을 살필 수 있다. 옛날에 민간에서 전해져 오는 판본은 매우 희소했는데, 근래 장서목록에는 초사본이 많으나 도대체가 이런 간행본은 신뢰할 수가 없다. 내가 책을 구한 지 수년이 된 후, 민국 17년 겨울에 처음으로 동경 정가문고에서 볼 수 있었는데, 빌려서 중판하여 세상에 널리 전할 수 있게 되면서 내가 밤낮으로 염원했던 것을 어느 정도 보상받을 수 있었다.	書詳於育嬰, 妊娠, 飮膳衛生, 食性宜忌諸端. 雖未合於醫學眞理, 然可考見元人之俗尚. 舊時民間傳本極稀, 近世藏目以鈔本爲多. 究不若此刻本之可信. 余求之有年, 十七年冬始覯之於東京靜嘉文庫, 因得借印流傳, 償余夙昔之愿焉.
민국 기원 19년 10월 해염 장원제	民國紀元十有九年十月, 海鹽張元濟.

II.

‘경태년의 서문은 원본이 이미 산실되었기 때문에 초판 인쇄된 것을 아직 구하지 못한 것이 매우 유감스럽다. 이후 구씨의 종가로부터 서문을 빌려 지금 다시 인쇄하여 권卷의 첫머리에 첨부하였으니 독자 여러분의 검증을 바란다.	景泰一序, 原書已佚, 初版未獲印入, 殊爲缺憾. 嗣從瞿氏借得, 今當重印, 因以冠諸卷端, 讀者鑒之.
원제가 다시 씀	元濟再識.

中文介绍

『饮膳正要』于元朝天历三年(1330年)为皇帝的养生和保养而出版，是中国现存的第一本完整的营养学专书。

作者忽思慧长期担任掌管皇室饮食的饮膳太医，是一位积累了丰富的饮食烹饪、营养卫生、饮食保健经验和知识的顶级厨师。退休之时为了报答皇帝的恩惠，将自己的饮食烹调经验、传世名医的养生方法、饮食治疗(食疗)技术和各种食材的性质、味道、副作用概括在一起，撰写成『饮膳正要』献给了皇帝。将本书献给皇帝，既是忠诚和敬爱的表现，又是因为皇帝的健康和安乐直接关系到天下百姓，而作者具有忧国忧民的情怀。

忽思慧如此关心著述是因为他认为“身体安稳，心灵就能适应各种变化，不通过养生来养心，身体怎么能安稳？”他相信养生是通过得到天地之气而生出的万物实现的，在养生过程中如果因过度而失去中庸，身体就会受到损害。此后，明朝皇帝也在序文中评价本书对养生以及顺从自然规律而善终大有帮助。

本书关注食疗，所谓食疗就是通过饮食达到养生的目的。由于疾病一旦发生就不容易治疗，因此它强调生病之前通过摄取饮食进行理疗的重要性。饮食调节身体的气血，滋补身体，因此要了解材料的成分、性质。如果口味偏重、不谨慎、贪婪或者违反烹饪温度，使饮食的气韵相冲突，反而有损精气，使身体受损。这种说法至今仍有实用性价值。

关于作者忽思慧的信息并不充分，连出身也不清楚，甚至不知是蒙古人还是阿拉伯人(回回人)。元朝仁宗延祐年间被提拔为饮膳太医，本来太医是指皇室医生，但考虑到从世祖忽必烈时开始重视饮膳太医这一职务，想必忽思慧是拥有烹饪技术的厨师兼食疗和保健卫生专家。

本书呈现给皇帝后，不仅供中央朝廷阅览，皇帝还观察到献上本书大臣的真心和恳切之心，让中政院使刻印并广泛传播。虽然本书是为一人的万寿无疆而著，但被世人广泛使用，成为了有助于获得安稳的食品医药书。

本书主要由三个部分组成。卷一为七个项目，第一个项目记述了三皇的食疗方法以及养生避忌、乳母食忌、妊娠时期的注意事项和饮酒避忌等养生禁忌相关理论内容，最后作为其方法提出了“聚珍异馔”。其中奇异食物包括糖、羹、粥、饺子、馒头、饼等95种。食物的材料也非常多样化，有蔬菜、谷物、鱼、禽兽和牲畜等。卷二为八个项目，有汤、煎、膏、丸、茶等55种，并详述了玉泉水、净化水等水、26种神仙服饵、四时所宜、五味偏走、61种食疗法、服药时的饮食避忌和食物的利弊、食物组合、中毒及禽兽变异等的食疗方法。卷三为本草食物，分为七个领域，包括43种米谷品(其中13种酒)、36种兽品、18种禽品、21种鱼品、39种果品、46种菜品和28种料物性味，其种类非常多样。

由于是呈献给皇帝的书，本书的食疗方法和本草食物的种类多样。这里不仅介绍了中国内地的材料和食品，还详细介绍了邻近国家的各种食材和烹饪方法。比如，蒙古地区产的羊羔酒、马思哥油、塔剌不花和各种羊肉料理，西域产的葡萄酒、阿剌吉酒、速儿麻酒、八儿不汤、沙乞某儿汤、搠罗脱因、秃秃麻食、咱夫兰、马思荅吉等，新罗人参汤和松子产自于东边的朝鲜，犀牛、象、荔枝、橄榄、龙眼等是南方和印度地区的产物，膃肭脐酒是除海洋国家以外很难制造的商品。如此，当时元帝国可以从四海获得各种材料和食疗方法，作者以此为基础并结合自己的饮膳经验编纂了本书。

当时之所以能做这些事情，是因为蒙古帝国在向四方扩大领土、建设大帝国的同时，对邻近国家进行政治和军事统治的同时，向附庸的统治阶层提供了参与先进文明的机会，在国境附近或中心城市建立集散物产的据点，积极开展国与国之间的公私经济交流。这种现象延续了秦汉帝国时期形成的传统，即当时经济和文化交流具有掠夺性质。同时，作为传统羁縻政策的一环，有必要持续束缚周边地区，为相互之间的有效交流扫清障碍，提供基础设施的同时，也保障了利益和安全。最终，周边国家的特产供应到了中国内地。也因此，本书中所看到的各民族的多种药材和物产、饮食疗法以及食品烹饪方法才传入中国内地。

实际上，公元前111年南越成为中国附庸以后，相互之间的经济交流并不少。从3-4世纪的『南方草物状』和『南方草木状』中可以看出。另外，6世纪的『齐民要术』中也介绍了流入中原的各种南方产物，这种例子也见于2世纪的『说文解字』中，书中介绍了古朝鲜乐浪国的多种鱼资源。本书中经常出现西方地区的产物也可以在同样的背景下进行解释。

元帝国筛选和整理通过上述方式收集的各民族高级食材和烹饪方法，并集结元代以前的食品和营养保健资料，将之用于制作宫廷食品，随着本书的出版和普及，这种养生和保健方法在内地扩散和流传。因此，通过本书不仅能了解元代的宫廷料理，还能了解民间生活习俗和饮食生活，最重要的是可以通过传承食疗法来保持健康。此后，本书还被明代的『本草纲目』所引用，而且作为融合了各民族食疗法的结晶传播到邻近国家，对各国的食品烹饪和食品医药书的著述产生了不小的影响。对高丽而言，本书有可能是在丽末鲜初流入，17世纪东亚代表性医学书朝鲜的『东医宝鉴』中转载了本书的"琼玉膏"和"神枕法"等秘方。从中可以看出，在帝国的统治秩序下，物资是以何种方式在邻国之间流通和消费的。

由于本书是献给皇室的内容，其对象比较受限。该书中的饮食材料或烹饪方法超乎日常，也有很多独特的动植物药材。另外，因为以宫庭的统治阶层为对象，所以调制的药材和食品大部分是能提高精力和补足元气的。针对女性的性功能恢复和妇科病治疗这类处方特别多，这也反映出皇室希冀子孙繁衍的愿望。所以，有人评价本书是以提高精力和寻求长生为主要内容的书籍。也许正因如此，书中有不少神仙服食的秘方和神秘的处方。但是这本书广为发行并提供给百姓，意味着这些是百姓健康所必需的知识。例如，"琼玉膏"配方是至今鲜为人知的处方，也是很有人气的药剂。这种对民间的开放是了解宋代以后民本思想的一个案例。这种对民间的开放可以说是统治者在了解宋代以来的变化之后，根据时代特征而采取的措施。

本书主要依据的版本包括一部分流传的明经厂刊大字本，还有1986年人民卫生出版社的点校本等几种。本书的底本是卷帙完整的『四部丛刊续编』。但是该版本的目录和图片说明及文本有不少的错误，因此根据本书的编辑方针进行了修改和校释。

在译注本书的过程中，有不少连历史学家也难以理解的部分。其中最令人棘手的是，不熟悉药物对人体的作用和专业术语。虽然有相关研究人员的帮助并参考了各种注释，但不能不忧虑是否充分转达。另外，除了汉语以外的其他少数民族的语言没能按照他们的发音写出。这是因为如果标记不正确，反而可能会造成混乱，所以使用了汉字音，这一点期待日后能得到改善。

在译注本书时得到了很多人的帮助。向一起讨论、一起查词典、一起流汗的农业史研究会会员们表示深深的感谢。家人的帮助是促使我努力前行的动力源泉。最后，感谢韩国研究财团的大力支持，希望这本书能多少有助于健康和免疫力的增强。

2021年11月1日

看着"与新冠病毒共存"政策的开始

笔者在海云台冬柏岛对面的1723号研究室

찾아보기

[ㄴ]

[ㄷ]

[ㄹ]

[ㅅ]

[ㅇ]

[ㅈ]

[ㅊ]

[ㅎ]